Kristin Butzer-Strothmann
(Hrsg.)

Integriertes Online- und Offline-Channel-Marketing

Praxisbeispiele und Handlungsempfehlungen für das Omni-Channel-Marketing

Springer Gabler

Hrsg.
Kristin Butzer-Strothmann
Leibniz-Fachhochschule
Hannover, Deutschland

ISBN 978-3-658-38047-2 ISBN 978-3-658-38048-9 (eBook)
https://doi.org/10.1007/978-3-658-38048-9

Die Deutsche Nationalbibliothek verzeichnet diese Publikation in der Deutschen Nationalbibliografie; detaillierte bibliografische Daten sind im Internet über http://dnb.d-nb.de abrufbar.

Planung/Lektorat: Angela Meffert
Springer Gabler ist ein Imprint der eingetragenen Gesellschaft Springer Fachmedien Wiesbaden GmbH und ist ein Teil von Springer Nature.
Die Anschrift der Gesellschaft ist: Abraham-Lincoln-Str. 46, 65189 Wiesbaden, Germany

Integriertes Online- und Offline-Channel-Marketing

Vorwort

Verschlingt das Online-Marketing die Offline-Welt? Diese Frage wird immer wieder gestellt. Trotz des Digitalisierungsschubs, der sich durch die Covid-19-Pandemie noch einmal verstärkt hat, zeigen Prognosen, dass für das Offline-Marketing weiterhin ein hoher Anteil des Werbebudgets eingeplant wird. Insgesamt zeigt sich in der Theorie und Praxis, dass das „Silo-Denken“ in On- oder Offline-Channel-Marketing kein geeigneter Marketing-Ansatz ist. Vielmehr müssen die jeweiligen Kanäle immer auf die Produkte bzw. Dienstleistungen, Branchen, Zielgruppen sowie Informations- und Kommunikationssituationen abgestimmt werden. Offline versus online ist dabei der nicht zielführende Ansatz – vielmehr geht es um die zielgerichtete Kombination von beiden. Oder bildlich gesprochen: um eine zielgerichtete, ökonomisch sinnvolle Orchestrierung des Online-Offline-Channel-Marketings.

Der vorliegende Herausgeberband mit ausgewählten Autorinnen und Autoren aus Forschung und Praxis ermöglicht aufgrund deren unterschiedlichen Perspektiven eine sehr breitgefächerte Ausleuchtung des Online-Offline-Channel-Marketings mit z. T. unterschiedlichen Blickwinkeln, Sichtweisen und Standpunkten. Aufgrund der Vielschichtigkeit der Thematik können per se aber nur exemplarisch als zentral erachtete Themenbereiche akzentuiert werden; ein ganzheitlicher Überblick ist nicht möglich.

Die Herausgeberin dankt den Autorinnen und Autoren für ihre Beiträge, die einen interessanten Einblick in den Facettenreichtum der Thematik „Online-Offline-Channel-Marketing“ ermöglichen. Die Zusammenarbeit, die freundlichen Telefonate und E-Mails mit ihnen haben viel Spaß gemacht. Es ist eine große Freude gewesen, einige Kolleginnen und Kollegen durch dieses Buchprojekt neu kennengelernt zu haben bzw. auch „alte“ Kontakte aus der Studienzeit wieder aufzufrischen. Ich freue mich besonders darüber, dass sich auch mein Doktorvater Prof. Dr. Bernd Günter mit einem Beitrag beteiligt hat. Dass alle Beiträge fristgerecht an den Verlag gehen konnten, ist zum einen natürlich der Disziplin der Autorinnen und Autoren zu verdanken, zum anderen aber vor allem Nils Grimmig (B.A.). Ihm bin ich zu einem besonderen Dank für das Lektorat und die organisatorische Unterstützung verpflichtet. Last, but not least: Ich danke sehr dem Verlag Springer Gabler, und hier namentlich Angela Meffert für die Aufnahme dieses Buches in den Bereich „Management/Business for Professionals“ des Verlagsprogramms sowie für ihre vorbildliche Unterstützung in der Erstellungsphase. Außerdem danke ich Surbhi Shahane sowie Niloofar Fathima für das Projektmanagement.

Überblick und Einordnung der Beiträge

Wie gesagt können die in diesem Band enthaltenen Beiträge nur einen Teil eines integrierten Online-Offline-Channel-Marketings widerspiegeln. Die Berücksichtigung weiterer aktueller und dabei umfassender Werke zu den vielfältigen Facetten dieser Thematik wie z. B. von Funck,[1] Kreutzer,[2] Lammenett[3] oder Meffert et al.[4] verbreitert den Blick auf den aktuellen Diskussionsstand, ohne ihn ebenfalls ganzheitlich erfassen zu können.

Die hier exemplarisch vorliegenden Beiträge werden folgenden vier Oberkategorien zugeordnet:

- Teil 1: Grundlagen und Notwendigkeit eines integrierten Online- und Offline-Channel-Marketings
- Teil 2: Strategien eines integrierten Online- und Offline-Channel-Marketings
- Teil 3: Praxis eines integrierten Online- und Offline-Channel-Marketings
- Teil 4: Die Zukunft eines integrierten Online- und Offline-Channel-Marketings

Die Zuordnung der Beiträge ist nicht überschneidungsfrei und soll insofern nur den Hauptfokus der Beiträge kennzeichnen. Auch per se einzukalkulierende inhaltliche Redundanzen sind für einen Herausgeberband nicht untypisch und auch inhaltlich rechtfertigbar, da so zentrale Aspekte aus unterschiedlichen Perspektiven wiederholt beleuchtet und ins Bewusstsein gerufen werden.

In Teil 1 „Grundlagen und Notwendigkeit eines integrierten Online- und Offline-Channel-Marketings" nehmen Wissenschaftler von Hochschulen das Thema des Omnichannel-Marketings und dessen zukünftige Bedeutung für die Unternehmensperspektive in den Blick. Nach dem einführenden Beitrag der Herausgeberin mit Studierenden der Leibniz-FH stellen *Arne Westermann, Audrey Mehn und Katharina Schuck* die Anfänge und die Entwicklung des E-Commerce in Deutschland dar, um sodann das Konzept des Omnichannel-Handels zu erläutern sowie eine Systematisierung der verschiedenen

---

[1] Funck, D. (2021). Multi-Channel vs. Omni-Channel: Vertriebskanäle bestimmen und kombinieren. In: Detscher, S. (Hrsg.). Digitales Management und Marketing – So nutzen Unternehmen die Marktchancen der Digitalisierung (S. 329–347). Wiesbaden: Springer Gabler.

[2] Kreutzer, R. T. (2021). Praxisorientiertes Online-Marketing. Konzepte – Instrumente – Checklisten. (4. Aufl.). Wiesbaden: Springer Gabler.

[3] Lammenett, E. (2021). Praxiswissen Online-Marketing: Affiliate-, Influencer-, Content-, Social-Media-, Amazon-, Voice-, B2B-, Sprachassistenten- und E-Mail-Marketing, Google Ads, SEO. (8. Aufl.). Wiesbaden: Springer Gabler.

[4] Meffert, H./Burmann, C./Kirchgeorg, M./Eisenbeiß, M. (2019). Marketing: Grundlagen marktorientierter Unternehmensführung Konzepte – Instrumente – Praxisbeispiele. Wiesbaden: Springer Gabler.

Omnichannel-Konzepte vorzunehmen. Schließlich analysieren sie die zukünftige Rolle stationärer Stores und identifizieren mögliche Faktoren für deren erfolgreiches Fortbestehen. *Markus Schweizer und Simon Riedel* beschäftigen sich sodann mit den spezifischen Herausforderungen von Omnichannel-Strategien im Einzelhandel und schlagen Schritte für eine erfolgreiche Umsetzung dieser Strategien vor. *Michael Kempe* erläutert anschließend den Begriff der Customer Journey und gibt einen Überblick über dessen Ursprung und Ziele. Zudem stellt er den Modulbaukasten der Customer Journey vor und gibt weiterführende methodische Hinweise zu dessen konkreter Umsetzung in einem integrierten Online- und Offline-Channel-Marketing. Daran anknüpfend stellt *Mahmut Arica* ein Reifegradmodell vor, das es Unternehmen verschiedenster Branchen erlaubt, ihren Digitalisierungsfortschritt hinsichtlich der Customer Journey zu analysieren bzw. zu optimieren und das die Basis für mögliche Soll-Ist-Szenarien und Benchmarks bildet. In dem den Teil abschließenden Beitrag widmet *Sascha Hoffmann* sich tiefergehend der Customer Journey an sich. Dabei beschreibt er die enorme Bedeutung einer effizienten Aussteuerung der Marketingaktivitäten, damit Unternehmen an jedem einzelnen Touchpoint mit der jeweils passenden Botschaft präsent sein können. Schließlich erläutert er ausführlich die dazu notwendigen Maßnahmen im Bereich Targeting und Attributionsmodellierung.

In Teil 2 „Strategien eines integrierten Online- und Offline-Channel-Marketings" werden Themen eingeordnet, die sich exemplarisch auf konkrete Objekt- und Anwendungsfelder eines integrierten Online-Offline-Channel-Marketings beziehen. In dem ersten Beitrag identifizieren *Kristin Butzer-Strothmann und Katja Kirste* die Schaffung von Vertrauen gegenüber den Kunden bzw. Mandanten als zentralen Wettbewerbsvorteil und exemplifizieren dies anhand von KSB/INTAX. Sodann erläutern *Alexandra Kirkby, Carsten Baumgarth und Jörg Henseler* den Aspekt der sozialen künstlichen Intelligenz für die Markenstimme. Sie bieten mit der ausführlich dargestellten KIMS-Matrix einen Orientierungsrahmen für Markenverantwortliche hinsichtlich der Frage, ob KI für die Markenstimme genutzt werden sollte und welche Rolle diese KI übernehmen bzw. in welchen Bereichen sie unterstützen kann. *Carsten Baumgarth* knüpft in seinem Beitrag an die Bedeutung künstlicher Intelligenz für die Customer Journey an und analysiert die künftige Bedeutung von sozialen Robotern im Rahmen der Customer Journey. Zudem erläutert er verschiedene Modelle zur Beurteilung der Eignung solcher sozialer Roboter als Markenkontaktpunkte. In dem folgenden Beitrag betrachten *Felix Weber und Reinhard Schütte* die für den Marketing-Mix stets enorm bedeutenden Entscheidungen über Preis und Platzierung im Lichte des neuartigen Omnichannel-Handels und versuchen, diese beiden Variablen über die verschiedenen Kanäle zu verknüpfen. Dabei skizzieren sie den Weg hin zu einem „simultanen Dynamic Pricing und Placement". *Ralf T. Kreutzer* nähert sich dem Online-Offline-Channel-Marketing mithilfe des – in seiner Wirkung auf den Kaufentscheidungsprozess häufig unterschätzten – Rating- und Review-Managements. Schließlich erläutert und skizziert er ausführlich Maßnahmen und Mittel zu dessen erfolgreicher Etablierung. In den folgenden zwei Beiträgen werden schließlich zwei zentrale Marketing-Tools insbesondere hinsichtlich der Entwicklungen der nunmehr zwei Jahre andauernden COVID-19-Pandemie beleuchtet. So beschreibt *Sven M. Prüser* zunächst in seinem Beitrag die Messe als eines der ältesten Instrumente des Marketings, analysiert dessen Zukunftsaussichten angesichts der aktuellen Entwicklungen und skizziert eine mögliche Entwicklung des Messewesens hin zu einem modernen Bestandteil des Online-Offline-Channel-Marketings. *Jacqueline Rieger* beschäftigt sich mit der Videokommunikation im Sinne eines, durch die Pandemie in seiner Bedeutung enorm gesteigerten, multifunktionalen Marketing-Tools und beschreibt dessen Integration in den Marketing-Mix sowie mögliche Anwendungsfelder. Abschließend fassen *Marina Sverdel und Meike Terstiege* die Entwicklung und Transformation des Marketings hin zu einer Omnichannel Customer Experience zusammen und beleuchten ausführlich die Charakteristika und Vorteile eines solchen Omnichannel-Ansatzes.

In Teil 3 „Praxis eines integrierten Online- und Offline-Channel-Marketings" geht es um die Anwendung der zuvor erarbeiteten Erkenntnisse auf spezifische Branchen bzw. Praxisfälle von einzelnen Unternehmen. Einleitend stellt *Jörg Sikkenga* die Ergebnisse einer Befragung von kleinen und mittleren Unternehmen (KMU) aus der Metropolregion Hamburg vor. Er hat dabei ihren Entwicklungsstand bezüglich der Integration von Offline- und Online-Kanälen untersucht und ordnet die befragten Unternehmen verschiedenen Clustern zu. Schließlich entwickelt er daran anknüpfend spezifisch auf KMU und deren verschiedene Cluster bezogene Optimierungsstrategien. Anschließend widmen *Niklas Schramm, Vanessa Rockendorf und Julian Voß* sich in ihrem Beitrag dem technologieinduzierten Wandel des Konsumentenverhaltens und seinen Auswirkungen auf den stationären Einzelhandel. Am Beispiel der Do-it-Yourself-Branche zeigen sie die Konsequenzen dieses Wandels anhand einer quantitativen Messung in Form einer umfangreichen Online-Befragung auf. *Andrea Rumler und Mariam Grosser* untersuchen das zunehmende Phänomen des Click-to-Brick und exemplifizieren den erfolgreichen Aufbau stationärer Läden durch ursprünglich ausschließliche Online-Retailer anhand von Mister Spex. Aus einem anderen Blickwinkel betrachten *Hanna Nüßing und Annette Hoxtell* die Herausforderung des Omnichannel-Handels für Einzelhändler. Angesichts dessen, dass viele Händler häufig nicht selbst über die notwendigen Prozesse und technischen Systeme verfügen, beschreiben und erläutern sie die Möglichkeit der Auslagerung dieser Funktionen an Kontraktlogistikdienstleister am Beispiel der Fiege Logistik Stiftung & Co. KG. Die folgenden zwei Beiträge beschäftigen sich mit zwei Branchen, die weniger den Omnichannel-Handel betreffen, auf die aber Erkenntnisse des Online-Offline-Channel-Marketings übertragen werden können. So beschreiben zunächst *Barbara Beer, Theresa Stärk und Bernd Günter* das Kulturmarketing und analysieren, wie das überwiegend offline präsentierte Angebot durch Online-Angebote erweitert werden kann, und exemplifizieren dies anhand des Museummanagements. *Emilia Spents und Steven Gronau* stellen daran anschließend die durch die COVID-19-Pandemie erheblich beschleunigten Transformationen in der Wissenschaftskommunikation dar und erläutern, inwieweit Erkenntnisse zum Online-Offline-Channel-Marketing aus der Wirtschaft Anwendung für die Wissenschaft finden können.

In Teil 4 „Die Zukunft eines integrierten Online- und Offline-Channel-Marketings" schließt die Herausgeberin zusammen mit Sven M. Prüser und wiederum mit Studierenden der Leibniz-FH den Kreis der Thematik. Im ersten Beitrag betrachten *Kristin Butzer-Strothmann und Sven M. Prüser* unter dem Gedanken „Lernen von den Besten" die sektoralen Unterschiede im B2C- und B2B-Bereich und den daraus resultierenden Umgang mit dem Online-Offline-Channel-Marketing. Im zweiten Beitrag thematisieren *Kristin Butzer-Strothmann, Jean Luca Dökel, Justus Funke und Maximilian Langfeld* die Quo-vadis-Frage eines integrierten Online-Offline-Channel-Marketings. Der Blick in die „Glaskugel" wird hierbei durch die Auswertung verschiedener aktueller Studien sowie durch die Ergebnisse einer im Herbst 2021 durchgeführten eigenen qualitativen Befragung von Marketing-Fachleuten aus der Wissenschaft und Praxis gestützt.

Insgesamt spiegelt die Vielfalt an Themen, mit denen der Oberbegriff Online-Offline-Channel-Marketing in Verbindung gebracht werden kann und von denen hier in einem Herausgeberband nur Ausschnitte dargelegt werden können, das Facettenreichtum dieses Themenfeldes wider. Genau diese vielfältigen Facetten sind ein wesentlicher Ansatzpunkt dafür, ein integriertes Online-Offline-Marketing anzustreben, in dem die einzelnen Instrumente, bildlich gesprochen, harmonisch orchestriert werden.

Hannover
im Sommer 2022

Kristin Butzer-Strothmann

Inhaltsverzeichnis

Einführung in das Offline- und Online-Channel-Marketings 1
Kristin Butzer-Strothmann, Sabrina Bartels, Shanice Nagel und Marie Yeung

Grundlagen und Notwendigkeit eines integrierten Online- und Offline-Channel-Marketings

E-Commerce und Omnichannel-Retailing – Bisherige Entwicklung und Ausblick auf die künftige Rolle stationärer Stores 27
Arne Westermann, Audrey Mehn und Katharina A. Schuck

Herausforderungen von Omni-Channel-Strategien im Einzelhandel 53
Markus Schweizer und Simon Riedel

Customer Journey in a Nutshell – Eine methodische Einführung 79
Michael Kempe

Reifegradmodell zur Bestimmung der Digitalisierung von Customer Journeys im integrierten Online- und Offline-Channel-Marketing 111
Mahmut Arica

Marketing Funnel, Targeting und Attributionsmodellierung 125
Sascha Hoffmann

Strategien eines integrierten Online- und Offline-Channel-Marketings

Vertrauensschaffende Signale bei Vertrauensgütern durch On- und Offline-Kommunikation am Beispiel von Beratungsleistungen 145
Kristin Butzer-Strothmann und Katja Kirste

Soziale Künstliche Intelligenz für die Markenstimme – KIMS-Matrix als Orientierungsrahmen 173
Alexandra Kirkby, Carsten Baumgarth und Jörg Henseler

Soziale Roboter als Markenkontaktpunkte ... 191
Carsten Baumgarth

Simultanes Dynamic Pricing und Placement im Omni-Channel-Handel ... 209
Felix Weber und Reinhard Schütte

Rating- und Review-Management – ein Konzept mit großem Potenzial ... 235
Ralf T. Kreutzer

Die Messe als Instrument im integrierten Online- und Offline-Channel-Marketing ... 261
Sven M. Prüser

Videokommunikation als multifunktionales interaktives Marketinginstrument ... 275
Jacqueline Rieger

Die Verknüpfung von analogem und digitalem Marketing und Vertrieb ... 289
Marina Sverdel und Meike Terstiege

Praxis eines integrierten Online- und Offline-Channel-Managements

Strategien von Kleinstunternehmen, kleinen und mittleren Unternehmen (KMU) für ein integriertes Online- und Offline-Channel-Marketing ... 299
Jörg Sikkenga

Distributionsstrategien im Wandel am Beispiel der Do-it-yourself-Branche ... 317
Niklas Schramm, Vanessa Rockendorf und Julian Voss

Click-to-Brick – Erfolgreicher Aufbau stationärer Läden durch Online-Retailer am Beispiel von *Mister Spex* ... 341
Andrea Rumler und Mariam Grosser

Omnichannel-Retail beim Kontraktlogistiker Fiege ... 365
Hanna Nüßing und Annette Hoxtell

Die Erweiterung des Offline-Angebotes durch Online-Angebote im Kulturmarketing am Beispiel des Museumsmanagements ... 381
Barbara Beer, Theresa Stärk und Bernd Günter

Transformationen in der Wissenschaftskommunikation – Online- und Offline-Channel im Wandel ... 407
Emilia Spenst und Steven Gronau

Die Zukunft eines integrierten Online- und Offline-Channel-Managements

Learnings für B2C- und B2B-Marketing: Synergetisches Potenzial eines Benchmarks zur Gestaltung des Online- und Offline-Channel-Managements 439
Kristin Butzer-Strothmann und Sven M. Prüser

Integriertes Online- und Offline-Channel-Marketing quo vadis 465
Kristin Butzer-Strothmann, Jean Luca Dökel, Justus Funke und Maximilian Langfeld

Einführung in das Offline- und Online-Channel-Marketings

Kristin Butzer-Strothmann, Sabrina Bartels, Shanice Nagel und Marie Yeung

Inhaltsverzeichnis

1 Einführung 1
2 Entwicklung und Kanäle des Offline-Marketings. 3
3 Entwicklung und Kanäle des Online-Marketings. 6
3.1 Online-Marketing-Instrumente 6
3.2 Social-Media-Kanäle: Ein kurzer Überblick 9
3.3 Suchmaschinenmarketing als wichtiges Instrument zur Traffic-Generierung 11
4 Online- und Offline-Channel-Marketing im Vergleich 12
5 Fazit – Die neue Herausforderung: Ein integriertes Online- und Offline-Channel-Marketing 17
5.1 Begriffliche Grundlagen. 17
5.2 Grundidee eines integrierten Online- und Offline-Channel-Marketings 18
Literatur. 20

1 Einführung

Otto-Versand gibt seinen Katalog auf. Mit dieser Meldung begann die Sendung „Tagesthemen“ am 22.11.2018 (o.V., 2018a). „Druckst du noch oder surfst du schon?“ titelte die FAZ am 8.12.2020 in ihrem Wirtschaftsteil, um über die Aufgabe des IKEA-Kataloges zu berichten (o. V. 2020a). Sind diese beiden Botschaften der Beweis für das

K. Butzer-Strothmann (✉) · S. Bartels · S. Nagel
Hannover, Deutschland
E-Mail: butzer-strothmann@leibniz-fh.de

M. Yeung
Wunstorf, Deutschland

K. Butzer-Strothmann (Hrsg.), *Integriertes Online- und Offline-Channel-Marketing*,
https://doi.org/10.1007/978-3-658-38048-9_1

Ende des klassischen Marketings? Nein, denn sie kennzeichnen lediglich das Ende des Marketings, wie wir es lange Zeit kannten (Bösch, 2020).

Die Entwicklungsgeschichte des Marketings ist gekennzeichnet von Umbrüchen: von der Produktionsorientierung zur Verkaufsorientierung, von der Verkaufsorientierung zur Marktorientierung, von der Marktorientierung zur Werteorientierung. Vollzieht sich nun der nächste Entwicklungsschritt vom klassischen Marketing zum Online-Marketing? Die Vielzahl von Schlagzeilen mit der Aussage: „Das klassische Marketing ist tot", lässt dies zunächst vermuten (o. V., 2020b). Auch die Mediennutzung der Kunden sowie deren Verbraucherverhalten bestätigen auf den ersten Blick diese Aussage – die Corona-Pandemie hat dabei eine sich bereits in Gang befindliche Entwicklung noch beschleunigt (Kemp, 2021). So verfügen 92 % der deutschen Bevölkerung über mindestens ein Mobiltelefon, 76 % über einen Laptop oder Desktop-Computer. Die durchschnittliche Mediennutzung z. B. für soziale Netzwerke liegt durchschnittlich bei knapp einer Stunde pro Tag und Gerät (Kemp, 2021).

Es ist insgesamt nicht abzustreiten: „Digitales Marketing ist keine Online-Verlängerung von analogen Kampagnen" (Peis, 2015), sondern erfordert ein paradigmatisches Umdenken. Das Marketing befindet sich in einem bisher noch nicht da gewesenen Umbruch. Ursächlich neben der immer schneller werdenden technologischen Entwicklung ist vor allem der Kunde selbst.

Stabilität und Homogenität kennzeichneten lange Zeit das Konsumentenverhalten. Klare Zielgruppen konnten definiert werden, weil die Entscheidungen durch eindeutige Produkt- und Marketingkanalpräferenzen geprägt waren. Veränderte Wertevorstellungen führten dann aber zum hybriden Konsumenten. So variiert das Verhalten in unterschiedlichen Kontexten, was die eindeutige Zuordnung zu Zielgruppen erschwert. Nun ist – wie bereits erwähnt – das Smartphone bei der überwiegenden Mehrheit der ständige Begleiter. Die Suche nach Produktinformationen, die „früher" im stationären Handel, in Katalogen und anderen klassischen Medien begann, startet nun auf Google oder Amazon (o. V., 2020c). Selbst bei dem Besuch eines stationären Geschäftes wird das Smartphone genutzt, um Bewertungen von Produkten zu suchen oder einen Preisvergleich durchzuführen. Es wird vom multioptionalen Kunden gesprochen (Becker, 2015). Dieser Kunde präferiert – unabhängig von seiner Zufriedenheit – die Abwechslung zwischen Produkten, Marken, Distributionskanälen usw. (o. V., 2020c).

Ist der Kunde nun nicht mehr planbar und vor allem aus der Perspektive des Marketings nicht mehr steuerbar? Hierzu ist festzuhalten, dass die Feststellung, das hybride Kundenverhalten sei „kein Schicksal, sondern eine Chance, die es offensiv zu nutzen gilt" (Becker, 2015), gleichermaßen auf das multioptionale Käuferverhalten zutrifft. Insbesondere die Ermittlung der Personas und deren individuelle Customer Journeys sind die zentralen Stellschrauben, die für ein erfolgreiches Marketing genutzt werden müssen. Schaut man sich nun beispielhafte Customer Journeys an, so wird eines deutlich: Unabhängig davon, ob es um ein B2B-, B2C- oder C2C-Business handelt: Der Kunde unterscheidet im Rahmen seiner Informationssuche nicht nach Online- oder Offline-Marketing. Er differenziert nach dem persönlichen Informationsgewinn.

Informationsgewinn ist in diesem Kontext nicht als wirkliche rationale Wissensermittlung zu verstehen, sondern als – durch die unterschiedlichen Marketingkanäle ausgelöste – Customer Experience. Auslöser können hier Posts auf den sozialen Plattformen oder der Homepage, aber auch Plakate, Werbefilme oder Empfehlungen anderer – online wie offline – sein. Klassisches bzw. Offline-Marketing ist nicht obsolet. Es muss aber gezielt mit dem Online-Marketing vereint werden. Die richtige Kombination ist hierbei das Entscheidende.

Erfolgreiches Marketing nimmt also zuvorderst nicht die Perspektive der Marketingkanäle – also Online- oder Offline, sondern die Perspektive der Kunden ein. Das Silodenken in analogem und digitalem Marketing sollte Vergangenheit sein. Denn 92 % der deutschen Bevölkerung verfügen über einen Fernseher (Kemp, 2021) und pro Haushalt landen in Deutschland immer noch 46 kg Werbepost pro Jahr in den Briefkästen (o.V., 2018b). In dieser Post befinden sich übrigens auch weiterhin kleinere Kataloge von Otto und auch Ikea. (o.V., 2020a). Im Dienstleistungsbereich nahm zwar das Online-Marketing mit einem Anteil von rund 38 % den größten Budgetanteil der Werbemedien in Deutschland 2020 ein. Der nächstgrößere Anteil am Budget entfiel aber auf Anzeigenwerbung mit rund 20 % sowie Fernsehwerbung mit 12 % Budgetanteil (Statista, 2021a). Ein ganzheitliches Denken aus der Perspektive der Kunden ist daher die Zukunft. Es geht konkret um die zielgerichtete strategische und operative Vereinigung des Online- und Offline-Channel-Marketings mit der Zielsetzung eines emotionalen, individuellen sowie authentischen Customer-Experience-Managements.

2 Entwicklung und Kanäle des Offline-Marketings

Druckmedien stellten die ersten Instrumente im Rahmen der Kommunikation von Unternehmen mit den Konsumenten dar. Die technologischen Sprünge mit der Entwicklung des Radios und Fernsehers ermöglichten es dann über die Schrift hinaus auch mit Ton und Bewegbildern an die Konsumenten heranzutreten. Mit dem Begriff Offline-Marketing – auch als klassisches Marketing bekannt – sind alle klassischen Kanäle des analogen Marketings gemeint. Hierzu zählen vor allem TV-Spots, Werbung im Printbereich wie bspw. in Zeitschriften, aber auch das Out-of-Home-Marketing findet durch Plakate im Offline-Marketing-Anwendung (Pepels, 2020, S. 92).

Der Hauptunterschied zwischen Offline- und Online-Marketing beruht auf einer technologischen Differenzierung, denn während das Online-Marketing ausschließlich im digitalen und technologischen Bereich wiederzufinden ist, kann sich das Offline-Marketing sowohl klassischer und analoger Medien als auch technologiebasierter Kanäle wie des Fernsehens oder des Radios bedienen (Pepels, 2020, S. 100). Die Kanäle im Bereich des Offline-Marketings können vielfältiger Natur sein, weshalb die relevantesten Medien anhand der Abb. 1 dargestellt werden, welche die jeweiligen Instrumente in die Bereiche persönliche Kontakte, Schrift/Bild, Ton und Bewegbild untergliedert.

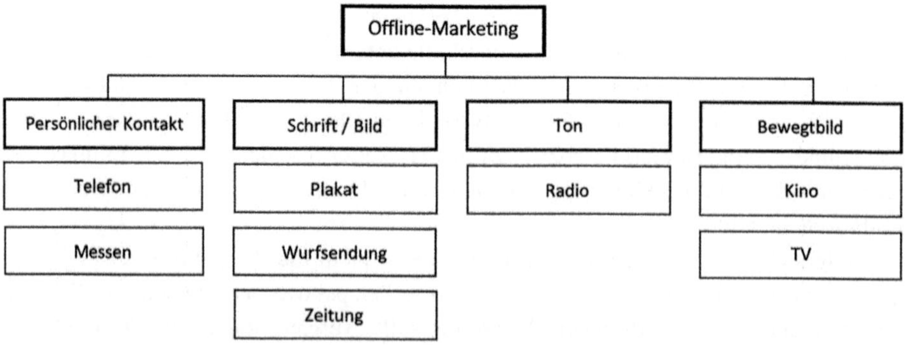

Abb. 1 Instrumente des Offline-Marketings auf Basis einer technologischen Systematisierung

Das *Telefonmarketing* ist Teil der Dialogwerbung, die darauf ausgerichtet ist, mit dem Kunden in einen Austausch zu treten und ihm die Möglichkeit der Interaktion zu bieten (Pepels, 2020, S. 252). Hierbei wird zwischen aktiver und passiver Telefonwerbung unterschieden. Als aktive Telefonwerbung wird die vom Unternehmen initiierte Kontaktaufnahme mit dem Kunden bezeichnet. Diese kann insbesondere für die Neukundenakquise oder auch die Reaktivierung von Bestandskunden genutzt werden. Im Gegensatz dazu steht das passive Telefonmarketing, welches vom Kunden ausgeht. Hierbei können u. a. Aufträge angenommen oder Fragen des Kunden geklärt werden (Pepels, 2020, S. 255). In Deutschland wird Telefonmarketing zwar immer noch häufig verwendet, allerdings ist zu beobachten, dass die Nutzung dieser Marketingmethode in den letzten Jahren stetig abgenommen hat. Dieses ist sicherlich auch auf die rechtlichen Vorgaben zur Kontaktaufnahmen zurückzuführen. So lag die Anzahl der in Deutschland umsatzsteuerpflichtigen Callcenter, welche Telefonmarketing durchführen, im Jahr 2019 bei 780 – im Vergleich: 2007 konnte ein Höchstwert von 1.357 Callcentern gemessen werden (Statista, 2022a, S. 51).

Messen sind bei vielen deutschen Unternehmen aufgrund der geografischen Position Deutschlands besonders im Rahmen von internationalen Ausstellungen ein beliebtes Marketinginstrument. Zudem bieten sie die Möglichkeit, direkt vom Kunden Rückmeldungen zu erhalten, sind durch den ausgeprägten Fokus auf das Kundenerlebnis aber auch hervorragend dazu geeignet, Akzeptanz für Produktneuheiten zu schaffen (Pepels, 2020, S. 244). Diese Vorteile der Messen werden in der Praxis sichtbar, denn laut einer Studie aus dem Jahr 2019 setzen rund 88 % der befragten Unternehmen Messen als Kommunikationsmedium im Marketing ein (Bitkom, 2019, S. 22 ff.). Durch die Corona-Krise hat sich die Messe als Kommunikationsinstrument jedoch stark gewandelt. Was vorher in Präsenz stattfand und besonders auf das Kundenerlebnis ausgerichtet war, konnte in Zeiten der Pandemie nicht durchgeführt werden. Vieles wurde daraus resultierend digital durchgeführt, sodass sich eine massive Verschiebung von einem klassischen Offline-Marketing-Instrument hin zu einem digitalen vollzogen hat. (Bitkom, 2021, S. 21 ff.)

Die Out-of-Home-Werbung mittels *Plakaten* war in den letzten Jahren ein relevanter Bestandteil des klassischen Marketings, jedoch kann ein leichter Abwärtstrend hinsichtlich der Nutzung dieses Kanals beobachtet werden. So konnte im Jahr 2018 bspw. noch eine Gesamtanzahl von ca. 325.000 Außenwerbeträger gezählt werden, während es im Jahr 2021 nur noch ca. 275.000 Werbeträger waren. Die in der Untersuchung ermittelten Außenwerbeträger lassen sich hierbei jedoch in zwei Kategorien differenzieren: zum einen in die analogen Plakate, zu denen u. a. auch die City-Light-Plakate zählen, und zum anderen in die digitale Out-of-Home-Werbung (DOOH), welche die Mittel der klassischen Werbung mit den digitalen Möglichkeiten des Online-Marketings verbindet (Statista, 2021b, S. 23).

Das Medium der *Wurfsendungen* ist – ebenso wie die Telefonwerbung – Teil des Dialogmarketings und gliedert sich in die Kategorien der voll-, teil- und unadressierten Wurfsendung. In der Regel finden sich in diesen Wurfsendungen Response-Elemente wieder, sodass der Kunde die Möglichkeit zur Interaktion erhält (Holland, 2016, S. 48 ff.). Die Fülle an Werbesendungen, die sich zuweilen im privaten Briefkasten befindet, lässt zunächst vermuten, dass dieses Medium stark boomt – jedoch kann seit einigen Jahren ein langsamer, aber stetiger Rückgang im Budget von Wurfsendungen beobachtet werden. Während im Jahr 2017 noch ca. 6,5 Mrd. € für volladressierte und 1,8 Mrd. € für teil- bzw. unadressierte Wurfsendungen ausgegeben wurde, waren es im Jahr 2020 pandemiebedingt nur noch 5,1 Mrd. € für volladressierte und 1,2 Mrd. € für teil- bzw. unadressierte Wurfsendungen (Deutsche Post, 2021, S. 20 ff.).

Zeitungen sind das älteste und damit auch das traditionsbehaftetste Werbemedium in Deutschland. Durch die zumeist politischen Inhalte in Tageszeitungen strahlt dieses Medium eine starke Seriosität aus, die sich immer ein Stück weit auf die dort zu findenden Werbeanzeigen überträgt (Pepels, 2020, S. 93). Noch immer macht Printwerbung in Tageszeitungen und Publikumszeitschriften ca. 21 % des Marktanteils bei Werbemedien in Deutschland aus. Jedoch lässt sich beobachten, dass während der letzten Jahre die Nettowerbeeinnahmen in Tageszeitungen in Deutschland rapide gesunken sind. Dieser Trend setzt sich ebenso in der Sparte der Publikumszeitschriften fort (Statista, 2021c, S. 20), sodass damit zu rechnen ist, dass Zeitungen als Werbemedium in Zukunft weiter abnehmen werden. Dies bestätigt die Prognose der Wirtschaftsprüfungsgesellschaft PwC. Es wird davon ausgegangen, dass die Werbeumsätze in Zeitungen für das Jahr 2022 im Vergleich zum Wert im Jahr 2013 um rund 1 Mrd. € sinken werden (Statista, 2021d, S. 38).

Das Medium *Radio* konnte in den vergangenen Jahren ein stetiges Wachstum verzeichnen (Statista, 2021d, S. 39). Zwar bietet es sich nicht als Basismedium für Werbung an, da das Radio häufig nur zur Hintergrunduntermalung genutzt wird und damit die Aufmerksamkeit bei solchen Radio-Spots relativ gering ist (Pepels, 2020, S. 110). Allerdings kann das Radio als Werbemedium trotzdem eine relativ hohe Reichweite generieren, da laut der Arbeitsgemeinschaft Media-Analyse (2021, S. 3) im Jahr 2020 rund 74 % aller Personen ab 14 Jahren täglich das Radio als Unterhaltungsmedium genutzt haben. Jedoch schwankt die Erreichung der Zielgruppen teilweise sehr stark – am Morgen und Mittag werden hauptsächlich Berufstätige auf dem Weg zur Arbeit bzw. in der Mittagspause erreicht, wohingegen nachmittags vor allem die Schüler angesprochen werden. Vormittags und abends ist allerdings kaum eine Zielgruppe zu erreichen (Pepels, 2020, S. 110). In den kommenden Jahren wird die Weiterführung des langsamen Wachstums erwartet, es wird jedoch außerdem immer wichtiger, sich als Werbetreibender nicht nur auf das traditionelle Radio zu fokussieren, sondern das Marketing mit Podcasts und anderen digitalen Musikstreaming-Anbietern zu kombinieren, da diese bereits bei 30 % der 14- bis 49-Jährigen beliebte Medien sind (Arbeitsgemeinschaft Media-Analyse, 2021, S. 3).

Die Werbung im *Kino* ist Teil eines wirksamen Werbekonzepts, da erfahrungsgemäß durch dieses Werbemedium besonders die jüngere Zielgruppe der Menschen unter 40 Jahren angesprochen werden kann, die oftmals durch anderweitige klassische Werbung kaum noch zu erreichen ist (Pepels, 2020, S. 113). Jedoch macht diese Form der Werbung lediglich einen kleinen Teil aus. In den letzten Jahren konnte festgestellt werden, dass der Betrag der Investitionen in Kinowerbung sehr konstant geblieben ist (Statista, 2022b, S. 48). Der Beginn der Corona-Pandemie hat jedoch in der Kinobranche eine große Lücke hinterlassen – wegen der pandemiebezogenen Lockdowns wurde der Umsatz in Kinos im Vergleich zum Vorjahr um zwei Drittel reduziert (Statista, 2021e, S. 21).

Das Medium *Fernseher* konnte in der Vergangenheit bislang die größten Werbeausgaben für sich vereinnahmen (Statista, 2021d, S. 37), besonders da sich die TV-Werbung in Deutschland aufgrund des stetigen Wachstums der privatwirtschaftlichen Sender (Pepels, 2020, S. 101) in den letzten 20 Jahren mehr als verdreifacht hat. So wurde bei verschiedenen Untersuchungen herausgefunden, dass im Jahr 2002 ca. 1 Mio. Minuten für TV Werbespots angefallen sind, während die Ausstrahlung von TV-Spots im Jahr 2020 bereits bei mehr als 3 Mio. Minuten lag (Statista, 2022b, S. 18).

Insgesamt zeigen die Ausführungen, dass der Einsatz der klassischen Offline-Instrumente z. T. als rückläufig bezeichnet werden kann, aber eben nur zum Teil. Darüber hinaus verzeichnen andere Offline-Instrumente weiterhin eine steigende Nutzung im Rahmen des Marketing-Mix. Allerdings fand eine starke Verlagerung hin zum Einsatz von digitalen Medien statt. Diese Entwicklung wurde durch die Pandemie noch einmal verstärkt (Deutsche Post, 2021, S. 6; Statista 2021d, S. 10).

3 Entwicklung und Kanäle des Online-Marketings

3.1 Online-Marketing-Instrumente

Der Begriff Online-Marketing wurde in den 1990er Jahren erstmals verwendet. Jedoch wurden damals unter diesem Begriff nur Online-PR, Bannerwerbung und E-Mail-Marketing verstanden. Heutzutage umfasst der Begriff wesentlich mehr Kategorien wie u. a. das Social-Media- und Influencer-Marketing oder Targeting und Suchmaschinenmarketing (Lammenett, 2021, S. 38 ff.). Lammenett (2021, S. 38) definiert dabei

Online-Marketing wie folgt: „Online-Marketing sind Marketingaktivitäten, die mit Unterstützung von Internettechnologie ausgeführt oder ausgewertet werden. Dazu würde z. B. auch eine digitale Anzeigentafel in einem Schaufenster zählen, die an das Internet angebunden ist und die abgespielten Botschaften über das Internet bezieht.“ Jedoch zeigt er auch auf, dass sich die digitale Welt stetig verändert und deshalb diese Definition in einigen Jahren schon wieder überholt sein könnte (Lammenett, 2021, S. 38 ff.). Die wichtigsten Marketinginstrumente (Website, Suchmaschinenmarketing, Bannerwerbung, Online-PR, E-Mail-Marketing, Influencer-Marketing, Marketing mit Sprachassistenten, Mobile Marketing sowie Social-Media-Marketing) werden im Folgenden dargestellt:

Die *Website* ist eines der wichtigsten Elemente digitaler Marketingstrategien, da sie für den gesamten Beschaffungsprozess relevant ist. Sie begleitet den Interessenten von der Recherche hin zur Entscheidungsphase. Zusätzlich ist eine Website weltweit zugänglich, was einen weiteren Vorteil darstellt (Kreutzer et al., 2020, S. 82). Das Ziel einer Website ist, die Interessenten zu Kunden zu machen (von Rüden et al., 2020, S. 152). Aufgrund der Entwicklung anderer Anwendungen verliert die Website allerdings stellenweise an Bedeutung. Das ist z. B. dann der Fall, wenn das Business-Modell primär vom Erfolg einer App abhängt (Lammenett, 2021, S. 44).

Bei *Suchmaschinenmarketing* geht es darum, die Präsenz der eigenen Website zu stärken (von Rüden et al., 2020, S. 153). Suchmaschinenmarketing wird klassisch in zwei Unterkategorien gegliedert: Keyword Advertising und Suchmaschinenoptimierung (Search Engine Optimization – SEO) (Lammenett, 2021, S. 44). Bei SEO wird die Website technisch und inhaltlich so optimiert, dass sie bei der Suche nach bestimmten Keywords eine hohe Platzierung im Ergebnislisting erreicht. Die Inhalte der Website müssen diesen Keywords entsprechend optimal angepasst werden. „Keyword Advertising [dagegen] ist die Schaltung von bezahlten Anzeigen auf den Suchergebnisseiten, die bei der Eingabe passender Suchbegriffe hoch platziert angezeigt werden“ (von Rüden et al., 2020, S. 153) und wird auch Paid Listing oder Search Engine Advertising (SEA) genannt (von Rüden et al., 2020, S. 153).

Bannerwerbung wird immer wieder zur Neukundenakquise von Unternehmen eingesetzt. Bei dieser Werbeform werden Banner auf unterschiedliche Weise in fremde Websites eingebunden (Kreutzer, 2021b, S. 3). Dabei werden verschiedene Bannerarten je nach Größe und Form, Animationsgrad, Position auf der Website und Zeitpunkt der Einblendung unterschieden (Kreutzer, 2021b, S. 201).

Online-PR folgt den gleichen Grundsätzen wie die klassische PR (Meffert et al., 2019, S. 757 ff.). Public Relations hat zum Ziel, positive Beziehungen zwischen dem eigenen Unternehmen und dessen Stakeholdern zu schaffen. Somit ist es der Zweck von PR-Kampagnen, ein positives Bild vom Unternehmen in der Öffentlichkeit zu erzeugen, indem Werte wie Vertrauen, Glaubwürdigkeit und Verantwortung transportiert werden (Kreutzer, 2021b, S. 280 f.).

Beim *Targeting* „werden digitale Werbemittel anhand verschiedener Parameter zielgerichtet und automatisiert ausgesteuert“ (Meffert et al., 2019, S. 753). Die Umsetzung läuft jedoch immer nach einem ähnlichen Schema ab: Es werden „unterschiedliche

Variablen genutzt, um zielgruppengenaue Inhalte und Werbemaßnahmen an die Konsumenten auszuspielen“ (von Rüden et al., 2020, S. 152). Beispielsweise wird das Such- und Kaufverhalten eines potenziellen Kunden getrackt, um ihm individuelle Inhalte und Angebote vorzuschlagen. Durch dieses Vorgehen werden Streuverluste minimiert (von Rüden et al., 2020, S. 152).

E-Mail-Marketing hingegen stärkt in besonderer Weise die Kundenbindung. Über diesen Kanal kann das Unternehmen in regelmäßigen Abständen direkt mit Kunden kommunizieren (von Rüden et al., 2020, S. 153). E-Mail-Marketing existiert in verschiedensten Ausprägungen. Einige Unternehmen verschicken regelmäßig E-Mails, andere setzen sie unregelmäßig ein. Der Aufbau ist ebenfalls grundverschieden. Einige Mails bestehen nur aus Text, andere wiederum enthalten viele Bilder, Animationen oder Videos. E-Mail-Marketing hat den Vorteil, dass sich eine große Anzahl an Interessenten zu geringen Kosten erreichen lässt. Es eignet sich besonders, um bestehende Kunden zu binden. Es kann aber auch zur Neukundenakquise eingesetzt werden (Kamps & Schetter, 2020, S. 73). Beim E-Mail-Marketing existieren jedoch auch Herausforderungen – beispielhaft genannt seien hier Spam-E-Mails oder auch Gesetzesverschärfungen. Trotz dieser Herausforderungen lohnt sich dieser Kanal, da eine „E-Mail-Adresse, die ein Unternehmen legitim anschreiben darf, […] ein Asset [ist], das das Unternehmen quasi ‚besitzt‘. Keine andere Online-Marketing-Disziplin kann das bieten“ (Lammenett, 2021, S. 80).

Das *Influencer-Marketing* ist seit 2016 zu einem immer wichtigeren Thema geworden. Im Jahr 2021 gaben Unternehmen weltweit 13,8 Mrd. US-$ für Influencer-Marketing aus, während es zwei Jahre zuvor mit 6,5 Mrd. US-$ nur etwa halb so viel war (iwd, 2022). Beim Influencer-Marketing geht es darum, eine glaubwürdige, authentische, vertrauenswürdige Person zu engagieren, die öffentlich positiv über ein Unternehmen bzw. über eine Marke spricht. Wichtig ist, dass die jeweilige Person zur Marke passt, um Glaubwürdigkeit zu schaffen. Das Prinzip ist: Persönlichen Empfehlungen trauen potenzielle Kunden mehr als zufälligen Werbebotschaften (Lammenett, 2021, S. 127).

Marketing mit Sprachassistenten ist auch ein Kanal, der stetig wächst, da immer mehr deutsche Haushalte einen digitalen Assistenten besitzen. Eine Umfrage aus dem Jahr 2021 mit 823 Befragten zwischen 18 und 64 Jahren zeigt, dass Amazon Alexa, Siri und der Google Assistant zu den drei beliebtesten Smart-Speakern in Deutschland gehören. 76 % der Befragten gaben an, einen Amazon Sprachassistenten zu besitzen, während der Apple Home Pod und Google Home mit jeweils 13 % vertreten waren (Statista, 2021f).

Digitale Sprachassistenten werden als medialer Kommunikationskanal verwendet. In den meisten Fällen erfolgt Marketing bei Sprachassistenten, indem eigene Voice-Apps für Unternehmen/Marken erstellt werden. Die Einsatzmöglichkeiten reichen vom Kundenservice über Bestellsysteme bis hin zu Voice-Content-Marketing. Zusätzlich kann der Einsatz von Sprachassistenten zu einer höheren Kundenbindung führen. Schließlich spricht z. B. der Kunde den Markennamen mehrmals aus, so wird ein Erinnerungseffekt erzeugt. Außerdem führt der hohe Komfort zu einer höheren Kundenzufriedenheit (Lammenett, 2021, S. 541).

Eine weitere Form des Online-Marketings ist das *Mobile Marketing*. Es ermöglicht Unternehmen, auf verschiedenen Formen mit mobilen Nutzern in Kontakt zu kommen. Über Location-based Services ist es möglich, Angebote und Nachrichten auf den jeweiligen Aufenthaltsort des Nutzers abzustimmen (Kreutzer, 2021a, S. 4). Mobile Marketing kann in verschiedene Kategorien unterteilt werden: die mobile Übermittlung von Informationen an den Kunden, die mobile Gewinnung von Informationen vom Kunden, der mobile Verkauf und die mobile Auslieferung von Produkten und Dienstleistungen sowie der mobile Verkauf von realen Produkten und Dienstleistungen (Kreutzer, 2021a, S. 392).

Social Media eignet sich in besonderer Weise, um mit Interessenten und Konsumenten in Kontakt zu treten. Zu den wichtigsten Kanälen zählen u. a. Facebook, Instagram, Twitter, TikTok und YouTube (Goldner, 2021). Diese Plattformen ermöglichen es, dass Konsumenten mit der Marke interagieren und kommunizieren. Außerdem ist ein hoher Grad der Individualisierung des Contents möglich, wenn im Vorhinein eine exakte Analyse der Zielgruppe stattfindet (von Rüden et al., 2020, S. 153 ff.). Vor allem Social-Media-Apps gehören mittlerweile zum Alltag vieler Menschen dazu – etwa 96 % der deutschen Social-Media-Nutzer greifen per Smartphone auf die Plattformen zu (Kemp, 2021). War Social Media früher noch dazu da, um private Ereignisse und Fotos zu teilen sowie Kontakte zu Familie und Freunden zu pflegen, sind sie nun Shopping-, Business- und Streaming-Netzwerke (von Piechowski, 2021). Aufgrund dieser Entwicklung und der sich daraus ergebenen Bedeutung werden in Abschn. 3.2 die Funktionen von Social Media im Einzelnen dargestellt und es wird gezeigt, welche Bedeutung ihnen zugeschrieben wird.

3.2 Social-Media-Kanäle: Ein kurzer Überblick

Bei Social Media liegt der Schwerpunkt auf Vernetzung und Kommunikation von Nutzern über verschiedene gemeinschaftsorientierte Plattformen. Dabei werden Wissen, Informationen und Meinungen ausgetauscht. Lammenett (2021, S. 457) definiert Social-Media-Marketing als „gezielte[s] Marketing über soziale Netzwerke“. Zu Social Media gehören soziale Netzwerke, Media-Sharing-Plattformen, Messenger-Dienste, Online-Foren, Blogs und Online-Communities (Kreutzer, 2021b, S. 406). Zu den beliebtesten Plattformen weltweit gehören laut Digital 2021 Report Facebook (2,74 Mrd. Nutzer), YouTube (2,3 Mrd. Nutzer), WhatsApp (2 Mrd. Nutzer) und Instagram (1,3 Mrd. Nutzer) (Grelck, 2021). Der Konsum sozialer Medien steigt stetig, daher ist es für Unternehmen unerlässlich, sie als Kommunikationskanal einzusetzen (Steen & Terstiege, 2020, S. 188). Die Studie ergab außerdem, dass in Deutschland 66 Mio. Menschen Social Media nutzen (dies entspricht 78,7 % der Gesamtbevölkerung – eingeschlossen sind hier soziale Netzwerke und Messenger-Dienste (Kemp, 2021). Insgesamt verbringen deutsche Internetnutzer durchschnittlich 1,5 h täglich auf Social Media (Kemp, 2021). Verschiedene Studien zeigen ebenso auf, dass Social Media ein fester Bestandteil des beruflichen und privaten Alltags geworden ist (Althaller communication, 2021; Faktenkontor, 2021). Dazu trägt jedoch nicht nur die regelmäßige und starke Nutzung bei, sondern auch die positiven Erfahrungen auf sozialen Plattformen sowie der sogenannte Fear-of-missing-out-Effekt animieren Nutzer zu einem erhöhten Konsum (Steen & Terstiege, 2020, S. 189).

Social Media hat zwei maßgebliche Funktionen: Einerseits fördert es den Austausch von Informationen (z. B. in Form von Kommentaren, Empfehlungen oder Bewertungen), andererseits steht das Teilen von eigenen Leistungen (bspw. das Teilen von selbst verfassten Texten, Videos, Fotos sowie Audio-Produktionen) im Vordergrund. Wie der Name „Social Media" schon sagt, werden diese digitalen Plattformen dabei vorrangig als soziale Austauschplattform angesehen. Unternehmen, die rein werbliche Botschaften auf Social Media verbreiten, erreichen i. d. R. die Aufmerksamkeit der Nutzer nicht und werden vielmehr als Spam wahrgenommen. Aus diesem Grund darf Social Media nicht als reiner Werbekanal von Unternehmen gesehen werden. Es sollte vielmehr dafür eingesetzt werden, um mit Stakeholdern in den Dialog zu treten, sie in Kreativ- und Bewertungsprozesse zu integrieren und One-to-One-Serviceleistungen zu ermöglichen. Das Unternehmen sollte bei dem Einsatz berücksichtigen, dass Social Media vorrangig das Ziel verfolgt, zu unterhalten (Kreutzer, 2021b, S. 406 ff.). Daher ist es erforderlich, dass Unternehmen kontinuierlich aktiv sind und stetig mit der Community interagieren. „Während des Dialogs sollte dem Kunden das Gefühl gegeben werden, dass er von der Marke gehört und verstanden wird. Dies führt zu einer positiven Beziehung zur Marke." (Steen & Terstiege, 2020, S. 190) Aber auch die Unternehmen selbst profitieren direkt von dem Dialog mit ihren Kunden. So können sie z. B. durch die Kommunikation mit dem Kunden Wissen erwerben, welches sie zur Optimierung ihres Angebots und auch ihrer Kommunikationsinhalte verwenden können, um den jeweiligen Kundenansprüchen zu genügen (Steen & Terstiege, 2020, S. 190).

Eine weitere Chance von Social Media ist, dass nicht nur durch das Unternehmen direkt Inhalte übermittelt werden, sondern auch durch die Nutzer/Communities Inhalte geteilt werden. Meinungen, Informationen und Bewertungen können sich so sehr schnell und nahezu automatisch verbreiten (Steen & Terstiege, 2020, S. 191 f.). Ein weiterer entscheidender Vorteil ist, dass es Unternehmen ermöglicht wird, Communitys zu erreichen, die über traditionelle Werbekanäle nicht erreichbar wären (Lammenett, 2021, S. 457 f.).

Auch für das B2B-Marketing gewinnt Social Media zunehmend an Bedeutung. Soziale Netzwerke wie Xing und LinkedIn ermöglichen es, mit (potenziellen) Kunden, Mitarbeitern und Geschäftspartnern in Kontakt zu kommen bzw. zu bleiben. Aber auch YouTube kann als Kommunikationskanal des Employer-Brandings oder als Plattform für Schulungs- oder Erklärvideos genutzt werden. Außerdem ermöglichen soziale Plattformen, Nutzer-Communities aufzubauen, die im B2B-Geschäft von großer Bedeutung sind (Kreutzer et al., 2020, S. 30).

Social-Media-Marketing bietet dementsprechend viele Chancen: Es kann dazu genutzt werden, das Image zu pflegen, Werbebotschaften zu verbreiten, Aufmerksamkeit zu erzeugen, Neukunden zu akquirieren, die Marke zu stärken und die Zielgruppe zu erreichen (Steen & Terstiege, 2020, S. 190 ff.). Wichtig ist, dass Social Media trotz der werteschaffenden Chancen auch wertevernichtende Inhalte für das Unternehmen verbreiten kann. Diese Gefahr muss jedem Unternehmen bewusst sein und es muss daher aktiv darauf achten bzw. steuern, wie auf diese Inhalte zu reagieren ist und welche dominieren (Kreutzer, 2021b, S. 406).

3.3 Suchmaschinenmarketing als wichtiges Instrument zur Traffic-Generierung

Lammenett (2021, S. 159) definiert Suchmaschinenmarketing als „Oberbegriff für Online-Marketing-Maßnahmen in Bezug auf Suchmaschinen". Da der Einstieg vieler Kunden über die Internetsuche erfolgt, hat das Suchmaschinenmarketing eine besondere Stellung – 68 % der Online-Erfahrungen beginnen mit einer Suchmaschine (BrightEdge Research, 2019). Google macht es den Suchenden besonders einfach und beantwortet immer mehr Fragen schon direkt in den Suchergebnissen, ohne dass es eines direkten Klicks auf eine externe Website bedarf. Dennoch fungiert die Suchmaschine vor allem bei den Desktop-Suchanfragen zum einen als sogenanntes Einstiegsfenster; zum anderen hat sie auch eine integrative Funktion, wenn es darum geht, verschiedene Kanäle eines Unternehmens zu verbinden (Rixecker, 2021). Aufgrund dieser doch bedeutsamen Stellung soll das Suchmaschinenmarketing noch einmal intensiver betrachtet werden. Wie in Abschn. 3.1 schon beschrieben, wird Suchmaschinenmarketing in die Teildisziplinen Keyword-Advertising (engl. Search Engine Advertising [SEA]) und Suchmaschinenoptimierung (engl. Search Engine Optimization [SEO]) unterteilt. Kategorien wie „Preissuchmaschinen" und „Universal Search" fallen auch unter diesen Oberbegriff. (Lammenett, 2021, S. 159), werden jedoch in diesem Kapitel nicht vertieft.

Keyword-Advertising beschreibt „die entgeltliche Platzierung von kommerziellen Anzeigen zumeist in Form einer kurzen Textbeschreibung" (Lammenett, 2021, S. 167). Synonyme sind u. a. „Sponsored Links" oder „Performance-Marketing". Bei Keyword-Advertising wird die jeweilige Anzeige mit einem Link für eine spezifische Website verbunden. Zusätzlich ist die Anzeige bzw. die aus mehreren Anzeigen bestehende Kampagne mit bestimmten Suchwörtern (Keywords) verknüpft. Das bedeutet, die Anzeige wird nur angezeigt, wenn ein User ein vorher definiertes Keyword sucht (Lammenett, 2021, S. 167–176). Die Anzeigen der wichtigsten Suchmaschine „Google" heißen „Google Ads".

Im Gegensatz zum herkömmlichen Banner ist der Vorteil bei SEM, dass die jeweilige Anzeige nur erscheint, wenn ein bestimmtes Keyword in die Suchanfrage eingegeben wird. So wird die Wahrscheinlichkeit erhöht, dass mit der Werbebotschaft die Zielgruppe getroffen wird. Auch die Abrechnungsform unterscheidet sich darin zum klassischen Online-Marketing, dass erfolgsorientiert vergütet wird. Das bedeutet, nicht die Anzahl der eingeblendeten Anzeigen wird abgerechnet, sondern die Anzahl, die tatsächlich von Usern angeklickt wurde (Cost per Click). Zusätzlich kann die Position der Anzeige über den Preis bestimmt werden. Ein weiterer Vorteil von Keyword-Anzeigen ist, dass sie in den meisten Fällen kurzfristig buchbar sind und schnell und flexibel eingesetzt werden können (Lammenett, 2021, S. 167 ff.).

Bei Suchmaschinenoptimierung ist das Ziel, „eine bessere Platzierung in den organischen bzw. redaktionellen Trefferlisten der Suchmaschinen" (Kreutzer, 2021b, S. 294). Das Unternehmen erscheint demnach aufgrund des Algorithmus der Suchmaschine in den Trefferlisten. Unternehmen zielen demnach mit Suchmaschinenmarketing darauf, die Auffindbarkeit der eigenen Website zu verbessern (Kreutzer, 2021b, S. 294 f.). Wichtig ist, dass eine organisch hohe Position in der Trefferliste zwar nicht unmittelbar bezahlt werden muss. Jedoch fallen Kosten dadurch an, dass z. B. die Mitarbeiter oder die Agentur bezahlt werden, die nach bestimmten Kriterien die eigene Website optimieren (Kreutzer, 2021b, S. 295).

Die Maßnahmen von SEO lassen sich in zwei Kategorien unterscheiden: On-Site- und Off-Site-Optimierung. Bei der On-Site-Optimierung werden alle Maßnahmen an der Website selbst vorgenommen. Dabei handelt es sich vorwiegend um die strukturellen und technischen Aspekte der Website. Dazu gehören bspw. das URL-Design, die Struktur der Website, interne Verlinkungen, ein gut strukturierter HTML-Code und die Ladezeit. Zusätzlich gewinnt die optimale Darstellung der Website-Inhalte auf unterschiedlichen Endgeräten (Handy, Tablet, Laptop) immer weiter an Bedeutung (Kamps & Schetter, 2020 S. 22).

Bei der On-Site-Optimierung wird folgendermaßen vorgegangen: Erst wird entschieden, welche Suchmaschinen für das Unternehmen relevant sind, dann werden die relevanten Suchbegriffe und Kombinationen von Suchbegriffen ausgewählt. Anschließend sollte kontinuierlich kontrolliert werden, welche Schlüsselwörter den Traffic der Website intensivieren. Gegebenenfalls sollten Schlüsselwörter ausgetauscht werden, um den Traffic der Website zu erhöhen. So wird die eigene Website stetig optimiert (Kreutzer, 2021b, S. 302).

Bei der Off-Site-Optimierung dagegen wird die Platzierung in den Suchergebnissen verbessert. Bei der Bestimmung der Wichtigkeit einer Website greifen Suchmaschinen nicht nur auf Inhalte der eigenen Website zu, sondern auch auf Referenzen von Websites von Dritten. Das Ziel besteht hier darin, Backlinks aufzubauen. Backlinks sind „Links, die von anderen Websites auf die eigene Website verweisen" (Kreutzer, 2021b, S. 320). Je mehr hochwertige Backlinks eine Website hat, desto weiter „rutscht" sie bei den Suchergebnissen nach oben (Kreutzer, 2021b, S. 320).

4 Online- und Offline-Channel-Marketing im Vergleich

Durch diesen kurzen Überblick über die wichtigsten Kanäle des Offline- und Online-Marketings wird offensichtlich, dass sich die beiden Formen des Marketings in unterschiedlichen Bereichen signifikant voneinander unterscheiden. Diese Unterschiede sollen anhand von verschiedenen Bewertungskriterien im Folgenden systematisch gegenübergestellt werden. Die Kriterien beziehen sich dabei auf Indikatoren bzw. Kennzahlen,

Tab. 1 Gegenüberstellung von Online- und Offline-Marketing

Kriterium	Online-Marketing	Offline-Marketing
Performance-Messung	Einfach und in Realtime mithilfe verschiedener Kennzahlen und Analyseprogramme durchzuführen	Durch verschiedene Verfahren erst nach Kampagnenende möglich
Reichweite	Sehr hoch, fast auf globaler Ebene	Geringer als online, aber je nach Medium unterschiedlich
Streuverluste	Kaum vorhanden, sehr zielgruppenspezifisch zu schalten	Sehr hoch, aber abhängig vom genutzten Medium
Kosten	Gering, nach oben jedoch keine Grenze gesetzt	Vergleichsweise hoch, aber je nach Medium unterschiedlich
Interaktion mit den Konsumenten	Auf direkte Interaktion ausgelegt	Nur teilweise möglich, vor allem durch Dialogmarketing
Anpassung/Optimierung	Schnelle Optimierung fast in Realtime	Bis auf einige Einzelfälle nicht möglich
Ad-Blocker	Einsetzbar: Nutzer eliminieren damit Werbung	Nicht einsetzbar

die grundsätzlich zur Erfolgsmessung des Einsatzes von Online- und Offline-Kanälen herangezogen werden. Die Tab. 1 fasst zunächst die anschließende Analyse zusammen, welche das Ziel verfolgt, ein grundlegendes Verständnis bzgl. der Vor- und Nachteile im Online- und Offline-Marketing zu schaffen. Jedoch sollte erwähnt werden, dass es sich hierbei um eine eher grobe Verallgemeinerung handelt, die die grundsätzliche Richtung aufzeigen soll. Insgesamt ist eine solche Bewertung jeweils für jeden einzelnen Kanal erforderlich, um im Detail die Unterschiede darzustellen. Auch ist die Wahl der Bewertungskriterien sicherlich nicht als abschließend zu bezeichnen.

Performance-Messung

Die Performance-Messung ist ein wesentlicher Bestandteil des Marketingcontrollings und beschäftigt sich mit dem Erfolg der Marketingkampagne anhand unterschiedlicher Kennzahlen. Nur mithilfe einer regelmäßigen Erfolgskontrolle können Rückschlüsse auf eventuelle Verbesserungen für folgende Marketingmaßnahmen gezogen werden (Kamps & Schetter, 2020, S. 5 ff.).

Im *Online-Marketing* kann die Steuerung einer Kampagne in der heutigen Zeit sehr leicht und in Echtzeit vorgenommen werden (Lammenett, 2021, S. 389), da hierfür eine Fülle an Kennzahlen und Analysetools zur Verfügung stehen, die je nach Bereich und Ziel variieren können. Besonders im Fokus befinden sich, abhängig vom Ziel der Marketingkampagne, die Conversion-Rate oder Click-Through-Rate (Lammenett, 2021, S. 388). Während die Conversion-Rate in Prozent dargestellt wird und damit das Verhältnis zwischen den tatsächlich erreichten Conversions und den Klicks angibt, ermittelt die Click-Through-Rate das Verhältnis zwischen den Impressions und der Anzahl der Klicks, welche mithilfe der Kampagne generiert werden konnten (Lammenett, 2021, S. 593).

Im *Offline-Marketing* stehen für die Performance-Messung ebenfalls unterschiedliche Indikatoren zur Verfügung (Pepels, 2020, S. 319). Besonders im Fokus stehen dabei Kennzahlen zur Ermittlung der Reichweite des Mediums wie bspw. die Zielgruppenaffinität. Außerdem kann die Wirksamkeit der Werbekampagne im Offline-Marketing mithilfe von Pre- bzw. Post-Tests ermittelt werden (Meffert et al., 2019, S. 797, 831). Bezüglich des Dialogmarketings wird für die Performance-Messung eine Auswertung der Kundendatenbank herangezogen. Im Gegensatz zur Erfolgskontrolle des Online-Marketings ist diese allerdings überwiegend erst nach Abschluss der Kampagne möglich (Holland, 2016, S. 39), was ein Gegensteuern während der Kampagne nicht möglich macht.

Reichweite

Die Reichweite wird als ein Kriterium der Performance-Messung verstanden. Diese Kennzahl gibt an, wie viele Personen ein Werbemedium erreichen kann. Hierbei können verschiedene Kennzahlen in den Bereichen der Breitenwirkung und Tiefenwirkung und des Werbedrucks Anwendung finden (Meffert et al., 2019, S. 795 f.).

Die Erschließung der „digitalen Welt" wird häufig als eine besondere Chance für das *Online-Marketing* angesehen. Denn aktuelle Studien zeigen, dass die Online-Nutzung in Deutschland bei allen Menschen ab 14 Jahren bei rund 94 % liegt (Statista, 2021g). Dies bedeutet, dass der Hauptteil der anzusprechenden Zielgruppen im digitalen Bereich vertreten und über das Internet ansprechbar ist. Somit kann durch Online-Marketing eine große Reichweite erzielt werden.

Die Ermittlung der Reichweite im *Offline-Marketing* gestaltet sich im Vergleich zum Online-Marketing schwieriger und ist u. a. abhängig von der „Mediennutzerqualität" (Meffert et al., 2019, S. 795). Insgesamt ist festzuhalten, dass sich die Reichweiten der jeweiligen Medien im Offline-Marketing sehr stark unterscheiden, daher ist es schwierig, eine pauschale medienübergreifende Aussage bzgl. der Reichweite zu treffen (Pepels, 2020, S. 122; Statista, 2021h).

Streuverluste

Als Streuverluste werden unbeabsichtigte Kontakte mit einem Werbemedium bezeichnet, wobei die aufgetretenen Kontakte nicht zur angestrebten Zielgruppe gehören. Ein solcher Streuverlust soll insbesondere durch verschiedene Optimierungsmaßnahmen verringert werden, sodass die ausgewählte Zielgruppe besser erreicht werden kann (Kreutzer, 2021b, S. 671).

Insbesondere durch Targeting können Streuverluste minimiert werden. So können bspw. in den sozialen Netzwerken die Nutzerdaten des Konsumenten zur Steuerung der Werbekampagne genutzt werden und damit einen geringen Streuverlust gewährleisten (Lammenett, 2021, S. 422). Zusätzlich zu diesen Möglichkeiten in der digitalen Welt kommt dem Programmatic Advertising seit einigen Jahren eine immer größere Bedeutung zu. Hierbei handelt es sich um eine Methode, die es via künstliche Intelligenz ermöglicht, die am besten auf die Zielgruppe zugeschnittenen digitalen Werbeflächen zu ermitteln und zu kaufen. Durch diese Technologie werden die Streuverluste im Online-Marketing in Zukunft noch deutlich geringer ausfallen (Lammenett, 2021, S. 373).

Die Streuverluste im *Offline-Marketing* sind aufgrund der eingeschränkten Möglichkeit einer individuell auf den Kunden zugeschnittenen Werbung meist als recht hoch einzuschätzen – vor allem in den Bereichen der TV-, Radio- oder Printwerbung ist dieser Effekt eine erhebliche Schwäche der klassischen Werbung (Holland, 2016, S. 50 f.). Jedoch bietet die Dialogwerbung, insbesondere die volladressierten Wurfsendungen, den Vorteil eines vergleichsweise geringen Streuverlustes (Pepels, 2020, S. 262).

Kosten

Der große Vorteil des *Online-Marketings* ist, dass die Kosten vergleichsweise gering ausfallen können. Eine weitere Stärke hinsichtlich des Kostenfaktors im Online-Marketing liegt darin begründet, dass sich das Marketingbudget in Echtzeit steuern und anpassen lässt. In der Regel kann die Kampagne mit geringem Aufwand erstellt und geschaltet werden, jedoch sind dem Budget nach oben hin keine Grenzen gesetzt (Kreutzer, 2021b, S. 43, 198). Meist unterscheiden sich die Kosten der Werbung im Online-Marketing in Abhängigkeit von der jeweiligen Performance des Werbemediums, sodass diese stark variieren können. Parameter für die Einstufung der Kosten sind dabei häufig die generierten Leads (Kreutzer, 2021b, S. 44).

Die Kosten für Werbung im *Offline-Marketing* sind prinzipiell deutlich höher bzw. während einer Kampagne nicht mehr steuerbar als im Bereich der Online-Werbung, jedoch unterscheiden sich auch in dieser Rubrik die Kosten je gewähltem Medium (Pepels, 2020, S. 128). Im Offline-Marketing wird für die Ermittlung der Kosten vor allem das Kriterium der erreichten Kontakte zugrunde gelegt. Diese Kosten werden insbesondere durch den Tausend-Kontakt-Preis oder den Tausend-Nutzer-Preis berechnet. Mithilfe dieser Kennzahlen werden die durchschnittlichen Kosten berechnet, um 1000 Kontakte bzw. 1000 Personen zu erreichen (Meffert et al., 2019, S. 800).

Interaktion mit den Konsumenten

Das *Online-Marketing* ist im Gegensatz zur klassischen Werbung „keine kommunikative Einbahnstraße“ (Kreutzer, 2021b, S. 42) und wurde in der Vergangenheit immer mehr auf die Interaktion mit dem Kunden ausgelegt – sei es durch Kommentare, Likes oder Shares in den sozialen Netzwerken, die direkte Kontaktaufnahme auf der Website oder den E-Mail-Newsletter. Zusätzlich finden sich auf den meisten Websites Callback-Buttons oder Chatfunktionen, sodass der Kunde über diese Features ebenfalls die Möglichkeit erhält, mit dem Unternehmen in Kontakt zu treten (Kreutzer, 2021b, S. 42 f.). Laut einer Studie von Verint Systems (2016, S. 4) sollen auch in Zukunft mehr Möglichkeiten angeboten werden, direkt online mit dem Unternehmen zu kommunizieren – eine Video-Chatfunktion steht dabei zusammen mit den bereits genannten Features besonders im Fokus.

Das *Offline-Marketing* baut hingegen meist auf dem Kommunikationsmodell One-to-Many auf, sodass durch TV-, Radio- oder Out-of-Home-Werbung kaum bis gar keine Interaktionsmöglichkeiten mit dem Kunden bestehen, da sich diese Marketingformen hauptsächlich auf die Steigerung der Bekanntheit oder des Images fokussieren (Holland, 2016, S. 19 ff., 45). Jedoch ist es auch im klassischen Marketing nicht unmöglich, mit seinen Kunden zu kommunizieren – so kann durch ein strategisch eingesetztes Dialogmarketing durchaus eine Kommunikationsbasis geschaffen werden. Durch die Response-Elemente in Werbesendungen, aktives oder passives Telefonmarketing oder den direkten Dialog auf Messen kann das Offline-Marketing zumindest teilweise mit der Fülle an Interaktionsmöglichkeiten im digitalen Bereich mithalten (Holland, 2016, S. 48 ff.).

Anpassung bzw. Optimierung

Das *Online-Marketing* und seine technologische Auslegung ermöglicht es den werbetreibenden Unternehmen, die jeweiligen Marketingkampagnen einer sofortigen Optimierung und Anpassung zu unterziehen. So kann durch die Nutzung verschiedener Automatismen und Programme eine Anpassung des Marketings fast in Echtzeit durchgeführt werden (Lammenett, 2021, S. 588).

Im *Offline-Marketing* ist die Anpassung und Optimierung einer laufenden Marketingkampagne meist nicht möglich, die Werbeplätze sind in d. R. bereits lange im Voraus gebucht und damit nicht mehr veränderbar. Jedoch können bspw. im privatwirtschaftlichen Fernsehen abhängig vom Erfolg der Werbung zusätzliche Werbeplätze nachgebucht oder getauscht werden. Dies wird vor allem durch ein regelmäßiges Tracking der Einschaltquoten und der relevanten demografischen Kriterien ermöglicht, sodass eine Optimierung des Werbeplatzes vorgenommen und die Erreichung der relevanten Zielgruppe gewährleistet werden kann (Pepels, 2020, S. 156).

Ad-Blocker

Ad-Blocker sind im *Online-Marketing* ein ernstzunehmendes Thema, denn mithilfe dieser Tools können Endverbraucher die Schaltung von Werbung im Internet verhindern (Kamps & Schetter, 2020, S. 277). Dass dies zu einem erheblichen Nachteil für die Reichweite von Werbung werden kann, zeigt eine Studie des Bundesverbands Digitale Wirtschaft (2020). In Deutschland wurden 2019 rund 23 % der Display-Werbung geblockt. Laut Bundesverband Digitale Wirtschaft (2020) führt bereits eine Rate von über 20 % zu Umsatzverlust der Websitebetreiber bis zu 30 % (Kamps & Schetter, 2020, S. 278).

Dass das Online-Marketing nicht per se nur Vorteile, sondern auch Risiken bereithält, wird am Beispiel der Ad-Blocker besonders deutlich. Aus diesem Grund wird es für das Marketing der Zukunft immer relevanter, nicht nur eine Marketingform zu präferieren, sondern sowohl Online- als auch Offline-Marketing innerhalb eines integrierten Online- und Offline-Channel-Marketings miteinander zu verzahnen. Das folgende Kapitel widmet sich deshalb den Grundzügen eine integrierten Online- Offline-Channel-Marketing.

5 Fazit – Die neue Herausforderung: Ein integriertes Online- und Offline-Channel-Marketing

5.1 Begriffliche Grundlagen

„Channel-Marketing" ist zunächst kein neuer Begriff im Marketing, sondern ein altbewährtes Konzept, das sich mit der Einführung neuer Marketing-Kanäle und deren ständiger Weiterentwicklung etabliert hat. Ausgehend von dem sogenannten Offline-Channel-Marketing oder auch klassischem Marketing, welches alle nicht-digitalen Kanäle umfasst, führten die Möglichkeiten der Digitalisierung zu der Entwicklung und stetigen Erweiterung des Channel-Marketings durch Online-Kanäle. Insgesamt weisen die Offline- und Online-Kanäle unterschiedliche Funktionen auf – diese reichen von Informations- bis Kommunikations-, aber auch Distributionsfunktionen (Blunk, 2013, S. 516 f.). Die Herausforderung für das Marketing besteht darin, diese Vielfalt von Kanälen zielgerichtet auszuwählen und zu kombinieren (siehe zur Entwicklung des Marketings Lammenett, 2021, S. 22 ff.).

Mittlerweile haben sich drei unterschiedliche Konzepte des Channel-Marketings herausgebildet, die in der Literatur häufig genannt werden und allesamt dasselbe Ziel verfolgen. Es geht in erster Linie darum, den Kunden zum Kaufabschluss zu motivieren, ohne dass ihm komplizierte Wege innerhalb seines Kaufentscheidungsprozesses vorliegen (Jäger, 2016, S. 28). Auch wenn die Begrifflichkeiten nicht immer zwingend voneinander getrennt und häufig sogar synonym benutzt werden, soll hier ein Überblick als Orientierungshilfe dienen, um für die folgenden Beiträge ein einheitliches Grundverständnis zu schaffen:

Multi-Channel-Marketing
Multi drückt aus, dass es sich um ein Viel- oder Mehrfaches handelt. Ein Unternehmen mit Multi-Channel-Marketing nutzt also mehrere Wege (mindestens zwei), um seine Zielgruppen zu erreichen. Das bedeutet, dass Kunden Produkte über mehrere Kanäle erwerben können, bspw. im Online-Shop, in einer App oder aber vor Ort im Geschäft. Die Kanäle sind nicht miteinander verbunden – der Kunde kann die Kanäle zwar parallel, aber nicht übergreifend nutzen (Sudermann, 2018, S. 229; Qualtrics o. J.). Im Gegensatz dazu steht das Single-Channeling oder Single-Channel-Marketing, bei dem der Kaufabschluss des Kunden nur über einen einzigen Kanal ermöglicht wird (Zaharia, 2013, S. 125).

Cross-Channel-Marketing
Das Cross-Channel-Marketing ist eine Erweiterung zum Multi-Channel-Marketing (Deges, 2020, S. 141). Auch hier können Waren/Dienstleistungen über verschiedene Kanäle beim Anbieter erworben werden, allerdings sind diese dann miteinander verknüpft – Deges (2020, S. 141) spricht von einer „absatzstimulierende[n] Verknüpfung der Vertriebskanäle". Die Unternehmen können durch Cross-Channel-Marketing auf mehreren Plattformen mit ihren Kunden interagieren und diese Kunden wiederum

können zwischen den Kanälen beliebig oft hin- und herwechseln. Als bekanntes Beispiel lässt sich das „Click and Collect" anführen, bei dem der Kunde die Ware online bestellt, sie dann aber vor Ort im Geschäft abholt (Deges, 2020, S. 142).

Auch wenn die ersten beiden Definitionen eher den Channel-*Vertrieb* bzw. *-Absatz* in den Vordergrund stellen, lassen sich die Strategien auch auf Kommunikationskanäle anwenden. Das wird noch einmal deutlicher, wenn man das Omni-Channel-Marketing betrachtet, bei dem es sich um die „vollständige Integration aller Kanäle in sämtlichen Prozessen der Kundeninteraktion handelt" (Hölter & Schmidt-Ross, 2020, S. 109).

Omni-Channel-Marketing

Das Omni-Channel-Marketing beschreibt eine Strategie, bei der der Kunde Informationen, Produkte, Dienstleistungen und Support über mehrere, synchronisierte Kanäle erhält (Verhoef et al., 2015, S. 178). Der Begriff „omnis" stammt aus dem Lateinischen und bedeutet „jeder" oder „alles". Das Marketing verfolgt somit einen kundenzentrierten Fokus, der ein ganzheitliches Einkaufserlebnis bietet, bei dem die Kaufreise jedes Kunden reibungslos und nahtlos verläuft, unabhängig von den genutzten Kanälen – online oder offline (Bailey, 2020, S. 8).

5.2 Grundidee eines integrierten Online- und Offline-Channel-Marketings

Genau an dieser Stelle setzt das „integrierte Online- und Offline-Channel-Marketing" an. Die Grundidee besteht darin, dass die Grenzen zwischen allen Kanälen (sowohl den traditionellen als auch den neuen) in der Wahrnehmung des Kunden aufgelöst werden und ihm dabei ein einheitliches bzw. durchgängiges Einkaufserlebnis ermöglicht wird (Deges, 2020, S. 79). Ein integriertes Online- und Offline-Channel-Marketing hat daher die Aufgabe, alle von einem Unternehmen genutzten Kanäle miteinander zu verzahnen und einen kanalübergreifenden Brückenschlag zwischen Online- und Offline-Welt zu erreichen (Heinemann et al., 2020, S. 22). Beispielsweise kann ein potenzieller Interessent online auf ein bestimmtes Angebot aufmerksam gemacht werden, um einen Kauf auszulösen, dann schickt das Unternehmen einen E-Coupon an den Kunden, der sowohl im stationären Shop als auch online eingelöst werden kann und im Nachgang kann die weitere Kommunikation für die Kundenbindung via E-Mail erfolgen (Kreutzer, 2021b, S. 93). Die Omni-Channel-Strategie schafft also die Integration von Online- und Offline-Kanälen und legt damit die Basis für die nahtlose Customer Journey (Grote, 2021). Das setzt allerdings u. a. auch eine einheitliche optische und inhaltliche Gestaltung voraus (Zimmermann & Westermann, 2020, S. 10), damit die Kunden auf allen Kanälen einen Wiedererkennungseffekt haben. Angebote oder Sonderaktionen müssen auf allen Kanälen gleichermaßen gelten (Holland, 2016, S. 183). Darüber hinaus muss auch der Datenaustausch über Kundeninformationen über alle Kanäle hinweg gewährleistet sein, damit der Kunde immer wieder personalisiert angesprochen werden kann (Kronseder 2020, S. 8). Das Ziel eines integrierten Online-und Offline-Channel-Marketings ist es, dass dem Kunden bei einem Unternehmen eine Vielzahl von Kanälen zu Verfügung gestellt wird und er die Möglichkeit hat, den jeweils für ihn in der aktuellen Situation geeignetsten zu nutzen – sowohl für die Einholung von Informationen als auch für das Einkaufen selbst (Bailey, 2020, S. 8). Insgesamt soll durch eine möglichst barrierefreie bzw. unkomplizierte Kommunikation mit dem Unternehmen eine Leadgenerierung erzielt und somit die Abbruchquote im Laufe einer Customer Journey möglichst minimiert werden. Weiterhin kann durch eine systematische und zeitnahe Bearbeitung des Leads auch ein loyaler Kundenstamm entstehen. (Johnigk et al., 2020, S. 202). Multikanal-User verbringen mehr Zeit mit der Marke und die Wahrscheinlichkeit, dass sie proaktiv mit der Marke bzw. dem Unternehmen interagieren, nimmt somit zu (Contentpepper, o. J.).

Bei dem integrierten Online- und Offline-Channel-Marketing bzw. dem Omni-Channel-Marketing geht es allerdings nicht nur um die Integration von Kanälen, sondern auch um die Integration von internen Prozessen und Systemen. Die Herausforderung liegt vor allem darin, die Systemlandschaft innerhalb des Unternehmens umzustellen (Zimmermann & Westermann, 2020, S. 11). Um dem Kunden eine einheitliche Customer Experience über alle Kanäle hinweg bieten zu können, müssen die Unternehmen hochwertigen und personalisierten Content bereitstellen und auch zeitnah auf diversen Kanälen veröffentlichen. Hierzu kann eine Multi-Kanal-Plattform eingeführt werden, die dem Unternehmen eine Lösung bietet für Analytics, Personalisierung, Marketing Automation und digitales Kampagnenmanagement (Czieslick, 2016).

Weiterhin ist es sinnvoll, mit einer sogenannten Customer-Journey-Tracking-Software eine Analyse durchzuführen, die sich mit der Performance-Messung der (vor allem digitalen) Kanäle beschäftigt, um so festzustellen, welche Marketing-Kanäle welchen Anteil am Gesamterfolg haben und wie das Werbebudget zukünftig effizienter auf die einzelnen Kanäle verteilt werden kann (Kamps & Schetter, 2020, S. 171).

Ein integriertes Online- und Offline-Channel-Marketing rückt insgesamt den Kunden ins Zentrum (Customer Centricity) (Dimitriou, 2020). Um dieser starken Kundenorientierung gerecht zu werden, ist die Implementierung eines kanalübergreifenden Customer-Relationship-Management-Systems (CRM-System) unumgänglich. Zentrale Aufgaben des CRM-Systems sind vor allem die Verwaltung sämtlicher Kundendaten sowie die Bereitstellung von Kundendaten zum Kaufverhalten im Vor- und Nachhinein (Meffert et al., 2019, S. 62).

Literatur

Althaller communication. (2021). B2B Social Media Umfrage 2021 – Studienergebnisse: Wie verändert sich die Nutzung der Kanäle? https://www.ak-socialmedia-b2b.de/b2b-social-media-umfrage-2021-studienergebnisse-wie-veraendert-sich-die-nutzung-der-kanaele/#wpcf7-f4613-S.4588-o1. Zugegriffen: 25. Feb. 2022.

Arbeitsgemeinschaft Media-Analyse. (2021). *ma2021 Audio: Aktuelle Daten der Konvergenzwährung*. Arbeitsgemeinschaft Media-Analyse e. V.

Bailey, S. (2020). E-Commerce und stationärer Handel – Omnichannel Commerce für die perfekte Customer Journey. *Wirtschaftsinformatik & Management, 12*(1), 6–13.

Becker, F. (2015). Hybride Kunden als Chance: Offensive statt Resignation. https://www.absatzwirtschaft.de/hybride-kunden-als-chance-offensive-statt-resignation-66471/. Zugegriffen: 24. Feb. 2022.

Bitkom. (2019). Marketingbudgets und -maßnahmen in der ITK-Branche. Ergebnispräsentation der Unternehmensbefragung 2019. https://www.bitkom.org/sites/main/files/2019-11/bitkom_studie_marketingbudgets_und_massnahmen_2019.pdf. Zugegriffen: 3. März 2022.

Bitkom. (2021). Marketingmaßnahmen und Budgetstudie 2021. Ergebnispräsentation der Unternehmensbefragung. https://www.bitkom.org/sites/main/files/2021-10/itk_marketingmassnahmen_und_budgetstudie_2021.pdf. Zugegriffen: 3. März 2022.

Blunk, D. E. (2013). Integriertes Kanaldesign im Multi-Channel-Marketing des Einzelhandels. In: Crockford, G./Ritsche, F./Schmieder, U.-M. (Hrsg.). Handel in Theorie und Praxis – Festschrift zum 60. Geburtstag von Prof. Dr. Dirk Möhlenbruch. (S. 513–541). Wiesbaden: Springer Gabler.

Bösch, M. (2020). Das Ende der Werbung, wie wir sie kannten, https://www.dw.com/de/das-ende-der-werbung-wie-wir-sie-kannten/a-3438911. Zugegriffen: 8. Dez. 2020.

BrightEdge Research. (2019). Organic Search Improves Ability to Map to Consumer Intent: Organic Channel Share Expands to 53.3% of Traffic. https://videos.brightedge.com/research-report/BrightEdge_ChannelReport2019_FINAL.pdf. Zugegriffen: 25. Feb. 2022.

Bundesverband Digitale Wirtschaft. (2020). OVK: Adblocker-Rate leicht auf 23,2 Prozent gesunken. https://www.bvdw.org/der-bvdw/news/detail/artikel/ovk-adblocker-rate-leicht-auf-232-prozent-gesunken/. Zugegriffen: 16. Feb. 2022.

Contentpepper (o. J.). Wie Unternehmen von Multichannel-Marketing profitieren. https://www.contentpepper.com/de/Wie-Unternehmen-von-Multichannel-Marketing-profitieren. Zugegriffen: 14. Feb. 2022.

Czieslick, M. (2016). 4 Erfolgsfaktoren für ein effektives Multikanal-Marketing. https://www.contentmanager.de/marketing/4-erfolgsfaktoren-fuer-ein-effektives-multikanal-marketing/. Zugegriffen: 12. Jan. 2022.

Deges, F. (2020). *Grundlagen des E-Commerce – Strategien, Modelle, Instrumente*. Springer Gabler.

Deutsche Post. (2021). Dialogmarketing-Monitor 2021. https://www.deutschepost.de/content/dam/dpag/images/D_d/dialog-marketing-monitor/dp-dialogmarketing-monitor-2021.pdf. Zugegriffen: 24. Feb. 2022.

Dimitriou, M. (2020). Omnichannel Marketing: Why you need a customer centric-approach in 2020. https://lidpublishing.com/omnichannel-marketing-why-you-need-a-customer-centric-approach-in-2020/. Zugegriffen: 14. Feb. 2022.

Faktenkontor (2021). Der Arbeitsplatz ohne Social Media ist ein Auslaufmodell. https://www.faktenkontor.de/pressemeldungen/der-arbeitsplatz-ohne-social-media-ist-ein-auslaufmodell/. Zugegriffen: 25. Feb. 2022.

Goldner, L. (2021). Social Media-Kanäle für Unternehmen: Die 10 wichtigsten Plattformen 2022. https://www.gruender.de/online-marketing/social-media-kanaele/. Zugegriffen: 25. Feb. 2022.

Grelck, K. (2021). Social-Media-Plattformen: Ein Überblick über Werbepotenziale und Nutzungsverhalten. https://omr.com/de/social-media-plattformen-ein-ueberblick-ueber-werbepotenziale-und-nutzungsverhalten/#meistgenutzte-plattformen. Zugegriffen: 25. Feb. 2022.

Grote, S. (2021). Was ist Omnichannel Marketing?. https://www.meltwater.com/de/blog/omni-channel-marketing. Zugegriffen: 1. Feb. 2022.

Heinemann, G., Kannen, K., & Bleil, S. (2020). *Plattformökonomie und eCommerce im Banking – Grundlagen, Plattform-Geschäftsmodelle, Optionen und Lösungsansätze*. Springer Gabler.

Holland, H. (2016). *Dialog-Marketing: Offline- und Online-Marketing, Mobile- und Social-Media-Marketing* (4. Aufl.). Franz Vahlen.

Hölter, A.-K., & Schmidt-Ross, I. D. (2020). Omni-Channel-Management und Customer Journey. In L. Binckebanck, A.-K. Hölter, & A. Tiffert (Hrsg.), *Führung von Vertriebsorganisationen – Strategie, Koordination, Umsetzung* (2. Aufl., S. 107–124). Springer Gabler.

iwd. (2022). Influencer: Ein wachsender Werbemarkt. https://www.iwd.de/artikel/influencer-ein-wachsender-werbemarkt-532151/. Zugegriffen: 25. Feb. 2022.

Jäger, R. (2016). *Multi-Channel im stationären Einzelhandel – Ein Überblick*. Springer Gabler.

Jahnke, M. (2021). Influencer Marketing – eine Bestandsaufnahme. In M. Jahnke (Hrsg.), *Influencer-Marketing* (2. Aufl., S. 2–22). Springer Gabler.

Johnigk, M., Uhlig, T., Reick, M., & Kähmann, J. (2020). Die Omnichannel-Strategie der SIGNAL IDUNA Gruppe als Antwort auf geändertes Kundenverhalten. In I. Böckenholt, A. Mehn, & A. Westermann (Hrsg.), *Konzepte und Strategien für Omnichannel-Exzellenz – Innovatives Retail-Marketing mit Mehrdimensionalen Vertriebs- und Kommunikationskanälen* (S. 191–214). Springer Gabler.

Kamps, I., & Schetter, D. (2020). *Performance Marketing – Der Wegweiser zu einem mess- und steuerbaren Online-Marketing – Einführung in Instrumente, Methoden und Technik* (2. Aufl.). Springer Gabler.

Kemp, S. (2021). Digital 2021 report for Germany. https://datareportal.com/reports/digital-2021-germany. Zugegriffen: 25. Feb. 2022.

Kreutzer, R. T. (2021a). *Kundendialog online und offline: Das große 1x1 der Kundenakquisition, Kundenbindung und Kundenrückgewinnung*. Springer Gabler.

Kreutzer, R. T. (2021b). *Praxisorientiertes Online-Marketing. Konzepte – Instrumente – Checklisten* (4. Aufl.). Springer Gabler.

Kreutzer, R. T., Rumler, A., & Wille-Baumkauff, B. (2020). *B2B-Online-Marketing und Social Media: Handlungsempfehlungen und Best Practices* (2. Aufl.). Springer Gabler.

Kronseder, M. (2020). Omnichannel-Marketing und Omnichannel-Vertrieb in der Pharmaindustrie: „Einer für alle, alle für Einen“. In E. Schwarz (Hrsg.), *Omnichannel im Pharma-Vertrieb – Grundlagen, Benchmarks und Beispiele für den Pharma-Außendienst* (S. 1–23). Springer Gabler.

Lammenett, E. (2021). *Praxiswissen Online-Marketing: Affiliate-, Influencer-, Content-, Social-Media-, Amazon-, Voice-, B2B-, Sprachassistenten- und E-Mail-Marketing, Google Ads, SEO* (8. Aufl.). Springer Gabler.

Meffert, H., Burmann, C., Kirchgeorg, M., & Eisenbeiß, M. (2019). *Marketing: Grundlagen marktorientierter Unternehmensführung Konzepte – Instrumente – Praxisbeispiele*. Springer Gabler.

o. V. (2018a). Sendung der Tagesthemen vom 22.11.2018a. https://www.tagesschau.de/multimedia/video/video-474807.html. Zugegriffen: 3. März 2022.

o. V. (2018b). So viele Tonnen Werbung landen noch im Briefkasten. https://www.fibers-in-process.de/news/papierherstellung/grafische-papiere/Weltweite-Werbepost-Studie-So-viele-Tonnen-Werbung-landen-noch-im-Briefkasten--9423. Zugegriffen: 3. März 2022.

o. V. (2020a). Druckst du noch oder surfst du schon? Ikea trennt sich nach 70 Jahren von seinem gedruckten Katalog. https://zeitung.faz.net/faz/wirtschaft/2020a-12-08/druckst-du-noch-oder-surfst-du-schon/543113.html. Zugegriffen: 3. März 2022.

o. V. (2020b). Klassische Werbung ist tot. https://www.focus.de/finanzen/boerse/wirtschafts-ticker/mastercard-marketingchef-klassische-werbung-ist-tot_id_9971451.html. aufgerufen am 8.12.2020b.

o. V. (2020c). Der smarte Nutzer von heute – Das Kundenverhalten hat sich nachhaltig verändert. https://www.personal-business-machine.com/der-smarte-nutzer-von-heute-das-kundenverhalten-hat-sich-nachhaltig-veraendert/. aufgerufen am 8.12.2020.

Peis, N. (2015). Umdenken für das Marketing von morgen. Digitales Marketing ist keine Online-Verlängerung von analogen Kampagnen: Wer in der Marketingbranche erfolgreich sein will, muss umdenken. https://www.zukunftsinstitut.de/artikel/umdenken-fuer-das-marketing-von-morgen/. Zugegriffen: 3. März 2022.

Pepels, W. (2020). *Marketing-Kommunikation Einführung in die Kommunikationspolitik* (4. Aufl.). Duncker & Humblot.

Piechowski, N. von. (2021). Mehr Commerce. Live Streams und neue Player: Studie zeigt Evolution der Social Media Apps. https://onlinemarketing.de/cases/social-media-evolution-2021-studie-app-annie. Zugegriffen: 25. Feb. 2022.

Qualtrics (o. J.). Omnichannel Marketing: Eine Strategie auf allen Kanälen. https://www.qualtrics.com/de/erlebnismanagement/kunden/omnichannel/. Zugegriffen: 24. Jan. 2022.

Rixecker, K. (2021). Google: Fast 2 Drittel aller Suchanfragen führen zu keinem weiteren Klick. https://t3n.de/news/google-suchen-seo-keine-klicks-1368668/. Zugegriffen: 25. Feb. 2022.

von Rüden, S., Toller, P., & Terstiege, M. (2020). Digitales Marketing – Herkunft, Zukunft und Trends. In M. Terstiege (Hrsg.), *Digitales Marketing – Erfolgsmodelle aus der Praxis: Konzepte, Instrumente und Strategien im Kontext der Digitalisierung* (S. 151–178). Springer Gabler.

Statista. (2021a). Verteilung der Werbeaufwendungen der Dienstleister auf die einzelnen Werbemedien (Dialog + Klassik) im Jahr 2020. https://de.statista.com/statistik/daten/studie/169151/umfrage/werbeaufwendungen-der-dienstleister/. Zugegriffen: 3. März 2022.

Statista. (2021b). Digital Out-of-Home (DOOH) Werbung. https://de.statista.com/statistik/studie/id/51363/dokument/digital-out-of-home-dooh-werbung/. Zugegriffen: 24. Feb. 2022.

Statista. (2021c). Printwerbung. https://de.statista.com/statistik/studie/id/45947/dokument/printwerbung/. Zugegriffen: 24. Feb. 2022.

Statista. (2021d). Werbemarkt-Prognosen. https://de.statista.com/statistik/studie/id/21700/dokument/werbemarkt-prognosen-statista-dossier/. Zugegriffen: 24. Feb. 2022.

Statista. (2021e). Auswirkungen des Coronavirus (COVID-19) auf die Medienbranche. https://de.statista.com/statistik/studie/id/71659/dokument/auswirkungen-des-coronavirus-auf-die-medienbranche/. Zugegriffen: 24. Feb. 2022.

Statista. (2021f). Welchen Smart-Speaker mit integriertem Assistenten besitzen Sie?. https://de.statista.com/prognosen/999790/deutschland-beliebteste-smart-speaker-marken. Zugegriffen: 24. Feb. 2022.

Statista. (2021g). Anteil der Internetnutzer in Deutschland in den Jahren 1997 bis 2021g. https://de.statista.com/statistik/daten/studie/36009/umfrage/anteil-der-internetnutzer-in-deutschland-seit-1997/. Zugegriffen: 24. Feb. 2022.

Statista. (2021h). Pressemedien: Reichweite der einzelnen Zeitungskategorien in Deutschland im Jahr 2021h. https://de.statista.com/statistik/daten/studie/162737/umfrage/reichweite-der-zeitungen-in-deutschland/. Zugegriffen: 16. Feb. 2022.

Statista. (2022a). Dialogmarketing in Deutschland. https://de.statista.com/statistik/studie/id/12426/dokument/dialogmarketing-statista-dossier/. Zugegriffen: 24. Feb. 2022a.

Statista. (2022b). Werbung in Deutschland. https://de.statista.com/statistik/studie/id/6487/dokument/werbung-statista-dossier/. Zugegriffen: 24. Feb. 2022b.

Steen, J., & Terstiege, M. (2020). Die Bedeutung von Social Media für das digitale Marketing am Beispiel Facebook. In M. Terstiege (Hrsg.), *Digitales Marketing – Erfolgsmodelle aus der Praxis: Konzepte, Instrumente und Strategien im Kontext der Digitalisierung* (S. 187–200). Springer Gabler.

Sudermann, S. (2018). *Markenportfoliomanagement im Lebensmitteleinzelhandel – Entwicklung eines strategischen Planungs- und Handlungsansatzes*. Springer Gabler.

Verhoef, P., Kannan, P. K., & Inman, J. J. (2015). From multi-channel retailing to omni-channel retailing: Introduction to the special issue on multi-channel retailing. *Journal of Retailing, 91*(2), 174–181.

Verint Systems. (2016). Trendwende: Haben traditionelle Kommunikationskanäle im Kunden-Service ausgedient? Wie Unternehmen die richtige Balance zwischen traditionellen und digitalen Kanälen finden. https://www.verint.com/Assets/resources/resource-types/white-papers/verint-the-digital-tipping-point-de.pdf. Zugegriffen: 3. März 2022.

Zaharia, S. (2013). Integrierte Multi-Channel-Geschäftsmodelle ermöglichen Zeitersparnis beim Einkauf. In G. Heinemann, M. Gehrckens, & K. Haug (Hrsg.), *Digitalisierung des Handels mit ePace: Innovative E-Commerce-Geschäftsmodelle und digitale Zeitvorteile* (S. 123–136). Springer Gabler.

Zimmermann, R., & Westermann, A. (2020). Omnichannel-Retailing – Kundenorientierte Verknüpfung der Online- und Offline Kanäle. In M. Terstiege (Hrsg.), *Digitales Marketing – Erfolgsmodelle aus der Praxis – Konzepte, Instrumente und Strategien im Kontext der Digitalisierung* (S. 3–16). Springer Gabler.

Kristin Butzer-Strothmann ist seit 2011 Professorin für Allgemeine Betriebswirtschaftslehre, insbesondere Marketing und Empirische Sozialforschung an der Leibniz-Fachhochschule in Hannover tätig. Zuvor war sie seit 2009 Dozentin an der Leibniz-Akademie und bis 2018 Vizepräsidentin für Lehre und Forschung. Sie leitet den Masterstudiengang „Integrierte Unternehmensführung (digital/nachhaltig)". Nach einer Ausbildung zur Werbekauffrau und dem Studium der BWL in Lüneburg promovierte sie zum Thema „Krisen in Geschäftsbeziehungen" an der Heinrich-Heine-Universität Düsseldorf. Von 1998 bis 2009 arbeitete sie als Marktforscherin und Marketing-Consultant im Business- und Non-Business-Bereich. Darüber hinaus war sie für verschiedene Hochschulen und Bildungsinstitutionen als externe Dozentin für Marketing, Marktforschung sowie Industriebetriebslehre tätig. Sie ist zertifizierte Blended Learning Designerin (2017); Online-Managerin (2020), kommunale Nachhaltigkeitsmanagerin (2022) und Sustainability Managerin (2022).

Sabrina Bartels studierte von 2020 bis 2022 an der Leibniz-Fachhochschule Business Administration mit Schwerpunkt im Tourismus- und Eventmanagement (B.A.) im Vollzeitstudiengang. Sie studierte drei Fachsemester Unternehmertum und Mittelstandsmanagement an der FHDW in Hannover. Während der Praxisphasen ihres Studiums konnte sie durch verschiedene Praktika in mittelständischen Unternehmen sowie Großkonzernen wichtige Praxiserfahrung in den Bereichen Marketing, Vertrieb und Kundenmanagement sammeln.

Shanice Nagel war von 2019 bis 2022 duale Studentin an der Leibniz-Fachhochschule Business Administration in Hannover im Studiengang B.A. Business Administration. Während der Praxisphasen sammelte sie Erfahrungen im Bereich Logistik und Qualitätsmanagement bei der DB Schenker Deutschland AG. Im Rahmen des Moduls Projektmanagement an der Leibniz FH hat sie sich mit einem Team aus Studierenden für das Projekt „Integriertes Online- und Offline-Channel-Marketing" zusammengefunden, um daran zu forschen. Dabei führte sie u. a. mit diversen Expert:innen aus der Marketingwelt qualitative Interviews durch und wertete diese aus. Zuvor war sie 2018/19 Stipendiatin des US-amerikanischen Kongresses und des deutschen Bundestages und absolvierte ein Jahr als Jugendbotschafterin in den USA.

Marie Yeung studierte von 2019 bis 2022 dual Business Administration an der Leibniz-Fachhochschule in Hannover (B.A.). Während des Studiums sammelte sie berufliche Erfahrungen in den Bereichen Personalmanagement, IT-Support, Qualitätsmanagement und Lean Management bei Fiege Logistik Holding Stiftung & Co. am Standort Burgwedel.

Grundlagen und Notwendigkeit eines integrierten Online- und Offline-Channel-Marketings

E-Commerce und Omnichannel-Retailing – Bisherige Entwicklung und Ausblick auf die künftige Rolle stationärer Stores

Arne Westermann, Audrey Mehn und Katharina A. Schuck

Inhaltsverzeichnis

1 Einleitung 28
2 E-Commerce in Deutschland 29
2.1 Die Anfänge 29
2.2 Reifung und Zweifel 30
2.3 Etablierung und Evolution 32
2.4 Status quo und Perspektiven 33
3 Omnichannel-Retailing – die Verknüpfung der Vertriebskanäle 35
3.1 Von Multichannel- bis Omnichannel-Handel 35
3.2 Omnichannel Customer Journey 37
3.3 Omnichannel-Konzepte 39
4 Retail der Zukunft 40
4.1 Die zukünftigen Rollen von stationären Stores 41
4.2 Erfolgsfaktoren stationärer Stores der Zukunft 44
5 Ausblick 46
Literatur 47

A. Westermann (✉) · A. Mehn · K. A. Schuck
Dortmund, Deutschland
E-Mail: arne.westermann@ism.de

A. Mehn
E-Mail: audrey.mehn@ism.de

K. Butzer-Strothmann (Hrsg.), *Integriertes Online- und Offline-Channel-Marketing*,
https://doi.org/10.1007/978-3-658-38048-9_2

1 Einleitung

Als Amazon in den 1990er Jahren begann, die ersten Bücher in den USA online zu verkaufen, und eBay Privatleuten die Möglichkeit bot, Gebrauchtwaren zu versteigern, war die Shopping-Welt in Deutschland noch eine andere: Zwar hatten die Innenstädte und die großen Kaufhäuser wie Karstadt und Kaufhof mit dem Aufkommen von Einkaufszentren und der zunehmenden Konkurrenz durch auf einzelne Marktsegmente spezialisierte Anbieter wie MediaMarkt und Saturn zu kämpfen, die ihre Produkte oftmals außerhalb der Innenstädte auf größeren Flächen anboten, aber letztlich bewegten sich die Veränderungen in einem Rahmen, in dem sich tradierte Geschäftsmodelle anpassen ließen. Dass sich dies durch die Digitalisierung ändern könnte, deutete sich zwar durch die Euphorie der DotCom-Ära rund um die Jahrtausendwende an, aber das Tal der Tränen, durch das die meisten digitalen Geschäftsmodelle in der Folge des Platzens der Blase an den Börsen und der hieraus erwachsenden Skepsis gegenüber dem Potenzial und der Nachhaltigkeit des Erfolgs von E-Commerce-Angeboten schritten, sorgte dafür, dass viele klassische Händler sich in trügerischer Sicherheit wiegten: Der Schritt in den Online-Bereich erfolgte entsprechend oftmals spät und genauso oft wurde der Online-Geschäftsbereich eher als ein notwendiges Übel denn als eine echte Chance gesehen, das bisherige stationäre Geschäftsmodell zukunftsfähig zu machen. Entsprechend wurden die digitalen Angebote i. d. R. getrennt vom stationären Geschäft geführt, oftmals als „Inhouse-Konkurrent", der entsprechend kritisch von den Mitarbeitern und Managern[1] der klassischen, stationären Bereiche beäugt wurde.

Erst spät in den 2010er Jahren – und für manche Anbieter zu spät – setzte sich die Erkenntnis durch, dass in der strategischen Verknüpfung des Online-Geschäfts mit den stationären Angeboten eine echte Gelegenheit für Handelsunternehmen liegt, sich von den Angeboten der Online Pure Player abzugrenzen und das eigene Geschäftsmodell zukunftsfähig zu machen. Dass Giganten des E-Commerce wie Amazon in dieser Zeit begannen, den Schritt in die physische Einkaufswelt zu wagen, zeigt, dass die Verknüpfung von online und offline auch hier als ein zukunftsträchtiges Modell erkannt wurde.

Mit der Covid-19-Pandemie etablierten sich dann – notgedrungen – endgültig Angebote wie Click & Collect auch in Unternehmen, die sich hiermit zuvor noch zurückgehalten hatten, denn während der Lockdowns waren sie für viele Anbieter die einzige Möglichkeit, noch Umsatz zu machen. Die Krise fungierte hier somit als Katalysator einer Entwicklung, die bereits zuvor eingesetzt hatte.

Der vorliegende Beitrag hat es sich zum Ziel gesetzt, die gerade skizzierte Entwicklung seit den späten 1990er Jahren mit Blick auf Deutschland von den ersten

[1] Aus Gründen der besseren Lesbarkeit wird auf die gleichzeitige Verwendung der Sprachformen männlich, weiblich und divers (m/w/d) verzichtet. Sämtliche Personenbezeichnungen gelten gleichermaßen für alle Geschlechter.

Anfängen des E-Commerce bis hin zur Etablierung von komplexen Omnichannel-Angeboten nachzuvollziehen und abschließend einen Blick darauf zu werfen, welche Rolle der stationäre Handel in Zukunft in einer zunehmend hybriden Einkaufswelt einnehmen wird.

2 E-Commerce in Deutschland

Der Electronic Commerce (E-Commerce) stellt eine der bedeutsamsten Entwicklungen des 21. Jahrhunderts dar und hat den Handel mit Waren und Dienstleistungen völlig revolutioniert. Der Umsatz des E-Commerce wächst seit Ende der 1990er Jahre stetig und betrug 2020 alleine in Deutschland über 72 Mrd. €, was einen Zuwachs von 23 % im Vergleich zum Vorjahr bedeutete (HDE & IFH, 2021).

Nicht nur für die Konsumentenseite, sondern vor allem für den Handel ging mit der Etablierung des E-Commerce eine Reihe von disruptiven Veränderungen einher. Für Unternehmen aus diesem Bereich bedeutete diese Disruption sowohl große Herausforderungen und einen verschärften Wettbewerb, genauso aber auch außerordentliche Chancen. Um nachzuvollziehen, wie der zu Beginn konsumentenseitig nur äußerst selektiv und zögerlich angenommene E-Commerce in Deutschland (Graf & Schneider, 2019, S. 10) zu einer zentralen Vertriebsform in den Handelssegmenten und in manchen Dienstleistungssparten avancierte und welche Erweiterungen noch denkbar sind, sollte zuerst ein Blick auf die Entstehungsgeschichte und die einzelnen Entwicklungsschritte gerichtet werden.

2.1 Die Anfänge

Bei der Frage, an welchem genauen Datum welche Innovation den entscheidenden Anstoß für den E-Commerce – und damit auch die Omnichannel-Konzepte –, lieferte, gibt es sowohl bei Autoren als auch bei Branchenexperten jeweils unterschiedliche Meinungen. Einer Vielzahl von Ausarbeitungen ist zu entnehmen, dass die ersten Schritte im Online-Shopping maßgeblich auf eine Transaktion mittels Telefonleitung und TV-Gerät eines Briten 1979 sowie auf die Erfindung von Books Stacks Unlimited 1992 zurückgehen, einem der ersten elektronischen Shops für Endverbraucher. Die erste gesicherte Transaktion über einen Online-Shop soll 1994 stattgefunden haben, bei der eine CD über den Marktplatz Netmarket in den USA per Kreditkartenzahlung gekauft wurde (Rieke, 2019; Winterman & Kelly, 2013).

Die Vorteilhaftigkeit des Handels von Waren über den E-Commerce wurde zu Beginn besonders von Unternehmen erkannt, die digitale Vertriebsformen vor allem zum Warenaustausch mit anderen Unternehmen und Partnern nutzten, was als Business-to-Business(B2B)-E-Commerce bezeichnet wird (Heinemann, 2021a, S. 218). Im Gegensatz zu Privatpersonen waren Unternehmen in den 1990er Jahren technisch weitaus fortschrittlicher ausgestattet und besaßen neben dem Internet auch interne digitale Kommunikationswege, sodass der E-Commerce für sie eine unkomplizierte und effiziente Möglichkeit bedeutete, mit anderen Unternehmen Handel zu betreiben (Riehm et al., 2003, S. 12).

Diese Fokussierung auf den B2B-Bereich änderte sich dank des bereits zu Beginn der 1990er Jahre entwickelten World Wide Web (WWW), da somit mehr Personen über ihren eigenen Computer auch privaten Internetzugang besaßen (Schenk & Wolf, 2000, S. 7). Zudem bedeutete die Entwicklung von Suchmaschinen eine maßgebliche Erleichterung für die frühen E-Commerce-Kunden, da sie ihnen halfen, sich im WWW zurechtzufinden und Produkte sowie Kaufmöglichkeiten ausfindig zu machen. Yahoo, Lycos und Altavista gehörten hier zu den ersten Anbietern. Die dadurch entstehende, künftig wachsende Bedeutung des digitalen Handels im Business-to-Consumer(B2C)-Segment erkannten bereits Mitte der 1990er Jahre erste Unternehmen, was die Jahre 1994/95 zu besonderen in der Geschichte des E-Commerce machten, da mit Amazon und eBay zwei Unternehmen gegründet wurden, die die Entwicklung des E-Commerce mitgeprägt haben. Amazon, das als Pionier im Online-Buchhandel galt, entwickelte sich bereits Anfang der 2000er Jahre auch zu einer Art Marktplatz, auf dem diverse Unternehmen ihre Waren offerieren konnten (Riehm, 2004, S. 7). eBay auf der anderen Seite startete als Auktionshaus, was eine revolutionäre Idee bedeutete, denn der Zugang zu gebrauchten Waren von Privatpersonen war zuvor meist auf lokale Gebrauchtwarenläden und Flohmärkte beschränkt. EBay erleichterte daher den Online-Handel zwischen Konsumenten, den Consumer-to-Consumer(C2C)-E-Commerce, erheblich (Deges, 2020, S. 41).

Neben der Auffindbarkeit stellte zudem die Entwicklung von Online-Zahlungsmöglichkeiten einen bedeutsamen Entwicklungsschritt dar. Hierbei dominierte damals das US-amerikanische Unternehmen PayPal, das sich in der Folge dauerhaft als einer der wichtigsten Zahlungsanbieter im E-Commerce etablierte. Online-Dienste wie das „E-Cash" (Riehm, 2004, S. 485) der Deutschen Bank wurden dagegen aufgrund mangelnden Erfolgs wenige Jahre nach ihrem Aufbau eingestellt. Neben PayPal gehörten in Deutschland zum Ende des 20. Jahrhunderts vor allem der Kauf auf Rechnung und das Lastschriftverfahren zu den gängigsten Zahlungsmethoden (Schenk & Wolf, 2000, S. 80) – auch diese beiden Verfahren etablierten sich dauerhaft im elektronischen Handel.

2.2 Reifung und Zweifel

Die Zeit um die Jahrhundertwende wird in der Literatur häufig als Blütezeit des E-Commerce bezeichnet, da immer mehr Branchen und Konsumenten das Internet als Verkaufs- und Einkaufsmedium für sich entdeckten. In den frühen 2000ern wurde Deutschland als das Land mit dem höchsten Wachstumspotenzial hinsichtlich des E-Commerce in der EU angesehen (Korte & Kordey, 2003, S. 24). Die äußerst hohen Wachstumsprognosen ermutigten viele Unternehmen dazu, in den E-Commerce einzusteigen bzw. führten zur Gründung von Start-ups mit einem Fokus auf den E-Commerce. Die Euphorie dieser ersten Jahre verflog jedoch recht schnell: Viele Unternehmen (und Investoren), die sich von den hohen Prognosen und dem damit verbundenen Optimismus leiten ließen, verschätzten sich (Graf & Schneider, 2019, S. 27 f.); die DotCom-Blase an den Aktienmärkten platzte. Zwar wies der E-Commerce zu Beginn äußerst rasante Wachstumszahlen auf, trotzdem machte der Verkauf von Waren online 2002 bspw. nur 1,2 % des Einzelhandelsumsatzes aus (Riehm, 2004, S. 12). Zudem wurde in den damaligen Prognosen nur unzureichend zwischen B2B- und B2C-Wachstum unterschieden, obgleich sehr unterschiedliche Motive, Strukturen und Reifungsgrade dem Wachstum zugrunde lagen (Bauer & Sauer, 2004, S. 41).

Obwohl das Platzen der DotCom-Blase mit einer großen Pleitewelle und zum Teil hohen Schulden aufseiten der Unternehmen verbunden war, führten die Investitionen in den E-Commerce – trotz geringerer Verkaufsvolumina als im stationären Segment – zu einer verbesserten Wettbewerbsfähigkeit und zu großen marketingtechnischen Vorteilen bei den verbliebenen Unternehmen (Korte & Kordey, 2003, S. 17 f.): Durch den Austausch mit den Kunden und die Sammlung von Daten wurden bereits in den Anfängen des E-Commerce teilweise „individualisierte Angebote" (Schenk & Wolf, 2000, S. 82) offeriert sowie Kundenbindungsmaßnahmen und gezielte Marketingmaßnahmen eingeführt. Die Standortunabhängigkeit des E-Commerce bedeutete für viele (vor allem kleinere) Händler die Chance auf eine Zielgruppenerweiterung und damit auf Umsatzsteigerungen. Darüber hinaus führte die Einführung von Google AdWords im Jahr 2000 und YouTube Ads 2006 zu umfassenderen Werbemöglichkeiten sowie zur Möglichkeit eines spezifischen Targetings (Krekeler, 2010, S. 98). Einen weiteren Entwicklungsmeilenstein in der Historie des E-Commerce stellte die zunehmende Kooperation von Händlern und teilweise auch von Dienstleistungsanbietern mit Marktplätzen und Plattformen dar: Die Zusammenarbeit mit Unternehmen wie Amazon und eBay oder Reisebuchungsportalen wie Booking.com bedeutete eine essenzielle Zielgruppenerweiterung und eine Verbesserung der Wettbewerbsposition, gerade für kleinere und mittelgroße Unternehmen. Konsumenten profitierten nun von einem vereinfachten Online-Kauferlebnis, meist günstigen Preisen und kurzen Lieferzeiten (Heinemann, 2010, S. 9; Kreutzer, 2021, S. 580).

Betrachtet man die Kundenperspektive näher, wird ersichtlich, dass Vertrauen eine äußerst große Rolle in den Anfängen des E-Commerce spielte (Wiedmann & Frenzel, 2004, S. 101 ff.). Für den Großteil der Konsumenten waren das tatsächliche Produkterlebnis und der persönliche Kontakt zu Verkäufern Voraussetzung dafür, sich für einen Dienst oder ein Produkt zu entscheiden, besonders dann, wenn es sich um teure und „unsichere" Investitionen handelte (Bauer & Sauer, 2004, S. 45). Entsprechend kamen Untersuchungen zu unternehmens- und konsumentenseitigen E-Commerce-Barrieren zu dem Ergebnis, dass vor allem der fehlende physische Kundenkontakt sowie Datenschutz und Sicherheitsaspekte die Entwicklung hemmten (Korte & Kordey, 2003, S. 33).

Dass eine Reihe von Produkten und Diensten in den Anfängen des E-Commerce im B2C-Bereich geringeren Anklang fanden, lässt sich sowohl auf das mangelnde Vertrauen seitens der Konsumenten als auch auf die Eignung der jeweiligen Angebote zurückführen, denn nicht jedes Produkt konnte damals erfolgreich verkauft werden: Kulke (2003) beschreibt bspw., dass Referenzen wie Testberichte, einfache Erklärungsmöglichkeiten, ein Innovationsfaktor des Angebots sowie ein eher niedriger Preis (bis 120 DM[2]) basal für erfolgreiche E-Commerce-Geschäfte seien. Dementsprechend waren Anfang der 2000er Jahre vor allem Reise-, Hotel- und Fahrscheinbuchungen sowie Mode und Computerzubehör beliebt. Bücher, Zeitschriften und Unterhaltungselektronik, die zu Beginn des E-Commerce in Deutschland die umsatzstärksten Segmente ausmachten, waren zwar auch weiterhin beliebt, standen in den Jahren 2001 und 2002 aber nur noch an Platz vier und fünf der am meisten online nachgefragten Produkte (Riehm, 2004, S. 15). Zu den weniger erfolgreichen Segmenten zählten vor allem Lebensmittel sowie Strom und Gas, da es sowohl an Akzeptanz auf Kundenseite als auch an effizienter Abwicklung auf Unternehmensseite mangelte (Riehm, 2004, S. 17 f.).

Die größte Konsumentengruppe im E-Commerce machten in dieser Zeit Männer zwischen 30 und 39 mit einem höheren verfügbaren Einkommen und einem tendenziell höheren Bildungsstand aus. Jüngere Käuferschichten zeigten zwar großes Interesse an Online-Angeboten, zählten jedoch aufgrund ihrer niedrigeren Kaufkraft weniger zu den tatsächlichen Käufern (Schenk & Wolf, 2000, S. 11).

2.3 Etablierung und Evolution

Auf die Euphorie rund um den Jahrtausendwechsel und die Zweifel an der Nachhaltigkeit des E-Commerce nach dem Platzen der DotCom-Blase folgend, blickten die meisten Unternehmen und Investoren Mitte der 2000er Jahre nüchterner und realistischer auf die Potenziale des digitalen Handels. Dieser Realismus sorgte dafür, dass vielfach die notwendigen Schritte unternommen wurden, um langfristig erfolgreich zu sein. 2007 kaufte bereits mehr als ein Drittel der deutschen Bevölkerung online (Statistisches Bundesamt, 2016). Der deutsche B2C-E-Commerce profitierte stark davon, dass Konsumenten aufgrund erfolgreicher Online-Einkäufe vermehrt Vertrauen aufbauten. Zudem erkannten sie die Vorteile für sich, die sich u. a. in der Einfachheit, der weltweiten Verfügbarkeit, den Preisvergleichsoptionen, dem breiteren Angebot sowie in Bewertungssystemen zeigten (Graf & Schneider, 2019, S. 24; Statista, 2020a, S. 27). Darüber hinaus wurde der Internetzugang und damit auch der Zugang zum E-Commerce im B2B- und B2C-Bereich durch portable Geräte wie Laptops und durch die Einführung des Smartphones aufgrund der ortsungebundenen Nutzungsoption enorm erleichtert (Haug & Küper, 2010, S. 129). Technologisch besonders fortschrittlich war das 2007 auf den Markt gebrachte iPhone von Apple (Wittlich & Schönball, 2017). Schnell etablierten sich außerdem auch Tablets, die aber mehrheitlich zu Hause verwendet wurden (Eckstein & Halbach, 2012, S. 11).

[2] Entspricht ca. 62 €.

Insgesamt lässt sich die Entwicklung rund um ortsungebundenes Online-Shopping als „Mobile-Commerce (M-Commerce)“ (Heinemann, 2021a, S. 190) bezeichnen, der mit dem Erfolg der Smartphones und der mobilen Internetnutzung einen immer bedeutsameren Teilbereich des E-Commerce ausmachte. Sowohl M- als auch E-Commerce wurden in der Zeit zwischen 2007 und 2012 besonders gerne für Reise-, Ticket-, und Kulturangebotsbuchungen sowie für den Kauf von Modeartikeln genutzt. Während 2007 noch physische Bücher und Musik-CDs zu den beliebtesten Warenkategorien im E-Commerce (Schenk et al., 2011, S. 50) gehörten, änderte sich dies mit der Einführung von Services wie iTunes von Apple und Produkten wie dem Kindle von Amazon: Diese Produkte wurden nun zunehmend in digitalisierter Form erworben (Næss-Schmidt et al., 2021, S. 26). Das Alter der E-Commerce-Käuferschaft hat sich in jenen Jahren kaum verändert. 2010 gehörten noch immer die 30- bis 39-Jährigen aufgrund ihres verfügbaren Einkommens zur Hauptkäuferschaft (Schenk et al., 2011, S. 47).

Die Etablierung von Social-Media-Plattformen wie Facebook und Instagram bedeutete einen weiteren Meilenstein in der Entwicklung des E-Commerce. Zwar gab es soziale Medien wie schülerVZ oder Bloganbieter auch schon weitaus früher in Deutschland, doch standen hier meist lediglich der persönliche Austausch und die Selbstverwirklichung im Zentrum, weniger kommerzielle Motive. Besonders die Möglichkeit, Konsumenten durch intelligente Marketingmaßnahmen wie eine individualisierte Ausspielung von Werbung und Influencer-Marketing mittels der Social-Media-Plattformen zu erreichen, erwies sich im Zusammenhang mit E-Commerce als vorteilhaft für Unternehmen (Scheffler, 2014, S. 18).

2.4 Status quo und Perspektiven

Vergleicht man die Wachstumszahlen 2019 und 2020 wird deutlich, dass der Umsatz im deutschen E-Commerce in diesem Zeitraum um knapp 23 % gestiegen ist. Einen Beitrag am hohen Umsatzwachstum der letzten beiden Jahre hatte auch die Corona-Pandemie, denn während der Einzelhandelsschließungen kauften Konsumenten vor allem online ein. Umfragen deuten darauf hin, dass diese Entwicklung nachhaltig ist und sich nach dem Ende der Pandemie nicht wieder umkehren wird (Statista, 2021b, S. 59). Betrachtet man die deutsche E-Commerce-Landschaft der Gegenwart, ist eine Reihe von Strukturen, die sich in den letzten Jahren herausgebildet haben, mittlerweile fest etabliert: Der E-Commerce wird maßgeblich von wenigen großen Anbietern dominiert. Marktplätze und Plattformen wie Amazon, eBay oder Booking.com sind längst zu den gängigsten Anbietern avanciert (Graf & Schneider, 2019, S. 47): Amazon bspw. taucht in Rankings zu den umsatzstärksten Unternehmen im E-Commerce mit physischen Gütern in jeglichen Segmenten stets weit oben auf und erwirtschaftet heutzutage etwa 8 % seines Gesamtumsatzes alleine im deutschen Markt. Im Bekleidungssegment dominieren in Deutschland vor allem Zalando und Otto, die im Gesamtranking der umsatzstärksten E-Commerce-Unternehmen auf Platz zwei und drei angesiedelt sind

(Statista, 2020b, S. 8). Während sich große Markenhersteller wie Adidas und Nike oder Händler wie SportScheck und Saturn mit Blick auf ihr Sortiment dieser Dominanz der Plattformen und Marktplätze zumindest teilweise durch einen eigenen Online-Shop entziehen können, stellen die großen Plattformplayer für kleinere Anbieter häufig die einzige Möglichkeit dar, erfolgreich im E-Commerce zu agieren.

Zwar überwiegt im deutschen E-Commerce inzwischen klar der Warenhandel, doch auch Veranstaltungs- und Reisebuchungen gehören noch immer zu beliebten E-Commerce-Käufen (Statista, 2021a, S. 28) und der Verkauf von Dienstleistungen macht mittlerweile ein Fünftel der E-Commerce-Umsätze aus (Næss-Schmidt et al., 2021, S. 8). Zudem ist auch das Einkaufen über soziale Medien, das in der Fachsprache als „Social Commerce" (Heinemann, 2021a, S. 24) bezeichnet wird, zu einer zunehmend gängigen Einkaufsmethode geworden und bietet sowohl für Unternehmens- als auch Konsumentenseite Vorteile: Für die Unternehmen ermöglicht Social Commerce eine Informationsgewinnung über die jeweiligen Profilinhaber und damit eine erweiterte Datenbasis für künftige Marketingmaßnahmen wie z. B. Werbung; für Konsumenten offeriert der Social Commerce in erster Linie eine Vereinfachung des Einkaufsprozesses (Deges, 2020, S. 76 f.). Die Einflussnahme des E-Commerce reicht nunmehr soweit, dass spezielle „Feiertage" wie der „Cyber Monday" ins Leben gerufen wurden, der als Online-Pendant zum „Black Friday" konzipiert wurde – einem ursprünglich äußerst wichtigen Verkaufstag für den stationären Handel in den USA, der mittlerweile ebenfalls für den E-Commerce einer der umsatzstärksten Tage des Jahres ist. Die Dominanz der großen Marktplätze wird auch hier deutlich, denn ein großer Teil der Umsätze entfällt auf sie. Amazon hat zusätzlich den „Prime Day" und Alibaba den „Single's Day" initiiert, die beide mit enormen Rabattaktionen auf der jeweiligen Plattform verbunden sind. Diese Aktionen haben mittlerweile auch Auswirkungen auf die gesamte E-Commerce-Landschaft und teilweise auf die stationäre Geschäftswelt (Lavin, 2018).

Obgleich sich E-Commerce in Deutschland in nahezu allen Bevölkerungsschichten durchgesetzt hat, sind noch immer Unterschiede zwischen den einzelnen Branchen erkennbar: Vergleicht man aktuelle Verkaufsschlager mit den Anfängen des E-Commerce, wird deutlich, dass sich Modeartikel erfolgreich etabliert haben und vor Elektro- und Telekommunikationsartikeln das umsatzstärkste E-Commerce-Segment ausmachen. Bücher, die mittlerweile in eine Kategorie mit E-Books und Hörbüchern fallen, stehen nur noch an Platz sieben (Statista, 2021a, S. 28). Die für den Online-Handel ursprünglich äußerst beliebte Film- und Musikbranche wird nun stark von Streamingdiensten wie Netflix und Spotify beeinflusst, aber auch hierbei sind die großen Handelsplattformen aktiv: Amazon bietet mit AmazonMusic einen eigenen Streamingdienst und das Angebot von AmazonPrime umfasst zunehmend mehr Videos und Livestreams. Darüber hinaus lässt sich auch erkennen, dass die Covid-19-Pandemie bestimmten Produktgruppen, die online vorher wenig beliebt waren, zu starkem E-Commerce-Wachstum verhalf, wie bspw. dem Heimwerkerbedarf (DIY/Do It Yourself) sowie Hobbyartikeln und Lebensmitteln, insbesondere die Kochboxen (HDE & IFH, 2021). Zudem wird der E-Commerce immer kundenzentrierter und fortlaufend optimiert: Innovationen wie Online-Kundenbetreuung durch intelligente Chatbots, Sprachassistenten oder die Möglichkeit, Waren online anzuprobieren und auszutesten, vermitteln ein immer persönlicheres und individuelleres Einkaufserlebnis, das vorher nur im stationären Geschäft möglich war (Heinemann, 2021a, S. 306).

Insgesamt ist festzuhalten, dass E-Commerce in Deutschland – und auch im Großteil der restlichen Welt – nicht mehr wegzudenken ist und für eine Disruption im Handel gesorgt hat. Er ist fest etablierter Bestandteil der Handelssegmente und gewinnt auch im Dienstleistungsbereich an Bedeutung, sowohl im B2C- als auch im B2B-Bereich. Plattformen wie eBay reichern den E-Commerce außerdem mit der Möglichkeit an, dass Konsumenten in direkten Kontakt zueinander treten und Handel betreiben oder Dienstleistungen austauschen. Die Vorteile des E-Commerce für Marken und die Beweggründe von Konsumenten, online zu kaufen, sind seit seiner Etablierung in ihren Grundzügen gleichgeblieben. Der Siegeszug des E-Commerce – und mit ihm verbunden die wachsende Dominanz der großen Plattformen wie Amazon – dürfte sich auch in Zukunft fortsetzen, denn die Potenziale sind noch nicht ausgeschöpft und werden durch den Trend zur Digitalisierung voraussichtlich weiterwachsen.

Die Dominanz der großen US-amerikanischen Plattformunternehmen wird dabei kritisch beäugt – sowohl mit Blick auf steuerrechtliche und kartellrechtliche Fragen als auch schließlich auf solche Fragen, die den Städtebau und die Stadtentwicklung betreffen und sich speziell auf das „Aussterben" der Innenstädte beziehen. Hinzu kommt, dass auch die ökologische Nachhaltigkeit des E-Commerce kritisch gesehen wird. Für die Zukunft des E-Commerce in Deutschland wird sich daher auch die Frage stellen, wie von Regierungsseite mit den genannten Aspekten umgegangen wird und welche Regulierungsschritte diesbezüglich folgen.

3 Omnichannel-Retailing – die Verknüpfung der Vertriebskanäle

Nachdem aufgezeigt wurde, wie sich der E-Commerce in Deutschland entwickelt hat, widmet sich der nächste Abschnitt der Frage, wie der Online-Vertriebskanal nach und nach mit dem stationären Store verknüpft wurde, um den Konsumenten einen Mehrwert bieten zu können. Zentrale Beobachtung in diesem Zusammenhang ist das veränderte Konsumentenverhalten, denn Konsumenten erwarten von Händlern immer mehr einen nahtlosen Übergang zwischen den Kanälen. Daher dient Abschn. 3.2 dazu, diese neue Customer Journey und die Bedeutung der Customer Experience darzulegen.

3.1 Von Multichannel- bis Omnichannel-Handel

Während der Multichannel-Handel in Deutschland sich seit 2005 allmählich behauptet hat und die unmittelbare Antwort des Handels auf die neue Konkurrenz aus dem Netz

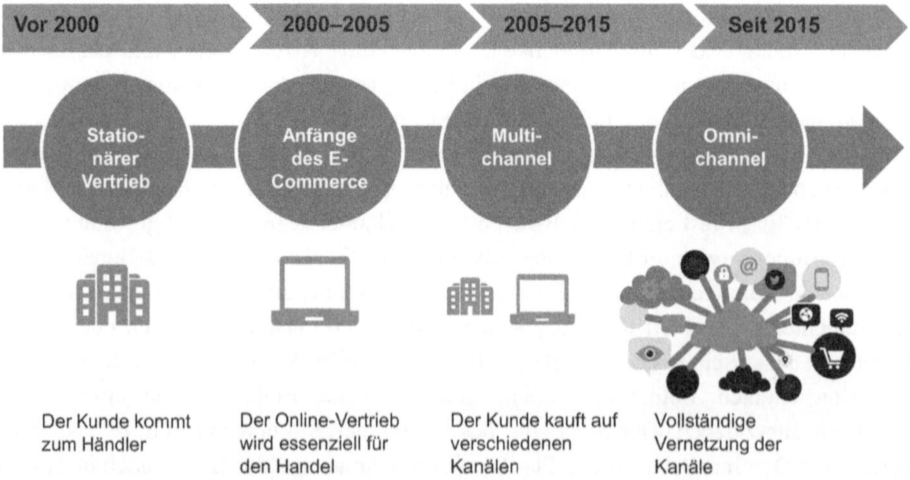

Abb. 1 Evolution des Handels

darstellte, gewinnt der Omnichannel-Handel erst seit 2015 an Bedeutung (Westermann & Mehn, 2020, S. 160) (Abb. 1). Der Unterschied zwischen beiden Handelsformen liegt am Integrationsgrad der Kanäle.

Im *Multichannel*-Handel haben Kunden zwar die Möglichkeit, auf unterschiedliche Vertriebskanäle zurückzugreifen, diese sind jedoch nicht verbunden (Mehn & Wirtz, 2018, S. 11). Heinemann (2011, S. 19) präzisiert die Definition von Multichannel-Handel, indem er darauf hinweist, dass mindestens zwei Kanäle erforderlich seien, davon ein Online- und ein Offline-Kanal. Ein Kunde kann also zwar auf Ware eines Händlers über einen physischen Store und einen Online-Shop erwerben, diese Verkaufspunkte sind allerdings nicht integriert, was zur Frustration bei Kunden führen kann, denn es ist für einen Kunden nicht verständlich, warum eine online erworbene Ware einer Marke im Store derselben Marke nicht ausgetauscht oder zurückgegeben werden darf. Bezüglich entsprechender Angebote hinkten deutsche Unternehmen lange Zeit im internationalen Vergleich hinterher, insbesondere im Vergleich zu Unternehmen aus Ländern mit einem Vorsprung in der Digitalisierung (z. B. aus den USA, Großbritannien oder Niederlanden) und global agierenden Marken.

Die Gründe für den Rückstand, den deutsche Unternehmen hier lange Zeit hatten, sind in der bereits zu Beginn des Jahrtausends entwickelten Sichtweise zu finden, dass der Online-Bereich bestenfalls als Zusatzgeschäft gesehen wurde, der de facto eine Art Inhouse-Konkurrenz zu den stationären Geschäftsbereichen darstellte. Dies führte (und führt teilweise bis heute) zu Silodenken innerhalb der Unternehmen, das eine säulenübergreifende Zusammenarbeit und eine echte Integration der einzelnen Kanäle erschwert.

Die sich wandelnden Kundenbedürfnisse und nicht zuletzt die Einschränkungen während der Corona-Pandemie haben jedoch in den letzten Jahren den Druck auf die deutschen Händler erhöht, ihre Kanäle stärker zu vernetzen, entweder durch eine partielle Integration der Kanäle (Crosschannel) oder durch eine komplette Verzahnung aller Kanäle (Omnichannel).

Bei der *Crosschannel*-Handel-Strategie bietet ein Händler Ware über unterschiedliche Kanäle an, einzelne Kanäle werden bereits gut integriert, eine komplette Integration ist jedoch nicht vorhanden. Die Crosschannel-Strategie wird daher als Zwischenstufe zwischen Multichannel und Omnichannel angesehen (Mehn & Wirtz, 2018, S. 8; Westermann & Mehn, 2020, S. 161). Eine umfangreiche EHI-Studie von 2019 untersuchte die Omnichannel-Umsetzung von den zum damaligen Zeitpunkt 1000 umsatzstärksten Online-Shops in Deutschland. Bei der Betrachtung werden die Online-Shops in drei Kategorien zusammengefasst: Online-Pureplayer, Multichannel- und schließlich Crosschannel- und Omnichannel-Shops. Zum Zeitpunkt der Studie wurden 312 Shops als Crosschannel- oder Omnichannel-Shops identifiziert. Hierfür wurde recherchiert, ob diese Shops folgende Omnichannel-Services anbieten: Click & Collect, Instore-Order, Instore-Return und die stationäre Verfügbarkeitsanzeige (Hofacker & Langenberg, 2019). Es ist durchaus erstaunlich zu sehen, dass der Omnichannel-Reifegrad der untersuchten Shops im Jahre 2019 nicht stark ausgeprägt war, zumal es bei der Betrachtung quasi nur um vier Omnichannel-Ausprägungen ging. Es ist jedoch davon auszugehen, dass insbesondere der Aspekt Click & Collect durch die Corona-Pandemie deutlich an Verbreitung gewonnen haben dürfte; dieselbe Untersuchung dürfte im Jahr 2022 somit mit recht hoher Sicherheit ein anderes Bild liefern, auch wenn viele Händler weiterhin nicht in der Lage oder bereit sind, ihre Kanäle nahtlos zu integrieren und damit den Schritt zu einem Omnichannel-Konzept zu gehen.

Omnichannel beschreibt die vollständige Verzahnung aller Vertriebs- sowie Kommunikationskanäle und stellt den Kunden und seine Bedürfnisse in den Mittelpunkt des Geschäftsmodells (Mehn & Wirtz, 2018, S. 9 f.), denn der Kunde kann hierbei entscheiden, auf welchem Kanal er sich informieren möchte und wo Warenkauf, Umtausch und Rückgabe erfolgen bzw. welcher Kanal jeweils für Service und ggf. zugehörige Dienstleistungen der jeweils individuell passendste ist. Ein individuellerer, auf die jeweiligen Bedürfnisse abgestimmter Kaufprozess wird somit möglich und die gesamte Customer Experience positiv aufgewertet. Hierfür müssen Unternehmen sich radikal anpassen und eine exzellente Mehrkanalstrategie aufbauen (Westermann & Mehn, 2020, S. 174 ff.). Die Basis hierfür ist eine genaue Kenntnis der Customer Journey in den eigenen Produktbereichen, denn nur, wenn diese bekannt ist, kann eine adäquate Anpassung erfolgen.

3.2 Omnichannel Customer Journey

Kunden weisen heute nicht mehr ein lineares, berechenbares und transparentes Kaufverhalten auf, sondern wechseln die Kanäle beliebig während des Kaufprozesses. Dieses Verhalten wird als „Channel-Hopping" bezeichnet (Piotrowicz & Cuthbertson, 2014,

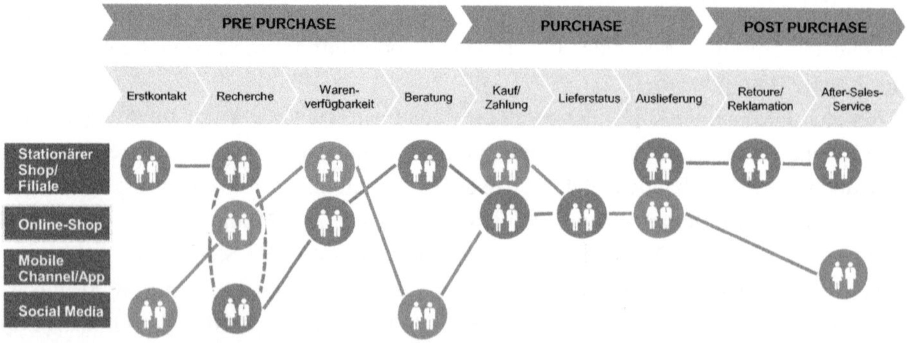

Abb. 2 Die Omnichannel Customer Journey

S. 6). Was einerseits Herausforderung für Händler ist, birgt andererseits eine große Chance, denn durch die größere Anzahl an verzahnten Kanälen kann ein Händler auch mehr verkaufen: Omnichannel-Kunden stellen mittlerweile ein spezifisches Kundensegment dar, das sich durch vermehrte Käufe und eine höhere Kauffrequenz auszeichnet (Zimmermann & Westermann, 2020, S. 7). Dies lässt sich einerseits mit einer Erhöhung der Touchpoints in einer Omnichannel Customer Journey begründen sowie in der Möglichkeit für die Händler, Cross-Selling-Techniken und eine personalisierte Ansprache anzuwenden, die für entsprechende Effekte hinsichtlich der Menge und Frequenz sorgen.

Abb. 2 verdeutlicht, inwiefern die Omnichannel Customer Journey sich von der tradierten Customer Journey unterscheidet: Kunden nutzen einen Mix aus Online- und Offline-Kommunikations- und Vertriebskanälen, ob in der Phase vor dem Kauf (Informationssuche, Suche nach Alternativen), während des Kaufs oder nach dem Kauf (After-Sales, Nachkauf) – und sie erwarten von Unternehmen, dass sie den hieraus resultierenden Wünschen gerecht werden. Selbst in Branchen, bei denen der stationäre Store mit Abstand der wichtigste Absatzkanal ist, spielt mittlerweile die Omnichannel Customer Journey eine essenzielle Rolle. Im Luxussektor, in dem die Bedeutung des physischen Stores noch immer sehr ausgeprägt ist, werden 80 % aller Käufe durch einen oder mehrere Online-Kontaktpunkte beeinflusst, d. h. konkret: Auch wenn das Produkt stationär gekauft wurde, erfolgte die Informationssuche zuvor zumindest in Teilen online (Statista, 2019).

Doch die gerade beschriebenen Änderungen des Informations- und Kaufverhaltens der Konsumenten lösen nicht nur die klassische Struktur der Customer Journey zunehmend auf – sie sorgen auch dafür, dass sich die zugrunde liegende Anzahl der möglichen Kontaktpunkte erhöht. Die Customer Journey wird somit nicht nur durch ihren crossmedialen Charakter qualitativ komplexer, sondern auch in quantitativer Hinsicht (Westermann & Mehn, 2020, S. 166).

3.3 Omnichannel-Konzepte

Um den sich ändernden Anforderungen der Konsumenten gerecht zu werden und sich auf das Channel-Hopping einzustellen, müssen Unternehmen eine Reihe von Strategieanpassungen vornehmen. Die größte Herausforderung stellt dabei die konsistente und nachhaltige Integration physischer und digitaler Kanäle dar (Piotrowicz & Cuthbertson, 2014, S. 6; Trenz, 2015; Mehn & Wirtz, 2018, S. 27). Vor diesem Hintergrund ist es nicht nur wichtig, die einzelnen Kanäle attraktiv zu gestalten, sondern auch für ihre effektive Verknüpfung und Integration zu sorgen, auch wenn dies die Komplexität auf organisatorischer und prozessualer Ebene erhöht (Mehn & Wirtz, 2018, S. 27). Drei Dimensionen sind dabei essenziell: Markenkommunikation, Sortimentsgestaltung und Service (Westermann & Mehn, 2020, S. 171).

Die Markenkommunikation muss im Sinne von Bruhn (2014) über alle Offline- und Online-Touchpoints integriert werden und durch abgestimmte Botschaften, ein einheitliches Design und zeitliche Passung für eine kanalübergreifend einheitliche Markenwahrnehmung sorgen – was eine Anpassung an kanalspezifische Besonderheiten (z. B. mit Blick auf die Länge von Texten oder den Einsatz von Bewegtbild-Formaten) nicht ausschließt (Westermann et al., 2018, S. 56).

Auch die Sortiments- und Preisgestaltung sollte integriert werden, um auch hier dem Kunden eine einheitliche Markenerfahrung zu bieten und zugleich Kannibalisierungseffekte zu vermeiden. Allerdings muss auch hier zugleich ausreichender Spielraum für kanalspezifische Anpassungen bleiben, z. B. dann, wenn ein Kanal durch spezifische preisliche Aktionen temporär gestärkt werden soll. Mit Blick auf das Sortiment muss Raum für eine Anpassung – z. B. an regionale Besonderheiten – bleiben. Online sollte i. d. R. das gesamte Sortiment verfügbar sein, obgleich Ausnahmen denkbar sind, wenn z. B. eine Sonderedition eines Produkts nur im physischen Ladengeschäft angeboten wird (Westermann et al., 2018, S. 55).

Um zudem nicht nur im Pre-Sales und Sales, sondern ebenfalls im After-Sales-Bereich eine einheitliche Kundenerfahrung zu gewährleisten, die für eine hohe Zufriedenheit und eine positive Markenwahrnehmung sorgt, müssen auch Dienstleistungs- und Serviceangebote kanalübergreifend angeboten bzw. abgestimmt werden. Dies gilt insbesondere für die Option, Serviceleistungen kanalübergreifend wahrzunehmen, also z. B. online gekaufte Produkte im Store zu retournieren bzw. umgekehrt im Ladengeschäft erworbene Waren auf dem Postweg zurückzugeben. Pantano und Viassone (2015, S. 106) haben in diesem Zusammenhang festgestellt, dass die Servicequalität die Kaufabsicht positiv beeinflussen kann.

Um den gerade skizzierten Anforderungen gerecht werden zu können und die beschriebenen Integrationsschritte zu realisieren, kommt IT-Systemen im Omnichannel-Kontext eine zentrale Rolle zu. Mit Blick auf die kommunikative Ebene betrifft dies den Einsatz eines umfassenden Content-Management-Systems (CMS), das die integrierte Ausspielung kommunikativer Inhalte auf verschiedenen Kanälen erlaubt; zudem bietet sich der Einsatz eines Newsroom-Konzepts an, bei dem die Inhalte koordiniert geplant und in verschiedenen Kanälen publiziert werden. Um wiederum auf die spezifischen Bedürfnisse einzelner Kunden einzugehen und eine individuelle Ansprache zu ermöglichen, ist der Einsatz eines Customer-Relationship-Management(CRM)-Systems zentral, in dem alle kundenbezogenen Daten für die Mitarbeiter in Kommunikation und Vertrieb kanalübergreifend verfügbar sind (Westermann & Mehn, 2020, S. 172). Und um schließlich auch die eigenen Warenbestände und Preise über die verschiedenen Kanäle hinweg verwalten und managen zu können, bedarf es schließlich eines kanalunabhängigen, einheitlichen Warenwirtschaftssystems, auf das alle Mitarbeiter Zugriff haben und das ggf. auch in das Frontend des Online-Shops integriert wird, z. B. um die Verfügbarkeit von Waren zur Abholung in einzelnen Geschäften auch den Konsumenten anzuzeigen (Westermann et al., 2018, S. 59 ff.). Omnichannel-Konzepte und ihre Weiterentwicklung sind somit immer auch vor dem Hintergrund der Digitalisierung und des technologischen Fortschritts zu sehen.

4 Retail der Zukunft

Im gesamten Einzelhandel arbeiteten 2020 in Deutschland mehr als 3 Mio. Menschen und vor Beginn der Pandemie wurden noch etwa 85 % der Umsätze von Handelsunternehmen im stationären Handel eingebracht (Bundesagentur für Arbeit, 2020; HDE, 2021). Sowohl auf Marken- als auch auf Konsumentenseite war der stationäre Handel trotz Online-Wachstum häufig noch die favorisierte Angebotsform. In den Jahren vor der Pandemie sind die Einzelhandelsumsätze noch stetig um etwa 1 % pro Jahr gestiegen (HDE & Statistisches Bundesamt, 2021). Fast ein Drittel der „Top 100-Einzelhändler" verkauften 2017 noch nicht online und bei einem Großteil der Händler, die online anboten, fehlte noch immer eine mobil-optimierte Version oder eine App, obgleich besonders jüngere Zielgruppen vermehrt auf Smartphones oder Tablets shoppen (Heinemann, 2017, S. 5). Dass Konsumenten trotz des breit ausgebauten Online-Angebots stationäre Geschäfte oftmals doch bevorzugen, liegt vor allem an ihrem Mehrwert, denn Läden bieten Interaktion und persönlichen Kontakt zu Menschen, was nicht nur einen Unterhaltungsfaktor mit sich bringt, sondern auch eine Möglichkeit zur fachlichen Beratung. Zudem bieten sie sofortige Verfügbarkeit und – nicht zuletzt – auch die Möglichkeit zur Begutachtung und Anprobe (Spanke, 2020, S. 3; Zimmermann & Westermann, 2020, S. 5). Doch trotzdem sind die Auswirkungen des Online-Wachstums auf den stationären Handel sichtbar. Oftmals hängt dies auch mit dem Standort zusammen, denn prominente Innenstadtlagen in beliebten Großstädten sind maßgeblich von internationalen Ketten besetzt. Aktuell haben es vor allem kleine und mittelständische Unternehmen schwer, da große internationale Marken insgesamt agiler und zeitgemäßer aufgestellt sind sowie häufig auch über ein größeres Budget verfügen. Darüber hinaus verlieren besonders Kaufhäuser an Zuspruch, wohingegen große Shopping-Center immer beliebter werden (Bailey, 2020, S. 7; Gehrckens, 2019, S. 54).

Zudem hat sich eine Flächenverschiebung herauskristallisiert, wobei bspw. mehr Fläche für den Lebensmittelbereich, Fachmärkte und Drogerien sowie für die gerade genannten Shopping-Center zur Verfügung gestellt wird (Merkle, 2020, S. 19). Individualgeschäfte, die keiner großen Marke zugeordnet sind, sind in den Innenstädten kaum noch aufzufinden.

Der stationäre Handel steht daher vor der Herausforderung, seine Relevanz für Konsumenten weiterhin aufrechtzuhalten und seine Stärken gegenüber dem Online-Handel auszubauen sowie neue Mehrwerte zu schaffen. In Zuge dessen geht es vor allem auch darum, sich langfristige Konzepte zu überlegen, die auf das gesamte Filialnetz ausgerollt werden können und auf das stationäre Einkaufserlebnis einzahlen. Mit der Corona-Pandemie gingen einige Veränderungen in den jeweiligen Geschäften einher, denn es wurden zum einen Hygienevorschriften wie Masken, Abstandsregeln, Bodenmarkierungen und „Desinfektionspflicht" eingeführt, denen sich Einzelhändler mehr oder weniger freiwillig anpassten, um überhaupt öffnen zu dürfen. Sowohl diese Einschränkungen am Point of Sale (PoS) wie auch insbesondere die kompletten Lockdowns führten dazu, dass Omnichannel-Angebote und hier insbesondere Click & Collect nunmehr von fast allen Händlern – vom großen Filialisten bis hin zum kleinen, inhabergeführten Geschäft – angeboten wurden. Gerade bei den kleineren Geschäften spielte auch „Call-and-Collect" (Vorndran, 2021) eine große Rolle. Viele Unternehmen investierten zudem in neue Zahlungsverfahren; auch wurden die Lockdowns in Teilen genutzt, um das Storedesign zu modernisieren mit dem Ziel, eine größere Kundenintegration zu erreichen (Genth, 2020, S. 671 f.; Statista, 2021b, S. 34). Insgesamt hat die Pandemie die Händler gezwungenermaßen „wachgerüttelt" und auf teilweise existenzbedrohende Weise gezeigt, dass das alte Verständnis von Storeproduktivität nicht mehr adäquat ist und dass die einzelnen Verkaufskanäle nicht in Konkurrenz miteinander stehen sollten, sondern dass Omnichannel-Strategien für zukünftige Erfolge zwingend notwendig sind.

4.1 Die zukünftigen Rollen von stationären Stores

In der Diskussion um die Zukunft des Retails ist relevant, dass stationäre Stores nicht mehr als reine Transaktionsorte und wichtigste Kontaktpunkte mit den Kunden verstanden werden, sondern als intelligente Teile in der Kette einer Omnichannel-Präsenz (Auge & Gutting, 2021, S. 335). Innerhalb dieser Kette werden stationäre Geschäfte zukünftig verschiedene Rollen einnehmen können.

4.1.1 Marketinginstrument und Kommunikationsmittel

Zum einen werden Stores die Rollen eines Marketinginstruments und Kommunikationsmittels stärker einnehmen. Marketingtechnisch waren Geschäfte in der Vergangenheit dafür da, die Markenstrategie visuell zu verkörpern und die Produkte anschaulich und passend zu präsentieren (Homburg, 2017, S. 1034 f.). Zusätzlich zu diesem Zweck – welchem Stores auch in Zukunft weiterhin dienen werden – kommt mittlerweile aber auch die Verwertbarkeit in sozialen Medien hinzu, d. h. konkret die optische Attraktivität. Sofern Geschäfte heutzutage eine „Instagrammability“ vorweisen können, also besonders ästhetisch aufgebaut und als Foto-Spot geeignet sind (Cambridge Dictionary, 2021), werden sie vielfach im Internet geteilt, was als virale und damit kostenfreie Werbung für die Marken dient, ihre Reichweite erweitert und neue potenzielle Kunden in den Laden zieht. Im Hinblick auf den Store als Marketinginstrument ist zudem zu erwähnen, dass er neben seiner Vertriebsfunktion auch als Eventlocation genutzt werden kann. Besonders in Zusammenhang mit den sozialen Medien und Kooperationen – z. B. mit Influencern – können Events im eigenen Store für viele Marken als Imagewerbung fungieren und der Markenpositionierung im Wettbewerb zuträglich sein (Heinemann, 2021b, S. 342). Darüber hinaus kann der Store im Zuge der Markenkommunikation zukünftig auch als Kommunikator von Nachhaltigkeit eingesetzt werden. Durch die Storeeinrichtung und -ausrichtung in Form von energieeffizienten Technologien und Recycling, aber auch durch das Storepersonal (mittels Erklärung von Unternehmenspraktiken oder dem Einbezug in den unternehmenseigenen Social-Media-Auftritt), spezifische Events oder speziellen Informationsecken, in denen z. B. im Detail gezeigt wird, aus welchen Materialien die Produkte hergestellt werden, könnten Unternehmen ihr Engagement für ein Thema, das praktisch für jede Branche an Relevanz hinzugewinnt, mittels des Ladengeschäfts kommunizieren.

4.1.2 Erlebniswelt und Serviceanbieter

Darüber hinaus werden Stores zukünftig auch vermehrt als reine Showrooms und Erlebniswelten fungieren. Showrooms bieten keinen verkaufsfertigen Bestand an, sondern stellen lediglich eine begrenzte Anzahl an Kollektionsstücken im Geschäft aus, sodass sich Kunden die Produkte ansehen, sie anprobieren oder austesten können (Deloitte, 2020; Spanke, 2020, S. 21). Das hat zur Folge, dass große Ersparnisse auf Unternehmensseite aufgrund geringerer Lagerkosten und fehlender Kollektionstiefe – ergo weniger gebundenen Kapitals – möglich sind. Es bietet zudem die Chance zu testen, ob neue Produkte oder Dienstleistungen bei Konsumenten Anklang finden. In vielen Branchen wird hierfür bereits mit Virtual Reality experimentiert, um möglichst reale Probiersituationen im Showroom herzustellen (Deckert & Wohllebe, 2021, S. 29). Für die Kundenseite werden die Vorteile eines physischen Angebots und persönlichen Kontakts noch immer gewahrt, nur mit dem Unterschied, dass die Produkte nicht direkt vor Ort erwerbbar, aber natürlich direkt online bestellbar sind. Showrooms können somit eine wichtige Rolle im Rahmen einer Omnichannel-Strategie spielen. Zusätzlich zur Showroom-Option kommt vermehrt auch der Aspekt des Erlebnisses hinzu. Bereits heute ist zu erkennen, dass Shopping-Center an Beliebtheit dazugewinnen, was nicht zuletzt daran liegt, dass sie häufig auch als Ausflugs- und Erlebnisorte angesehen werden und das Angebot daran angepasst ist. Für den einzelnen Store gilt es hier nicht nur ein Café oder besonders viele interaktive Technologien einzubauen, sondern es geht darum, eine Erlebniswelt rund um das Markenversprechen und die anzusprechende Zielgruppe einzurichten (Kiel & Schweizer, 2021, S. 150; Merkle, 2020, S. 109 f.).

Dies kann auf verschiedene Art und Weise umgesetzt werden: So offeriert die Sport- und Lifestylemarke VANS ihren Kunden in manchen Stores z. B. Halfpipes, die sowohl zum Test der angebotenen Produkte als auch zu rein privaten Zwecken genutzt werden können. In London hat VANS auch einen eigenen Indoor-Skatepark aufgebaut (House of Vans, 2021). Auch andere Marken aus dem Sportbereich wie bspw. Lululemon, Nike oder The North Face bieten bereits Retail-Geschäfte mit Erlebnisfaktoren, indem sie in-store Kurse und Sportangebote neben dem eigenen Produktportfolio offerieren (Mango, 2019). Zieht man als Unternehmen somit nicht nur diejenigen Konsumenten an, die bereits eine Kaufmotivation mitbringen, sondern auch „neutrale" Passanten, bedeutet dies eine große Chance zur Erweiterung der Zielgruppe und zur Verbesserung des Markenimages.

Außerdem wird der Retail als „Serviceanbieter" zukünftig eine immer bedeutsamere Rolle spielen: Speziell der persönliche Kontakt zu Mitarbeitern, die auf die individuellen Kundenwünsche eingehen, trägt dazu bei, das gesamte Einkaufserlebnis genau auf den jeweiligen Kunden zuzuschneiden. Durch die ausgeprägte persönliche Komponente bietet der Store somit einen zusätzlichen Mehrwert, der durch Onlineberater oder Chatbots nicht realisiert werden kann. Auch Personalisierungsangebote sind für die künftige Retail-Landschaft relevant und können einen entscheidenden Servicebestandteil darstellen, da Konsumenten immer häufiger eigene Wünsche und Ideen einbringen möchten (Auge & Gutting, 2021, S. 337; Chevalier & Gutsatz, 2020, S. 159). Neben der reinen Konzentration auf einen Neukauf ist im Rahmen der Serviceanbieter-Rolle stationärer Stores auch die Nachkauf-Phase relevant, besonders unter Anbetracht der Bedeutung von Nachhaltigkeit: Teilweise integrieren stationäre Geschäfte Services wie das Nachfüllen von Produkten (vor allem im Kosmetik- und Lebensmittelbereich) und Reparaturservices oder dienen als Anlaufstelle für Recycling alter Waren. Zukünftig könnten diese Services zum einen zusätzliche Kaufmotive schaffen, die ergänzend zum Online-Shop nur stationär offeriert werden können, den Store zum anderen aber auch zum wichtigen Bestandteil einer nachhaltigen Unternehmensstrategie machen (Spanke, 2020, S. 109 f.). Zusätzlich dazu kann der physische Store auch als Anlaufstelle für Online-Rückgaben dienen, was einen weiteren Serviceaspekt im Omnichannel-Kontext ausmacht. Vereinzelt wird dies von Marken aus dem Bekleidungssegment bereits angeboten.

Viele Online-Händler bieten ein sehr breites Angebot an, was oftmals auch den Grund für die Online-Präferenz darstellt. Trotzdem gibt es aber auch eine Gruppe von Konsumenten, für die eine Auswahl aus tausenden ähnlichen Produkten überfordernd ist, weswegen sie sich nicht entscheiden können. Aus diesem Grund kann dem stationären Store im Zuge des Servicegedankens ebenso die Rolle eines „Kurators" zuteilwerden, der das Produktangebot basierend auf einer genauen Analyse der Zielgruppe äußerst selektiv auswählt und somit die Chancen erhöht, dass ein Konsument zum Kunden wird.

4.1.3 Datensammler und Experte

Zudem werden physische Stores künftig als Quelle zur umfassenden Datengewinnung fungieren: Heute werden stationäre Geschäfte bereits dafür eingesetzt, um Informationen zum Einkaufsverhalten von Kunden zu gewinnen, sodass das Storeangebot an ihre Bedürfnisse angepasst werden kann (Bailey, 2020, S. 8). Zukünftig werden vor allem technische Lösungen sowie der Einsatz von Big Data und künstlicher Intelligenz die Mehrheit der stationären Stores zu wahren Datenproduzenten machen (Auge & Gutting, 2021, S. 337; Richter, 2021, S. 16). Hierzu zählen bspw. 3D-Körperscanner, wodurch Marken detaillierte Informationen zum Körperbau und der Passform gewinnen können. Zudem sind interaktive Spiegel, über die bspw. sowohl eingekauft werden kann als auch Interaktion in sozialen Medien ermöglicht wird, ein sehr effizientes Mittel, um Informationen über bestehende und (potenzielle) neue Kunden zu erhalten sowie Kunden aktiv einzubinden (Deckert & Wohllebe, 2021, S. 20; Gruninger-Hermann, 2017, S. 58). Außerdem fördern das Senden von Push-Mitteilungen in Storenähe über Unternehmensapps sowie der Einsatz von QR-Codes innerhalb des Stores die Interaktion zwischen Konsumenten und Unternehmen und ermöglichen daher auch eine weitergehende Datengewinnung (Heinemann, 2017, S. 116).

Darüber hinaus wird für stationäre Stores vermehrt auch die Rolle eines „Experten“ bedeutsam. Manche Kunden präferieren trotz Online-Tutorials und umfassenden Beschreibungstexten – vor allem dann, wenn es sich um besonders kostenintensive oder (technologisch) innovative Produkte handelt – noch immer eine persönliche Beratung oder Erklärung. Aus diesem Grund wird ausgebildetes Personal, das über Fachwissen verfügt und auf individuelle Fragen interessierter Konsumenten eingehen kann, zukünftig ein immer wichtigeres Differenzierungsmerkmal stationärer Geschäfte und langfristig eine relevante Ergänzung zum Online-Angebot vieler Händler darstellen (Spanke, 2020, S. 4).

4.2 Erfolgsfaktoren stationärer Stores der Zukunft

Welche der beschriebenen Rollen der stationäre Store eines Unternehmens einnehmen soll, ist eine individuelle Abwägungsfrage und hängt natürlich auch mit strategischen Fragen zusammen. Unabhängig davon, welchen Fokus ein Unternehmen wählt, gibt es eine Reihe von Erfolgsfaktoren, die für die Zukunft des stationären Handels in einem Omnichannel-Umfeld grundsätzlich zu berücksichtigen sind.

Zum einen ist relevant, inwieweit Händler ihre Unternehmensausrichtung an einen Omnichannel-Ansatz anpassen und wie effizient sie diesen umsetzen. Wie die Ausführungen des letzten Kapitels zeigen, ist eine nahtlose Verknüpfung aller Kanäle für die Konsumentenseite äußerst wichtig und bietet für die Händlerseite einige Chancen. Zusätzlich dazu spielt die Agilität des Händlers eine wichtige Rolle. Dies bedeutet vor allem, dass sie sich flexibel an sich verändernde Kundenanforderungen und gesellschaftliche Trends anpassen müssen (Merkle, 2020, S. 246). Wichtig zu beachten ist hierbei der Zeitaspekt, da sich Trends und Konsumentenpräferenzen schnell ändern, sodass eine effiziente Informationsverarbeitung gewonnener Daten aus den Stores und dem weiteren Omnichannel-Umfeld zwingende Voraussetzung dafür ist, den stationären

Store zukünftig zeitgemäß und für die Zielgruppe relevant auszurichten (Zimmermann & Westermann, 2020, S. 13).

Außerdem spielt Personalisierung nicht nur im Hinblick auf das Serviceangebot eine Rolle, sondern auch in Bezug auf den Standort: Für den zukünftigen Erfolg stationärer Geschäfte ist ein lokaler Ansatz, also eine Anpassung der Storeausrichtung und des Angebots an den Standort und das dortige Publikum, relevant. Dadurch ist das Offerieren eines personalisierten Angebots besser möglich als bspw. durch einen Flagship-Store, und es kann besser auf die Wünsche und Bedürfnisse der tatsächlichen Kundschaft eingegangen werden (Bailey, 2020, S. 11; Heinemann, 2021b, S. 263 f.). Außerdem muss Händlern bewusst sein, dass zunehmende Digitalisierung und Automatisierung von Prozessen dazu führen, dass Mitarbeiter um ihre Arbeitsplätze bangen. Daher ist es entscheidend, dass Händler Weiterbildungsmöglichkeiten anbieten sowie ihren Mitarbeitern in den Geschäften Perspektiven aufzeigen und ihnen erklären, welche (wichtige) Rolle sie auch zukünftig einnehmen werden (Heinemann, 2017, S. 77).

Darüber hinaus ist es erfolgsrelevant, dass stationäre Geschäfte noch stärker zur Kommunikation der Markenstory eingesetzt werden (Merkle, 2020, S. 219 f.). Wie im letzten Abschnitt beschrieben, können Stores sehr vorteilhaft auch als Marketinginstrumente eingesetzt werden, was besonders für kleine und mittelständische Unternehmen eine Chance bedeutet, ihre ganz eigene Nische zu definieren. Große internationale Ketten investieren aktuell vor allem in Technologien, was zwar zeitgemäß und sicherlich für eine große Kundengruppe auch interessant ist, trotzdem ist dies nicht für jede Marke und jedes Produkt in gleichem Maße notwendig oder sinnvoll. Händler sollten sich in Zukunft daher mit Blick auf ihre strategische Ausrichtung und die Budgetallokation die Frage stellen: Welche technischen Innovationen unterstützen meine Markenstrategie im Store tatsächlich?

Zudem ist für den Erfolg physischer Stores künftig auch relevant, dass Anpassungen in der Messung der Store-Produktivität vorgenommen werden. Bislang dienten stationären Händlern vor allem Kennzahlen wie Flächenproduktivität oder Anzahl gekaufter Waren pro Einkauf als Grundlage für die Erfolgsbewertung. Doch aufgrund der Omnichannel-Orientierung vieler Händler haben diese Kennzahlen kaum noch echte Aussagekraft – insbesondere dann nicht, wenn sich die Rolle der Stores – wie zuvor beschrieben – ändert. Der Erfolg eines Stores kann somit künftig nicht mehr an hohen Verkaufszahlen alleine festgemacht werden; seine Profitabilitätsbewertung hängt auch mit der zugewiesenen Rolle innerhalb der Customer Journey zusammen (EY-Parthenon, 2018, S. 4). Um als Händler beurteilen zu können, ob ein Store ein effizientes Glied innerhalb der Omnichannel-Kette ist, sollten daher andere Kennzahlen berücksichtigt werden: Beispielsweise ist die Anzahl der Besucher im Store interessant, da es Anzeichen dafür ist, wie populär der Store – vor allem aber auch die Marke – ist. Zudem sind Kennzahlen, die die Konsumentenintegration messen, nicht nur im Online-Segment, sondern auch für den stationären Bereich relevant. Hierbei spielen Empfehlungen eine besondere Rolle: Händler können z. B. betrachten, wie groß die Anzahl der Konsumenten ist, die aufgrund von Produktempfehlungen zu Kunden wurden, oder auch, wie häufig Kunden den Store erneut besuchen (Heinemann, 2021b, S. 80; Zuberi & Rajaratnam, 2020, S. 5).

Außerhalb der Handlungsmacht der Händler steht, inwieweit die Politik das Thema Handel der Zukunft zur Priorität macht. Die Verfügbarkeit der Einzelhandelsflächen in Innenstädten ist zum Teil Sache der Politik, und ihre Bereitschaft, sich für den Platz von Mittelständlern und kleinen Facheinzelhändlern sowie bezahlbaren Mieten in Innenstädten einzusetzen, wird sich künftig auch auf die Diversität und Attraktivität des Städteangebots auswirken (Gruninger-Hermann, 2017, S. 59 f.). Zudem hängt Deutschland beim Thema Digitalisierung des Handels bislang hinterher und diverse Vorschriften z. B. zum Datenschutz hindern Händler teilweise auch an der Einführung neuer Technologien und Praktiken (Engels, 2020, S. 2; Neuerer, 2018). Ohne die Förderung digitaler Technologien wie 5G oder KI und ohne Reduzierung der Bürokratie, die mit der Nutzung dieser Innovationen einhergeht, ist der Aufbau einer digitalen Infrastruktur, die für die Zukunft vieler stationärer Händler zunehmend wichtig ist, kaum möglich.

5 Ausblick

Wenn sich ein Unternehmen dafür entscheidet, weiterhin stationäre Geschäfte zu betreiben, sind Veränderungsbereitschaft und Flexibilität künftig eine Grundvoraussetzung. Es ist nicht damit getan, Stores mit diversen technischen Innovationen auszustatten und zu hoffen, den reinen Online-Händlern damit Konkurrenz zu machen. Vom seit Beginn des neuen Jahrtausends mehrfach vorausgesagten „Tod des stationären Retail-Geschäfts", ist die Entwicklung jedoch noch ein ganzes Stück entfernt – trotz der Verwerfungen durch die Corona-Pandemie. Das Verständnis eines „New Retails" (Auge & Gutting, 2021, S. 333), der Stores über die Grenzen eines reinen Transaktionsortes hinaus definiert und eine Omnichannel-Ausrichtung mit sich bringt, zeigt, dass die Geschichte des physischen Stores noch nicht zu Ende ist. Im Gegenteil, es ist durchaus denkbar, dass nach dem Abebben der Pandemie gerade die Nutzung der bereits beschriebenen Optionen zu einer Stärkung der Rolle des stationären Handels im Omnichannel-Kontext führt. Die meisten Konsumenten dürften nach den Erfahrungen der Pandemie mit der Reduktion vieler Kontakte und dem Rückzug in digitale Sphären hungrig nach physischen Erlebnissen und Events, nach sozialem Kontakt und schlicht nach Spaß sein. Es ist nicht so unwahrscheinlich, dass nach dem Stay-at-Home-Trend der frühen 2020er Jahre ein Get-outside-Trend die Mitte des Jahrzehnts prägen wird.

Neben eigener Anpassungsfähigkeit werden jedoch auch künftig Ereignisse die weitere Entwicklung prägen, die Händler nicht beeinflussen können – Covid-19 wird nicht der letzte „schwarze Schwan" gewesen sein. Auch wird die weiter fortschreitende Digitalisierung dafür sorgen, dass das „Verfallsdatum" von Aussagen über die strategisch sinnvolle Rolle von Stores immer kürzer wird. Sollten die von Unternehmen wie Meta oder Nvidia vorangetriebenen Pläne für ein Meta- oder Omniverse Realität werden und sich ihre Nutzung in breiten Bevölkerungsschichten durchsetzen, wird die Rolle stationärer Stores in grundsätzlicher Perspektive – wie auch im Rahmen von Omnichannel-Strategien – erneut komplett neu gedacht werden müssen. Agilität, Flexibilität, Innovationskraft, und die Orientierung an den sich auch künftig wandelnden Bedürfnissen der Konsumenten dürften daher mehr denn je Schlüssel zum Erfolg im Handel sein.

Literatur

Auge, L., & Gutting, D. (2021). New Retail, Omnichannel, Künstliche Intelligenz: Innovative Strategien im Handel in China und Deutschland. In D. Gutting, M. Tang, & S. Hofreiter (Hrsg.), *Innovation und Kreativität in Chinas Wirtschaft – Deutsch-chinesische Kooperationen: Grundwissen, Erfahrungen und Erkenntnisse* (S. 333–352). Springer Gabler.

Bailey, S. (2020). E-Commerce und stationärer Handel – Omnichannel Commerce für die perfekte Customer Journey. *Wirtschaftsinformatik & Management, 12*(1), 6–13.

Bauer, H. H., & Sauer, N. E. (2004). Internetnutzungs- und Online-Kaufverhalten in Deutschland und den USA. In K. P. Wiedmann, H. Buxel, T. Frenzel, & G. Walsh (Hrsg.), *Konsumentenverhalten im Internet: Konzepte – Erfahrungen – Methoden* (S. 35–56). Gabler.

Bruhn, M. (2014). *Unternehmens- und Marketingkommunikation. Handbuch für ein integriertes Kommunikationsmanagement* (3. Aufl.). Vahlen.

Bundesagentur für Arbeit. (2020). Beschäftigungsstruktur im Einzelhandel. https://einzelhandel.de/beschaeftigungsstruktur. Zugegriffen: 13. Mai 2022.

Cambridge Dictionary. (2021). Bedeutung von Instagrammable im Englisch. https://dictionary.cambridge.org/de/worterbuch/englisch/instagrammable. Zugegriffen: 6. Dez. 2021.

Chevalier, M., & Gutsatz, M. (2020). *Luxury Retail and Digital Management – Developing Customer Experiences in a Digital World* (2. Aufl.). Wiley.

Deckert, R., & Wohllebe, A. (2021). *Digitalisierung und Einzelhandel – Taktiken und Technologien, Praxisbeispiele und Herausforderungen*. Springer Gabler.

Deges, F. (2020). *Grundlagen des E-Commerce: Strategien, Modelle, Instrumente*. Springer Gabler.

Deloitte. (2020). Post-COVID strategies for retailers: Reopening stores – Rethink in-store and online customer experience. https://www2.deloitte.com/content/dam/Deloitte/us/Documents/consumer-business/us-post-covid19-strategies-reopening-stores.pdf. Zugegriffen: 9. Feb. 2022.

Eckstein, A., & Halbach, J. (2012). *Mobile Commerce in Deutschland – Die Rolle des Smartphones im Kaufprozess. Ausgewählte Studien des ECC Handel* (Bd. 31). IfH Institut für Handelsforschung.

Engels, B. (2020). Corona: Stresstest für die Digitalisierung in Deutschland. IW-Kurzbericht. No. 23/2020. Institut der deutschen Wirtschaft (IW). https://www.iwkoeln.de/fileadmin/user_upload/Studien/Kurzberichte/PDF/2020/IW-Kurzbericht_2020_Corona_Stresstest_Digitalisierung.pdf. Zugegriffen: 9. Feb. 2022.

EY-Parthenon. (2018). Jenseits von „Ware gegen Geld". https://www.linkedin.com/pulse/jenseits-von-ware-gegen-geld-kerstin-lehmann/. Zugegriffen: 6. Dez. 2021.

Gehrckens, H. M. (2019). Das Transformationsdilemma im Einzelhandel. In G. Heinemann, H. M. Gehrckens, T. Täuber, & Accenture GmbH (Hrsg.), *Handel mit Mehrwert – Digitaler Wandel in Märkten, Geschäftsmodellen und Geschäftssystemen* (S. 43–70). Springer Gabler.

Genth, S. (2020). *Der Einzelhandel in der Corona-Krise. Wirtschaftsdienst, 100*(9), 670–673.

Graf, A., & Schneider, H. (2019). *Das E-Commerce Buch: Marktanalysen, Geschäftsmodelle, Strategien* (3. Aufl.). Dfv Mediengruppe Fachbuch.

Gruninger-Hermann, C. (2017). *Zukunft der Innenstädte? – Auswirkungen zunehmender Online-Käufe auf den stationären Einzelhandel und die Innenstädte*. Working & Discussion Paper No 1. Duale Hochschule Baden-Württemberg Lörrach (DHBW).

Handelsverband Deutschland e. V. [HDE]. (2021). Zahlenspiegel 2021. https://einzelhandel.de/index.php?option=com_attachments&task=download&id=10611. Zugegriffen: 6. Dez. 2021.

Handelsverband Deutschland e. V. [HDE], & IFH Köln. (2021). Online Monitor 2021. https://einzelhandel.de/index.php?option=com_attachments&task=download&id=10572. Zugegriffen: 6. Dez. 2021.

Handelsverband Deutschland e. V. [HDE], & Statistisches Bundesamt. (2021). Weihnachtspressekonferenz. https://einzelhandel.de/images/presse/Pressekonferenz/2021/WeihnachtsPK/Charts.pdf. Zugegriffen: 6. Dez. 2021.

Haug, K., & Küper, J. (2010). Das Potenzial von Kundenbeteiligung im Web-2.0-Online-Shop. In G. Heinemann & K. Haug (Hrsg.). *Web-Exzellenz im E-Commerce: Innovation und Transformation im Handel* (S. 115–134). Gabler.

Heinemann, G. (2010). Aktuelle Situationen und zukünftige Herausforderungen im E-Commerce. In G. Heinemann & K. Haug (Hrsg.), *Web-Exzellenz im E-Commerce: Innovation und Transformation im Handel* (S. 3–20). Gabler.

Heinemann, G. (2011). *Cross-Channel-Management. Integrationserfordernisse im Multi-Channel-Handel* (3. Aufl.). Springer Gabler.

Heinemann, G. (2017). *Die Neuerfindung des stationären Einzelhandels – Kundenzentralität und ultimative Usability für Stadt und Handel der Zukunft*. Springer Gabler.

Heinemann, G. (2021a). *Der neue Online-Handel: Geschäftsmodelle, Geschäftssysteme und Benchmarks im E-Commerce* (12. Aufl.). Springer Gabler.

Heinemann, G. (2021b). *Intelligent Retail – Die Zukunft des stationären Einzelhandels*. Springer Gabler.

Hofacker, L., & Langenberg, C. (2019). Omnichannel-Commerce 2019. Köln: EHI Retail Institute. https://www.ehi.org/?wpdmdl=90305. Zugegriffen: 9. Feb. 2022.

Homburg, C. (2017). *Marketingmanagement – Strategie – Instrumente – Umsetzung – Unternehmensführung* (6. Aufl.). Springer Gabler.

House of Vans. (2021). House of Vans is back IRL! https://houseof.vans.eu/?utm_source=Skateparks.co.uk&utm_campaign=Skateparks.co.uk&utm_medium=rerefer. Zugegriffen: 8. Dez. 2021.

Kiel, M., & Schweizer, M. (2021). Filialen in Zeiten von New Work – Gedanken zur Renaissance des stationären Einzelhandels. In G. Mau, M. Schweizer, & C. Oriet (Hrsg.), *Multisensorik im stationären Handel – Grundlagen und Praxis der kundenzentrierten Filialgestaltung* (S. 145–154). Springer Gabler.

Korte, W. B., & Kordey, N. (2003). E-Commerce – Stand und Perspektiven im internationalen Vergleich. In J. Jessen, B. Lenz, J. H.Ross, & W. Vogt (Hrsg.). *B2C Elektronischer Handel – eine Inventur: Unternehmensstrategien, logistische Konzepte und Wirkungen auf Stadt und Verkehr* (S. 24–36). Leske + Budrich.

Krekeler, M. (2010). Suchmaschinen als zentrale Traffic-Quelle im digitalen Zeitalter. In G. Heinemann & K. Haug (Hrsg.), *Web-Exzellenz im E-Commerce: Innovation und Transformation im Handel* (S. 95–110). Gabler.

Kreutzer, R. T. (2021). *Praxisorientiertes Online-Marketing: Konzepte – Instrumente – Checklisten* (4. Aufl.). Gabler.

Kulke, E. (2003). Voraussetzungen, Merkmale und Entwicklungen des elektronischen Einzelhandels. In J. Jessen, B. Lenz, H. J. Ross, & W. Vogt (Hrsg.). *B2C Elektronischer Handel – eine Inventur: Unternehmensstrategien, logistische Konzepte und Wirkungen auf Stadt und Verkehr* (S. 52–63). Leske + Budrich.

Lavin, F. (2018). Amazon's prime day vs. Alibaba's single's day: Are they any different? https://www.forbes.com/sites/franklavin/2018/07/10/amazons-prime-day-and-alibabas-singles-day-any-difference/. Zugegriffen: 11. Okt. 2021.

Mango, A. (2019). Check out these free(!) Fitness classes at Nike, Lululemon, and more. https://www.health.com/fitness/check-out-these-free-fitness-classes-at-nike-lululemon-and-more. Zugegriffen: 6. Dez. 2021.

Mehn, A., & Wirtz, V. (2018). Stand der Forschung – Entwicklung von Omnichannel-Strategien als Antwort auf neues Konsumentenverhalten. In I. Böckenholt, A. Mehn, & A. Westermann (Hrsg.). *Konzepte und Strategien für Omnichannel-Exzellenz. Innovatives Retail-Marketing mit mehrdimensionalen Vertriebs- und Kommunikationskanälen* (S. 3–36). Springer.

Merkle, W. (2020). *Erfolgreich im stationären Einzelhandel. Wege zur konsequenten Profilierung im digitalen Zeitalter*. Springer Gabler.

Næss-Schmidt, H. S., Basalisco, B., Gallagher, N., Poulsgaard, K., Hansen, M. M., Ehmann, H., & Virtanen, L. (2021). *Die Bedeutung des E-Commerce für die deutsche Wirtschaft*. Copenhagen Economics.

Neuerer, D. (2018). Handel fürchtet Wettbewerbsnachteile durch neue EU_Datenschutzregeln. https://www.handelsblatt.com/politik/deutschland/dsgvo-handel-fuerchtet-wettbewerbsnachteile-durch-neue-eu-datenschutzregeln/22624922.html?ticket=ST-5298876-Xj51lxhVYTV6JMzfge3y-cas01.example.org. Zugegriffen: 21. Dez. 2021.

Pantano, E., & Viassone, M. (2015). Engaging consumers on new integrated multichannel retail settings. Challenges for retailers. *Journal of Retailing and Consumer Services, 25,* 106–114.

Piotrowicz, W., & Cuthbertson, R. (2014). Introduction to the special issue Information Technology in retail. Toward Omnichannel retailing. *International Journal of Electronic Commerce, 18*(4), 5–16.

Richter, C. (2021). *E-commerce trends in China – social commerce, live-streaming oder new retail*. Springer Gabler.

Riehm, U. (2004). E-Commerce: Begriffe, Geschichte, aktueller Stand und Ausblick. In H. D. Kübler & E. Elling (Hrsg.). *Wissensgesellschaft: Neue Medien und ihre Konsequenzen* (S. 479–510). Bundeszentrale für politische Bildung.

Riehm, U., Petermann, T., Orwat, C., Coenen, C., Revermann, C., Scherz, C., & Wingert, B. (2003). *E-Commerce in Deutschland: Eine kritische Bestandsaufnahme zum elektronischen Handel*. Edition sigma.

Rieke, T. (2019). Wie Sting den Startschuss zum weltweiten Online-Shopping gab. https://www.handelsblatt.com/technik/digitale-revolution/digitale-revolution-wie-sting-den-startschuss-zum-weltweiten-online-shopping-gab/24875594.html?ticket=ST-10403764-4PiiQdK1rALTHCi72FX0-ap1. Zugegriffen: 11.Okt. 2021.

Scheffler, H. (2014). Soziale Medien: Einführung in das Thema aus Sicht der Marktforschung. In C. König, M. Stahl, & E. Wiedgand (Hrsg.), *Soziale Medien: Gegenstand und Instrument der Forschung* (S. 13–28). Springer VS.

Schenk, M., Wolf, A., Wolf, M., & Schmitt-Walter, N. (2011). *Nutzung und Akzeptanz von Internet und E-Commerce 2010: Ein Überblick über Entwicklung und Trends der Internetnutzung in Deutschland*. Uni Hohenheim und TNS Infratest Technology & Media.

Schenk, M., & Wolf, M. (2000). *Nutzung und Akzeptanz von Electronic-Commerce: E-Commerce und die Bürger*. Arbeitsbericht der TA-Akademie Nr. 171. Akademie für Technikfolgenabschätzung in Baden-Württemberg.

Spanke, M. (2020). *Retail isn't dead – innovative strategies for brick and mortar retail success*. Palgrave Macmillan.

Statista. (2019). Luxury goods 2019 Report. https://www.statista.com/study/55494/luxury-goods-report/. Zugegriffen am 15. Okt. 2021.

Statista. (2020a). Einzelhandel im Wandel. https://de.statista.com/statistik/studie/id/78422/dokument/einzelhandel-im-wandel/. Zugegriffen: 11.Okt. 2021.

Statista. (2020b). Online-händler in Deutschland. https://de.statista.com/statistik/studie/id/12568/dokument/online-haendler-statista-dossier/. Zugegriffen: 11. Okt. 2021.

Statista. (2021a). E-commerce in Deutschland. https://de.statista.com/statistik/studie/id/6387/dokument/e-commerce-statista-dossier/. Zugegriffen: 11. Okt. 2021.

Statista. (2021b). Auswirkungen des Coronavirus (COVID-19) auf den Einzelhandel. https://de.statista.com/themen/6217/auswirkungen-des-coronavirus-auf-den-einzelhandel/. Zugegriffen: 9. Dez. 2021.

Statistisches Bundesamt. (2016). Anzahl der Online-Käufer in Deutschland in ausgewählten Jahren von 2007 bis 2015. https://www.destatis.de/DE/Presse/Pressemitteilungen/Zahl-der-Woche/2016/PD16_28_p002.html;jsessionid=1ADCB676AD5B8ABA40764C9F25332996.cae. Zugegriffen: 13. Okt. 2021.

Trenz, M. (2015). *The blurring line between electronic and physical channels. Reconceptualising multichannel commerce*. ECIS 2015 Completed Research Papers, Paper 184. Atlanta: Association for Information Systems (AIS).

Vorndran, A. (2021). Einkaufen? Vor Ort „Click, Call and Collect" – Einkaufen, ohne vor Ort bummeln zu gehen. https://www.infranken.de/freizeit-tourismus/einkaufen/click-call-and-collect-art-5156518. Zugegriffen: 11. Dez. 2021.

Westermann, A., & Mehn, A. (2020). Omnichannel-Marketing – Verknüpfung von Online- und Offline-Kanälen. In M. Stumpf (Hrsg.). *Die 10 wichtigsten Zukunftsthemen im Marketing* (2. Aufl., S. 163–182). Haufe.

Westermann, A., Wirtz, V., & Zimmermann, R. (2018). Ein theoriebasierter Ansatz zur Erlangung von Exzellenz im Omnichannel-Vertrieb. In I. Böckenholt, A. Mehn, & A. Westermann (Hrsg.), *Konzepte und Strategien für Omnichannel-Exzellenz. Innovatives Retail-Marketing mit mehrdimensionalen Vertriebs- und Kommunikationskanälen* (S. 37–70). Springer.

Wiedmann, K.-P., & Frenzel, T. (2004). Akzeptanz im E-Commerce – Begriffe, Modell, Implikationen. In K.-P. Wiedmann, H. Buxel, T. Frenzel, & G. Walsh (Hrsg.), *Konsumentenverhalten im Internet: Konzepte – Erfahrungen – Methoden* (S. 99–118). Gabler.

Winterman, D., & Kelly, J. (2013). Online shopping: The pensioner who pioneered a home shopping revolution. https://www.bbc.co.uk/news/magazine-24091393. Zugegriffen: 11. Okt. 2021.

Wittlich, H., & Schönball, R. (2017). 10 Jahre iPhone: Das erste Smartphone war ein Nokia. https://www.tagesspiegel.de/wirtschaft/10-jahre-iphone-das-erste-smartphone-war-ein-nokia/19221898.html. Zugegriffen: 11. Okt. 2021.

Zimmermann, R., & Westermann, A. (2020). Omnichannel-Retailing – Kundenorientierte Verknüpfung der Online- und Offline-Kanäle. In M. Terstiege (Hrsg.), *Digitales Marketing – Erfolgsmodelle aus der Praxis* (S. 3–16). Springer Gabler.

Zuberi, M., & Rajaratnam, D. (2020). Measuring retail performance in an omni-channel world. *Journal of Marketing Channels, 26*(1), 120–126.

Prof. Dr. Arne Westermann ist Professor für Communications and Marketing an der International School of Management (ISM) in Dortmund und Leiter des Brand & Retail Management Institute @ ISM, des hochschuleigenen Instituts für Marken- und Handelsmanagement an der ISM. Zudem ist er Leiter des Marketingdepartments und verantwortlich für den Master Strategic Marketing Management. Zuvor war er Professor für Communication Management an der Quadriga in Berlin, wo er den MBA „Communication & Leadership" aufgebaut hat. Er ist Autor zahlreicher Bücher, Aufsätze und Studien zu unterschiedlichen Themen im Bereich Corporate Communications und regelmäßig als Reviewer für die DGPuK (Deutsche Gesellschaft für Publizistik und Kommunikationswissenschaft) tätig. Neben seiner akademischen Karriere hat er umfassende praktische Erfahrungen als Berater in den Bereichen Corporate bzw. Brand Communications gesammelt, speziell auch in der Krisenkommunikation, der Change-Kommunikation und der internen Kommunikation.

Prof. Dr. Audrey Mehn ist Professorin für Retail und Marketing und Vizepräsidentin für Lehre an der International School of Management (ISM). Zuvor war sie als Führungskraft in Fashion- und Lifestyle-Unternehmen tätig. An der ISM hat sie zudem die Studiengangleitung im Bachelor Marken- und Modemanagement im Fernstudium inne sowie die lokalen Studiengangleitungen im Bachelor Global Brand & Fashion Management und im Master Luxury, Fashion & Sales Management. Ihre Forschungsinteressen liegen insbesondere in den Bereichen Konsumverhalten und Omnichannel.

Katharina A. Schuck (M.A.) ist Promotionsstudentin eines gemeinschaftlichen Programms der International School of Management (ISM) Dortmund und der IQS School of Management Barcelona. Ihr Forschungsgebiet konzentriert sich schwerpunkthaft auf Konsumentenverhalten und Nachhaltigkeit in der Luxus- und Tourismusbranche. Zudem ist sie als Tutorin für das Fernstudium der ISM tätig und betreut im Rahmen des Bachelorstudiengangs „Marken- und Modemanagement" das Modul „Mode & Design". Ihr Masterstudium absolvierte sie in Luxury, Fashion and Sales Management an der ISM und hält einen Bachelor in Betriebswirtschaftslehre von der Hochschule Fresenius. Während und nach dem Studium sammelte sie praktische Erfahrungen in der Modeindustrie bei C&A und Hugo Boss, in der Energieindustrie bei Uniper SE sowie im Hochschulwesen als studentische Mitarbeiterin der Hochschule Fresenius.

Herausforderungen von Omni-Channel-Strategien im Einzelhandel

Markus Schweizer und Simon Riedel

Inhaltsverzeichnis

1 Ausgangssituation: Der E-Commerce und der restliche Eisberg ... 54
2 Customer Journey im Einzelhandel: Die Reise kennen und die Route planen ... 56
3 Die Pain- und Gain-Points für Kunden im Handel ... 61
  3.1 Empathie und Vertrauen ... 61
  3.2 Unmittelbarkeit und Verfügbarkeit ... 62
  3.3 Atmosphäre und Einkaufserlebnis ... 63
4 Optimierungsansätze für Händler ... 65
  4.1 Empathie und Vertrauen ... 65
  4.2 Unmittelbarkeit und Verfügbarkeit ... 66
  4.3 Atmosphäre und Einkaufserlebnis ... 67
5 Schritte für die erfolgreiche Umsetzung einer Omni-Channel-Strategie ... 68
  5.1 Die Customer Journey verstehen ... 69
  5.2 Handlungsfelder identifizieren und Optimierungsziele definieren ... 69
  5.3 Relevante Lösungsideen entwickeln ... 71
  5.4 Kunden einbeziehen in Bewertung, Tests und Rollout ... 71
  5.5 Erfolge messen und nachsteuern ... 72
6 Resümee: Omni-Channel-Strategien brauchen Kundenzentrierung, Konsequenz und Mut ... 73
  6.1 Kundenzentrierung ... 73
  6.2 Konsequenz ... 74
  6.3 Mut ... 74
Literatur ... 75

M. Schweizer · S. Riedel (✉)
Hannover, Deutschland
E-Mail: Simon.Riedel@holisticconsultinggroup.com

M. Schweizer
E-Mail: Markus.Schweizer@holisticconsultinggroup.com

K. Butzer-Strothmann (Hrsg.), *Integriertes Online- und Offline-Channel-Marketing*,
https://doi.org/10.1007/978-3-658-38048-9_3

1 Ausgangssituation: Der E-Commerce und der restliche Eisberg

Der Onlinehandel in Deutschland und im gesamten deutschsprachigen Raum wächst seit Jahren kontinuierlich. Im „Corona-Jahr" 2020 wurde dabei in Deutschland, Österreich und der Schweiz erstmals die Schallmauer von 100 Mrd. € inkl. USt. durchbrochen (Bundesverband E-Commerce und Versandhandel Deutschland e. V., 2021, S. 1). In diesen drei Ländern wurden 2020 je Einwohner also durchschnittlich ca. 1.000 € im Online-Handel ausgegeben. Werte, die vor zehn Jahren nur wenige für möglich gehalten hatten, vor 20 Jahren vermutlich niemand.

Der E-Commerce, also der reine digitale Abverkauf von Waren, ist dabei nur eine Facette der digitalen Entwicklung innerhalb der Handelsbranche. Man kann sie als die sichtbare Spitze des Eisbergs bezeichnen. Diese offensichtlichen Online-Umsätze machen in absoluten Zahlen deutlich, wie sich der Handel immer mehr vom stationären Geschäft ins Digitale verschiebt. Der weitaus größere Teil des „Online-Handel-Eisbergs" ist aber erst auf den zweiten Blick deutlich: Denn schon vor dem Kauf nutzen immer mehr Kunden Online-Kanäle, um sich zu informieren, Produktbewertungen einzuholen oder Preise zu vergleichen. Und auch während und nach dem Kaufabschluss werden online und offline spezifische Services genutzt, Erfahrungsberichte geteilt, auf Bewertungsportalen Noten vergeben und die nächsten Käufe vorbereitet.

Wenn man von einer digitalen Transformation im Handel spricht, dann sollte demnach nicht nur der Online-Kanal an sich im Fokus stehen, sondern auch die digitalen Möglichkeiten entlang des gesamten Einkaufsprozesses. Das Digitale schmiegt sich sozusagen an den menschlichen Konsum an. Einzelhändler tun deshalb gut daran, sich nicht nur auf den isolierten Aufbau eines Online-Kanals zu konzentrieren, sondern sich stärker auf das veränderte Informations- und Konsumverhalten ihrer Kunden einzustellen. Ihr Ziel sollte es sein, Kunden möglichst auf dem gesamten Weg ihrer Customer Journey anzusprechen und zu unterstützen – vom Bedienen des ersten Interesses über ihre Kaufentscheidung bis hin zur Begleitung der Konsumphase.

Mit dieser Omni-Channel-Strategie, d. h. nicht nur der nahtlosen Vernetzung der Verkaufskanäle, sondern auch der digital unterstützten und friktionslosen Kundenreise, wird ein neues Einkaufserlebnis erzeugt. Damit ist – situativ – ein bequemes und/oder inspirierendes Einkaufen mit den Vorteilen beider Kanäle möglich.

Bedingung für eine erfolgreiche Omni-Channel-Strategie ist das vertiefte Verständnis der Kaufmotive und der darauffolgenden Kundenreise. Erst dann erfolgt das Andocken der digitalen Instrumente und Kanäle. Heute ist noch zu oft das digitale Instrument Ausgangspunkt für die digitale Transformation. Das führt dann dazu, dass der Kaufprozess häufig Brüche aufweist und daraus eine hohe Kaufabbruchrate resultiert.

In einer erfolgreichen Omni-Channel-Strategie wird zuerst erörtert, welche Bedürfnisse Kunden in den verschiedenen Phasen entwickeln, über welche Kanäle die passenden Lösungen angeboten werden und wie die digitalen Instrumente ideal miteinander orchestriert werden können (Rutschmann, 2018, S. 48). Solche systematischen

Strategien wirken online sowie offline und zielen auf ein möglichst friktionsfreies, positives Kundenerlebnis ab. Daher ist es sinnvoll, Omni-Channel-Maßnahmen als den großen, verborgenen Arktis-Eisberg zu verstehen und die reinen E-Commerce-Umsätze lediglich als seine sichtbare Spitze.

Wie steht es im Lichte dieser Entwicklung um den klassischen stationären Handel? Viele Händler haben sich bereits seit einiger Zeit auf den Weg gemacht – getrieben von den spezifischen Erwartungen ihrer Kunden. Andere stehen bei ihrer Transformation noch am Anfang oder beobachten noch weiter die Marktentwicklung. Eine eindeutige Status-quo-Bewertung für den gesamten deutschsprachigen Handel fällt schwer, weil die jeweiligen Rahmenbedingungen differenziert werden müssen. Zum einen zeigt ein Ländervergleich, dass die Schweizer Konsumenten wesentlich online-affiner sind als ihre Nachbarn aus Österreich und Deutschland. Zum anderen haben sich die einzelnen Branchen (länderübergreifend) unterschiedlich stark digital transformiert. Während bspw. Elektro-Artikel heute schon zu einem großen Anteil über den digitalen Tresen gehen, spielt der Online-Verkauf in der Lebensmittelbranche noch eine untergeordnete Rolle.

Das Ausmaß, in dem der Einzelhandel auf die entstehenden Herausforderungen vorbereitet ist, wird seit einigen Jahren unter dem Stichwort „Omni-Channel-Readiness“ systematisch beobachtet und mithilfe eines Index bewertet (ORIX). Dieser zeigt auf, wie gut oder schlecht Einzelhändler ihre analogen und digitalen Angebote miteinander verzahnen, um den Bedürfnissen ihrer Kunden gerecht zu werden.

Auffällig ist dabei, dass es einigen Händlern weit besser als anderen gelingt, ihre Kunden ganzheitlich und kanalübergreifend anzusprechen. Hervorzuheben sind hier bspw. das Einrichtungshaus Micasa (Schweiz) und OBI (Österreich), die sich jeweils die besten Indexwerte in ihren Ländern verdient haben (Google et al., 2020; Handelsverband Österreich, 2021).

Viele Einzelhändler haben erst durch den Lockdown im Corona-Jahr 2020 damit begonnen, sich an die neue digitale Erwartungshaltung ihrer Kunden anzupassen. Corona hat sie dazu gezwungen umzudenken, Web-Shops aufzubauen oder ihre Kunden erstmals gezielt mit Online-Werbung anzusprechen. Dadurch konnten Händler Umsätze von ihren stationären Läden in die digitale Welt verlagern. Jetzt wird es wichtig sein, aus dem mancherorts hektischen und operativ getriebenen Notfallmodus herauszukommen und strategisch zu überlegen, wie die Blaupause des eigenen Geschäfts in der Zukunft aussehen soll.

Die Erwartungen der Interessenten zu erfüllen und sie ggf. in einzelnen Aspekten sogar zu übertreffen, setzt für den Händler ein einheitliches Verständnis der Customer Journey unter allen Beteiligten eines Unternehmens voraus. Zu oft wird sie als Schlagwort missbraucht und auf eine bloße Aneinanderreihung von Kontaktpunkten des Kunden mit einer Marke oder einem Unternehmen reduziert. Doch das wird ihr zum einen nicht gerecht und zum anderen bleiben mit diesem Verständnis viele Potenziale der Customer Journey ungenutzt – insbesondere in Bezug auf digitale Erwartungen von Kunden. Grund genug, sich zunächst mit den Grundprinzipien der Customer Journey für den Einzelhandel zu befassen. Im Anschluss daran betrachten wir dann relevante Pain- und Gain-Points, die sich für viele Kunden heute entlang ihrer Journey ergeben, um dann die Möglichkeiten zu beleuchten, die der Handel besitzt, sich durch neue Online-/Omni-Channel-Angebote zukunftsfähig aufzustellen. Schließlich stellen wir fünf Umsetzungsschritte für eine erfolgreiche Omni-Channel-Strategie vor und arbeiten dabei die entsprechenden Erfolgsfaktoren heraus.

2 Customer Journey im Einzelhandel: Die Reise kennen und die Route planen

Das Grundprinzip der Customer Journey basiert auf einer wichtigen Voraussetzung: Der Einzelhändler muss seine Blickrichtung auf die wesentlichen Eckpfeiler seines Geschäfts grundsätzlich wechseln und diese aus der Perspektive seiner Kunden betrachten. Erst wenn es ihm gelingt, sich in die Kunden hineinzuversetzen, wird es einem Unternehmen möglich sein, die entscheidenden Erfolgsfaktoren für sein Geschäft zu identifizieren und seine eigenen Informations- und Service-Angebote zu optimieren.

Eine gute und erfolgreiche Customer Journey fokussiert nicht nur auf Werbepunkte, auf einzelne Kanäle oder auf digitale Instrumente. Eine Customer Journey ist ganzheitlich zu verstehen und umfasst all das, was ein Kunde auf seinem Weg vom ersten Gedanken über die Kaufentscheidung bis hin zur Weiterempfehlung oder zum nächsten Kauf denkt, was er fühlt und was er tut. Es kommt darauf an, prozessuale Bedürfnisse und Entscheidungen des Kunden zu verstehen und seine Kontaktpunkte mit dem Händler zu gestalten. Kontaktpunkte (Touchpoints) entstehen dabei grundsätzlich dort, wo ein (potenzieller) Kunde mit einem Händler, seinen Mitarbeitenden oder spezifischen Services in Berührung kommt – vor, während und nach dem eigentlichen Kauf (Schüller, 2015, S. 148). Idealerweise fallen Kontaktpunkte und die jeweiligen Fragestellungen und emotionalen Aspekte der Kaufentscheidung aufeinander, sodass die Touchpoints genutzt werden, um die Fragen und Sorgen des Kunden direkt zu lösen.

Es geht also im Kern um die Beantwortung der Frage: Was erlebt mein Kunde auf seinem Weg, sein Bedürfnis zu erkennen und zu befriedigen? Es geht also nicht in erster Linie darum, von meinem Produkt, welches ich verkaufen möchte, auszugehen, sondern vom Bedürfnis des Kunden. *Eine Feinheit in der Denklogik, die aber eine ganz neue Welt eröffnet.* Was fragt er sich und wie findet er die richtigen Antworten auf seine Fragen? Wie fühlt er sich dabei und welche Erfahrungen macht er? Wie sieht seine Customer Experience konkret aus? Anders als bei früheren Konzepten der Kundenzufriedenheit ist der Fokus also nicht nur auf den Kaufabschluss gelegt, sondern umfasst auch die vor- und nachgelagerten Erlebnisse – und das aus rationaler und emotionaler Perspektive des Kunden über alle genutzten Touchpoints hinweg (Tiffert, 2019, S. 6). Nötig ist dabei eine ehrliche und kritische Bestandsaufnahme verbunden mit der Offenheit und dem Wunsch, seine Leistungen im Interesse des Kunden bei Bedarf zu verändern.

Im Allgemeinen wird eine Customer Journey in folgende Phasen unterteilt (analog Brunner, 2019, S. 17):

- *Aufmerksamkeitsphase,* in der beim Konsumenten ein Bedürfnis entsteht – ausgelöst durch eine spezifische Problemstellung („Mein Fahrrad ist kaputt. Was nun?“) oder durch einen Kontaktpunkt zu einem Produkt oder Thema (Werbung, Empfehlung im sozialen Umfeld etc.).
- *Informations- und Abwägungsphase,* in der er, nachdem er jetzt neugierig geworden ist, versucht, weitere Infos über ein Produkt zu erhalten, und mögliche Fragen für sich beantworten möchte.
- *Kaufentscheidungsphase,* in der der Interessent zum Kunden wird und sich dafür entscheidet, das Produkt über einen bestimmten Weg oder Kanal tatsächlich zu erwerben.
- *Nutzungs- und Empfehlungsphase,* in der der Kunde Erfahrungen mit dem neu erworbenen Produkt macht, auf dieser Basis dasselbe oder ein ähnliches Produkt wiederkauft und möglicherweise sogar anderen den Kauf empfiehlt – oder aber im negativen Fall aufgrund seiner schlechten Erfahrungen anderen davon abrät.

Welche spezifischen Fragen stehen nun in diesen Phasen konkret bei der Customer Journey im Einzelhandel im Fokus?

Aufmerksamkeitsphase

Was bringt mich als Konsumenten dazu, mich für ein bestimmtes Thema zu interessieren? Häufig sind es Ereignisse im persönlichen Alltag: Ich bin es leid, jede Woche den Rasen meines Gartens zu mähen, und überlege, ob die Anschaffung eines Mähroboters das Richtige für mich wäre. Oder meine Schwester heiratet und ich suche für sie ein einzigartiges und individuelles Geschenk. Oder in meinem Freundeskreis hat sich jetzt in kurzer Zeit das dritte Pärchen dafür entschieden, ein eigenes Haus zu bauen, und so langsam reift auch in meinem Kopf die Idee, vom Mieter zum Immobilienbesitzer zu werden.

Egal, welcher Impuls der Auslöser für eine Idee war: Als Konsument stellen sich für mich schnell verschiedene Fragen rund um mein neu entdecktes Bedürfnis: Wie groß darf ein Garten für einen Mähroboter maximal sein? Brauche ich zur Installation technisches Verständnis? Worauf muss ich bei der Auswahl des für mich passenden Geräts achten? Meine Aufmerksamkeit richtet sich daher schnell darauf, die aufkommenden Fragen zu beantworten. Ich suche relevante Informationen, die mir als Konsumenten helfen, mich zu orientieren.

Erste Antworten finde ich als Konsument je nach Fragestellung immer noch oft im persönlichen Austausch mit anderen. Ich frage z. B. Nachbarn oder Bekannte, die bereits einen Mähroboter besitzen, nach ihren Erfahrungen. Vielleicht kann ich mir von ihnen sogar das jeweilige Gerät vorführen lassen und beobachte es mit eigenen Augen bei der Arbeit. Parallel nutzen Konsumenten heutzutage aber auch digitale Quellen für eine Erst-Information. Die richtigen Suchbegriffe bei Google, Bing und Co. eingegeben und der Konsument erhält schnell einen ersten Überblick über die relevanten Rahmenbedingungen. Immer öfter wird auch YouTube als Suchmaschine benutzt, um auch hier die richtigen Antworten zu finden, aber weniger lesen zu müssen und dafür mehr passende Videos zu konsumieren.

Informations- und Abwägungsphase
Nachdem sich ein Interessent einen ersten Überblick verschafft hat und weiterhin einen Kauf plant, wird seine Informationssuche konkreter. Er entwickelt ein tieferes Wissen, das ihn zu neuen Fragestellungen führt. Im Beispiel des Mähroboters weiß der Konsument nun möglicherweise, welche Geräteklasse gut zu der Größe seines Grundstücks passt. Er verschafft sich in dieser Phase einen immer detaillierteren Überblick über das Produktangebot und einzelne Leistungsmerkmale der verschiedenen Geräte. In diesem Zuge trifft er erste Vor-Entscheidungen und grenzt seine Auswahl auf wenige Hersteller und Gerätetypen ein. Dazu gehört auch eine intensive Auseinandersetzung mit den Preisen, zu denen ihm unterschiedliche Händler die in Frage kommenden Geräte anbieten – online und offline.

Naheliegenderweise werden sich Konsumenten nicht bei jedem geplanten Kauf in der gleichen Intensität vorab informieren und Alternativen abwägen. Dies hängt zum einen von der Routine des Kunden beim Kauf eines Produkts ab: Wie sicher fühlt er sich dabei und wie gut kennt er sich bereits aus? Zum anderen ist der Wert der geplanten Anschaffung relevant und somit das Risiko für den Konsumenten, mit dem Kauf einen Fehler zu begehen – für die Anschaffung eines Haushaltsbesens wird der Konsument weniger Zeit in dieser Informations- und Abwägungsphase investieren als beim beispielhaften Mähroboter. Grundsätzlich kann man aber festhalten, dass Interessenten durch die Auseinandersetzung mit dem Thema, verschiedenen Herstellern und einzelnen Produkten in dieser Phase ein erhöhtes Involvement erlangen. Gleichzeitig kann es für den Interessenten jetzt allerdings auch zu einer Verwirrung und Überforderung kommen. Können objektive Aspekte eines Produkts noch gut dargestellt und verglichen werden (Akkuleistung, Aktionsradius oder Ladedauer des Mähroboters), so gibt es je nach Produkt auch immer subjektive Kriterien, die von verschiedenen Nutzern unterschiedlich bewertet wurden (Einfachheit der Bedienung, Geräuschbeeinträchtigung während des Betriebs etc.). Der Interessent sieht sich also einer Vielzahl von Informationen gegenüber, die einander zum Teil widersprechen können.

Erfahrungsberichte von Nutzern in Blogs oder Testberichte von Experten können also mitunter nur bedingt zur vollumfänglichen Information des Interessenten beitragen. Dies führt dazu, dass viele Interessenten nicht nur auf die eigene Produktrecherche setzen, sondern zusätzlich eine persönliche Beratung im Handel suchen. Der Interessent agiert also hybrid und tritt im stationären Handel immer öfter bereits sehr gut vorinformiert auf. Er stellt den Verkaufsberatern im persönlichen Gespräch möglicherweise Detailfragen, die er rein digital für sich bislang nicht beantworten konnte.

Kaufentscheidungsphase

Jetzt wird es konkret. Der Interessent hat sich für ein bestimmtes Produkt entschieden oder hat zumindest seine Wahl auf wenige Alternativen eingegrenzt. Jetzt geht es für ihn darum, zu entscheiden, wo und wie er den Kauf abschließen möchte. Legt er Wert auf einen persönlichen Ansprechpartner, auf den er ggf. bei Reklamationen zugehen kann? Oder ist ihm möglicherweise eine schnelle und direkte Abwicklung wichtig und er kauft das Produkt direkt online, ohne auf die Öffnungszeiten des stationären Handels Rücksicht nehmen zu müssen?

Eine hohe Relevanz aus Konsumentensicht besitzen hier natürlich preisliche Unterschiede. Diese beinhalten allerdings nicht nur den eigentlichen, absoluten Kaufpreis, sondern auch mögliche Rabatte oder Zugaben, eventuelle Zusatzkosten für (Express-) Lieferungen oder Vorteile durch die Anbindung des Händlers an Loyalitätsprogramme wie bspw. das Payback-System. Je nach Produkt werden für den Konsumenten hier auch Aspekte wie Liefergeschwindigkeit bzw. Verfügbarkeit im stationären Handel, frühere Erfahrungen mit Kauf- und Reklamationsabwicklungen und die Bedeutung eines persönlichen Ansprechpartners eine Rolle spielen. Hat sich der Konsument bislang lediglich für das Produkt als solches interessiert, so rücken nun also Fragestellungen in seinen Fokus, die sich mit seinem präferierten Einkaufskanal im Allgemeinen (online vs. offline) sowie dem jeweils favorisierten Händler im Speziellen beschäftigen. In allen Fällen wird in dieser Phase jetzt ein fundamentaler Schritt vollzogen: Aus dem bisherigen Interessenten wird nun ein Kunde.

Nutzungs- und Empfehlungsphase

Aus Sicht des Kunden ist die wichtigste Entscheidung nun getroffen: Er hat sich nach seinen individuellen Kriterien für ein konkretes Produkt und einen bestimmten Händler entschieden. Jetzt wird er zum Nutzer der neu erworbenen Ware, wobei sich die jeweilige Nutzungsintensität und -dauer auch hier wieder von Branche zu Branche unterscheiden. Während bspw. Lebensmittel schnell verbraucht werden, haben Gebrauchsgüter wie Kleidung oder Elektroartikel naturgemäß eine längere Lebensdauer.

In der sich nun anschließenden Phase geht es für den Nutzer darum, seine Erfahrungen mit dem neu erworbenen Produkt zu machen. Er stellt sich weiterhin Fragen rund um sein Produkt: Erfüllt die gekaufte Ware meine Erwartungen? Kann ich es so nutzen wie erhofft? Gegebenenfalls hat er Probleme bei der Bedienung von Geräten oder möglicherweise sogar Gründe für eine Reklamation seines Kaufs. Sollte der beispielhafte Mähroboter den Kunden nicht wie erhofft bei seiner Gartenarbeit entlasten, wird er nach Rat und Hilfe suchen. Dies kann wiederum online geschehen über Suchmaschinen, spezifische Nutzer-Blogs, über den Internetauftritt oder Social-Media-Kanäle des Herstellers sowie möglichweise auch des Händlers. Parallel wird er aber auch über Offline-Kanäle Rat suchen, bspw. beim telefonischen Support oder persönlich im stationären Handel.

Der Umgang mit seinen in dieser Phase entstehenden Fragen und ggf. Problemen hat für den Kunden maßgeblichen Einfluss darauf, wie er den Kauf als Ganzes bewertet.

Können seine Anliegen schnell und zu seiner Zufriedenheit gelöst werden, so ist das eine gute Voraussetzung, dass er bei einem ähnlichen Kauf in Zukunft Hersteller und/oder Händler treu bleibt und es zu Wiederholungs- oder Nachkäufen kommt. Ist er mit seiner Kauferfahrung über seine Basiserwartungen hinaus zufrieden, so könnte dies sogar dazu führen, dass er Hersteller und/oder Händler anderen gegenüber empfiehlt und so als Multiplikator auftritt. Die Antwort auf die Frage, ob er zum Empfehlenden wird, ist also die Summe seiner entlang der verschiedenen Phasen der Customer Journey gemachten Customer Experience.

Über alle Phasen der Customer Journey ist es wichtig, sich bewusst zu machen, dass es nicht nur die *eine* Customer Journey gibt. Im Gegenteil: Sie kann sich von Branche zu Branche sehr stark unterscheiden. Ein und derselbe Kunde wird sich vermutlich beim Kauf eines hochwertigen Sportschuhs anders verhalten als beim Kauf eines Rasenmähers. Er wird sich in der Informationsphase andere Fragen stellen, er wird in der Phase der Kaufentscheidung andere Quellen bemühen und vermutlich in unterschiedlichem Maße persönliche Beratung in Anspruch nehmen. Und das, obwohl der Kaufpreis ähnlich hoch ist und somit ein ähnlich hohes Kaufrisiko für ihn besteht.

Eine weitere wichtige Rahmenbedingung: Je nach Motiv des Interessenten gibt es zum selben Produkt auch mehrere Customer Journeys. Denn ein 22-jähriger Student, der sich als engagierter Läufer auf seinen ersten Halb-Marathon vorbereitet, wird den Schuhkauf anders angehen als der 62-jährige Hobby-Läufer, der das richtige Material sucht, um sich weiter moderat fit zu halten. Franz-Rudolf Esch (2019, S. 83) verdeutlicht mit einem Fallbeispiel, dass insbesondere Männer und Frauen zum Teil große Unterschiede bei ihren jeweiligen Kundenreisen aufweisen: Bei der Kaufentscheidung von Kochtöpfen würden Frauen vorwiegend pragmatische Kriterien heranziehen wie Handhabung, Verstau- und Erweiterungsmöglichkeiten und praktische Erfahrungen von Freundinnen. Männer, die gerne kochen, würden hingegen Kochutensilien als zweite Hobby-Werkstatt betrachten und mehr Wert auf Robustheit und Schwere der Gerätschaften legen (Esch, 2019, S. 83).

Wann immer es also nötig ist, das Informations- oder Kaufverhalten entlang der Customer Journey zu differenzieren, sollten Einzelhändler geeignete Varianten davon erarbeiten, um den jeweils unterschiedlichen Kundenbedürfnissen besser gerecht zu werden. Die Entwicklung von Personas zur prototypischen Darstellung von Zielgruppen kann bei diesem Prozess und der späteren operativen Arbeit an den entwickelten Customer Journeys helfen (für Hintergründe und Hilfestellungen zur Bildung von Personas vgl. Keller & Ott, 2019).

Jede einzelne Phase einer Customer Journey ist wichtig. Aus Kundensicht geht es allerdings primär um den möglichst einfachen und nahtlos auf den jeweiligen Bedarf abgestimmten Gesamtprozess und das Erleben der verschiedenen Kontaktpunkte, mit denen man währenddessen in Berührung kommt (Esch, 2019, S. 27). Dieser Gesamteindruck wird maßgeblich von einzelnen für den Kunden besonders herausstechenden Pain- und Gain-Points geprägt.

3 Die Pain- und Gain-Points für Kunden im Handel

Wie sieht es nun also in der Realität aus, wenn der Anspruch des Kunden auf die konkreten Angebote des Handels trifft? An welchen Stellen ist der Kunde glücklich und zufrieden (Gain-Points) und wo werden die Erwartungen des Kunden heute oft nicht erfüllt (Pain-Points)?

Wie bereits betont, sind die Interessen und Kaufmotive der Kunden sehr vielfältig. Oft sind die daraus resultierenden konkreten Bedürfnisse hinsichtlich Produktinformation, Beratung, Kaufatmosphäre etc. für Kunden allerdings sehr ähnlich. Über die beschriebenen Phasen der Customer Journey hinweg lassen sich folgende erfolgskritische Dimensionen der Customer Experience unterscheiden:

- Empathie und Vertrauen
- Unmittelbarkeit und Verfügbarkeit
- Atmosphäre und Einkaufserlebnis

3.1 Empathie und Vertrauen

Sowohl positive als auch negative Kundenerfahrungen werden stark davon geprägt, ob Konsumenten den Eindruck haben, dass die Händler ihre Situation und die daraus entstehenden Bedürfnisse richtig verstehen. Dies fängt mit den jeweils relevanten Informationen zu einem Produkt an. Oftmals beginnen Kunden ihre Informationssuche mit einer eigenen Recherche im Internet. Dabei stoßen sie ggf. auf eine Vielzahl von Blogbeiträgen von Nutzern, Textberichten von Experten oder „offiziellen" Informationen von Herstellern und Händlern. Neben der daraus entstehenden Unübersichtlichkeit besteht zusätzlich das Problem, dass diese Quellen einander womöglich widersprechen. Doch welcher Quelle und welchem Absender soll der Konsument nun vertrauen? Händlern werden hier oftmals Eigeninteressen unterstellt, die eine objektive und glaubwürdige Information des Kunden unwahrscheinlich wirken lassen. Die Unsicherheit über eine ehrliche Information des Konsumenten durch den Händler stellt also – online wie offline – oftmals einen ersten großen Pain-Point für Kunden dar – insbesondere, wenn der Kunde den Händler noch nicht ausreichend kennt und als vertrauenswürdig einstufen kann. Dies ist wenig überraschend, wenn man weiß, dass für 35 % der deutschen Konsumenten „Vertrauen zur Marke" nach dem guten Standort und der Verfügbarkeit der gewünschten Ware das wichtigste Kriterium für die Auswahl eines Händlers darstellt (PwC, 2018, S. 17).

Kundenvertrauen wird auch durch eine zuverlässige Beratung geschaffen – oft gehört aber leider genau diese Beratung zu den großen Pain-Points für Kunden. So erachten bspw. 30 % der deutschen Konsumenten es als sinnvoll, online einen Beratungstermin im stationären Shop vereinbaren zu können – lediglich 8 % der Einzelhändler bieten einen solchen Service allerdings an (Statista/WISAG, 2018, S. 20). Dieser Störfaktor setzt sich

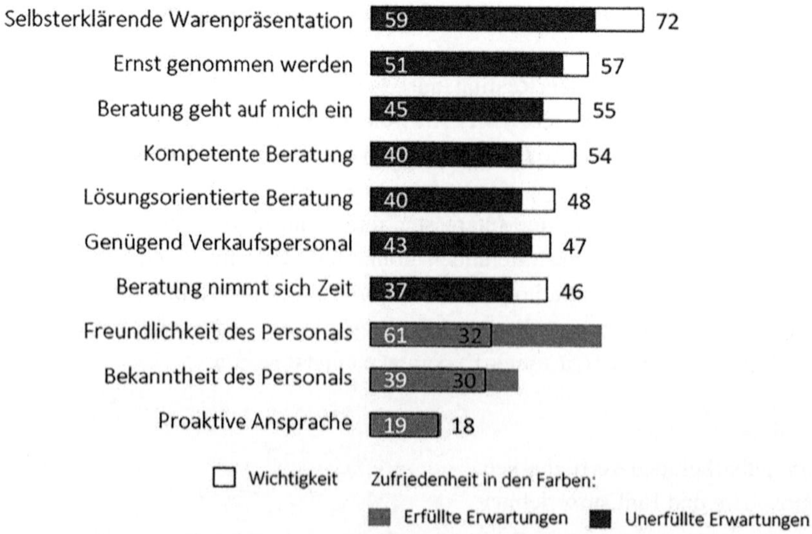

Abb. 1 Pain-Points der Beratung im Lebensmittelhandel. (Quelle: Holistic Consulting 2020)

oft auch im persönlichen Erleben vor Ort fort: Eine repräsentative Studie von Holistic Consulting (2020) im deutschen Lebensmittelhandel ergab, dass Kunden sich oft allein gelassen, nicht ernstgenommen und zu wenig individuell beraten fühlen. Als positiv empfinden Kunden demgegenüber die Freundlichkeit und Bekanntheit des Personals sowie seine proaktive Ansprache. Hier liegen die Erfahrungen der Konsumenten oft über den Erwartungen (Abb. 1; Holistic Consulting, 2020, S. 48).

Neben der Beratung wirken sich auch Wahrnehmungen zu wechselnder Qualität der Produkte im Lebensmittelhandel sowie die Bedenken, überteuerte Ware angeboten zu bekommen, negativ auf die Customer Experience aus – beide Aspekte werden oft als Pain Points wahrgenommen. Gleiches gilt für sichere Zahlungsmöglichkeiten, die empfundene Wertschätzung als Kunde sowie die Transparenz über Inhaltsstoffe und Herkunft von Lebensmitteln – auch hier liegt die Wahrnehmung der Kunden oft unter ihren Erwartungen, sodass diese Aspekte als Störfaktoren empfunden werden.

3.2 Unmittelbarkeit und Verfügbarkeit

Zu den Dimension Unmittelbarkeit und Verfügbarkeit gehören Aspekte, die für den Kunden den Ausschlag darüber geben, wie schnell und direkt er die gewünschten Waren erwerben und nutzen kann. Hier lassen sich die Aspekte Erreichbarkeit, Produktevaluation und die konkrete Verfügbarkeit differenzieren.

Nähe und eine einfache Erreichbarkeit stellen für den Kunden oft kritische Faktoren im Hinblick auf seinen Besuch des stationären Handels dar. Dazu zählen bspw. die Lage des Geschäfts, an den Bedürfnissen des Kunden ausgerichtete Öffnungszeiten sowie gute Erreichbarkeit mittels ÖPNV und Pkw, freie Zufahrtsstraßen und komfortable Parkmöglichkeiten. Gerade die räumliche Erreichbarkeit stellt bei hohem Verkehrsaufkommen und Staus für viele Kunden einen Pain-Point im Kaufprozess dar. Demgegenüber werden die Öffnungszeiten des Handels oft positiv wahrgenommen. Im stationären Lebensmittelhandel liegen die Erfahrungen der Kunden bspw. meist über ihren Erwartungen. Interessanterweise nimmt diese Zufriedenheit allerdings mit dem Alter zu. Anders ausgedrückt: Je jünger die Konsumenten, desto unzufriedener sind sie damit und wünschen sich bspw. auch eine Abholmöglichkeit ihres Kaufs außerhalb der üblichen Öffnungszeiten (Holistic Consulting, 2020, S. 72).

Zur Dimension Unmittelbarkeit zählt auch die Möglichkeit für Kunden, Waren im stationären Ladengeschäft anzufassen und mit allen Sinnen zu prüfen – die sogenannte Produktevaluation. Das Anfassen, Ausprobieren und Vergleichen vor Ort prägen das Einkaufserlebnis des stationären Handels. Kratzt der Pullover? Duften die Blumen? Im Geschäft haben Kunden die Möglichkeit, ihre Produkte selbst zu begutachten und mit ihren persönlichen Anforderungen und Qualitätskriterien abzugleichen. Diese Möglichkeit wird nicht nur bei Frischwaren wie Obst und Gemüse geschätzt (Geruch, Festigkeit, Aussehen im Detail etc.). Auch Bekleidung und Schuhe können im stationären Handel in verschiedenen Größen und Farben anprobiert und verglichen werden. Ein Umstand, der von Konsumenten im Vergleich zum Online-Shopping als positiv wahrgenommen wird.

Als dritter Aspekt stellt die unsichere Verfügbarkeit der gewünschten Waren für viele Kunden einen Pain-Point dar. Jegliche Verzögerung wird als Einschränkung wahrgenommen und ein leeres Verkaufsregal oder eine unerwartet lange Lieferzeit führen somit zu Enttäuschung. Einen Online-Hinweis auf die Verfügbarkeit des Produkts erwarteten schon vor Jahren über 60 % der Konsumenten (Statista/WISAG, 2018, S. 20). Allerdings bot nicht einmal jeder vierte Einzelhändler in Deutschland einen solchen Service an. Das Fehlen solcher Angebote ist für viele Kunden im Konsum-Alltag ärgerlich und führt sie schnell zu Online-Shops, in denen ihnen diesbezüglich viel Transparenz geboten wird.

Aber auch nach dem eigentlichen Kauf existiert für den Kunden ein „Pain-Point-Risiko" im Hinblick auf Unmittelbarkeit: Denn es entsteht bei ihm ebenfalls Frust, wenn er ein erworbenes Produkt zwar erhält, aber nicht direkt nach dem Kauf nach seinen Vorstellungen nutzen kann, z. B. weil bei der Ingebrauchnahme von technischen Geräten unvorhergesehene Probleme entstehen. Die Enttäuschung des Kunden bezieht sich dann mitunter nicht nur auf das Produkt selbst, sondern kann auch auf den Händler abstrahlen, der ihm die Ware verkauft hat.

3.3 Atmosphäre und Einkaufserlebnis

Zu dieser Dimension zählen die multisensorische Wahrnehmung sowie alle Aspekte rund um Sortiment und Kuratierung. Eine schlechte Orientierung im Raum und

Unübersichtlichkeit werden hier von den Konsumenten als große Störfaktoren empfunden. Auch Hygiene und Sauberkeit sowie eine oft wenig attraktive Ladengestaltung sind für viele Kunden Pain-Points des stationären Handels. Hier werden die Erwartungen der Konsumenten zum Teil deutlich unterschritten.

Hinsichtlich des Sortiments zeigt sich, dass der stationäre Handel aufgrund der natürlichen Platzbegrenzung seine Waren nicht in allen Variationen ausstellen kann (z. B. Farben und Größen bei Kleidungsstücken). Dies wird von vielen Kunden im Vergleich zum Kauf in Web-Shops als Nachteil empfunden. Aber Achtung: Eine Nachahmung des Longtail-Prinzips im stationären Handel ist nicht empfehlenswert. Eine auf die Kundenmotive abgestimmte Kuratierung des Sortiments ist hierbei sinnvoller.

Ein weiterer spannender Pain-Point ergibt sich durch den zunehmenden Wertewandel in der Gesellschaft hin zu einer stärkeren Fokussierung auf Nachhaltigkeit. Konsumenten stellen hier entsprechend große Erwartungen an Händler in Bezug auf nachhaltige Produktion, Naturschutz und einen gerechten weltweiten Handel. Diese Erwartungen werden aus Sicht der Kunden oft nicht erfüllt, was immer deutlicher als Störfaktor wahrgenommen wird.

Im Lebensmittelhandel, der zum überwältigenden Anteil (noch) offline, also im stationären Handel stattfindet, spielt die Dimension Atmosphäre und Einkaufserlebnis eine besondere Rolle. Kunden empfinden hier insbesondere Menschengedränge und Wartezeiten (z. B. im Kassenbereich) als spezifische Störfaktoren am POS. Zu den Höhepunkten zählen demgegenüber die Marktatmosphäre mit haptischen und olfaktorischen Eindrücken in der Obst- und Gemüse-Abteilung und die Inspiration durch das kuratierte Sortiment (Abb. 2; Holistic Consulting, 2020, S. 41).

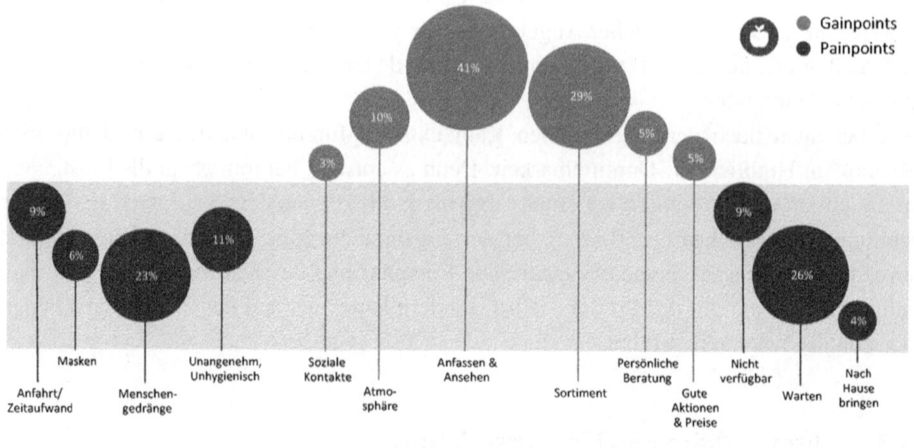

Abb. 2 Verlauf der Customer Journey im Lebensmittelhandel. (Quelle: Holistic Consulting, 2020)

4 Optimierungsansätze für Händler

Nachdem wir nun den Blick auf die großen Pain- und Gain-Points der Kunden geworfen haben, stellt sich jetzt die Frage, wie der Handel durch geeignete Omni-Channel-Strategien hierauf reagieren kann. Welche Ansatzpunkte sind in den verschiedenen Dimensionen erfolgversprechend?

4.1 Empathie und Vertrauen

In der frühen Phase der Customer Journey, wenn der Interessent von sich aus aktiv auf der Suche nach passenden Informationen ist, geht es für den Händler darum, die richtigen Antworten auf dessen Fragen zu liefern. Er muss also beweisen, dass er sich genau in die Situation der Interessenten hineinversetzen kann, ihre Fragen antizipiert hat und in passender Form aufklären kann. Dies setzt für den Händler zwei wichtige Aspekte voraus:

1. Er muss die Informationsbedürfnisse seiner Kunden genau ermitteln, z. B. durch aktive Befragung, Suchbegriff- und Website-Analyse etc. Dafür muss er bereit sein, in ausreichendem Maß Budget und Arbeitszeit zur Ermittlung dieser Bedürfnisse einzusetzen, um die spezifischen Fragestellungen zu identifizieren. Händler sollten dies nicht als Belastung oder Kostentreiber, sondern als wertvolles Investment in eine vertrauensvolle Kundenbeziehung verstehen.
2. Die bereitgestellten Informationen müssen für den Interessenten glaubhaft und je nach seinen (digitalen) Erwartungen auch gut auffindbar und attraktiv aufbereitet sein. Infos und Services können dabei zum einen online bereitgestellt werden, müssen aber auch offline im Laden abrufbar sein. Hier spielt das geschulte Verkaufspersonal eine zentrale Rolle.

Generell geht es für den Händler zunächst darum, einen Nachfrage-Sog zu erzeugen und durch Empathie in das Relevant-Set der Kunden zu gelangen (Keller & Ott, 2019, S. 201). Vertrauen erhält dabei jener Händler, der zunächst selbst Vertrauen schenkt. Ein schönes Beispiel an fehlendem Vertrauensvorschuss ist vielerorts bei den Selfscanning-Stationen erkennbar. Sobald Kameras, Kontrollwaagen und Exit-Schranken in den Selfscanning-Bereichen aufgestellt werden, ist dies ein Misstrauensvotum gegenüber dem Kunden. Studien haben längst gezeigt, dass die Schwundrate bei einer offenen Gestaltung nicht höher ausfällt. Der Kunde nimmt aber die Pain-Points (Waage, Schranke etc.) sehr wohl wahr. Daher sollte es das Ziel für Händler sein, Omni-Channel-Maßnahmen einzusetzen, die dazu führen, dass der Kunde dem Händler leichter und schneller vertrauen kann. Er sollte das (begründete) Gefühl entwickeln, dass es dem

Händler wirklich darum geht, seine Bedürfnisse bestmöglich zu befriedigen und er nicht Gewinnmaximierung unter dem vorgeschobenen Deckmantel der Kundenorientierung betreibt. So kann die Einbindung von Kunden in die laufende Optimierung des Geschäfts durch Kundenräte etc. nur dann glaubhaft und vertrauensbildend wirken, wenn Empfehlungen aus diesem Gremium auch gehört und (zumindest teilweise) umgesetzt werden.

4.2 Unmittelbarkeit und Verfügbarkeit

Wenn es in der Entscheidungsphase für den Interessenten konkret um die Frage geht, ob und wenn ja, wo er einen Kaufabschluss tätigen möchte, spielen die konkrete Verfügbarkeit der gewünschten Produkte sowie die Unmittelbarkeit für den Kunden eine entscheidende Rolle.

Insbesondere die Produktevaluation (also die unmittelbare qualitative Überprüfung des Produktnutzens für den Kunden) bietet für den Handel interessante Omni-Channel-Möglichkeiten. Durch die wachsenden technischen Entwicklungen ergeben sich immer bessere Chancen, dem Kunden im POS unmittelbare Mehrwerte zu bieten. Wie z. B. C&A Brasilien: Der Modehändler präsentiert in seinen Filialen ausgewählte Kleidung auf Bügeln, auf denen man sehen kann, wie vielen Facebook-Fans das entsprechende Stück gefällt. Der unmittelbare Mehrwert aus Konsumentensicht: Schon vor dem Kauf erhält der potenzielle Kunde einen Eindruck davon, welche positive Wirkung er damit bei anderen erzielen kann (Best Practice Business, 2012).

Gezielt auf die Ansprache jüngerer Zielgruppen sind Omni-Channel-Maßnahmen wie Social Shopping ausgerichtet. Hierbei bieten Händler Live-Beratungen inkl. Verkaufsabschluss über Social-Media- und Instant-Messaging-Dienste an. Nachdem die Akzeptanz von Video-Konferenzen während des Corona-Lockdowns in der Breite der Bevölkerung gewachsen ist, wird dies zukünftig ein attraktives Feld für Händler darstellen, ihren Kunden neue, noch unmittelbarere Zugangswege außerhalb üblicher Öffnungszeiten zu bieten – ggf. sogar mit künstlicher Intelligenz unterstützt auf Basis der Kaufhistorie des jeweiligen Kunden. Idealerweise bietet ein Händler seinen Kunden solche Beratung auch noch nach dem Kaufabschluss an, wenn wie bereits beschrieben z. B. bei technischen Produkten Probleme bei der Bedienung oder Handhabung entstehen. Hier ist ein digitaler Support des Händlers per Chat oder Video-Call ein zeitgemäßes Omni-Channel-Angebot, um seinen Kunden auch nach Kaufabschluss unmittelbar zur Seite zu stehen. Positiver Nebeneffekt: Ein solcher After-Sales Support schafft nicht nur konkreten Kundennutzen, weil dieser seine Ware trotz Hürden direkt nutzen kann. Zusätzlich stärkt der Händler so auch langfristig das Vertrauen, dass der Kunde ihm entgegenbringt.

Auch die Waren-Verfügbarkeit bietet für Händler gute Ansätze für Omni-Channel-Angebote. Die hohe Bedeutung der Verfügbarkeit haben wir bereits herausgestellt: Haben sich Kunden für den Kauf eines bestimmten Produkts entschieden, möchten sie es möglichst direkt in Besitz nehmen und nutzen. Um hier die Erwartungshaltung des Kunden angemessen zu bedienen und möglichen Frust gar nicht erst entstehen zu lassen, sollten Händler einen zuverlässigen Online-Verfügbarkeits-Check anbieten. Eine darüber hinaus gehende Online-Reservierungsfunktion von verfügbaren Artikeln in der Wunsch-Filiale ist ein noch größerer Mehrwert aus Kundensicht und verbindet die digitalen und stationären Kanäle des Händlers optimal miteinander.

Durch eine hohe Verfügbarkeit von Produkten schafft der stationäre Handel ein hohes Maß an Convenience beim Kunden. Diese Verfügbarkeit muss sich allerdings nicht nur auf die Waren selbst beziehen, sondern kann auch angrenzende Angebote betreffen. Für den Lebensmittelhandel kann es zukünftig bspw. bedeuten, andere Services wie Reinigungen oder Paketshops in ihre Ladenkonzepte zu integrieren. Auch Lieferdienste werden zukünftig hier an Bedeutung gewinnen (Jacob et al., 2019, S. 14).

4.3 Atmosphäre und Einkaufserlebnis

Für den stationären Handel ist es prägend, dass er durch die Ausgestaltung seiner Räumlichkeiten und Verkaufsprozesse eine spezifische Atmosphäre schaffen und seinen Kunden ein einzigartiges Einkaufserlebnis bieten kann. Die damit verbundene hohe Emotionalität kann durch Ansprache möglichst vieler Sinne der Kunden erreicht werden (Multisensorik) sowie durch eine hohe Personalisierung des Beratungs- und Verkaufsprozesses.

Alle Sinne des Menschen nehmen bewusste und unbewusste Eindrücke auf und verarbeiten sie. Da dies laufend und überall passiert, ist es auch für Einkaufssituationen relevant. Ein Händler kann gezielt auf die Multisensorik seiner Kunden Einfluss nehmen: Was sollen sie in meinem Laden riechen, hören, sehen, schmecken und fühlen? Wenn alle Elemente der Multisensorik gut aufeinander abgestimmt sind, kann so für den Kunden während seines Besuchs eine kontinuierliche positive Wahrnehmung erzeugt werden (Fringes, 2020, S. 3).

Sinneswahrnehmungen führen zu Emotionen und prägen somit maßgeblich die Customer Experience. Bei solchen Wahrnehmungen kann es sich um gezielt eingesetzte Düfte oder eine sanfte Geräuschkulisse in Ladengeschäften handeln. Ein gutes Beispiel, wie optische Eindrücke digital unterstützt werden können, um POS-Erlebnisse zu schaffen, sehen wir in Küchenstudios. Sie setzen bspw. bereits erfolgreich 3D-Brillen oder Augmented-Reality-Angebote ein, um ihre Kunden bereits vor der finalen Kaufentscheidung virtuell durch ihre neue Küche gehen zu lassen. Ein besonderes Erlebnis für Konsumenten, das den POS deutlich aufwertet.

Neben der Multisensorik kann für den Kunden auch durch die hohe Personalisierung des Kaufprozesses ein Einkaufserlebnis geschaffen werden. Denn Kunden fühlen sich in besonderem Maße wertgeschätzt, wenn sie sich während des Kaufprozesses persönlich begleitet fühlen und einen individualisierten Einkauf erleben. Dies beinhaltet nicht nur eine namentliche Ansprache, sondern auch möglichst individuelle Inhalte und

Produktangebote, die auf Basis der spezifischen Kaufhistorie besondere Relevanz für den Konsumenten besitzen (KPMG, 2020, S. 15).

Inspiriert von den großen Online-Verkaufsplattformen wie Amazon & Co. sollte auch der stationäre Handel zukünftig stärker eine personalisierte Ansprache nutzen, um seinen Kunden ein besonderes Einkaufserlebnis zu bieten. Hierbei kann es sich um spezifische Location-based Services handeln wie Produktzusatz-Infos, die der Kunde mit seinem Smartphone im Laden abrufen kann. Der Buchhändler Thalia stellt Informationen zu Lesungen und Signierstunden zur Verfügung. Doch Vorsicht: Der Grat zwischen konsumentenorientiertem Mehrwert und „Kunden-Stalking" ist schmal: Laut einer McKinsey-Studie lehnen in Deutschland 40 % der Konsumenten standortabhängige Werbung eher ab (Günther, 2019, S. 22). Händlern muss es also gelingen, den Nachfrage-Sog des Kunden individuell zu bedienen und so ein Einkaufserlebnis zu fördern, aber nicht in die Push-Marketing-Falle zu treten, die bei vielen Kunden Aversion auslöst.

5 Schritte für die erfolgreiche Umsetzung einer Omni-Channel-Strategie

Wie soll ein Einzelhändler nun also anfangen? Was ist der erste Schritt auf seinem Weg, eine erfolgreiche Omni-Channel-Strategie zu entwickeln und relevante Omni-Channel-Maßnahmen aufzusetzen? Und wie geht es dann idealerweise weiter?

Folgende fünf Schritte stellen eine gute Roadmap für die Umsetzung einer Omni-Channel-Strategie dar (siehe auch Abb. 3):

1. Customer Journey verstehen
2. Handlungsfelder identifizieren und Optimierungsziele definieren
3. Relevante Lösungsideen entwickeln
4. Kunden einbeziehen in Bewertung, Tests und Rollout
5. Erfolge messen, nachbessern und für weitere Maßnahmen lernen

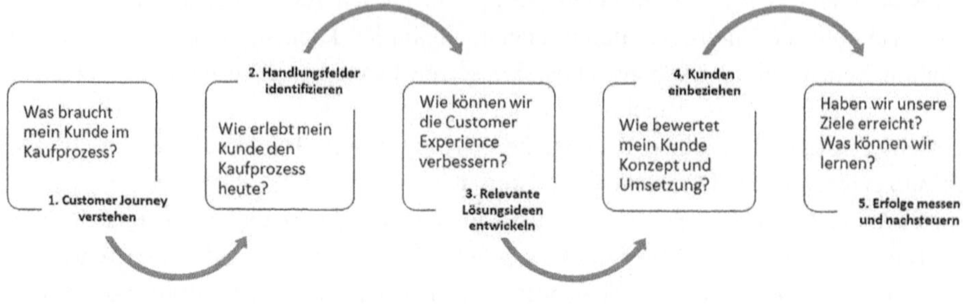

Abb. 3 Umsetzungsschritte einer Omni-Channel-Strategie

5.1 Die Customer Journey verstehen

Der erste und wichtigste Schritt für Händler besteht darin, die Reise des Kunden zu kennen und sie zu verstehen. Dabei sollte in den meisten Fällen zwischen verschiedenen Kundentypen differenziert und unterschiedliche Personas sollten gebildet werden. Die Customer Journeys dieser verschiedenen Personas müssen also für das eigene Handelsunternehmen zunächst sichtbar gemacht werden.

Dabei sind sich viele Unternehmen oft gar nicht bewusst, wie die Customer Journey ihrer Kunden kanalunabhängig verläuft. Hierfür ist die konsequente Einnahme der Kundenperspektive entscheidend. Also: Händler sollten sich in die Position ihres Kunden begeben und mit seinen Augen den gesamten Einkaufsprozess durchleben: Was fragt sich mein Kunde in den verschiedenen Phasen? Was denkt er? Welche Touchpoints nutzt er jeweils und wie möchte er Informations- und Abwicklungsprozesse in den einzelnen Phasen jeweils am liebsten erleben? Dabei muss herausgearbeitet werden, welche Differenzierungen hinsichtlich unterschiedlicher Zielgruppen nötig sind und wo aus Kundensicht jeweils spezifische Pain- und Gain-Points liegen. Darüber hinaus steht im Fokus, welche Kontaktpunkte/Touchpoints für das eigene Unternehmen besondere Chancen und Risiken bieten und in welchen Phasen emotionale und rationale Hürden bestehen. Ausgangspunkt aller Aktivitäten zur Erarbeitung einer Omni-Channel-Strategie sollte also sein, dass sich Händler darüber klarwerden, wie ihre Kunden heute bei ihnen einkaufen, was sie im Vorfeld tun, um sich zu informieren, wie sie Produkte vergleichen und wie sie schließlich zu ihrer Kaufentscheidung kommen. Zusätzlich muss sich der Händler die Frage stellen, welche Veränderungen hier in Zukunft zu erwarten sind und welche Entwicklungen und Trends frühzeitig in die eigenen Überlegungen einbezogen werden sollten.

Für diese ehrliche und kritische Bestandsaufnahme müssen ausreichend Ressourcen eingesetzt werden: Budget, Know-how und Arbeitszeit als Investments für Marktforschung und tragfähige Analysen. Diese konsequente Kundenausrichtung stellt für viele Handelsunternehmen einen Kulturwandel dar, der sehr ernst genommen werden sollte. Die einfache Vorgehensweise „Das macht unsere Marketing-Abteilung nebenbei mit" ist nicht angemessen und wird nicht zum Erfolg führen.

5.2 Handlungsfelder identifizieren und Optimierungsziele definieren

In einem zweiten Schritt sollte auf Grundlage dieses Verständnisses der Customer Journey eine ehrliche Analyse der Ist-Situation durchgeführt werden: In welchen Phasen erfülle ich als Händler heute bislang noch nicht die Erwartungen meiner Kunden? Auf welche Fragen oder Wünsche des Kunden biete ich keine adäquaten Lösungen? Wo entstehen heutzutage für den Kunden Medienbrüche? Wie ist die Customer Experience als Ganzes zu bewerten?

Durch die Beantwortung solcher Fragen lassen sich für den Händler Handlungsfelder identifizieren. Für jedes dieser Handlungsfelder sollten dann geeignete Optimierungsziele definiert werden, die konkret festlegen, was bis wann verbessert werden soll. Es geht darum, die Kauferfahrung der Kunden gezielt zu optimieren. Folgende Fragen sollte sich der Händler hierbei stellen:

- In welchen Phasen der Customer Journey erfüllen unsere Omni-Channel-Angebote noch nicht die Erwartungen unserer Kunden?
- Ist für Interessenten in der Informationsphase der von uns kanalübergreifend bereitgestellte Content wirklich relevant, attraktiv aufbereitet und gut zugänglich?
- Liefern wir Interessenten die richtigen Argumente und einfache Wege, um sie in der Kaufentscheidungsphase zu unterstützen und schließlich zu Kunden zu machen? Sind unsere Kanäle dafür gut genug miteinander verzahnt?
- Können wir unsere Kunden besser dabei unterstützen, einen Kauf bei uns zu wiederholen oder uns Dritten gegenüber weiterzuempfehlen?

Hierbei sollte dem Händler klar sein, dass er Schwerpunkte seiner Aktivitäten setzen muss. Orientieren sollte er sich bei der Priorisierung an der Bedeutung des jeweiligen Aspekts aus Kundensicht, denn an einigen Stellen seiner Customer Journey ist dieser eher bereit, Pain-Points zu akzeptieren, als an anderen. Es gilt, diejenigen Handlungsfelder zu erkennen, die wichtig für den Kunden sind und gleichzeitig durch den Händler im Wettbewerbsvergleich Differenzierungspotenzial bieten. Diese auch als „Quality Profile" bekannte Methode hilft, der eigenen Omni-Channel-Strategie einen klaren Fokus zu geben und die Ressourcen effizient einzusetzen (Oberholzer & Eichholzer, 2017, S. 8).

Insbesondere muss der Händler dabei sein Leistungsversprechen berücksichtigen, das durch entsprechende Omni-Channel-Maßnahmen in den verschiedenen Phasen der Customer Journey für die Kunden erlebbar sein sollte. Der Händler sollte festlegen, inwieweit er auf dessen Basis Schwerpunkte in seinem Auftreten gegenüber Kunden setzen will, also bspw. an einzelnen Stellen besondere Service-Angebote kreiert. Vielen Händlern gelingt es leider nicht, ihre Soll-Profilierung nahtlos und ganzheitlich über die verschiedenen Kanäle sicherzustellen, Insofern gilt es, hier realistische Ziele zu definieren, die dann im weiteren Verlauf sehr ernst genommen werden müssen. Einzelne Kontaktpunkte können bei der Zieldefinition besonders hervorgehoben werden, um bspw. nicht nur eine nahtlose und positive Kundenerfahrung zu schaffen, sondern durch herausragenden Service sogar Erlebnisse und Begeisterung beim Kunden zu schaffen.

Nach Analyse und Zieldefinition der Omni-Channel-Strategie steht ihre Operationalisierung an: Je Ziel müssen konkrete Erfolgskennzahlen festgelegt werden, mit denen später objektiv gemessen werden kann, ob die neu zu entwickelnden Maßnahmen nach ihrer Einführung Erfolge zeigen. Die Kernfragen in diesem Umsetzungsschritt lauten: Woran erkennen wir später, ob wir Erfolg hatten? Zu welchem Zeitpunkt möchten wir welches Ziel in welchem Ausmaß erreicht haben? Welche Zwischenziele sind ggf. zu definieren?

5.3 Relevante Lösungsideen entwickeln

Erst nachdem Ziele definiert und operationalisiert sind, sollten Lösungen entwickelt werden: Wie könnten Omni-Channel-Angebote die Erwartungen des Kunden besser erfüllen als die heutigen Lösungen? Auf welche Weise können diese Lösungsangebote für die identifizierten Herausforderungen konkret realisiert werden? In diesem Schritt der Umsetzung kommt es darauf an, seiner Kreativität freien Lauf zu lassen. Je mehr Ideen produziert werden, desto besser. Auch wenn neue kanalübergreifende Ansätze zunächst unrealistisch erscheinen, sollten sie nicht zu früh verworfen werden. Gegebenenfalls ist eine alternative Variante umsetzbar, die in einem späteren Ausbauschritt noch erweitert werden kann.

Selbstverständlich kann nicht jede Idee direkt umgesetzt werden. Deswegen sollten Händler die entwickelten Ansätze priorisieren, indem sie die Ideen hinsichtlich ihrer Wirksamkeit für den Kunden und ihrer jeweiligen Umsetzbarkeit in Relation setzen. Welcher Ansatz hat schnell großen Mehrwert für Kunden und ist gleichzeitig in Bezug auf benötigte Ressourcen und Know-how gut realisierbar? Die in einem solchen Prozess priorisierten Omni-Channel-Maßnahmen sind dann zügig auszuarbeiten. Hier geht Geschwindigkeit meist vor Perfektion: Das Unternehmen sollte kompakte Konzepte entwickeln, die die Mechanik, den Mehrwert und die zur Realisierung benötigten Mittel in den Fokus stellen. Diese Konzepte müssen überschaubar bleiben, damit sie in einem angemessenen zeitlichen Rahmen getestet und umgesetzt werden können. Gegebenenfalls sind sie auch modular aufzubauen, sodass einzelne Komponenten im weiteren Verlauf schneller realisiert und angeboten werden können. Die Praxis zeigt, dass es gut ist, in kleinen Schritten zu denken und so flexibel und anpassungsfähig zu bleiben.

5.4 Kunden einbeziehen in Bewertung, Tests und Rollout

Damit die entwickelten Lösungsideen besonders erfolgreich sind, hat es sich bewährt, frühzeitig Kunden einzubinden. Dies ist bereits bei der Ideenfindung möglich, z. B. durch kollaborative Workshops, bei denen Händler mit ausgewählten Kunden die identifizierten Stolpersteine der Customer Experience als Absprungbasis nehmen, um gemeinsam kreative Lösungsansätze zu entwickeln. Die durch eine solche Kunden-Integration hinzugewonnene Nutzer-Perspektive schafft oft gänzlich neue Anregungen für zukünftige Leistungsangebote des Händlers. Positiver Nebeneffekt: Gleichzeitig hat ein solcher Kunden-Workshop große Auswirkung auf die Wertschätzung, die die beteiligten Kunden empfinden. Sie fühlen sich als Experte ernstgenommen, was ihre Loyalität dem Unternehmen gegenüber zusätzlich stärkt.

Auch nach dieser Ideenfindung sollten Kunden bei einer erfolgreichen Entwicklung der Omni-Channel-Strategie einbezogen bleiben. Denn nachdem erfolgversprechende Ideen zur Optimierung der Customer Experience kreiert und zu Konzepten ausgearbeitet wurden, müssen diese Konzepte gezielt von Kunden bewertet und getestet werden.

So kann überprüft werden, ob der jeweilige Lösungsansatz Relevanz für Kunden besitzt oder besser nicht weiterverfolgt werden sollte. Darüber hinaus kann die Bewertung aus Kundensicht wertvolle Beiträge liefern zur späteren konkreten Ausgestaltung des Ansatzes (z. B. Expertenberatung per Telefon oder lieber per Live-Chat anbieten?). In jedem Fall trägt die Einbeziehung des Kunden beim Test des Konzepts oder bei der späteren Erprobung von Prototypen dazu bei, dass ein Händler möglichst genau das Nutzerbedürfnis trifft. Damit steigt nicht nur die Erfolgswahrscheinlichkeit der entwickelten Maßnahme, sondern auch die Effizienz des Entwicklungsprozesses.

Ist eine Omni-Channel-Maßnahme schließlich im Markt eingeführt, ist die Resonanz der (potenziellen) Kunden das wichtigste Erfolgsbarometer. Kennen die Konsumenten das neue Angebot? In welchen Situationen wird es genutzt? Von welcher Zielgruppe? Wie oft und in welcher Frequenz? Und schließlich: Wie bewertet der Nutzer das neue Angebot? All diesen Fragen sollten Händler nach Einführung durch gezielte Marktbefragungen nachgehen. So behalten sie weiter „das Ohr am Kunden" und werden dem Anspruch der Kundenzentrierung gerecht.

5.5 Erfolge messen und nachsteuern

Neben der Einbeziehung der Kunden ist es nach der Markteinführung wichtig, ehrlich und konsequent mit der Erfolgsmessung umzugehen: Was ist gut und sollte weiter ausgebaut werden? Was ist noch nicht gut und wie kann es verbessert werden? Welche Erfahrungen können wir nutzen, um weitere Omni-Channel-Maßnahmen zu entwickeln?

Die konsequente Überprüfung, inwieweit die identifizierten Handlungsfelder tatsächlich optimiert werden konnten und in welchem Ausmaß die definierten Ziele erreicht wurden, ist elementar für eine erfolgreiche Omni-Channel-Strategie. Nur durch sie gelingt es einem Händler, die Customer Experience seiner Kunden systematisch zu verbessern.

Diese Erfolgsanalyse kann auf verschiedene Art erfolgen. Erste Antworten liefert die Auswertung von quantitativen Kennzahlensystemen. Sie geben Aufschluss über absolute Nutzungszahlen, z. B. Inanspruchnahme eines neuen Service im Betrachtungszeitraum, durchschnittliche Umsatzhöhen von Usern dieses Services im Vergleich zu Nicht-Usern, Wiederkaufsrate dieser Kunden etc. Um den Gedanken der Kundenzentrierung auch hier konsequent zu verfolgen, sollten Kennzahlen gewählt werden, die den Nutzen für den Kunden widerspiegeln. So misst Amazon bspw. nicht die Anzahl der eingegangenen Bestellungen, sondern die Anzahl an Bestellungen, die korrekt und pünktlich an den Kunden ausgeliefert wurden (Keller & Ott, 2020, S. 50).

Zusätzlich können neben diesen quantitativen Erfolgskennzahlen auch qualitative Erkenntnisse genutzt werden. Diese entstehen bspw. dadurch, dass Nutzer ihre Meinung bei Mitarbeitenden über neu eingeführte Services äußern. Diese Kundeneinschätzung kann entweder direkt erhoben werden (s. Abschn. 5.4) oder indirekt durch Befragung von Mitarbeitenden mit Kundenkontakt aus Vertrieb, Support etc.

Die gesammelten Erkenntnisse über den Erfolg der initiierten Omni-Channel-Maßnahmen sind wichtig, um sie objektiv bewerten zu können. Damit wird die Basis geschaffen für einen ggf. umfassenden Rollout (z. B. Erweiterung des Angebots in andere Regionen oder Sortimentsgruppen) sowie eine weitere Optimierung der Maßnahmen, um Kundenbedürfnisse noch besser zu treffen. Gleichzeitig dienen solche Erfolgsmessungen auch dazu, die Bewertung und Umsetzung zukünftiger Omni-Channel-Ideen und -Ansätze zu unterstützen.

6 Resümee: Omni-Channel-Strategien brauchen Kundenzentrierung, Konsequenz und Mut

Auch wenn es bereits gut angelegte Omni-Channel-Strategien im deutschsprachigen Einzelhandel gibt, so haben sich doch bislang noch zu wenige Unternehmen auf den Weg gemacht. Für den Handel bestehen vielfältige Möglichkeiten, die eigene Omni-Channel-Strategie entlang der verschiedenen Phasen der Customer Journey(s) auszugestalten und sich so ganzheitlich und kanalübergreifend bei seinen Kunden zu profilieren. Damit dies dauerhaft gelingt, sollten Händler allerdings drei entscheidende Erfolgstreiber beachten: Kundenzentrierung, Konsequenz und Mut.

6.1 Kundenzentrierung

Wichtig ist in erster Linie der klare Blick für den jeweiligen Kunden-Mehrwert, der aus einer Omni-Channel-Strategie sowie den daraus abgeleiteten Maßnahmen entstehen muss. Dieser Mehrwert muss die Richtschnur für alle Omni-Channel-Überlegungen sein. Ohne eine fundierte Analyse der verschiedenen Motive und Bedürfnisse seiner Kunden entlang der jeweiligen Customer Journeys werden Händler kaum die passenden Angebote schaffen können. Für den Omni-Channel-Erfolg ist entscheidend, dass Einzelhändler die Perspektive ihrer Kunden einnehmen und sich immer wieder fragen, wie sie die Customer Experience ihrer Kunden weiter verbessern können.

Dabei sollten sie allerdings nicht in Übereifer und Aktionismus verfallen. Auch wenn Händler keinerlei Zeit bei der Weiterentwicklung nahtloser kanalübergreifender Kundenerlebnisse verschwenden sollten, so darf dies doch nicht zu Lasten eines sorgfältigen Vorgehens gehen. Nur wer die rationalen und emotionalen Aspekte entlang der Customer Journeys kennt, diese ggf. nach Zielgruppen differenziert und auf Basis dieser Bedürfnisse kundenzentrierte Lösungen ableitet, wird am Markt erfolgreich sein. Geschäftsprozesse aus dem stationären Handel in die digitale Welt zu überführen und dabei noch besser als bislang die Kundenbedürfnisse zu bedienen, ist allerdings sehr anspruchsvoll und erfordert großes Know-how an Technik sowie Vertriebs- und Marketing-Verständnis. Schnell kann es dazu kommen, dass sich Einzelhändler hier durch zu große Ambitionen überschätzen und verzetteln. Im schlimmsten Fall entstehen so Brüche in den kanalübergreifenden Maßnahmen und Kunden spüren nicht den beabsichtigten Mehrwert, sodass sich kein vertrieblicher Erfolg einstellt. Händler sollten sich also nicht zu viel vornehmen und realistische Ziele setzen. Qualität geht vor Quantität.

6.2 Konsequenz

Die beschriebene Kundenzentrierung sollte für einen Händler nicht nur Ausgangspunkt seiner Omni-Channel-Strategie sein, sondern sich konsequent durch die weiteren Umsetzungsschritte ziehen. Kunden müssen laufend in die Aktivitäten des Händlers einbezogen werden, z. B. bei der Bewertung erster Angebotskonzepte oder dem Test von prototypischen Lösungen. Dies reicht bis zur Erfolgsmessung von eingeführten Omni-Channel-Maßnahmen, die sich – je nach Zielsetzung – ebenso an geeigneten kundenbezogenen KPIs orientieren sollten.

Diese Konsequenz in der Kundenzentrierung sollte der Händler gleichermaßen bei der Berücksichtigung seiner Marke fortführen. Es geht darum, nicht nur aus Kundensicht relevante Angebote zu schaffen, sondern als Marke gleichzeitig gegenüber seinen Kunden glaubhaft und wiedererkennbar zu bleiben. Eine erfolgreiche Omni-Channel-Strategie basiert auf dem definierten Leistungsversprechen des Händlers und unterstützt somit seine Profilierung bspw. als Service- oder Qualitätsführer glaubhaft. Persönliche Nähe und der Austausch von Mensch zu Mensch sollten in passende digitale Angebote konsequent übersetzt werden, um dem Risiko einer Austauschbarkeit im Onlinehandel entgegenzuwirken. Händler sollten also nicht nur viel Augenmerk auf die Herausarbeitung der jeweils relevanten Bedürfnisse ihrer Kunden entlang der einzelnen Phasen der Customer Journey legen, sondern ebenso darauf achten, dass die daraufhin entwickelten Angebote zur Marke und zur Profilierung des Händlers passen.

6.3 Mut

Ein weiterer wichtiger Erfolgsfaktor für die Entwicklung und Umsetzung einer Omni-Channel-Strategie ist Mut. Für eine wirkungsvolle Optimierung der Customer Experience muss ein Händler gar nicht immer eine perfekte Finallösung präsentieren. Im Gegenteil: Besser mit einer 80 %igen Omni-Channel-Lösung relevante Kundenbedürfnisse bedienen und Kundenzentrierung beweisen als auf die perfekte Lösung zu warten und in der Zwischenzeit vielleicht Kunden zu verlieren. Im schlechtesten Fall wird für einen zögerlichen Händler dann möglicherweise kein Kunde mehr übrig sein, der die irgendwann fertiggestellte perfekte Lösung zu schätzen weiß.

Mut und Zuversicht sollten auch die grundsätzlichen Begleiter von Omni-Channel-Initiativen des Handels sein. Der Blick auf die Erfahrungen anderer Branchen zeigt, dass der Druck des Marktes, sich zu verändern, neue, innovative Kräfte freisetzt. Die Musikindustrie hat bspw. bereits vor Jahren solche Schritte in die Digitalisierung ihres

Geschäftsmodells unternehmen müssen und ist gestärkt daraus hervorgegangen. Händler, die heute bislang noch keine systematischen Omni-Channel-Strategien und -Maßnahmen aufgebaut haben, können von solchen Erfahrungen profitieren und erfolgreiche Lösungen auf die Bedürfnisse der eigenen Customer Journeys adaptieren, bspw. durch attraktives Content-Marketing, kundenorientierte Abwicklungsprozesse oder den Einsatz künstlicher Intelligenz für die Empfehlung neuer Produkte.

Die größte Gefahr für Händler besteht darin, nichts zu tun. Die Entwicklung der letzten Jahre zeigt, dass das Risiko für den Einzelhandel groß ist, wie das Kaninchen vor der Schlange zu erstarren. Es reicht nicht aus, die neuen Kundenbedürfnisse an Bequemlichkeit, nahtlose Kauferlebnisse und Schnelligkeit zu erkennen und dann die Entwicklungen auf großen Online-Plattformen oder von mutigeren Wettbewerbern zu beobachten. Für jeden Einzelhändler ist es mittelfristig überlebenswichtig, sich diesen neuen Herausforderungen selbst zu stellen und spezifische, auf die eigene Marke zugeschnittene kundenorientierte Angebote kanalübergreifend zu realisieren. Nur Mut!

Gelingt es dem Händler, mit hoher Kundenzentrierung, großer Konsequenz in der Umsetzung und dem nötigen Mut ein über die gesamte Customer Journey nahtloses kanalübergreifendes Kauferlebnis zu ermöglichen, schafft er gute Voraussetzungen für eine hohe Kundenzufriedenheit. Dabei geht es in erster Linie um eine positive Customer Experience – also eine auf rationaler und emotionaler Ebene angenehme Kauferfahrung. Der zufriedene und vielleicht sogar begeisterte Kunde wird so zum wertvollen Multiplikator für den Omni-Channel-Händler.

Literatur

Best Practice Business. (2012). https://www.best-practice-business.de/blog/marketing-viral/2012/05/14/28541/. Zugegriffen: 15. Okt. 2021.

Brunner, M. (2019). *Customer Journey 4.0. Wie Sie die Customer Journey Map erstellen und die Customer Experience verbessern*. Amazon Distribution GmbH.

Bundesverband E-Commerce und Versandhandel Deutschland e. V. (2021). E-Commerce in DACH überspringt 100 Mrd. Euro – Deutschsprachiger Markt führend in Europa. https://www.bevh.org/presse/pressemitteilungen/details/e-commerce-in-dach-ueberspringt-100-mrd-euro-deutschsprachiger-markt-fuehrend-in-europa.html. Zugegriffen: 22. Feb. 2022.

Esch, F.-R. (2019). *Kunden begeistern mit System. In 5 Schritten zur Customer Experience Execution*. Campus Verlag.

Fringes, A. (2020). Multisensorik im stationären Einzelhandel – Grundlagen und Praxis in der kundenzentrierten Filialgestaltung. In G. Mau, M. Schweizer, & C. Orient (Hrsg.), *Multisensorik im stationären Einzelhandel*. Springer Gabler.

Google/VSV ASVAD/mindtake. (2020). Ein nahtloses Einkaufserlebnis für Ihre Kunden? Der Omnichannel Readiness Index (ORI) 2020. https://handelsverband.swiss/wp-content/uploads/2020/06/2020-03-ORI-Poster_Schweiz_druck-3.pdf. Zugegriffen: 22. Feb. 2022.

Günther, V. (2019). Digitale Customer Journey. Ich weiß, was du letzten Sommer gekauft hast. HORIZONT – Das offizielle Magazin zur DMEXCO 2019, 20–24.

Handelsverband Österreich (2021). Omni-Channel-Readiness Index 2021: Österreichische Handel rüstet digital massiv auf. Pressemitteilung vom 9. Juni 2021. https://www.ots.at/presseaussendung/OTS_20210609_OTS0156/omnichannel-readiness-index-2021-oesterreichischer-handel-ruestet-digital-massiv-auf. Zugegriffen: 22. Feb. 2022.

Holistic Consulting. (2020). *Studie: Stationärer Handel 4.0 – Worauf es jetzt ankommt*. Holistic Consulting.

Jacob, M., Kujpers, D., & Wachinger, T. (2019). Handel(n) in Zeiten des Umbruchs. Neue Konsumvorlieben, aggressive Wettbewerber, innovative Technologien: In Europa und Nordamerika kämpfen Lebensmittelhändler mit sinkenden Umsätzen und Margen. Sechs Leitlinien, um im Kampf um die Marktanteile von morgen als Sieger hervorzugehen. *Akzente McKinsey&Company,* 2019(1), 8–19.

Keller, B., & Ott, C. S. (2019). *Touchpoint Management. Entlang der Customer Journey erfolgreich agieren*. Haufe Verlag.

Keller, B., & Ott, C. S. (2020). *Touchpoint Culture. Alle Bereiche des Unternehmens konsequent auf den Kunden ausrichten*. Haufe Verlag.

KPMG. (2020). *Customer Experience – Was jetzt zählt! Digital allein ist nicht genug – Wie Unternehmen exzellente Kundenerlebnisse in unsicheren Zeiten gestalten. Customer Experience Excellence Studie Deutschland 2020*. KPMG AG Wirtschaftsprüfungsgesellschaft.

Oberholzer, G., & Eichholzer, A. (2017). *Customer Journeys. Kunden verstehen und mit phänomenalen Customer Journeys übersättigte Märkte erobern*. Epubli.

PwC. (2018). Von A wie Amazon bis Z wie Zustellung. Global Consumer Insights Survey 2018 – was sich deutsche Verbraucher wünschen. https://www.pwc.de/de/handel-und-konsumguter/global-consumer-insights-survey-2018.pdf. Zugegriffen: 22. Feb. 2022.

Rutschmann, M. (2018). *Kaufprozessorientiertes Marketing: Stop Branding, Start Selling*. Springer Gabler.

Schüller, A. M. (2015). *Touchpoints. Auf Tuchfühlung mit dem Kunden von heute*. GABAL Verlag.

Statista/WISAG (2018). Omnichannel Readiness Studie und Index (ORIX). https://www.facility.wisag.de/fileadmin/user_upload/facility/presse/pdf_dateien/pdf_dateien_2018/WISAG-Statista-Studie_ORIX.pdf. Zugegriffen: 22. Feb. 2022.

Tiffert, A. (2019). *Customer Experience Management in der Praxis. Grundlagen – Zusammenhänge – Umsätze*. Springer Gabler.

Dr. Markus Schweizer studierte an der Universität St. Gallen Betriebswirtschaft mit der Vertiefung in Strategie und Organisation. Anschließend promovierte er – ebenfalls in St. Gallen – am Institut für Marketing und Handel (Gottlieb Duttweiler Lehrstuhl für internationales Handelsmanagement) über das Phänomen „Consumer Confusion" im Handel. Markus Schweizer war von 2006 bis 2016 in führenden Positionen bei tegut... gute Lebensmittel und bei der Migros in der Schweiz tätig. Seit 2016 ist er Geschäftsführer der Holistic Consulting GmbH in Hannover, einer Boutique-Beratung für das kundenzentrierte Denken und Handeln. Er lehrt außerdem an der Leibniz-FH in Hannover Handelsmanagement und ist Autor mehrerer Fachbücher und Fachartikel zur erfolgreichen Transformation des Handels.

Simon Riedel ist Diplom-Kaufmann und arbeitet als Senior Consultant bei der Holistic Consulting GmbH. Dort verantwortet er den Bereich der kundenzentrierten Retail-Transformation. Nach seinem Studium an der Universität Göttingen war er bei renommierten Marketing-Agenturen tätig und übernahm verschiedene Führungsaufgaben in Unternehmen des Dienstleistungssektors. Die inhaltlichen Schwerpunkte seiner über 20-jährigen Praxiserfahrung liegen in der strategischen Markenentwicklung und -führung. Neben seiner Tätigkeit als Unternehmensberater besitzt er einen Lehrauftrag an der Hochschule Hannover und arbeitet als Dozent für private Institutionen.

Customer Journey in a Nutshell – Eine methodische Einführung

Michael Kempe

Inhaltsverzeichnis

1 Ohne geht's nicht! Die Customer Journey im modernen Marketing 79
2 Schritt für Schritt zur Customer Journey 82
2.1 Ursprung und Begriff der Customer Journey 82
2.2 Ziele und Anwendungsbereiche der Customer Journey 84
2.3 Der Modulbaukasten der Customer Journey 86
2.4 Visualisierung 101
2.5 Datenbasis 102
2.6 Implementierung 106
3 Fazit 107
Literatur 107

1 Ohne geht's nicht! Die Customer Journey im modernen Marketing

Das heutige Marketing ist ohne Customer Journey kaum noch denkbar. Wenngleich der große Hype um die Customer Journey langsam, aber sicher abflaut (McGuire & Leachman, 2021, S. 5) – tot ist die Customer Journey (Puscher, 2016, S. 38) sicher noch lange nicht. Die „Reise der Kundschaft" attraktiv und angenehm zu gestalten, ist und

M. Kempe (✉)
Hannover, Deutschland
E-Mail: Michael.kempe@hs-hannover.de

K. Butzer-Strothmann (Hrsg.), *Integriertes Online- und Offline-Channel-Marketing*,
https://doi.org/10.1007/978-3-658-38048-9_4

bleibt essenzieller Bestandteil eines effektiven und effizienten Customer-Experience-Managements. Nur auf der Basis einer systematischen Analyse und zielgerichteter integrativer Maßnahmen entlang der Customer Journey ist es Unternehmen heute noch möglich, bei der Vielzahl analoger und digitaler Kontaktpunkte der Kunden mit Marken, Produkten und Dienstleistungen den Überblick zu behalten, an der richtigen Stelle Präsenz zu zeigen, sich vom Wettbewerb abzuheben und in den entscheidenden Momenten die Kundschaft zufriedenzustellen.

Das Management von Austauschbeziehungen und -prozessen insbesondere in den Absatzmärkten stellt die Kernaufgabe des Marketings dar. Dabei steht nicht nur der konkrete Austausch von Leistungen gegen Entgelt im Fokus, sondern auch der Austausch von Informationen und der über kurzfristige Transaktionen hinausgehende Aufbau langfristig profitabler Kundenbeziehungen (Fritz et al., 2019, S. 28; Kotler et al., 2016, S. 48 ff.). Die Customer Journey bildet in dieser kundenzentrierten Managementperspektive das Herzstück. Sie ist eine Methode, mit deren Hilfe eine konsequente Einnahme der Kundenperspektive und ein holistischer Blick auf ganze Kundenepisoden gelingen, statt nur auf Einzeltransaktionen und -maßnahmen zu schauen. Dies wiederum ist eine wesentliche Voraussetzung für die nahtlose Integration von Marketingmaßnahmen (Gouthier et al., 2012, S. 67). Die höhere Erfolgswirkung solcher integrativer Marketingmaßnahmen wurde bereits mehrfach empirisch nachgewiesen (z. B. Bauer et al., 2010; Esch, 2011; Fleer 2016; Lemon & Verhoef, 2016, S. 83; Kuehnl et al., 2019; Beyer, 2020). Durch die deutliche Zunahme vor allem digitaler Kontaktpunkte wird dieses Unterfangen jedoch immer herausfordernder. Unternehmen, die diese Herausforderung meistern, können damit aber erhebliche Wettbewerbsvorteile generieren. So verfolgt bspw. *Amazon* mit Erfolg eine Philosophie der konsequenten Ausrichtung der Kundenkontaktpunkte auf die Kundenbedürfnisse (Homburg, 2017, S. 308).

Die positive und einzigartige Gestaltung der Customer Experience (CX) entlang der Customer Journey trägt zudem in erheblichem Maße zum Aufbau langfristig profitabler Kundenbeziehungen bei. So kann diese u. a. das Markenimage verbessern, die Kundenzufriedenheit erhöhen, die Kundenbindung stärken und damit auch umsatzsteigernd wirken (Bruhn & Hadwich, 2012, S. 21). Zu ähnlichen Ergebnissen kommt eine Studie von *Quadient,* die 2019 eine Befragung unter 248 CX-Experten durchgeführt haben. Über 70 % der Befragten gaben auch hier an, dass der Einsatz des Customer Journey Mappings die Kundenzufriedenheit gesteigert hat, fast die Hälfte (48 %) konnte Kundenbeschwerden reduzieren und ein knappes Drittel (32 %) hat den Umsatz pro Kunde gesteigert (Der Bank Blog, 2019). Dieser Zusammenhang wird vereinfacht in Abb. 1 dargestellt.

Die Customer Journey orientiert sich dabei zunächst nur an der Kundschaft. Sie stellt deren Kaufentscheidungsprozess als Episode von einem definierten Start- bis zu einem bestimmten Zielpunkt dar. Entlang dieses Prozesses treffen die Kunden auf verschiedene Kontaktpunkte mit einem bzw. mehreren Unternehmen und Marken, die auch als *Touchpoints* bezeichnet werden (Meffert et al., 2019, S. 126). An diesen Touchpoints kann es zwischen Angebot und Nachfrage zu Transaktionen und Interaktionen kommen.

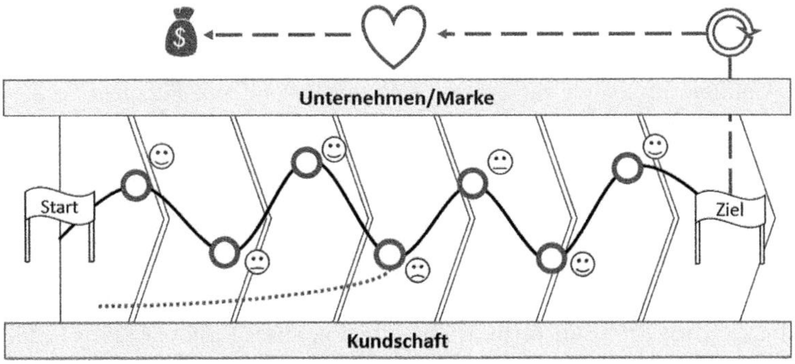

Abb. 1 Customer Journey und Customer Experience

Zudem liegen diese mal aufseiten der Unternehmen, werden also stark durch diese beeinflusst wie z. B. die Werbung (direkte Erfahrungen), mal liegen diese aber auch aufseiten der Kundschaft, z. B. in Form von Kundenmeinungen im Internet (indirekte Erfahrungen) (Mayer-Vorfelder, 2012, S. 71–78).

An jedem einzelnen Touchpoint werden die Kunden das Erlebte mit ihren Erwartungen abgleichen und bewerten. Die Customer Experience kann hier kurzfristig als subjektiv empfundene Kundenerlebnisse an einzelnen Kontaktpunkten verstanden werden (Bruhn & Hadwich, 2012, S. 9). Beispielsweise kann es sich um die flüchtige, aber positive Wahrnehmung einer Werbeanzeige, das wenig hilfreiche Verkaufsgespräch im Ladengeschäft, die problemlose Bestellabwicklung im Online-Shop oder auch die zufriedenstellende Nutzung des gekauften Produkts handeln.

So stellt sich jeweils eine Interaktions- oder Transaktionszufriedenheit an den einzelnen Touchpoints ein. Die Summe der Zufriedenheiten beeinflusst wiederum die Gesamtzufriedenheit mit dem Anbieter und formt die Beziehungsqualität zum Kunden. Erst durch das wiederholte, idealerweise positive Erleben solcher Kundenepisoden gelingt schließlich eine langfristig nachhaltige Intensivierung der Kundenbeziehung im Sinne des Customer-Relationship-Managements (CRM) (Bruhn & Hadwich, 2012, S. 23). Customer Experience wird dann langfristig als Summe aller Kundenerlebnisse im Sinne der Kundenerfahrung mit einem Anbieter interpretiert (Bruhn & Hadwich, 2012, S. 9 f.). Wie bei menschlichen Beziehungen nimmt die Beziehungsqualität also grundsätzlich mit der Häufigkeit und der positiven Einschätzung einzelner unterschiedlich intensiver Interaktionen zu. Gemäß der Mere-Exposure-Theorie genügen dafür manchmal auch nur kurze, aber häufige Begegnungen, um eine gewisse positive Grundhaltung oder emotionale Verbundenheit zwischen zwei Parteien zu schaffen (Foscht et al., 2017, S. 48). An anderer Stelle können auch Einzelerlebnisse (sogenannte Critical Incidents) die Zufriedenheit und damit auch die Beziehung signifikant positiv oder negativ beeinflussen (Halvorsrud et al., 2016, S. 843). Diese für den Gesamterfolg wichtigen Interaktionen an den Touchpoints zu identifizieren, zu gestalten und zu messen ist schlussendlich zentraler Bestandteil der Customer-Journey-Methodik.

2 Schritt für Schritt zur Customer Journey

Folgende Analogie lässt sich nutzen, um sich der besonderen Perspektive der Customer Journey zu nähern:

Beispiel: Analogie der Wandergruppe

Eine Wandergruppe begibt sich auf den Weg. Alle sind gut ausgerüstet. Die verschiedenfarbigen Rucksäcke sitzen perfekt. Vor ihnen liegt ein gerader, gut sichtbarer Pfad, der sich am Horizont verliert. Die hügelige, mit grünen Wiesen bedeckte Landschaft wird überragt von einem mit Schnee bedeckten Felsmassiv.

Wer sind die Personen? Welche Erfahrungen haben sie im Gepäck? Die eine ist vielleicht passionierte Wanderin, der andere nur ein Kollege, der sich zur Wanderung hat überreden lassen. Was ist ihr genaues Ziel und was treibt sie an, sich auf diese Wanderung zu begeben? Vielleicht möchten sie den Gipfel erklimmen, auf der Suche nach dem nächsten „Kick". Vielleicht wandern sie aber auch gemächlich durch die hügelige Landschaft und genießen die Natur. Die Betrachtenden dieser Szenerie wissen es nicht. Es ergeben sich stattdessen weitere Fragen.

Welche Wegegabelungen und Richtungsentscheidungen werden auf die Gruppe warten? Welche Informationen werden sie dafür benötigen? Ist der Weg ausgeschildert oder müssen sie danach suchen? Und auf welche Stolpersteine werden sie treffen? Welche Glücks- oder Frustrationsmomente werden sie erleben? Und welche Hilfe erhalten sie auf ihrem Weg? ◄

Dieses Bild und die dabei genannten Fragen lassen sich analog auf die Reise von Kunden übertragen. Mal ist der Weg klar vorgezeichnet und wenig komplex, z. B. beim wiederholten Wocheneinkauf von Lebensmitteln. Ein anderes Mal gleicht die Suche nach dem ersten Kaffeevollautomaten oder dem ersten Auto einer schwer vorhersehbaren Expedition in unbekanntes Terrain. Je besser Marketer und Vertriebler die unterschiedlichen Reiserouten kennen, desto besser werden sie ihrer Kundschaft dabei helfen können, an ihr Ziel zu gelangen.

2.1 Ursprung und Begriff der Customer Journey

Heutige Customer-Journey-Modelle gehen in ihrem Ursprung auf Entscheidungsprozessmodelle von Konsumenten zurück (Lemon & Verhoef, 2016, S. 71). Bereits in den 1960er Jahren beschreiben u. a. Engel et al. (1968) sowie Howard und Sheth (1969) umfassende sogenannte Totalmodelle des Kaufentscheidungsverhaltens, die in der Folge in zahlreichen Lehrbüchern aufgegriffen wurden. Diese Totalmodelle umfassen zahlreiche psychologische Vorgänge, sind aber nicht vollständig empirisch überprüfbar und eignen sich somit nicht, situationsspezifische Variationen zu erklären, weshalb sie in der empirischen und praktischen Konsumentenforschung hinter den Partialmodellen, die nur einzelne Wirkungsgrößen des Verhaltens erklären, eine nachrangige Bedeutung erlangt haben (Meffert et al., 2019, S. 122 ff.; Foscht et al., 2017, S. 28).

Durch die Digitalisierung und die damit einhergehende deutliche Zunahme und Fragmentierung von Informations-, Kommunikations-, Service- und Einkaufsmöglichkeiten aufseiten der Kunden sind jedoch prozessuale und ganzheitliche Analysen des Konsumentenverhaltens wieder in den Fokus gerückt. Speziell in den IT-orientierten Bereichen und bei der Entwicklung von Multi-Channel-Service-Designs mithilfe sogenannter *Service Blueprints* wurde die meist technisch orientierte Entwicklung durch eine kundenzentrierte Sichtweise auf die Customer Experience erweitert (Patricio et al, 2011; Halvorsrud et al., 2016, S. 841 ff.). Insbesondere das Mapping der Customer Journey und die Identifikation von kritischen Momenten für die Customer Experience entlang der Serviceprozesse sind hieraus hervorgegangen (Lemon & Verhoef, 2016, S. 72). Die Customer Journey ist damit zu einem unverzichtbaren Bindeglied zwischen Kundenanalyse, Customer-Experience-Management und Service-Design-Prozessen geworden.

Seitdem wurde die Customer Journey in vielfältiger Weise beschrieben. Tab. 1 gibt einen kurzen Überblick über ausgewählte Definitionen der Customer Journey.

Tab. 1 Ausgewählte Definitionen der Customer Journey

Autoren	Definition
Court et al., 2009	„The decision-making process is […] a circular journey with four phases: initial consideration; active evaluation, or the process of researching potential purchases; closure, when consumers buy brands; and postpurchase, when consumers experience them."
Temkin, 2010, S. 2	„Forrester defines customer journey maps as: Documents that visually illustrate customers' processes, needs, and perceptions throughout their relationships with a company."
Lemon & Verhoef, 2016, S. 71	„[…] the customer purchase journey as the process a customer goes through, across all stages and touch points, that makes up the customer experience."
Halvorsrud et al., 2016, S. 843	"Customer journeys (or alternately, customer journey maps) are visual representations of events or touchpoints depicted chronologically, often accompanied by emotional indicators."
Keller & Ott, 2019a, S. 37	„Customer Journey bezeichnet den gesamten Prozess vor, während und nach einem Produktkauf oder einer Dienstleistungsnutzung. Die Kundenreise beginnt bei der Informationssuche und schließt alle absichtlich oder unabsichtlich angetroffenen Kontaktpunkte ein. Im Idealfall gibt es irgendwann einen Anfang und ein Ende erst mit dem Tod des Kunden, denn zwischen Kunde und Unternehmen besteht eine lebenslange Beziehung."
Suwelack, 2020, S. 21	„Mit Hilfe der Customer-Journey-Analyse […] sollen diejenigen Touchpoints identifiziert, visuell verknüpft und analysiert werden, die ein typischer Kunde (die Persona) im Kontext eines Kaufvorgangs nutzt. Das Endresultat stellt die Customer Jour[ne]y Map dar."

Auf Basis der Definitionen in Tab. 1 wird an dieser Stelle folgende Arbeitsdefinition vorgeschlagen, die versucht, die wichtigsten genannten Aspekte einzuschließen:

▶ Die **Customer Journey** ist eine Analyse- und Visualisierungsmethode, die eine *aus Kundensicht* personaspezifische, detaillierte, episodische Beschreibung eines idealtypischen Entscheidungsprozesses von einem definierten Startpunkt (i. d. R. Problemerkennung) zu einem definierten Zielpunkt (z. B. Kauf, Nutzung, Entsorgung) entlang meist chronologisch angeordneter *Phasen* darstellt. Diese Beschreibung des Ist-Zustands umfasst die wesentlichen Handlungen *(Actions)* und Ziele des Kunden *(Motive),* seinen Informationsbedarf und notwendige Entscheidungen *(Gedanken)* sowie die von ihm genutzten Informations-, Kommunikations- und Einkaufskanäle *(Touchpoints).* Darüber hinaus wird die Customer *Experience* z. B. in Form psychologischer Wirkungsgrößen wie etwa Zufriedenheiten und Emotionen erfasst, insbesondere anhand sogenannter kritischer Punkte der Customer Journey (*Pain Points* oder Moments of Truth). Sie wird schlussendlich in einer *Customer Journey Map* anschaulich visualisiert. Sie kann zudem um weitere für den Anwendungskontext relevante Aspekte modular erweitert oder modifiziert werden.

Andere häufig synonym gebrauchte Begrifflichkeiten sind z. B. Customer Experience Journey, Buyer Journey, Consumer Journey, User Journey oder Path-to-purchase. Einer stringenten Abgrenzung bedarf es in der Praxis meistens nicht, da die Methodiken jeweils sehr ähnlich sind und sich meist nur nach ihrem Anwendungskontext unterscheiden. So sind Kunden zwar erst echte Kunden, wenn sie bei einem Anbieter etwas gekauft haben. Davor sind es aber potenzielle Kunden. Im Online-Umfeld wird anstelle von Kunden gerne von Nutzern bzw. Usern gesprochen. Da Customer Journeys auch im B2B-Umfeld genutzt werden, wäre dort der Begriff der Consumer Journey wiederum unpassend. Path-to-purchase greift von seiner Sichtweise zu kurz, da die Journey im Sinne des CRM nach dem Kauf nicht endet, sondern lediglich eine neue Route einschlägt. Daher erscheint der Begriff der Customer Journey noch am universellsten einsetzbar. Darüber hinaus sind aber Modifizierungen denkbar, wenn im Anwendungskontext der Begriff des Kunden unpassend erscheint. So wird z. B. im Gesundheitswesen oft eher von Patienten, im Bildungssektor von Schülern oder Studenten gesprochen und im Recruiting oder internen Marketing von Employees. Entsprechend können in diesen Fällen Patient Journeys, Student Journeys oder Employee Journeys entwickelt werden.

2.2 Ziele und Anwendungsbereiche der Customer Journey

Zuallererst dient die Customer Journey dem besseren Verständnis der jeweiligen Zielgruppe. Mithilfe der durch eine gründliche Customer-Journey-Analyse gewonnenen Erkenntnisse können dann Optimierungen in verschiedenen kundennahen Bereichen vorgenommen werden.

Hierzu zählt sicher zuallererst die *Marketingkommunikation.* Vorangetrieben durch die zahlreichen digitalen Kommunikationsmöglichkeiten z. B. über Webseiten, E-Mails, Suchmaschinen, Affiliate-Netzwerke, soziale Medien sowie mobile Apps und die damit einhergehenden Möglichkeiten des User Trackings (z. B. in Form von Referrals in Log-Files oder Cookies) haben Online-Marketer bereits frühzeitig Möglichkeiten geschaffen, die Kundenreise in Teilen sichtbar zu machen. Damit lässt sich genauer bestimmen, welcher Marketingkanal tatsächlich einen Beitrag z. B. zum Traffic auf der eigenen Webseite oder im Online-Shop hat. Vor allem im Rahmen des *Affiliate-Marketings* spielen Attributionsmodelle eine wichtige Rolle, nach denen die Provisionen für die Affiliates je nach Einfluss entlang der Online Customer Journey ausgezahlt werden (z. B. First- bzw. Last-Cookie-Wins und ähnliche Konzepte). Die Customer Journey liefert daher auch einen wichtigen Beitrag zur richtigen Einschätzung von Aufwand und Wirkung einzelner Touchpoints und damit für die optimale Budgetallokation (Holland, 2021, S. 820–826) im Sinne des *Performance-Marketings.* Die Kunst besteht hierbei darin, alle – also auch die nicht-digitalen Kommunikationsmaßnahmen – möglichst umfassend zu berücksichtigen und einzuschließen (Ott, 2019, S. 85).

Auch im *Content-Marketing* kann die Customer Journey dabei helfen, die richtigen Content-Formate und -Inhalte an der richtigen Stelle und zum richtigen Zeitpunkt bereitzuhalten. Sollen diese Prozesse zudem automatisiert werden, bildet die Customer-Journey-Methodik auch das notwendige Fundament für das Gestalten von Prozessen der *Marketing-Automation* (Kopp, 2022).

Wie bereits erwähnt (Abschn. 1), sollen verschiedene Marketingmaßnahmen für den Kunden nahtlos integriert werden, damit sie sich in ihrer Wirkung verstärken. Die Customer-Journey-Methodik liefert für das Heben dieser Synergieeffekte die notwendige Basis, indem alle relevanten Touchpoints und deren Verknüpfungen sowie ggf. auch Lücken identifiziert werden, die bisher nicht oder nur unzureichend durch das eigene Unternehmen gefüllt werden.

Diese integrative Betrachtung schließt auch *Vertriebsprozesse* und *Kundenservicebereiche* im Sinne des *Multi- bzw. Omni-Channel-Marketings* mit ein (Ott, 2019, S. 85). Somit schafft die Customer-Journey-Methodik auch die Möglichkeit, eine Verbindung und ein gemeinsames Verständnis zwischen den in Unternehmen häufig organisatorisch getrennten Bereichen herzustellen. Gerade die Schaffung dieser Outside-in-Perspektive stellt ein wesentliches Ziel der Customer-Journey-Methodik dar (Sünkel & Weber, 2019, S. 144). In einer Studie der *Nielsen Norman Group* unter rd. 300 User-Experience-Experten stellten sich als wesentliche Erfolgsgrößen des Customer-Journey-Mappings daher auch die Sensibilisierung interner Parteien für Kundenbedürfnisse und Pain Points sowie die Angleichung interner Teams heraus (Joyce, 2021).

Da zudem auch die Nutzungserfahrungen Teil der Customer Journey sind, kommt die Methodik zudem in der *Produkt- bzw. Dienstleistungsentwicklung* zum Einsatz. Vor allem im *User-Experience-Design* gehört die Customer Journey bereits zum etablierten Instrumentarium (Gibbons, 2017).

Da Anfangs- und Zielpunkte der Customer Journey je nach Anwendungsfall variabel sind, können Customer Journeys darüber hinaus unterschiedlich skaliert sein, d. h. z. B. unterschiedliche zeitliche Abschnitte bzw. Detailgrade umfassen. Es lassen sich damit eher *strategische* und eher *taktisch-operative Customer Journeys* unterscheiden. So gibt es strategische Customer Journeys, die im Sinne des CRM bei der Neukundengewinnung starten und über die Kundenbetreuung bis zur Beendigung oder zum Neubeginn eines Kundenbeziehungszyklus reichen können (Richardson, 2010, S. 2). Am häufigsten vorzufinden ist die Customer Journey, die sich am Kaufentscheidungsprozess orientiert (wie in Abschn. 2.3.1 dargestellt). Auch sie lässt sich entweder aus der Vogelperspektive und damit eher strategisch betrachten oder man „zoomt" in einzelne Abschnitte hinein und fokussiert sich auf spezifische, wichtige operative Use-Cases (Nguyen & Pupillo, 2012, S. 326), d. h., es werden nur Teile des gesamten Entscheidungsprozesses und damit das Zusammenspiel einzelner Touchpoints im Detail betrachtet (Richardson, 2010, S. 2 f.).

2.3 Der Modulbaukasten der Customer Journey

So vielfältig die Anwendungsbereiche der Customer Journey sind, so vielfältig sind ihre Gestaltungsmöglichkeiten. Eine Suche nach dem Schlagwort bei *Google* beweist dies eindrucksvoll. Umso wichtiger ist es, ein gemeinsames Verständnis für den Aufbau und die Vorgehensweise der Customer-Journey-Methode zu schaffen. Bereits Temkin (2010) beschreibt einen modularen Aufbau einer Customer Journey. Zu den *notwendigen Elementen* zählt er Kundenprozesse, Kundenbedürfnisse und die Kundenwahrnehmung. Damit sind vor allem Interaktionen, Erwartungen und Ziele in einzelnen Phasen und an einzelnen Touchpoints sowie die jeweils wahrgenommene Customer Experience gemeint. Als *optionale Elemente* kommen darüber hinaus Moments of Truth, besondere Anforderungen der Kunden im Sinne von Critical-to-Customer-Metriken, der Einfluss auf die Marke sowie Optimierungsmöglichkeiten und dafür verantwortliche Personen und interne Prozesse hinzu (Temkin, 2010, S. 6). Inzwischen finden sich in Forschung und Praxis zahlreiche ähnliche Strukturen wieder (z. B. Kaplan, 2016; Buchberger, 2016; Sünkel & Weber, 2019, S. 145–152). Hier werden folgende Module von Customer Journeys unterschieden:

Modulbaukasten der Customer Journey

- Basismodule
  - Persona
  - Phasen
  - Actions, Motive & Gedanken
  - Touchpoints
  - Experience, Pain Points & Moments of Truth

- **Erweiterungsmodule**
  - Maßnahmen & Verantwortlichkeiten
  - Erfolgsmessung

Die beiden Erweiterungsmodule verlassen dabei die sonst konsequente Einnahme der Kundenperspektive, um eine notwendige Verbindung zu anbieterseitigen Implikationen und internen Prozessbeteiligten herzustellen (Sünkel & Weber, 2019, S. 144).

2.3.1 Die Basismodule

Persona

Unverzichtbarer Ausgangspunkt einer jeden Customer Journey sind die fundierte Analyse der relevanten Zielgruppensegmente und die Gestaltung einer Persona als archetypische Repräsentation der jeweiligen Zielgruppe (Kreutzer, 2022, S. 233). Abb. 2 stellt typische Merkmale einer Personabeschreibung dar. Idealerweise bauen die Personas dabei auf einer systematischen Auswertung von CRM- und Marktforschungsdaten auf.

Unterschiedliche Zielgruppen und -personen werden sehr verschiedene Customer Journeys durchlaufen. Vorerfahrungen, Produkt- und Markenkenntnis, Mediennutzungs- und Shoppingverhalten sind dabei nur einige zentrale Punkte, die ihren Verlauf beeinflussen. Auch der Kundenstatus entlang des Kundenbeziehungszyklus spielt hier eine entscheidende Rolle. So werden sich insbesondere die Customer Journeys von Neu- und

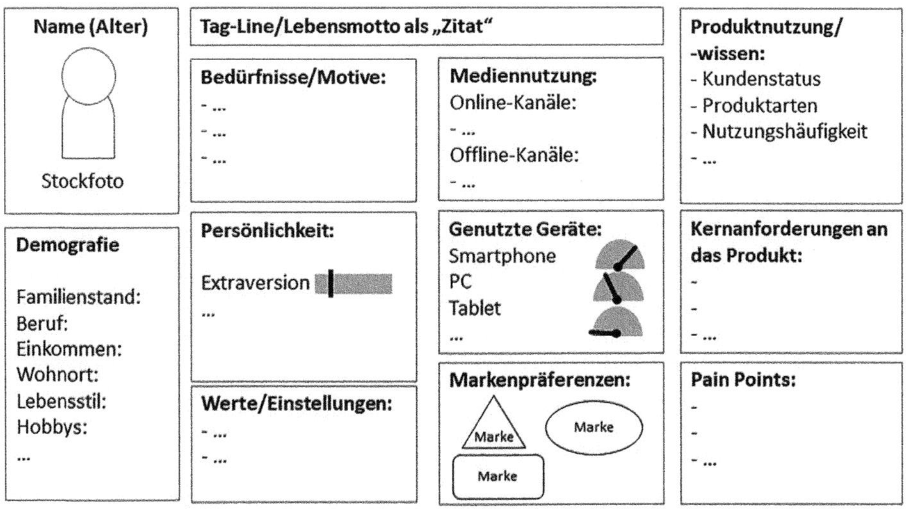

Abb. 2 Typische Bestandteile einer Persona. (Quelle: In Anlehnung an Kreutzer 2022, S. 234)

Stammkunden ganz erheblich voneinander unterscheiden. Diese Merkmale sollten daher neben den üblichen Bestandteilen wie demografische Daten, Persönlichkeit und Werte, Bedürfnisse und Motive sowie Kundenanforderungen und Pain Points in der Personabeschreibung enthalten sein.

Auch wenn sich die Journeys der einzelnen Personas in Teilen überschneiden, ist es sinnvoll, diese zunächst nur für die bedeutendste, die sogenannte *Primärpersona,* zu erstellen. Diese kann dabei an der zahlenmäßig größten, der umsatzstärksten, der zukunftsträchtigsten oder auch an der anspruchsvollsten Zielgruppe ausgerichtet sein (Ott, 2019, S. 77 f.). Diese Fokussierung erscheint auch aus pragmatischen Gründen aufgrund der Komplexität von Customer-Journey-Analysen für die praktische Durchführung als vorteilhaft. Diese Primärpersona gilt damit als Musterbeispiel. Deren Customer Journey kann als Basis für weitere zielgruppenspezifische Modifikationen der Customer Journey dienen. Ergänzend können im weiteren Verlauf auch anlassbezogene Customer Journeys erstellt werden. So wird z. B. ein Geschenkkauf ganz anders ablaufen als der Einkauf für den Eigenbedarf (Ott, 2019, S. 77 f.).

Phasen

Das im Marketing gemeinhin bekannte AIDA-Schema gilt häufig als Ursprung zahlreicher Werbewirkungs- und Kaufentscheidungsprozessmodelle (Meffert et al., 2019, S. 124). In vier rudimentären Schritten wird darin der Weg der Kundschaft von der ersten Aufmerksamkeit (Attention), über das Interesse (Interest), den Kaufwunsch (Desire) und den finalen Kauf (Action) beschrieben. Wie bereits erläutert, gehen umfassendere Phasenmodelle auf Howard und Sheth (1969) sowie Engel et al. (1968) zurück. Tab. 2 stellt häufig vorkommende Phasen in Wissenschaft und Praxis und deren beschreibende Merkmale gegenüber.

Darüber hinaus gibt es häufig Verknüpfungen zu trichterförmigen Funnel-Modellen (Meffert et al., 2019, S. 124–128; Kopp, 2021). Dies hat zwei Gründe: Zum einen sollen sich – wie bereits beschrieben – die Auswahlalternativen für die Konsumenten von Stufe zu Stufe reduzieren. Zum anderen reduziert sich in klassischen Verkaufstrichtern (Marketing oder Sales Funnel) in ähnlichen Stufen die Zahl der potenziellen Kunden. Zunehmend lässt sich daher auch eine Vermischung oder Integration von Customer Journey und Funnel-Modellen beobachten (Kopp, 2021; Philip, 2021, S. 203; Woelke, 2021, S. 215–219). Ein vor allem in der Start-up-Szene in diesem Zusammenhang beliebtes Modell ist z. B. der Pirate Funnel (AAARRR) mit seinen sechs Stufen Awareness, Acquisition, Activation, Retention, Referral und Revenue (van Gasteren, 2021). Mit diesen und ähnlichen trichterförmigen Modellen lassen sich die Phasen der Customer Journey mit entsprechenden Stufen und Maßnahmen von Marketing und Vertrieb, wie z. B. des Lead-Managements, verknüpfen.

Es gibt aber auch *Kritik* an der meist streng linearen Einteilung der Phasen entlang der Zeitachse (z. B. Court et al., 2009; Puscher, 2016; Ohnemus, 2019). Dies ist nachvollziehbar, da diese Modelle sich an extensiven Kaufentscheidungsprozessen

Tab. 2 Customer-Journey-Phasen im Überblick. (Quelle: In Anlehnung an u. a. Court et al., 2009; Spiegel & Engel, 2015, S. 25 ff.; Buchberger, 2016; Meffert et al., 2019, S. 124–128; Kopp, 2021; van Gasteren, 2021 und eigene Ergänzungen)

Phasen in chronologischer Reihenfolge	Alternative Bezeichnungen (ohne Anspruch auf Vollständigkeit)	Beschreibung
Pre-Awareness	Latenz	Person hat noch kein konkretes Bedürfnis und nimmt Angebote passiv/beiläufig wahr, die aber noch nicht relevant sind. Diese bilden das Universal Set
Awareness	Problemerkennung, Attention, Impuls/Trigger	Bedürfnis wird durch innere oder äußere Reize geweckt. Relevante Angebote erhalten die erste Aufmerksamkeit. (→ Awareness/Retrieval Set)
Consideration	Informationssuche und -verarbeitung, Interest, Recherche, Research, Review, Exploration	Interesse entwickelt sich. Informationssuche beginnt. Alle denkbaren Alternativen werden berücksichtigt (→ Consideration Set)
Preference	Alternativenbewertung und -auswahl, Desire, Evaluation, Decision	Alternativen werden verglichen, bewertet und in eine Rangfolge gebracht (→ Relevant Set)
Purchase	Kauf/Buy, Action, Acquisition, Conversion	Kaufmöglichkeiten für das präferierte Angebot werden gesucht. Kauf erfolgt
After-Sales	Nachkauf, Service, Retention, Nutzung/Use	Die ersten Schritte nach dem Kauf, z. B. Lieferung, Inbetriebnahme, erste Nutzung
Loyalty	Advocacy, Relationship, Referral/Empfehlung, Share	Bewertung der Leistung nach längerer Nutzung: Es kommt zu Zufriedenheit, Beschwerden oder Empfehlungen. Angebote des Up-/Cross-Sellings werden genutzt. Kundenbindung stellt sich ein

orientieren (Foscht et al., 2017, S. 28). Diese sind gekennzeichnet von einer hohen gedanklichen Auseinandersetzung mit der Kaufentscheidung und stellen einen eher rational handelnden Menschen in den Fokus. Die Kunden informieren sich hierbei ausführlich über Alternativen zur Problemlösung, nutzen zahlreiche Informationsquellen und Kriterien zur Alternativenbewertung und -auswahl, weshalb sie auch eine längere Entscheidungsdauer aufweisen. Dieser Kaufentscheidungstyp kommt daher oft bei neuartigen und risikobehaftenden Entscheidungen vor (Foscht et al., 2017, S. 170 f.; Ohnemus, 2019, S. 39). Die Customer Journey damit in Gänze infrage zu stellen, wäre aber falsch. Sie muss lediglich angepasst werden. So kennt die Konsumentenforschung schon seit langem andere Kaufentscheidungstypen wie limitierte, habituelle oder impulsive Käufe. Diese weichen insbesondere bezüglich der Beteiligung kognitiver, affektiver und reaktiver Prozesse voneinander ab (Foscht et al., 2017,

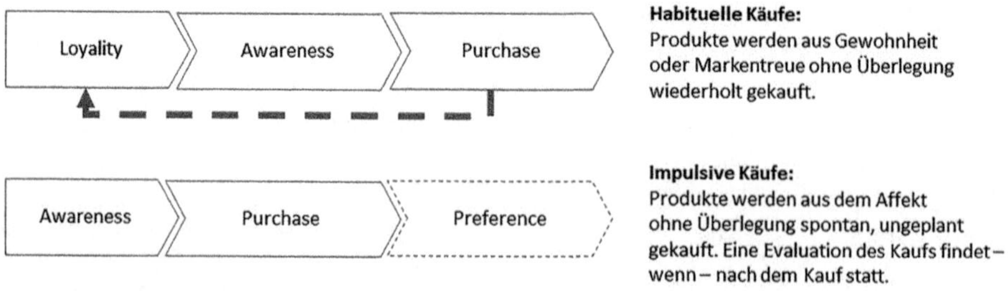

Abb. 3 Customer-Journey-Phasen bei habituellen und impulsiven Käufen

S. 167–170; zu einem ausführlichen Überblick: Kempe, 2011, S. 58). Habituelle oder gewohnheitsmäßige Käufe können dabei ebenso in einer Customer Journey beschrieben werden wie spontane Impulskäufe. Die entsprechenden Phasen, vor allem vor dem Kauf, fallen dabei lediglich deutlich kürzer aus oder entfallen teilweise, wie in Abb. 3 dargestellt.

Doch selbst bei extensiven Entscheidungsprozessen werden einzelne Phasen und Touchpoints von den Kunden oft nicht streng sequenziell nach festgelegten Mustern verfolgt. So ist es nicht ungewöhnlich, dass Kunden nach einer ersten Informationssuche und Präferenzbildung bei unbefriedigenden Ergebnissen eine erneute Informationssuche starten oder den Entscheidungsprozess pausieren. Gerade in der Vorkaufsphase kann es daher zu zirkularen Prozessen *(Loops)* kommen. Solche Loops lassen sich aber auch in sequenziell orientierten Customer Journey Maps integrieren (Abschn. 2.4). Nenninger und Seidel (2021, S. 73 f.) beschreiben das Verhalten der Kunden entlang der Customer Journey daher auch sehr treffend als „Hummelflug", mit dem Ziel, die Kunden an den relevanten Touchpoints durch „Honigtöpfe" anzulocken. Hinzu kommt eine sogenannte Loyalitätsschleife. Nach erfolgreichem Durchlaufen einer Kundenepisode werden zufriedene und loyale Kunden eine neue Customer Journey beginnen (Court et al., 2009; Meffert et al., 2019, S. 126 ff.).

Actions, Motive & Gedanken

Da die in Tab. 2 genannten Phasen eine noch recht grobe Einteilung darstellen, werden die einzelnen Handlungsschritte der Kunden entlang der Phasen in sogenannten „Actions" ausdifferenziert und konkretisiert (Buchberger, 2016; Kreutzer, 2022, S. 140 f.). Dies ermöglicht es, im Nachgang einzelne Touchpoints zielgenauer zu identifizieren. Zudem können damit zum Anwendungskontext relevante Bezeichnungen der Handlungsschritte eingefügt werden. So sind bspw. im Automobilvertrieb spezifische Schritte wie die Finanzierung, Probefahrt, Inzahlungnahme und Fahrzeugübergabe besonders wichtig (MHP, 2020, S. 31).

Da jede Handlung ein bestimmtes Ziel verfolgt, können diese auch mit den entsprechenden Handlungsmotiven, also den Beweggründen des Handelns, verknüpft werden. Es stellen sich hiermit die beiden zentralen Fragen:

- Was tut die Zielperson genau? *(Actions)* und
- Welche Ziele verfolgt die Zielperson damit? *(Motive)*

Ein Motiv kann dabei definiert werden als ein wahrgenommener Zustand des Mangels, der die Kunden dazu veranlasst, Handlungen auszuführen, um diesen Mangel zu beseitigen. Motive sind damit eng verknüpft mit den Bedürfnissen der Kunden (Foscht et al., 2017, S. 55 f.). Diese lassen sich auf einzelne Phasen und Handlungsschritte bspw. wie folgt herunterbrechen:

- In der Awarenessphase werden Kunden auf ein Bedürfnis aufmerksam. Hier stellt sich die Anschlussfrage, was der Auslöser dafür war und wie dringend dieser Zustand des Mangels behoben werden muss. Ist ein Produkt defekt und muss es zeitnah ersetzt werden oder hat eine Person lediglich von einem neuen Produkt erfahren und beginnt zu überlegen, ob dies für sie eine relevante bessere Alternative zum jetzigen Zustand darstellt? Bei der Beeinflussung dieses „Idealzustands" kommt u. a. der Werbung eine aktive Rolle zu (Solomon, 2016, S. 47 f.).
- Das Informationsbedürfnis wird in der anschließenden Informationsphase in Abhängigkeit der individuellen Vorkenntnisse unterschiedlich stark ausgeprägt sein. Vor allem bei risikobehafteten und/oder neuartigen Problemen wird die Informationssuche ausgeprägter sein (Foscht et al., 2017, S. 189). In diesem Zusammenhang interessiert dann vor allem, wie viele und welche Informationen genau gesucht werden. Anbieterseitig sind hier Maßnahmen des Suchmaschinen- und Content-Marketings besonders gefordert.
- Hat die Person erste Alternativen gefunden wird sie ggf. im weiteren Verlauf diese vergleichen wollen und nach Möglichkeiten Ausschau halten, wo sie diese möglichst preiswert erwerben kann. Dem Preismotiv kommt hier eine besondere Bedeutung zu (Foscht et al., 2017, S. 194). Einen schnellen Vergleich erlauben dann z. B. Vergleichsportale.

Die Analyse der einzelnen Motive fördert damit das tiefergehende Verständnis der von den Kunden durchgeführten Handlungen. Erst wenn genau verstanden wird, welches Ziel der Kunde jeweils hat, wird man auf Anbieterseite eine entsprechende Lösung entwickeln können. Hiermit lassen sich dann auch zentrale Anforderungen der Kunden an die Anbieter formulieren. Eine Ähnlichkeit besteht hier zur Methode der *Empathy Map* aus dem User-Experience-Design. Diese stellt Aussagen, Gedanken, Gefühle und Handlungen von Nutzern in Bezug auf ein bestimmtes Produkt in einer 4-Felder-Matrix dar (Gibbons, 2017). Entsprechend können die Motive in der Customer Journey auch in Form von Zitaten oder als *Gedanken* der Kunden formuliert werden. Letzteres kann zudem um Kognitionen erweitert werden, d. h. z. B. um die für den weiteren Verlauf aus Kundensicht wichtigen Informationen und Entscheidungen ergänzt werden. So stehen z. B. zu Beginn der Customer Journey häufig problemorientierte Informationen im Vordergrund, die später durch lösungsorientierte und schließlich anbieterorientierte

	... Awareness	Consideration	Preference	Purchase	...
Actions	Defekter Fernseher muss ersetzt werden	Ein vergleich-bares Modell derselben Marke wird gesucht	Vergleicht technische Funktionen versch. Modelle mit denen des alten Fernsehers	Sucht nach dem günstigsten verfügbaren Angebot für das gewünschte Modell	...
Motive	Schnelle Ersatz-beschaffung	Risikovermei-dung, wenig Aufwand	Kein Verzicht auf gewohnte Funktionen, schneller Überblick	Preisgünstigkeit, schneller Versand	...
Gedanken	„Oh nein! Ich benötige dringen einen neuen Fernseher."	„Ich hätte gerne die gleiche Marke. Welche Modelle gibt es davon aktuell?"	„Hat das Modell auch die gleichen Funktionen wie mein alter Fernseher?"	„Wo kriege ich zeitnah mein gewähltes Modell zum günstigsten Preis?"	...

Abb. 4 Beispiel Actions, Motive & Gedanken entlang der Customer Journey

Informationen ersetzt werden (Swiss Direct Marketing, 2022). Abb. 4 veranschaulicht diesen Konkretisierungsschritt beispielhaft am Ausschnitt einer Customer Journey zum Kauf eines Fernsehers, wobei meistens mehrere Actions pro Phase ergänzt werden.

Touchpoints
Eine zentrale Bedeutung in der Customer Journey kommt den Touchpoints zu. Deren Zahl wird von vielen Unternehmen gerne unterschätzt. In der Literatur wird teils von über 200 Touchpoints pro Unternehmen gesprochen (Spengler, 2018, S. 23).

Wie eingangs bereits erläutert (Abschn. 1) sind diese Kontaktpunkte zwischen Anbietern und Nachfragern vielgestaltig. Sie können „der Kundenansprache, der Kundeninformation und Kommunikation, der Interaktion, der Distribution von Leistungen, der Nutzenstiftung durch die bereitgestellten Leistungen, sowie unterschiedliche[n] Formen des Kundenservice" (Meffert et al., 2019, S. 126) dienen. Damit sind insbesondere anbieterseitige Touchpoints angesprochen. Hierzu zählen konkret (hier und im Folgenden in Anlehnung an Schüller, 2016, S. 180; Lemon & Verhoef, 2016, S. 76 ff.; Ott, 2019, S. 79 f.; Kreutzer, 2022, S. 140, 369 plus eigene Ergänzungen):

Owned und Managed Touchpoints:

- alle eigenen Kommunikations- und Informationsmittel wie die Unternehmenswebseite, PR-Aktivitäten, E-Mail und klassische Direktwerbung (z. B. Broschüren, Flyer, Werbebriefe), aber auch nicht-werbliche Unternehmenskommunikation wie Rechnungen oder Bestellbestätigungen;
- unternehmenseigene Aktivitäten auf fremden Plattformen wie Social-Media-Profile, die meisten Mobile Apps und Messen;

- direkte Vertriebskanäle (z. B. Außendienst, Verkaufsniederlassungen, Online-Shops);
- persönliche, telefonische oder digitale Kundenservicebereiche (wie z. B. Beratungsgespräche, Callcenter, Chatbots);
- eigene Kundenloyalitätsprogramme z. B. mittels Kundenkarten;
- die eigenen Produkte und Dienstleistungen selbst.

Durch die Anbieter weitgehend stark beeinflusst sind darüber hinaus alle Formen der bezahlten Werbung und Partnerschaft *(Paid Touchpoints),* wie z. B.

- klassische Mediawerbung (Rundfunk, Print, Außenwerbung);
- Online-Werbung (u. a. Display Ads, SEA, Social Media Ads);
- Influencer-Marketing;
- bezahlte Platzierungen (Affiliate-Marketing, Product-Placement und Sponsoring);
- indirekte Vertriebsformen vor allem über den Handel (stationär und online) und Marktplätze sowie
- dortige Beratungs-/Verkaufsgespräche und Verkaufsfördermaßnahmen;
- Logistik- und Bezahldienstleister.

Darüber hinaus gibt es zahlreiche Kontaktpunkte, die nicht in der unmittelbaren Einflusssphäre der Anbieter liegen *(Earned und Shared Touchpoints).* Hier hat vor allem die gegenseitige konsumentenseitige Beeinflussung bei der Evaluation von Alternativen einen starken Einfluss auf die Kaufentscheidung (Court et al., 2009). Hierzu zählen u. a.:

- Mundpropaganda und Empfehlungen durch direkte persönliche oder Social-Media-Kontakte;
- Kundenrezensionen in Online-Shops oder auf speziellen Plattformen;
- Kundenmeinungen und -tutorials, z. B. in Form von Foren, Blogs und Videos;

Hinzuzuzählen sind hier ferner, sofern diese unabhängig sind:

- Influencer
- Testberichte und
- die Berichterstattung der Medien.

Die Touchpoints sollten in der Customer Journey so konkret wie möglich beschrieben werden. Für einen Kanal bzw. „Obertouchpoint" wie z. B. das Ladengeschäft können etwa weitere detaillierte Touchpoints wie der Eingangsbereich, der Pfandautomat, die Regale, Sonderplatzierungen, Frischetheken, der Kassenbereich und das Personal betrachtet werden. Und selbst an der Kasse lassen sich weitere „Untertouchpoints" ausdifferenzieren, wie z. B. die Warteschlange, der Bezahlvorgang, das Verpacken und Verabschieden (Schüller, 2016, S. 175; siehe auch Buchberger, 2016). Der Detailgrad kann dabei auch erst im Nachhinein erhöht werden, wenn als Ergebnis der Customer-Journey-Analyse am Obertouchpoint – wie im genannten Beispiel im Kassenbereich – Probleme oder Optimierungspotenziale erkannt wurden.

Die feste Zuordnung von Touchpoints zu einzelnen Phasen der Customer Journey, wie man sie in einigen Darstellungen in der Literatur oder im Web findet, ist hingegen eher kontraproduktiv, hängt diese doch entscheidend vom jeweiligen Anwendungsfall und von der Persona ab. So starten z. B. einige Kunden ihre Produktsuche eher bei der Suchmaschine *Google*, andere direkt beim Online-Händler *Amazon*. Nichtsdestotrotz lässt sich festhalten, dass einige Touchpoints für bestimmte Phasen prädestiniert zu sein scheinen (Marketingcharts, 2014; Kreutzer, 2022, S. 140), wie in Abb. 5 dargestellt.

Im konkreten Einzelfall können einzelne Touchpoints bzw. Kanäle je nach Ausgestaltung auch wiederholt an verschiedenen Stellen oder über fast alle Phasen der Customer Journey hinweg zum Einsatz kommen. So eignen sich z. B. verschiedene Formen des Direktmarketings und E-Mail-Marketings dazu, bei registrierten Kunden auf neue Angebote aufmerksam zu machen, die Suche durch Kataloge zu vereinfachen, mittels personalisierter Ansprache Präferenzen aufzubauen und durch Coupons konkrete Kaufabschlüsse zu forcieren. Im Nachgang eines Kaufs kann der Onboardingprozess des Kunden begleitet und durch nachfolgende E-Mails können Hinweise und Tipps zur richtigen Nutzung des Produkts gegeben werden. Dieses Beispiel macht deutlich, dass es in vielen Fällen einer spezifischeren Bezeichnung von Touchpoints bedarf, die dann auch eine eindeutige Zuordnung entlang der Customer Journey erlauben. Die Darstellung in Abb. 5 soll daher nur einer ersten Orientierung dienen. Entscheidender für die Gestaltung der individuellen Customer Journey sind schlussendlich die Ergebnisse der eigenen Kundenanalyse, die aufzeigen sollte,

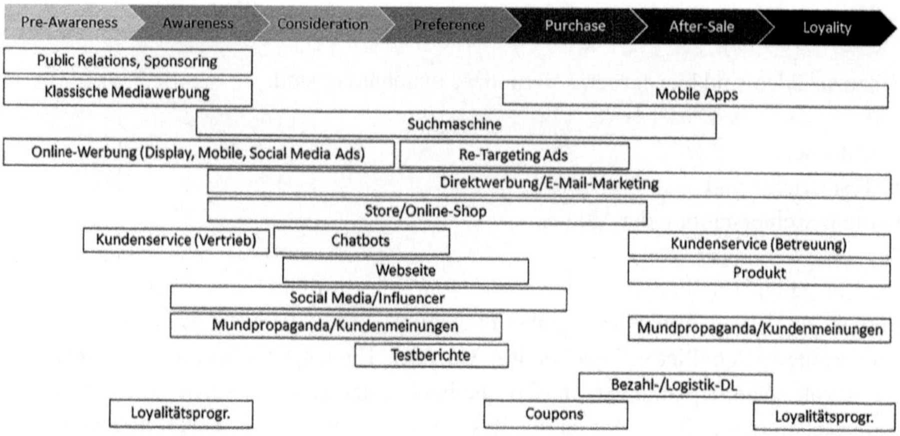

Abb. 5 Ausgewählte Touchpoints entlang der Customer Journey

- welche Touchpoints von der Persona wann genutzt werden und welche nicht (Relevanz),
- welche Verbindungen zwischen den Touchpoints bestehen bzw. fehlen (Interaktionen) und
- welche Touchpoints eine besondere Wirkung auf die Persona haben (Effektivität) (Schüller, 2016, S. 174; Ott, 2019, S. 81–84).

Experience, Pain Points & Moments of Truth

Wie in Abschn. 1 beschrieben umfasst die Customer Experience im Wesentlichen die Kundenerlebnisse entlang der einzelnen Touchpoints. Insbesondere werden die Kunden ihre jeweiligen Motive und die damit verbundenen Erwartungen mit der in den einzelnen Phasen und an den einzelnen Touchpoints wahrgenommenen Leistung bzw. Information vergleichen. Dieser Abgleich zwischen Soll- und Ist-Leistung entspricht der *Kundenzufriedenheit* (Homburg, 2017, S. 43 f.) an den einzelnen Touchpoints und stellt die in diesem Zusammenhang am häufigsten verwendete Messgröße der Customer Experience dar (Lemon und Verhoef 2016, S. 81). Diese sollte mittels einer entsprechenden Kundenzufriedenheitsstudie ermittelt und kann dann entlang der Customer Journey z. B. mithilfe von (Balken- oder Linien-)Diagrammen mit den Ausprägungen sehr unzufrieden bis sehr zufrieden oder vereinfacht über Symbole (z. B. Smileys) abgetragen werden.

Die Customer Experience umfasst als mehrdimensionales Konstrukt aber auch weitere kognitive, emotionale und konative sowie sensorische und soziale Reaktionen auf die Touchpoints (Lemon & Verhoef, 2016, S. 74). Mit den Modulen Actions, Motive und Gedanken wurden Teile davon bereits behandelt. Im Sinne der Empathy Map wären daher noch die Gefühle oder Emotionen, die aufseiten der Kunden an den einzelnen Touchpoints empfunden werden, von besonderem Interesse. *Emotionen* können dabei als angenehm oder unangenehm empfunden werden und von unterschiedlicher Intensität sein. Neben Basisemotionen wie z. B. Interesse, Überraschung, Freude, Kummer, Zorn, Ekel oder Furcht (Foscht et al., 2017, S. 45–48) lassen sich diverse Emotionen im Rahmen der Customer Journey z. B. mithilfe von Symbolen, Bildern oder Zitaten ergänzen und komplettieren damit das Bild der Kundenwahrnehmung entlang der Phasen und Touchpoints. Eine vereinfachte beispielhafte Darstellung findet sich in Abb. 6.

Ziel dieses Analyseschritts ist es vor allem wesentliche *Pain Points* zu identifizieren. Pain Points entstehen immer dann, wenn die Kundenerwartungen bzw. Kundenbedürfnisse an einzelnen Touchpoints nicht erfüllt werden. Sie sind damit häufig auch Auslöser für den Beginn einer neuen Customer Journey, wenn die Kunden z. B. unzufrieden mit der Leistung des bisher verwendeten Produkts sind oder dieses aufgrund neuer Angebote als unzureichend oder zu teuer erscheint. Weitere Beispiele für Pain Points können u. a. anstößige Werbung, unbefriedigende oder zu viele Informationen, unfreundliches Personal oder komplizierte Bestell- oder Registrierungsprozesse in Online-Shops oder Apps sein. Heutzutage kommt insbesondere dem Faktor Zeit eine besondere Bedeutung zu. Lange Warte- oder Lieferzeiten werden von den meisten Kunden kaum noch akzeptiert (Kreutzer, 2022, S. 139). Im Sinne einer guten Usability sollten Touchpoints also immer so gestaltet sein, dass die Kunden ihre Ziele effektiv, effizient und

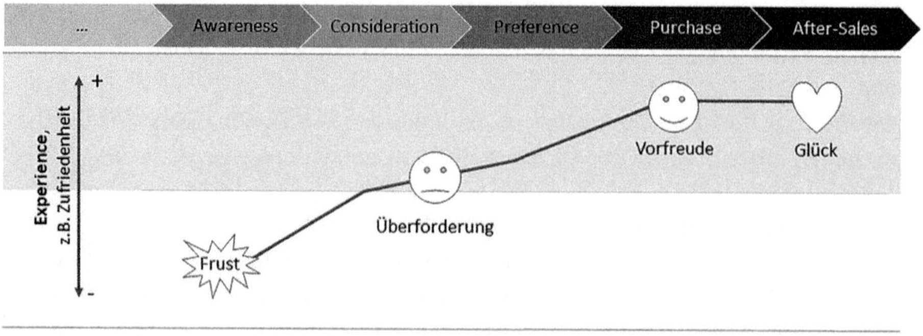

Abb. 6 Beispiel-Experience entlang der Customer Journey

erwartungskonform erreichen können (Jacobsen & Meyer, 2017, S. 34). Auf der anderen Seite schadet es auch nicht, Momente der Kundenbegeisterung in Form von Lovepoints darzustellen (Schüller, 2016, S. 175).

In diesem Zusammenhang wird des Öfteren auch der Begriff der *Moments of Truth* verwendet. Dabei werden im Kern drei (hin und wieder auch noch mehr) solcher „Momente der Wahrheit" unterschieden, in denen sich den Kunden in besonderer Weise offenbart, ob die durch vorhergehende Marketingmaßnahmen kommunizierten Versprechen den Kundenerwartungen standhalten können. Ihnen kommt damit eine besondere Bedeutung in der Customer Journey zu, weshalb sie besser keine Pain Points darstellen.

- **Zero Moment of Truth:** Dieser Begriff stammt von Lecinski (2011) von *Google* und betont die hohe Bedeutung der Online-Kanäle für die Beurteilung von Angeboten. Insbesondere sind damit Meinungen anderer Nutzer im Web gemeint, die ihre eigenen Erfahrungen mit anderen Nutzern über soziale Medien, Rezensionen oder Bewertungsportale teilen und somit Fremderfahrungen zu einem Substitut für eigene Erfahrungen machen. Da diese Meinungsäußerungen nicht vermieden werden können, ist es umso wichtiger, entsprechende Touchpoints ausfindig zu machen, zu beobachten und ggf. zufriedene Kunden dazu zu motivieren, ihre positiven Erfahrungen zu teilen (Kreutzer, 2022, S. 179 f.).
- **First Moment of Truth:** Dies ist der Moment, in dem der Kunde das Produkt zum ersten Mal physisch begutachtet. Typischerweise findet dies im Ladengeschäft z. B. am Regal statt (Kreutzer, 2022, S. 179). Im Online-Kontext kann damit der Unboxing-Moment gemeint sein, wenn der Kunde das Produkt erhält, auspackt und zum ersten Mal in den Händen hält. Werden die Erwartungen hier nicht erfüllt, wird das Produkt zurückgelegt oder umgehend retourniert.
- **Second Moment of Truth:** Dieser stellt sich erst nach einer gewissen Zeit der Nutzung des Produkts oder der Dienstleistung ein. Hier zeigt sich, ob die in das Produkt bzw. die Dienstleistung gesetzten Erwartungen auch langfristig erfüllt werden (Kreutzer, 2022, S. 179).

Sind Pain Points identifiziert worden, müssen im nächsten Schritt Maßnahmen abgeleitet werden, diese zu beseitigen, da sie sonst einen nachhaltig negativen Einfluss auf die gesamte Customer Experience entwickeln können.

2.3.2 Die Erweiterungsmodule

Mit den Erweiterungsmodulen der Customer Journey wird die ansonsten strenge Kundenperspektive dieser Methodik verlassen. Da die Customer Journey nicht zum Selbstzweck erstellt wird, sondern ihre Erkenntnisse zu einer Optimierung der Wirkung und des Zusammenspiels von Touchpoints beitragen sollen, sind im nächsten Schritt konkrete Verbesserungsmaßnahmen für die Zukunft vor allem an den jeweiligen Pain Points zu entwickeln. Die Customer Journey ist zudem ein wichtiges Kommunikationsinstrument für die interne Umsetzung eines erfolgreichen Customer-Experience-Managements. Da es häufig viele beteiligte interne Abteilungen und externe Dienstleister gibt, die für die einzelnen Touchpoints und damit für die Umsetzung dieser Maßnahmen verantwortlich sind, sollten auch diese in Form eines Erweiterungsmoduls in der Customer Journey ergänzt werden (Temkin, 2010, S. 6; Kaplan, 2016; Buchberger, 2016). Zu guter Letzt sollte die Performance entlang der Customer Journey fortlaufend ermittelt und festgehalten werden, um den Erfolg der entwickelten Maßnahmen sichtbar zu machen (Buchberger, 2016). Die folgenden Erweiterungsmodule stellen damit die Andockstelle für das Service Blueprinting dar und können als Gegenstück der Customer Journey für die unternehmensintern beteiligten Personen verstanden werden (Gibbons, 2017). Sie dienen also vor allem dazu, die gewonnenen Erkenntnisse der Customer Journey in das Unternehmen hineinzutragen.

Maßnahmen & Verantwortlichkeiten

Zur Ableitung von Maßnahmen bedarf es zunächst einer Priorisierung. Um die Auswirkungen auf die Customer Experience richtig einzuschätzen, empfiehlt es sich, Touchpoints, allen voran die Pain Points, unter Zuhilfenahme von Treiberanalysen und einer *Importance-Performance-Matrix* bzgl. möglicher Verbesserungsmaßnahmen einzuordnen. Dabei werden die relative Wichtigkeit bzw. Relevanz von Touchpoints aus Kundensicht (→ Importance) und die jeweils wahrgenommene Experience (→ Performance, z. B. Zufriedenheit) gegenübergestellt. Wichtige Touchpoints mit einer schlechten Performance sollten dann zuerst mit entsprechenden Maßnahmen verbessert werden (Abb. 7; Temkin, 2010, S. 12; Bruhn et al., 2019, S. 388 f.).

Zudem können die Maßnahmen hinsichtlich ihrer Wirkung auf die Customer Experience nach dem *Kano-Modell* kategorisiert werden. Dieses unterscheidet Basis-, Leistungs- und Begeisterungsmerkmale. Basismerkmale erzeugen unmittelbar Unzufriedenheit, wenn sie fehlen (z. B. funktionierende Bestellabwicklung), können aber keine Zufriedenheit bzw. Begeisterung auslösen. Leistungsmerkmale steigern die Zufriedenheit fast linear, d. h., je mehr davon erfüllt sind, desto zufriedener sind die Kunden (z. B. eine Verkürzung der Lieferzeit oder eine größere Auswahl an Bezahlmöglichkeiten). Werden Maßnahmen entwickelt, die von den Kunden heute noch nicht

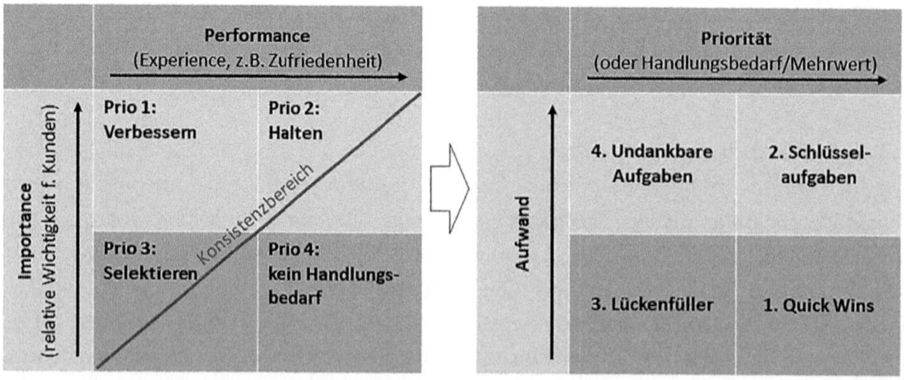

Abb. 7 Importance-Performance- und Action-Priority-Matrix. (Quelle: In Anlehnung an Bruhn et al., 2019, S. 388 f.; Moresche, 2018)

erwartet werden (z. B. in Form von Serviceinnovationen wie Lieferungen per Drohne) kann dies die Customer Experience erheblich steigern, Kunden begeistern und zudem Alleinstellungsmerkmale schaffen. Werden diese jedoch dauerhaft und regelmäßig angeboten, werden daraus wieder Leistungsmerkmale (Kreutzer, 2022, S. 195 f.; Temkin, 2010, S. 14).

Als weitere Dimension zur Priorisierung von Maßnahmen lässt sich zudem der damit verbundene geschätzte Aufwand für den Anbieter berücksichtigen. Dieser kann der Priorität aus der Importance-Performance-Matrix in einer *Action-Priority-Matrix* gegenübergestellt werden (Abb. 7; Moresche, 2018). So werden wichtige Veränderungen am Produkt, die ggf. Anpassungen in Lieferketten oder Produktionsprozessen nach sich ziehen, nur mit erheblich mehr Aufwand und Zeit umsetzbar sein (Schlüsselaufgaben) als sogenannte Quick Wins, wie z. B. die Änderung von Formularen im Online-Bestellprozess. Solche Quick Wins können dabei einen wichtigen Beitrag zur internen Durchsetzung der Methodik sein, da mit ihnen schnell erste sichtbare Ergebnisse produziert und damit die Akzeptanz und Motivation aufseiten der internen Stakeholder und Projektbeteiligten erhöht werden können (Temkin, 2010, S. 12; Keller & Ott, 2019b, S. 369 f.). Maßnahmen mit niedriger Priorität können für eine spätere Überprüfung in einem Backlog gespeichert werden.

Im letzten Schritt können dann Maßnahmenideen entweder in speziellen Projektteams oder in den jeweiligen Fachabteilungen entwickelt, wie bereits beschrieben priorisiert und in der Customer Journey ergänzt werden. In Anlehnung an das Service Blueprint Framework können die dafür notwendigen Handlungsschritte aufseiten des Anbieters zudem in Frontstage und Backstage Actions übersetzt werden. Frontstage Actions bezeichnen dabei die unmittelbar im Kundenkontakt durchgeführten Aktionen durch Technologien bzw. Mitarbeitende (z. B. die Beantwortung von Fragen in einem Chat(bot)), während Backstage Actions die dafür benötigten Supportprozesse innerhalb des Unternehmens adressieren (z. B. Bereitstellung von Gesprächsleitfäden oder das Training des Chatbots mithilfe von Konversationsdaten). Die Zuordnung von entsprechenden Rollen bzw. Verantwortlichkeiten ist schließlich notwendig, um die Umsetzung der Maßnahmen sicherzustellen und überprüfbar zu machen (Gibbons, 2017; Häckel et al., 2021, S. 619 f.).

Erfolgsmessung

Der Beitrag einzelner Touchpoints zur Customer Experience und deren Zusammenspiel sowie damit auch die Ziele im Sales Funnel und der Erfolg von Verbesserungsmaßnahmen können, wie in Abb. 8 beispielhaft dargestellt, entlang der Phasen der Customer Journey mithilfe verschiedener journeyspezifischer Metriken gemessen werden. Grundsätzlich zu unterscheiden ist dabei zwischen Daten, die durch Beobachtung des Kundenverhaltens, und solchen, die durch Befragungen der Kunden erhoben werden.

Insbesondere für digitale Kommunikationsinstrumente liegen i. d. R. zahlreiche solcher beobachtbaren Erfolgsmetriken als *Tracking-Daten* vor. Hinzuzuzählen sind zudem alle Interaktions- und Transaktionsdaten, die in CRM-Systemen hinterlegt sind (Buchberger, 2016), wie z. B. in Form von Käufen, Vertragsverlängerungen, Kündigungen, Kundenanfragen oder Beschwerden. Sie liefern zudem einen wichtigen Beitrag zur für die Erstellung der Customer Journey notwendigen Datenbasis, auf die detailliert in Abschn. 2.5 eingegangen wird. Da diese Beobachtungsdaten meist nur zeigen, was die Kunden tun, aber nicht erklären können, warum sie es tun, ist darüber hinaus die Erhebung psychologischer Einflussfaktoren des Kundenverhaltens sowie ggf. von Verhaltensabsichten mittels Befragungen notwendig (Meffert et al., 2019, S. 193).

Die Zuordnung der Metriken entlang der Phasen ist im konkreten Einzelfall abhängig von der spezifischen Abfolge der identifizierten Touchpoints. In Anlehnung an die beispielhafte Zuordnung von Touchpoints entlang der Phasen in Abb. 5 (Abschn. 2.3.1) lässt sich hier aber ebenfalls eine durchaus typische Einordnung von Metriken vornehmen (vgl. hierzu und im Folgenden u. a. Reinecke et al., 2016, S. 8–18; Esch & Eichenauer,

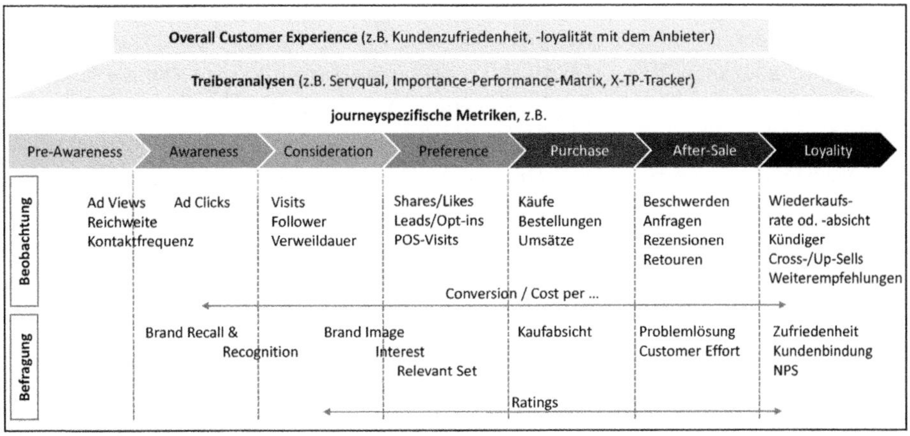

Abb. 8 Erfolgsmessung entlang der Customer Journey

2016, S. 388–395; Kreutzer, 2022, S. 175–178). So sind Zielgrößen für Maßnahmen, die Aufmerksamkeit in der Awarenessphase wecken sollen, eher auf Reichweiten in Form von Ad Views sowie Markenbekanntheit (Recall) bzw. Markenwiedererkennung (Recognition) ausgerichtet. Im Rahmen der Informationssuche kann das grundlegende Interesse am Angebot dann z. B. mittels Ad Clicks und anschließenden Besuchen auf der Webseite (Visits, Verweildauer) sowie durch das Abonnieren von Social-Media-Profilen (Follower) repräsentiert sein. Geben Kunden ihre persönlichen Daten z. B. beim Abonnieren eines Newslettern preis (Leads, Opt-ins) oder liken bzw. teilen sie Social-Media-Inhalte der Anbieter, wird dies i. d. R. nur geschehen, wenn bereits eine erste Präferenz für die Anbieter gebildet wurde. Gleiches gilt für positive Einschätzungen der Kunden beim Markenimage, die Position der eigenen Marke im Relevant Set oder das abgefragte Interesse am Produktangebot. Zentrale Kennzahlen in der Purchase-Phase sind naturgemäß die Anzahl an Bestellungen oder Käufen sowie Umsätze.

In der Nachkaufphase wiederum kann eine positive Customer Experience z. B. anhand einer geringen Zahl von Retouren, Anfragen, Beschwerden und Kündigungen und einer hohen Zahl positiver Kundenrezensionen, Wiederkäufer oder Weiterempfehlungen gemessen werden. Durch Befragungen lassen sich darüber hinaus die Problemlösung bzw. der Aufwand für den Kunden bei Beschwerden sowie die Kundenzufriedenheit und Kundenbindung erheben. Letzteres wird dabei gerne auch mittels des *Net Promotor Scores* (NPS) erfasst (Kreutzer, 2022, S. 94). Durch die standardisierte, eindimensionale Abfrage ist der NPS zudem potenziell für ein Monitoring der Experience über verschiedene Touchpoints geeignet. Alternativ können für das Monitoring über alle Phasen hinweg auch einfache Ratings direkt an den verschiedenen Touchpoints z. B. mittels Sternebewertungen auf Webseiten oder durch einfache Smiley-Abfragen mittels Tablets am Point-of-Sale ermittelt werden. Diese sind zwar nicht sehr detailliert, dafür aber interaktionsnäher, sodass das Kundenerlebnis unmittelbarer und weniger reflektiert als bei anderen retrospektiven Verfahren erfasst wird (Puhlmann, 2016, S. 316).

Neben der Effektivität der einzelnen Touchpoints sollten zu guter Letzt auch deren *Effizienz* und das Zusammenspiel zwischen den Touchpoints als Erfolgsgröße erhoben werden. So können z. B. Cost-per-Click- bzw. Cost-per-Order-Kennzahlen oder auch Umsatzrenditen je Touchpoint ermittelt werden. Mit der Conversion-Rate (z. B. Anzahl Käufe/Anzahl der (Website-)Besucher) können zudem die Verluste an Kunden von einem zum nächsten Touchpoint verdeutlicht werden (Meffert et al., 2019, S. 801 f.). Niedrige Conversion-Rates können dabei als Indikator für Pain Points in der aktuellen Customer Journey dienen (Jacobsen & Meyer, 2017, S. 237).

Weiterführend sind, wie schon skizziert, *Treiberanalysen* ratsam, die den Einfluss (Impact) der einzelnen Touchpoints auf die gesamte Customer Experience bestimmen. Damit lässt sich die Relevanz von Touchpoints und damit die Priorisierung von Maßnahmen auf Basis fundierter Daten darstellen. Dies setzt jedoch eine lückenlose Erfassung der Experience über alle Touchpoints voraus. Ein auf einer mehrstufigen Pfadmodellierung *(NEUSREL)* basierendes Verfahren zur Bestimmung des Einflusses einzelner Touchpoints auf die Kaufentscheidung ist z. B. der *X-TP-Tracker* von *conoscenti* (Puhlmann, 2016, S. 322–326).

2.4 Visualisierung

Zentrales Merkmal der Customer-Journey-Methode ist die grafische Darstellung der Kundenreise in einer zum einen übersichtlichen, zum anderen möglichst detaillierten Visualisierung, der sogenannten *Customer Journey Map*. Das Ziel muss es sein, die Reise der Kunden im Sinne des Storytellings in ansprechender Art und Weise zu erzählen. In Abschn. 2.3.1 wurde dabei bereits auf die Kritik an der linearen Darstellung von Customer Journeys hingewiesen. Letztendlich ist in der praktischen Umsetzung ein Kompromiss zwischen einer möglichst realitätsnahen und einer vor allem für die interne Kommunikation noch übersichtlichen und hilfreichen Abbildung zu treffen. Netzplanartige, einer U-Bahn-Streckenkarte ähnliche Darstellungen sind dabei meist nicht zielführend. Auch bieten rein zirkulare Darstellungen meist nicht genügend Platz, um alle Module der Customer Journey adäquat darzustellen. Der Detailgrad sollte sich zudem an der jeweiligen internen Zielgruppe orientieren, für die die Customer Journey Map erstellt werden soll. Je höher in der Hierarchie des Unternehmens diese anzutreffen sind, desto eher werden strategische Customer Journeys mit einem höheren Abstraktionsgrad von Vorteil sein. Je mehr die interne Zielgruppe an konkreten operativen Maßnahmen interessiert ist, desto granularer und konkreter sollte die Darstellung sein und ggf. auf einzelne Ausschnitte der Customer Journey bzw. Use-Cases beschränkt werden.

Abb. 9 liefert eine Vorlage zur Visualisierung einer Customer Journey Map, die die in Abschn. 2.3 erläuterten Module vollständig umfasst. Die Touchpoints können auch in einer alternativen Darstellung angeordnet werden, bei der sie zeilenweise in einer Tabelle erfasst und dann mit verbundenen Punkten entlang der Phasen den Actions zugeordnet werden (z. B. Buchberger, 2016; Schüller, 2016, S. 173). Symbole, Bilder oder Sketches werten die Visualisierung zudem optisch auf und sind eine ideale Ergänzung des dazugehörigen Storytellings.

In *Präsenz-Workshops* kann zur Visualisierung alles genutzt werden, was der klassische Moderationskoffer bereithält. In besonderer Weise eignen sich die bekannten Klebezettel in verschiedenen Größen, um die einzelnen Elemente wie z. B. Touchpoints flexibel entlang einer Wand des Projektraums anzuordnen. Vorbereitete Kartensets (wie z. B. von Aufgesang, 2022) ermöglichen es zudem, schnell aus einer großen Auswahl an Elementen auszuwählen und zeigen ggf. auch Touchpoints auf, an die man sonst nicht gedacht hätte. Mithilfe einer Schnur lassen sich die Elemente miteinander verbinden.

Für die heute vorherrschende digitale Zusammenarbeit stehen darüber hinaus zahlreiche, häufig auch kostenfreie *Online-Tools* zur Verfügung. Für ein erstes Brainstorming mit internen Stakeholdern oder im Rahmen von Online-Fokusgruppen mit Kunden eignet sich z. B. das leicht zu bedienende Online-Whiteboard *Flinga* (flinga.fi). Um Customer

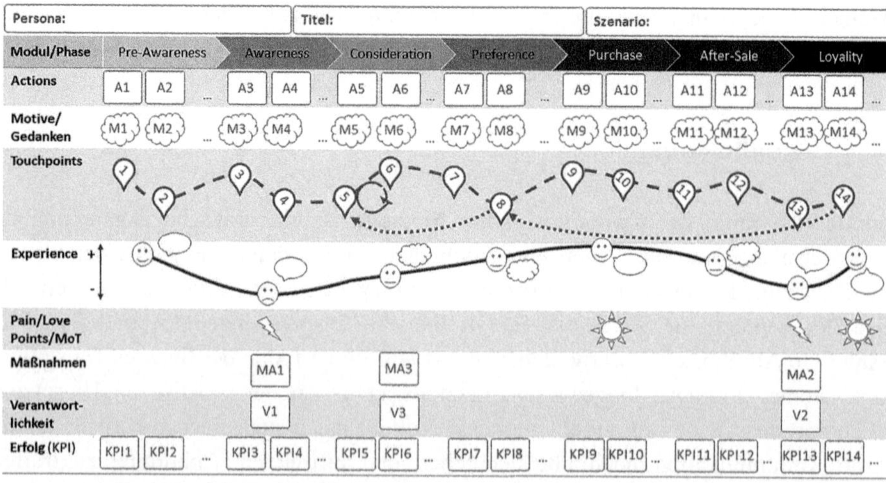

Abb. 9 Customer Journey Map Canvas

Journeys dauerhaft zu speichern und in verteilten Teams ggf. auch zur gemeinsamen Bearbeitung zur Verfügung zu stellen, halten Kollaborationsplattformen wie u. a. *Miro* (miro.com) oder *Mural* (mural.co) häufig vorbereitete Templates für Customer Journeys bereit. Noch flexiblere Gestaltungsmöglichkeiten bieten z. B. die auf die digitale Erstellung von Customer Journeys spezialisierten Angebote von *UXPressia* (uxpressia.com) und *Smaply* (smaply.com).

2.5 Datenbasis

Bei der erstmaligen Erstellung einer Customer Journey stellt sich meist die Frage, woher die notwendigen Erkenntnisse und Daten für die inhaltliche Ausgestaltung der einzelnen Module der Customer Journey kommen sollen. Da die Customer Journey konsequent aus Kundenperspektive erstellt werden soll, sind die in der Praxis durchaus nicht unüblichen rein internen Workshops, bei denen Mitarbeitende aus kundennahen Bereichen die Customer Journey aus ihrer Perspektive generieren, allein nicht zielführend. Man kommt also nicht darum herum, reale Kundendaten zu erheben. Grundsätzlich können diese mit den aus der Marktforschung bekannten Formen der Sekundär- und Primärforschung gewonnen werden (Meffert et al., 2019, S. 179).

Sekundärforschung

Im Rahmen der Sekundärforschung wird auf bereits vorhandenes Datenmaterial zurückgegriffen. Damit sind z. B. existierende interne und externe Studien sowie Paneldaten zum Konsumentenverhalten gemeint (Meffert et al., 2019, S. 179). So liefert bspw.

die Markt-Media-Studie *„best for planning (b4p)"* für die deutsche Bevölkerung ab 14 Jahren in regelmäßigen Abständen umfangreiche Informationen über Zielgruppensegmente und deren Mediennutzungs- und Kaufverhalten in vielen lebensnahen Bereichen (GIK, 2022). Aber auch frühere unternehmenseigene Studien zum Kauf- und Nutzungsverhalten können erste Erkenntnisse zu Teilen der Customer Journey liefern. Neben Zeit- und Kostenvorteilen sind dabei die Aktualität und Methodik, insbesondere Wissenschaftlichkeit, Objektivität und Stichprobe dieser Studien zu beachten (Meffert et al., 2019, S. 179). Da der Anwendungskontext der Customer Journey häufig eng umrissen ist, passen diese Daten aber oft nicht 1:1 zur jeweiligen Problemstellung und Persona oder sind unvollständig.

Wie bereits in Abschn. 2.3.2 zur Erfolgsmessung dargelegt, können auch für die Erstellung der Customer Journey die Daten aus den unternehmenseigenen CRM-Systemen sowie User Tracking- bzw. Web Analytics-Daten – sofern vorhanden – genutzt werden. So lassen sich neben den bereits erwähnten Conversion-Rates Teile der Customer Journey auch mithilfe von Klickpfaden nachvollziehen. Hohe Absprungraten (Bounces) deuten dabei ebenfalls auf Probleme an den entsprechenden Touchpoints hin (Jacobsen & Meyer, 2017, S. 231–237). Diese strukturierten Sekundärdaten sind oft schnell zugänglich, decken jedoch nur das Verhalten der Kunden an vom Anbieter gemanagten Touchpoints ab und müssen auf ihre Vollständigkeit und Datenqualität hin überprüft werden. Letzteres gilt auch für unstrukturierte Sekundärdaten wie z. B. Kommentare und Kundenmeinungen in den sozialen Medien, die erst gesammelt und speziell aufbereitet werden müssen (Jacobsen & Meyer, 2017, S. 181–184).

Primärforschung

Da Sekundärdaten meist nicht ausreichen, um eine lückenlose Customer Journey zu erstellen, müssen die notwendigen anwendungs- und personaspezifischen Daten über eigene Primärforschungsmethoden, allen voran Befragungen und Beobachtungen, gewonnen werden. Je nach Reifegrad der Customer Journey kommen dabei v. a. folgende qualitative und quantitative Methoden infrage:

Qualitative Einzelinterviews Qualitative Einzelinterviews stehen oft am Anfang der Customer-Journey-Analyse. Bei diesen offenen, meist explorativen Gesprächen mit Kunden, die den relevanten Personas entsprechen, werden die Kaufentscheidungsprozesse z. B. mit der sequenziellen Ereignismethode und der Critical-Incident-Technik retrospektiv nachvollzogen. Dies ermöglicht zunächst eine grundsätzliche Erweiterung und Strukturierung der Phasen und Touchpoints aus Kundensicht sowie deren Zusammenspiel und die Identifikation wichtiger Pain Points entlang der Customer Journey (Esch et al., 2016, S. 338 f.). Der Vorteil dieser Methode liegt im relativ geringen organisatorischen Aufwand und dem Ergründen tieferliegender Motive und Bedürfnisse (Fantapié Altobelli, 2017, S. 358 ff.). Nachteilig wirkt sich hierbei oft die nötige Erinnerungsleistung der Probanden aus. So werden Erlebnisse an einzelnen flüchtigen Touchpoints oder bei niedrigem Involvement, z. B. bei habituellen oder impulsiven Käufen, oft nicht mehr richtig erinnert (Esch et al., 2016, S. 338; Puhlmann, 2016, S. 316; Dlugosch, 2019, S. 97).

Gruppendiskussion In ähnlicher Weise lassen sich die genannten Aspekte auch in einer Gruppendiskussion z. B. in Form eines Kundenworkshops erarbeiten (Esch et al., 2016, S. 338). Der organisatorische Aufwand nimmt zwar leicht zu, dafür wird das kollektive Wissen der Gruppe genutzt, was i. d. R. zu umfassenderen Ergebnissen führt. Unterstützend können hier, wie auch beim Einzelinterview, Card-Sorting-Methoden eingesetzt werden (Jacobsen & Meyer, 2017, S. 119), um zuvor recherchierte Touchpoints nach ihrer Relevanz und Wirkung gemeinsam beurteilen zu lassen. Aufgrund der höheren Zahl von Teilnehmenden stehen die Aussagen auf einer breiteren empirischen Basis, obgleich auch die Fokusgruppe als qualitative Methode keine Verallgemeinerungen auf die Grundgesamtheit zulässt. Zu guter Letzt eignet sich diese Methode auch dazu, mittels Kreativtechniken gemeinsam mit den Kunden erste Ideen für Verbesserungsmaßnahmen zu erarbeiten (Fantapié Altobelli, 2017, S. 369–375).

Qualitative Beobachtung Die qualitative Beobachtung eignet sich für die Erfassung des tatsächlichen Verhaltens in speziellen Use-Cases bzw. Teilen der Customer Journey, z. B. in Form von Laufwegestudien im Ladengeschäft, In-home-Use-Tests (Fantapié Altobelli, 2017, S. 383–386) oder Usability-Tests für Webseiten, Online-Shops oder Apps, um detaillierte Daten zu einzelnen Handlungsschritten und der Experience an konkreten Touchpoints zu ermitteln. Hier sind neben persönlichen Beobachtungsformen auch apparative Datenerfassungen möglich, z. B. mittels Kamera, Mouse- und Eye-Tracking. Diese Verfahren können in der realen Kauf- oder Nutzungsumgebung (Feld), im speziellen Forschungslabor oder Remote stattfinden, d. h., die Nutzer bleiben in ihrer normalen Umgebung und es findet eine Übertragung der Beobachtung mittels Webcam über das Internet statt (Jacobsen & Meyer, 2017, S. 177–205).

Standardisierte Befragungen Einfacher umzusetzen sind standardisierte Online-Fragebögen, in denen die Nutzer z. B. die Nutzung und Relevanz verschiedener Touchpoints sowie ihre Experience entlang der Customer-Journey-Phasen einordnen sollen. Der Vorteil liegt vor allem in der breiteren empirischen Basis. Solche Befragungen eignen sich daher, um Erkenntnisse aus qualitativen Studien abzusichern (Esch et al., 2016, S. 339). Das Problem eines mangelnden Erinnerungsvermögens wie bei qualitativen Befragungen bleibt dabei aber bestehen. Zudem kann die Abfrage einer Fülle von Touchpoints für die Probanden schnell ermüdend sein, was die Validität der Daten zusätzlich einschränkt (Puhlmann, 2016, S. 316).

Online-Tagebuch und Real-Time Tracking Für die ganzheitliche Erfassung von Kundenerlebnissen über einen längeren Zeitraum eignet sich im Besonderen die

Tagebuchmethode, die heutzutage online und über entsprechende Apps realisiert werden kann. Speziell rekrutierte Teilnehmende, die z. B. planen, in nächster Zeit ein bestimmtes Produkt zu erwerben, oder bestehende Kunden werden dabei gebeten, jeden ihrer Handlungsschritte aufzuschreiben und das Erlebte zu bewerten. Die dadurch gewonnene Datenmenge kann sehr detailliert und umfangreich sein, was einen erhöhten Analyseaufwand nach sich zieht (Jacobsen & Meyer, 2017, S. 105 f.). Der große Vorteil der Methode liegt in der zeitnahen Erfassung der Customer Experience unmittelbar nach der jeweiligen Interaktion. Zudem ist das Zusammenspiel zwischen verschiedenen Touchpoints besser abbildbar. Die Methodik kann sogar zu einem Real-Time Tracking ausgebaut werden, bei dem die Nutzer zu vorselektierten Touchpoints Push-Benachrichtigungen über das Smartphone erhalten, wenn sie sich in deren Nähe aufhalten bzw. nachdem sie diese verlassen haben. Die Umsetzung erfordert jedoch den Einsatz spezieller Apps und eine hohe Teilnahmebereitschaft aufseiten der Probanden (Esch et al., 2016, S. 339 f.).

Online Communities Online Communities sind speziell für Marktforschungszwecke etablierte Online-Plattformen, zu denen ausgewählte Kunden bzw. Nutzer eingeladen werden, um kurz- oder langfristig zu einem bestimmten Thema zu interagieren. Sie vereinen dabei prinzipiell verschiedene der bereits genannten Methoden. Neben quantitativen Online-Befragungen und Online-Tagebüchern können z. B. über Foren, Chats, Videokonferenzen und Online-Whiteboards unterschiedliche Formen von Gruppendiskussionen realisiert werden. Online Communities sind damit besonders flexibel und gut geeignet, um Kaufentscheidungsprozesse von Konsumenten zu erfassen und kreative neue Lösungsvorschläge zu erarbeiten. Langfristige Online Communities bieten darüber hinaus die Möglichkeit, in kurzer Zeit spontane Feedbacks zu konkreten Einzelmaßnahmen von einer relevanten Zielgruppe einzuholen. Eine besondere Herausforderung bei der Umsetzung einer Online Community liegt vor allem in der Rekrutierung geeigneter Personen, die die nötige Zeit sowie das Engagement und eine gewisse Affinität mitbringen, sich aktiv über einen längeren Zeitraum in der Community einzubringen (Dlugosch, 2019, S. 98–104). Aufseiten der Durchführenden bedarf dies zudem entsprechender Ressourcen und Know-how.

Cross-Media Panel Um der besonderen Herausforderung wechselnder Kanäle in der Customer Journey zu begegnen, bieten einige professionelle Anbieter wie z. B. die *GfK* sogenannte Cross-Media Panel an. Hierbei werden verschiedene Datenquellen registrierter Panelteilnehmer miteinander kombiniert. Kaufdaten stammen aus einem klassischen Haushaltspanel mit Daten aus Scannerkassen sowie aus Onlineerhebungen. Das Online-Nutzungsverhalten wird mittels einer speziellen Software passiv über mehrere Geräte der Teilnehmende erfasst. Für die TV-Nutzung werden Set-Top-Boxen verwendet und Nutzungsdaten von Printmedien über eine Befragung ermittelt. Das Ziel ist es, die Wirkung verschiedener Medien und Werbekontakte auf das reale Kaufverhalten zu analysieren (Guenther & Vossebein, 2019, S. 104–107). Die Nutzung im konkreten Anwendungsfall setzt u. U. ein spezielles Setup dieses Panels voraus, sodass die Umsetzung recht aufwendig und teuer werden kann.

2.6 Implementierung

Damit die Customer-Journey-Methode in der Unternehmenspraxis ihr volles Potenzial entfalten kann, bedarf es einer strukturierten Vorgehensweise. Daher soll abschließend ein idealtypischer Prozess zur Umsetzung vorgestellt werden, um die Methode nachhaltig im Unternehmen zu verankern.

1. Grundlegende *Entscheidung zur Einführung der Customer-Journey-Methode* auf Managementebene (Ott, 2019, S. 71; Temkin, 2010, S. 11).
2. Aufstellen eines *Projektteams unter Einbindung aller relevanten internen Stakeholder* wie z. B. Marketing, Vertrieb, CRM, Kundenservice, Marktforschung, Data Analytics sowie Produkt- bzw. Serviceentwicklung (Keller & Ott, 2019a, S. 28 f.) und Einführung eines *Customer-Journey-Managers* als Querschnittsfunktion zu diesen Bereichen (Ott, 2019, S. 73).
3. *Interne Bestandsaufnahme* zu vorliegenden Erkenntnissen aus Kundendaten (Sekundärdatenanalyse) sowie über existierende Touchpoints und deren Erfolgsmessung (Touchpoint Audit) (Temkin, 2010, S. 5; Ott, 2019, S. 79).
4. Definition der wichtigsten *Zielgruppen* für die Customer-Journey-Analyse (Ott, 2019, S. 74).
5. *Interne Workshops* des Projektteams zur Vorstrukturierung einer „hypothetischen“ Customer Journey aus der Innenperspektive (Temkin, 2010, S. 5).
6. *Systematische Erweiterung der Kundenanalyse* zur Ermittlung aller realen für die Customer-Journey-Module notwendigen Inhalte (Temkin, 2010, S. 5) mittels der in Abschn. 2.5 vorgestellten Methoden.
7. Gemeinsame Erstellung der aktuellen *Customer Journey Map* in einem iterativen Prozess mit allen Projektbeteiligten (Temkin, 2010, S. 5; Ott, 2019, S. 88).
8. Intensive *interne Kommunikation* der Customer Journey in alle relevanten kundennahen Unternehmensbereiche und in das Management inkl. Pain Points und Lovepoints mithilfe ansprechender Präsentationen und audiovisueller Einbindung realer Kundenstimmen.
9. Entwicklung und Priorisierung von *Verbesserungsmaßnahmen* und Vergabe von *Verantwortlichkeiten* (Temkin, 2010, S. 9 ff.).
10. *Technische Integration* von Erfolgsmetriken für wichtige Touchpoints entlang der Customer Journey und fortlaufendes *Monitoring* der Performance inkl. Treiberanalysen in einem Customer-Experience-Management-Tool und -Dashboard (Sünkel & Weber, 2019, S. 148 f.).
11. *Fortlaufende Anpassung* der Customer-Journey-Modelle an die dynamischen Veränderungen der Marktumwelt (Temkin, 2010, S. 14 f.), wie z. B. Internet of Things.

3 Fazit

„Die Erstellung einer Customer Journey Map ist ein gutes Training in Empathie" (Kreutzer 2022, S. 141). Im Sinne einer zunehmenden Kundenzentrierung nicht nur in Marketing und Vertrieb ist die Customer Journey eine unerlässliche Basis für die Schaffung des notwendigen Kundenverständnisses. Sie ist daher in vielen Unternehmen längst fester Bestandteil in der Analyse und Optimierung kundennaher Prozesse und eines modernen und erfolgreichen Customer-Experience-Managements. Ebenso vielfältig sind aber auch ihre Anwendungsfälle und Gestaltungsformen. Der vorliegende Beitrag liefert dafür einen fundierten und systematischen Überblick über die wichtigsten Elemente der Customer-Journey-Methode, der zu einem einheitlichen Verständnis beitragen soll.

Trotz der Kritik an Customer-Journey-Modellen, sie seien realitätsfern und modellhaft, bleiben sie eine notwendige Vereinfachung einer zunehmend komplexer werdenden Marktrealität. Die Customer Journey kann an die jeweiligen Anforderungen und Fragestellungen auf Unternehmensseite modular angepasst und skaliert werden. Sie stellt zudem ein wichtiges Kommunikationsinstrument für die interne Abstimmung und die Schaffung eines gemeinsamen Verständnisses aller Beteiligten in einem Omni-Channel-Umfeld dar. Durch das Aufspüren von Lücken und Pain Points sowie die Schaffung von Synergieeffekten zwischen Touchpoints in der Customer Journey kann sie die Customer Experience nachhaltig positiv steigern und wesentlich zum Unternehmenserfolg beitragen. Sie stellt damit, wenn sie methodisch sauber durchgeführt wird, nicht nur eine Spielerei dar, sondern ist ein strategisches Instrument im Rahmen einer konsequenten markt- und kundenorientierten Unternehmensführung.

Literatur

Aufgesang. (2022). Customer-Journey-Management. https://www.aufgesang.de/360-grad-online-marketing/customer-journey-management/. Zugegriffen: 20. März 2022.

Bauer, H. H., Donnevert, T., Wetzel, H., & Merkel, J. (2010). Integration als Garant erfolgreicher Markenkommunikation. In C. Baumgarth (Hrsg.), *B-to-B-Markenführung* (S. 613–634). Gabler.

Beyer, C. (2020). *Kongruenz in der Crossmedia-Kommunikation*. Springer Gabler.

Bruhn, M., & Hadwich, K. (2012). Customer Experience – Eine Einführung in die theoretischen und praktischen Problemstellungen. In M. Bruhn & K. Hadwich (Hrsg.), *Customer Experience* (S. 11–36). Springer Gabler.

Bruhn, M., Meffert, H., & Hadwich, K. (2019). *Handbuch Dienstleistungsmarketing* (2. Aufl.). Springer Gabler.

Buchberger, O. (2016). Customer Journey – warum sie so kompliziert ist und sich trotzdem lohnt. http://www.omkantine.de/customer-journey-warum-sie-so-kompliziert-ist-und-sich-trotzdem-lohnt/. Zugegriffen: 26. Feb. 2022.

Court, D., Elzinga, D., Mulder, S., & Vetvik, O. J. (2009). The consumer decision journey. https://www.mckinsey.com/business-functions/marketing-and-sales/our-insights/the-consumer-decision-journey. Zugegriffen: 27. Feb 2022.

Der Bank Blog. (2019). Studie: Customer Journey Mapping für mehr Kundenzufriedenheit. https://www.wiso-net.de/document/DBBL__4503c74971c2e9975e4323340ff2db9c833c9437. Zugegriffen: 27. Jan. 2022.

Dlugosch, S. (2019). Effiziente Analyse der Customer Journey durch Online Communities. In B. Keller & C. S. Ott (Hrsg.), *Touchpoint Management* (2. Aufl., S. 97–106). Haufe.

Engel, J. F., Kollat, D. T., & Blackwell, R. D. (1968). *Consumer Behavior*. Holt, Rinehart and Winston.

Esch, F.-R. (2011). *Wirkung integrierter Kommunikation* (5. Aufl.). Gabler.

Esch, F.-R., & Eichenauer, S. (2016). Verfahren zur Messung der Kommunikationswirkung im Internet und bei Social Media. In F.-R. Esch, T. Lagner, & M. Bruhn (Hrsg.), *Handbuch Controlling der Kommunikation* (2. Aufl., S. 385–405). Springer Gabler.

Esch, F.-R., Klein, J. F., Knörle, C., & Schmitt, M. (2016). Strategie und Steuerung des Customer Touchpoint Management. In F.-R. Esch, T. Lagner, & M. Bruhn (Hrsg.), *Handbuch Controlling der Kommunikation* (2. Aufl., S. 329–350). Springer Gabler.

Fantapié Altobelli, C. (2017). *Marktforschung* (3. Aufl.). UVK/utb.

Fleer, J. (2016). *Kundenzufriedenheit und Kundenloyalität in Multikanalsystemen des Einzelhandels*. Springer Gabler.

Foscht, T., Swoboda, B., & Schramm-Klein, H. (2017). *Käuferverhalten* (6. Aufl.). Springer Gabler.

Fritz, W., von der Oelsnitz, D., & Seegebarth, B. (2019). *Marketing* (5. Aufl.). Kohlhammer.

Gibbons, S. (2017). UX mapping methods compared: a cheat sheet. https://www.nngroup.com/articles/ux-mapping-cheat-sheet/. Zugegriffen: 19. März 2022.

GIK (Gesellschaft für integrierte Kommunikationsforschung mbH & Co. KG). (2022). best for planning. https://gik.media/best-4-planning/. Zugegriffen: 25. März 2022.

Gouthier, M., Giese, A., & Bartl, C. (2012). Customer Experiences, Kundenbegeisterung und Service Excellence – Die Spezifikation DIN SPEC 77224. In M. Bruhn & K. Hadwich (Hrsg.), *Customer Experience* (S. 63–84). Springer Gabler.

Guenther, M., & Vossebein, U. (2019). Die unterschiedlichen Panelarten. In M. Guenther, U. Vossebein, & R. Wildner (Hrsg.), *Marktforschung mit Panels* (2. Aufl., S. 83–131). Springer Gabler.

Häckel, B., Huber, R., Rieg, M., Rösch, C., & Rövekamp, P. (2021). Das Service Design Framework zur strukturierten Entwicklung datenbasierter Services. *HMD Praxis der Wirtschaftsinformatik, 58,* 611–627.

Halvorsrud, R., Kvale, K., & Følstad, A. (2016). Improving service quality through customer journey analysis. *Journal of Service Theory and Practice, 26*(6), 840–867.

Holland, H. (2021). Customer-Journey-Analyse. In H. Holland (Hrsg.), *Digitales Dialogmarketing* (2. Aufl., S. 817–836). Springer Gabler.

Homburg, C. (2017). *Grundlagen des Marketingmanagements* (6. Aufl.). Springer Gabler.

Howard, J. A., & Sheth, J. N. (1969). *The theory of buyer behavior*. Wiley.

Jacobsen, J., & Meyer, L. (2017). *Praxisbuch Usability und UX*. Rheinwerk.

Joyce, A. (2021). Journey-Mapping Impact: research findings. https://www.nngroup.com/articles/journey-mapping-impact/. Zugegriffen: 19. März 2022.

Kaplan, K. (2016). When and how to create customer journey maps. https://www.nngroup.com/articles/customer-journey-mapping/. Zugegriffen: 20. März 2022.

Keller, B., & Ott, C. S. (2019a). Erfolgreich agieren entlang der Customer Journey. In B. Keller & C. S. Ott (Hrsg.), *Touchpoint Management* (2. Aufl., S. 25–33). Haufe.

Keller, B., & Ott, C. S. (2019b). Ein Resümee und ein kurzer Blick in die Zukunft. In B. Keller & C. S. Ott (Hrsg.), *Touchpoint Management* (2. Aufl., S. 365–373). Haufe.

Kempe, M. (2011). *Ungeplante Käufe im Internet*. Gabler.

Kopp, O. (2021). Customer-Journey & User Journey einfach erklärt: Definition, Modelle & FAQ. https://www.sem-deutschland.de/online-marketing-glossar/customer-journey/. Zugegriffen: 26. Feb. 2022.

Kopp, O. (2022). Content-Klassifizierung: Wie attribuiert man Inhalts-Arten für die Content-Strategie? https://www.sem-deutschland.de/blog/content-arten/. Zugegriffen: 19. März 2022.

Kotler, P., Armstrong, G., Harris, L. C., & Piercy, N. (2016). *Grundlagen des Marketing* (6. Aufl.). Pearson.

Kreutzer, R. T. (2022). *Praxisorientiertes Marketing* (6. Aufl.). Springer Gabler.

Kuehnl, C., Jozic, D., & Homburg, C. (2019). Effective customer journey design: Consumers' conception, measurement, and consequences. *Journal of the Academy of Marketing Science, 47*(3), 551–568.

Lecinksi, J. (2011). ZMOT. Winning the zero moment of truth. https://www.thinkwithgoogle.com/_qs/documents/673/2011-winning-zmot-ebook_research-studies.pdf. Zugegriffen: 20. März 2022

Lemon, K. N., & Verhoef, P. C. (2016). Understanding Customer Experience Throughout the Customer Journey. *Journal of Marketing: AMA/MSI Special Issue, 80*(6), 69–96.

Marketingcharts. (2014). What are the primary roles of various channels in the customer journey? https://www.marketingcharts.com/digital-41306. Zugegriffen: 19. März 2022.

Mayer-Vorfelder, M. (2012). *Kundenerfahrungen im Dienstleistungsprozess*. Gabler.

McGuire, M., & Leachman, L. (2021). Hype Cycle for Digital Marketing 2021. https://www.gartner.com/en/marketing/research/hype-cycle-for-digital-marketing. Zugegriffen: 11. Mai 2022.

Meffert, H., Burmann, C., Kirchgeorg, M., & Eisenbeiß, M. (2019). *Marketing* (13. Aufl.). Springer Gabler.

MHP (2020). Online Car Sales 2020. https://www.mhp.com/de/unternehmen/studien/studie-online-car-sales-2020. Zugegriffen: 18. März 2022.

Moresche, C. (2018). Zeitmanagement abseits des Projektmanagements – Priorisieren. Ausführen. Stress reduzieren. https://www.gpm-blog.de/zeitmanagement-abseits-des-projektmanagements-priorisieren-ausfuehren-stress-reduzieren/. Zugegriffen: 19. März 2022.

Nenninger, M., & Seidel, M. (2021). *Praxisleitfaden Customer Centricity*. Springer Gabler.

Nguyen, P., & Pupillo, N. (2012). Branded Moments – Vom zufälligen Kundenerlebnis zur aktiven Gestaltung von Wow-Momenten in der Kundeninteraktion bei Vodafone Deutschland. In M. Bruhn & K. Hadwich (Hrsg.), *Customer Experience* (S. 317–330). Springer Gabler.

Ohnemus, R. (2019). *Vergesst die Customer Journey! planung & analyse,* 2(2019), 37–40.

Ott, C. S. (2019). Erfolgreich verkaufen in einer digitalisierten Welt. In B. Keller & C. S. Ott (Hrsg.). *Touchpoint Management* (2. Aufl., S. 71–92). Haufe.

Patricio, L., Fisk, R. P., & Falcao e Cunha, J., Constantine, L. (2011). Multilevel service design: from customer value constellation to service experience blueprinting. *Journal of Service Research, 14*(2), 180–200.

Philip, M. (2021). Vom E-Mail-Marketing zum Lead Management. In U. Hanning (Hrsg.), *Marketing und Sales Automation* (2. Aufl., S. 193–213). Springer Gabler.

Puhlmann, A. (2016). Messung und Controlling der Touchpoints mit der Marke. In F.-R. Esch, T. Lagner, & M. Bruhn (Hrsg.), *Handbuch Controlling der Kommunikation* (2. Aufl., S. 311–327). Springer Gabler.

Puscher, F. (2016). Wenn Customer-Journey zu komplex wird. *Absatzwirtschaft,* 11(2016), 38–40.

Reinecke, S., Janz, S., & Hohenauer, R. (2016). Controlling der Marketingkommunikation: Zentrale Kennzahlen und ausgewählte Evaluationsverfahren. In F.-R. Esch, T. Lagner, & M. Bruhn (Hrsg.), *Handbuch Controlling der Kommunikation* (2. Aufl., S. 3–25). Springer Gabler.

Richardson, A. (2010). Using customer journey maps to improve customer experience. https://hbr.org/2010/11/using-customer-journey-maps-to. Zugegriffen: 26. Feb. 2022.

Schüller, A. M. (2016). *Touch. Point. Sieg. Kommunikation in Zeiten der digitalen Transformation*. Gabal.

Solomon, M. R. (2016). *Konsumentenverhalten* (11. Aufl.). Pearson.

Spengler, C. (2018). Komplexität in der Customer Journey erfolgreich managen. https://www.accelerom.com/wp-content/uploads/2019/01/2018-Accelerom-Werbewoche-Komplexitaet-in-der-Customer-Journey-erfolgreich-managen-190109.pdf. Zugegriffen: 16. Feb. 2022.

Spiegel, U., & Engel, D. (2015). Marketing als ein guter Reisebegleiter. In A. Baetzgen (Hrsg.), *Brand Experience - an jedem Touchpoint auf den Punkt begeistern* (S. 19–39). Schäffer-Poeschel.

Sünkel, B., & Weber, W. (2019). Ein Customer Intelligence Hub – Basis für emotionale Differenzierung und CX Messung und Steuerung. In B. Keller & C. S. Ott (Hrsg.), *Touchpoint Management* (2. Aufl., S. 141–152). Haufe.

Suwelack, T. (2020). *Toolbox Customer Experience*. Springer Gabler.

Swiss Direct Marketing. (2022). In 7 Schritten zur Customer-Journey-Übersicht. https://www.mysdm.ch/blog/in-7-schritten-zur-customer-journey-uebersicht/. Zugegriffen: 19. März 2022.

Temkin, B. D. (2010). Mapping the customer journey. Forrester research. https://www.crowdsynergy.wdfiles.com/local--files/customer-journey-mapping/mapping_customer_journey.pdf. Zugegriffen: 26. Feb. 2022.

Van Gasteren, W. (2021). What is the Pirate Funnel (AARRR framework) and how to apply it in 5 quick steps? https://growwithward.com/aaarrr-pirate-funnel/. Zugegriffen: 26. Feb. 2022.

Woelke, A. (2021). Zusammenspiel von Lead Management und CRM entlang der Customer Journey. In U. Hanning (Hrsg.), *Marketing und Sales Automation* (2. Aufl., S. 215–223). Springer Gabler.

Michael Kempe ist seit 2017 Professor für Quantitative Methoden und Marketing an der Hochschule Hannover. Er leitet dort den Masterstudiengang „Mittelständische Unternehmensführung in Entrepreneurship" (MU-MBA). Zudem ist er seit 2011 als Dozent für Digitales Marketing an der Universität Hildesheim tätig. Nach dem Studium des Wirtschaftsingenieurwesens promovierte er zum Thema „Ungeplante Käufe im Internet" an der Technischen Universität Braunschweig. Von 2014 bis 2017 arbeitete er als Marktforscher bei einem automobilen Finanzdienstleister.

Reifegradmodell zur Bestimmung der Digitalisierung von Customer Journeys im integrierten Online- und Offline-Channel-Marketing

Mahmut Arica

Inhaltsverzeichnis

1 Einleitung 111
2 Reifegradmodelle zur Bestimmung der Digitalisierung 112
3 Customer Journeys im integrierten Online- und Offline-Channel-Marketing 113
4 Digitale Reifegradbestimmung einer Customer Journey 115
5 Kritische Reflexion und Fazit 120
Literatur 123

1 Einleitung

Marketingaktivitäten orientieren sich im Sinne des Market-based-View-Ansatzes schwerpunktmäßig an Kunden- und Marktsituationen. Der Fokus dieser Abhandlung liegt mehr auf beeinflussbaren unternehmensinternen Strukturen. Das Ziel ist es, einen Vorschlag als Handlungsrahmen zur *Bestimmung und Messung von Reifegraden der Geschäftsprozesse im integrierten Online- und Offline-Channel-Marketing* zu geben und diesen Marketingprozess hinsichtlich der Digitalisierung zu bewerten. Auf Basis wissenschaftlicher Untersuchungen und praxiserprobter Fallbeispiele aus verschiedensten Branchen und Unternehmensgrößen wurde entlang der Customer Journey ein Modell für digitale Reifegrade entwickelt.

M. Arica (✉)
Münster, Deutschland
E-Mail: mahmut.arica@fom.de

K. Butzer-Strothmann (Hrsg.), *Integriertes Online- und Offline-Channel-Marketing*,
https://doi.org/10.1007/978-3-658-38048-9_5

Mit der *Digitalisierung von Geschäftsprozessen* wird der Ansatz verfolgt, die Produktivität zu steigern und die Kosten zu senken. Mit dem Einsatz, der Vernetzung und der Automatisierung digitaler Technologien kann die Effizienz der unternehmerischen Abläufe signifikant optimiert werden. Digitalisierte Geschäftsprozesse bilden die notwendige Bedingung für erfolgreiche Geschäftsmodelle im digitalen Zeitalter.

Ein Geschäftsprozess wird hier verstanden als zusammenhängende bzw. sich gegenseitig beeinflussende Tätigkeiten, die Eingaben zum Erzielen eines vorgesehenen Ergebnisses verwenden (vgl. DIN, 2015, S. 33). Als eine Folge logisch zusammenhängender Aktivitäten, der Input zu Output transferiert, sind Prozesse zumeist das Herzstück eines Unternehmens, da mit ihnen die Wertschöpfung direkt realisiert oder indirekt unterstützt wird (Appelfeller & Feldmann, 2018, S. 5).

Bei der Betrachtung der Geschäftsprozesse im integrierten Online- und Offline-Channel-Marketing ist es notwendig, neben den technologischen IT-Lösungen auch quantitative, qualitative und organisatorische Aspekte eingehend zu untersuchen (Bitkom, 2020, S. 8).

2 Reifegradmodelle zur Bestimmung der Digitalisierung

Das Ziel von *Reifegradmodellen* (engl. Maturity Models) ist, eine Bewertung vorzunehmen. Des Weiteren besteht der Anspruch einer Leistungssteigerung und einer Reflexion bzw. eines Vergleichs des Untersuchungsobjekts (Becker et al., 2010).

Zur Bestimmung von Reifegraden von Geschäftsprozessen finden sich in der betriebswirtschaftlichen Praxis und in der Theorie diverse Modelle und Best Practices. Exemplarisch sei hier das *Reifegradmodell Digitale Geschäftsprozesse des Bitkom* genannt. Anhand der vier Dimensionen Technologie, Daten, Organisation und Qualität, die jeweils durch weitere Kriterien mit Unterfragen konkretisiert und operationalisiert werden, wird anschaulich ein Radar erstellt (Abb. 1). Ergänzend wird hierfür auch eine praktische Checkliste bereitgestellt. Das deskriptive Modell bietet jedoch keine aktiven Handlungsempfehlungen. Notwendige Schlussfolgerungen bedürfen einer organisationsinternen Bewertung. Zu beachten ist, dass zwischen den einzelnen Dimensionen und Kategorien Interdependenzen und Abhängigkeiten bestehen (Bitkom, 2020). Die aktuell noch in der Erprobungsphase befindliche zweite Version des Reifegradmodells des Bitkom wird künftig den Kundenaspekt als weitere Dimensionen mitaufnehmen.

Ein weiteres bekanntes Reifegradmodell ist das *Capability Maturity Model Integration* (CMMI). Das als Referenzmodell ausgerichtete CMMI ist für eine konkrete operative Umsetzung im Sinne eines Vorgehensmodells weniger geeignet. Eine ausführliche Dokumentation der Ist-Situation und die Einhaltung von Prozessen stehen in diesem Modell im Vordergrund, weniger die Weiterentwicklung und der Ausbau des Reifegrads. Die aktuelle Version wird als CMMI V2.0 bezeichnet (CMMI, 2022).

Die *ISO/IEC 330xx Normenreihe* beschäftigt sich ebenfalls mit der Prozessbewertung in der Informationstechnologie und besteht aktuell aus mehreren Teilen. Neben der

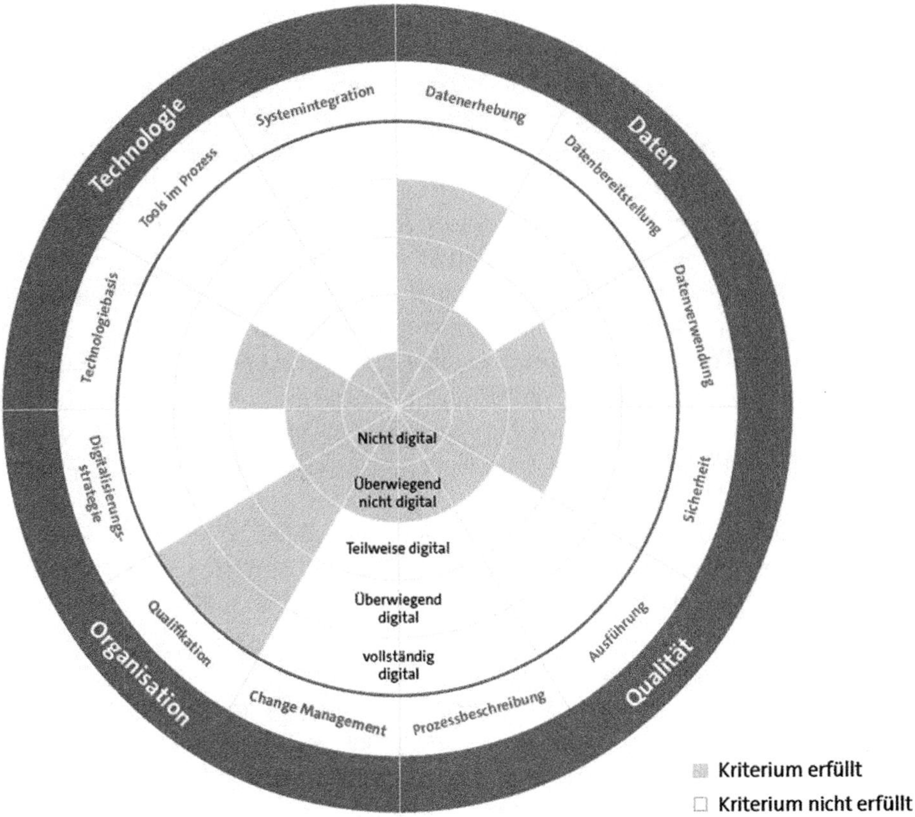

Abb. 1 Bitkom-Reifegradmodell für Digitale Geschäftsprozesse. (Quelle: Bitkom, 2020, S. 8)

Definition von Prozessattributen werden generische Praktiken für einzelne Reifegradstufen vorgeschlagen (ISO, 2015).

3 Customer Journeys im integrierten Online- und Offline-Channel-Marketing

Um die Reifegrade der einzelnen Prozessschritte im Rahmen einer *Customer Journey* zu bestimmen, wurde ein Analyseinstrument entwickelt.

Eine Customer Journey stellt die sogenannte Reise eines Kunden über diverse Kontaktpunkte *(Customer Touchpoints)* eines Unternehmens und seine Leistungen dar. Mit der Analyse einer Customer Journey wird das Ziel verfolgt, Anhaltspunkte für positive Kundenerlebnisse *(Customer Experience)* zu erarbeiten und diese aktiv zu steuern. Hierbei ist eine durchgängige und konsequente Kundenorientierung das primäre Anliegen. Entscheidend ist, die neuralgischen und maßgeblichen Momente *(Moments of*

Truth) zu identifizieren. Es bestehen *Gain Points* (Momente der Begeisterung) und *Pain Points* (Momente der Frustration) in den einzelnen Phasen der Customer Journey.

Da Customer Journeys individuell verlaufen, kann im Rahmen dieses Beitrags nur ein grundsätzlicher typischer Verlauf betrachtet werden. Für relevante *Zielgruppen* bzw. *Personas* kann jeweils eine separate Analyse des digitalen Reifegrads vorgenommen und auch gegenüberstellt werden.

Einen möglichen Verlauf einer Customer Journey mit ausgewählten Online- und Offline-Touchpoints zeigt Abb. 2. Da sowohl die Grenze zwischen den Online- und Offline-Berührungspunkten als auch innerhalb der einzelnen Phasen zunehmend verschmelzen, wird auch der Begriff „noline" verwendet (Kreutzer, 2021, S. 9).

Die Annahme, dass die Kundenreise *chronologisch Schritt für Schritt* und konsistent verläuft, ist idealisiert. Vielmehr verläuft diese in *Schleifen* und die einzelnen Kanäle werden mehrfach in verschiedensten Phasen genutzt. Sowohl die Identifizierung als auch die aktive Steuerung der einzelnen Touchpoints stellen eine praktische Herausforderung dar.

Zu alternativen Ansätzen zur Customer Journey und der *kritischen Auseinandersetzung* damit siehe vertiefend u. a. bei Court et al. (2009), Anderl et al. (2016), Meffert et al. (2019), Kleinjohann und Reinecke (2020), Bruhn et al. (2020), Urbach (2020), Schneider (2020).

Die digitale Integration der Kunden in die Geschäftsprozesse muss nicht primär in der Kaufphase erfolgen. Entlang der gesamten Customer Journey, einschließlich in den Phasen der Innovationen, Geschäftsentwicklung und im Service können bzw. sollten neben Kunden auch andere Stakeholder wie Geschäftspartner und Lieferanten integriert werden.

Gemeinsame Wertschöpfungsprozesse gerade im B2B-Umfeld sind business-as-usual. Beispielhaft zu nennen sind die Automobilzulieferer und die Computerindustrie. Marken wie BMW, Mercedes-Benz, Fiat, Ford, Jaguar, Land Rover, Porsche, Volvo

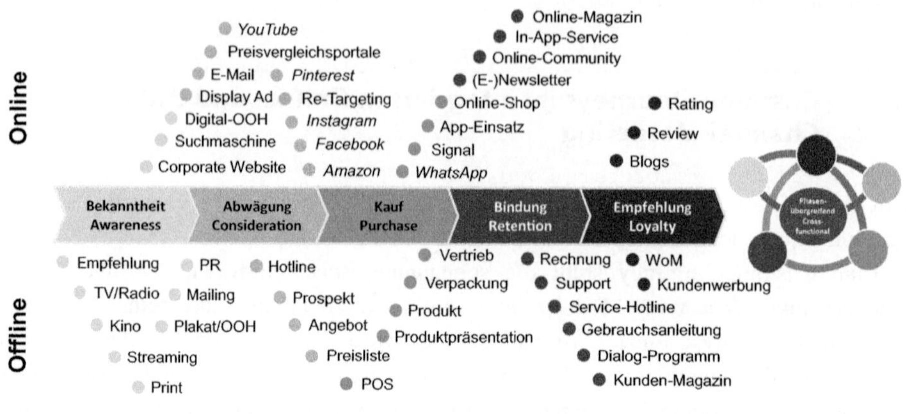

Abb. 2 Beispiel einer integrierten Customer Journey. (Quelle: In Anlehnung an Kreutzer, 2021, S. 10)

und Volkswagen haben als branchenspezifischen Standard den *Automotive SPICE®* (Software Process Improvement and Capability Determination) für sich bestimmt. Für die Verbesserung von Prozessen in der softwarebasierten Systementwicklung wurden aufbauend und der ISO/IEC 330xx Normenreihe folgend ein eigenes Prozess-Referenz-Modell (*PRM*) sowie ein Prozess-Assessment-Modell (*PAM*) definiert. In diesen Modellen werden die Prozesse sowie Indikatoren zur einheitlichen Analyse und Bewertung dieser Prozesse bereitgestellt (VDA).

Einzelne Customer Touchpoints, seien diese analog oder digital, sind zielgerichtet zu integrieren. Um dem Anspruch eines *Omni-Channel-Ansatzes* gerecht zu werden, ist es dem Kunden zu überlassen, welchen Kontaktpunkt er im konkreten Fall letztlich nutzt. Für eine systematische Analyse der Kanäle bzw. Touchpoints sind die einzelnen Prozesse tiefgehend zu betrachten und miteinander zu harmonisieren. Der Anspruch sollte sein, so weit wie möglich die Prozesse zu standardisieren und ihre Komplexität zu reduzieren. Dies kann mit dem Einsatz einheitlicher IT wie bspw. eines *CRM-Systems* erfolgen. Vorhandene und gewonnene Daten können dann zielgerichtet für einzelne Prozessschritte und für entsprechende Kanäle bereitgestellt, verknüpft und analysiert werden. Die Daten stellen die Basis für die Digitalisierung dar und ermöglichen erst die Automatisierung, Integration und schlussendlich eine flexible Selbststeuerung.

Beispielhaft können Informationen aus kürzlichen Storebesuchen genutzt werden und hierauf zielgerichtete und referenzierende Ansprachen über Social-Media-Kanäle folgen.

Auch können im Rahmen eines stationären Geschäftsbesuchs mithilfe von Apps und Beacons relevanter Content und Angebote durch die Verwendung und Verknüpfung der Daten ausgespielt werden.

4 Digitale Reifegradbestimmung einer Customer Journey

Wie bereits in den anderen Beiträgen dieses Herausgeberwerks verdeutlicht, sind Kunden sowohl online als auch offline in der Customer Journey aktiv. Um dieses Omni-Channeling zu orchestrieren, bedarf es aufeinander abgestimmter und möglichst integrierter Geschäftsprozesse.

Kunden sind u. a. über Websites, Social-Media-Plattformen oder Smart Devices digital bereits an unternehmerische Prozesse angebunden. Dialoge über digitale Kanäle sind mit dem analogen Kommunikationsmix in Einklang zu bringen und zu verknüpfen.

Die einzelnen Aktivitäten im Marketing können durch IT-Systeme effizienter, aber auch komplexer werden. Automatisierte, integrierte und vernetzte Prozesse können die Marketingaktivitäten smarter gestalten und schlussendlich einen wesentlichen Beitrag für positive Kundenerlebnisse leisten.

Digitale Prozessgrade können grundsätzlich in mehreren Arten beschrieben werden. Diese drei Arten können bedingt auch als einzelne aufeinander aufbauende *Ebenen* betrachtet werden, wobei sich auch die ersten beiden Ebenen je nach Situation auf der gleichen Höhe befinden können (vgl. hierzu Appelfeller & Feldmann, 2018, S. 20 ff.):

- **Digitaler Automatisierungsgrad (Ebene I)**
  Bei der Bestimmung des Automatisierungsgrads wird die Relation von manuellen und digitalen Aktivitäten im Online- und Offline-Prozess betrachtet, z. B. Robotic Process Automation (RPA).
  Automatisierungsgrad: Kriterium von ausschließlich manuell (1) bis voll automatisiert (10)
- **Digitaler Integrationsgrad (Ebene II)**
  Bei dem digitalen Integrationsgrad geht es um die Verzahnung der jeweils verwendeten IT-Systeme in den entsprechenden Organisationseinheiten und Kanälen, z. B. CRM-, SCM- und ERP-Systeme.
  Integrationsgrad: Kriterium von isoliert (1) bis vollständig integriert (10)
- **Digitaler Selbststeuerungsgrad (Ebene III)**
  Dieser Grad betrachtet die digital selbststeuernden und vernetzten Prozesse über alle Touchpoints hinweg. Digitalisierte Produkte, Maschinen, Mitarbeiter und Kunden sind mit den IT-Systemen untereinander vernetzt und kommunizieren miteinander, z. B. Industrie 4.0.
  Selbststeuerungsgrad: Kriterium von abhängig (1) bis ganz autark (10)

Je höher der digitale Prozessgrad ist, desto mehr ergeben sich *Effizienzpotenziale* durch eine Standardisierung und Vereinfachung bzw. Verschlankung von Prozessen. Die Komplexität der Geschäftsprozesse wird hierbei reduziert.

Die *Einstufung von 1 bis 10* basiert auf vorher definierten Kriterien, Anforderungen und Benchmarks, die nach Unternehmen und Branchen stark variieren können. *Checklisten,* die vorab mit Experten zu entwickeln und definieren sind, unterstützen die jeweilige Festlegung auf einzelne Stufen. Die Checklisten bedürfen insb. aufgrund des technischen Fortschrittes und dynamischer Märkte einer kontinuierlichen Evaluierung. Mithilfe von Checklisten können die Einstufungen strukturiert und operational vorgenommen werden. Eine Bereitstellung einer Checkliste für sämtliche der drei beschriebenen digitalen Ebenen und für jede einzelne Phase der Customer Journey würde den Rahmen dieses Beitrags sprengen. Erste Impulse für die Bewertung der Prozessgrade finden sich bereits in Abb. 3, 4. Die Bewertungseinstufung wird beim Automatisierungsgrad von ausschließlich manuell (1) bis voll automatisiert (10) vorgenommen. Entsprechend erfolgt dies bei der Bestimmung des Integrations- und Selbststeuerungsgrads.

Die Bewertung der Kriterien ist bewusst mit zehn Stufen weit skaliert, um *Entscheidungskonflikte* binärer Entscheidungen zu vermeiden. Die *ordinale Bewertung* kann mit akzeptablen Eingrenzungen in eine *prozentuale Betrachtung* und Darstellung überführt werden. Die Ausprägung muss nicht stets starr, voll quantifizierbar bzw. exakt abgrenzbar sein. Einstufungen können subjektiv erfolgen. Entscheidend sind die plausiblen Einschätzungen und die grundsätzliche Tendenz. Falls für die jeweiligen Ausprägungen nicht hinreichend Bewertungskriterien bestimmt werden können, kann ohne strukturelle Einschränkungen eine niedrige Skalierung in diesem Modell angesetzt werden.

Customer Journey Phasen				Digitaler Reifegrad (Gesamt) 5,7
1				Digitaler Reifegrad (Bekanntheit)
Bekanntheit	**Offline-Channels**	**Online-Channels**	**Digitale Beispiele**	5,8
Awareness	Postwurfsendung	E-Mail	Agile Werbeplatzierungen	
	Werbeplakat	Display Advertising	Search Engine Advertising (SEA), Banner-Werbung	
Bekanntheit Awareness	Sponsoring	Multiplikatoren	Influencer-Marketing	
	…	…	…	
		Gewichtung	**Bewertung (1-10)**	Kommentar/Anmerkung:
	I. Automatisierungsgrad	50%	7	…
	von ausschließlich manuell (1) bis voll automatisiert (10)			
	II. Integrationsgrad	25%	7	…
	von isoliert (1) bis vollständig integriert (10)			
	III. Selbststeuerungsgrad	25%	2	…
	von abhängig (1) bis ganz autark (10)			
2				Digitaler Reifegrad (Abwägung)
Abwägung	**Offline-Channels**	**Online-Channels**	**Digitale Beispiele**	4,5
Consideration	Preisliste	Produktkonfigurator	Auswahl- und Konfigurationsmöglichkeiten	
	Handelsvertreter	Online-Kooperationen	Einsatz von Affiliate-Systemen	
Abwägung Considaration	Hotline	Preisvergleichsportal	Anbindung an Preissuchmaschine	
	…	…	…	
		Gewichtung	**Bewertung (1-10)**	Kommentar/Anmerkung:
	I. Automatisierungsgrad	50%	6	…
	von ausschließlich manuell (1) bis voll automatisiert (10)			
	II. Integrationsgrad	25%	4	…
	von isoliert (1) bis vollständig integriert (10)			
	III. Selbststeuerungsgrad	25%	2	…
	von abhängig (1) bis ganz autark (10)			
3				Digitaler Reifegrad (Kauf)
Kauf	**Offline-Channels**	**Online-Channels**	**Digitale Beispiele**	8,3
Purchase	Vertrieb	E-Commerce	Online-Shop	
	Verpackung	Online-Warenkorb	Einsatz von u.a. Chats, Bots, Zoom im Verkaufsprozess	
Kauf Purchase	Leistung	Bezahldienst	Nutzung von Online-Bezahlsystemen	
	…	…	…	
		Gewichtung	**Bewertung (1-10)**	Kommentar/Anmerkung:
	I. Automatisierungsgrad	50%	10	…
	von ausschließlich manuell (1) bis voll automatisiert (10)			
	II. Integrationsgrad	25%	8	…
	von isoliert (1) bis vollständig integriert (10)			
	III. Selbststeuerungsgrad	25%	5	…
	von abhängig (1) bis ganz autark (10)			

Abb. 3 Reifegradmodell für die Customer Journey

4				Digitaler Reifegrad (Bindung)
Bindung	**Offline-Channels**	**Online-Channels**	**Digitale Beispiele**	3,8
Retention	Event	Tutorials	Elektronische Gebrauchsanleitung	
	Kunden-Magazin	Bots	Einsatz von Servicebots	
	Geschäftsbedingungen	App-Services	Digitale Dienste	
	…	…	…	
		Gewichtung	**Bewertung (1-10)**	Kommentar/Anmerkung:
	I. Automatisierungsgrad	50%	3	…
	von ausschließlich manuell (1) bis voll automatisiert (10)			
	II. Integrationsgrad	25%	5	…
	von isoliert (1) bis vollständig integriert (10)			
	III. Selbststeuerungsgrad	25%	4	…
	von abhängig (1) bis ganz autark (10)			

5				Digitaler Reifegrad (Empfehlung)
Empfehlung	**Offline-Channels**	**Online-Channels**	**Digitale Beispiele**	8,0
Loyalty	Word-of-mouth (WoM)	Empfehlungsprogramme	Art und Dokumentation von Weiterempfehlungen	
	Kunden werben Kunden	Review	Kunden stehen als Referenzkunden zur Verfügung	
	Referenzierung	Incentivierung	Earn- und Burnprogramme	
	…	…	…	
		Gewichtung	**Bewertung (1-10)**	Kommentar/Anmerkung:
	I. Automatisierungsgrad	50%	10	…
	von ausschließlich manuell (1) bis voll automatisiert (10)			
	II. Integrationsgrad	25%	9	…
	von isoliert (1) bis vollständig integriert (10)			
	III. Selbststeuerungsgrad	25%	3	…
	von abhängig (1) bis ganz autark (10)			

x				Digitaler Reifegrad (phasenübergreifend)
Phasenübergreifend	**Offline-Channels**	**Online-Channels**	**Digitale Beispiele**	4,0
Cross-functional	Markforschung	CRM	360-Grad-Sicht auf den Kunden	
	Key Account Management	Schnittstellen	API-Schnittstellen für diverse Plattformen	
	Event	Big Data	Integrierte Nutzung und Analyse der Daten (OLAP)	
	…	…	…	
		Gewichtung	**Bewertung (1-10)**	Kommentar/Anmerkung:
	I. Automatisierungsgrad	50%	4	…
	von ausschließlich manuell (1) bis voll automatisiert (10)			
	II. Integrationsgrad	25%	6	…
	von isoliert (1) bis vollständig integriert (10)			
	III. Selbststeuerungsgrad	25%	2	…
	von abhängig (1) bis ganz autark (10)			

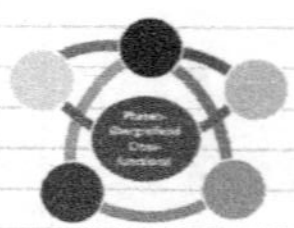

Abb. 4 (Fortsetzung): Reifegradmodell für die Customer Journey

Die Konsolidierung dieser digitalen Prozessgrade führt zum digitalen Reifegrad. Aktivitäten, Strukturen, Prozesse sowie die digitalen Möglichkeiten und Anforderungen sind branchen- und unternehmensbezogen unterschiedlich. Einzelne Online- und Offline-Kanäle können stark voneinander variieren. Die *Gewichtung des digitalen Reifegrads* bedarf daher einer situationsbedingten Einschätzung und kann unterschiedlich gewichtet werden.

Das hier vorgestellte Modell bestimmt digitale Reifegrade von Geschäftsprozessen im integrierten Online- und Offline-Channel-Marketing entlang der Customer Journey. Es basiert systematisch auf den *fünf Phasen einer Customer Journey* und einem zusätzlichen *phasenübergreifenden Aspekt*. Jedes dieser sechs Elemente bedarf, wie die drei Ebenen der digitalen Prozessgrade, einer qualitativen Einschätzung mithilfe einer numerischen Skala von 1 bis 10. Abb. 3, 4 zeigen eine beispielhafte Anwendung des Reifegradmodells, bei der zunächst die Gewichtung der Prozessgrade festgelegt worden ist. Anschließend wurde jeweils eine Bewertung der drei Ebenen entlang der Customer-Journey-Phasen durchgeführt. Abschließend erfolgte eine phasenübergreifende Betrachtung.

Das hier vorgestellte Modell mit der zusammenfassenden *Ergebnisdarstellung* in Abb. 5 bewertet chronologisch den Digitalisierungsgrad entlang der Customer Journey. Die Bewertung entspricht der Methodik der *Nutzwertanalyse* (Scoring). Dem Verfahren nach werden die Kriterien hinsichtlich der Automatisierung, Integration und Selbststeuerung einzeln bewertet.

Aufgrund der Anschaulichkeit und um die Komplexität zu reduzieren, wurden über sämtliche Phasen hinweg die drei Ebenen digitaler Prozessgrade *einheitlich* mit 50 % für die Automatisierung bzw. 25 % für die Integration und Selbststeuerung gewichtet. Eine individuelle Gewichtung kann im Bedarfsfall passend für jeden einzelnen Aspekt vorgenommen werden.

Im gezeigten Beispiel sind die fünf Phasen der Customer Journey und die phasenübergreifende Betrachtung untereinander im Verhältnis auch gleichgewichtet. Letzteres kann als integrale Schnittstelle auch stärker gewichtet werden. Ebenso ist vorstellbar, unternehmensbezogen der Phase Kauf mehr Gewicht zu verleihen. Die *resiliente Systematik* des hier vorgestellten Modells lässt entsprechende *Anpassungen* und *Ermessensspielräume* bewusst zu. Entscheidend bei der Festlegung der Gewichte, ebenso wie bei den passenden Customer Journeys, bedarf es eines einheitlichen und ganzheitlichen Verständnisses der Prioritäten und Zielanforderungen. Das Maß an möglicher *Subjektivität* kann durch *Transparenz* reduziert werden.

Weitere Visualisierungen in Form eines Radars bzw. eines Spinnennetzdiagramms (Abb. 6) oder als Treemaps wären mögliche anschauliche Alternativen. Falls im Fall der Analyse auch künftige *Soll-Szenarien* betrachtet werden, bietet es sich an, diese in der gleichen Form darzustellen und gegenüberzustellen.

Nach *Konsolidierung der Analyseergebnisse* kann zusammenfassend der ganzheitliche digitale Reifegrad der Customer Journey bestimmt werden. Der *digitale Reifegrad* des Customer-Journey-Prozesses wird von analog (1) bis digitalisiert (10) eingestuft (Abb. 7). Diese Einstufung kann auch als prozentualer Wert bzw. Index ausgegeben werden.

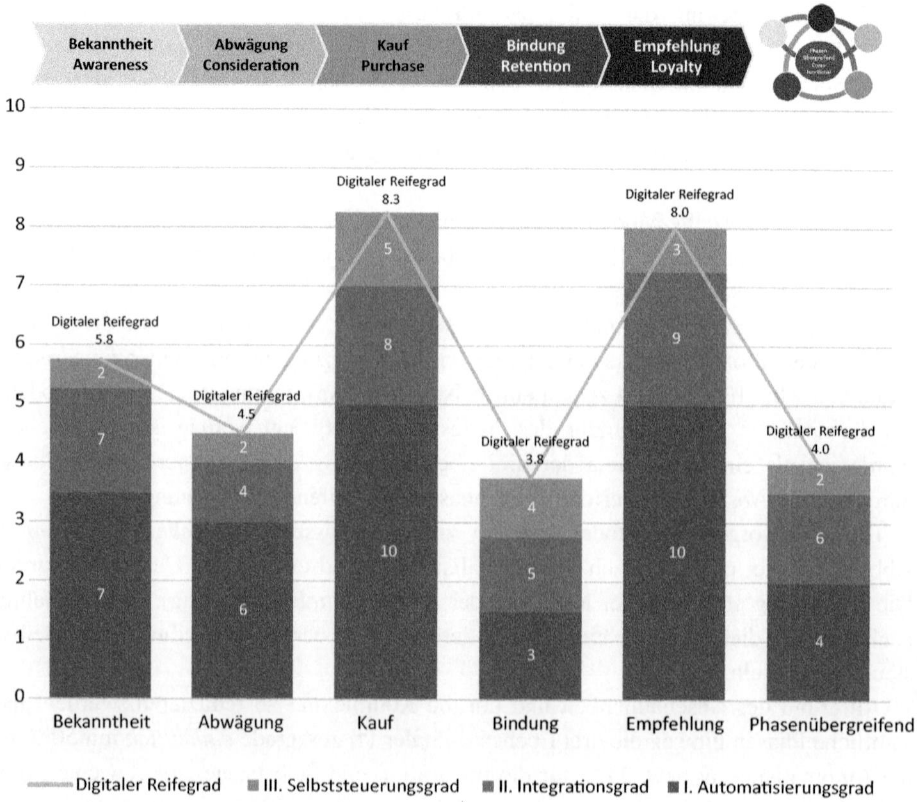

Abb. 5 Auswertung der Digitalisierung entlang der Phasen einer Customer Journey

Ein höherer Digitalisierungsgrad weist grundsätzlich eine höhere *Agilität* und *Flexibilität* auf. Resilient kann auf veränderte Rahmenbedingungen reagiert werden. Durch Transparenz und Harmonisierung der Prozesse entstehen Effizienzsteigerungen in allen Phasen. Das Risiko von falschen Priorisierungen wird reduziert und die entscheidenden Kundenmomente werden identifiziert.

5 Kritische Reflexion und Fazit

Die vollständige, digitale Automatisierung bzw. Integration oder Selbststeuerung, also den höchsten digitalen Reifegrad in jeder Phase in einer Customer Journey anzustreben, sollte nicht unbedingt die *unternehmerische Maxime* darstellen und ist auch nicht immer möglich. Der wirtschaftliche Ertrag und auch der angestrebte Kundennutzen müssen nicht zwangsläufig den *Aufwand für die digitalen Anpassungen* der Prozesse und Strukturen überwiegen. Wirtschaftlich adäquat und damit ausreichend und sinnvoll können durchaus auch geringe digitale Reifegrade sein.

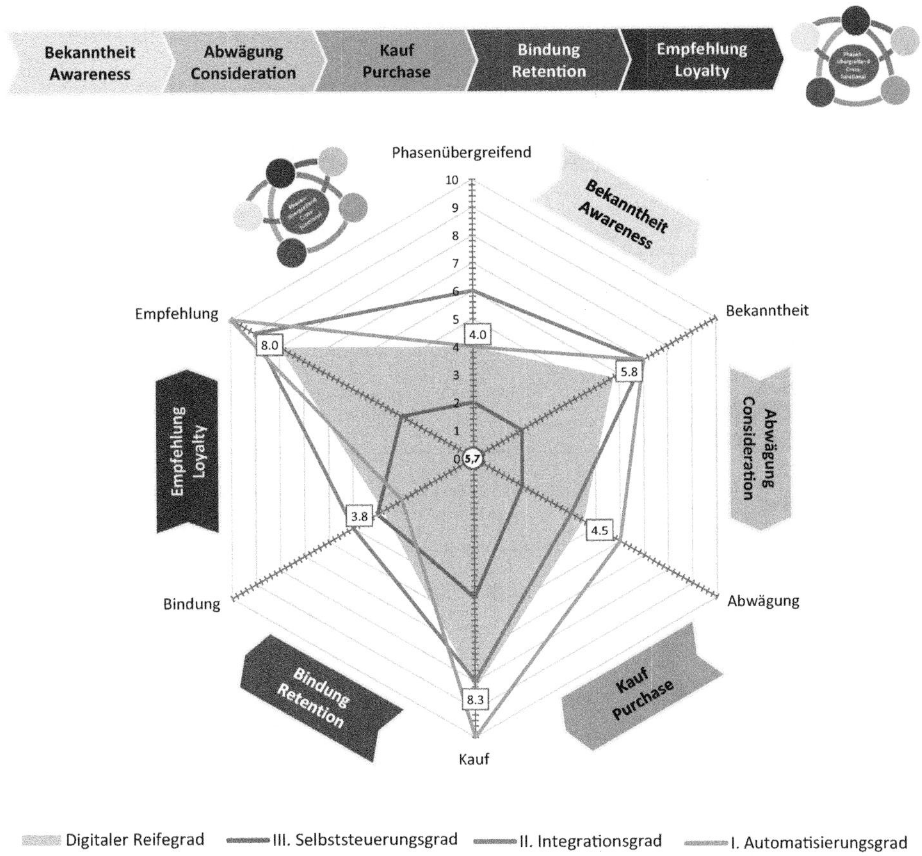

Abb. 6 Auswertung der Digitalisierung als Spinnennetzdiagramm

Bei einem Frisör liegt es nahe, dass wenn die gesamte Terminkoordination und Bezahlung vollständig digital erfolgten, dies die organisatorischen *Transaktionskosten* nicht rechtfertigen würde. Eine Priorisierung der digitalen Prozessumsetzung sollte in den Bereichen erfolgen, in denen der höchste Leidensdruck herrscht.

Insbesondere bei Abteilungsgrenzen bestehen Medienbrüche innerhalb der jeweiligen Kanäle, die es aufzubrechen gilt. Bestehen innerhalb der einzelnen Organisationseinheiten jeweils proprietäre Anwendungen und Daten, sind diese zunächst zu harmonisieren und zu standardisieren. Dies stellt eine Voraussetzung für eine Erhöhung der Digitalisierungsgrade dar. Das Maß an manuellen *Datenübertragungen* sollte auf ein Minimum reduziert werden, um bei den digitalen Prozessen das *Fehlerrisiko* zu senken und *Fehlsteuerungen* zu vermeiden. Eine Schatten-IT mit lokalen Anwendungen und lokaler Datenspeicherung kann gerade durch unternehmensweit eingesetzte cloudbasierte Anwendungen aufgelöst werden, auch in Hinblick auf mögliche Anforderungen an Compliance- und Sicherheitsregeln. Mithilfe bspw. von Prozesslandkarten können diese Schwachstellen identifiziert werden (Appelfeller & Feldmann, 2018, S. 30 f.).

Digitaler Reifegrad (gesamt) Stufen	Beschreibung
9 - 10 Digitalisiert 9,0 - 10,0 (90% - 100%)	Die Customer Jouney ist als digitalisiert zu bezeichnen. Diverse Touchpoints sind durchgängig digitalisiert. Die Automatisierung, Integration und Selbststeuerung werden über die gesamte Customer Journey digital orchestriert.
7 - 8 Digital dominiert 7,0 - 8,9 (70% - 89%)	Digitalierungsprozesse überwiegen. Einzelne Prozesschritte werden noch manuell bzw. analog bearbeitet.
5 - 6 Teildigitalisiert 5,0 - 6,9 (50% - 69%)	Einzelne Phasen und Touchpoints sind automatisiert und werden stellenweise integriert verarbeitet. Erste autarke Prozesse sind im Einsatz.
3 - 4 Analog dominiert 3,0 - 4,9 (30% - 49%)	Die jeweiligen Phasen der Customer Journey und Touchpoints werden prozessual isoliert betrachtet.
1 - 2 Analog 1,0 - 2,9 (0% - 29 %)	Die Customer Journey ist weitestgehend als analog anzusehen. Die Touchpoints entlang der Customer Journey sind großteils nicht digital miteinander angebunden.

Abb. 7 Stufen des digitalen Reifengrads

Ein wichtiger Aspekt ist auch die Einstellung und *Bereitschaft* der jeweiligen Kunden bzw. des Marktes hinsichtlich des Digitalisierungsgrads. Erwartungshaltung, Nutzenpotenziale und Affinität können stark voneinander abweichen. In äußerst datensensiblen Branchen wie bspw. Krankenversicherungen oder im komplexen und stark individualisierten B2B-Umfeld ist mehr Zurückhaltung hinsichtlich der digitalen Selbststeuerung erwartbar. Die *Subjektivität* und eine mögliche *Befangenheit* der Befragten für die Einstufungen können eine Herausforderung in der Analyse darstellen.

Für die *Anpassbarkeit* und die relativ einfache *Handhabung* des hier vorgestellten Reifegradmodells, welches für verschiedenste Branchen und Unternehmensgrößen vielfältig anwendbar sein soll, bedarf es für eine operative Umsetzung jedoch einer entsprechenden Vorbereitung und eines entsprechenden Aufwands. So sind im Bedarfsfall *spezielle Checklisten als Bewertungskriterien* zu definieren und *Befragungen zur Evaluierung mit Fachexperten* durchzuführen. Der interne Aufwand muss in Relation zum erwarteten Erkenntnisgewinn stehen. Aufgrund des dynamischen digitalen Umfeldes bedarf es einer kontinuierlichen Reflexion der Ergebnisse. Es sollte nicht bei einer *Bestandaufnahme* des Status quo bleiben.

Mithilfe dieses Reifegradmodells wird eine *Transparenz* der Geschäftsprozesse entlang der gesamten Customer Journey geschaffen sowie die digitalen *Herausforderungen* und *Potenziale* bewertet. Die Ergebnisse der digitalen Reifegradbestimmung dienen als *Diskussionsbasis* zwischen den einzelnen Organisationseinheiten. Es sollen Möglichkeiten zur Optimierung der digitalen Geschäftsprozesse und *Handlungsoptionen* identifiziert und eine Basis für mögliche *Soll-Ist-Szenarien* und *Benchmarks* gebildet werden.

Literatur

Anderl, E., Becker, I., von Wangenheim, F., & Schumann, J. H. (2016). Mapping the customer journey: Lessons learned from graph-based online attribution modeling. *International Journal of Research in Marketing, 33*(3), 457–474.

Appelfeller, W., & Feldmann, C. (2018). *Die digitale Transformation des Unternehmens – Systematischer Leitfaden mit zehn Elementen zur Strukturierung und Reifegradmessung.* Springer Gabler.

Becker, J., Niehaves, B., Pöppelbuß, J., Simons, A. (2010). Maturity models in IS research. Proceedings of the European conference on information systems. ECIS.

Bitkom (2020). Reifegradmodell Digitale Geschäftsprozesse – Leitfaden. https://www.bitkom.org/sites/default/files/2020-04/200406_lf_reifegradmodell_digitale-geschaftsprozesse_final.pdf. Zugegriffen: 11. Febr. 2022.

Bruhn, M., Burmann, C., & Kirchgeorg, M. (Hrsg.). (2020). *Marketing Weiterdenken. Zukunftspfade für eine marktorientierte Unternehmensführung* (2. Aufl.). Springer Gabler.

CMMI (2022). CMMI V2.0. https://cmmiinstitute.com. Zugegriffen: 2. Febr. 2022.

Court, D., Elzinga, D., Mulder, S., Vetvik, O. J. (2009). The consumer decision journey. https://www.mckinsey.com/business-functions/marketing-and-sales/our-insights/the-consumer-decision-journey. Zugegriffen: 2. Febr. 2022.

DIN Deutsches Institut für Normung. (2015). DIN EN ISO 9000: Qualitätsmanagementsysteme – Grundlagen und Begriffe (ISO 9000:2015-11). Beuth.

ISO (2015). ISO/IEC 33001:2015. Information technology – Process assessment – Concepts and terminology. https://www.iso.org/standard/54175.html. Zugegriffen: 24. Jan. 2022.

Kleinjohann, M., Reinecke, V. (2020). Marketingkommunikation mit der Generation Z. Erfolgsfaktoren für das Marketing mit Digital Natives. Springer Gabler.

Kreutzer, R. T. (2021). *Praxisorientiertes Online-Marketing, Konzepte – Instrumente – Checklisten* (4. Aufl.). Springer Gabler.

Meffert, H., Burmann, C., Kirchgeorg, M., & Eisenbeiß, M. (2019). *Marketing: Grundlagen marktorientierter Unternehmensführung. Konzepte – Instrumente – Praxisbeispiele* (13. Aufl.). Springer Gabler.

Schneider, O. (2020). Man muss den Perfektionismus aufgeben, um eine Customer Journey zu erstellen. https://www.netzwoche.ch/news/2020-04-01/man-muss-den-perfektionismus-aufgeben-um-eine-customer-journey-zu-erstellen. Zugegriffen: 1. Febr. 2022.

Urbach, N. (2020). *Marketing im Zeitalter der Digitalisierung. Chancen und Herausforderungen durch digitale Innovationen.* Springer Gabler.

VDA QMC (2022a). The Automotive SPICE®. Process Assessment Model. https://www.automotivespice.com. Zugegriffen: 24. Jan. 2022.

VDA QMC (2022b). Automotive SPICE®. https://vda-qmc.de/software-prozesse/automotive-spice. Zugegriffen: 24. Jan. 2022.

Prof. Dr. Mahmut Arica ist hauptberuflich Professor für Allgemeine Betriebswirtschaftslehre, insbesondere Marketing und Vertrieb, an der FOM Hochschule in Münster. Er ist Mitglied des KompetenzCentrums für Marketing & Sales Management (KCMS) sowie im Institut für IT-Management & Digitalisierung (ifid). Mahmut Arica studierte Volks- und Betriebswirtschaft in Münster und promovierte in Bratislava und Wien über Social Media und Digitalisierung. Er verfügt über eine über 20-jährige praktische Führungserfahrung u. a. bei IBM, Siemens, Capgemini und Oracle in den Gebieten Marketing, Vertrieb und Consulting. Vor seiner Berufung war er in einem mittelständischen Unternehmen geschäftsleitend für die Bereiche Vertrieb, Marketing und Business Operations verantwortlich. Mahmut Arica lehrt sowohl in Präsenz als auch virtuell primär in den Fachgebieten Marketing, Vertrieb, Digitalisierung und Strategisches Management.

Marketing Funnel, Targeting und Attributionsmodellierung

Sascha Hoffmann

Inhaltsverzeichnis

1 Einleitung 125
2 Customer Journey und Marketing Funnel 126
2.1 Die Customer Journey 126
2.2 Der Marketing Funnel 127
3 Zielgruppenansprache durch Targeting und Tracking 128
4 Attributionsmodellierung 133
4.1 Statische Attributionsmodelle 134
4.2 Dynamische Attributionsmodelle 136
5 Aktuelle Entwicklungen und Ausblick 137
6 Fazit 139
Literatur 139

1 Einleitung

Beim Fußball ist es wichtig, eine gute Mannschaft zu haben und diese durchdacht aufzustellen, um möglichst viele Tore zu schießen. Fußball ist ein Teamsport, sodass der Sieg nicht nur dem Torschützen, sondern der gesamten Mannschaft zugerechnet wird und der wichtigste Spieler nicht zwangsläufig derjenige mit den meisten Torschüssen ist.

S. Hoffmann (✉)
Hamburg, Deutschland
E-Mail: sascha.hoffmann@hs-fresenius.de

K. Butzer-Strothmann (Hrsg.), *Integriertes Online- und Offline-Channel-Marketing*,
https://doi.org/10.1007/978-3-658-38048-9_6

Übertragen auf das (Online-)Marketing bedeutet dies, dass ein erfolgreiches Unternehmen ein breites Marketing-Setup auf mehreren Kanälen benötigt, da nicht nur die Marketingmaßnahme, mit der ein Konsument unmittelbar vor dem Einkauf bzw. allgemein der Conversion in Kontakt kommt, alleine für den Erfolg verantwortlich ist. Im Gegenteil: Es hat in der Regel zuvor bereits eine Reihe weiterer Berührungspunkte mit dem Unternehmen bzw. seinen Produkten und Services gegeben, die ebenfalls einen Einfluss auf die letztliche Kaufentscheidung hatten. Ein funktionierendes, aufeinander abgestimmtes Zusammenspiel der Marketingkanäle und deren nachträgliche Analyse sind also für den Marketingerfolg essenziell.

2 Customer Journey und Marketing Funnel

2.1 Die Customer Journey

Die Customer Journey, im FMCG-Bereich zum Teil auch als Consumer Journey bezeichnet, beschreibt bildlich die Reise eines (potenziellen) Kunden vom initialen Kontakt und der anfänglichen Weckung seiner Bedürfnisse über die bewusste Auseinandersetzung und aktive Beschaffung von Informationen zum Produkt bzw. zur Dienstleistung bis hin zur Conversion, also der finalen Zielhandlung, wie dem Kaufabschluss (s. Abb. 1).

Entlang seiner Reise kommt ein Konsument also an mehreren Stellen, den sogenannten *Touchpoints,* mit einem Unternehmen bzw. seinen Marketingmaßnahmen in Berührung und wird durch diese mehr oder minder stark in seinem Kaufentscheidungsprozess beeinflusst. Dabei sind nicht nur Kontakte gemeint, bei denen eine Aktion stattfindet, sondern auch Sichtkontakte (Kreutzer 2018, S. 9 f.; Flocke & Holland, 2014, S. 214).

Je nach Produkt bzw. Service unterscheiden sich die Länge und der Verlauf einer Customer Journey. Konsumenten werden sich bspw. vor einem Haus- oder Autokauf sicherlich ausführlicher und auf anderen Kanälen informieren, als sie dies etwa beim Kauf einer neuen Hose tun.

Abb. 1 Schematische Darstellung einer Customer Journey

Im Marketing unterscheidet man hier zwischen *extensiven Kaufentscheidungen* auf der einen und *Impulskäufen* auf der anderen Seite. Aber auch dem vermeintlich spontanen Impulskauf einer Cola in einem Kiosk, wenn man Durst hat, geht i. d. R. eine längere (unbewusste) Customer Journey voraus. Ob man sich nämlich bspw. für eine Coca-Cola oder eine Pepsi-Cola entscheidet, hat neben dem Geschmack auch etwas mit der individuellen Markenwahrnehmung zu tun, die schon deutlich früher begonnen hat.

▶ Natürlich gibt es auch echte Impulskäufe, etwa wenn ein User auf einem Social-Media-Kanal ein Gimmick angeboten bekommt, von dem er zuvor nicht einmal gewusst hatte, dass es so ein Produkt überhaupt gibt, und es spontan kauft. Solche Fälle bleiben bei der Customer-Journey-Diskussion jedoch oftmals unberücksichtigt.

Bei der Analyse der Customer Journeys interessieren sich Unternehmen im Allgemeinen nicht für die Journey einzelner Konsumenten, sondern es geht um Gemeinsamkeiten bzw. die personenübergreifenden Verläufe. Deren Kenntnis ist für das (Online-) Marketing der Unternehmen sehr relevant.

2.2 Der Marketing Funnel

Der Marketing Funnel, häufig auch als Sales Funnel bezeichnet, und die Customer Journey sind zwei eng miteinander verbundene Konzepte im Online-Marketing. Der Marketing Funnel stellt die *Gesamtheit aller Customer Journeys aus Unternehmenssicht* dar.

▶ Konzeptionell basiert der Marketing Funnel auf der klassischen AIDA-Formel aus der Psychologie. Der Marketing Funnel skizziert dabei die unternehmensseitigen Marketingziele entlang der Customer Journey, während die AIDA-Formel idealtypisch aufzeigt, was in den Köpfen der Konsumenten entlang ihrer Customer Journey passiert.

Die einzelnen Phasen des Marketing Funnel stellen die aufeinander aufbauenden Marketingziele des Unternehmens dar (s. Abb. 2). In der *Awareness-Phase* geht es darum, dass möglichst viele Personen aus der Zielgruppe von dem Produkt bzw. der Dienstleistung eines Unternehmens erfahren. Die Kenntnis von einem Produkt ist Voraussetzung dafür, dass im nächsten Schritt möglichst viele bereit sind, sich intensiver mit dem Produkt auseinanderzusetzen. Dies muss ein Unternehmen dann in der *Consideration-Phase* gewährleisten. Wenn dann die passende Situation – ggf. durch das Marketing getriggert – gekommen ist, sollen in der *Conversion-Phase* letztlich so viele Personen wie möglich ihre Customer Journeys vollenden und das Produkt bzw. den Service erwerben.

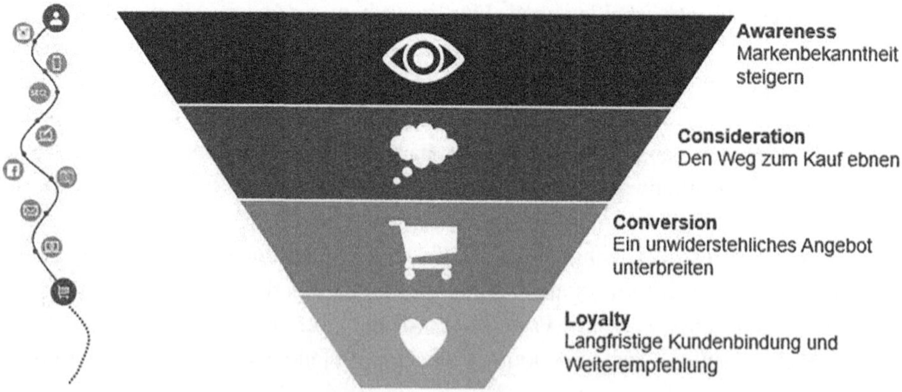

Abb. 2 Ziele im Marketing Funnel entlang der Customer Journey

Häufig wird der Marketing Funnel schließlich noch um eine *Loyalty-Phase* ergänzt, in der es darum geht, dass die Käufer auch nach ihrem Erstkauf ihre Customer Journey mit dem Unternehmen fortsetzen, indem sie das Produkt möglichst lange nutzen, Folgekäufe tätigen sowie idealerweise auch noch gegenüber anderen positiv von dem Produkt berichten (Referral Marketing).

Da viele Customer Journeys nicht vollständig bis zur Conversion, also z. B. bis zum Kauf des Produktes bzw. Service, verlaufen, sondern die Konsumenten ihre Reise entlang des Weges abbrechen, verjüngt sich der Marketing Funnel von Phase zu Phase.

▶ Die Frage, ob die Journey eines Konsumenten dauerhaft abgebrochen wurde oder ob es sich nur um eine ggf. längere Pause bis zum nächsten Touchpoint handelt, ist in der Praxis vielfach schwer zu beantworten und wird in den Analytics-Abteilungen von Unternehmen meist darüber gelöst, dass eine Customer Journey nach einer unternehmensseitig festgelegten Zeitspanne, in der kein neuer Kontakt erfolgte, als beendet definiert wird.

3 Zielgruppenansprache durch Targeting und Tracking

Um einen möglichst hohen Anteil erfolgreicher Customer Journeys zu erreichen, ist es wichtig, dass das Targeting eines Unternehmens stimmt. Idealerweise sollten nur Personen mit einer Marketingkampagne angesprochen werden, die zur Zielgruppe gehören, da von ihnen angenommen werden kann, dass sie sich mit einer gewissen Wahrscheinlichkeit für das Produkt interessieren und in der Folge auch konvertieren werden. Das bedeutet: Je besser das Targeting und damit die Zielgruppenerreichung sind, desto wahrscheinlicher ist es, dass viele Customer Journeys erfolgreich beendet werden und sich bildlich gesehen der Marketing Funnel nicht zu sehr verjüngt.

▶ Als *Targeting* bezeichnet man die gezielte Auslieferung von (Online-)Werbung an die Mitglieder einer Zielgruppe.

Werden Personen, die nicht zur Zielgruppe gehören, dennoch (versehentlich) angesprochen, handelt es sich um sogenannte *Streuverluste.* Streuverluste sind sowohl für die Rezipienten als auch für die werbenden Unternehmen unerwünscht, da empfängerseitig unpassende Werbung tendenziell als störend empfunden wird und die werbenden Unternehmen – je nach Abrechnungsmodell – auch noch für die ungewollte Ansprache bezahlen müssen, ohne dass davon ein positiver Marketingeffekt erwartet werden kann.

In der klassischen Werbeplanung wird deshalb nach der Definition der anzusprechenden Zielgruppe im Rahmen der Mediaplanung ermittelt, bei welchen Medien eine möglichst große Schnittmenge zwischen der zu erreichenden Zielgruppe und der jeweiligen Medien-Audience besteht (s. Abb. 3). Im Anschluss kommen dann bevorzugt die Medien für eine Kampagnenbuchung infrage, bei denen die Überschneidung zwischen Zielgruppe und Medien-Audience besonders hoch ist.

Im Online-Marketing müssen Unternehmen keine derartigen 0/1-Entscheidungen bei der Medienwahl treffen, sondern können kanalübergreifend eine nutzerindividuelle Aussteuerung ihrer Kampagnen vornehmen. Dieser Ansatz wird als *Programmatic Advertising* bezeichnet, bei dem die automatisierte, datenbasierte Aussteuerung von Kampagnen auf der Ebene einzelner Werbekontaktchancen in Echtzeit erfolgt (Bundesverband Digitale Wirtschaft (BVDW) e. V., 2021, S. 2).

Programmatisch ausgesteuerte Werbekampagnen versprechen Werbetreibenden deshalb eine deutlich höhere Effizienz. Wenig verwunderlich ist daher, dass ihr Anteil inzwischen bei über zwei Drittel aller digitalen Werbekampagnen liegt (Bundesverband Digitale Wirtschaft (BVDW) e. V., 2020).

▶ Im Programmatic Advertising geht es darum, die richtigen Personen in der passenden Situation mit einer für sie relevanten Marketingbotschaft zu erreichen. Dafür ist es nicht nur wichtig, Mitglieder aus der jeweiligen Zielgruppe zu identifizieren, sondern auch sicherzustellen, dass sie eine Werbebotschaft im *passenden Kontext* ausgespielt bekommen.

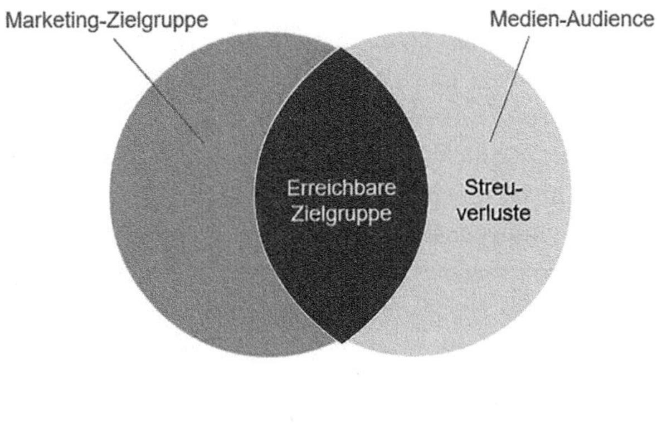

Abb. 3 Klassischer Targetingansatz im Marketing. (Quelle: In Anlehnung an Hass und Willbrandt (2011, S. 12))

Dieser ergibt sich insbesondere durch

- den richtigen Zeitpunkt,
- den richtigen Ort,
- ein passendes thematisches Umfeld.

Die ersten beiden Aspekte sind im Programmatic Advertising recht einfach sicherzustellen, da bei jedem Internetzugriff immer klar ist, wann dieser erfolgt und über die IP-Adresse auch eine geografische Zuordnung erfolgt. Daher sind ein *zeitliches sowie geobasiertes Targeting* einfach zu realisieren.

Zudem weiß jeder Website- bzw. App-Betreiber, über welches Endgerät ein Websitebesuch erfolgt. Somit ist auch die *endgerätespezifische Aussteuerung* einer Webekampagne auf z. B. nur mobile Websitebesucher technisch ebenfalls unproblematisch.

Deutlich komplexer ist es, ein thematisches Targeting anzubieten. Beim *contentspezifischen Targeting* wird eine Werbung nur dann auf einer Webseite ausgespielt, wenn der eigentliche Content der Seite bestimmte, vom Werbetreibenden vorgegebene Keywords (Schlagworte) enthält. Dieses Grundprinzip kommt neben der Themenanalyse von Websites auch bei Suchmaschinenwerbung (Search Engine Advertising, kurz SEA), wie bspw. Google Ads, zur Anwendung (Hass & Willbrandt, 2011, S. 14).

Eine besondere Herausforderung ist, dass Keywords jedoch zum Teil mehrdeutig sind bzw. in einem für das werbetreibende Unternehmen problematischen Kontext auf einer Webseite verwendet werden können, der nicht durch eine einfache Liste an auszuschließenden Keywords zu erkennen ist. Daraus resultiert die reale Gefahr, dass Werbung auf Webseiten ausgespielt wird, die für das werbende Unternehmen zu einem Imageschaden führen können.

Da der Aspekt der *Brand Safety* bzw. Brand Suitability für Werbetreibende von großer Bedeutung ist, versuchen immer mehr Werbenetzwerke, Werbung nicht mehr nur auf der Basis eines Keyword-Abgleichs auszusteuern, sondern vielmehr automatisiert das inhaltliche Thema sowie das Sentiment einer Webseite zu erfassen, um darauf basierend ein *semantisches Targeting* anzubieten (Hülse, 2021; Flaig, 2020).

Um im Online-Marketing Personen aus einer zuvor definierten Zielgruppe spezifisch auswählen und ansprechen zu können, müssen über die Internetnutzer Informationen zu ihren Vorlieben, Interessen, soziodemografischen Merkmalen usw. erhoben worden sein, die den Werbetreibenden anschließend anonymisiert als *Targetingmerkmale* zur gezielten Aussteuerung ihrer Werbekampagnen zur Verfügung gestellt werden.

Die nutzerspezifischen Informationen werden neben zum Teil vorhandenen Profildaten aus sozialen Netzwerken bzw. Online-Shops vor allem durch die Analyse des Browsingverhaltens von Internetusern ermittelt *(Behavioural Targeting)*. Die hierfür erforderliche technische Nutzerverfolgung im Internet wird als *Tracking* bezeichnet (Lammenett, 2019, S. 64).

Die bislang übliche Methode ist das sogenannte *Cookie-Tracking*. Ein Cookie ist eine kleine Textdatei, die vom Webserver lokal im Browser eines Websitebesuchers abgelegt wird, sobald er die Seite aufruft. Durch diese First-Party-Cookies können Endgeräte beim nächsten Websitebesuch wiedererkannt werden und das bisherige Nutzungsverhalten auf der Website kann analysiert werden. Beispielsweise kann ein Online-Shop so erkennen, ob beim letzten Websitebesuch etwas in den Warenkorb gelegt, aber noch nicht gekauft wurde (Hoffmann & Becker, 2020, S. 313; Lammenett, 2019, S. 65 f.).

Um das websiteübergreifende Browsingverhalten eines Users mit Cookies zu messen, kommt ein Tracking-Pixel zur Anwendung. Dabei hat der Betreiber einer Website einen HTML-Code integriert, der bei einem Websitebesuch ein 1 × 1 Pixel großes, farbloses GIF-Bild lädt. Dieses Pixelbild liegt jedoch nicht auf dem Server des Websitebetreibers, sondern auf dem Server eines Drittanbieters, wo es vom Browser heruntergeladen wird. Beim Laden des Pixels fragt der Server des Drittanbieters gleichzeitig beim Browser an, ob dort ein Cookie von ihm hinterlegt ist *(Third-Party-Cookie)*. Ist dies der Fall, kann er ihn auslesen und erfährt so, auf welcher anderen Website sich ein User aufhält (Hoffmann & Becker, 2020, S. 314; von Heeren, 2019, S. 55–60).

▶ Im Online-Marketing werden zahlreiche Daten erhoben und analysiert. Dabei wird zwischen First und Third Party-Daten unterschieden. *First-Party-Daten* sind Daten, die ein Unternehmen selber erhebt, also z. B. CRM-Daten, wie über ein Registrierungsformular eingesammelte E-Mail-Adressen für einen Newsletter. Als *Third Party-Daten* werden dagegen Daten bezeichnet, die von unternehmensfremden Unternehmen, sogenannten Drittanbietern, erhoben und bereitgestellt werden. Im Online-Marketing sind dies vor allem Cookies von Werbenetzwerken (Third-Party-Cookies) oder Targetinginformationen von speziellen Data-Management-Plattformen (DMP) (Bundesverband für Digitale Wirtschaft (BVDW) e. V., 2015, S. 5–7). Gelegentlich werden neben First- und Third-Party-Daten auch noch Second-Party-Daten beschrieben. *Second-Party-Daten* sind danach extern gesammelte Eigendaten bzw. Partnerdaten, wie bspw. Kampagnendaten, die ein werbetreibendes Unternehmen von seiner Marketingagentur, einem Adserver oder einem anderen unmittelbaren Kooperationspartner erhält (emetriq GmbH, 2020, S. 5). Die Abgrenzung zwischen Second- und Third-Party-Daten ist jedoch oftmals schwierig, sodass in der Praxis im Allgemeinen nur zwischen den von einem Unternehmen selber erhobenen Daten (First Party) und von anderen zur Verfügung stehenden Daten (Third Party) unterschieden wird.

Bei diesen Drittanbietern handelt es sich z. B. um *Ad Networks* (Werbenetzwerke), die auf einer Vielzahl an Websites das jeweilige Werbeinventar mit Werbung befüllen. Dafür haben die Websitebetreiber das Pixel-Tracking des Ad Networks in ihrem HTML-Code integriert. Das Ad Network lernt durch das Auslesen seiner über das Pixel-Tracking des Ad Networks angeforderten Cookies, auf welchen Websites innerhalb seines Netzwerks ein Konsument, bzw. streng genommen das jeweilige Endgerät, gewesen ist, und leitet daraus ab, wofür er sich interessiert (Hoffmann & Becker, 2020, S. 314).

Das Tracking auf Smartphones funktioniert prinzipiell ähnlich wie auf dem Desktop. Jedoch werden hierfür statt Cookies sogenannte *Identifier for Advertisers* (IDFA) bzw. *Advertising-IDs* genutzt, die sowohl für Android- als auch für iOS-Smartphones verfügbar sind. Durch diese gerätespezifischen IDs sind sowohl die Nutzung innerhalb einer App als auch Nutzungsübergänge zwischen Apps nachvollziehbar (Google, 2021; Bundesverband für Digitale Wirtschaft (BVDW) e. V., 2015, S: 21 f.).

Sowohl ID-basierte Trackingmethoden auf Smartphones, auf die im Folgenden nicht weiter im Detail eingegangen wird, als auch das Cookie-Tracking haben das grundlegende Problem, dass sie gerätespezifisch sind und damit ein geräteübergreifendes Internetnutzungsverhalten zunächst nicht nachvollziehbar ist. Da viele Konsumenten aber mehrere Endgeräte benutzen, ist für eine gute Customer-Journey-Analyse ein *Cross-Device-Tracking* notwendig. Nur so können Ad Networks mehrteilige Marketingkampagnen von Werbetreibenden über mehrere Endgeräte hinweg an Internetuser kommunizieren oder ihnen auch ein geräteübergreifendes Retargeting anbieten. Das heißt, dass ein User ein Produkt, das er sich auf einem Endgerät im Internet angesehen, aber nicht gekauft hat, auf einem anderen Gerät als Werbung wieder angezeigt bekommt (Hoffmann & Becker, 2020, S. 314; Kreutzer, 2018, S. 207).

▶ Ein spezieller Anwendungsfall des verhaltensbasierten Targeting ist das *Retargeting,* oftmals auch als Remarketing bezeichnet. Dabei werden User, die bspw. in einem Online-Shop eine Bestellung abgebrochen haben, über Cookies markiert und anschließend auf anderen, dem gleichen Ad Network angeschlossenen Websites gezielt wieder angesprochen (Lammenett, 2019, S. 344). In der Regel werden dafür Werbemittel wie Banner verwendet, auf denen die im Online-Shop angesehenen, aber eben noch nicht gekauften Produkte zu sehen sind. Ziel von Retargeting-Kampagnen ist es, die User zur Rückkehr auf die Website zu bewegen, um sie dort zu konvertieren (im Online-Shop-Fall also das ursprünglich in den Warenkorb gelegte Produkt doch noch zu kaufen).

Unternehmen, wie Google, Facebook bzw. große E-Commerce-Anbieter, bei denen sich User auf ihren verschiedenen Endgeräten eingeloggt haben, sind beim Cross-Device-Tracking im Vorteil. Sie können nämlich Login- und Profildaten als *deterministische Daten* nutzen, um die unterschiedlichen Endgeräte eindeutig einer Person zuzuordnen. Loggt sich ein registriertes Mitglied auf unterschiedlichen Endgeräten bei einem der Anbieter ein, kann das Unternehmen die einzelnen Endgeräte eindeutig dem Mitglied zuordnen (Hoffmann & Becker, 2020, S. 314).

Die Erlaubnis hierfür haben die Mitglieder den Unternehmen mit der Akzeptierung der AGB bzw. der Datenschutzrichtlinien gegeben. Es liegt rechtlich also eine explizite Zustimmung (Consent) der User vor. Dies gilt auch für ein Tracking außerhalb der eigentlichen Websites der Anbieter, sofern die jeweiligen Inhaber ein entsprechendes Tracking-Pixel auf ihrer Website implementiert haben – auf das Tracking muss der Websitebetreiber allerdings hinweisen. Auf diese Weise lernen Facebook, Amazon etc., wofür sich ihre Mitglieder auch außerhalb der eigenen Website im Internet interessieren. Dieses Wissen nutzen sie, um ihre Mitglieder in sehr spezifische Zielgruppen einzuordnen, die sie in anonymisierter Form ihren Werbetreibenden fürs Targeting ihrer Werbekampagnen zur Verfügung stellen.

Andere Unternehmen versuchen über Algorithmen, mehrere Endgeräte mit einer statistischen Wahrscheinlichkeit einem User zuzuordnen *(probabilistische Daten)*. Dabei werden verschiedene Datenpunkte, wie das Surfverhalten, die Historie der Webnutzung, ein wiederholt gemeinsamer Standort etc., ohne eindeutig personenbezogene Informationen verwendet, um daraus ein gemeinsames Muster zu ermitteln, das statistisch einem User zugeordnet werden kann. Datendienstleister versprechen hier eine Präzision von 80 % und mehr (Hoffmann & Becker, 2020, S. 314; Gillner, 2016).

Vor noch größere Herausforderungen als das Cross-Device-Tracking stellt Unternehmen die Analyse von Customer Journeys, die neben Online- auch Offline-Touchpoints umfassen, was in der Realität mutmaßlich auf die meisten Customer Journeys zutrifft. Hier gibt es bereits Ansätze, dass z. B. auch der Besuch eines Ladengeschäfts digital erfasst werden kann. Gleichwohl findet dies bislang noch nicht systematisch statt und wird aufgrund der Komplexität voraussichtlich auch nie umfassend möglich sein. Man denke hier bspw. an ein Gespräch mit Freunden über ein Produkt bzw. den Kontakt mit einer Zeitschriftenwerbung (Esch et al., 2016, S. 330–333). In der Praxis fokussiert sich daher das Tracking von einzelnen Customer Journeys zumeist auf die digitalen Marketingkanäle. Genau hierin liegt daher aber auch ein zentraler Vorteil des Online-Marketings (Hoffmann & Becker, 2020, S. 315; Greve, 2016, S. 16).

4 Attributionsmodellierung

Bei der Analyse der Customer Journey geht es zunächst darum, das Konsumentenverhalten und die Kaufentscheidungsprozesse nachvollziehen zu können (Tracking), um in der Folge idealerweise an jedem Touchpoint der Customer Journey entsprechend dem Marketing Funnel mit der jeweils passenden Marketingbotschaft präsent zu sein (Targeting). Zudem lässt sich damit auch die Frage beantworten, welche Marketingkanäle und -maßnahmen welchen Anteil an einer Conversion und wie sie die Kundenreise begleitet haben (Hoffmann & Becker, 2020, S. 315; Kreutzer, 2018, S. 35-40).

Die nachträgliche Zuordnung der Wertbeiträge, die die einzelnen Touchpoints am Zustandekommen einer Conversion hatten, wird als *Attribution* bezeichnet. Durch das gewonnene Verständnis für die Wirkung einzelner Touchpoints können Unternehmen die Aussteuerung ihres Budgets zur Erreichung der Marketingziele entlang des Marketing Funnels optimieren. Idealerweise wird in der Folge jedem Marketingkanal ein Budget entsprechend seinem Wertbeitrag zugeordnet (Hoffmann & Becker, 2020, S. 315; Flocke & Holland, 2014, S. 225).

Je nach *Attributionsmodell* werden die Wertbeiträge den einzelnen Touchpoints unterschiedlich zugerechnet. Die zentrale Frage bei der Attribution ist also, wie „wichtig“

der erste, zweite, dritte usw. Touchpoint entlang der Customer Journey für eine Conversion gewesen ist. Grundsätzlich wird bei der Attribution zwischen statischen und dynamischen Modellen unterschieden (Hoffmann & Becker, 2020, S. 315; Kamps & Schetter, 2018, S. 164–167).

4.1 Statische Attributionsmodelle

Bei statischen Attributionsmodellen findet eine feste Zuordnung der Relevanz nach vorab definierten, heuristischen Regeln statt. Beim Last-Interaction-Wins-Modell, das auch als Last-Cookie-Wins-Modell bezeichnet wird, wird der Conversionerfolg ausschließlich dem letzten Touchpoint in einer Customer Journey zugeordnet. Im fiktiven Beispiel aus Abb. 4 würde danach der Online-Kauf vollständig dem Kanal Suchmaschinenwerbung (Search Engine Advertising, SEA) zugerechnet. Übertragen auf das einleitende Fußball-Bild wird der erzielte (Tor-)Abschluss damit ausschließlich dem Torschützen zugeordnet.

Der große Vorteil des *Last-Interaction-Wins-Modells* ist, dass es einfach anzuwenden ist. Der Online-Kanal, von dem ein User unmittelbar vor der Conversion auf eine Website kam, kann unmittelbar in Analysetools, wie Google Analytics, abgelesen werden. Das Modell ist daher meist Startpunkt von Unternehmen, wenn sie im Marketing-Controlling herausfinden möchten, welcher Marketingkanal für wie viele Conversions verantwortlich ist. Das Modell ignoriert jedoch, dass eine Customer Journey i. d. R. länger ist und ein User zuvor bereits an mehreren anderen Touchpoints Kontakt mit dem Unternehmen bzw. seinem Produkt/Service hatte. Es bildet daher die Realität nur dann adäquat ab, wenn ein Unternehmen nur auf einem einzigen Marketingkanal aktiv war und es nach dem Werbemittelkontakt unmittelbar zu einer Conversion kam (Impulskauf) (Hoffmann & Becker, 2020, S. 316).

Die gegenteilige Annahme liegt dem *First-Interaction-Wins-Modell* zugrunde. Danach wird die gesamte Werbewirkung dem ersten Touchpoint zugeordnet, selbst wenn es in der Folge noch weitere Berührungspunkte gab, bevor es schließlich zu einer Conversion kam. Inhaltlich liegt diesem Modell die – ebenfalls stark vereinfachende – Annahme zugrunde, dass es im Marketing entscheidend darauf ankommt, dass ein Konsument von der Existenz eines Produktes bzw. einer Dienstleitung erfährt. Dies gilt vor allem, wenn es sich um eine echte Innovation handelt. Wenn er sich in der Folge für das Produkt interessiert, werde er schon von alleine den Weg bis zum Kaufabschluss gehen. Danach

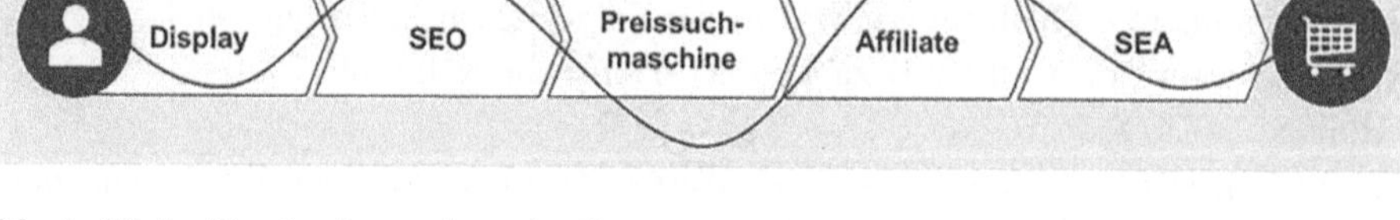

Abb. 4 Fiktive Touchpoints entlang der Customer Journey

wäre im Beispiel also der einzig relevante Touchpoint die vom User gesehene Displaywerbung zu Beginn der Customer Journey und diese somit für den späteren Kauf verantwortlich (Hoffmann & Becker, 2020, S. 316).

Andere Attributionsmodelle tragen der Existenz von mehreren Touchpoints Rechnung (Multitouch-Attribution). Sie entsprechen dem Team-Gedanken in der Fußballanalogie, bei dem nicht nur der letztliche Torschütze, sondern auch die vorhergehenden Passgeber etc. einen Anteil am Treffer hatten.

Zu den *Multitouch-Attributionsmodellen* zählen u. a. das Prefer-Last- bzw. das Prefer-First-Interaction-Modell. Die aufsteigende Attribution basiert auf der Überlegung, dass sich Werbeeffekte mit jedem Touchpoint kumulieren und somit Maßnahmen am Ende der Customer Journey mehr Relevanz haben. Bei der absteigenden Attribution wird dagegen unterstellt, dass vor allem die ersten Touchpoints besonders bedeutsam sind, um einen Konsumenten in die „richtige Richtung" zu lenken (Hoffmann & Becker, 2020, S. 316).

Eine Kombination aus Last- und First-Interaction bildet das sogenannte *Badewannen-Modell* (englisch: U-Shape Model). Es ordnet dem ersten und letzten Touchpoint eine hohe Relevanz zu und schreibt den dazwischenliegenden Kontaktpunkten nur eine untergeordnete Rolle zu, da ihnen annahmegemäß nur eine geringe Hilfswirkung unterstellt wird. Beim *linearen Attributionsmodell* (englisch: Equal Weight Model) schließlich wird analog zur Laplace-Entscheidungsregel unter Unsicherheit eine Conversion allen beteiligten Touchpoints gleichermaßen zugeordnet. Ein lineares Modell wird häufig von Unternehmen eingesetzt, die erst mit einer Multitouch-Attribution beginnen und daher noch keine begründeten Relevanzannahmen einzelner Touchpoints treffen können (Hoffmann & Becker, 2020, S. 316).

Abb. 5 zeigt die statischen Attributionsmodelle im graphischen Überblick.

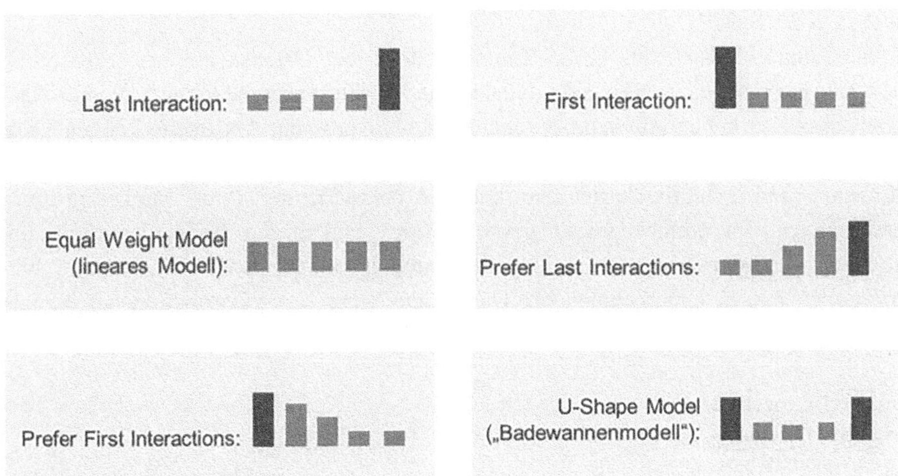

Abb. 5 Statische Attributionsmodelle

4.2 Dynamische Attributionsmodelle

Unternehmen, die bei der Attributionsmodellierung bereits weiter fortgeschritten sind, setzen statt statischer Modelle auf eine dynamische Attributionsmodellierung. Dabei wird durch *Data-Mining-Methoden und statistische Analysen* versucht, den tatsächlichen Einfluss der einzelnen ermittelten Touchpoints zu berechnen (s. Abb. 6). Die ermittelten Relevanzwerte verändern sich dabei aufgrund der kontinuierlich in die Modellberechnungen einfließenden, neu gemessenen Customer Journeys kontinuierlich (Hoffmann & Becker, 2020, S. 317; Flocke & Holland, 2014, S. 231 f.).

Bei der dynamischen Analyse kommen unterschiedliche Regressions- und Verteilungsverfahren, wie logistische Regressionen, Markov-Ketten, Hazard-Raten-Modelle sowie Machine-Learning-Ansätze, zur Anwendung. Während bei statischen Modellen abgebrochene Customer Journeys nicht berücksichtigt werden, lernen dynamische Attributionsmodelle gerade durch den Vergleich von erfolgreich mit einer Conversion abgeschlossenen und abgebrochenen Customer Journeys (Hoffmann & Becker, 2020, S. 317; Greve, 2016, S. 19 f.).

Für eine dynamische Attributionsmodellierung werden große Datenmengen benötigt. Das bedeutet zum einen, dass viele einzelne Customer Journeys als Datengrundlage systematisch erfasst werden müssen. Zum anderen müssen in den Modellen nicht nur die Touchpoints und ihre Reihenfolge an sich erfasst werden, sondern diese müssen auch so detailliert wie möglich ausgewertet werden. Dazu findet u. a. eine differenzierte Erfassung der jeweiligen Größen und Positionierungen von Werbemitteln auf einer Website sowie der Interaktion der Website-User mit ihnen (Views vs. Klicks) statt. Zusätzlich werden auch die Verweildauern der User auf einer Website, die vergangene Zeit zwischen den einzelnen Kontakten sowie die Art der Conversion (bspw. Lead-Generierung, Download, Kauf) usw. im Detail erfasst und modelliert (Hoffmann & Becker, 2020, S. 317).

Die dadurch entstehende große Komplexität bei der Datensammlung, -aufbereitung und -analyse führt dazu, dass eine dynamische Attributionsmodellierung nur mit einem vergleichsweise hohen Aufwand durchgeführt werden kann. Anderseits können Unternehmen, die eine dynamische Attributionsmodellierung vornehmen, damit auch große Effizienz- und Effektivitätsgewinne bei der Aussteuerung ihres Marketing-Kanalmix erzielen. Im einfachen Fall geschieht dies, indem die Budgetverteilung über die genutzten Marketingkanäle für jede Planungsperiode optimiert angepasst wird. Inzwischen nutzen Unternehmen die Daten der dynamischen Attribution bei digitalen

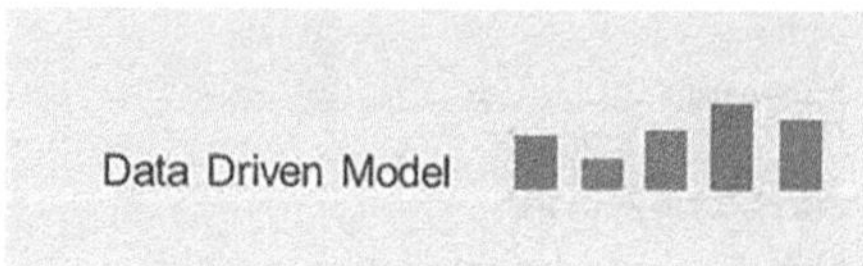

Abb. 6 Datengetriebene Relevanzermittlung bei der dynamischen Attributionsmodellierung

Marketingkanälen aber auch im Programmatic Advertising, um in Echtzeit den Einkauf von Werbeinventar und dessen Ausspielung zu steuern (Hoffmann & Becker, 2020, S. 317; Greve, 2016, S. 19 f.).

5 Aktuelle Entwicklungen und Ausblick

Cookies sind sehr gut geeignet, das websiteübergreifende Browsingverhalten von Usern zu tracken, und dementsprechend im Jahr 2022 noch das übliche Trackingverfahren. Gleichwohl ist das *Ende des Cookie-Zeitalters* bereits eingeläutet worden und dürfte wohl spätestens 2024 erreicht werden. Hierfür gibt es mehrere Gründe, die einander ergänzen.

Erstens müssen Websitebetreiber spätestens nach Inkrafttreten der DSGVO im Jahr 2018 sowie der europäischen ePrivacy-Richtlinie über den Einsatz von Cookies informieren, und die Website-User müssen ihre aktive Zustimmung *(Consent)* für den Einsatz von insbesondere Marketing-Cookies geben. Dabei dürfen User, die ihre Zustimmung verweigern – anders als etwa bei einem aktivierten Adblocker – nicht vom Websitebesuch ausgeschlossen werden (Kleinz, 2020).

Gleiches gilt auf Smartphones für die Nutzung der Identifier for Advertisers bzw. Advertising-IDs, wobei die Zustimmung bislang durch den jeweiligen App-Betreiber bei der Erstnutzung einer App eingeholt wurde. Mit dem iOS-Update 14 hat Apple die App-Betreiber jedoch verpflichtet, die Zustimmung durch ein zentrales Zustimmungstool von Apple (Tracking Transparency Prompt) vom User einzuholen. Offiziell erfolgte diese Umstellung, um für iOS-User eine höhere Transparenz in Bezug auf ihre Datennutzung sicherzustellen. Die App- und Werbebranche befürchtet jedoch, dass dadurch künftig nur noch ein Bruchteil der iOS-User eine Tracking-Zustimmung geben wird (Schilling, 2021).

Neben der Notwendigkeit, dass User Cookies bzw. IDs aktiv zustimmen müssen, konnten Cookies schon immer von ihnen jederzeit in ihren Browsern gelöscht werden. Auch Mobile IDs, auf die hier nicht im Detail eingegangen wird, lassen sich vom User im Smartphone zurücksetzen, was ebenfalls zur Folge hat, dass die bislang gesammelten Informationen nicht mehr nutzbar sind (Bundesverband für Digitale Wirtschaft (BVDW) e. V., 2015, S. 22). Und immer mehr Browser, wie Firefox von Mozilla bzw. Safari von Apple, unterbinden im Rahmen einer sogenannten *Tracking-Prevention* die Speicherung von Cookies, allen voran Third-Party-Cookies, inzwischen sogar standardmäßig bzw. löschen diese nach kurzer Zeit automatisch, selbst wenn ein User der Speicherung eines Cookies auf einer Website zugestimmt hat (Merlevede, 2020).

Spätestens jedoch, nachdem Alphabet („Google") 2020 angekündigt hat, dass ihr Chrome-Browser, der weltweit über alle Endgeräte hinweg bezogen auf die Page Views einen Marktanteil von fast zwei Drittel hat (StatCounter, 2021), ab 2023 keine Third-Party-Cookies mehr zulassen wird, ist die gesamte Online-Marketing-Branche in Aufruhr („Cookiekalypse") und sucht fieberhaft nach alternativen Tracking- bzw. Targetingansätzen (Priler-Gebhardt, 2021, S. 14–18).

Große Plattformen wie Facebook oder Amazon werden auch künftig das Nutzungsverhalten ihrer User intensiv analysieren können, um mit diesen First-Party-Daten neben der eigenen Angebotsoptimierung auch weiterhin detaillierte Targetingmerkmale für Werbeunternehmen zu generieren. Abgesehen von diesen großen, aber geschlossenen Ökosystemen (Walled Gardens) dürften den meisten Websitebetreibern ihre First-Party-Daten jedoch nicht ausreichen, um Werbetreibenden ein attraktives Targeting anbieten zu können.

Als websiteübergreifende Lösung werden aktuell insbesondere *ID-Lösungen,* wie bspw. die NetID der Mediengruppe RTL Deutschland, ProSiebenSat.1 und United Internet, diskutiert. Der grundlegende Ansatz von ID-Lösungen ist, Websitebesuchern ein Angebot zu machen, für das sie bereit sind, sich mit ihrer E-Mail-Adresse (oder einem anderen eindeutigen Identifikator) zu registrieren. Dieser Identifier wird kryptografisch verschlüsselt („gehasht"). Die auf diese Weise generierte ID ist eindeutig, lässt sich aber nicht mehr in die ursprüngliche E-Mail-Adresse zurückverwandeln. Die ID erfüllt damit alle Anonymitätsanforderungen, sodass sie bspw. innerhalb eines Werbenetzwerks website- und geräteübergreifend genutzt werden kann (Priebe, 2021a).

Neben den diversen ID-Lösungen, welche derzeit vorangetrieben werden, arbeitet auch Google an einer eigenen Lösung namens *Federated Learning of Cohorts* (FLoC), die nach dem Wegfall der Third-Party-Cookies ein datenschutzkonformes Targeting im Chrome-Browser ermöglichen soll. Danach sollen User auf der Basis ihres Surfverhaltens unmittelbar im Browser Kohorten zugeordnet werden, die Werbetreibenden als anonymisierte Zielgruppensegmente mit jeweils mehreren tausend Mitgliedern als Targeting zur Verfügung gestellt werden (Priebe, 2021b).

Als weitere Alternative wird immer wieder auch ein *digitales Fingerprinting* diskutiert, das technisch bereits seit Längerem existiert, sich jedoch – zumindest im Online-Marketingkontext – bislang nicht durchsetzt. Bei dieser Methode wird eine individuelle Signatur des verwendeten Endgerätes erstellt. Diese enthält spezifische Informationen zu Merkmalen und Einstellungen des jeweiligen Gerätes, bspw. zum Computerprozessor, zur Grafikkarte und zur Bildschirmauflösung, zum Betriebssystem, zur verwendeten Browserversion inklusive ggf. installierter Plugins sowie der eingestellten Sprache. Durch diesen „digitalen Fingerabdruck" lässt sich ein Endgerät eindeutig identifizieren und dadurch wiederum das Browsingverhalten websiteübergreifend nachvollziehen. Voraussetzung ist jedoch, dass alle Websites die Trackingmethode implementiert haben (Biselli, 2021; Hoffmann & Becker, 2020, S. 314).

Noch viel gravierender als beim Targeting dürfte sich der Wegfall von Third-Party-Cookies künftig auf die Attributionsmodellierung auswirken. Wahrscheinlich wird man sich bei der Analyse auf die Touchpoints beschränken müssen, bei denen es zu einer Werbemittelinteraktion (Klick) gekommen ist. Dies dürfte zu erheblichen Unschärfen in der Attributionsmodellierung führen, die sich jedoch evtl. mit einem ergänzenden Mediamix-Modelling abfedern lassen, bei dem über statistische Zeitreihenanalysen die Wirkung von Werbebudgets auf den Unternehmensumsatz ermittelt wird (Zunke, 2020).

6 Fazit

Bislang können Werbetreibende im Internet auf ein sehr spezifisches Targeting zur Aussteuerung ihrer digitalen Werbekampagnen zurückgreifen, das auf einem sehr detaillierten Tracking beruht.

Ein umfassendes Tracking ist auch Grundvoraussetzung für die Ermittlung der Wirkung von Werbekampagnen bzw. allgemein des Erfolgsbeitrags einzelner Touchpoints entlang der Customer Journeys. Gleichwohl ist eine ausgefeilte Attributionsmodellierung noch an eine Reihe weiterer Faktoren geknüpft und weist u. a. bei Cross-Device-Modellierungen eine hohe Komplexität auf. Daher steckt ein Großteil der Unternehmen hier nach wie vor in den (statischen) Anfängen (Hoffmann & Becker, 2020, S. 317).

Durch die massiven Einschränkungen von Third-Party-Cookies und die damit einhergehenden Veränderungen beim Tracking und Targeting ist die gesamte Digitalbranche derzeit in Aufruhr. Ob sich einer der aktuell diskutierten ID-Ansätze künftig im digitalen Werbemarkt als zentrale Lösung durchsetzen wird, ist unklar. Bislang wird vielmehr davon ausgegangen, dass es auf einen Mix an unterschiedlichen ID-Lösungen, Kohorten sowie eine Renaissance des kontextuellen Targeting für unbekannte User hinauslaufen wird (Priebe, 2021c). Die Digitalbranche ist jedenfalls – wieder einmal – im Umbruch.

Literatur

Biselli, A. (2021). Neue Methoden gegen cookieloses Tracking. www.golem.de/news/browser-fingerprinting-neue-methoden-gegen-cookie-loses-tracking-2008-150518.html. Zugegriffen: 24. Aug. 2021.

Bundesverband für Digitale Wirtschaft (BVDW) e.V. (2015). Browsercookies und alternative Tracking-Technologien: Technische und datenschutzrechtliche Aspekte. https://www.bvdw.org/abfrageformular/browsercookies-und-alternative-tracking-technologien-technische-und-datenschutzrechtliche-aspekte/5922. Zugegriffen: 24. Aug. 2021.

Bundesverband für Digitale Wirtschaft (BVDW) e.V. (2020). OVK-Prognose: Digitale Werbung wächst 2020 um 8,6 Prozent. www.bvdw.org/der-bvdw/news/detail/artikel/ovk-prognose-digitale-werbung-waechst-2020-um-86-prozent. Zugegriffen: 30. Juni 2021.

Bundesverband für Digitale Wirtschaft (BVDW) e.V. (2021). Programmatic Omnichannel. Vom Einzelkanal zur multidimensionalen Kommunikation mit dem Endverbraucher. https://www.bvdw.org/fileadmin/bvdw/upload/publikationen/programmatic_advertising/BVDW_Leitfaden_Programmatic_Omnichannel_Marketing.pdf. Zugegriffen: 30. Juni 2021.

emetriq GmbH (2020). Programmatic data playbook. 9 Profi-Tipps für Strategie und Praxis im data-driven Advertising. Hamburg.

Esch, F.-R., Klein, J. F., Knörle, C., & Schmitt, M. (2016). Strategie und Steuerung des Customer Touchpoint Management. In F.-R. Esch, T. Langer, & M. Bruhn (Hrsg.), *Handbuch Controlling der Kommunikation* (2. Aufl., S. 329–350). Springer.

Flaig, M. (2020). Deutschland macht Fortschritte bei Brand Safety. www.wuv.de/tech/deutschland_macht_fortschritte_bei_brand_safety. Zugegriffen: 01. Juli 2021.

Flocke, L. & Holland, H. (2014). Die Customer Journey Analyse im Online Marketing. In: Deutscher Dialogmarketing Verband e.V. (Hrsg.). Dialogmarketing Perspektiven 2013/2014. (S. 213–242). Springer.

Gillner, S. (2016). So funktioniert Cross Device Tracking für Branding-Kampagnen. www.internetworld.de/onlinemarketing/cross-device-tracking/so-funktioniert-cross-device-tracking-branding-kampagnen-1094323.html. Zugegriffen: 26. Sept. 2021.

Google (2021). Mobile targeting options. https://support.google.com/authorizedbuyers/topic/6057683. Zugegriffen: 24. Aug. 2021.

Greve, G. (2016). Nutzung von Attributionsmodellen für das Marketing-Controlling. *WiSt – Zeitschrift für Studium und Forschung, 45*(1), 16–21.

Hass, B. H., & Willbrandt, K. W. (2011). Targeting von Online-Werbung: Grundlagen. *Formen und Herausforderungen. MedienWirtschaft, 9*(1), 12–21.

Hoffmann, S., Becker, C. (2020). Online-Marketing: Attributionsmodellierung. *WiSu – Das Wirtschaftsstudium, 49*(3), 313–318.

Hülse, O. (2021). Drei gute Gründe für den Einsatz von Contextual Targeting in Corona-Zeiten. www.adzine.de/2021/06/drei-gute-gruende-fuer-den-einsatz-von-contextual-targeting-in-corona-zeiten. Zugegriffen: 26. Sept. 2021.

Kamps, I., Schetter, D. (2018). Performance Marketing. Der Wegweiser zu einem mess- und steuerbaren Online-Marketing – Einführung in Instrumente, Methoden und Technik. Springer.

Kleinz, T. (2020). Cookies, Konsens und Co – „Dürfen wir um ihre Zustimmung bitten?". www.heise.de/hintergrund/Cookies-Konsens-und-Co-Duerfen-wir-um-ihre-Zustimmung-bitten-4981016.html. Zugegriffen: 2. Juli 2021.

Kreutzer, R. T. (2018). *Praxisorientiertes Online-Marketing* (3. Aufl.), Wiesbaden

Lammenett, E. (2019). *Praxiswissen Online-Marketing* (7. Aufl.), Wiesbaden

Merlevede, J. (2020). Tracking prevention in modern browsers. https://medium.com/datamindedbe/tracking-prevention-in-the-modern-browser-cb8a7f9d6351. Zugegriffen: 2. Juli 2021.

Priebe, A. (2021a). Im Maschinenraum der Werbe-IDs. www.adzine.de/2021a/04/im-maschinenraum-der-werbe-ids. Zugegriffen: 2. Juli 2021a.

Priebe, A. (2021b). Cookieloses Targeting – Erste Praxiseinblicke in Googles FLoC. www.adzine.de/2021b/08/cookieloses-targeting-erste-praxiseinblicke-in-googles-floc. Zugegriffen: 24. Aug. 2021b.

Priebe, A. (2021c). Gegenwart und Zukunft von Identity. www.adzine.de/2021c/06/gegenwart-und-zukunft-von-identity. Zugegriffen: 24. Aug. 2021c.

Priller-Gebhardt, L. (2021). Cookiekalypse – und jetzt? *Werben & Verkaufen (W&V), 58*(9), 14–18.

Schilling, W. (2021). Sofortmaßnahmen für Facebook-Advertiser in puncto iOS 14. www.adzine.de/2021/02/sofortmassnahmen-fuer-facebook-advertiser-in-puncto-ios-14. Zugegriffen: 30. Sept. 2021.

StatCounter (2021). Browser Market Share Worldwide. https://gs.statcounter.com/browser-market-share. Zugegriffen: 2. Juli 2021.

von Heeren, R. (2019). *Das Google Analytics Praxishandbuch: Professionelle Web-Analyse mit Google Analytics und Google Tag Manager*. Webmasters Press.

Zunke, K. (2020). Attribution funktioniert auch ohne Third Party Cookies. www.adzine.de/2020/11/attribution-funktioniert-auch-ohne-Third Party Cookies. Zugegriffen: 26. Sept. 2021.

Prof. Dr. Sascha Hoffmann ist Professor für Betriebswirtschaftslehre und Online-Management an der Hochschule Fresenius in Hamburg. Er lehrt dort Fächer wie Online Business, E-Commerce, Online-Marketing bzw. digitales Produktmanagement. Zuvor war er u. a. für XING und blau Mobilfunk in leitender Funktion im Business Development und Produktmanagement tätig. Mehr unter www.hoffmann-sascha.de.

Strategien eines integrierten Online- und Offline-Channel-Marketings

Vertrauensschaffende Signale bei Vertrauensgütern durch On- und Offline-Kommunikation am Beispiel von Beratungsleistungen

Kristin Butzer-Strothmann und Katja Kirste

Inhaltsverzeichnis

1 Einführung . . . 146
2 Varianten von Unsicherheit bei der Beurteilung von Beratungsleistungen . . . 147
3 Aufbau von Vertrauen zur Reduzierung von Unsicherheit . . . 151
3.1 Grundlagen zum Vertrauenskonstrukt . . . 151
3.2 Signale als Gestaltungsfaktoren vertrauensvoller Kommunikation . . . 153
3.3 Der Moment of Truth als Grundlage zur Übermittlung vertrauensschaffender Signale . . . 154
4 Corporate Purpose und Trusted Advisor Mindset als Fundament für eine vertrauensschaffende On- und Offline-Kommunikation . . . 157
4.1 Rechtliche Rahmenbedingungen für die Information und Kommunikation in Mandantenbeziehungen . . . 157
4.2 KSB INTAX v. Bismarck PartGmbB: Kurzportrait einer mittelständischen Wirtschaftskanzlei . . . 159
4.3 Trusted Advisor Mindset als Grundlage interpersonellen Vertrauens . . . 159
4.4 Corporate Purpose als Grundlage für die Wahrnehmung als Trusted-Advisor-Kanzlei . . . 161
5 On- und Offline-Kommunikations-Mix entlang der Client Journey zur Übermittlung vertrauensschaffender Signale am Beispiel der KSB INTAX v. Bismarck PartGmbB . . . 164

K. Butzer-Strothmann (✉) · K. Kirste
Hannover, Deutschland
E-Mail: butzer-strothmann@leibniz-fh.de

K. Kirste
E-Mail: katja.kirste@ksb-intax.de

K. Butzer-Strothmann (Hrsg.), *Integriertes Online- und Offline-Channel-Marketing*,
https://doi.org/10.1007/978-3-658-38048-9_7

5.1 Offline-Kommunikationsinstrumente zum Aufbau und zur Etablierung vertrauensvoller Mandantenbeziehungen 164
5.2 Online-Kommunikationsinstrumente zum Aufbau und zur Etablierung vertrauensvoller Mandantenbeziehungen 166
6 Fazit: Herausforderungen für eine vertrauensschaffende Kommunikation auf institutioneller und interpersoneller Ebene 168
Literatur 169

1 Einführung

Der Markt der Kanzleien unterliegt starken Veränderungen. So schließen sich Kanzleien zusammen, Großkanzleien aus dem Ausland drängen auf den Markt, das Rechtssystem wird immer komplexer und spezialisierter, die Informationen über rechtliche Zusammenhänge, aber auch über den Markt werden immer transparenter. Neben die bisherigen Wettbewerber treten sogenannte digitale Wettbewerber. Neue Technologien der künstlichen Intelligenz ermöglichen automatisierte Beratungen zumindest für sehr standardisierte Rechtsprobleme. Diese Entwicklungen führen zu einem stärkeren Wettbewerbsdruck und dazu, dass sich eine Kanzlei nur dann im Markt langfristig etabliert, wenn sie aus der Perspektive der (potenziellen) Mandanten als geeigneter angesehen wird als die Wettbewerber (Schieblon, 2018, S. 3 ff.; Böck, 2017, S. 87 ff.).

Die Dienstleistungen, die Großkanzleien, Sozietäten und kleinere Kanzleien bzw. Einzelanwälte erbringen, sind hochkomplex.[1] Eine Eignungsbewertung bzw. Qualitätsbewertung des Ergebnisses der Beratungsleistung einer Kanzlei ist daher für den Mandanten vor der eigentlichen Erstellung, aber zum Teil auch nach Fertigstellung der Beratungsleistungen schwierig durchzuführen (Hafke et al., 2013, S. 32; Böck, 2017, S. 91 ff.). Diese Bewertungsproblematik ist dem Produkt Beratung inhärent. So suchen Mandanten i. d. R. nach Lösungen für Probleme bzw. nach Rat für Fragestellungen, die sie selbst fachlich nicht bewältigen können. Da aber sehr konkrete rechtliche und/oder auch finanzielle Auswirkungen mit dem Ergebnis einer Beratungsleistung in einem direkten Zusammenhang stehen, muss der Mandant darauf vertrauen, dass er bei der Auswahlentscheidung für eine Kanzlei richtig handelt.

Aus Marketingsicht liegt hier die klassische Zugangsfrage nach den Wettbewerbsvorteilen eines Unternehmens vor: Warum sollte ein (potenzieller) Kunde (im folgenden Mandant) eine Beratungsleistung bei einem bestimmten Unternehmen und nicht bei

[1] Siehe zur Gliederung des Marktes Schieblon (2018, S. 5 f.). Da es sich bei dieser Untergliederung in den Fallbeispielen um eine Wirtschaftskanzlei handelt, wird im Rahmen dieses Beitrages der Begriff Kanzlei verwendet. Grundsätzlich lassen sich aber viele der dargelegten Aspekte auf alle Gruppen übertragen bzw. gelten insgesamt für (Beratungs-)Dienstleistungen, die im hohen Maße die Charakteristika von Vertrauensgütern beinhalten.

dessen Wettbewerber in Anspruch nehmen? Mit dieser Frage ist gemeint, dass ein Unternehmen langfristig nur dann auf einem Markt überleben kann, wenn es nachhaltig besser, schneller oder preisgünstiger als seine Wettbewerber agiert (Porter, 1990). Da bei der Beratungsleistung einer Kanzlei i. d. R. eine Wissenslücke hinsichtlich des Beratungsinhaltes und -ergebnisses auf der Seite des Mandanten vorliegt, muss er einer Kanzlei vertrauen können, dass sie seine Interessen in seinem Sinne vertritt. Daher stellt ein Vertrauensvorsprung aus der Wahrnehmung der (potenziellen) Mandanten gegenüber anderen Anbietern von Beratungsleistungen einen entscheidenden Wettbewerbsvorteil dar. Vertrauen ist daher ein sehr wichtiges Kriterium bei der Entscheidung, ob ein Mandant eine Beratungsleistung einer Kanzlei in Anspruch nehmen will, und auch, ob er langfristig eine Geschäftsbeziehung mit dieser eingeht. Für das Marketing einer Kanzlei ist es daher entscheidend, dass es gelingt, in der Kommunikation mit (potenziellen) Mandanten vertrauensschaffende Signale zu senden.

Der vorliegende Beitrag widmet sich daher der Frage, welche Online- und Offline-Marketing-Instrumente geeignet sind, um eine vertrauensvolle Geschäftsbeziehung aufzubauen und zu etablieren. Dazu wird zunächst analysiert, warum und welche Wirkung das Konstrukt Vertrauen für den Aufbau und die Etablierung von Geschäftsbeziehungen zwischen Mandanten und Kanzlei hat. Für eine vertrauensvolle Geschäftsbeziehung in diesem Bereich spielt aber auch das gegenseitige Vertrauen eine große Rolle. So hängt das Leistungsergebnis einer Kanzlei auch im hohen Maße vom Informationsverhalten des Mandanten ab. Das heißt, es geht im Rahmen der Kommunikation mit dem Mandanten darum, eine wirkliche Partnerschaft mit gegenseitigem Nutzen aufzubauen. Dieser Gedanke ist dem Trusted-Advisor-Konzept inhärent (Maister et al., 2000). Dieses Konzept wird u. a. im Folgenden herangezogen, um herauszuarbeiten, auf welchen Faktoren Vertrauen basiert, um darauf aufbauend zu ermitteln, welche Inhalte mit welchen Kommunikationsmitteln transportiert werden sollten. Bei dieser Analyse spielt die Frage nach den Touchpoints zwischen Sozietät und Mandant entlang der Clients Journey eine große Rolle. Des Weiteren ist zu berücksichtigen, dass für rechtsberatende Berufe bezüglich der Marketingaktivitäten juristische Besonderheiten zu berücksichtigen sind. Auch diese rechtlichen Regelungen fließen in die Ausführungen mit ein.

2 Varianten von Unsicherheit bei der Beurteilung von Beratungsleistungen

Um im Rahmen der Kommunikationspolitik auf das Entscheidungsverhalten (potenzieller) Mandanten Einfluss nehmen zu können, muss zunächst einmal ermittelt werden, wie die angesprochenen Wissenslücken bzw. Informationsdefizite aufseiten des Mandanten entstehen und wie diese wirken. Für eine erste Systematisierung sind die Theorien der Informationsökonomik hilfreich (siehe auch zu dem Folgenden z. B. Stigler, 1961; Fischer et al., 1993). So versucht die Informationsökonomie zu analysieren, wie Akteure am Markt mit Informationsasymmetrien und Unsicherheit agieren.

Die Theorie basiert auf der Annahme, dass eine Vielzahl von Entscheidungen unter unvollständiger Information über die relevanten Entscheidungsparameter getroffen werden muss. Eine derart gestaltete Entscheidungssituation beinhaltet dementsprechend eine gewisse Unsicherheit für die Entscheidungsverantwortlichen. So wird in der Theorie angenommen, dass der sogenannte Agent – hier die Kanzlei – über mehr Informationen verfügt als der Prinzipal – hier der Mandant. Diese Informationsasymmetrie und auch die damit verbundene Unsicherheit werden bei den sogenannten Vertrauensgütern als besonders hoch eingeschätzt. Vertrauensgüter sind dadurch gekennzeichnet, dass vor und während, aber auch nach einer getroffenen Auswahlentscheidung für eine Kanzlei nicht vollständig beurteilt werden kann, ob diese genau die „Richtige" gewesen ist. So fehlen aufgrund der Charakteristika von Dienstleistungen – Immaterialität und Einbindung des externen Faktors – zum Teil objektive Bewertungsmaßstäbe für eine Qualitätsprüfung im Rahmen einer Auswahlentscheidung, aber auch im Rahmen des Bewertungsprozesses nach einer Inanspruchnahme der Dienstleistung (Blum et al., 2015; Fischer, 2013; Spreman, 2010).

Hinzu kommt ein weiteres Charakteristikum, welches auch die Bewertung des Endergebnisses erschwert – es handelt sich um die Bewertung des Leistungspotenzials eines Dienstleisters. Um dieses Leistungspotenzial – also die Beratungsleistung – beurteilen zu können, ist ein tiefergehendes Fachwissen erforderlich. Darüber hinaus kann die Beratungsleistung i. d. R. auch nicht im Vorfeld getestet werden (Wagner, 2014, S. 46).

Als typische Beispiele für derartige Charakteristika bei diesen sogenannten Vertrauensgütern werden in der Literatur immer wieder die Beratungsleistungen im juristischen Bereich angeführt. Sie erfüllen die genannten Charakteristika par excellence. Insbesondere bestehen nämlich Informationsasymmetrien im hohen Maße genau hinsichtlich der Thematiken, für die ein Mandant i. d. R. eine Kanzlei in Anspruch nimmt – es geht um fachliche Kompetenzen, über die ein (potenzieller) Mandant i. d. R. nicht verfügt und welche er sich – wenn überhaupt möglich – nur mit sehr hohem Kosten- und Zeitaufwand aneignen müsste. Das heißt aber auch, dass sich die Informationsasymmetrien bei Vertrauensgütern nie vollständig auflösen lassen und daher die Entscheidung für die Beratungsleistung und auch die Bewertung des Endergebnisses der Dienstleistung einer Kanzlei immer einer gewissen Unsicherheit unterliegen. Diese Unsicherheit bezieht sich auf zwei Aspekte: zum einen auf Handlungen und Entscheidungen auf der übergeordneten Ebene – der Kanzlei – und zum anderen auf die konkrete beratende Person (Böck, 2017).

Es ist festzuhalten, dass sich die gefühlte Unsicherheit auf unterschiedliche Aspekte beziehen kann und somit die Unsicherheit des eines Mandanten nicht unbedingt mit der Unsicherheit eines anderen Mandanten gleichzusetzen ist. Um aber gezielte Maßnahmen zur Unsicherheitsreduktion treffen zu können, ist es erforderlich, in Erfahrung zu bringen, welche Gründe die Unsicherheit hervorrufen. So existieren bezogen auf Informationsasymmetrien zwei grundsätzlich unterschiedliche Ausprägungen von Unsicherheiten, die sich in exogene und endogene bzw. Ereignis- und Marktunsicherheit systematisieren lassen (siehe dazu ausführlich auch für die folgenden Ausführungen Ripperger, 2005, S. 17 ff.).

Die exogene Unsicherheit – auch als Ereignisunsicherheit bezeichnet – bezieht sich auf Einflussfaktoren, die von außen wirken. Bezogen auf den Unternehmenskontext werden hierunter alle Einflussfaktoren verstanden, die sich auf die Umweltzustände beziehen. Weder die Kanzlei noch der Mandant hat auf diese Faktoren unmittelbaren Einfluss und sie können auch nur bedingt prognostiziert werden. Die exogene Unsicherheit ist im Bereich der juristischen Beratung als besonders hoch einzuschätzen. So werden bspw. pro Jahr durchschnittlich 500 neue Gesetze durch den Bundestag verabschiedet (Statista, 2021b). Veränderungen von Verordnungen und weiteren für die Beratung von Kanzleien relevanten Regelungen sind hier noch nicht mitgezählt. Darüber hinaus obliegt die Letztentscheidung über den Fall des Mandanten den Gerichten, Behörden oder anderen Institutionen. Deren Entscheidungsverhalten ist indes auch vonseiten der Kanzlei nicht immer verlässlich vorherzusagen (Böck, 2017, S. 91). Auch wenn diese Einflussgrößen, die zur exogenen Unsicherheit führen, nicht von der Kanzlei beeinflussbar sind, dürfen sie im Rahmen des Kommunikationsprozesses nicht unberücksichtigt bleiben.

Die sogenannte endogene Unsicherheit oder auch Marktunsicherheit unterliegt grundsätzlich der Einflussmöglichkeit beider Parteien. Der Mandant empfindet Unsicherheit hinsichtlich der Informationsqualität der für ihn relevanten Entscheidungsparameter bei der Wahl einer Kanzlei bzw. bei der Beurteilung des Leistungsergebnisses. So kann er z. B. nicht bei allen am Markt verfügbaren Anbietern und deren jeweilige Mitarbeitenden die Beratungsqualitäten kennen bzw. beurteilen und damit keinen aus seiner Sicht objektiven Wettbewerbsvergleich aufstellen. Darüber hinaus fehlt ihm, wie bereits erwähnt, vielfach das fachliche Wissen, um einzuschätzen, ob der Leistungsprozess und das Leistungsergebnis nicht hätten besser ausfallen können.

Um diese endogenen Unsicherheiten zu reduzieren, stellen Kanzleien eine Vielzahl von Informationen zur Verfügung. Diese fortschreitende Vielzahl an Informationsmedien vereinfacht einerseits das Erlangen einer detaillierten Übersicht über die Beratungsangebote (Simonov & Hill, 2018, S. 31). Andererseits ist es aber für den Mandanten unter Umständen aufgrund der Informationsdichte deutlich komplizierter, die entscheidungsrelevanten Informationen herauszufiltern. Es wird davon ausgegangen, dass das menschliche Gehirn nur eine gewisse Menge an Informationen verarbeiten kann. Wird diese Menge überschritten, entsteht aufgrund eines Überangebots an Informationen ein sogenannter Information-Overload (Kenning & Wobker, 2012, S. 626; Özkan & Tolon, 2015, S. 30 f.). Um den Zustand, in dem sich der Kunde bei einem Information-Overload befindet, zu beschreiben, wurde das psychologische Konstrukt der Customer Confusion entwickelt. Es beschreibt die Verwirrtheit von Konsumenten bei einem Information-Overload (Matzler et al., 2005, S. 2 f.). Dieses Phänomen lässt sich auch auf einen Mandanten übertragen. Mit dem Anstieg der Komplexität der Entscheidung und der notwendigen Informationsmenge und -tiefe steigt bei ihm das Empfinden von Unsicherheit

(Moser, 2007, S. 50). Diese Unsicherheit wird als Qualitätsunsicherheit bezeichnet (Blum et al., 2015, S. 45).

Neben diesem eigentlich gutgemeintem Informationsverhalten einer Kanzlei, mit dem sie versucht, möglichst viele Informationen transparent zur Verfügung zu stellen, zielt die endogene Unsicherheit (Marktunsicherheit) auf ein weiteres Phänomen ab. Der Mandant ist sich unsicher, inwieweit die Informationen, die eine Kanzlei liefert, wirklich korrekt sind. Diese Unsicherheit wird als Verhaltensunsicherheit bezeichnet. In der Informationsökonomie wird hier von opportunistischem Verhalten gesprochen. Das heißt, die Kanzlei nutzt die Existenz von Informationsasymmetrien bewusst aus und liefert unvollständige oder unzureichende, im Extremfall unrichtige Informationen, um die Entscheidung des potenziellen Mandanten zu beeinflussen. Diese Konstellation eines bewusst falschen Informationsverhaltens einer Kanzlei sei der Vollständigkeit halber genannt, sie wird im Folgenden jedoch nicht weiter berücksichtigt. So wird jeder seriösen Kanzlei, die sich nachhaltig am Markt etablieren will, bewusst sein, dass sie sich mit opportunistischem Verhalten sowohl unethisch verhält als auch in der Grauzone des Rechtlichen bewegt. Kurzfristig mag opportunistisches Verhalten dazu führen, dass man sich im Wettbewerb durchsetzt. Langfristig ist davon auszugehen, dass zwischen der vorgespiegelten und der tatsächlichen Beratungsleistung Lücken zu Tage treten und die dann eingetretene Minderqualität am Markt auch kommuniziert wird, sodass opportunistisches Verhalten keinen Wettbewerbsvorteil darstellt (Billen, 2003, S. 1 ff.).

Zusammenfassend ist festzuhalten,

1. dass in Bezug auf die Auswahlentscheidung für eine Kanzlei exogene und endogene Unsicherheiten aufseiten des potenziellen Mandanten vorliegen, die sich auf die Bewertung des Leistungsprozesses sowie auch auf das Leistungsergebnis beziehen. Diese sind aus unterschiedlichen Gründen auf Informationssymmetrien sowie auch einen Information-Overload zurückzuführen.
2. dass sich sowohl exogene wie auch endogene Unsicherheiten aufgrund der Charakteristika einer Beratungsleistung – auch bei wiederkehrenden Transaktionen – nicht reduzieren lassen. Das heißt, sowohl neue als auch etablierte Geschäftsbeziehungen sind durch Informationsasymmetrien und daraus resultierend durch Unsicherheiten gekennzeichnet.

Unsicherheit stellt zudem ein Gefühl dar. Auch wenn eine Kanzlei nicht auf alle Faktoren, die Einfluss auf die Höhe des Unsicherheitsgefühls nehmen, reagieren kann, hat sie aber die Möglichkeit, Maßnahmen zu deren Reduktion zu ergreifen. Im Folgenden wird daher dargelegt, welchen Einfluss Gefühle auf Entscheidungs- bzw. Beurteilungsprozesse haben und inwieweit die Schaffung von Vertrauen das Gefühl von Unsicherheit minimieren kann.

3 Aufbau von Vertrauen zur Reduzierung von Unsicherheit

3.1 Grundlagen zum Vertrauenskonstrukt

In den Theorien der Neuen Institutionenökonomie wird – wie bereits dargestellt – angenommen, dass Menschen unter begrenzter Rationalität, unvollständiger Information und Unsicherheit Entscheidungen treffen (siehe z. B. im Überblick: Blum et al., 2015; Fischer, 2013; Spreman, 2010). Den „Homo oeconomicus", der seine Entscheidungen vollkommen rational und unter vollständiger Sicherheit trifft, gibt es in realen Entscheidungsprozessen de facto nicht. Das heißt, neben die kognitive Entscheidungsfindung tritt eine emotionale Komponente. Emotionen sind wesentliche Treiber für menschliches Verhalten (Schimank, 2005, S. 53). Auf den Punkt gebracht: Der Mensch entscheidet sich vorrangig emotional – und begründet diese Entscheidungen dann vielfach rational. Viele Untersuchungen im Bereich des Neuromarketings zeigen (vgl. ausführlich Häusel, 2010 sowie Bauer et al., 2012):

- Die Menschen suchen bei der Entscheidungsfindung aktiv nach positiven Gefühlen.
- Emotionales wird besser abgespeichert und langfristiger verankert als Rationales.
- Die Menschen meiden negative Gefühle.

Daraus ergibt sich, dass emotionale, unterbewusste Prozesse häufig ausschlaggebend für Entscheidungen sind. Unsicherheit stellt grundsätzlich ein negatives Gefühl dar. Daher geht es im Rahmen der Information und Kommunikation mit den Mandanten vor allem darum, positive Gefühle dahingehend herzustellen, dass die Beratung kompetent erfolgt und vor allem die Probleme/Fragen des Mandanten gelöst bzw. beantwortet werden. Wie gezeigt wurde, ist dazu eine transparente Informations- und Kommunikationspolitik allein nicht hinreichend.

Ein Faktor, der ein Unsicherheitsgefühl minimieren kann, ist das Konstrukt Vertrauen. Dies bestätigen im Prinzip alle Forschungsbeiträge zum Konstrukt Vertrauen (siehe ausführlich zu Vertrauen in Geschäftsbeziehungen Rossmann, 2010, S. 18 ff.). Sie zeigen auf, dass – wie in jeder sozialen Beziehung – Vertrauen auch in Geschäftsbeziehungen ein wesentlicher Faktor ist. Eine Transaktion zwischen dem Mandanten und der Kanzlei ist dadurch gekennzeichnet, dass immer mindestens zwei Personen beteiligt sind sowie der Leistung des einen die Gegenleistung des anderen gegenübersteht. Jede Partei muss darauf vertrauen, dass der jeweils andere seine Gegenleistung erbringen wird. Der Mandant vertraut darauf, dass die von ihm gewählte Kanzlei fähig und bereit ist, die vereinbarten Leistungen zufriedenstellend auszuführen. So muss er sich darauf verlassen können, dass die von ihm gewählte Kanzlei so weit als möglich alle von außen und innen auf den Beratungsprozess wirkenden Einflussgrößen sieht und berücksichtigt. Oder auch, dass die ihn beratenden Mitarbeiter über die erforderlichen fachlichen Kompetenzen verfügen. Die Kanzlei muss – neben der Frage der Entgeltleistung durch den Mandanten, u. a. auch darauf vertrauen, dass der Mandant alle für einen Beratungsprozess relevanten unternehmensspezifischen Informationen zur Verfügung stellt. Für die Etablierung einer langfristigen Geschäftsbeziehung spielt daher die Frage des Vertrauensaufbaus in Richtung Mandant für eine Kanzlei eine wesentliche Rolle. Diese Fragestellung wird im Folgenden aber nicht weiter analysiert.

Theorien zum Konstrukt Vertrauen nehmen an, dass sich das Vertrauen erst im Zeitablauf langsam entwickelt (Lewicki et al., 2006). Im Rahmen einer Geschäftsbeziehung mit sich wiederholenden Transaktionen verstärkt sich i. d. R. mit jeder positiven Erfahrung das Vertrauen, welches wiederum eine wesentliche Basis für die weitere Zusammenarbeit darstellt (Büren, 2001, S. 4 f.). Wer auf der einen Seite seinen Mandanten bzw. auf der anderen Seite seiner Kanzlei vertraut, verlässt sich auf sie. Das heißt, aufwendige Kontrollen oder auch u. U. bürokratischer Aufwand im Vorfeld der eigentlichen Mandatsinhalte werden nach und nach eingespart. Insgesamt sorgt Vertrauen für reibungslosere und schnellere Abläufe. Dies erleichtert Geschäftsbeziehungen erheblich und bewirkt i. d. R. eine deutliche Kosten- und Zeitersparnis. Insgesamt entsteht durch Vertrauen für eine Kanzlei ein Wettbewerbsvorteil.

Um Maßnahmen entwickeln zu können, die dem Aufbau von Vertrauen in einer Mandanten-Kanzlei-Beziehung förderlich sind, ist es notwendig, das Konstrukt Vertrauen näher zu betrachten. Insgesamt herrscht in der Literatur eine gewisse Uneinigkeit über die exakte Definition des Begriffs Vertrauen (McKnight & Chervany, 2002, S. 35). Zunächst einmal wird diesbezüglich der grundsätzliche Wille angenommen, sich verletzlich zu zeigen (Osterloh & Weibel, 2006, S. 35). Für Luhmann (2000, S. 1) ist „Vertrauen im weitesten Sinne eines Zutrauens zu eigenen Erwartungen […] ein elementarer Tatbestand des sozialen Lebens." Im Kontext der Entscheidungstheorie stellt Vertrauen eine Erwartung dahingehend dar, dass man sich – trotz einer gewissen Unsicherheit – auf die soziale Umwelt einlassen (und verlassen) kann.

Der weite Begriff der sozialen Umwelt wird zum einen auf konkrete Personen bezogen und in diesem Kontext als interpersonelles Vertrauen bezeichnet. Es geht also um die konkrete Mandanten-Berater-Beziehung.

Zum anderen meint das institutionelle Vertrauen das Vertrauen gegenüber Unternehmen oder Behörden – hier der Kanzlei als Beratungsunternehmen insgesamt (McKnight & Chervany, 2002, S. 42; Osterloh & Weibel, 2006, S. 35.) Das heißt, in Bezug auf den hier betrachteten Kontext spielen beide Formen von Vertrauen – interpersonell wie auch institutionell – eine Rolle.

Zusammenfassend ist festzuhalten,

1. dass Menschen aktiv nach Informationen suchen, die negative Gefühle, wie z. B. Unsicherheit, reduzieren.
2. dass Vertrauen Unsicherheitsgefühle reduzieren kann und daher der Vertrauensaufbau einen Wettbewerbsvorteil für eine Kanzlei darstellt.
3. dass Vertrauen sich auf Personen (interpersonell), aber auch insgesamt auf die Kanzlei als Ganzes (institutionell) beziehen kann.

3.2 Signale als Gestaltungsfaktoren vertrauensvoller Kommunikation

In der Regel ist das Ergebnis einer Beratungsleistung von hoher Bedeutung für die Geschäftstätigkeit eines (potenziellen) Mandanten. Daher wird dieser nach Wegen suchen, um die Leistungsfähigkeit einer Kanzlei vor der ersten Transaktion im Vergleich zu anderen in Betracht kommenden Kanzleien bewerten zu können (z. B. Ludwig, 2005, S. 139). Unabhängig davon, ob es sich um die Gewinnung eines neuen Mandanten oder um eine bereits bestehende Mandatsbeziehung handelt, ziehen laut Ludwig (2015, S. 139) und Bhattacherjee (2002, S. 217) die Mandanten hierzu sogenannte Schlüsselreize bzw. Signale heran, um eine Bewertung durchzuführen. Für den Kommunikationsprozess einer Kanzlei bedeutet dies, dass zur Erzeugung von Vertrauen ein sogenanntes Signaling betrieben werden sollte.

Signaling ist ein zentrales Element der Informationsökonomie und stellt einen Lösungsansatz dar, um Informationsasymmetrien zwischen Principal und Agent zu lösen (Spence, 1974). Im Grundsatz umfasst Signaling eine zielbezogene Informationsbekanntgabe und -übermittlung, um den Informationsstand des Prinzipals zu verbessern. Im Rahmen der Kommunikation muss zwischen neuen und bestehenden Geschäftsbeziehungen differenziert werden. So gehen Schoorman et al. (2007, S. 346) davon aus, dass im weiteren Verlauf einer Geschäftsbeziehung die Mandanten immer schneller in der Lage sind, eine Kanzlei zu beurteilen. Dieser Prozess ist damit zu begründen, dass Teilaspekte der Beratungsleistung sogenannte Erfahrungsgüter darstellen. Das bedeutet, dass die Leistungsqualität für Teilbereiche der Beratung nach der Erstellung der Leistung bewertbar wird. Es wurde allerdings bereits aufgezeigt, dass in Bezug auf Beratungsleistungen eine vollständige Informationsübermittlung aller relevanten Aspekte nicht möglich ist. Darüber hinaus kann aber auch eine zu umfangreiche Informationspolitik kontraproduktiv auf den Mandanten wirken und zu einer Client Confusion führen. Es geht also in der Informations- und Kommunikationspolitik mit (potenziellen) Mandanten darum, im Rahmen seines Entscheidungsprozesses Signale zu geben, die entweder das in der jeweiligen Phase der Auswahlentscheidung relevante Informationsbedürfnis befriedigen oder zumindest Vertrauen erzeugen. Es stellt sich allerdings die Frage, welche Signale vertrauensschaffend wirken.

In Bezug auf den Kommunikationsprozess hat bereits Giffin (1967) vertrauensrelevante Eigenschaften eines Kommunikators sowie deren Wirkung auf das Vertrauen in einem Kommunikationsprozess erforscht. Er ermittelte sechs Faktoren: Sachverständnis (expertness), wohlwollende Intention (benevolence), Zuverlässigkeit (reliability), dynamisches Kommunikationsverhalten (dynamism), allgemein guter Ruf (majority opinions) sowie Attraktivität (personal attraction) (siehe auch Mayer et al., 1995; Ahrhold, 2009, S. 47 ff.).

Im weiteren Verlauf der Forschung zeigte sich, dass die Vertrauenswürdigkeit einer Person vor allem anhand dreier wesentlicher Faktoren beurteilt wird: die wahrgenommene Kompetenz, die Integrität sowie das Wohlwollen (Mayer et al., 1995; Mayer & Davis, 1999). In den Kompetenzbegriff miteinbezogen werden neben den funktionalen auch nicht-funktionale Aspekte (Irion, 2007, S. 166). Gemeint ist dabei die sogenannte emotionale Kompetenz, also der persönliche Umgang mit Mandanten (Mayer et al., 2004). Während sich die Kompetenz auf die konkreten Fähigkeiten bezieht, bezeichnet Integrität die Übereinstimmung zwischen den erzeugten Erwartungen und dem dann gezeigten tatsächlichen Verhalten bzw. Ergebnis. Gemeint sind neben dem Beratungsprozess sowie dem Beratungsergebnis auch Faktoren wie das Einhalten von Vereinbarungen, Terminen etc. Daher lassen sich in diesen Faktor „Integrität" auch die bereits genannten Aspekte der Zuverlässigkeit und Attraktivität integrieren.

Wohlwollen basiert auf diesen beiden genannten Säulen von Vertrauen. Es beinhaltet eine gütige Haltung, Offenheit untereinander – das Verlassen darauf, dass im Rahmen der Geschäftsbeziehung nicht mit Nachteilen zu rechnen ist. Wohlwollen kommt vor allem in bestehenden Geschäftsbeziehungen zum Tragen. Hat eine Kanzlei bereits uneigennütziges Verhalten gezeigt, z. B. durch regelmäßige, transparente Information oder auch kulantes Verhalten, steigt die Wahrscheinlichkeit, dass die Mandanten dieses Verhalten als wohlwollend wahrnehmen (Ludwig, 2005, S. 133 f.).

Der im Vorangegangenen als „guter Ruf" bezeichnete vertrauensschaffende Faktor wird zwar in der weiterführenden Forschung nicht mehr explizit aufgegriffen und führt im Ergebnis vermutlich zu dem Entstehen von Integrität und Wohlwollen. Die umfangreiche Literatur zum Reputationsmanagement und Empfehlungsmarketing zeigt aber, dass dieser Aspekt in der Kommunikation mit dem Mandanten eine große Rolle spielt. Insgesamt geht es um den nach außen übergreifenden Eindruck, den eine Kanzlei bzw. ein einzelner Mitarbeiter vermittelt (Schäfer, 2014).

Zusammenfassend ist festzuhalten,

1. dass eine Kanzlei aktiv Signale senden kann, die Vertrauen bei (potenziellen) Mandanten schaffen und etablieren können.
2. dass diese Signale vor allem fachliche und emotionale Kompetenz, Integrität sowie Wohlwollen ausstrahlen sollten.
3. dass alle Säulen des Konstruktes Vertrauen nicht nur auf der interpersonellen Ebene stattfinden, sondern auch im Verhältnis von Kanzlei zum Mandanten, also auf der institutionellen Ebene relevant sind.

3.3 Der Moment of Truth als Grundlage zur Übermittlung vertrauensschaffender Signale

Angesichts der steigenden Anzahl der möglichen Online- und Offline-Kommunikationsinstrumente sowie der dadurch einem Kunden bzw. Mandanten zur Verfügung stehenden vielfältigen Informations- und Kommunikationsquellen ist es nicht so einfach, mit der Kommunikationspolitik zu dem Mandanten durchzudringen. Neben den Informationsinhalten geht es daher auch darum, zu dem „richtigen" Zeitpunkt, die jeweils „richtige" Information über das „richtige" Medium zur Verfügung zu stellen.

Um diesen sogenannten „Moment of Truth“ zu treffen, ist es erforderlich, die Auswahlentscheidung eines Mandanten zu verstehen. So gibt es im Laufe dieses Prozesses viele Momente, in denen ein (potenzieller) Mandant mit einer Kanzlei interagiert. Der Gedanke der sogenannten Customer Journey ist im Grunde nicht neu. So wurde im Marketing schon lange der Entscheidungs- und Kaufprozess in verschiedene Phasen untergliedert (siehe hierzu z. B. Kotler, 2022; Meffert et al., 2019, S. 124). Der Grundgedanke besteht dabei darin, dass eine Kaufentscheidung i. d. R. nicht spontan getroffen wird, sondern dieser verschiedene Phasen vorausgehen bzw. folgen. Neu ist aber, dass dieser Kaufprozess wesentlich komplexer und individueller geworden ist. Insgesamt gibt die Bezeichnung Customer Journey zudem sehr gut wieder, dass auch emotionale Elemente während der Reise durch den Entscheidungs- und Kaufprozess eine Rolle spielen. So stellen die Customer Journey und die dazugehörige Segmentierung in Personas zentrale Instrumente im Customer-Experience-Management dar (Tiffert, 2019).

Auch der Entscheidungsprozess für eine Beratungsleistung durch eine Kanzlei unterliegt einem Phasenkonzept, welches die gleichen Phasen wie im B2C-Bereich beinhaltet. Der im Folgenden als Client Journey bezeichnete Prozess verbildlicht den Weg bzw. die Phasen, die ein Mandant durchläuft, bevor er sich für eine Kanzlei/Beratungsleistung entscheidet. Dieser Prozess lässt sich in Anlehnung an den Kaufprozess im B2C-Marketing in sechs Phasen unterteilen (vgl. z. B. Meffert et al., 2019, S. 122 ff.):

1. **Awareness (Bewusstsein):** Einem Mandanten wird bewusst, dass er eine Beratungsleistung benötigt. Dieses Bewusstsein kann durch gesetzliche Regelungen oder auch durch im Unternehmen auftretende Probleme geweckt werden.
2. **Favorability (Favorisierung):** Der Mandant beginnt, aktiv nach Informationen zu suchen. Durch diese Recherche versucht er, sich einen Überblick über mögliche Angebote und Alternativen zu verschaffen.
3. **Consideration (Abwägung):** Nachdem der Mandant sich einen ersten Überblick über mögliche Kanzleien verschafft hat, werden diese miteinander verglichen sowie Vor- und Nachteile abgewogen. Auch diese Phase ist also von der aktiven Suche nach Informationen geprägt.
4. **Intent to Purchase (Kaufanreiz):** Auf Basis der bisher recherchierten Informationen trifft der Mandant eine konkrete Entscheidung für eine Kanzlei. Das bedeutet aber noch nicht, dass er letztendlich auch deren Angebot in Anspruch nimmt. Vielfach ist noch ein letzter „Anstoß“ notwendig, damit es zu einer Geschäftsbeziehung kommt.
5. **Conversion (Umsetzung):** In der fünften Phase der Client-Journey kommt es dann zu der abschließenden Handlung des Mandanten, indem er die Beratungsleistung in Anspruch nimmt.
6. **Post Purchase (Nachkauf):** In der sogenannten Nachkaufphase erlebt bzw. bewertet der Mandant den Beratungsprozess und das Beratungsergebnis. Die auf einer Nutzen-Kosten-Analyse beruhenden Erfahrungswerte fließen bei einer erneuten Entscheidung für eine Kanzlei wieder ein.

Im Vorfeld der Entwicklung des Kommunikationskonzeptes ist das Wissen, in welcher Phase sich ein (potenzieller) Mandant befindet und welche Informationen er in dieser Phase sucht, von hoher Bedeutung. Um einen Vertrauensvorsprung zu erlangen, muss einem neuen Mandanten möglichst früh begegnet werden. Google hat den sogenannten Zero Moment of Truth identifiziert (Runge, o. J.). Der wichtigste Moment, der über die Auswahl einer Kanzlei entscheidet, liegt also nicht in der Consideration- bzw. Intent-to-Purchase-Phase, sondern fängt schon bei der Suche nach einer Kanzlei – also in der Awareness- bzw. Favorability-Phase – an. Im Rahmen einer bereits bestehenden Mandantenbeziehung sollte erreicht werden, dass der Mandant bei einer wiederkehrenden Transaktion möglichst nicht wieder alle Phasen des Entscheidungsprozesses durchläuft. Daher sollte der Schwerpunkt der Kommunikation vor allem in der Post-Purchase-Phase liegen. Für die weitere Analyse wird daher die bereits dargestellte Client Journey auf drei Phasen zur Komplexitätsreduzierung heruntergebrochen:

1. Aufmerksamkeits-/Informationsphase
2. Auswahlentscheidungsphase
3. Nachberatungsphase

Diese Reduzierung der Phasen bedeutet jedoch nicht, dass man die anderen Phasen im Rahmen eines Marketing-Konzeptes außer Acht lassen sollte. Aber im Hinblick auf die Übermittlung von vertrauensschaffenden Signalen stellen diese drei Phasen – wie gezeigt – wichtige Ansatzpunkte dar. Neben der Frage nach dem richtigen Zeitpunkt geht es auch darum, die richtigen Inhalte zu transportieren. Diese lassen sich anhand der sogenannten Micro-Moments of Truth systematisieren. Es gibt vier Arten von Micro-Momenten, die sich wie folgt – allerdings nicht komplett überschneidungsfrei – den drei Phasen des Entscheidungsprozesses zuordnen lassen:

1. **I-want-to-know:** Der Mandant sucht aktiv nach Informationen, die ihm einen Mehrwert bieten – Informations- und Nachberatungsphase.
2. **I-want-to-go:** Der Mandant sucht gezielt nach konkreten Informationen, wie z. B. Kanzleien in seiner Nähe, nach Kanzleien zu seinem spezifischen fachlichen Problem etc. – Informations- und Auswahlentscheidungsphase.
3. **I-want-to-do:** Der Mandant sucht nach tiefergehenden Informationen zu seinem Problem; z. B. in Blogs usw. – Auswahlentscheidungsphase und Nachberatungsphase.
4. **I-want-to-buy:** In diesem Moment will der Mandant eine endgültige Auswahlentscheidung treffen – Auswahlentscheidungsphase.

Zusammenfassend ist festzuhalten,

1. dass Informationsasymmetrien und auch ein Information-Overload abgebaut werden können, wenn es gelingt, vertrauensschaffende Signale zum richtigen Zeitpunkt über das richtige Medium mit der richtigen Information zu übersenden.

2. dass vertrauensschaffende Signale nur dann zum Wettbewerbsvorteil werden, wenn sie zum Zeitpunkt des Moments of Truth ausgesendet werden.
3. dass vier Moments of Truth zu identifizieren sind, in denen ein Mandant sehr unterschiedliche Informationsinhalte sucht.
4. dass sich die Moments of Truth den Phasen der Client Journey zuordnen lassen und so eine gezieltere Übermittlung von vertrauensschaffenden Signalen ermöglicht.

4 Corporate Purpose und Trusted Advisor Mindset als Fundament für eine vertrauensschaffende On- und Offline-Kommunikation

4.1 Rechtliche Rahmenbedingungen für die Information und Kommunikation in Mandantenbeziehungen

Kanzleien agieren grundsätzlich kaum anders als andere Unternehmen. Daher spielt im Wettbewerb mit anderen Kanzleien um Mandanten auch die Werbung eine wichtige Rolle. Bevor allerdings im weiteren Verlauf dargestellt wird, welche strategischen Rahmenbedingungen geschaffen werden müssen, damit entlang der Clients Journey vertrauensschaffende Signale vom Mandanten wahrgenommen und auch als Wettbewerbsvorteil identifiziert werden, muss kurz auf die rechtlichen Rahmenbedingungen eingegangen werden (siehe dazu ausführlich z. B. Bundessteuerberatungskammer, o. J.). So galt bis 1987 ein generelles Werbeverbot für Rechtsanwälte. Aber auch Steuerberater und Wirtschaftsprüfer unterlagen immer schon besonderen Regelungen, die auf Standeswidrigkeit gestützt wurden. Insgesamt unterliegt aber das anwaltliche Marketing einer Liberalisierung (Grunst, 2015).

Grundsätzlich wird durch das Gesetz gegen den unlauteren Wettbewerb (UWG) geregelt, wie Marktteilnehmer vor unlauterem Wettbewerb geschützt werden sollen. Für Kanzleien gelten aber beim Werberecht nicht nur diese allgemeinen wettbewerbsrechtlichen Vorschriften des UWG, sondern noch weitere Einschränkungen. Diese regeln wie für die angebotenen Beratungsdienstleistungen geworben werden darf. Anzuführen sind hier § 8 StBerG, § 43b der Bundesrechtsanwaltsordnung (BRAO) sowie § 42 WPO. Lautet es bei der zuletzt genannten Regelung kurz und knapp: „Werbung ist zulässig, es sei denn, sie ist unlauter", werden die Vorschriften im Anwalts- und Steuerberaterbereich noch konkretisiert. So lautet der § 43b BRAO: „Werbung ist dem Rechtsanwalt nur erlaubt, soweit sie über die berufliche Tätigkeit in Form und Inhalt sachlich unterrichtet und nicht auf die Erteilung eines Auftrags im Einzelfall gerichtet ist." Ähnlich, aber noch etwas enger, ist der § 8 StBerG gefasst.

Allerdings ist festzuhalten, dass insgesamt eine Lockerung in der Beurteilung der Werbeeinschränkungen von Kanzleien in den Urteilen des BGH zu erkennen ist. Der BGH begründet diese sich lockernde Sichtweise damit, dass § 43b BRAO im Lichte des

Wortlauts und des Zwecks des Art. 24 der Richtlinie 2006/123/EG vom 12. Dezember 2006 über Dienstleistungen im Binnenmarkt auszulegen sei. Gemäß Art. 24 Abs. 1 der Richtlinie 2006/123/EG seien absolute Verbote der kommerziellen Kommunikation für reglementierte Berufe untersagt. Das bedeutet, unter Berücksichtigung der rechtlichen Vorgaben steht einer Kanzlei das gesamte Instrumentarium der Informations- und Kommunikationspolitik, welches allgemein akzeptiert und schon seit langer Zeit der Selbstdarstellung von Kanzleien dient, zur Verfügung. Betrachtet man die derzeitigen Maßnahmen, so ist auch festzustellen, dass sich die Inhalte und die Gestaltung zur bewussten Vermarktung der eigenen Stärken in den letzten Jahren deutlich verändert hat. So kennzeichnen Farbgebung, Logos, Typografie – also das gesamte Corporate Design wie auch die gewählten Kanzlei-Slogans eine neue Qualität der bisherigen Ausdrucksformen.

Die Regelung in der BRAO (Bundesrechtsanwaltsverordnung BRAO vom 15.10.2021) bezüglich der „sachlichen" Information steht nun auf den ersten Blick konträr zu den ausgeführten Aspekten der emotionalen Ansprache von Mandanten. Schaut man sich die Regelungen allerdings genauer an, wird deutlich, dass es nicht um eine sehr starke Eingrenzung des sowieso schon im UWG geregelten Wettbewerbsrechts handelt. Auch dieses sieht vor, dass alle Werbeaussagen zutreffend und wahr sein müssen, Irreführungen und Vergleiche mit anderen Kanzleien müssen vermieden werden. Es soll also vor allem reklamehafte und marktschreierische Werbung verhindert werden. Dies steht im Einklang mit einer vertrauensschaffenden Information und Kommunikation. Den gehobenen Status des Berufsstands zu wahren, liegt im Interesse aller Berufsträger. Wie bereits ausgeführt, stellt opportunistisches Verhalten keinen vertrauensschaffenden Faktor dar. Die Wahl der Kommunikationsinstrumente und auch die Art und Inhalte der Darstellung sind daher von großer Bedeutung, um weiterhin das gute Image und die hohe Achtung von Anwälten, Wirtschaftsprüfern und Steuerberatern in der Öffentlichkeit zu erhalten.

Im Folgenden soll daher analysiert werden, welches übergeordnete Fundament sowohl auf der institutionellen als auch auf der personellen Ebene gelegt werden muss, damit die Instrumente der Kommunikationspolitik authentisch auf die Schaffung und Etablierung einer vertrauensvollen Mandantenbeziehung abzielen können. Hierbei ist zu berücksichtigen, dass auf den ersten Blick die konkrete Beziehung des beratenden Mitarbeiters zum Mandanten im Vordergrund steht. Das heißt, die vom Mitarbeiter ausgehenden Signale spielen im Rahmen der Kommunikationspolitik eine große Rolle. Sie bauen das interpersonelle Vertrauen auf. Daher ist es von großer Bedeutung, dass allen Mitarbeitenden bewusst ist, welchen wichtigen Beitrag sie zu einer vertrauensvollen Mandantenbeziehung leisten, und in ihrem Mindset muss verinnerlicht sein, dass sie Träger von vertrauensschaffenden Signalen sind. Zum großen Ganzen gehört auch die hinter dem Mitarbeiter stehende Institution. Das heißt, sie muss als Gesamtorganisation Vertrauen ausstrahlen. Dies kann nur gelingen, wenn das Konstrukt Vertrauen in der DNA der Kanzlei – also in ihrem grundsätzlichen Unternehmenszweck (Purpose) – verankert ist.

Um die theorie- und literaturgeprägten Ausführungen zu veranschaulichen, werden die folgenden Ausführungen am Beispiel der Wirtschaftskanzlei KSB INTAX aus der Praxisperspektive beleuchtet. Daher wird diese im Rahmen eines Kurzportraits vorgestellt.

4.2 KSB INTAX v. Bismarck PartGmbB: Kurzportrait einer mittelständischen Wirtschaftskanzlei

Die Wurzeln von KSB INTAX liegen in einer im Jahre 1952 in Hannover gegründeten Wirtschaftsprüfer- und Steuerberaterpraxis. Deren klassisches Angebot wurde im Laufe der Jahre um die rechtsgestaltende und fachübergreifende Beratung erweitert. Dieser multidisziplinäre Ansatz bildete die Grundlage für die besondere Qualität und das nachhaltige Wachstum der Kanzlei. Im Jahr 2004 erfolgte der Zusammenschluss mit einer 1957 gegründeten Celler OLG-Kanzlei. Die hannoversche Wirtschaftskanzlei wurde so um erfahrene Prozessrechtsspezialisten erweitert. Zudem fand damit eine regionale Ausdehnung des gesamten Leistungsspektrums im norddeutschen Wirtschaftsraum statt. Inzwischen existiert noch ein weiterer Standort in Lüneburg (seit 2018). Das Angebot orientiert sich an den besonderen Fragestellungen der Mandanten aus den Bereichen Finanzen, Recht und Steuern. Aufgrund des fachlich breitaufgestellten Beraterteams verfügt KSB INTAX über mehr Qualifikationen als eine traditionelle und ausschließlich rechtsanwaltlich ausgerichtete Wirtschaftskanzlei. So werden vor allem fachübergreifende Beratungen, wie z. B. bei Unternehmenstransaktionen, Nachfolgelösungen und Umstrukturierungen, angeboten. Insgesamt sind ca. 160 Mitarbeiter beschäftigt. Davon sind 70 Rechtsanwälte, Wirtschaftsprüfer und Steuerberater als Berater/innen für KSB INTAX tätig (KSB INTAX, o. J.a).

4.3 Trusted Advisor Mindset als Grundlage interpersonellen Vertrauens

Vertrauen wird in der Literatur i. d. R. als ein bestimmtes Gefühl zwischen Menschen betrachtet (Rossmann, 2010, S. 19 ff.). Im Rahmen von Entscheidungsprozessen – das wurde bereits dargelegt – benötigt ein Mandant Vertrauen gegenüber demjenigen, der ihn berät, weil er selbst das Fachwissen, die Ressourcen und/oder die Methodik nicht mitbringt, um die optimale Entscheidung allein zu treffen. Die Bereitschaft zu Vertrauen muss mit der Komplexität der Entscheidung ansteigen, insbesondere wenn die Lücke zwischen eigenem fachlichem Wissen und dem für die Fragestellung notwendigen Wissen immer größer wird. Personen, die als vertrauenswürdige Ratgeber identifiziert werden, werden in der Literatur auch als Trusted Advisor bezeichnet (siehe hierzu Maister et al., 2000; Stevenson & Barcus, 2003; Böck, 2017.) Die Erkenntnisse aus dem Trusted-Advisor-Modell sind auf den vorliegenden Kontext übertragbar. So steht ab dem ersten Kennenlernen eines Mitarbeiters einer Kanzlei für den Mandanten die Frage im Raum, ob es sich lohnt, diesem zu vertrauen oder ob eine weitergehende Interaktion zu hohe Risiken birgt. Es sei hier an die Moments of Truth erinnert.

Ob es einem Mitarbeitenden gelingt, als Trusted Advisor wahrgenommen zu werden, ergibt sich immer aus der subjektiven Wahrnehmung des jeweiligen Mandanten (siehe hierzu die Voraussetzungen für eine Trusted-Advisor-Rolle bei Böck, 2017, S. 31 ff.). Gelingt dies einem Mitarbeitenden, etabliert sich i. d. R. eine längerfristige Geschäftsbeziehung. So wird ein Mandant den Trusted Advisor immer wieder, u. U. auch bei völlig anderen Fragestellungen, in Anspruch nehmen, bereiter sein, Hintergrundinformationen preiszugeben, sowie auch zunehmend auf Formalia in der Kooperation verzichten (Böck, 2017, S. 14). Das heißt, der Mandant wird bei einer erneuten Transaktion nicht den kompletten Prozess der Client Journey durchlaufen, sondern direkt in die Auswahlentscheidungsphase eintreten. Da der Mandant sich darauf verlässt, dass der Trusted Advisor ihn in seinem Sinne berät, ist eine Trusted-Advisor-Beziehung auch hilfreich, um das Gefühl der Client Confusion aufgrund der Fülle von analogen und digitalen Informationen zu minimieren.

Um Überlegungen zu generieren, wie nun im Rahmen der Kommunikationspolitik durch vertrauensschaffende Signale verdeutlicht werden kann, dass die Mitarbeitende als Trusted Advisor fungieren, ist eine Abgrenzung vom fachlichen Experten erforderlich. Im Rahmen des Trusted-Advisor-Modells stellt das Fachwissen eines Mitarbeiters der Kanzlei in der Einordnung des Kano-Modells einen Leistungsfaktor dar (Kano et al., 1984; Matzler & Bailom, 2009). Das heißt, das fachliche Wissen muss vorhanden sein und trägt auch zur Zufriedenheit oder Unzufriedenheit abhängig vom Ausmaß der Erfüllung der Erwartungen bei der Wahrnehmung des Leistungsprozesses und -ergebnisses bei. Es handelt sich aber nicht um einen Begeisterungsfaktor, der entscheidend dafür ist, ob sich ein Mitarbeiter aus der Perspektive des jeweiligen Mandanten gegenüber anderen differenziert und seine Beratung demzufolge einen besonderen Nutzen für den Mandanten stiftet. Das heißt, der Trusted Advisor stellt eine „Sonderform" eines Experten dar, weil er über das fachliche Wissen hinaus mit einem breiteren Blick auf die Beratung schaut (Böck, 2017, S. 38). Er verfügt neben den einschlägigen fachlichen Fähigkeiten über weitere vertrauensstiftende Charakteristika. Er ist in der Lage, den individuellen Blickwinkel seines Mandanten einzunehmen und dessen Bedürfnisse einzuschätzen. Ihm gelingt es durch sein Wissen, durch seine Methodik und seine Persönlichkeit, dem Kunden das Gefühl zu vermitteln, dass er sich darauf verlassen kann, das bestmöglichste Leistungsergebnis zu erhalten. Besonders betont wird im Trusted-Advisor Ansatz, dass der Ratgebende seinen Beratungsprozess so gestaltet, dass er ihn nicht mit eigenen Interessen und Zielen überlagert – also ausschließlich den Nutzen des Beratenen sieht (Böck, 2017, S. 38). Diese Annahme ist allerdings bei stringenter Auslegung nicht realistisch, da eine Kanzlei und die Mitarbeitenden immer auch den eigenen wirtschaftlichen Erfolg im Blick haben müssen. Eine Geschäftsbeziehung unterliegt daher auch einer Nutzen-Kosten-Betrachtung – hier aus der Perspektive der

Kanzlei – und muss einen angemessenen ROI (Return on Investment) liefern (Böck, 2017, S. 73 ff.)

KSB INTAX stellt die Mitarbeitenden in ihrer Kommunikationspolitik stark in den Vordergrund. Unter der Überschrift „Das Prinzip guter Beratung" wird der bewusst menschliche Charakter der Kanzlei (siehe Abschn. 4.4) konkret an den handelnden Personen verdeutlicht. Neben der fachlichen Kompetenz wird die emotionale Ebene dadurch angesprochen, dass die Mitarbeitenden sich als Zuhörer, Vermittler und Problemlöser verstehen (KSB INTAX, o. J.a). Jeder Mitarbeitende wird hinsichtlich seiner oder ihrer fachlichen Kompetenzen vorgestellt. Darüber hinaus erhält der Mandant aber auch weitere Informationen, die über die eigentlichen fachlichen Kompetenzen hinausgehen, wie z. B. eine Auflistung von Ehrenämtern oder auch Publikationen. Diese Aspekte wirken sich auch auf die Wahrnehmung der Integrität aus. Dabei erfolgt die Auflistung alphabetisch, was den Teamcharakter unterstreicht und den Aufbau von institutionellem und interpersonellen Vertrauen zusammenfügt. Im Rahmen des Blogs (https://www.ksb-intax.de/blog/), aber auch durch das regelmäßig durchgeführte Unternehmerfrühstück wird auf aktuelle Fragestellungen aufmerksam gemacht und Wissen „ungefragt" von den Beratern weitergegeben. Dadurch wird nicht nur auf die fachliche Kompetenz und die Integrität eingezahlt, sondern auch eine „Vorlage" gegeben, dass KSB INTAX sich offen verhält und dadurch auch Wohlwollen erzeugt. Die genannten Beispiele Homepage, Blog, aber auch das analoge Unternehmensfrühstück zeigen das Zusammenspiel von On- und Offline-Kommunikation zur Schaffung von Vertrauen, welches später noch entlang der Client Journey exemplarisch tiefer gehend dargestellt wird.

4.4 Corporate Purpose als Grundlage für die Wahrnehmung als Trusted-Advisor-Kanzlei

Alle Rechtsanwälte, Steuerberater, Wirtschaftsprüfer, Notare, die Sekretariate bis hin zu den Werkstudenten der Wirtschaftskanzlei KSB INTAX stehen aber nicht nur für sich als Einzelpersonen, sondern auch für ihre Kanzlei. Sie als Team sorgen für eine vertrauensvolle Innen- und Außenwirkung. Sie alle transportieren das Selbstverständnis der Kanzlei. Das kann nur gelingen, wenn ein schlüssiges, authentisches Zusammenspiel von Verhalten, Sprache und dem Erscheinungsbild eines Unternehmens existiert. Das bedeutet, dass es einen übergeordneten (sinnstiftenden) Grund für alle Beteiligten geben muss, Stakeholder eines Unternehmens zu werden und zu bleiben.

Purpose bedeutet aus dem Englischen übersetzt Sinn, Zweck, Intention. Auf den Unternehmenskontext bezogen meint Purpose den Unternehmenszweck, der im Leitbild verankert ist und über die ökonomische Perspektive – also die Gewinnorientierung – hinausgeht. Ein gemeinsamer Corporate Purpose stellt genau das angesprochene Zusammenspiel im Rahmen eines gemeinsamen verbindenden Gedankens dar und bietet den Mitarbeitenden sowie darüber hinaus allen Stakeholdern einen Sinn, um mit dem

Unternehmen verbunden zu sein (siehe ausführlich Illner, 2021; Bruce & Jeromin, 2020). Ein wichtiger Aspekt beim Aufbau eines Corporate Purpose ist, dass dieser authentisch ist. Das bedeutet, dass eine Kanzlei auch ihrem Corporate Purpose entsprechend handelt.

Insbesondere bei der Etablierung neuer Mandantenbeziehungen hat eine vertrauensschaffende Reputation einer Kanzlei eine enorme Strahlwirkung. Aber auch in bestehenden Geschäftsbeziehungen müssen alle hinter dem eigentlichen Beratungsprozess liegenden Tätigkeiten das aufgebaute interpersonelle Vertrauen stützen oder sogar verstärken. Darüber hinaus kann es durch geplante oder ungeplante Ereignisse dazu kommen, dass Mandanten im laufenden Beratungsprozess mit weiteren oder sogar völlig neuen Mitarbeitenden zusammenarbeiten müssen. Gerade in diesen Fällen muss ein Mandant darauf vertrauen, dass eine Kanzlei über weitere Mitarbeitende verfügt, die die Mandantenbeziehung ebenso vertrauenswürdig weiterführen können. Daher ist die Integration einer Vertrauenskultur in den Corporate Purpose zwingend.

Wie bereits herausgearbeitet, beinhaltet das Vertrauenskonstrukt drei Säulen: fachliche und emotionale Kompetenz, Integrität und Wohlwollen. Die Umsetzung dieser Eigenschaften von Vertrauen werden erst in der konkreten Mandantenbeziehung erfahrbar. Aber im Rahmen der Kommunikation kann versucht werden, diese Eigenschaften zu transportieren. Mit dem Slogan „Lösungen entwickeln. Wir stehen für spezialisierte und fachübergreifende Beratung" (KSB INTAX, o. J.a) trifft KSB INTAX zunächst einmal die grundsätzliche Mandantenerwartung an eine Kanzlei hinsichtlich der fachlichen Kompetenz. Dieser allerdings nahezu für jede Kanzlei passende Slogan wird dann aber durch die Charaktereigenschaften von KSB INTAX – Kontinuität, Erfahrung, Nachhaltigkeit und Zukunftsfähigkeit – konkretisiert. Dabei ist der Terminus „Charakter" als eine Bezeichnung für das individuelle Gepräge eines Menschen bewusst gewählt. Aus der Forschung der KI ist bekannt, dass Robotern mit Namen eher vertraut wird (Weibler, 2019). Dieser Effekt wird in diesem Kontext genutzt. KSB INTAX hat Charakter und wird somit bildlich zu einer Person – also vermenschlicht. Darüber hinaus ist der Begriff Charakter grundsätzlich positiv belegt. „Ein starker, mutiger Mensch hat Charakter." Die Idee, von dem von vielen Wettbewerbern verwendeten Begriff „Unternehmenskultur" abzuweichen, ist daher Bestandteil einer vertrauensschaffenden Kultur und zielt dabei auf die Integrität und das Wohlwollen ab. Insgesamt ist allerdings festzuhalten, dass eine reine Umbenennung nur vordergründig Vertrauen schafft. Insgesamt müssen die definierten Charaktereigenschaften von KSB INTAX dann bottom-up in dem gesamten Informations- und Kommunikationsprozess und darüber hinaus im gesamten Dienstleistungsprozess der KSB INTAX erfahrbar werden, um das intendierte institutionelle Vertrauen aufzubauen und zu erhalten. Wie der Corporate Purpose, der neben Vertrauensbildung auch Servicebereitschaft, Freundlichkeit und Seriosität beinhaltet, auch optisch transportiert wird, wird sehr ausführlich von der betreuenden Agentur erläutert (Markenschärfung, o. J.).

Insbesondere im Rahmen der Neumandatsgewinnung ist diese sehr vermenschlichte Definition des Charakters einer Kanzlei ein geeignetes Instrument, um Vertrauen zu schaffen. Es ist nötig, dass der Mandant der Kanzlei einen Vertrauensvorschuss gewährt und sich durch den Verzicht auf eine kognitive Überprüfung verletzlich zeigt (Kenning & Wobker, 2012, S. 632 ff.). So kann es gelingen, dass der potenzielle Mandant sehr schnell von der Aufmerksamkeits-/Informationsphase in die Auswahlentscheidungsphase eintritt. Aber auch im weiteren Verlauf der Mandantenbeziehung ist es von entscheidender Bedeutung, wenn ein vertrauensschaffender Corporate Purpose für den jeweiligen Mandanten von Relevanz ist. Er wird über die reine Beratungstätigkeit hinaus Loyalität zu der Kanzlei empfinden und somit im Falle einer wiederkehrenden Beauftragung nicht mehr alle Phasen einer Auswahlentscheidung durchlaufen sowie im Idealfall direkt in die Auswahlentscheidungsphase eintreten.

Sowohl ein neuer als auch ein bereits in eine Geschäftsbeziehung gebundener Mandant wird, wenn er ein Vertrauensgefühl für eine Kanzlei entwickelt hat, konkret in Kontakt mit einem Mitarbeitenden der Kanzlei treten. Es ist für den weiteren Verlauf der Auswahlentscheidung daher existenziell, dass die jeweiligen Mitarbeitenden auch als Personen den vertrauensschaffenden Corporate Purpose authentisch verkörpern. Neben dem Vertrauen zu dem jeweiligen Mitarbeiter, der konkret als Geschäftspartner agiert, ist aber auch ein gewisses Maß an Vertrauen zu der Organisation insgesamt – also der Kanzlei – erforderlich. So muss sich ein Mandant darauf verlassen, dass die vom Mitarbeitenden gesendeten Vertrauenssignale auch durch die Kanzlei insgesamt gestützt werden. Außerdem muss ein Mandant sich darauf verlassen können, dass ein u. U. erforderlicher Beraterwechsel keinen Einfluss auf den Beratungsprozess bzw. das -ergebnis hat. Das bedeutet, dass das Trusted-Advisor-Konzept nicht nur aus der Funktion einzelner Personen heraus zu betrachten ist, sondern zum Selbstverständnis einer Kanzlei gesamt gehören muss (Böck, 2017, S. 30). So ist es bedingt durch die Komplexität des Rechtssystems und durch die aktuelle Markt- und Wettbewerbssituation gerade für Rechtsberatungen wichtig, sich zu einer Trusted-Advisor-Kanzlei zu entwickeln und damit Wettbewerbsvorteile zu erzielen (Böck, 2017, S. 87).

Zusammenfassend ist festzuhalten,

1. dass Kanzleien bei der Entwicklung eines Marketing-Konzeptes besondere rechtliche Rahmenbedingungen berücksichtigen müssen, die sich vor allem aus dem anwaltlichen Berufsrecht ergeben.
2. dass das anwaltliche Berufsrecht insbesondere auf das Vertrauen zwischen Mandant und Berater abzielt.
3. dass gemäß dem Trusted-Advisor-Konzept interpersonelles Vertrauen nicht nur auf Basis fachlicher Kompetenz ausgebildet wird, sondern alle drei Säulen des Konstruktes Vertrauen (fachliche und emotionale Kompetenz, Integrität und Wohlwollen) hinzukommen müssen.
4. dass eine Kanzlei einen von allen verinnerlichten Corporate Purpose benötigt, um ein einheitliches und vertrauensschaffendes Bild nach innen und außen abgeben zu können.

Eine wichtige Voraussetzung ist es dabei, dass die vertrauensschaffenden Signale auf allen Kommunikationswegen einheitlich sind und ausdrücklich die Personenprofile der Mitarbeiter z. B. in den sozialen Medien mit einbeziehen (Böck, 2017, S. 73). Dieser Aspekt wird gestützt durch das Ergebnis einer Befragung von PR-Experten, die als eines von drei wesentlichen Themen im Rahmen der Kommunikationspolitik den Aufbau und Erhalt von Vertrauen sehen (Statista, 2021c). Welche konkreten Kommunikationsinstrumente hierzu geeignet sind, soll anhand der drei Phasen der Client Journey veranschaulicht werden. Dabei wird auch – soweit sinnvoll –nach institutionellem und interpersonellem Vertrauensaufbau differenziert.

5 On- und Offline-Kommunikations-Mix entlang der Client Journey zur Übermittlung vertrauensschaffender Signale am Beispiel der KSB INTAX v. Bismarck PartGmbB

5.1 Offline-Kommunikationsinstrumente zum Aufbau und zur Etablierung vertrauensvoller Mandantenbeziehungen

Im Vergleich zu anderen Branchen lässt sich beobachten, dass die Marketingaktivitäten von Kanzleien als eher zurückhaltend zu bezeichnen sind. Dies lässt sich z. B. dadurch belegen, dass das Marketingbudget der Kanzleien durchschnittlich unter dem Budget anderer Branchen liegt (Schieblon, 2015). Auch zählen Marketingberater oder Werbeagenturen Kanzleien nicht unbedingt zu ihrer Hauptkundschaft (Jetstream Marketing, o. J.). Ursächlich hierfür sind die rechtlichen Rahmenbedingungen, die ein eher vorsichtiges, „konservatives" Verhalten dem Markt gegenüber erfordern. Daher ist der Marketinggedanke nicht unbedingt bei allen Mitarbeitenden einer Kanzlei im Selbstverständnis bzw. im Mindset verankert. Dies ist sicherlich auch ein Grund dafür, warum die Verwendung digitaler Marketinginstrumente ebenfalls noch eher zögerlich erfolgt (Schieblon, 2017, S. 5 ff.).

Grundsätzlich steht Kanzleien das gesamte Instrumentarium der Kommunikationspolitik zur Verfügung. Es ist aber zu prüfen, welche dieser Instrumente geeignet sind, vertrauensschaffende Signale zu übermitteln. Die Abb. 1 zeigt beispielhaft die von der Wirtschaftskanzlei KSB INTAX genutzten Offline-Kommunikationsinstrumente. Sie werden dabei den Phasen der Client Journey zugeordnet und hinsichtlich ihrer Wirkung auf das institutionelle und interpersonelle Vertrauen systematisiert.

Da im Rechtsbereich noch ein hoher Anteil der Kommunikation postalisch abgewickelt wird, gehört der Briefbogen sozusagen zum Standard einer Kanzlei. Der postalische Verkehr erfolgt bei KSB INTAX in jeder Phase der Client Journey. Dass der Briefbogen eine besondere Bedeutung auch als vertrauensschaffendes Signal besitzt, wird dadurch unterstrichen, dass in § 10 der Berufsordnung für Rechtsanwälte (BORA) sogar geregelt wird, welche Informationen ein Briefbogen enthalten muss. Da Mandanten nicht vordergründig nach einer Kanzlei suchen, sondern originär nach der

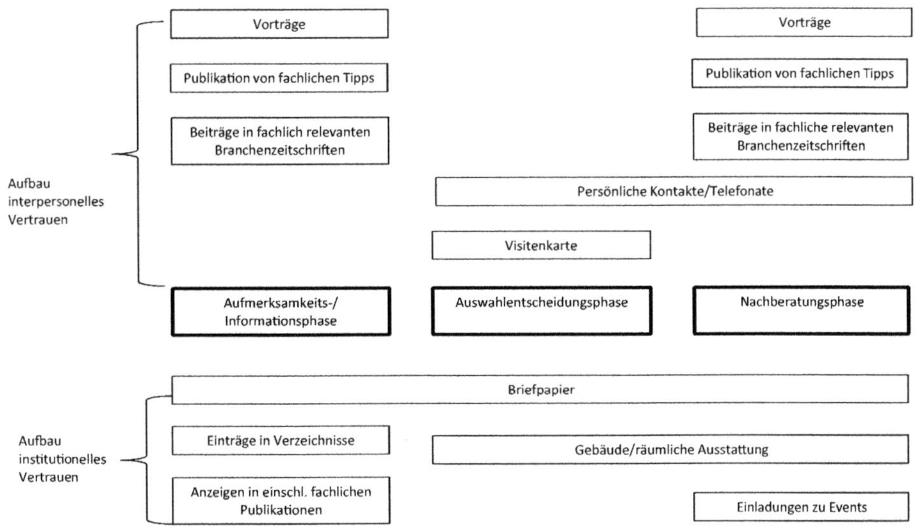

Abb. 1 Offline-Kommunikationsinstrumente der KSB INTAX

Lösung ihres Problems, sind alle Instrumente, die eher einen undifferenzierten Massenmarkt ansprechen, für eine vertrauensvolle Kommunikation ungeeignet. Das heißt Plakate, TV- und Radio-Spots sowie Anzeigen außerhalb von Fachpublikationen werden von KSB INTAX nicht in Anspruch genommen. Vielmehr wird versucht, sowohl in der Aufmerksamkeits-/Informationsphase als auch in der Nachberatungsphase die fachliche Kompetenz herauszustellen. So werden gezielt Beiträge in Fachzeitschriften der Branchen platziert sowie Vorträge zu aktuellen Fragen aus den Fachgebieten der Kanzlei gehalten. Als konkrete Beispiele sind hier das Unternehmerfrühstück oder auch das Arbeitsrechtseminar anzuführen. Gerade in dem Bereich von Kanzleien existiert eine Vielzahl von Verzeichnissen, die einen Überblick über den Kanzleimarkt geben. Da vielfach die Suche in der Aufmerksamkeits-/Informationsphase nach einer geeigneten Kanzlei über diese Branchenverzeichnisse abläuft, ist KSB INTAX hier mit Einträgen sichtbar und platziert zum Teil auch Anzeigen, die die fachlichen Kompetenzen der Kanzlei widerspiegeln.

Da eine Beratungsleistung sich zwischen mindestens zwei Personen vollzieht und i. d. R. mit persönlichen Treffen verbunden ist, ist eine Visitenkarte unerlässlich. Ebenso stellt KSB INTAX für die Erstgespräche mit potenziellen Mandanten weiterhin Werbeflyer wie auch Unternehmensbroschüren in gedruckter Form zur Verfügung, die im Rahmen von ersten persönlichen Treffen überreicht werden können. Treffen mit Mandanten finden zum größten Teil auch in den Räumlichkeiten der Kanzlei statt. Daher spielen das Gebäude sowie auch die Ausstattung der Räumlichkeiten und insbesondere der Umgang aller Mitarbeitenden im persönlichen Kontakt bzw. Gesprächen mit den Mandanten eine erhebliche Rolle, um Vertrauen aufzubauen. Bei der Auswahl und auch im Rahmen von Schulungs- und Weiterbildungsprozessen spielen daher neben hoher fachlicher Kompetenz Softskills eine große Rolle. Die Betreuung der Mandanten in der Nachberatungsphase durch persönlichen Austausch, sei es durch Telefonate, Einladungen zu Vortragsveranstaltungen sowie Events, bewirkt Verstärkungseffekte auf das Vertrauen, welches sich im Lauf der Beratungsleistung herausbildet und vertieft. Dies erhöht die Wahrscheinlichkeit, dass sich vertrauensvolle und nachhaltige Geschäftsbeziehungen etablieren. Darüber hinaus gilt als gesicherte Erkenntnis, dass ein hoher Anteil neuer Mandanten aufgrund von Empfehlungen von zufriedenen Mandanten auf eine Kanzlei zugeht (Kuester & Paul, 2018, S. 27 f.) Dieses Empfehlungsverhalten kann durch vertrauenserhöhende Kommunikation in der Nachbetreuungsphase positiv beeinflusst werden.

Insgesamt ist festzuhalten, dass der gesamte optische Außenauftritt von der Geschäftsausstattung bis hin zur Broschüre oder Anzeige sinnvoll zusammenpassen muss – und das nicht nur unter Design-Aspekten, sondern hinsichtlich des Wordings, der Bildsprache und der Farbgebung. Dieser Aspekt spielt für den hier betrachteten Kontext zwar eine untergeordnete Rolle. Insgesamt ist aber das gesamte Corporate Design von KSB INTAX so gestaltet, dass es den vertrauensschaffenden Corporate Purpose einheitlich nach außen widerspiegelt (Markenschärfung, o. J.). Das gilt auch für die Gestaltung der digitalen Kommunikationsmedien, die im Folgenden betrachtet werden.

5.2 Online-Kommunikationsinstrumente zum Aufbau und zur Etablierung vertrauensvoller Mandantenbeziehungen

Internet und soziale Medien nehmen einen immer größeren Stellenwert im privaten und auch beruflichen Leben ein. Insbesondere im beruflichen Leben und damit auch im Bereich der Tätigkeiten von Kanzleien wurde der digitalen Transformation aufgrund der durch die Corona-Pandemie erzwungenen sozialen Distanz ein enormer Schub verliehen. Mandantengespräche und zum Teil sogar mündliche Verhandlungen wurden bzw. werden per Videokonferenz durchgeführt (Windau, 2020). Aktuelle Studien zeigen, dass es mittlerweile 66 Mio. Social-Media-Nutzer in Deutschland gibt. Dies entspricht einem Anstieg um 13 % verglichen zum Vorjahr 2020. Diese Entwicklungen unterstreichen, dass es für Kanzleien unabdingbar ist, sich an das stetig steigende Online-Mediennutzungsverhalten anzupassen und entsprechend auch die Online-Marketing-Instrumente in ihre Marketingstrategie zu integrieren. (Statista, 2021a; Kemp, 2021) Auch hier steht einer Kanzlei eine Vielzahl von Medien zur Verfügung. Es ist allerdings zu berücksichtigen, dass die Nutzung insbesondere der sozialen Netzwerke einen hohen Ressourcenaufwand impliziert. Daher hat sich KSB INTAX entschieden, dass ein „Weniger" insgesamt ein „Mehr" erzielen kann. KSB INTAX konzentriert sich daher nur auf ausgewählte soziale Medien.

Rund 90 % der Deutschen geben Suchanfragen oder Problemstellungen zunächst bei Google ein (Statista, 2022). Das bedeutet, dass eine Website, die suchmaschinenoptimiert ist, sozusagen zum Grundgerüst der Online-Kommunikation gehört. Die Website hat die Aufgabe, dem Ratsuchenden Informationen und auch Vertrauen so kompakt wie möglich zu vermitteln. KSB INTAX hat eine Website, auf der direkt mit dem bereits angesprochenen Slogan zum einen institutionelle – dabei aber auch durch die Betonung der Funktion des Teams nicht nur als Berater, sondern auch als Zuhörer, Vermittler, Problemlöser – und zum anderen auch interpersonelle Vertrauenssignale übermittelt werden (KSB INTAX, o. J.b). Des Weiteren wird die fachliche Kompetenz durch die aktuellen Meldungen unterstrichen. Alle Berater werden direkt vorgestellt und durch die Bildgestaltung werden immer direkte persönliche Gesprächssituationen dargestellt. Über das Menü können Berater/innen direkt namentlich oder über die Fachgebiete gesucht werden. Insgesamt wird deutlich, dass es für alle Fachgebiete nicht nur einen ausgewiesenen Experten gibt, sodass damit auch das institutionelle Vertrauen gestärkt wird. Durch die Bildwelt werden Gebäude und Räumlichkeiten aller drei Standorte sichtbar (KSB INTAX, o. J.c). Diese Elemente zielen ebenfalls in der Aufmerksamkeits-/Informationsphase darauf ab, neben der fachlichen auch die emotionale Kompetenz zu verdeutlichen. Über regelmäßige Blogs wird in dieser Phase, aber auch in der Nachberatungsphase (potenziellen) Mandanten das fachliche Know-how vor Augen geführt (KSB INTAX, o. J.d). Wie beim Offline-Instrumentarium werden auch im digitalen Bereich Profile auf Anwaltsplattformen gestellt. Darüber hinaus werden vertrauensschaffende Signale über die Auszeichnungen, die KSB INTAX erhalten hat, bereits auf der Homepage bildlich dargestellt. Dabei handelt es sich u. a. um: Nominierung für die JUVE Awards 2018 als Kanzlei des Jahres für den Mittelstand, azur Top 100 Arbeitgeber 2021 Region Norden, „Deutschlands beste Anwälte 2021“ (Handelsblatt & Best Lawyers).

Erste Ansätze für die Nutzung von Social Media sind vorhanden. So befindet sich KSB INTAX derzeit in einem laufenden Prozess, um die Aktivitäten in diesem Bereich auf- und dann auszubauen. Neben der Aktivität der Zielgruppen spielen für eine Kanzlei insbesondere Kriterien wie Datenschutz und die Seriosität der Plattform sowie auch der finanzielle und zeitliche Aufwand eine Rolle. Neben einem Unternehmensprofil ist es aber auch wichtig, dass die einzelnen Berater/innen mit eigenen Profilen auf der Plattform unterwegs sind und sich mit dem Unternehmensprofil vernetzen. Auf Basis eines Benchmarks verschiedener Plattformen wird in Richtung Mandanten die Plattform LinkedIn präferiert. KSB INTAX ist sich aber auch bewusst, dass langfristig, um u. a. auch den Arbeitnehmermarkt anzusprechen, weitere Plattformen bedient werden müssen.

Insgesamt zeigen die Ausführungen, dass Online-Kommunikationsinstrumente insbesondere in der Aufmerksamkeitsphase sowie in der Nachberatungsphase geeignet sind, vertrauensschaffende Signale sowohl auf institutioneller als auch auf interpersoneller Ebene zu übermitteln. Die Auswahlentscheidungsphase ist weiterhin stark geprägt durch den persönlichen Austausch zwischen dem Mandanten und Berater (Abb. 2).

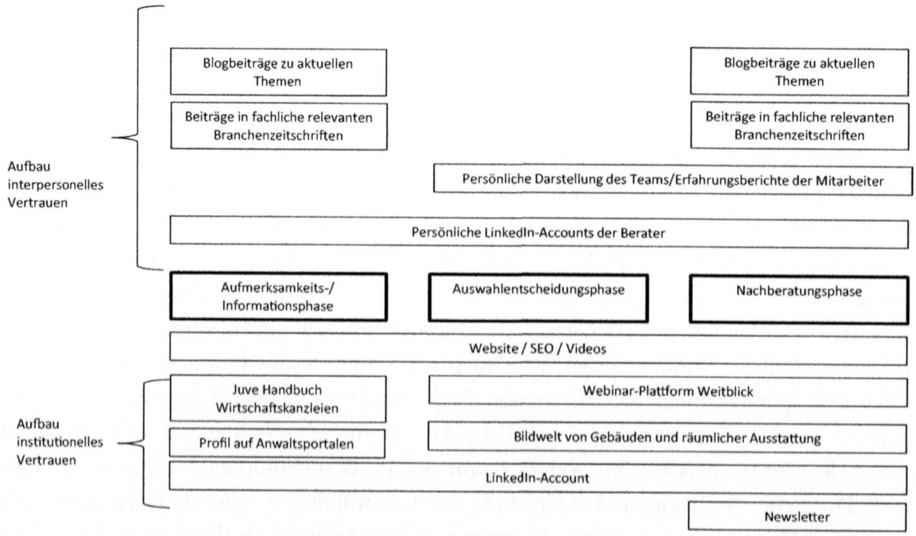

Abb. 2 Online-Kommunikationsinstrumente von KSB INTAX

6 Fazit: Herausforderungen für eine vertrauensschaffende Kommunikation auf institutioneller und interpersoneller Ebene

Eine Herausforderung für die Schaffung der interpersonellen Vertrauensebene ist die Bereitschaft der einzelnen Mitarbeitenden, aktiv über die verschiedenen Kanäle vertrauensschaffende Signale zu senden. Hierzu ist es zum einen erforderlich, dass allen Mitarbeitenden bewusst ist, welche wichtige Rolle sie einnehmen, wenn es um den Entscheidungsprozess der (potenziellen) Mandanten für oder gegen eine Kanzlei geht. Dieses Mindset und auch der Umgang mit den Marketing-Instrumenten – insbesondere für die digitale Kommunikation – muss immer wieder geschult werden. So ist Online- und Offline-Channel-Marketing nicht das originäre Berufsfeld der meisten Mitarbeitenden in einer Kanzlei (Tilmanns, 2018, S. 38 f.).

Auch wenn es durch die getrennte Beschreibung des Offline- und Online-Instrumentariums von KSB INTAX auf den ersten Blick u. U. so wirken mag, stehen diese nicht losgelöst voneinander. Vielmehr stellt sich bei jeder Marketingmaßnahme immer die Schlüsselfrage, welche Kanäle gerade geeignet sind und wie sie sich optimal ergänzen. Die Auswahl der jeweils sinnvollen Kombination gehört in das strategische Handlungsfeld eines Marketing-Konzeptes und ist abhängig von der Zielsetzung und auch den Mandantenwünschen sowie -erwartungen (Funke, 2021, S. 336). Daher existiert keine „Zauberformel" für den optimalen Mix an Kommunikationsinstrumenten für eine Kanzlei. Die Ausführungen haben aber gezeigt, dass es für eine vertrauensschaffende Kommunikation erforderlich ist, eine Omni-Channel-Strategie anzuwenden. Angesichts finanzieller, vor allem i. d. R. personeller Ressourcen-Engpässe insbesondere bei mittelständischen und Einzelkanzleien sollte immer das Motto „weniger ist mehr“ im Vordergrund stehen. „Ein gut betreuter Kanal ist immer besser, als viele ‚Dialogfriedhöfe‘.“ (Wadhawan, 2015).

Literatur

Ahrholdt, D. (2009). *Erfolgsfaktoren einer E-Commerce-Website: Empirische Identifikation vertrauensfördernder Signale im Internet-Einzelhandel*. Gabler.

Bauer, H. H., Heinrich, D., & Samak, M. (Hrsg.). (2012). *Erlebniskommunikation – Erfolgsfaktoren für die Marketingpraxis*. Springer.

Bhattacherjee, A. (2002). Individual trust in online firms: Scale development and initial trust. *Journal of Management Information Systems, 19*(1), 211–241.

Billen, P. (2003). Die Bedeutung der Informationsökonomie für das Marketing. In P. Billen (Hrsg.), *Unsicherheit des Nachfragers bei Wiederholungskäufen – Ein informationsökonomischer und verhaltenswissenschaftlicher Ansatz* (S. 1–23). Gabler.

Blum, U., Dudley, L., Leibbrand, F., Weiske, A. (2015). Angewandte Institutionenökonomik. Theorien, Modelle, Evidenz. Gabler.

Böck, J. G. (2017). *Trusted Advisor in Marketing und Vertrieb: Grundlagen und praktische Anwendung in ausgewählten Branchen*. Springer Gabler.

Bruce, A., & Jeromin, C. (2020). *Corporate Purpose – das Erfolgskonzept der Zukunft: Wie sich mit Haltung Gemeinwohl und Profitabilität verbinden lassen*. Springer Gabler.

Bundessteuerberaterkammer. (o.J.). Leitfaden Externe Kommunikation. https://www.stbk-koeln.de/fileadmin/site-template/pdf/Publikationen/BStBK_Leitfaden_Externe_Kommunikation.pdf. Zugegriffen: 27. Dez. 2022.

Büren, J. (2001). Instrumente der Kundenbindung. https://www.managementportal.de/pdf/kundenbindung1.pdf, Zugegriffen: 6. Aug. 2021.

Fischer, M. (2013). *Make-or-Buy-Entscheidungen im Marketing: Neue Institutionslehre und Distributionslehre*. Springer.

Fischer, M., Hüser, A., Mühlenkamp, C., Schade, Ch., & Schott, E. (1993). Marketing und neuere ökonomische Theorie: Ansätze zu einer Systematisierung. *Betriebswirtschaftliche Forschung und Praxis, 45*(1), 37–43.

Funke, D. (2021). Multi-Channel vs. Omni-Channel: Vertriebskanäle bestimmen und kombinieren. In S. Detscher (Hrsg.), *Digitales Management und Marketing* (S. 329–347). Springer Gabler.

Giffin, K. (1967). The contribution of studies of source credibility to a theory of interpersonal trust in the communication process. *Psychological Bulletin, 68*(2), 104–120.

Grunst, B. (2015). Was ist im Rahmen von Online-Werbung für Anwälte erlaubt? https://www.beck-stellenmarkt.de/ratgeber/rund-um-die-kanzlei/kanzleimarketing/was-ist-im-rahmen-von-online-werbung-fuer-anwaelte. Zugegriffen: 6. Jan. 2022.

Hafke, B., Kasper, C., Wrede, A. (2013). Reputation zur Mandantenakquise – die Eigensicht der Rechtsanwälte. Eine qualitative Studie. In K. Kocks & B. Hafke (Hrsg.), *Anwälte zwischen Achtung und Ächtung Reputation Management und Litigation PR als Herausforderungen für Juristen* (S. 27–106). Vox Pop.

Häusel, H.-G. (2010). Think Limbic! Was Banken für ihr Marketing und ihren Vertrieb lernen können. In D. Effert (Hrsg.), *Qualitäts- und Preisimage bei Banken* (S. 49–67). Gabler.

Illner, K. (2021). Purpose, Sinn und Werte: Das „Warum?“ als Leuchtturm in der digitalen Transformation. Haufe Group.

Irion, T. (2007). *Vertrauen in Transaktionsbeziehungen*. Lang.

Jetstream Marketing. (o. J.). Kanzleimarketing – Was es für Anwälte, Steuerberater etc. zu beachten gibt. https://jetstream-marketing.com/kanzleimarketing/. Zugegriffen: 8. Jan. 2022.

Kano, N., Seraku, N., Takahashi, F., & Tsuji, S. (1984). Attractive quality and must-be quality. *Journal of the Japanese Society for Quality Control, 14*(2), 147–156.

Kemp, S. (2021). Digital 2021: Germany. https://datareportal.com/reports/digital-2021-germany. Zugegriffen: 30. Apr. 2021.

Kenning, P., & Wobker, I. (2012). Affektive und kognitive Verhaltensstrategien zur Überwindung von Informationsasymmetrien im Konsumgüterhandel. *Betriebswirtschaftliche Forschung und Praxis, 2012*(6), 626–642.

Kotler, P. (2022). *Grundlagen des Marketing* (7. Aufl.). Pearson.

KSB INTAX. (o. J.a). Das Prinzip guter Beratung. https://www.ksb-intax.de/. Zugegriffen: 6. Jan. 2022.

KSB INTAX. (o. J.b). Über uns. https://www.ksb-intax.de/ueber-uns/. Zugegriffen: 6. Jan. 2022.

KSB INTAX. (o. J.c). So erreichen Sie uns. https://www.ksb-intax.de/kontakt/. Zugegriffen: 6. Jan. 2022.

KSB INTAX. (o. J.d). Wissen weitergeben. https://www.ksb-intax.de/blog/. Zugegriffen: 06. Jan. 2022.

Kuester, S., & Paul, T. (2018). Markenbildung bei Professional-Services-Firmen. In C. Schieblon (Hrsg.), *Marketing für Kanzleien und Wirtschaftsprüfer Ein Praxishandbuch für Anwalts-, Steuerkanzleien und Wirtschaftsprüfungsunternehmen* (4. Aufl., S. 17–32). Springer Gabler.

Lewicki, R. J., Tomlinson, E. C., & Gillespie, N. (2006). Models of interpersonal trust development: Theoretical approaches, empirical evidence, and future directions. *Zeitschrift für Management, 32*(6), 991–1022.

Ludwig, P. (2005). *Vertrauen beim Online-Shopping: Eine empirische Arbeit über Vertrauensrelevanz, Determinanten und Maßnahmen für die Bildung von Vertrauen zu Online-Shops*. Pabst Science Publ.

Luhmann, N. (2000). *Vertrauen. Ein Mechanismus der Reduktion sozialer Komplexität* (4. Aufl.). UTB.

Maister, D. H., Green, C. H., & Galford, R. M. (2000). *The trusted advisor*. Free Press.

Markenschärfung. (o. J.). Redesign der Wirtschaftskanzlei KSB INTAX. Eine Farbe wird zur Haltung. https://www.markenschaerfung.de/arbeiten/ksb-intax/. Zugegriffen: 27. Dez. 2021.

Matzler, K., & Bailom, K. (2009). Messung der Kundenzufriedenheit. In H. H. Hinterhuber & K. Matzler (Hrsg.), *Kundenorientierte Unternehmensführung* (5. Aufl., S. 267–297). Gabler.

Matzler, K., Bidmon, S., Faullant, R., Fladnitzer, M., Waiguny, M. (2005). Dimensions and consequences of customer e-confusion in online buying behavior. 4th International Congress „Marketing Trends“. 2005 in Paris.

Mayer, R. C., & Davis, J. H. (1999). The effect of the performance appraisal system on trust for management: A field quasi-experiment. *Journal of Applied Psychology, 84*(1), 123–136.

Mayer, R. C., Davis, J. H., & Schoorman, F. D. (1995). An integrative model of organizational trust. *The Academy of Management Review, 20*(3), 709–734.

Mayer, J. D., Salovey, P., & Caruso, D. R. (2004). Emotional intelligence: Theory, findings, and implications. *Psychological Inquiry, 15*(3), 197–215.

McKnight, D., & Chervany, N. (2002). What trust means in e-commerce customer relationships: An interdisciplinary conceptual typology. *International Journal of Electronic Commerce, 6*(2), 35–59.

Meffert, H., Burmann, Ch., Kirchgeorg, M., Eisenbeiß, M. (2019). *Marketing. Grundlagen marktorientierter Unternehmensführung* (13. Aufl.). Springer Gabler.

Moser, K. (2007). *Wirtschaftspsychologie*. Springer Medizin.

Osterloh, M., & Weibel, A. (2006). *Investition Vertrauen: Prozesse der Vertrauensentwicklung in Organisationen*. Springer.

Özkan, E., & Tolon, M. (2015). The effects of information overload on consumer confusion: An examination on user generated content. *Bogazici Journal Review of Social, Economic and Administrative Studies, 29*(1), 27–51.

Porter, M. E. (1990). The competitive advantage of nations, in Harvard business review, No. 2., 1990 (pp. 73–91).

Ripperger, T. (2005). *Ökonomik des Vertrauens* (3. Aufl.). Mohr Siebeck.

Rossmann, A. (2010). *Vertrauen in Kundenbeziehungen*. Springer Gabler.

Runge, T. (o. J.). Wie der Zero-Moment of Truth das Marketing verändert. https://content-marketing.com/wie-der-zero-moment-of-truth-das-marketing-veraendert/. Zugegriffen: 6. Jan. 2022.

Schäfer, M. (2014). *Erfolgsfaktor Corporate Identity: Auf die Außenwirkung der Kanzlei kommt es an*. Springer.

Schieblon, C. (2017). Marketing für Kanzleien – ein Überblick. In C. Schieblon (Hrsg.), *Marketing für Kanzleien und Wirtschaftsprüfer* (4. Aufl., S. 1–15). Springer Gabler.

Schieblon, C. (2018). Marketing für Kanzleien – Ein Überblick. In C. Schiblon (Hrsg.), *Marketing für Kanzleien und Wirtschaftsprüfer: Ein Praxishandbuch für Anwalts-, Steuerkanzleien und Wirtschaftsprüfungsunternehmen* (4. Auf., S. 1–15). Springer Gabler.

Schieblon, C. (2015). Benchmark-Studie Anwaltsmarketing und Business Development. https://pm-network.net/studien/. Zugegriffen: 8. Jan. 2022.

Schimank, U. (2005). *Die Entscheidungsgesellschaft: Komplexität und Rationalität der Moderne*. Springer.

Schoorman, F. D., Mayer, R. C., & Davis, J. H. (2007). An integrative model of organizational trust: Past, present, and future. *Academy of Management Review, 32*(2), 344–354.

Simonov, A., & Hill, S. (2018). Competitive Advertising on brand search: Traffic stealing, adverse selection, and customer confusion. *Columbia Business School Research Paper, 18*(59), 1–57.

Spence, A. M. (1974). *Market signaling: Informational transfer in hiring and related screening process*. University Press.

Spremann, K. (2010). *Finance*. Oldenbourger Wissenschaftsverlag.

Statista. (2021a). Ranking der Länder mit höchster durchschnittlicher Nutzungsdauer von Social Networks weltweit im Jahr 2021a. https://de.statista.com/statistik/daten/studie/160137/umfrage/verweildauer-auf-social-networks-pro-tag-nach-laendern/. Zugegriffen: 30. Apr. 2021a.

Statista (2021b). Anzahl der vom Bundestag verabschiedeten Gesetze in den Jahren 1949 bis 2021b. https://de.statista.com/statistik/daten/studie/155525/umfrage/anzahl-der-gesetzesbeschluesse-auf-initiative-von-bundestag-bundesrat-und-bundesregierung/. Zugegriffen: 4. Jan. 2022.

Statista. (2021c). Welche Themen im Bereich Public Relations bzw. Kommunikationsmanagement werden in den nächsten drei Jahren wichtiger werden? https://de.statista.com/statistik/daten/studie/1242176/umfrage/umfrage-zur-relevanz-der-drei-wichtigsten-themen-im-kommunikationsmanagement/. Zugegriffen: 7. Jan. 2022.

Statista. (2022). Welche Suchmaschinen haben Sie in den letzten 4 Wochen genutzt? https://de.statista.com/prognosen/999767/deutschland-beliebteste-suchmaschinen. Zugegriffen: 10. Febr. 2022.

Stevenson, T., Barcus, S. W. (2003). The relationship advantage: Become a trusted advisor and create clients for life. Kaplan.

Stigler, G. J. (1961). The economics of information. *Journal of Political Economy, 69*(4), 42–47.

Tiffert, A. (2019). Customer Experience Management in der Praxis. Grundlagen – Zusammenhänge – Umsetzung. Springer Gabler.

Tillmanns, C. (2018). Reden ist Gold – Externe und interne Kommunikation in Anwaltskanzleien. In C. Schieblon (Hrsg.), *Marketing für Kanzleien und Wirtschaftsprüfer Ein Praxishandbuch für Anwalts-, Steuerkanzleien und Wirtschaftsprüfungsunternehmen* (4. Aufl., S. 33–57). Springer Gabler.

Wadhawan, J. (2015). Digitalmarketing: Mehr als Social Media und Banner-Werbung. https://www.absatzwirtschaft.de/digitalmarketing-mehr-als-social-media-und-banner-werbung-60581/. Zugegriffen: 11. Febr. 2022.

Wagner, J. (2014). *Vorsicht Rechtsanwalt. Ein Berufsstand zwischen Mammon und Moral.* Beck.

Weibler, J. (2019). Mensch oder Algorithmus – Wem vertrauen wir mehr? https://www.leadership-insiders.de/mensch-oder-algorithmus-wem-vertrauen-wir-mehr/. Zugegriffen: 27. Dez. 2021.

Windau, B. (2020). Gerichtsverhandlung per Videokonferenz: Keine Angst vor § 128a ZPO. https://anwaltsblatt.anwaltverein.de/de/anwaeltinnen-anwaelte/anwaltspraxis/gerichtsverhandlung-per-videokonferenz-keine-angst-vor-128a-zpo. Zugegriffen: 8. Jan. 2022.

Prof. Dr. Kristin Butzer-Strothmann ist seit 2011 Professorin für Allgemeine Betriebswirtschaftslehre, insbesondere Marketing und Empirische Sozialforschung an der Leibniz-Fachhochschule in Hannover tätig. Zuvor war sie seit 2009 Dozentin an der Leibniz-Akademie und bis 2018 Vizepräsidentin für Lehre und Forschung. Sie leitet den Masterstudiengang „Integrierte Unternehmensführung (digital/nachhaltig)". Nach einer Ausbildung zur Werbekauffrau und dem Studium der BWL in Lüneburg promovierte sie zum Thema „Krisen in Geschäftsbeziehungen" an der Heinrich-Heine-Universität Düsseldorf. Von 1998 bis 2009 arbeitete sie als Marktforscherin und Marketing-Consultant im Business- und Non-Business-Bereich. Darüber hinaus war sie für verschiedene Hochschulen und Bildungsinstitutionen als externe Dozentin für Marketing, Marktforschung sowie Industriebetriebslehre tätig. Sie ist zertifizierte Blended Learning Designerin (2017); Online-Managerin (2020), kommunale Nachhaltigkeitsmanagerin (2022) und Sustainability Managerin (2022).

Katja Kirste hat nach ihrer Ausbildung zur Groß- und Außenhandelskauffrau viele Jahre bei der LSG Lufthansa Service GmbH Fluggesellschaften/VIP Kunden/Veranstaltungen betreut und wechselte dann nach Erziehungszeiten (zwei Kinder) im Jahr 2009 als Programmkoordinatorin zu Civilia Hannover e.V., ein Programm, das Führungskräfte aus Wirtschaft, Verwaltung, Kunst, Kultur und Sozialem vereint. Das Programm gibt den Führungskräften die Gelegenheit, den Horizont für Bereiche abseits ihrer eigenen Arbeit zu erweitern und Kontakte zu schließen. Seit 2017 arbeitet sie als Marketing-Referentin bei KSB INTAX v. Bismarck Rechtsanwälte Steuerberater Wirtschaftsprüfer PartGmbB, organisiert und fördert die Kommunikation in allen Bereichen (inkl. Social Media) bei Beratungsleistungen.

Soziale Künstliche Intelligenz für die Markenstimme – KIMS-Matrix als Orientierungsrahmen

Alexandra Kirkby, Carsten Baumgarth und Jörg Henseler

Inhaltsverzeichnis

1 Einleitung 174
2 Markenstimme 175
3 Künstliche Intelligenz 176
4 Anwendungsmöglichkeiten für eine KI-Markenstimme 177
4.1 Überblick: KIMS-Matrix 177
4.2 Rolle der KI-Markenstimme 179
5 Empfehlungen zu KIMS 182
5.1 Strategische Faktoren 183
5.2 Operative Faktoren 184
5.3 Menschliche Faktoren 185
6 Fazit 185
Anhang: Linkverzeichnis zur KIMS-Matrix 186
Literatur 187

A. Kirkby (✉) · C. Baumgarth
Hochschule für Wirtschaft und Recht Berlin, Berlin, Deutschland
E-Mail: alexandra.kirkby@hwr-berlin.de

C. Baumgarth
E-Mail: carsten.baumgarth@hwr-berlin.de

A. Kirkby · J. Henseler
University of Twente, Enschede, Niederlande

J. Henseler
Universidade Nova de Lisboa, Lisbon, Portugal

K. Butzer-Strothmann (Hrsg.), *Integriertes Online- und Offline-Channel-Marketing*,
https://doi.org/10.1007/978-3-658-38048-9_8

1 Einleitung

> „Verleihen Sie Ihrer Schuhkollektion mit Designerschuhen von Gucci eine neue unverkennbare Eleganz. Die charakteristischen Gucci Schuhe sind mit ihren hochwertigen Materialien, wie federleichtes Wildleder oder raffinierten Prints, wie dem Jacquard mit Ananas-Muster, die perfekten Begleiter für jede Gelegenheit. Verwöhnen Sie sich mit Lammfell besetzten Princetown Slippers oder extravaganten Pumps aus Leder."

Bei dem obigen Abschnitt handelt es sich um eine Produktbeschreibung für Gucci-Schuhe, die im Luxus-Online-Shop Mytheresa erschienen ist (AX Semantics, 2021). Auch wenn auf den ersten Blick nicht erkennbar, wurde der Text nicht von einem Menschen, sondern von einem Algorithmus verfasst. So wurde in diesem Fall der Text von der auf Künstlicher Intelligenz (KI) basierenden Plattform für die Generierung natürlicher Sprache AX Semantics generiert, wobei das KI-System zur Erstellung des Textes mit einer E-Commerce-Datenbank verknüpft wurde.

Über eine reine Produktbeschreibung hinaus kann KI in weiteren Feldern Schriftsprache erstellen: Sie ist in der Lage, eine Übersichtsseite zu erstellen, E-Mails zu verfassen, Finanzberichte zu schreiben und als Chatbot in Messenger-Anwendungen mit Konsument:innen zu kommunizieren. In Anbetracht dessen wird KI zunehmend in die Markenführung integriert. Im Jahr 2022 werden mehr als 30 % der generierten digitalen Inhalte mithilfe von KI-Technologien erstellt (Pemberton, 2019), und bis 2024 werden die Ausgaben der Konsument:innen im Einzelhandel über Chatbots weltweit von 2,8 Mrd. US-$ im Jahr 2019 auf 142 Mrd. US-$ im Jahr 2024 steigen (Insider Intelligence, 2021).

Der Einsatz KI-generierter Sprache geht jedoch weit über den Bereich des geschriebenen Textes hinaus. Auch in der gesprochenen Sprache und bei der Erstellung von Sound (Ton und Klang, Jingles, Lieder etc.) sowie bei der Erstellung der visuellen Sprache (Anzeigen, Videos etc.) übernimmt KI zunehmend eine unterstützende oder sogar gestaltende Rolle und kommuniziert damit die Marke. Sprachassistenten wie Alexa, Cortana oder Siri sind ein schon heute im Massenmarkt häufig genutztes und leistungsfähiges Beispiel für KI-generierte gesprochene Sprache. Im Jahr 2020 wurden weltweit etwa 4,2 Mrd. sprachgesteuerte Assistenten in Geräten verwendet und laut Prognosen wird diese Zahl bis zum Jahr 2024 auf über 8,4 Mrd. steigen (Juniper Research, 2020).

Warum Marken vermehrt KI-generierte Sprache integrieren, ist auf eine Vielzahl von Gründen zurückzuführen. Einerseits erwarten die Konsument:innen Echtzeitinformationen ohne geografische oder zeitliche Einschränkungen. Andererseits wünschen sie sich Inhalte und Kommunikation, die sie persönlich ansprechen und für sie relevant sind. Eine Studie von Gartner behauptet, dass, um diese Ziele zu erreichen „… [d]er Einsatz von KI-Technologien wie maschinelles Lernen, natürliches Sprachverständnis und natürliche Sprachverarbeitung dabei helfen kann, die Kundenstimmung und das Kundenfeedback in einem Umfang, einer Präzision und einer Geschwindigkeit zu analysieren, die von Menschen nicht erreicht werden können" (übersetzt aus: Ameen et al., 2021, S. 2). Ferner sind KI-Technologien in der Lage, Aufgaben in der täglichen Markenarbeit schneller und kostengünstiger zu erledigen und die Erstellung von Inhalten und die Übernahme von Kommunikation zu erleichtern. Zusätzlich gestaltet sich der Zugang zu diesen Technologien zunehmend leichter. Open-Source-Forschungslabore und Lösungen wie OpenAI, DeepMind (Google) u. Ä. bieten Application Programming Interfaces (APIs) an, die allgemein frei verfügbar sind und eine Integration in bestehende Systeme ermöglichen. Wer nicht selbst programmieren möchte oder kann, kann auf cloudbasierte Dienste und Pakete wie IBMs Watson, Salesforces Einstein oder Microsofts Azure zurückgreifen. Angesichts der zunehmenden Nutzung von KI ist es nicht überraschend, dass Marken die Technologie auch für die Analyse und Gestaltung der Markenstimme nutzen. In diesem Beitrag widmen wir uns daher den wichtigsten Aspekten, wenn die Markenstimme durch KI unterstützt werden soll.

2 Markenstimme

„Die Markenstimme, welche die Haltung, die Tonalität, den Inhalt und die Typografie umfasst, ist die Stimme der Marke, die entworfen und letztendlich von dem beabsichtigten Empfänger wahrgenommen wird" (in Anlehnung an Kohli & Yen, 2020, S. 116).

Wichtig ist, dass sich die Markenstimme nicht nur in der geschriebenen Sprache widerspiegelt, sondern auch in der gesprochenen und visuellen Sprache, da die Markenstimme sowohl verbal als auch nonverbal ist. Früher haben Menschen die Markenstimme gestaltet, indem sie Inhalte für die verschiedenen Kanäle schrieben und mit den Verbrauchern in Live-Chats, am Telefon, in Geschäften, an Plakatsäulen oder an anderen Markenkontaktpunkten kommunizierten. Da KI einen immer größeren Teil der Sprache generiert, gibt es eine Entwicklung hin zu einer künstlichen Markenstimme. Diese Entwicklung wirft die Frage auf, wie sichergestellt werden kann, dass diese Sprache die Marke in der gleichen Weise repräsentiert, wie wenn sie von Menschen geschaffen wäre. Dies ist ein zentraler Punkt, da KI als Tool betrachtet werden sollte, welches die Markenpositionierung unterstützt, aber nicht zur Marke selbst wird und diese übernimmt (Knapp, 2017).

Erste Studien, die sich mit der Frage beschäftigten, wie eine „KI-Markenstimme" (im Folgenden als KIMS abgekürzt) am besten gestaltet werden kann, empfehlen, explizite Persönlichkeitsmerkmale zu entwickeln. Beispielsweise kann im Falle von Chatbots ein Bot Personality Canvas für KI (McLaughlin, 2019, S. 153 ff.) als Leitfaden verwendet werden. Das Beratungsunternehmen MetaDesign und das Marktforschungsinstitut Eyesquare führten eine Studie durch, die Bots und Sprachassistenten untersuchte und sich ebenfalls auf die Entwicklung einer zur Marke passenden Persönlichkeit konzentrierte. Es wurden Prototypen für die Marken Red Bull, Zalando, Commerzbank und Car2go entwickelt. So verkörpert bspw. der entspannte „Mattis" Red Bull und der kompetente „Thomas" die Commerzbank (MetaDesign, 2019). Eine wichtige Erkenntnis für die

Marke ist, dass die Implementierung einer KIMS sorgfältig zu prüfen und zu planen ist, um sicherzustellen, dass die KI-generierte oder unterstützte Markenstimme die Marke stärkt und nicht schwächt. Hierzu bedarf es eines Verständnisses von KI sowie ihrer Möglichkeiten und Grenzen.

3 Künstliche Intelligenz

Seit den Durchbrüchen des ersten KI-Chatbots ELIZA (1966), den Montagerobotern bei General Motors (seit 1962) und der IBM-Roboter Deep Blue[1] und Watson (seit 2010) hat KI bereits vielfältige Anwendungsgebiete erobert. Das chinesische Unternehmen Zhen Robotics hat den ersten Prototyp eines selbstfahrenden Lieferroboters entwickelt. In Japan wurde gemeinsam von dem Kimagure Artificial Writer Project und einem KI-System ein Roman geschrieben, der beinahe einen nationalen Literaturpreis gewonnen hätte. In Deutschland schrieb eine KI ihr eigenes wissenschaftliches Manuskript über Lithium-Ionen-Batterien, welches von Springer International veröffentlicht wurde (Beta Writer, 2019). Der KI-Roboter Ai-Da zeichnete „ihr" eigenes Selbstporträt. KI ist nicht nur in der Robotik-, Literatur- und Kunstszene auf dem Vormarsch, sondern sie ist auch für die Markenführung im Allgemeinen und die Markenstimme im Spezifischen von immer größerer Bedeutung (z. B. Scheier & Held, 2019; Baumgarth et al., 2020).

Aber was ist KI? Dabei handelt es sich um einen großen und unscharf definierten Bereich der Informatik, welcher sich mit der Entwicklung von intelligenten und lernfähigen Maschinen beschäftigt. Im Gegensatz zur menschlichen und tierischen Intelligenz wird die Künstliche Intelligenz von Maschinen erzeugt. Sie wird auch als „die Fähigkeit eines Systems bezeichnet, externe Daten richtig zu interpretieren, aus diesen Daten zu lernen und diese Erkenntnisse zu nutzen, um durch flexible Anpassung bestimmte Ziele und Aufgaben zu erreichen" (übersetzt aus: Kaplan & Haenlein, 2019, S. 17). Es gibt verschiedene Bereiche der KI, die dem System die Fähigkeit geben, zu lernen, zu verarbeiten und Probleme zu lösen, z. B. Machine Learning, Deep Learning, neuronale Netze und Natural Language Processing (zum Überblick z. B. Burgess 2018).

Es muss weiterhin zwischen den verschiedenen Leistungsniveaus der KI differenziert werden. So kann zwischen Super-KI, starker KI und schwacher KI unterschieden werden. Super-KI, oder künstliche Superintelligenz, ist die KI-Leistungsstufe, in der der Computer die Fähigkeiten des Menschen übertreffen wird; diese bislang hypothetische KI wird als Bedrohung der menschlichen Existenz angesehen. Starke KI, die auch als allgemeine KI bezeichnet wird, ist in der Lage, die menschliche Intelligenz so weit zu simulieren, dass sie bei allen Aufgaben mit dem Menschen mithalten und eine Vielzahl von Funktionen ausführen kann. Die KI benötigt nur wenig menschlichen Input, da sie

[1] 1996 schlug dieser den Schachgroßmeister Garri Kasparow.

lernen kann, neue Probleme selbstständig zu lösen, ihre eigenen Entscheidungen auf der Grundlage des Gelernten zu treffen, zu urteilen, zu argumentieren, zu planen und zu kommunizieren (IBM Cloud Education, 2020). Die KI hat bislang weder das Super- noch das starke KI-Entwicklungsstadium erreicht.

Im Gegensatz dazu ist die schwache KI, die auch als Narrow Artificial Intelligence bezeichnet wird, in der Lage, eine bestimmte, klar abgegrenzte Aufgabe auszuführen, und ist die derzeit in der (Marken-)Praxis verwendete Form der KI. Die schwache KI ist vom Menschen abhängig, welcher den Algorithmus mit relevanten Daten trainiert und die Parameter der Lernalgorithmen festlegt. Beispiele für schwache KI sind digitale Sprachassistenten, Empfehlungsmaschinen, Chatbots, Bild- und Spracherkennung, autonome Fahrzeuge, Drohnen und Roboter. Da es sich bei den derzeit eingesetzten Technologien um schwache KI handelt, liegt hier auch der weitere Schwerpunkt bei der Betrachtung der KI-Markenstimme.

4 Anwendungsmöglichkeiten für eine KI-Markenstimme

4.1 Überblick: KIMS-Matrix

KI bietet für Marken dank der bereits heute auf dem Markt verfügbaren Tools und Technologien eine Vielzahl von Anwendungsmöglichkeiten. Markenverantwortliche müssen sich jedoch überlegen, wo sinnvolle Integrationsmöglichkeiten liegen und welche Rolle KI dabei übernehmen soll. Um einen Überblick über die Anwendungsbereiche und Integrationsmöglichkeiten zu erhalten, schlagen wir eine KIMS-Matrix vor (vgl. Tab. 1).

Die Matrix weist mit der Kommunikationsrolle der Marke und der Kommunikationsform zwei Dimensionen auf. Die Kommunikationsrolle der Marke als erste Dimension der KIMS-Matrix definiert, welche Rolle die KI in der Dyade der Markenkommunikation Sender-Empfänger spielt. Die definierten Rollen sind Zuhörer (Empfänger), Sender (Einweg-Kommunikation) und Gesprächspartner (Zweiweg-Kommunikation). In der Rolle des Zuhörers beobachtet und analysiert die Marke mit der KI die Kommunikation zwischen den Konsument:innen untereinander und sammelt verfügbare Informationen über die Marke, Produkte, Dienstleistungen und Trends. Dieser Bereich wird immer wichtiger, da der sogenannte User-generated Content zu Marken in Bezug auf Quantität, Qualität und Impact immer weiter zunimmt. Bei der Rolle Sender integriert die Marke die KI, um Inhalte und Kommunikationen der klassischen Markenkommunikation (insbesondere massenmediale Kommunikation) zu erstellen, die von der Marke an Konsument:innen gerichtet ist, ohne dass es notwendigerweise zu einer weiteren Interaktion kommt. Bei der Rolle Gesprächspartner nutzt die Marke KI, um interaktiv und teilweise in Echtzeit mit den Konsument:innen zu interagieren. Die zweite Dimension der KIMS-Matrix bildet die Kommunikationsform und bezieht sich auf die Art der Kommunikationssignale. Die KIMS-Matrix unterscheidet dabei zwischen

Tab. 1 KIMS-Matrix

Kommunikationsform	Kommunikationsrolle der Marke		
	Zuhörer (Empfänger)	Sender (Einweg-Kommunikation)	Gesprächspartner (Zweiweg-Kommunikation)
Schriftliche Sprache	Anwendungen: Suchanfragen, Consumer Insights, Social Listening, Sentimentanalyse, Spracherkennung Beispiele KI-Tools: *Cloud Natural Language, Meltwater, Brandwatch*	Anwendungen: Slogangenerierung, Produkt-/ Dienstleistungs-beschreibungen, Website-Text, E-Mail-Text, Skripterstellung, Vorlagen erstellen, Übersetzung Beispiele KI-Tools: *DeepL, Neuroflash, Wordsmith, IBM Watson, Microsoft Azure*	Anwendungen: Chatbot, Übersetzung Beispiele KI-Tools: *Salesforce Einstein, Watson Assistant*
Gesprochene Sprache	Anwendungen: Suchanfragen, Social Listening, Sentiment-analyse, Sprache-zu-Schrift Beispiel KI-Tool: *audEERING*	Anwendungen: Text-zu-Sprache, Bild-zu-Sprache, Übersetzung Beispiele KI-Tools: *Resemble AI, Synthesia*	Anwendungen: Chatbot, Sprach-assistent, Übersetzung Beispiele KI-Tools: *Alexa, Siri, Cortana*
Nonverbale Sprache	Anwendungen: Senti-mentanalyse, Gesichts-erkennung, Predictive Eye-Tracking Beispiele KI-Tools: *AutoDraw, Expoze.io, Affectiva*	Anwendungen: Logodesign, Moodboard, Vorlagen, Jingle-Generierung, Bilder, Videos, Sounds Beispiele KI-Tools: *Pencil, aimpower*	Anwendungen: Soziale Roboter, Avatare Beispiele KI-Tools: *Synthesia, Sophia, Furhat, Omniverse*
Im Anhang befindet sich ein Verzeichnis mit den Links zu den einzelnen Tools und Lösungen.			

drei Formen der Markensprache: schriftlich, gesprochen und nonverbal (Bilder, Videos, Sounds).

Auch wenn die KIMS-Matrix durch die 3×3-Logik neun Felder definiert, ist zu beachten, dass diese Kategorien nicht überschneidungsfrei sind und sich zum Teil auch unterstützen bzw. aufeinander aufbauen. Daher sind auch die als Beispiel aufgeführten Tools häufig nicht nur in einer Kategorie einsetzbar, sondern decken mehrere Felder der KIMS-Matrix ab. Die KIMS-Matrix ist nicht so zu verstehen, dass eine Marke möglichst viele Felder der KIMS abdecken sollte, sondern die KIMS-Matrix soll dem Markenverantwortlichen einen ersten Überblick und eine Systematik über das sich schnell entwickelnde Feld der KI-Markenstimme liefern.

4.2 Rolle der KI-Markenstimme

Gegliedert nach den drei Rollen der KI-Markenstimme in der KIMS-Matrix werden im Weiteren die Hauptaufgaben erklärt, Markenbeispiele erläutert sowie Tools zum Ausprobieren vorgestellt.

4.2.1 Zuhörer: KI empfängt und analysiert Kommunikation über die Marke

Bei der ersten Rolle „Zuhörer" liegt der Fokus für die Markenführung auf der Kommunikation, welche zwischen den Konsument:innen stattfindet, sowie auf Informationen darüber, was über die Marke und ihr Umfeld (Wettbewerbsmarken, Branche, Zielgruppen etc.) berichtet wird. Das kann in zwei Phasen stattfinden: Zum einen bevor die Marke als Sender oder Gesprächspartner Inhalte und Kommunikation gestaltet und sendet, um auf der Grundlage der gewonnenen Erkenntnisse die Markenpositionierung oder die Gestaltung der jeweiligen Markenkontaktpunkte anzupassen oder zu ändern; zum anderen, um zu prüfen und zu kontrollieren, wie eine Kommunikation bei den Konsument:innen angenommen wurde und wie in der vor allem digitalen Sphäre über die Marke gesprochen wird.

In der ersten Phase kann KI die Recherche von Daten, das Sammeln von Erkenntnissen und Informationen sowie die Suche nach ersten Inspirationen begleiten. Bei geschriebener und gesprochener Sprache kann KI bspw. bei Suchanfragen und ersten Vorschlägen helfen sowie beim Social Listening, um ein besseres Verständnis von Trends, Mustern und dem Kontext, in dem sich die Marke befindet, zu gewinnen. Wie KI hier integriert werden kann, skizziert Markentelegramm 1.

Markentelegramm 1: The Body Shop und Brandwatch

The Body Shop wurde 1976 von Anita Roddick in Brighton gegründet und hat heute weltweit über 2500 Geschäfte, die Hautpflege, Kosmetik und Parfüm verkaufen (The Body Shop, 2021). Um das Marktumfeld, in dem sich die Marke befindet, kontinuierlich zu verstehen und zu beobachten, nutzt The Body Shop „Brandwatch", eine digitale Consumer-Intelligence-Plattform, die KI-Algorithmen zur Suche und Analyse von Informationen und Quellen verwendet. Insbesondere wird die KI eingesetzt, um Erkenntnisse über Trends zu gewinnen, indem beobachtet wird, was Konsument:innen auf Social-Media-Plattformen, in Produktbewertungen und in Online-Diskussionen in Foren sagen. Auf Grundlage der von der KI gesammelten Trendanalysen werden die Informationen genutzt, um Ideen für Kampagnen zu entwickeln (Brandwatch, 2021).

In der zweiten Phase kann KI auch für die Messung und Steuerung der Performance von Inhalten und Kommunikation integriert werde. Live-Inhalte und -Kommunikation sowie Engagement, Wirkung, Reichweite und Stimmung können verfolgt und analysiert werden. Dies kann durch Social Listening geschehen, um zu verfolgen, was über die Marke gesagt wird, oder durch Sentimentanalysen, um die

Emotionen und Meinungen einer Community zu bestimmen. Dies gilt sowohl für geschriebene und gesprochene Sprache als auch für visuelle Darstellungen, die zunehmend auch durch KI analysiert werden können. ◀

Ein Beispiel aus der Modebranche skizziert Markentelegramm 2.

Markentelegramm 2: H&M und Meltwater

Meltwater, welches Algorithmen von Fairhair.ai verwendet, ist ein 2001 gegründetes, weltweit führendes Unternehmen für Software-as-a-Service-Lösungen im Bereich Online-Medienbeobachtung mit Sitz in den Niederlanden. Eine der Marken, die die KI-Plattform nutzt, ist H&M Mexiko. Mithilfe von Meltwater misst und trackt das Markenteam die laufenden Kampagnen, die zur Unterstützung der verschiedenen Bekleidungs- und Accessoires-Kollektionen des Unternehmens erstellt werden. Bei der Eröffnung des Flagship-Stores in der Calle Madero wurden der Share of Voice, die Anzahl der Impressionen in den Medien, in den sozialen Netzwerken und auf Blogs sowie die Anzahl und Herkunft der Besucher:innen aus verschiedenen Ländern verfolgt und gemessen. H&M Mexiko erhält nicht nur Trends und Alerts, zu welchen es dauerhaft Zugang hat, sondern nutzt auch die KI-gesteuerten Erkenntnisse, um die Wettbewerber auf dem Markt im Auge zu behalten und ihre Aktivitäten zu verfolgen (Meltwater, 2021). ◀

Spotlight: Ein KI-Tool für die Stimmungsanalyse

Die Google Cloud Natural Language API wurde 2016 als Beta-Version eingeführt und seitdem weiterentwickelt, um Sentimentanalysen und Spracherkennung durchführen zu können. Der webbasierte Dienst nutzt maschinelle Lernalgorithmen und Natural Language Understanding, um einen Text oder ein Dokument zu verarbeiten und die Entitäten, die Stimmung, die Syntax und die Kategorien der Sprache zu analysieren. Unter dem Link https://cloud.google.com/natural-language/kann der oder die Leser:in die Anwendung für kurze Textbausteine selbst ausprobieren.

4.2.2 Sender: KI unterstützt und verteilt Botschaften

In der zweiten Rolle des „Senders" liegt der Schwerpunkt auf der Erstellung von Kommunikationsinhalten für die Marke, welche die Markenpositionierung und das Branding übersetzen und an die Konsument:innen verteilen. Im Bereich der schriftlichen Markenstimme kann die KI bspw. die Rolle der Kreativen übernehmen und Texte für die Website, E-Mails, und Werbetexte einer Marke generieren. Markentelegramm 3 zeigt dafür ein Beispiel. Darüber hinaus werden KI-Lösungen im Rahmen der Einweg-kommunikation auch dafür eingesetzt, die Brand Assets wie Texte, Bilder, Filme etc. auf die formale und inhaltliche Markenpassung zu überprüfen (Scheier & Held, 2019, S. 109 ff.).

Markentelegramm 3: Otto und AX Semantics

Das Unternehmen Otto nutzt KI in der Einweg-Kommunikation für das Sprachformat geschriebener Text. Die Otto GmbH & Co. KG mit Sitz in Hamburg ist ein deutsches Unternehmen und eines der größten E-Commerce-Unternehmen weltweit. Mit einem großen Fokus auf den Einzelhandel hat das Unternehmen im Jahr 2017 bereits über 2,2 Mio. Produkte im Online-Shop und erwirtschaftet hierbei 90 % des Umsatzes (Otto, 2017). In Zeiten der Corona-Pandemie haben sich die Anforderungen der Konsument:innen an den Online-Handel noch weiter verschoben und Otto nimmt mehr Produkte auf. Das Schreiben von Produktbeschreibungen für jedes einzelne Produkt würde bei einem Unternehmen dieser Größe einen hohen Arbeitsaufwand darstellen. In diesem Fall wird KI eingesetzt, um Produktbeschreibungen für Tausende von Produkten zu verfassen. Eine der verwendeten KI-Plattformen ist AX Semantics, die es Marken ermöglicht, mit natürlicher Sprachgenerierung Datenbanken zu erstellen und dann die Plattform zum Schreiben von Texten zu nutzen. Je größer die Datenmenge und die Anzahl der vom Unternehmen zur Verfügung gestellten Schlüsselwörter ausfallen, desto genauer und besser kann der Text die Markenstimme repräsentieren. ◀

Spotlight: Ein KI-Tool für Facebook Video Ads

Das 2018 gegründete Unternehmen Pencil ist eine Kreativplattform, die mithilfe von KI 6-, 10- oder 15-sekündige Videowerbungen für Social Media erstellt. Die Marke lädt die Unternehmens-URL hoch und die Bildinformationen der Marke werden von Pencils KI verarbeitet. Mithilfe von Computer Vision werden Bilder und Videos in Szenen geschnitten und mit GPT-3 wird natürlicher Sprachgebrauch verarbeitet, um Texte zu erstellen. Durch den Einsatz eines weiteren prädiktiven Systems wird bestimmt, was am besten zur Marke passt. So werden frühere Inhalte analysiert, um zu sehen, was in der Vergangenheit am besten funktioniert hat (Pencil, 2021).

4.2.3 Gesprächspartner: KI ermöglicht eine natürliche und Echtzeit-Interaktion

Bei der dritten Rolle „Gesprächspartner“ ermöglicht die KI eine interaktive Kommunikation mit den Konsument:innen. Unternehmen setzen zunehmend Chatbots und Messaging-Agenten ein, um mit Konsument:innen zu interagieren. Viele dieser Chatbots nutzen bereits KI, so bieten bspw. Microsofts Bot Framework, Salesforces Einstein Bot und IBMs

Watson Assistant für schriftliches Messaging und gesprochenes Chatten Lösungen für diese Kommunikationsanwendungen. Neben den klassischen Chatbots, mit denen viele von uns bereits in Berührung gekommen sind, gibt es noch weitere Möglichkeiten, wie KI zum Kommunikator wird. Im Online-Bereich werden KI-gesteuerte Avatare, die sowohl in ihrem Aussehen als auch in ihrer Sprache echten Menschen ähneln, zum Dialogpartner. Auf der Grundlage von GPT-3 KI-Chatbots bieten Unternehmen wie Synthesia eine Vielzahl von Avataren als Moderatoren an. Samsungs Projekt mit der Nano-KI geht noch einen Schritt weiter und plant virtuelle Menschen, die mehr als nur ein paar Fragen beantworten können. Auch im physischen Offline-Bereich gibt es mit sozialen Robotern KI-Kommunikatoren, die mit den Verbrauchern interagieren. Markentelegramm 4 skizziert ein praktisches Beispiel.

Markentelegramm 4: Xiaoice

Ein Branchenbeispiel für die Zweiweg-Kommunikation ist der KI-Chatbot und digitale Begleiter Xiaoice. Ursprünglich von Microsoft entwickelt, unterscheidet sich Xiaoice von Apples Siri und Microsofts Cortana dadurch, dass er ein emotionaleres Erlebnis bieten soll und hinter dem Chatbot ein komplettes KI-Framework-System steht. Seit dem Start in China im Jahr 2014 hat der Chatbot mehr als 660 Mio. Online-Nutzer:innen angezogen und die Verfügbarkeit wurde auf Indonesien und Japan ausgeweitet (Chen, 2021). Innerhalb von drei Monaten nach dem Start hatte sie (Xiaoice) eine halbe Milliarde Gespräche, wurde zum Top-Influencer auf Weibo ernannt, und die Personen, die den Chatbot hinzugefügt hatten, hatten durchschnittlich mehr als 60-mal pro Monat mit Xiaoice. Sie ist derzeit auf den meisten Marken-Smartphones in China und auf vielen Social-Media-Plattformen, z. B. WeChat, verfügbar. ◀

Spotlight: Ein AI-Tool für Stimmen

Resemble.ai ist eine web- und API-basierte Lösung, die GPT-3 nutzt, um fiktive Stimmen auf der Grundlage eines Profils zu klonen oder zu erstellen. Die Stimme kann z. B. für KI-Assistenten-Apps wie Alexa und Google Home, als Voice-Over für Animationsfilme oder als Teil einer Werbung verwendet werden. Die Plattform verwendet einen Text-to-Speech-Generator, der mit einer Echtzeit-API gekoppelt ist.

5 Empfehlungen zu KIMS

KI hat ein großes Potenzial für das Markenmanagement und kann effektiv in die Gestaltung und Umsetzung der Markenstimme integriert werden. Bei der Integration und Nutzung von KI sind jedoch mehrere Faktoren zu berücksichtigen, darunter strategische, operative und menschliche Aspekte (vgl. Abb. 1).

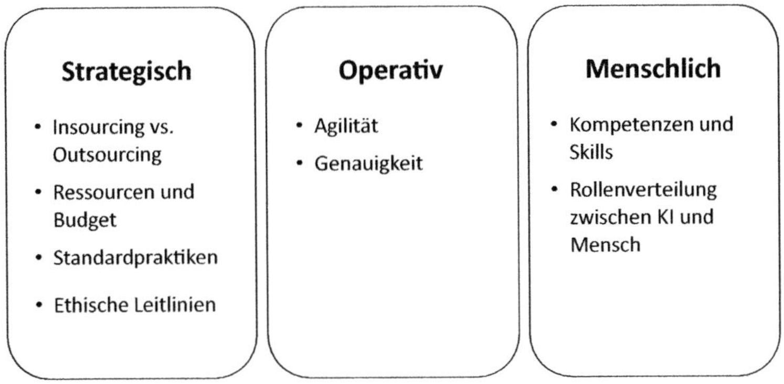

Abb. 1 Empfehlungen zur Implementierung von KIMS

5.1 Strategische Faktoren

Es gibt vier strategische Faktoren: (1) Insourcing vs. Outsourcing, (2) Ressourcen und Budget, (3) Etablierung von Standardpraktiken und (4) Ethische Leitlinien.

1. Insourcing vs. Outsourcing
   Bevor man sich für den Einsatz von KI entscheidet, ist es wichtig zu überlegen, wer das KI-System trainiert, die Implementierung beaufsichtigt und die Leistung kontrolliert. Dies kann z. B. intern erfolgen, wobei ein Unternehmen das gesamte Wissen durch Kodierung und Training eines eigenes KI-Systems einbringt und die Algorithmen selbst ausführt. Dies kann insbesondere für Marken infrage kommen, die über Erfahrung im technischen Bereich und große Datensätze verfügen, um eigene KI-Algorithmen zu trainieren. Alternativ kann ein externer Partner, wie z. B. ein KI-Plattformunternehmen, KI-Lösungen als Dienstleistung anbieten[2] und die Marke kann diese als Grundlage nutzen, wenn sie nicht über umfassende technische Erfahrung verfügt oder nicht die Kapazität hat, einen eigenen Algorithmus zu trainieren.
2. Ressourcen und Budget
   Die Preise für KI-Lösungen und -Plattformen auf dem Markt variieren stark, je nachdem, wie umfassend die Lösungen sind und wie viele Aufgaben die KI übernehmen soll. Es gibt Lösungen für alle Größen von Marken, egal ob es sich um eine große Marke mit jahrelanger Erfahrung und jahrelanger Datenerfassung handelt oder um eine kleinere Marke, die am Anfang steht. Wichtig ist, dass Lösungen ausgewählt werden, die den tatsächlichen Anforderungen und Bedürfnissen der Marke entsprechen. So ist bspw. eine groß angelegte KI-Lösung für eine kleinere Marke mit

[2] Beispielsweise können KI-Lösungen über eine Plattform oder eine Cloud-Lösung angeboten werden.

begrenztem Budget, die lediglich eine KI-Integration anstrebt, um als KI-gesteuerter Chatbot die Rolle eines Kommunikators zu übernehmen, möglicherweise nicht besonders relevant.

3. Etablierung von Standardpraktiken
   Wie bei jeder neuen Technologie oder jedem neuen Tool, das in den Arbeitsbereich integriert wird, ist die Einführung von KI mit zahlreichen Änderungen verbunden und erfordert von den Mitarbeitenden einen Akzeptanz- und Lernprozess. Daraus müssen sich Standardpraktiken entwickeln, die festgelegen, wo und wie genau die KI eingesetzt wird, unter welchen Bedingungen und wie hierfür das Protokoll aussehen sollte. Es lohnt sich auch zu überlegen, wer die Verantwortung für die von der KI geleisteten Arbeit trägt und wer rechenschaftspflichtig ist.
4. Ethische Leitlinien
   Die Festlegung ethischer Richtlinien für den Einsatz von KI ist ein Thema, das auch auf breiterer Ebene in der Gesellschaft diskutiert wird, z. B. in der Politik, in der Politikgestaltung, in der Nachhaltigkeit und in der Sicherheit. Für Marken müssen wichtige Fragen wie das Vertrauen in die Technologie, der Datenschutz, Umgang mit unerwünschtem Verhalten wie Diskriminierung sowie die Transparenz der Algorithmen bei der Implementierung von KI in einem Arbeitsbereich beantwortet werden. In dieser Phase empfiehlt es sich, neben der Einhaltung rechtlicher Anforderungen (die derzeit noch unterentwickelt sind), intern einen KI-Verhaltenskodex zu beschließen und diesen allen Mitarbeiter:innen mitzuteilen. Auch müssen Markenverantwortliche überlegen, ob und wie sie den Einsatz von KIMS gegenüber Konsument:innen transparent machen.

5.2 Operative Faktoren

Zwei operative Faktoren sind zu berücksichtigen: (1) Agilität und (2) Genauigkeit.

1. Agilität
   Die Integration von KIMS erfordert Agilität und Offenheit aufseiten der Markenverantwortlichen. Technologie und Lösungen ändern sich ständig mit den Fortschritten auf dem Gebiet der KI, es gibt Updates für das System und häufig neue Methoden zur Durchführung von Aufgaben in allen Bereichen der Markenführung (Informationsbeschaffung, Performance, Inhaltserstellung, Kommunikation). Das bedeutet, dass ein Unternehmen offen dafür sein sollte, die KI auszuprobieren, und es sollte flexibel sein, um Änderungen und Anpassungen vorzunehmen, wenn diese erforderlich sind.
2. Genauigkeit
   KI-Plattformen, -Werkzeuge und -Technologien haben zweifellos bereits einen langen Weg zurückgelegt, aber wie bei vielen technologischen Lösungen sind sie keineswegs völlig fehlerfrei. KI neigt dazu, Fehler zu machen, sei es bei der Analyse von Informationen aus Datensätzen, beim Schreiben von Texten, beim Verstehen von

Abfragen oder bei der Erstellung von Inhalten. Das bedeutet, dass die Tools und Plattformen nach wie vor der menschlichen Aufsicht bedürfen, wenn es darum geht, das KI-System zu trainieren, die operative Leistung zu überwachen und die Ergebnisse der von der KI produzierten Arbeit zu kontrollieren.

5.3 Menschliche Faktoren

Es gibt zwei menschliche Faktoren: (1) Kompetenzen und Skills und (2) KI-Menschen Rollen.

1. Kompetenzen und Skills
   Wo die Technologie voranschreitet, müssen auch die Mitarbeitenden, die mit der KI und den zugehörigen Plattformen arbeiten werden, mitziehen. Da die KI weitgehend innerhalb des Markenmanagementteams implementiert wird, wenn sie mit der Markenstimme verbunden ist, werden nicht nur technische Mitarbeitende, wie das IT-Team, mit den entsprechenden Tools und Routinen arbeiten. Dies erfordert, dass den Marketing- und Markenmanager:innen das notwendige Wissen vermittelt wird, da viele von ihnen über keine oder nur geringe Kompetenzen in den Feldern KI, Data und Robotik verfügen. Unternehmen müssen daher den Mitarbeitenden, die aktuell mit KI arbeiten oder zukünftig arbeiten sollen, entsprechende Schulungen anbieten, um Ängste abzubauen und gute Ergebnisse im Sinne der Marke zu erzielen. Aufgrund der Komplexität der Themen, der großen Entfernung zum klassischen Marketing- und Markenwissen sowie der Dynamik der Technologieentwicklung sollten dabei eher langfristige Lernformate sowie ein lebenslanges Lernen anstatt kurze Tagesseminare etabliert werden.
2. Rollenverteilung zwischen KI und Mensch
   KI ist eine Technologie, die bereits jetzt große Auswirkungen hat, und dies wird sich zunehmend fortsetzen. Wie jede bahnbrechende Technologie, die in der Lage ist, menschliche Aufgaben zu simulieren, bringt sie jedoch auch Veränderungen mit sich, insbesondere bei den Arbeitsaufgaben. Daher müssen Markenmanager:innen überlegen, welche Rolle die KI übernehmen wird und welche Rolle bei den menschlichen Mitarbeitenden verbleibt, und festlegen, wer wofür verantwortlich ist.

6 Fazit

KI ist eine Technologie, welche für die Markenstimme weiter an Bedeutung gewinnen wird. Die KIMS-Matrix bietet einen Überblick über die Anwendungsmöglichkeiten für eine KI-Markenstimme. Sie verknüpft KI und Markenstimme indem sie mit den beiden Dimensionen Kommunikationsrolle der Marke (Zuhörer/Empfänger, Sender/Einweg-Kommunikation, Gesprächspartner/Zweiweg-Kommunikation) und Kommunikationsform (schriftlich, gesprochen, nonverbal) insgesamt neun Felder zum Einsatz von KI zur Unterstützung der Markenstimme identifiziert. Der Beitrag enthält außerdem erste Empfehlungen für das Markenmanagement zur Integration von KI, darunter strategische, operative und menschliche Faktoren, die berücksichtigt werden sollten. Strategische Faktoren beinhalten Entscheidungen zu Insourcing vs. Outsourcing, Ressourcen und Budget, Etablierung von Standardpraktiken und Ethische Leitlinien. Operative Faktoren fordern Agilität von der Marke und Überprüfung der Genauigkeit von Algorithmen. Menschliche Faktoren beinhalten die Kompetenzen und Skills der Mitarbeitenden und Überlegung über Rollenverteilung zwischen KI und Mensch. Auch wenn die heutige schwache KI schon sehr leistungsfähig für spezielle Anwendungsgebiete in der Markenführung und in anderen Feldern ist, ist zu erwarten, dass es in den nächsten Jahren zu einer Explosion der Leistungsfähigkeit und der Anwendungsfelder kommen wird. Daher sollten sich Markenverantwortliche schon heute intensiv mit dieser Technologie auseinandersetzen, diese erproben und bei der Implementierung strategische, operative und menschliche Barrieren berücksichtigen. Ferner ist es aus Markensicht wichtig, trotz aller technischen Herausforderungen und Technikeuphorie darauf zu achten, dass KIMS nicht nur funktioniert, sondern die Positionierung der Marke auch ausdrückt und immer positive Markenerlebnisse erzeugt.

Anhang: Linkverzeichnis zur KIMS-Matrix

- Affectiva. https://www.affectiva.com/
- Aimpower. https://www.aimpower.ai/
- Alexa. https://developer.amazon.com/de-DE/alexa
- audEERING. https://www.audeering.com/
- AutoDraw. https://www.autodraw.com/
- Brandwatch. https://www.brandwatch.com/de/
- Cloud Natural Language. https://cloud.google.com/natural-language/
- Cortana. https://www.microsoft.com/en-us/cortana
- DeepL. https://www.deepl.com/en/translator
- Expoze.io. https://www.expoze.io/
- Furhat. https://furhatrobotics.com/
- IBM Watson. https://www.ibm.com/watson
- Meltwater. https://www.meltwater.com/en
- Microsoft Azure. https://azure.microsoft.com/
- Neuroflash. https://neuroflash.com/
- Omniverse. https://developer.nvidia.com/nvidia-omniverse-platform
- Pencil. https://www.trypencil.com/
- Resemble AI. https://www.resemble.ai/
- Salesforce Einstein. https://www.salesforce.com/de/
- Siri. https://www.apple.com/de/siri/

- Sophia. https://www.hansonrobotics.com/sophia/
- Synthesia. https://www.synthesia.io/
- Watson Assistant. https://www.ibm.com/de-de/analytics/
- Wordsmith. https://automatedinsights.com/wordsmith/

Literatur

Ameen, N., Tarhini, A., Reppel, A., & Anand, A. (2021). Customer experiences in the age of artificial intelligence. *Computers in Human Behaviour, 114*, 1–14.

AX Semantics. (2021). Category descriptions for luxury fashion articles. https://en.ax-semantics.com/portfolio/mytheresa/. Zugegriffen: 2. Nov. 2021.

Baumgarth, C., Kirkby, A., & Lambrecht, A. (2020). Ende des KI-Marken-Winters? Künstliche Intelligenz in der Markenführung. In H. Pernsteiner, H. S. Gögus, & S. Schöning (Hrsg.), *Digitalisierung in der Betriebswirtschaft* (S. 1–36). Linde.

Brandwatch. (2021). Case study the body shop. https://www.brandwatch.com/de/case-studies/the-body-shop/view/. Zugegriffen: 1. Nov. 2021.

Burgess, A. (2018). *The executive guide to artificial intelligence. How to identify and implement applications for AI in your organization*. Palgrave Macmillan.

Chen, L. (2021). 'Always there': The AI chatbot comforting China's lonely millions. https://techxplore.com/news/2021-08-ai-chatbot-comforting-china-lonely.html/. Zugegriffen: 1. Nov. 2021.

IBM Cloud Education. (2020). Strong AI. https://www.ibm.com/cloud/learn/strongai#:~:text=Strong%20AI%20vs.&text=Weak%20AI%2C%20also%20known%20as,to%20solve%20for%20new%20problems/. Zugegriffen: 1. Nov. 2021.

Insider Intelligence. (2021). Chatbot market in 2021: Stats, trends, and companies in the growing AI chatbot industry. https://www.businessinsider.com/chatbot-market-stats-trends/. Zugegriffen: 12. Okt. 2021.

Juniper Research. (2020). Voice assistant market: Player strategies, monetisation & market size 2020–2024. https://www.statista.com/statistics/973815/worldwide-digital-voice-assistant-in-use/. Zugegriffen: 5. Aug. 2021.

Kaplan, A. M., & Haenlein, M. (2019). Siri, Siri, in my hand: Who's the fairest in the land? On the interpretations, illustrations, and implications of artificial intelligence. *Business Horizons, 62*(1), 15–25.

Knapp, P. (2017). AI, meet brand voice. https://landor.com/thinking/ai-meet-brand-voice. Zugegriffen: 27. Nov. 2021.

Kohli, G. S., & Yen, X. (2020). Brand Voice. In P. Foroudi & M. Palazzo (Hrsg.), *Contemporary issues in branding* (S. 116–131). Routledge.

McLaughlin, C. E. (2019). Talk to me, baby – Branding the Conversation. Wie sich Marken mit Persönlichkeiten ins digitale Gespräch bringen. In A. Baetzgen (Hrsg.). *Brand Innovation – Impulse für das Markenmanagement von morgen* (S. 153–171). Schäffer-Poeschel.

Meltwater. (2021). Customer stories H&M. https://www.meltwater.com/de/customerstories/hm/. Zugegriffen: 1. Nov. 2021.

MetaDesign. (2019). Meta profile. https://metaprofiler.com/. Zugegriffen: 16. Aug. 2021.

Otto. (2017). TNS und OTTO präsentieren Studie „Wie shoppt Deutschland online?". https://www.otto.de/unternehmen/en/news-press/tns-and-otto-presenting-online-shopping-survey/. Zugegriffen: 1. Nov. 2021.

Pemberton, C. (2019). Gartner predicts 2019: In search of balancing marketing. https://www.gartner.com/en/marketing/insights/articles/gartner-predicts-2019-in-search-of-balance-in-marketing/. Zugegriffen: 8. Jan. 2021.

Pencil. (2021). How it works. https://www.trypencil.com/how-it-works. Zugegriffen: 27. Nov. 2021.

Scheier, C., & Held, D. (2019). Künstliche Intelligenz in der Markenführung. Haufe-Lexware.

The Body Shop. (2021). About us. https://www.thebodyshop.com/en-gb/about-us/a/a00001/. Zugegriffen: 1. Nov. 2021.

Writer, B. (2019). *Lithium-Ion Batteries- A Machine-Generated Summary of Current Research.* Springer.

Alexandra Kirkby ist Marketing Research Associate an der Hochschule für Wirtschaft und Recht Berlin und Junior Researcher und PhD-Kandidatin an der University of Twente, Niederlande. Sie hat Erfahrung in der Influencer-Branche, nachdem sie als Artist & Repertoire Managerin und später als Sales-Managerin bei dem Multi-Plattform-Netzwerk Studio71 gearbeitet hat. Alexandra Kirkby hat zum Thema Computer-Generated Imagery Influencers (CGIIs) veröffentlicht. Bei ihrer Doktorarbeit geht um die Auswirkungen und Implikationen von Künstlicher Intelligenz (KI) und KI-generierter Sprache auf „Brand Voice", die sogenannte Markenstimme.

Prof. Dr. Carsten Baumgarth studierte, promovierte und habilitierte an der Universität Siegen. Von 2006 bis 2010 war er als Associate Professor an der Marmara Universität Istanbul (Türkei) tätig. Seit 2010 ist er Professor für Marketing, insbesondere Markenführung, an der HWR Berlin. Seit 2017 ist er darüber hinaus Adjunct Professor an der Ho-Chi-Minh-City University (Vietnam). Er hat bislang rund 400 Publikationen mit den Schwerpunkten Marke, B-to-B-Marketing, Kulturmarketing und Empirische Forschung publiziert. Unter anderem sind seine Forschungen in den Zeitschriften Journal of Business Research, Industrial Marketing Management, European Journal of Marketing, Journal of Marketing Communications, Journal of Brand Management, Journal of Product and Brand Management und Marketing ZFP erschienen. Darüber hinaus ist er Verfasser des Standardlehrbuches Markenpolitik (4. Auflage, 2014) und des Herausgeberwerkes B-to-B-Markenführung (2. Auflage, 2018). Seine Forschungen sind mehrfach national und international mit Best Paper Awards ausgezeichnet worden.

Prof. Dr. Jörg Henseler (Dipl. Wirtsch.-Ing.) ist ordentlicher Professor für Produkt-Markt-Beziehungen an der ingenieurwissenschaftlichen Fakultät der Universität Twente, Niederlande. Der Schwerpunkt seiner wissenschaftlichen Arbeit liegt auf dem Zusammenspiel von design- und verhaltenswissenschaftlicher Forschung sowie der Entwicklung von Methoden der Strukturgleichungsmodellierung. Zu seinen Werken zählen ein Buch zu kompositbasierter Strukturgleichungsmodellierung (Guilford Press, New York, 2021) und mehr als 90 Artikel in wissenschaftlichen Zeitschriften. Außerdem entwickelt er ADANCO, eine Software für kompositbasierte Strukturgleichungsmodellierung. Er ist Träger des Jan-Benedict E.M. Steenkamp Award for Long-Term Impact der European Marketing Academy, und Clarivate/Web of Science zeichnete ihn mehrfach als „Highly Cited Researcher" aus, womit er zu den 100 meistzitierten Wirtschaftswissenschaftlern der Welt zählt.

Soziale Roboter als Markenkontaktpunkte

Carsten Baumgarth

Inhaltsverzeichnis

1 Relevanz von sozialen Robotern für die Markenführung . . . 191
2 Begriff und Formen von sozialen Robotern . . . 193
3 Soziale Roboter als Markenkontaktpunkte . . . 194
3.1 Soziale Roboter als verschiedene Markenkontaktpunkte . . . 194
3.2 Wirkung von sozialen Robotern als Markenkontaktpunkt . . . 197
4 Fazit . . . 203
Literatur . . . 204

1 Relevanz von sozialen Robotern für die Markenführung

Soziale Roboter, die wie R2-D2 und C-3PO aus Star Wars mit Menschen interagieren, stellen schon lange keine reine Science-Fiction mehr dar, sondern „bevölkern" nach und nach unsere Städte, Flughäfen, Hotels, Einkaufscenter und privaten Wohnungen. Sie bilden durch ihre physische Präsenz und ihr „digitales Hirn" eine Symbiose aus Offline- und Online-Channel. Im Vergleich zu vielen anderen Marketingkanälen bzw. Markenkontaktpunkten, die entweder online oder offline sind und bei denen es häufig um die Integration und Abstimmung mit anderen Kanälen geht, zeichnen sich soziale Roboter dadurch aus, dass sie an einem Kontaktpunkt die Offline- mit der Online-Welt vereinen.

C. Baumgarth (✉)
Berlin, Deutschland
E-Mail: carsten.baumgarth@hwr-berlin.de

K. Butzer-Strothmann (Hrsg.), *Integriertes Online- und Offline-Channel-Marketing*, https://doi.org/10.1007/978-3-658-38048-9_9

Nach Analysen von Mordor Intelligence (2021) belief sich 2020 das Marktvolumen für soziale Roboter weltweit auf knapp 2 Mrd. US-$. Bis zum Jahre 2026 prognostizieren sie ein Wachstum auf 11,2 Mrd. US-$, was eine jährliche Steigerung von mehr als 34 % ausmacht. Für das Jahr 2020 wurde geschätzt, dass rund 32 Mio. Serviceroboter wie Staubsaugerroboter für den privaten Haushalt verkauft werden.

Neben diesen starken Wachstumszahlen zeigen aber Beispiele wie die Liquidierung des Bosch Start-ups Mayfield Robotics mit dem Roboter Kuri im Jahre 2018 oder der vorläufige Produktionsstopp der Roboter Pepper und Nao von Softbank im Jahre 2021 die Volatilität des Marktes für soziale Roboter. Die Ankündigungen von Elon Musk (Tesla), den menschengroßen Roboter Optimus im Jahre 2022 einzuführen, und von Amazon, den Roboter Astro Ende 2021 auf den Markt zu bringen, sorgten wiederum im vergangenen Sommer und Herbst für Euphorie. Unabhängig von abweichenden Marktprognosen und konkreten erfolgreichen oder gescheiterten Roboterprojekten sind sich die Expert:innen aber einig, dass Robotik, die im Industrieumfeld schon lange etabliert ist, sich auch im Konsument:innenumfeld immer stärker durchsetzen wird.

Soziale Roboter als Markenkontaktpunkte lassen sich insgesamt dem umfangreicheren Feld der Künstlichen Intelligenz (KI), Digitalisierung und Automatisierung im Marketing und in der Markenführung zuordnen (zum Überblick: Baumgarth et al., 2020; Huang & Rust, 2018; Kaartemo & Helkkula, 2018). Dabei handelt es sich nicht um eine aktuelle Entwicklung, sondern es lassen sich, wie Abb. 1 zeigt, schon sehr frühe Beispiele erkennen. Schon 1769 versuchte Wolfgang von Kempelen mit dem sogenannten Schachtürken den Traum von einer intelligenten und menschenähnlichen Maschine zu realisieren. Auch die im Marketing heute intensiv genutzte Chatbot-Technologie ist

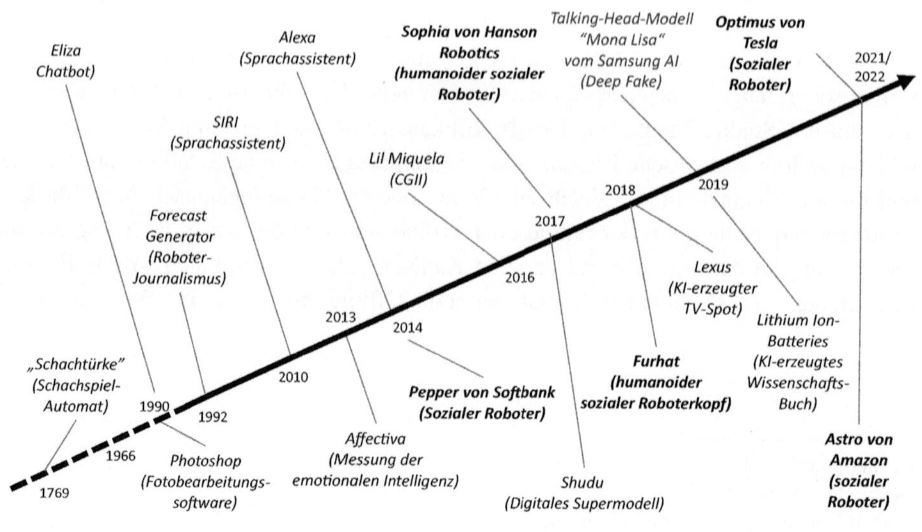

Abb. 1 Historische Entwicklung von Technologieinnovationen aus dem Bereich KI, Robotik und Digitalisierung

schon über 50 Jahre alt. 1966 wurde von Joseph Weizenbaum das Computerprogramm Eliza entwickelt, welches eine Kommunikation zwischen Mensch und Computer per natürlicher Sprache in Textform ermöglichte. Weitere für das Marketing und die Markenführung wichtige Technologieinnovationen waren 1990 die Einführung von Photoshop, 2010 mit Siri der erste marktfähige Sprachassistent und 2016 und 2017 das Aufkommen von künstlich erzeugten Influencern (sogenannte Computer Generated Image Influencer, Baumgarth et al., 2021). Besonders relevant für das Thema soziale Roboter waren die Einführung des Roboters Pepper im Jahre 2014 durch das japanische Unternehmen Softbank,[1] die Vorstellungen des humanoiden Roboters Sophia von dem Hongkonger Unternehmen Hanson Robotics im Jahre 2017 und die Präsentation des Roboterkopfes Furhat des schwedischen Unternehmens Furhat Robotics im Jahre 2018.

2 Begriff und Formen von sozialen Robotern

Roboter, die mit dem bzw. der Konsument:in interagieren, werden als soziale Roboter (weitestgehendes Synonym: Service-Roboter) bezeichnet. Diese lassen sich dabei als eine Informationstechnologie mit einer realen und beweglichen Repräsentation definieren, die autonom physische und nicht physische Dienstleistungen für den Menschen erbringt. Dieses Begriffsverständnis schließt mehrere Anwendungen vom Begriff sozialer Roboter aus. Zum Beispiel fehlt digitalen Chatbots die reale Repräsentation, Kontoauszugsautomaten die Autonomie und stationären Sprachassistenten die Mobilität.[2] Das Spektrum von sozialen Robotern reicht von einfachen Staubsaugerrobotern über soziale Begleiter bis hin zu leistungsfähigen humanoiden Robotern, die mit dem Menschen verbal und non-verbal kommunizieren und mehrere Aufgaben erfüllen können. Soziale Roboter kommen heute insbesondere in der Medizin und Pflege, im Hotel-, Gaststätten- und Tourismusbereich, im Handel, im Kulturbereich, auf Messen sowie im privaten Haushalt zum Einsatz (z. B. Bartneck et al., 2020, S. 161 ff.). Neben den Einsatzgebieten können soziale Roboter auch nach ihrem Anthropomorphisierungsgrad unterschieden werden. Dabei lassen sich rein funktionale (Typ 1) von sozialen Robotern mit mensch- bzw. tierähnlichen Attributen (Typ 2) und Menschen imitierenden Robotern (Typ 3) unterscheiden, wie Abb. 2 verdeutlicht (ähnlich auch Fong et al., 2003, S. 150 f.).[3]

[1] Pepper wurde zunächst von dem französischen Unternehmen Aldebaran Robotics entwickelt, welches jedoch ab 2012 von Softbank übernommen wurde.

[2] Amazons Alexa weist allerdings mit Echo Show 10 durch ein sich bewegendes Display alle Merkmale eines Roboters auf.

[3] Weitere Klassifikationen von sozialen Robotern basieren auf: (1) Art der Intelligenz (Huang und Rust 2018, S. 156 ff.); (2) Grad der physischen Präsenz und dem Grad der Verkörperung (Tung und Law 2017, S. 2500 f.); (3) Startpunkt des Roboterdesigns (Fong et al., 2003, S. 146).

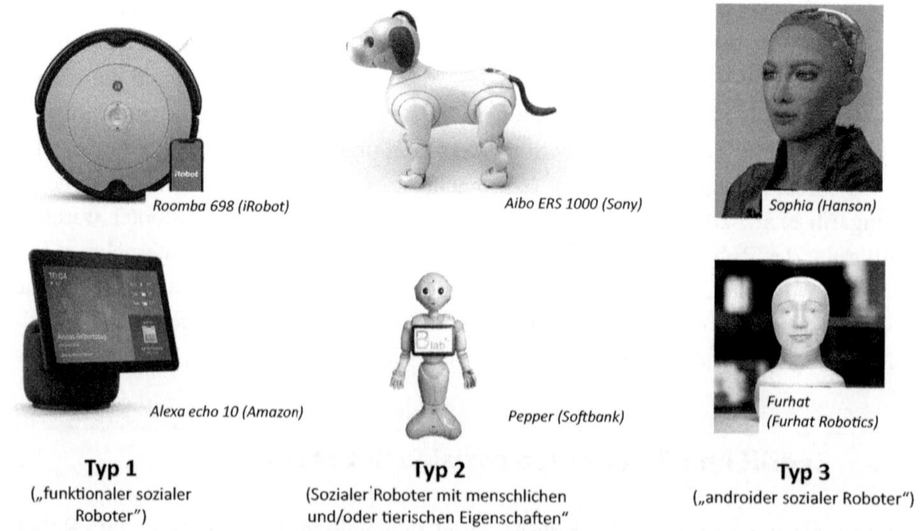

Abb. 2 Typen von sozialen Robotern. (Quelle: iRobot, 2021; Amazon, 2021; Coolsten, 2021; Reuters, 2021; Furhat Robotics, 2021))

3 Soziale Roboter als Markenkontaktpunkte

3.1 Soziale Roboter als verschiedene Markenkontaktpunkte

Aktuell befindet sich der praktische Einsatz von sozialen Robotern noch in der Erprobungsphase. Zwar gibt es einige bekannte Beispiele, allerdings sind diese entweder temporäre, teilweise auch gescheiterte oder sehr spezielle Anwendungen. Exemplarisch hierfür sind die Vermarktung des neuen Sortiments „Ganz ohne Dübel" von Fischer in deutschen Baumärkten mithilfe des Roboters Care-O-bot vom Fraunhofer-Institut, der Auskunftsroboter SEMMI der Deutschen Bahn (basiert auf der Roboterplattform Furhat), die „Zimmerservice-Roboter" Botlrs in Aloft-Hotels in Cupertino (USA) oder das Henn-na-Hotel in Tokio (Japan). Zudem spielen sowohl in der Forschung als auch im praktischen Einsatz soziale Roboter bislang im asiatischen Raum im Vergleich zu Europa eine größere Rolle. Aber es ist nur eine Frage der Zeit (und der technischen Weiterentwicklung), bis diese auch hierzulande zum Alltagsbild gehören werden. Aus Markensicht ist es daher zu empfehlen, sich frühestmöglich mit den Potenzialen, aber auch Grenzen von sozialen Robotern als Markenkontaktpunkt auseinanderzusetzen. Aktuell finden sich soziale Roboter in vier verschiedenen Markenkontaktpunkten: (1) Kernprodukt, (2) Service, (3) Kommunikation und (4) Distribution.

(1) Kernprodukt

Soziale Roboter stellen das eigentliche Kernprodukt dar, welches eigenständig angeboten und an Konsument:innen verkauft wird. Das Kernprodukt sozialer Roboter wird von großen Technologiekonzernen wie Sony oder Amazon sowie spezialisierten Anbietern wie iRobot oder AIST angeboten. Markentelegramm 1 skizziert einige Beispiele.

Markentelegramm 1: Soziale Roboter als Kernleistung

1. iRobot Roomba

   Die US-amerikanische Firma iRobot wurde 1990 von drei Mitgliedern des MITs Artificial Intelligence Lab gegründet. Aktuell beschäftigt das in Bedford (Massachusetts) beheimatete Unternehmen rund 900 Personen. Die Firma bietet unter der Marke iRobot Roomba eine breite Palette von Staubsaugerrobotern an. Diese decken spezielle Anwendungsgebiete ab wie z. B. Bodenreinigung für Haushalte mit Haustieren. Die Staubsaugerroboter bewegen sich autonom im Raum und erfassen durch Sensoren Schmutz. Mit mittlerweile über 30 Mio. Exemplaren und einem Marktanteil von rund 46 % ist die Marke mit Abstand Marktführer auf diesem Markt. Die Preise für einen iRobot Roomba reichen von rund 450 bis zu 2100 € und liegen damit preislich auf einem ähnlichen Niveau wie konventionelle Staubsaugermarken im Premiumbereich, bspw. Miele, Dyson oder Vorwerk.

   Quelle: zusammengestellt aus Statista (2017); iRobot (2021); Staubsaugertest.org (2021).

2. PARO

   PARO ist ein interaktiver Tierroboter in Form einer Babyrobbe. Entwickelt wurde er von AIST, einem führenden japanischen Pionier auf dem Gebiet der industriellen Automatisierung. PARO wird für therapeutische Zwecke, wie bspw. in der Behandlung demenzkranker Menschen und Senioren, oder als Haustier-Ersatz eingesetzt. Der „carebot" kommt in Deutschland in mehr als 40 Pflegeeinrichtungen zum Einsatz, z. B. in der Spitalstiftung Konstanz. Dort wird die Babyrobbe größtenteils in Gruppensitzungen eingesetzt, aber auch einzeltherapeutisch, um einer Isolierung der Bewohner entgegenzuwirken. Weltweit werden nach Angaben des Herstellers inzwischen mehr als 4000 PARO-Robben in Krankenhäusern und Pflegeeinrichtungen genutzt (Stand 2019).

   Quelle: zusammengestellt aus Deutschlandfunk (2019); PARO (o. J.); RP online (o. J.); Shibata (2010). ◄

(2) Services

Soziale Roboter erbringen im Rahmen einer umfassenden Dienstleistung oder eines Produktverkaufs einzelne und ergänzende Services. Beispielsweise erledigen Serviceroboter im Hotelbereich Dienstleistungen wie den Kofferservice oder die Rezeption. Markentelegramm 2 skizziert ein Beispiel.

Markentelegramm 2: Soziale Roboter als Service (Royal Caribbean Cruises, Bionic Bar)

Mit der Eröffnung der sogenannten Bionic Bar im Jahr 2014 bietet Royal Caribbean Cruises, ein Dienstleister für Kreuzfahrten, seinen Gästen erstmals ein vollautomatisiertes Barerlebnis. Über Tablets oder Smartphones können volljährige Besucher:innen der Bar zwischen Cocktail-Klassikern wählen oder eine eigene Rezeptur kreieren. Während der Drink von den zwei installierten Service-Robotern, den „Barkeepern", gemischt wird, können Daten und Statistiken der Bestellungen anderer Gäste eingesehen werden. Hergestellt werden die Roboter von der italienischen Firma Makr Shakr. Laut Hersteller kann die Bionic Bar bis zu 120 Cocktails pro Stunde mixen und wird international eingesetzt.

Quelle: zusammengestellt aus Makr Shakr (o. J.); Royal Caribbean International (o. J.). ◀

(3) Kommunikation

Soziale Roboter übernehmen z. B. im Handel oder auf Messen kommunikative Aufgaben. Dabei können diese kommunikativen Aufgaben eher informativen (z. B. Suche nach Produkten in einem Baumarkt) oder verkaufsfördernd-unterhaltenden (z. B. Animation in einem Einkaufscenter) Charakter aufweisen. Markentelegramm 3 skizziert eine kommunikative Anwendung.

Markentelegramm 3: Soziale Roboter als Kommunikatoren

Im Jahr 2014 integrierte Nestlé Japan erstmals den humanoiden Roboter „Pepper" des IT-Konzerns Softbank in den Verkauf von Nescafé-Maschinen. Die 1000 Roboter wurden landesweit in Geschäften zur Kundenberatung eingesetzt. Neben der Begrüßung der Kund:innen konnte Pepper mit ihnen interagieren. So war der Roboter in der Lage, Produkte und Dienstleistungen von Nescafé zu erklären oder eine passende Kaffeemaschine herauszusuchen und zu empfehlen.

Quelle: zusammengestellt aus Finterbusch (2014); Nestlé Global (2014); YouTube (2016). ◀

(4) Distribution

Die vierte und letzte Anwendung von sozialen Robotern bildet die Distribution über Roboter, die z. B. die Bezahlung und Warenausgabe autonom durchführen. Das Markentelegramm 4 skizziert ein praktisches Beispiel dafür.

Markentelegramm 4: Sozialer Roboter als Vertrieb (workerbotkiosk von Electro Conrad)

Im Vertrieb setzt die Kette Conrad Electronics bereits vereinzelt auf sogenannte „Workerbots". In der Filiale Berlin Schöneberg wird bspw. der von der deutschen Firma pi4_robotics hergestellte Vertriebsroboter „Alex" eingesetzt. Dieser ermöglicht den Verkauf von ausgewählten Elektronikartikeln auch außerhalb der Öffnungszeiten. Am Workerbotkiosk können Kund:innen auf einem Display zwischen 36 verschiedenen Produkten wählen. Nachdem der ausgewählte Artikel bezahlt wurde, wird dieser von Alex herausgesucht und an die Käufer:innen übergeben.

Quelle: zusammengestellt aus Conrad (2019); Krah (2019); Sieweke (2019). ◄

Aufgrund der hohen Entwicklungskosten von Robotern werden Marken i. d. R. für die Markenkontakt-Typen (2), (3) und (4) keine eigenen Roboter entwickeln, sondern auf bestehende Roboterplattformen, bspw. die Hardware Pepper oder Care-O-bot 4, und entsprechende Softwarelösungen wie die Open-Source-Lösung Robot Operating System oder kommerzielle Content-Management-Systeme (z. B. Entrance FLOWManager) zurückgreifen. Die kommerziellen CMS-Lösungen stellen (visuelle) Oberflächen zur Verfügung, die auch Lai:innen erlauben, eigene Skripte zu programmieren. Über APIs lassen sich i. d. R. weitere externe Lösungen wie eigene Produktdatenbanken, Chatbots oder auch allgemeine Services wie ein Wetterbericht integrieren. Darüber hinaus sind auch sogenannte Remote-Lösungen möglich, bei denen die Aktionen des Roboters über eine Fernsteuerung von einem Menschen gesteuert werden (sogenannter Wizard-of-Oz-Ansatz, z. B. Riek, 2012). Dieser Anwendungsfall wird aber eher für Forschungszwecke oder für Vorführungen verwendet und stellt auch keinen sozialen Roboter i. e. S. dar, weil das Merkmal der Autonomie nicht erfüllt wird.

3.2 Wirkung von sozialen Robotern als Markenkontaktpunkt

Wie Abschn. 3.1 und die dort skizzierten Beispiele aufgezeigt haben, werden soziale Roboter schon heute als Markenkontaktpunkte eingesetzt. Auch gibt es in der Roboter- und speziell in der sogenannten Mensch-Roboter-Interaktionsforschung (Human–Robot-Interaction) eine umfangreiche Forschung zur Akzeptanz, Wahrnehmung und Beurteilung von Robotern und zu Interaktionen zwischen Menschen und Robotern (zum Überblick z. B. Bartneck et al., 2020, S. 41 ff.). Um diese Forschung mit dem Thema Marke zu verknüpfen, erfolgt ein Rückgriff auf das Konzept des Markenkontaktpunktes und des UX-Ansatzes.

3.2.1 Markenorientiertes UX-Modell als Bezugsrahmen

Seit vielen Jahren wird im Marketing und in der Markenführung das Konzept der Customer Journey als Denkansatz verwendet (z. B. Lemon & Verhoef, 2016). Grundidee ist, dass die Kund:innen entlang eines zeitlich angeordneten Prozesses mit unterschiedlichen distinkten Markenkontakten in Berührung kommen, die ihre Kaufentscheidungen und Markenbeurteilungen beeinflussen. Im Gegensatz zu einer klassischen Betrachtung der Kundenzufriedenheit oder Markenstärke betont dieser Ansatz die Relevanz konkreter Erfahrungen mit verschiedenen Markenkontaktpunkten. Neben dieser prozesshaften Betrachtung legt die Customer-Journey-Sichtweise auch einen Schwerpunkt auf die Analyse einzelner, wichtiger Kontaktpunkte. Um einen einzelnen Markenkontaktpunkt zu evaluieren, wurde insbesondere unter dem Begriff UX-Testing eine Vielzahl von Bezugsrahmen und Methoden entwickelt (z. B. Jacobsen & Meyer, 2017, S. 36; Robinson et al., 2018). Für die weitere Analyse wird unterstellt, dass sich die Qualität eines Markenkontaktpunktes aus drei Ebenen speist: (1) Usability, (2) Erlebnis und (3) Bedeutung. Die Usability stellt mit der Funktionstüchtigkeit des Markenkontaktpunktes und der Leichtigkeit der Nutzung die unterste Ebene der Markenkontaktpunkt-Qualität dar und bildet i. d. R. einen Hygienefaktor. Das Erlebnis als zweite Ebene ist das allgemeine Gefallen der Kontaktpunkte und umfasst Faktoren wie Ästhetik, Überraschung und Emotion. Die dritte und letzte Ebene stellt die Bedeutung dar und umfasst die Assoziationen, die durch den Markenkontaktpunkt hervorgerufen werden. Im optimalen Fall weisen diese Assoziationen eine hohe Überschneidung mit den in der Markenpositionierung formulierten Markenwerten auf. Zusätzlich zu dem einzelnen Markenkontaktpunkt ist es wichtig, den Markenkontext zu berücksichtigen, da durch diesen die Relevanz und Beurteilung des Markenkontaktpunktes bzw. der drei Ebenen der Markenkontaktpunktanalyse variieren können. Die Qualität des einzelnen Markenkontaktpunktes sozialer Roboter hat einen Einfluss auf die Markenstärke, die sich vereinfacht aus Bekanntheit, Image und Präferenz zusammensetzt. Soziale Roboter stellen aber nur einen von vielen Markenkontaktpunkten dar, die sich auch gegenseitig beeinflussen. Auf diese Wechselwirkungen zwischen dem sozialen Roboter als Markenkontaktpunkt und weiteren Markenkontaktpunkten wird im Weiteren aber nicht vertieft eingegangen. Abb. 3 fasst diesen Bezugsrahmen zusammen.

Im Folgenden werden für diese drei Ebenen sowie für den Markenkontext des markenorientierten UX-Modells Empfehlungen abgeleitet, die auf wissenschaftlichen Ergebnissen basieren. Diese Übersicht kann aus Gründen des Umfangs des Beitrags und des aktuellen Forschungsstandes nicht vollständig sein, aber es werden wichtige Fragen adressiert und zentrale Ergebnisse skizziert.

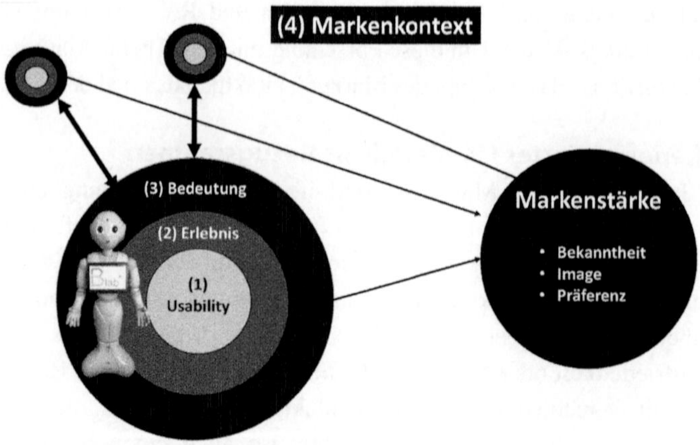

Abb. 3 Markenorientiertes UX-Modell zur Analyse von sozialen Robotern

3.2.2 Soziale Roboter auf den verschiedenen Markenkontaktpunkt-Ebenen

(1) Usability: Akzeptanz sicherstellen und Roboterfehler vermeiden!

Soziale Roboter können überhaupt nur einen relevanten Markenkontaktpunkt darstellen, wenn sie von den Konsument:innen akzeptiert und genutzt werden. Ein in der Literatur häufig verwendetes und auch empirisch bestätigtes Modell ist das sogenannte Technologie-Akzeptanz-Modell (TAM) nach Davies (1989). Dieses Modell stellt vor allem auf funktionale Aspekte ab, indem es die Nützlichkeit und Einfachheit der Nutzung als Einflussfaktoren der Akzeptanz von neuen Technologien (z. B. soziale Roboter) hervorhebt. Dieses Modell erklärt gut die Akzeptanz von neuen Technologien und wurde auch wiederholt als Bezugsrahmen im Bereich der sozialen Roboter verwendet (z. B. Lee et al., 2018; Park et al., 2021). Im Laufe der Zeit wurden weitere Faktoren insbesondere aus dem emotional-sozialen Bereich integriert. Ein umfassendes und für soziale Roboter spezifiziertes Modell, welches bislang aber noch nicht empirisch getestet wurde, stellt das Service-Roboter-Akzeptanz-Modell (sRAM) nach Wirtz et al., (2018, S. 915 ff.) dar (ähnlich auch die empirisch validierte Skala „Bereitschaft zur Integration sozialer Roboter", Lu et al., 2019). Neben den funktionalen Treibern hängt nach diesem Modell die Akzeptanz zusätzlich von sozial-emotionalen und relationalen Treibern ab, wobei bei diesen eine Akzeptanz fördernde Wirkung daran gekoppelt ist, dass sie mit den Bedürfnissen und Rollenerwartungen der Nutzer:innen übereinstimmen. Abb. 4 fasst das Modell grafisch zusammen.

Neben der generellen Akzeptanz von sozialen Robotern, die insbesondere von der Usability abhängt, beeinflusst auch die Fehleranfälligkeit von sozialen Robotern diese

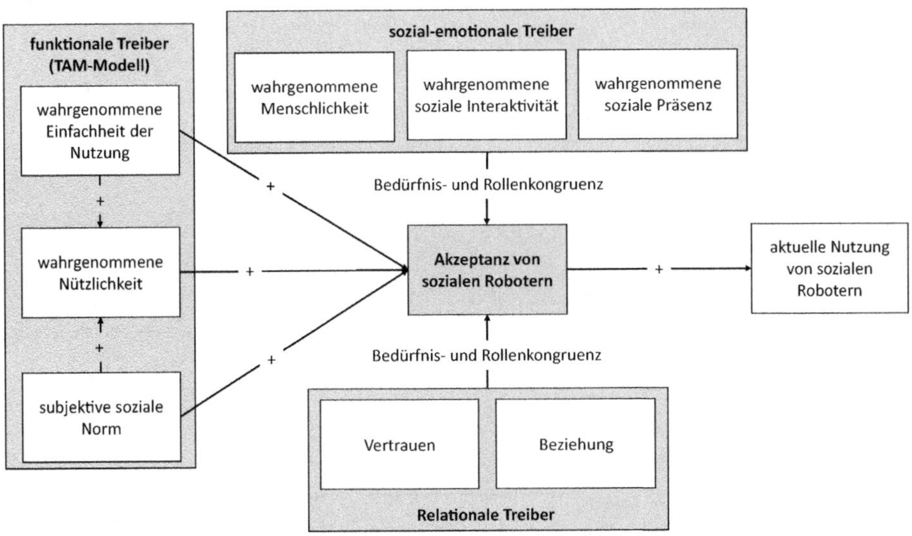

Abb. 4 Das soziale Roboter-Akzeptanz-Modell. (Quelle: Wirtz et al., 2018, S. 916)

unterste Ebene der Markenkontaktpunktqualität. Soziale Roboter funktionieren heute und auch in Zukunft nicht fehlerfrei. Beispielsweise musste das japanische Roboterhotel Henn-na-Hotel circa fünf Jahre nach der Eröffnung rund die Hälfte aller Roboter „entlassen", da diese z. B. bei Regen nicht die Koffer transportieren konnten, ausländische Pässe beim Check-in nicht erkannten oder das Schnarchen der Gäste irrtümlich als eine Frage interpretierten, die zu der Antwort „Ich kann Sie nicht verstehen" führte. Solche Roboterfehler werden im Vergleich zu menschlichen Dienstleistern viel stärker der Marke zugeordnet, wodurch die Gefahr der Markenschwächung besteht. Diese Zuschreibung von Servicefehlern durch Roboter hängt insbesondere von der wahrgenommenen Kontrolle der Interaktion aus Konsument:innensicht ab (Jörling et al., 2019). Unklar ist in der Forschung bislang, ob ein steigendes Anthropomorphismus-Niveau des sozialen Roboters die allgemeine Zufriedenheit durch eine steigende Erwartungshaltung bei menschenähnlichen Robotern im Vergleich zu funktionalen senkt oder ob die Vermenschlichung im Sinne der Uncanny-Valley-Theorie negative Outcomes durch ein allgemeines Gefallen des Service-Roboters abschwächt.

(2) Erlebnis: Vermenschlichen, aber nicht grenzenlos!
Schon in den 1970er Jahren hat der japanische Roboter-Forscher Masahiro Mori (1970) die Uncanny-Valley-Theorie aufgestellt. Danach steigen mit zunehmendem Anthropomorphismus zunächst das Gefallen und die Akzeptanz von sozialen Robotern. Allerdings existiert ein Kipppunkt, bei dem eine zunehmende Vermenschlichung negative emotionale Reaktionen hervorruft, die zur Ablehnung und Angst führen. Abb. 5 fasst die Idee der Uncanny-Valley-Theorie mit den drei schon vorgestellten Typen von sozialen Robotern grafisch zusammen.

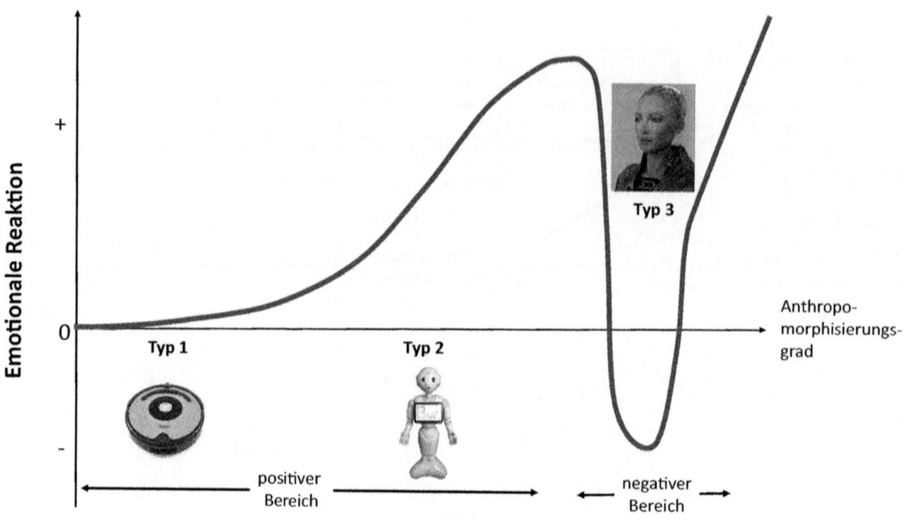

Abb. 5 Uncanny-Valley-Theorie. (Quelle: In Anlehnung an Mori, 1970)

Dieser grundsätzliche Mechanismus der Vermenschlichung von Objekten im Allgemeinen und hier speziell von sozialen Robotern (allgemein Epley, 2018; Epley et al., 2007) und deren Effekt auf emotionale Reaktionen ist in der Forschung zur Mensch-Roboter-Interaktion immer wieder untersucht worden und stellt ein zentrales Erklärungsmuster dar (z. B. Kim et al., 2019; Walters et al., 2008). Dabei umfasst die Vermenschlichung mit dem äußeren Erscheinungsbild und dem Verhalten zwei Dimensionen (Kim et al., 2019, S. 2 f.). Das äußere Erscheinungsbild eines sozialen Roboters kann diesen aus Sicht der Nutzer:innen durch Merkmale wie Gesicht, Hände, Arme, Beine, Haare etc. vermenschlichen (ausführlich Phillips et al., 2018). Das menschenähnliche Verhalten von sozialen Robotern kann sich auf eine kognitive und eine emotional-soziale Ebene bzw. eine kognitive und emotionale Intelligenz beziehen (allgemein zu diesen beiden Dimensionen auch Huang et al., 2020).

In einer aktuellen Studie konnte z. B. gezeigt werden, dass die Konfrontation mit einem sozialen Roboter bei Konsument:innen ungute Gefühle evozierte, die sie versuchen durch kompensatorisches Verhalten wie Luxuskäufe oder gesteigerten Essenskonsum auszugleichen (Mende et al., 2019). Aus Markensicht sind daher Roboter zu präferieren, die gewisse menschliche Eigenschaften im Aussehen und Verhalten aufweisen, aber es sollte darauf geachtet werden, dass die sozialen Roboter nicht zu menschenähnlich gestaltet werden (vgl. Typ 3 in der Abb. 4). Dieser Erfolgsfaktor eines aus Konsument:innensicht angenehmen Grades an Vermenschlichung ist auch schon in dem Modell zur Akzeptanz sozialer Roboter (vgl. Abb. 3) berücksichtigt worden.

(3) Bedeutung: Markenstil und Markenpositionierung auch im High-Tech sicherstellen!

Markenstärke entsteht, wie schon das Konzept der Integrierten Markenkommunikation (z. B. Bruhn, 2014) propagiert hat, durch Kohärenz der Markensignale auf formaler und inhaltlicher Ebene. Dies gilt auch für soziale Roboter. Daher ist bei der Auswahl und Gestaltung der sozialen Roboter auf eine markenkohärente Gestaltung zu achten. Am Beispiel der Markenstimme hat 2019 Meta Design in einer Studie interessante Ideen zur Kohärenz von digitaler Technologie (Stimme, Chatbot) und Marke präsentiert (Metaprofiler, 2019). Neben der Stimme (Geschlecht, Stimmlage, Tonalität, Geschwindigkeit, Dialekt etc.) sind auch weitere Designmerkmale wie äußeres Erscheinungsbild des Roboters (z. B. Farben, Markenelement, „Uniform“) und Verhaltensmuster (z. B. Empathie durch Emotionserkennung) mögliche Gestaltungsparameter, welche die Kohärenz mit dem Markenstil und der Markenpositionierung unterstützen. Neben der Wirkung und der Markenkohärenz sind dabei aber auch immer die technischen Rahmenbedingungen der Roboterplattformen zu berücksichtigen. Beispielsweise erlaubt die Plattform zur Programmierung des Roboters Pepper die Veränderung der Sprachhöhe nur in bestimmten Bereichen, da die Designer sicherstellen wollten, dass Pepper von Menschen als eine Maschine wahrgenommen wird. Zur Unterstützung dieser Designaufgabe bietet es sich an, zunächst durch einen Canvas die gewünschte Persönlichkeit des sozialen Roboters aus Markensicht zu definieren und diesen dann im weiteren

Designprozess umzusetzen, so wie es die technischen und wirtschaftlichen Rahmenbedingungen zulassen. McLaughlin (2019, S. 163 ff.) hat einen solchen Canvas-Ansatz für das Design von Chatbots vorgestellt, der als Startpunkt auch für das Design von sozialen Robotern dienen kann.

Neben dieser grundsätzlichen Forderung nach einer Integration der Marke in das Roboter-Design existieren einige Studien, die aufzeigen, welche Assoziationen soziale Roboter bei Konsument:innen allgemein hervorrufen. Zunächst erzeugen soziale Roboter (noch) Überraschungseffekte und Assoziationen wie neuartig, innovativ und fortschrittlich (z. B. Schmitt et al., 2017, S. 20; McLeavy et al. 2021, S. 106 ff.). Diese Assoziationsfelder können insbesondere für Technologie- und Digitalmarken, aber auch für Handelsgeschäfte und teilweise Gastronomie, Kulturinstitutionen und Destinationen interessant sein. Auf der anderen Seite konnten McLeavy et al. (2021, S. 106 ff.) zeigen, dass der Einsatz von Robotern im Serviceumfeld die ethisch-soziale Bewertung verschlechtert, insbesondere wenn aus Sicht der Konsument:innen Roboter die menschlichen Arbeitskräfte ersetzen. Auch reduzieren Datenschutzbedenken aufseiten der Nutzer:innen das Vertrauen sowie die wahrgenommene Nützlichkeit und Einfachheit von sozialen Robotern (Park et al., 2021, S. 694 ff.). Daher ist zu erwarten, dass soziale Roboter eher negative Assoziationen im Bedeutungsfeld (soziale) Nachhaltigkeit evozieren, weshalb Marken mit einer starken Nachhaltigkeitspositionierung eher auf den Einsatz von sozialen Robotern verzichten sollten.

3.2.3 Soziale Roboter als Markenkontaktpunkte in Abhängigkeit vom Markenkontext

Die Beurteilung und auch das Design von sozialen Robotern als Markenkontaktpunkt findet nicht im bedeutungsfreien Raum statt, sondern hängt auch vom Markenkontext ab. Im Folgenden werden exemplarisch zwei Kontextfaktoren skizziert.

(4) Kontext: Vertrauensgüter brauchen nützliche und Erfahrungsgüter einfache soziale Roboter!

Produkte und Services lassen sich nach dem informationsökonomischen Ansatz in Such-, Erfahrungs- und Vertrauensgüter einteilen. Diese Einteilung basiert darauf, ob die Qualität vor oder nach dem Kauf bzw. niemals von den Konsument:innen beurteilt werden kann (Nelson, 1974; Baumgarth, 2014, S. 68 f.). Park et al. (2021) haben untersucht, welche Rolle die Einfachheit der Nutzung und die Nützlichkeit von sozialen Robotern für Erfahrungs- im Vergleich zu Vertrauensgütern spielen. Als Beispiel für Erfahrungsgüter verwendete das Forschungsteam ein Restaurant- und für Vertrauensgüter ein Krankenhausszenario. Die Ergebnisse der experimentellen Studie zeigten u. a., dass für Vertrauensgüter („Krankenhaus") die Einfachheit der Nutzung keinen direkten Effekt auf die Einstellung und Nutzungsabsicht aufwies, hingegen die Nützlichkeit einen signifikanten und starken Einfluss ausübte. Im Erfahrungsgut-Szenario „Restaurant" hingegen weisen sowohl die Nützlichkeit als auch die Einfachheit der Nutzung signifikante direkte Effekte auf, wobei die Einfachheit einen rund doppelt so starken Effekt ausübt.

Daraus lässt sich schließen, dass bei Vertrauensgütern eher die Nützlichkeit und bei Erfahrungsgütern eher die Einfachheit der Nutzung von sozialen Robotern den jeweils entscheidenden Akzeptanzfaktor darstellt.

(5) Kontext: Soziale Roboter nur in funktionalen Markenkontexten einsetzen!
Neben der Art der Markenleistung kann auch die Konsumsituation die Beurteilung von sozialen Robotern als Markenkontaktpunkt beeinflussen. In mehreren Studien untersuchten Granulo et al. (2021) die Präferenz für Menschen oder Roboter im Kontext von eher funktionalen oder eher symbolischen Konsumsituationen. Dabei konnten sie zeigen, dass Konsument:innen insbesondere in Situationen mit einer hohen symbolischen Bedeutung (z. B. „Tattoo stechen") Menschen als Erbringende einer Serviceleistung gegenüber Robotern präferieren. Zwar bevorzugen Konsument:innen auch in eher funktionalen Konsumsituationen (z. B. „Tattoo entfernen") Menschen gegenüber sozialen Robotern, allerdings ist die Präferenz deutlich geringer ausgeprägt. Daraus lässt sich folgern, dass in Konsumsituationen mit einer hohen symbolischen Bedeutung (z. B. Geschenksituation) oder auch für Marken mit einer eher symbolischen Positionierung soziale Roboter weniger gut als Markenkontaktpunkt geeignet sind als in funktionalen Kontexten.

4 Fazit

Soziale Roboter werden die Welt bevölkern und werden in wenigen Jahren zur Normalität des Online- und Offline-Marketings gehören. Schon heute gibt es, wie die Markentelegramme zeigten, weltweit Marken, die soziale Roboter zumindest erproben. Aus Markensicht ist neben der technologischen Unsicherheit und Komplexität sowie den hohen Kosten für die Anschaffung, Programmierung und Pflege von sozialen Robotern insbesondere deren Wirkung auf die Markenwahrnehmung und -beurteilung zu beachten. Die Interpretation von sozialen Robotern als Markenkontaktpunkt ermöglicht zum einen die Integration von sozialen Robotern in die in der Markenpraxis geläufigen Denkmodelle von Customer Journey und Markenkontaktpunkt. Zum anderen konnten durch diesen Bezugsrahmen zentrale Theorien (u. a. TAM, Uncanny Valley, Anthropomorphismus) und erste empirische Studien zu sozialen Robotern in die Markendiskussion integriert werden. Allerdings ist trotz der speziell in den letzten drei Jahren stark angestiegenen Forschungsintensität zu sozialen Robotern im Marken- und Marketingkontext festzustellen, dass noch viele „blinde Flecken" existieren. Dies betrifft u. a. die langfristigen Wirkungen von Interaktionen mit sozialen Robotern, die markenorientierte Gestaltung von sozialen Robotern oder auch die Interdependenzen zwischen einem schon vorhandenen Markenimage und dem Einsatz von sozialen Robotern. Diese Erkenntnislücken werden auch in naher Zukunft trotz steigernder Forschungsintensität nicht abnehmen, da sich auch die zugrunde liegende Technologie rasant weiterentwickeln wird und dadurch andere Qualitätslevel der Interaktion zwischen Menschen und Robotern und auch zusätzliche Funktionalitäten möglich sein werden.

Aus Markenpraxis-Sicht lassen sich abschließend insbesondere drei Empfehlungen ableiten.

1. **Heute mit dem Experimentieren beginnen:** Soziale Roboter werden in naher Zukunft immer häufiger eingesetzt und in gewissen Feldern menschliche Arbeitskraft ergänzen oder sogar ersetzen. Einen ersten allgemeinen Eindruck zur Substitution von menschlicher Arbeit und damit auch von menschlichen Markenkontaktpunkten liefert das Tool Futoromat vom Institut für Arbeitsmarkt und Berufsforschung (IAB, 2021). Daher sollten sich Markenverantwortliche proaktiv schon heute mit dem Wandel beschäftigen und beginnen, mit sozialen Robotern zu experimentieren.
2. **Markenorientierte UX testen:** Wie die Ausführungen gezeigt haben, ist die Wirkungsprognose von sozialen Robotern auf die Markenstärke durch die Mehrdimensionalität komplex und durch den jeweils speziellen Markenkontext spezifisch. Erschwert wird dies noch dadurch, dass es nicht den einen sozialen Roboter gibt, sondern diese sehr unterschiedliche (kognitive und emotionale) Fähigkeiten, Funktionen, äußere Erscheinungsbilder etc. aufweisen. Daher sollte der probeweise Einsatz von sozialen Robotern von einem umfangreichen und markenorientiertem UX-Testing begleitet werden. Ein solches UX-Testing sollte möglichst im Vorfeld und während des Feld-Einsatzes stattfinden und verschiedene Methoden der impliziten (z. B. Eye Tracking) und expliziten Messung (z. B. UX-Fragebogen) verwenden.
3. **Markenspezifische Gestaltung sicherstellen:** Bislang betrachtete die Roboter-Forschung soziale Roboter überwiegend aus einer technologischen Perspektive, sprich aus einer Technology-Push-Perspektive. Es stand daher bislang die Frage im Mittelpunkt, was ein sozialer Roboter alles kann. Im Rahmen der Markenführung sollte diese Sichtweise um eine Market- oder noch besser eine Brand-Pull-Perspektive ergänzt oder ersetzt werden. Die spezifischen Merkmale einer Marke wie die Markensignale (z. B. Farbe, Design) und die Markenpositionierung sollten den Ausgangspunkt für die Auswahl und Gestaltung von sozialen Robotern bilden. Nur so kann ein Roboter nicht nur funktional überzeugen, sondern auch die Marke auf der Bedeutungsebene nachhaltig stärken.

Literatur

Amazon (2021). Amazon Echo 10. https://www.amazon.de/der-neue-echo-show-10-hochauflosendes-smart-display-mit-bewegungsfunktion-und-alexa-anthrazit/dp/B084P3KP2S. Zugegriffen: 22. Nov. 2021.

Bartneck, C., Belpaeme, T., Eyssel, F., Kanda, T., Keijsers, M., & Sabanovic, S. (2020). *Human-robot interaction*. University Press.

Baumgarth, C. (2014). *Markenpolitik: Markentheorien, Markenwirkungen, Markenführung, Markencontrolling, Markenkontext* (4. Aufl.). Springer.

Baumgarth, C., Kirkby, A., & Kaibel, C. (2021). When fake becomes real: The innovative case of artificial influencers. In E. Pantano (Hrsg.), *Creativity and marketing: The fuel for success* (S. 149–167). Emerald Publishing Limited.

Baumgarth, C., Kirkby, A., & Lambrecht, A. (2020). Ende des KI-Marken-Winters: Künstliche Intelligenz in der Markenführung. In H. Pernsteiner, H. S. Gögus, & S. Schöning (Hrsg.), *Digitalisierung der Betriebswirtschaftslehre* (S. 1–35). Linde.

Bruhn, M. (2014). *Integrierte Unternehmens- und Markenkommunikation* (6. Aufl.). Beck.

Conrad. (2019). Der coolste Kollege, seit es Conrad gibt: „Gestatten, Alex!". https://www.conrad.de/de/ueber-conrad/presse/pressemeldungen/unternehmensmeldung/roboter-alex.html. Zugegriffen: 22. Nov. 2021.

Coolsten. (2021). Sony Aibo. https://coolsten.de/sony-aibo-roboter/. Zugegriffen: 22. Nov. 2021.

Davies, F. D. (1989). Perceived usefulness, perceived ease of use, and user acceptance of information technology. *MIS Quartely, 13*(3), 319–340.

Deutschlandfunk. (2019). Zukunft der Pflege – Soziale Pflege-Roboter setzen sich nur langsam durch. https://www.deutschlandfunk.de/zukunft-der-pflege-soziale-pflege-roboter-setzen-sich-nur-100.html. Zugegriffen: 22. Nov. 2021.

Epley, N. (2018). A mind like mine: The exceptionally ordinary underpinnings of amthropomorphism. *Journal of the Association of Consumer Research, 3*(4), 591–598.

Epley, N., Waytz, A., & Cacioppo, J. T. (2007). On seeing human: A three-factor theory of anthropomorphism. *Psychological Review, 114*(4), 864–886.

Finsterbusch, S. (2014). Roboter verkauft Kaffeemaschinen. https://www.faz.net/aktuell/wirtschaft/japan-roboter-pepper-verkauft-kaffeemaschinen-fuer-nestle-13296639.html. Zugegriffen: 22. Nov. 2021.

Fong, T., Nourbakhsh, I., & Dautenhahn, K. (2003). A survey of socially interactive robots. *Robotics and Autonomous Systems, 42*, 143–166.

Furhat Robotics. (2021). Furhat, https://furhatrobotics.com/about-us/. Zugegriffen: 22. Nov. 2021.

Granulo, A., Fuchs, C., Puntoni, S. (2021). Preference for human (vs. robotic) labor is stronger in symbolic consumption contexts. *Journal of Consumer Psychology, 31*(1), 72–80.

Huang, M.-H., & Rust, R. T. (2018). Artificial intelligence in service. *Journal of Service Research, 2*(2), 155–172.

Huang, R., Zhou, X., Ye, W., & Guo, S. (2020). Think versus feel: Two dimensions of brand anthropomorphism. *Journal of Product & Brand Management, 29*(7), 955–969.

IAB (2021). Job Futoromat – Werden digitale Technologien Ihren Job verändern? https://job-futuromat.iab.de/. Zugegriffen: 30. Nov. 2021.

iRobot (2021). Roomba Saugroboter. https://www.irobot.de/roomba. Zugegriffen: 29. Nov. 2021.

Jacobsen, J., & Meyer, L. (2017). *Praxisbuch Usability und UX*. Rheinwerk-Verlag.

Jörling, M., Böhm, R., & Paluch, S. (2019). Service robots: Drivers of perceived responsibility for service outcomes. *Journal of Service Research, 22*(4), 404–420.

Kaartemo, V., & Helkkula, A. (2018). A Systematic review of artificial intelligence and robots in value co-creation: Current status and future research avenues. *Journal of Creating Value, 4*(2), 211–228.

Kim, S. Y., Schmitt, B. H., & Thalmann, N. M. (2019). Eliza in the uncanny valley: Anthropomorphizing consumer robots increases their perceived warmth but decreases liking. *Marketing Letters, 30*, 1–12.

Krah, E.-S. (2019). Workerbot Alex übernimmt den Verkauf. https://www.springerprofessional.de/handel/vertriebskanaele/workbot-alex-uebernimmt-den-verkauf/17339804. Zugegriffen: 22. Nov. 2021.

Lee, W.-H., Lin, C.-W., & Shih, K.-H. (2018). A technology acceptance model for the perception of restaurant service robots for trust, interactivity, and output quality. *International Journal of Mobile Communications, 16*(4), 361–376.

Lemon, K. N., & Verhoef, P. C. (2016). Understanding customer experience throughout the customer journey. *Journal of Marketing, 80*(6), 69–96.

Lu, L., Cai, R., & Gursoy, D. (2019). Developing and validating a service robot integration willingness scale. *International Journal of Hospitality Management, 80*, 36–51.

Makr Shakr. (o. J.). PRODUCTS. https://www.makrshakr.com/products/. Zugegriffen: 22. Nov. 2021.

McLaughlin, C. E. (2019). Talk to me, baby – Branding the Conversation. Wie sich Marken mit Persönlichkeiten ins digitale Gespräch bringen. In A. Baetzgen (Hrsg.), *Brand Innovation – Impulse für das Markenmanagement von morgen* (S. 153–171). Schäffer-Poeschel.

McLeay, F., Osburg, V. F., Yoganathan, V., & Patterson, A. (2021). Replaced by a robot: Service implications in the age of the machine. *Journal of Service Research, 24*(1), 104–121.

Mende, M., Scott, M. L., van Doorn, J., Grewal, D., & Shanks, I. (2019). Service robots rising: How humanoid robots influence service experiences and elicit compensatory consumer responses. *Journal of Marketing Research, 56*(4), 535–556.

Metaprofiler. (2019). Conversation Branding Studie. https://metaprofiler.com/. Zugegriffen: 15. Okt. 2021.

Mordor Intelligence. (2021). Global social robots market – growth, trends, COVID-19 impact, and forecasts (2021–2026), https://www.mordorintelligence.com/industry-reports/social-robots-market. Zugegriffen: 5. Okt. 2021.

Mori, M. (1970). The uncanny valley. *Energy, 7*(4), 33–35.

Nelson, P. (1974). Advertising as information. *Journal of Political & Economy, 84*(4), 729–754.

Nestlé Global. (2014). Nestlé to use humanoid robot to sell Nescafé in Japan. https://www.nestle.com/media/news/nestle-humanoid-robot-nescafe-japan. Zugegriffen: 22. Nov. 2021.

Park, S. S., Tung, C. D., & Lee, H. (2021). The adoption of AI service robots: A comparison between credence and experience service settings. *Psychology & Marketing, 38*, 691–703.

PARO. (o. J.). PARO therapeutic robot. http://www.parorobots.com. Zugegriffen: 22. Nov. 2021.

Phillips, E., Zhao, X., Ullman, D., Malle, B. F. (2018). What is human-like? Decomposing robots' human-like appearance using the Anthropomorphic roBOT (ABOT) database. HRI'18, o. S.

Reuters (2021). Sophia. https://www.reuters.com/article/us-hongkong-robot-idUSKBN29U03X. Zugegriffen: 22. Nov. 2021.

Riek, L. D. (2012). Wizard of Oz studies in HRI: A systematic review and new reporting guidelines. *Journal of Human-Robot Interaction, 1*(1), 119–136.

Robinson, J., Lanius, C., & Weber, R. (2018). The past, present, and future of UX empirical research. *Communication Design Quarterly Review, 5*(3), 10–23.

Royal Caribbean International. (o. J.). Bionic Bar. https://www.royalcaribbean.com/cruise-dining/bionic-bar. Zugegriffen: 22. Nov. 2021.

RP ONLINE. (o.J.). Erfahrungen: Der Therapieroboter öffnet Herzen. https://rp-online.de/leben/gesundheit/medizin/demenz/erfahrungen-der-therapieroboter-oeffnet-herzen_bid-13241067. Zugegriffen: 22. Nov. 2021.

Schmitt, C., Schäfer, J., Burmester, M. (2017). Wie wirkt der Care-O-bot 4 im Verkaufsraum? In S. Hess, H. Fischer (Hrsg.), *Mensch und Computer 2017* (S. 15–25). Gesellschaft für Informatik e.V.

Shibata, T. (2010). Life innovation with therapeutic robot, paro. In BBVA (Hrsg.), *Innovation. Perspectives for the 21st century* (S. 351–363). https://www.bbvaopenmind.com/en/articles/life-innovation-with-therapeutic-robot-paro/. Zugegriffen: 22. Nov. 2021.

Sieweke, K. (2019). Conrad Electronic verstärkt Robotik-Einsatz. https://www.stores-shops.de/technology/smart-store/conrad-electronic-verstaerkt-robotik-einsatz/. Zugegriffen: 20. Nov. 2021.

Statista (2017). Welche dieser Hersteller eines Staubsaugerroboters sind Ihnen bekannt? https://de.statista.com/statistik/daten/studie/912637/umfrage/umfrage-zur-bekanntheit-von-staubsaugerroboter-marken-in-deutschland/. Zugegriffen: 29. Nov. 2021.

Staubsaugertest.org (2021). Die besten Staubsauger im Test. https://staubsaugertest.org/. Zugegriffen: 29. Nov. 2021.

Tung, V. W. S., & Law, R. (2017). The potential for tourism and hospitality experience research in human-robot interactions. *International Journal of Contemporary Hospitality Management, 29*(10), 2498–2513.

Walters, M. L., Syrdal, D. S., Dautenhahn, K., te Boekhorst, R., & Koay, K. L. (2008). Avoiding the uncanny valley: Robot appearance, personality and consistency of behavior in an attention-seeking home scenario for a robot companion. *Autonomous Robots, 24*, 159–178.

Wirtz, J., Patterson, P. G., Kunz, W. H., Gruber, T., Lu, V. N., Paluch, S., & Martins, A. (2018). Brave new world: Service robots in the frontline. *Journal of Service Management, 29*(5), 907–931.

YouTube (2016). Nescafe x SoftBank – Pepper Shopping. https://www.youtube.com/watch?v=JLhYrGsPCe8. Zugegriffen: 22. Nov. 2021.

Prof. Dr. Carsten Baumgarth studierte, promovierte und habilitierte an der Universität Siegen. Von 2006 bis 2010 war er als Associate Professor an der Marmara Universität Istanbul (Türkei) tätig. Seit 2010 ist er Professor für Marketing, insbesondere Markenführung, an der HWR Berlin. Seit 2017 ist er darüber hinaus Adjunct Professor an der Ho-Chi-Minh-City University (Vietnam). Er hat bislang rund 400 Publikationen mit den Schwerpunkten Marke, B-to-B-Marketing, Kulturmarketing und Empirische Forschung publiziert. Unter anderem sind seine Forschungen in den Zeitschriften Journal of Business Research, Industrial Marketing Management, European Journal of Marketing, Journal of Marketing Communications, Journal of Brand Management, Journal of Product and Brand Management und Marketing ZFP erschienen. Darüber hinaus ist er Verfasser des Standardlehrbuches Markenpolitik (4. Auflage, 2014) und des Herausgeberwerkes B-to-B-Markenführung (2. Auflage, 2018). Seine Forschungen sind mehrfach national und international mit Best Paper Awards ausgezeichnet worden.

Simultanes Dynamic Pricing und Placement im Omni-Channel-Handel

Felix Weber und Reinhard Schütte

Inhaltsverzeichnis

1 Der Marketingmix im Handel 210
1.1 Markdowns als Form der zeitlichen Preisdifferenzierung 211
1.2 Store-Layout-Entscheidungen (Placement) 213
2 Pricing und Placement im Single-Channel – eine Fallstudie 215
2.1 Internet of Things mit Fokus auf Digital Signage 217
2.2 Veränderte Prozesse in der Filiale durch Digital Signage 218
3 Omni-Channel als „omnipräsentes Phänomen" 221
3.1 Vom Single- zum Omni-Channel-Handel 221
3.2 Omni-Channel-Perspektiven 223
4 Der Marketingmix im Omni-Channel-Handel – eine neue Perspektive 224
4.1 Die Customer Journey im Omni-ChannelHandel 224
4.2 Simultanes Pricing und Placement im Omni-Channel-Handel 227
5 Fazit 230
Literatur 231

F. Weber (✉) · R. Schütte
Essen, Deutschland
E-Mail: felix.weber@icb.uni-due.de

R. Schütte
E-Mail: reinhard.schuette@icb.uni-due.de

K. Butzer-Strothmann (Hrsg.), *Integriertes Online- und Offline-Channel-Marketing*, https://doi.org/10.1007/978-3-658-38048-9_10

1 Der Marketingmix im Handel

Die zentralen Entscheidungen, die im Rahmen des Handelsmarketings getroffen werden, umfassen die vier Bereiche des sogenannten Marketingmix. Die Grundlage hierfür bildet das Konzept der „4Ps" von McCarthy (1960), welches das Marketing in vier Entscheidungsbereiche strukturiert: „Produkt" (Product), „Preis" (Price), „Ort" (Place) und „Werbung" (Promotion). Die Komponente „Produkt" umfasst dabei die Entscheidungen, die die Zusammensetzung des Angebots, also das Sortiment, operativ und strategisch betreffen. Die initiale Auswahl und Zusammensetzung des Sortiments und die damit verbundenen Ein- und Auslistungsentscheidungen von Artikeln sind Gegenstand des Produktmanagements. Die Komponente „Preis" umfasst alle Entscheidungen, die den Beschaffungs- und den Absatzpreis determinieren; die Verkaufspreisgestaltung ist dabei i. d. R. die für alle Handelsformate besonders relevante Fragestellung. Dabei wird der Preis für den erstmaligen Verkauf festgelegt, aber es werden auch laufend, in Abhängigkeit von der Wettbewerbssituation, „reguläre" Verkaufspreisanpassungen nötig. Die Werbepreisgestaltung und die Preisreduzierungen am Ende des Lebenszyklus eines Produktes (Markdowns) bilden wiederum besondere anlassbezogene Verkaufspreisentscheidungen. Unter der Komponente „Ort" werden alle Entscheidungen und Handlungen des Unternehmens im Zusammenhang mit dem Vertrieb eines Produkts oder einer Dienstleistung – von der ursprünglichen Auswahl des Lieferanten bis zum Verbraucher – subsumiert. Zu den relevanten Entscheidungen im Zusammenhang mit der „Werbung" gehören die Entscheidungen über die Gestaltung und Verbreitung von Informationen, die das Produkt betreffen. Dies umfasst u. a. die Unternehmenskommunikation, Werbung, alle Arten von alternativen Verkaufsförderungen, Sponsoring oder auch Öffentlichkeitsarbeit. Aufgrund der Vielzahl unterschiedlicher Ausprägungen der vier Parameter in der Handelsrealität und der damit verbundenen Entscheidungskomplexität sind bis dato kaum ganzheitliche Optimierungsüberlegungen in der Praxis eingesetzt worden. Dabei kann in diesem Beitrag angesichts der gebotenen Kürze nicht erörtert werden, welche Interdependenzen zwischen sämtlichen Parametern denkbar sind und wie zumindest partielle Lösungsansätze auszugestalten sind. Die weiteren Ausführungen des Beitrags fokussieren die Variablen Preis und Platzierung, da diese Kombination innerhalb des Marketingmix von Handelsunternehmen als besonders relevant und zugleich mit den aktuellen technischen Möglichkeiten lösbar erscheint.

Dabei nimmt nach herrschender Meinung in der Literatur der Preis eine besondere Stellung ein, da dieser mit der Zahlungsbereitschaft der Kunden konformgehen muss und sämtliche Leistungen des Anbieters aus Kundensicht zusammenfasst. Zweitens ist die ökonomische Wirkung des Preises überragend; begleitet von der Flexibilität und Geschwindigkeit von Preisänderungen, die auch ohne Investitionen möglich sind (Meffert et al., 2008, S. 478; Diller, 2000, S. 14 ff.; Simon & Fassnacht, 2016, S. 7 ff.). Trotz der Bedeutung preispolitischer Maßnahmen einerseits sowie der Einsatzmöglichkeiten – auch technisch unterstützter – analytischer Vorgehensweisen andererseits erfolgt die Kalkulation von Preisen im Handel häufig manuell oder semi-automatisch – unter Nutzung einfacher Aufschlagskalkulationen (Weber & Schütte, 2021, S. 149).

Eine besondere Rolle nehmen Preisnachlässe zum Ende des Lebenszyklus ein („Markdowns", siehe die Ausführungen in Abschn. 1.1), die mitunter mehr als 30 % des Gesamtumsatzes in Kaufhäusern und Fachgeschäften in den Vereinigten Staaten ausmachen, während dieser Wert in den 1970er Jahren noch unter 10 % lag (Fisher & Raman, 2010, S. 3). Die Preispolitik mittels Markdowns verändert auch das Kaufverhalten der Verbraucher, da historische Preise und Rabatte die Referenzpreise der Verbraucher für künftige Transaktionen erheblich beeinflussen (Briesch et al., 1997; Homburg, 2017; Rooderkerk & Kök, 2019, S. 57 ff.). Die Reduzierung der Verkaufspreise – zumindest in dem aktuell zu beobachtenden Ausmaß – mittels Markdowns ist aber nicht zwangsläufig bei einer integrierten Betrachtung von Preis und Platzierung erforderlich. Die Platzierung der Ware besitzt in Einzelhandelsunternehmen eine herausragende Rolle für den Abverkauf von Artikeln; die Wirkungsstärke des Preises und der Platzierung wird dabei selten gleichzeitig erfasst. Verschiedene Studien deuten darauf hin, dass es einen Zusammenhang zwischen der Ladengestaltung und der Preisakzeptanz und Zahlungsbereitschaft der Kunden gibt (Grewal & Baker, 1994, S. 108 ff.), außerdem ist das Ladenlayout ein entscheidender Faktor für die Treue und Einkaufsrate der Kunden (Merrilees & Miller, 2001). Bezüglich der Platzierung („Place") konzentriert sich der Beitrag auf die Gestaltung der Verkaufsflächen, da diese durch den Händler ebenfalls eigenständig und direkt verändert werden können (ähnlich zur Setzung des Preises) und darüber hinaus die Platzierung eine entscheidende Rolle für das Kundenerlebnis in Einzelhandelsgeschäften spielt (Bermudez et al., 2016).

1.1 Markdowns als Form der zeitlichen Preisdifferenzierung

Der Markdown (auch „Abschrift") für ein bestimmtes Produkt ist eine Form der Preisdifferenzierung (auch Preisdiskriminierung genannt), da das gleiche Produkt im zeitlichen Verlauf zu einem unterschiedlichen Preis angeboten wird (Schröder, 2002, S. 139). Da die Preisänderung zeitlich genau auf einen kurzen Zeitraum (den Verkaufszeitraum) begrenzt ist, kann der Markdown auch als zeitliche Preisdifferenzierung charakterisiert werden. Die zeitliche Preisdifferenzierung ist dabei dadurch gekennzeichnet, dass unterschiedliche Preise in Abhängigkeit vom Kaufzeitpunkt gefordert werden (Meffert et al., 2008, S. 511; Schmalen, 1995). Diese Definition passt jedoch sowohl zu Markdowns als auch zu regulären Werbeaktionen mit Preisreduzierung, was eine klare definitorische Abgrenzung dieser beiden Arten erfordert. Die Abgrenzung beider Arten von zeitlicher Preisdifferenzierung kann am Produktlebenszyklus veranschaulicht werden. Während eine Promotion zu jedem Zeitpunkt des Produktlebenszyklus greifen kann, am häufigsten in der Einführungs- und Reifephase, wird ein Markdown nur am Ende des Verkaufszeitraums gewährt (siehe Abb. 1). Dabei lassen

Abb. 1 Markdowns

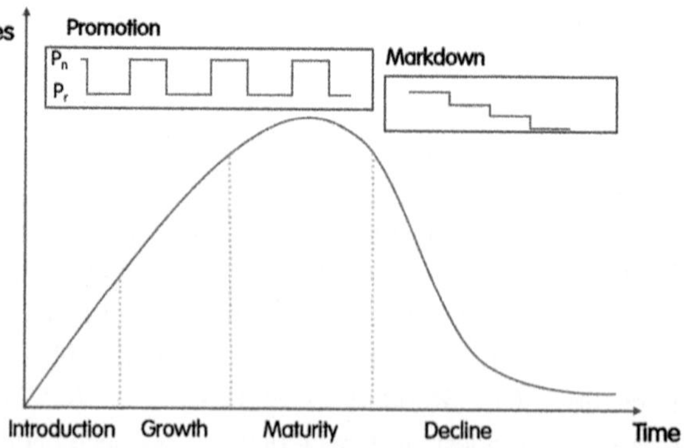

sich zwei unterschiedliche Muster von Preisänderungen herausstellen. Aufgrund des Charakters von Werbeaktionen wird der Preis reduziert (Pr), und nach dem Aktionszeitraum wird der Preis wieder auf den regulären Preis zurückgesetzt (Pn).

Bei einem Markdownszenario wird der Preis mehrmals gesenkt, aber nicht wieder angehoben. Vielmehr folgt auf eine erste Senkung höchstwahrscheinlich eine weitere, wenn der Bestand noch nicht ausverkauft ist. Bei Produkten ohne einen solchen klar definierten Produktlebenszyklus, z. B. bei Konsumgütern, kann sich die Notwendigkeit einer Preisreduzierung aus einem nahenden Mindesthaltbarkeitsdatum oder der sinkenden Zahlungsbereitschaft der Kunden ergeben. Fast Moving Consumer Goods (FMCG), Consumer Packaged Goods (CPG) und alle anderen Produkte, die eine unendliche oder zumindest nicht genau definierbare Lebensdauer haben, werden über mehr als eine Periode verkauft. Die Preisnachlässe lassen sich in Bezug auf das jeweilige Intervall des Preisnachlasses in zwei Gruppen einteilen (siehe Abb. 1 und 2).

Während alle verderblichen Waren im Lebensmitteleinzelhandel eine feste Abschriftenzeitspanne mit einem geschlossenen Intervall (eben dem Mindesthaltbarkeitsdatum) haben, so gilt für Textilien (Textileinzelhandel) oder die meisten Non-Food-Produkte ein offenes Intervall, welches erst mit dem letzten verkauften Produkt endet.

Im Allgemeinen entsteht die Notwendigkeit eines Markdowns durch eine Diskrepanz zwischen der erwarteten oder prognostizierten Nachfrage und der tatsächlichen Nachfrage während des festgelegten Verkaufszeitraums. Diese Diskrepanz kann auf verschiedene

Abb. 2 Promotions

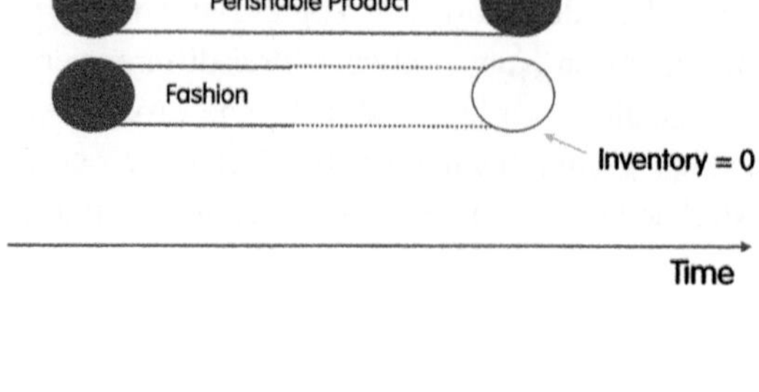

Ursachen zurückgeführt werden, wobei die anfängliche Fehlkalkulation des Verkaufspreises die offensichtlichste ist.

Gerade bei einer großen Anzahl von Filialen, die sich über weite geografische Gebiete verteilen, ist eine lokale Abschätzung der zu erwartenden Absatzmenge mit dem Ausgangspreis notwendig. Zu den Fehlern, die vor Beginn des Verkaufszeitraums gemacht werden, gehören neben dem bereits erwähnten Preissetzungsfehler auch Fehler im Einkauf sowie insbesondere die Überschätzung des Verkaufspotenzials und die Bestellung von zu viel Ware, die Fehleinschätzung der Kundenpräferenzen und ein schlechtes Timing der Bestellung oder des Vertriebs. Ein häufiges Szenario gilt für den Fashioneinzelhandel, wo die meisten Produkte Monate im Voraus bestellt und in Übersee hergestellt werden. Dies bedeutet, dass schnelle Anpassungen nicht möglich sind, insbesondere wenn die Zeitspanne zwischen Bestellung und Lieferung eines Pullovers selbst bei Walmart sechs Monate beträgt (Clark, 2014, S. 134). Vertragliche Verpflichtungen für garantierte Mindestmengen mit den Großhandelspartnern oder Herstellern können zu einem Überangebot führen. Der andere potenzielle Fehler in der Vorverkaufsphase kann durch Fehler bei der Preisgestaltung verursacht werden. Hier sind die Überschätzung der Zahlungsbereitschaft der Kunden, die Unterschätzung der Preisgestaltung der Wettbewerber oder allgemeine Fehlkalkulationen zu nennen.

Während der Verkaufsperiode machen sowohl externe als auch interne Faktoren einen Preisabschlag notwendig. Externe Bedingungen können sich anders als erwartet entwickeln, wie z. B. unberücksichtigte Saisonalitäten, Witterungsbedingungen, unerwartete (Werbe-)Aktionen der Konkurrenz, auslaufende Produktlinien oder Nachfolge- und Ersatzprodukte des gleichen oder eines anderen Herstellers. Auch interne Fehler führen zu Diskrepanzen. Dazu gehören schlechte Lagerhaltung, Sortimentsfehler, nicht optimale Regalplatzierung und uninformiertes Verkaufspersonal. Diese wiegen so schwer, da verpasste Verkaufschancen im späteren Zeitverlauf nicht mehr kompensiert werden können. Bei verderblichen Waren kann auch eine kürzere Haltbarkeitsdauer als initial erwartet einen Markdown auslösen. Dies ist entweder auf abweichende Eigenschaften des Produkts selbst, falsche Lagerbedingungen oder sogar auf technische Defekte (Kühlung) zurückzuführen. Solche technischen Fehler sind am offensichtlichsten, da sie direkt beobachtbar sind, aber die meisten der aufgeführten Fehler sind nur mögliche Szenarien und Erklärungen für abweichende Umweltbedingungen. Gerade im Textileinzelhandel spielt die unvorhersehbare Akzeptanz für neue Farben, Formen und Stoffe der Kunden eine zentrale Rolle und erschwert eine genaue Prognose der zu erwartenden Absatzmengen.

1.2 Store-Layout-Entscheidungen (Placement)

Der Standort, im Sinne des physischen Verkaufsraums, ist für den stationären Einzelhandel ein konstitutives Merkmal. Dabei ist die Wahl des Standortes einer der zentralen Erfolgsfaktoren im Handelsmarketing, da dieser die Entfernung und Eingrenzung der

Zielgruppe festlegt, und damit auch die maximal zu erreichenden Umsätze, sowie eine langfristige Bindung erzeugt (Müller-Hagedorn, 2002).

Die Gestaltung des Verkaufsraums ist eine nachgelagerte Entscheidung, mit der das Ziel verfolgt wird, das Einkaufsverhalten der Kunden im Sinne des Händlers zu beeinflussen (Müller-Hagedorn, 2002). Wie Schröder (2002, S. 19) anmerkt, existiert in der wissenschaftlichen Literatur keine eindeutige Zuordnung dieses Entscheidungsbereichs im Marketingmix (wahlweise wird dies der Platzierungspolitik oder der Promotionspolitik zugeordnet). Daher unterscheidet sich der Umfang der Entscheidungsproblembereiche in Abhängigkeit von der gewählten Definition, wobei die quantitative und qualitative Raumzuteilung eine gemeinsame definitorische Grundlage darstellt (Schröder, 2002, S. 131). Bezogen auf die quantitative Raumzuteilung sind die beiden Kernentscheidungen die der Flächenzuordnung innerhalb der Filiale („Ladenlayout" oder „Store Layout") und die der Flächenzuordnung innerhalb der Möblierung („Regalplatzierung" oder „Shelf Layout"). Das übergeordnete Ziel der meisten Ladenlayouts im Sinne der Anordnung der Waren und Präsentationselemente innerhalb des Verkaufsraums ist es, eine effiziente, attraktive Einkaufsumgebung zu schaffen. Damit soll den Kunden ausreichend Platz zum Navigieren und Einkaufen zur Verfügung gestellt werden, was letztlich dem Ziel dient, die die Produkte so zu präsentieren, dass der Abverkauf positiv beeinflusst wird (Alawadhi & Yoon, 2016; Baker et al., 2002).

Die Gestaltung von Einzelhandelsflächen folgt dabei zwei gängigen Layoutarten (Lee et al., 2011; Levy & Weitz, 2008): Raster- und Freiformlayouts („Grid" und „Free form"). Bei dem Rasterlayout wird eine lineare Anordnung von Displays und langen Gängen vorgenommen, die parallel zueinander verlaufen. Dieses Layout ist vor allem im Lebensmitteleinzelhandel üblich. Beim Freiformlayout erfolgt die Anordnung von Warenträgern, Regalen und Gängen in einer frei fließenden, asymmetrischen Weise.

Die Entscheidung der Festlegung des Layouts geht einher mit der Entscheidung über die Ausgestaltung der Befüllung der dort platzierten Warenträger (Regalplatzoptimierung), beides mit dem Ziel der Gewinn- oder Umsatzmaximierung (Hübner & Schaal, 2017). Dabei gilt es für jedes gelistete Produkt zu bestimmen, wie viele Einheiten in welchem Regal wie eingeordnet werden sollen (Hübner & Kuhn, 2012). Die Erhöhung der Menge eines Produkts führt dabei zwangsläufig zu einer Verringerung der Mengen anderer Produkte, da die Regalfläche begrenzt ist. Dies wirkt sich auf die Hauptfaktoren der Kundenzufriedenheit aus: die Sichtbarkeit und die Produktverfügbarkeit (ACSI, 2014).

Mehrere sich gegenseitig verstärkende Trends der letzten Jahre haben die Wichtigkeit, aber auch die Komplexität der Regalplatzoptimierung erhöht: Für Einzelhändler gilt es, über immer mehr Produkte für denselben begrenzten Regalplatz zu entscheiden (Murray et al., 2010) und darüber hinaus leiden die meisten Einzelhändler unter einer sinkenden Flächenproduktivität. So hatten 19 von 24 europäischen Einzelhändlern mit sinkender Flächenproduktivität in den letzten Jahren zu kämpfen (Hübner et al., 2019). Es kann also nicht aus mehr Produkten auf eine höhere Produktivität geschlossen werden.

2 Pricing und Placement im Single-Channel – eine Fallstudie

Bisher werden die beiden Variablen Preise und Platzierung im Marketingmix vor allem getrennt betrachtet, obwohl dies den Abhängigkeiten der Entscheidungsbereiche widerspricht. So werden Preise zumeist durch manuelles Vorgehen und Aufschlagssätze (Weber & Schütte, 2021) und bei Markdowns mittels einfacher Heuristiken ermittelt (Weber & Schütte, 2019). Im Rahmen der Platzierung werden initiale Planogramme erstellt, welche häufig weder analytisch ausgewertet noch im zeitlichen Verlauf auf ihre Wirkung hin untersucht und angepasst werden. Im vorliegenden Beitrag wird daher anhand einer Fallstudie demonstriert, wie diese beiden Variablen verknüpft werden können und welche technischen Artefakte dazu im stationären Handel notwendig sind, bisher aber nicht existierten.

Im stationären Handel sind Einkaufsatmosphäre und die „Erlebbarkeit der Waren" die zentralen Alleinstellungsmerkmale gegenüber „reinen" Onlinehändlern, je nach Lieferfrequenz der Onlinehändler auch die unmittelbare Verfügbarkeit der Produkte. Daher kommt dem Sortiment und der Platzierung des einzelnen Artikels innerhalb der Filiale eine hohe Bedeutung zu, da sie die Atmosphäre der Einkaufsstätte, die Sichtbarkeit der Ware und auch deren Verfügbarkeit für den Kunden repräsentieren. Bei der Platzierung in der Filiale im Einzelhandel ist zu entscheiden, an welchem Ort innerhalb des verfügbaren Verkaufsraums welche Produkte positioniert werden sollen. Unter den Begriffen „Regalplatzoptimierung" und „Store (Shelf) Layout Optimization" werden in der Literatur Lösungsansätze unterbreitet, wie auf Basis von angenommenen oder bekannten Korrelationen von Regalplatz und betriebswirtschaftlichen Zielen die Anordnung der Artikel vorgenommen werden kann, um die Ziele bestmöglich zu erreichen. Ebenfalls haben einige (Software-)Anbieter für diese Problemstellung Softwarelösungen entwickelt. Allerdings liegt der Schwerpunkt sowohl in den wissenschaftlichen Untersuchungen als auch den ungesetzten Anwendungen auf der Optimierung von festen Regalstrukturen und eher statischen Sortimenten, wie sie vor allem im Lebensmitteleinzelhandel (LEH) vorzufinden sind. Die dynamischen Veränderungen der Regalplätze – im Monat, in der Woche, am Tag – werden nicht untersucht, sondern im Regelfall wird ein grundsätzlicher kausaler Zusammenhang von Platz und Abverkauf angenommen. Dazu sei ergänzend darauf hingewiesen, dass dies auch die Lösung des Problems filialisierter Handelsunternehmen ist, die eine große Zahl gleichartiger Filialen besitzen; schon früh wurden hier Planogramme genutzt, um für sämtliche Filialen eine analoge Regalplatz „logik" zu etablieren. Folgerichtig sind in stationären Handelsunternehmen wie dem Textileinzelhandel mit einem hochgradig dynamischen und volatilen Sortiment Planogramme nur bei den großen Handelskonzernen etabliert; kleine Handelsunternehmen nehmen eine solche Planung, auch aufgrund des damit verbundenen Aufwands, selten vor. Ohne automatische Standorterfassung der Artikel scheint es oftmals kaum möglich zu sein, die Platzierungsmerkmale mit wirtschaftlich vertretbarem Aufwand zu erheben. Dabei ist die Relevanz der Positionierung – besonders bei schnelldrehenden Konsumgütern – aus zahlreichen Studien bekannt und kann wissenschaftlich als bedeutsamer Faktor für Absatz bewertet werden (Bezawada et al., 2009; Van Nierop et al., 2008). Nur dem Preis wird im Marketingmix eine höhere Auswirkung zuerkannt (Marn et al., 2004).

In dem der Fallstudie zugrunde liegenden Unternehmen, einem Textilhandelsunternehmen, erfolgt die Betrachtung der Variablen Preis und Platzierung getrennt. Es wird bspw. im Rahmen des Markdowns auf einfache Heuristiken (zur Ermittlung der Abverkaufgeschwindigkeit und Restbestände unter Beachtung der Saison) ohne Berücksichtigung der Platzierung zurückgegriffen. Die Platzierung kann als nachgelagertes Entscheidungsproblem verstanden werden, über das nicht zentral entschieden wird. Es erfolgt nur eine initiale Ladenraumgestaltung nach Vorgaben der einzelnen Lieferanten (Marken) für die Shop-in-Shop-Flächen und eine Gestaltung der restlichen Flächen durch das Verkaufspersonal. Dieses Verkaufspersonal ist im weiteren Verlauf der Saison auch für die Umplatzierung und die Sonderplatzierung der preisreduzierten Waren verantwortlich. Platzierungsänderungen im Laufe der Zeit werden nicht dokumentiert, da die faktische Regalplatzanordnung von Artikeln ohnehin nicht technisch gespeichert wird. Eine analytische Betrachtung der Platzierungsentscheidungen wird damit auch nicht unterstützt.

Der hohe Einfluss der Platzierung und der Preisabschriften auf das ökonomische Ergebnis kleiner und mittelständischer Handelsunternehmen und der Abwesenheit verfügbarer Lösungen zur – zumindest teilweisen – Automatisierung der Produktplatzierungsentscheidungen ist der Ausgangspunkt des Forschungsprojekts „Künstliche Intelligenz im Einzelhandel zur Produktplatzierungsoptimierung" (KIEPO). KIEPO ist ein Gemeinschaftsprojekt der Universität Duisburg-Essen, des Modehauses Ebbers, der EK/servicegroup und Panther Solutions, gefördert vom Ministerium für Wirtschaft, Innovation, Digitalisierung und Energie des Landes Nordrhein-Westfalen. In einer ersten Projektphase wird die Befähigung der Filialen des teilnehmenden Handelsunternehmens zur technischen Abbildung und Erfassung des Preises und der Platzierung realisiert, indem Produkte mit IoT-Hardware elektronisch „angebunden" werden. Dabei werden im Rahmen der initialen Installation verschiedene Rahmenbedingungen berücksichtigt: Auszeichnung auf Ebene der Produktinstanz und eine Anpassung der Hardwareinstallation, sodass eine Positionierung der Waren mittels Positionierungsverfahren ermöglicht werden soll. Die erste Rahmenbedingung berücksichtigt dabei die charakteristischen Eigenschaften des Textileinzelhandels. Das vorherrschende Konzept des Store-Layouts folgt keiner geometrisch ausgerichteten Logik, wie man sie bspw. im Lebensmitteleinzelhandel und dem dort vorherrschenden Gitterlayout findet; es ist variabel und folgt keiner klaren Struktur. Dazu werden auch noch unterschiedliche Waren auf den gleichen Warenträgern positioniert, was eine Abgrenzung der Waren durch die Platzierung auf einem Warenträger „unmöglich" macht und eine Auszeichnung der Waren produktindividuell erfordert. Diese Logik wird im Projekt aufgegriffen und mittels IoT-Hardware umgesetzt. Die Verknüpfung der einzelnen Produktinstanzen mittels einer eindeutig gekennzeichneten IoT-Hardwareinstanz ermöglicht die individuelle Abbildung der Platzierung der Ware in den Datenstrukturen. Vor dem Projekt war die Positionierung der Ware auf den Warenträgern in technischen Systemen nicht gegeben. Die Ware kann frei im Raum platziert werden und die Anordnung kann sich auch regelmäßig ändern. Daher wurden verschiedene Möglichkeiten der automatischen Positionierung der Waren mittels IoT-Hardware getestet und letztlich mittels Nutzung der WiFi-Signalstärke (RSSI) und des Fingerprintingverfahrens realisiert. Damit werden im Forschungsprojekt eine Ansteuerung des elektronischen Etiketts und damit der Ware (Veränderung des angezeigten Inhaltes – insb. Preis) sowie die Erhebung von neuen Datenpunkten – Position innerhalb der Filiale und auf Ebene der einzelnen Produktinstanz – über die IoT-Hardware in Echtzeit möglich. Diese neue Ausgangssituation kann dabei für die Automatisierung bestehender und die Konzeption neuer Prozesse genutzt werden. Auch ergeben sich durch die erweiterten Datenpunkte neue Entscheidungsmöglichkeiten.

2.1 Internet of Things mit Fokus auf Digital Signage

Das Internet der Dinge („Internet of Things" oder IoT) bezieht sich auf eine breite Klasse verbundener Geräte: Netzwerke von Sensoren und drahtlosen Geräten, auf die über das Internet oder private Netzwerke aus der Ferne zugegriffen werden kann (Pelino & Gillet, 2016). Zu diesen Geräten gehören Temperatur- und Umweltsensoren, optische Sensoren für die Fernüberwachung und neue tragbare, aber auch implantierbare Sensoren für biologische Zwecke. Neben der Abbildung der physischen Eigenschaften der Filialen (Frequenzmessung, Sensoren in Kühl- und Gefriertruhen) ist vor allem Digital Signage, ein Haupteinsatzbereich der IoT-Technologien im Handel, von besonderer Relevanz.

Durch die Verwendung von IoT-basierten Digital-Signage-Lösungen sind Personalisierung der Kundenerfahrung und die Abbildung von bisher nicht ermittelten Daten möglich. Als IoT-Technologie mit dem größten Verbreitungsgrad kann sicherlich die digitale Preisauszeichnung, auch „Electronic Shelf Lables" (ESL), genannt werden. ESL-Module verwenden dabei „elektronisches Papier" (E-Paper) oder Flüssigkristallanzeigen (LCD), um Produktinformationen (vorrangig den Preis) anzuzeigen. E-Paper ist bei ESLs besonders weit verbreitet, da es eine vollständige grafische Darstellung unterstützt, ohne dass Strom für die Aufrechterhaltung eines Bildes benötigt wird. Über ein Kommunikationsnetz kann das ESL aktualisiert werden, sobald sich der Preis eines Produkts ändert. Die Kommunikation erfolgt dabei meistens drahtlos. Dabei existieren verschiedene drahtlose Kommunikationstechnologien, die auf verschiedenen Funkstandards, Infrarot oder sogar dem sichtbaren Licht basieren. Derzeit tendiert der ESL-Markt stark zu funkbasierten ESL-Lösungen (WiFi oder Infrarot) und E-Paper-Displays. Bei der Einführung von ESL geht es vordergründig nur um die Digitalisierung und Automatisierung der Prozesse rund um die Auszeichnung von Produkten und die Preiskommunikation. Diese Logik ist berechtigt und hat auch eine ökonomische Grundlage, ist aber zu kurz gedacht. Durch die Ausstattung der Filialen mit ESL-Geräten ist es möglich, in Echtzeit zusätzliche Daten durch diese Sensoren zu gewinnen. So lässt

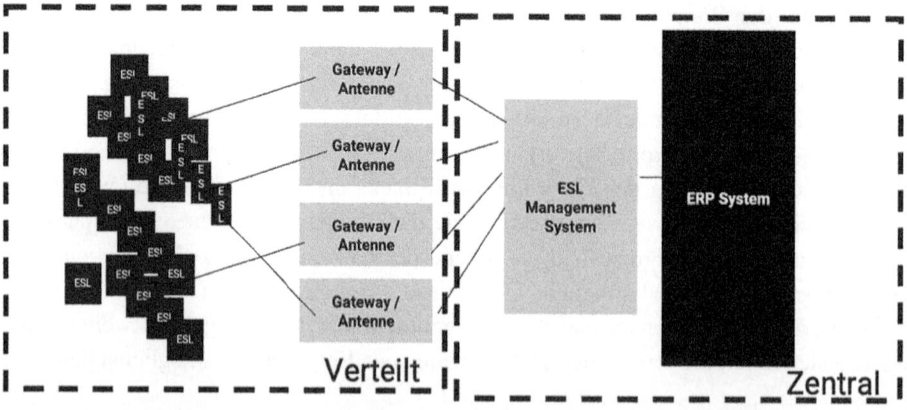

Abb. 3 Schematische Darstellung der Systemarchitektur für den Einsatz von digitalen Preisschildern

sich beispielsweise im Textileinzelhandel, wo die Waren jeweils einzeln ausgezeichnet werden und nicht im Regal, eine produktindividuelle Abbildung der Waren in den Informationssystemen auf Ebene der einzelnen Instanzen ermöglichen.

Der Aufbau eines ESL-Systems folgt dabei einer verteilten Systemarchitektur (siehe Abb. 3) mit Integration an die bestehenden Zentralsysteme (vor allem ERP-Systeme).

Die einzelnen IoT-Geräte, bzw. die Preisschilder, sind dabei entweder am Regal oder an den einzelnen Waren innerhalb der Filialen angebracht. Diese kommunizieren mit Gateways, die strategisch günstig innerhalb der Filialen verteilt sind. Die Gateways versorgen die Antennen innerhalb der Reichweite mit den Anweisungen zum Verändern der Anzeigen. Die dafür notwendigen Stammdaten werden mit einer zentralen Instanz, einem ESL-Management-System, abgeglichen. Diese zentrale Instanz verwaltet die Aufträge zu Veränderungen, gibt diese an die Gateways weiter und nimmt gleichzeitig Statusinformationen zu den Preisschildern entgegen. Der Abgleich der Stammdaten erfolgt dabei meistens mit der Integration in das zentrale ERP-System.

2.2 Veränderte Prozesse in der Filiale durch Digital Signage

Einer der Hauptentscheidungsgründe für den Einsatz von Digital-Signage-Lösungen mit Fokus auf die Preisauszeichnung, also vor allem ESL, im Handel ist die Automatisierung von bisher rein manuellen Prozessen. Bisher bedurfte es bei jeder Veränderung der Auszeichnung von Waren einer physischen Tätigkeit durch die Mitarbeiter vor Ort. Diese manuellen Prozesse werden bisher nicht nur aufgrund von Preisänderungen notwendig, sondern bei Veränderungen der Grundpreise, rechtlich notwendiger Herkunftsbezeichnungen oder weiterer Informationen (Bio-Siegel, Allergie- oder CO_2-Informationen). Dabei werden die Entscheidungen zur Veränderung der Auszeichnung meist zentral getroffen, müssen aber lokal in den verteilten Filialen umgesetzt werden. Ohne eine Möglichkeit der Überprüfung der Veränderung durch die Zentrale, da diese auf dem analogen Ausdrucken und „Stecken" von Preisschildern beruht, ist dieser Prozess bisher zeitaufwendig, fehleranfällig und kaum nachhaltbar.

Durch den Einsatz von Digital-Signage-Lösungen werden diese Prozesse automatisiert und auch nachhaltig umgesetzt, denn die Veränderung der Preisauszeichnung wird von der Hardware bestätigt und zurückgemeldet. Die Arbeitszeit für die Veränderung von Preisen in den Filialen kann entfallen und die zentralen Informationssysteme (vorrangig Warenwirtschafts- und ERP-Systeme) werden befähigt, die Prozesse komplett zu automatisieren.

Das Nachhalten von Warenplatzierungen ist bisher nur begrenzt möglich und erfordert manuelle und zeitaufwendige Prozesse, gerade bei kleinen und mittelständischen Unternehmen. In der Regel kann im Handel davon ausgegangen werden, dass die aktuelle Platzierung der Waren nicht verfügbar ist – lediglich in idealisierten Soll-Plänen, sogenannten Planogrammen. Die Einhaltung dieser Vorgaben in der betrieblichen Realität ist allerdings informationstechnisch nicht möglich; lediglich die manuelle Kontrolle ist eine Option zur Überprüfung der Sollvorgaben. Aufgrund der mangelnden Kontrollmöglichkeit kann eine Fehlerquote kaum geschätzt werden; eine PWC-Studie berichtet von 20 % an fehlplatzierten Waren (Chong et al., 2016, S. 1). Die mangelnde Kenntnis der betroffenen Produkte macht eine Datenauswertung und die Ableitung von Handlungsmaßnahmen unmöglich. Dabei sei darauf hingewiesen, dass Fehlplatzierungen ökonomisch zu sehr negativen Konsequenzen führen können, die analog bewertet werden könnten wie eine Out-of-Stock-Situation. Unter einer solchen Annahme kommt der Vermeidung der Fehlplatzierung eine ökonomisch gleichwertige Situation zu, sodass das Gesamtwirtschaftlichkeitspotenzial größer als bei der Einführung der automatischen Disposition wäre.

Die eingesetzten Digital-Signage- und ESL-Lösungen sind damit nicht nur als Prozessautomatisierungslösungen zu verstehen, sondern haben vor allem eine enorme Wirkung bei der Verbesserung der Platzierungssituation (von der Fehlplatzierung bis zur Optimalplatzierung). Für Entscheidungsprobleme können somit die verfügbaren Daten auch genutzt werden. Damit kann das vorherrschende Paradigma, welches Produkte als Objekte einer Klasse sieht, aufgelöst werden und einzelne Produktinstanzen können gebildet werden. Dies bedeutet, dass mit der Verknüpfung der Waren mit einem einzelnen ESL-Gerät nun die Information über die Instanz verfügbar ist.

Die zusätzlich verfügbaren Informationen sind dabei nur anhand der verwendeten Sensoren begrenzt, da moderne ESL-Hardware auch Licht-, Temperatur-, Luftdruck- oder Bewegungssensoren umfassen kann. Ebenfalls kann der Standort der Ware innerhalb der Filiale aufgezeichnet werden, entweder durch Scannen an gewissen Stationen im Lebenszyklus (Wareneingang, Umkleidekabine, Inventur) oder auch durchlaufend mittels Ortungsverfahren. Damit kann die Platzierung der Waren auf Einzelproduktinstanz in nahezu Echtzeit abgebildet werden (siehe Abb. 4).

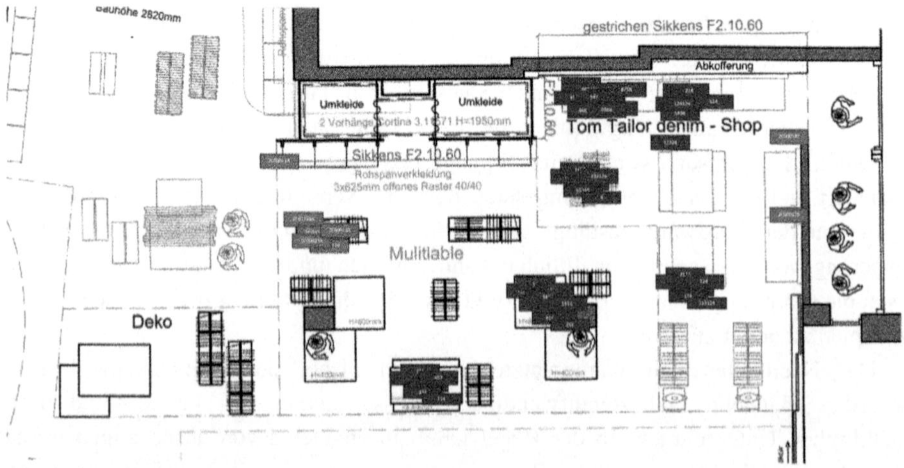

Abb. 4 Darstellung der Produktplatzierung per automatischer Ortung auf der Karte der Filiale

Der Kernaspekt der Digital-Signage-Lösungen, die automatische Veränderungen der Preisauszeichnung an der Ware ermöglichen, ist die wesentlich häufigere Aktualisierung der Preise. Damit wird technisch eine Änderung der Preise in geringen zeitlichen Abständen möglich und der Handlungsspielraum bei der Preisgestaltung wird dem im digitalen Handel vergleichbar. Dies ermöglicht den Einsatz von Preisoptimierungssoftwarelösungen von einer Automatisierung der Anpassung an Wettbewerbspreise („RePricing") bis hin zu einer Preisoptimierung, die untertägig dynamisch Preise ändern kann (bspw., wenn sich die Kundenfrequenz in der Filiale verändert), sogenanntem „Dynamic Pricing".

Die Möglichkeiten zur Preisauszeichnung im stationären Handelsgeschäft gestatten es auch, dass kleine und mittelständische Handelsunternehmen Omni-Channel-Konzepte umsetzen. Die fehlende separate Lagerhaltung für den Onlinekanal zwingt diese Handelsunternehmen zu einer nahtlosen Integration von online abzubildenden Prozessen in die Prozesse der stationären Filiale. Die Bestellungen aus dem Onlinekanal in der Filiale müssen kommissioniert werden, da auch die Option „Click&Collect" oder „Click&Reserve" keine eigenständige Kommissionierung durch den Kunden bedeutet (dieser erwartet eine Abholung in der bereits ausgewählten Filiale). Gerade bei wenig strukturierten Ladenlayouts, wie im Textileinzelhandel, bedarf es bei diesem Prozess aber Personals mit Kenntnis über das Sortiment und dessen Platzierung auf der Fläche sowie der Vermeidung von Fehlplatzierungen. Die Nutzung der digitalen Technologien für die simultane Preis- und Platzierungskennzeichnung bietet hier die technische Lösung an. Im Rahmen des Forschungsprojekts KIEPO wurde dies zum Anlass genommen, die durch die Produktpositionierung gewonnenen Daten für solche Kommissionierprozesse im Omni-Channel-Handel zu nutzen und eine speziell auf den Omni-Channel ausgelegte Anwendung „Picking-App" zu entwickeln (siehe Abb. 5).

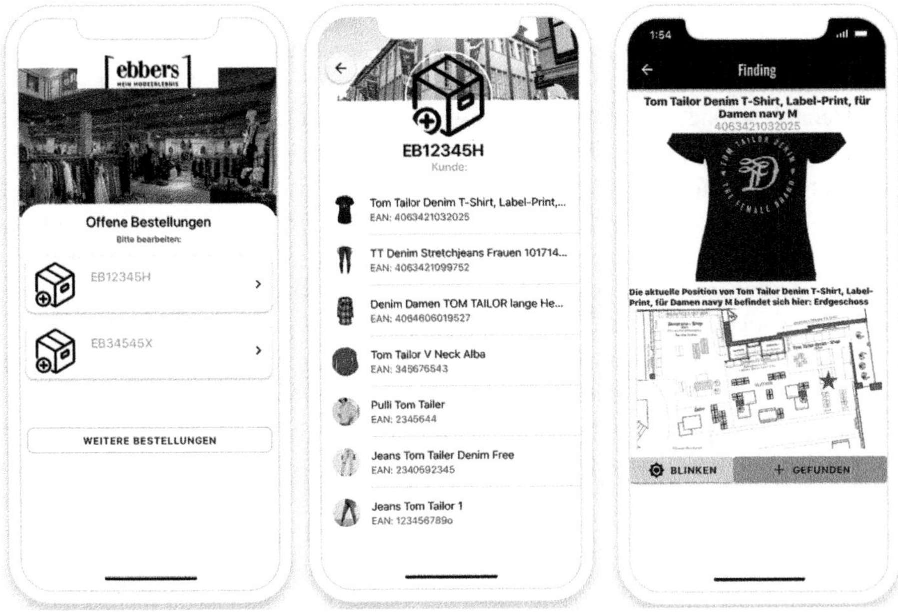

Abb. 5 Darstellung einer mobilen Applikation zur Unterstützung des „Picking"-Prozesses

Dabei werden die abzuarbeitenden Bestellungen aus den verschiedenen Kanälen auf einem mobilen Endgerät (hier eine mobile Applikation auf dem Smartphone oder mobilen Erfassungsgerät) zusammengeführt und in einer Aufgabenliste abgebildet. Der Mitarbeiter kann diese mit auf die Fläche nehmen und die Bestellungen kommissionieren. Für jedes Produkt wird dabei eine detaillierte Karte mit dem Standort des zu bearbeitenden Produktes angezeigt (rechte Seite der Abbildung). Somit ist ein schnelles Auffinden auch für ungelerntes Personal möglich und der Prozess wird auch nicht durch Fehlplatzierung oder temporär umplatzierte Produkte verzögert (bspw., wenn sich der letzte Artikel an der Sortierablage der Umkleidekabinen befindet).

3 Omni-Channel als „omnipräsentes Phänomen"

3.1 Vom Single- zum Omni-Channel-Handel

In den letzten zwei Jahrzehnten hat sich der Einzelhandel strukturell und prozessual enorm verändert. In den stationären Geschäften ist ein Anstieg der Investitionen pro Quadratmeter (Atzberger et al., 2016, S. 23) zu verzeichnen, im Onlinehandel sind weiterhin stetige Umsatzzuwächse zu beobachten (Verhoef et al., 2015, S. 174 ff.) und vor allem nehmen die Omnichannel-Angebote weiter zu. Dabei dürfte von besonders nachhaltiger Wirkung für sämtliche Handelsunternehmen sein, dass die Online-Angebote von reinen Onlinehändlern wie Amazon, Zalando, ebay & Co. das Kaufverhalten der Kunden konditionieren. Daher haben stationäre Einzelhandelsgeschäfte die Angebote zu beobachten und sind aufgefordert, eigene Konzepte zu entwickeln. Dabei wird in der Literatur besonders darauf hingewiesen, dass vor allem Multi-Channel-Konzepte erforderlich werden (Zhang et al., 2010, S. 168 ff.), um wettbewerbsfähig zu bleiben; die Corona-Pandemie dürfte diesen Druck verstärkt haben. Die Entwicklung wird dabei nicht sämtliche Handelsbranchen gleichermaßen betreffen. Allerdings werden Online-Angebote von Handelsunternehmen im Groß- und auch Einzelhandel zunehmen, damit die stetig gestiegenen Anforderungen der Kunden, die sich in einem veränderten Kaufverhalten manifestieren, entsprechend bedient werden können.

Dabei werden unter Omni-Channel nicht nur die wesentlichen Distributionskanäle stationär und online subsumiert. Es ist vielmehr den unterschiedlichen „Customer-Touchpoints" Rechnung zu tragen, d. h. den unterschiedlichen Kontaktpunkten, die die Kunden in den Transaktionsphasen nutzen. Damit werden zunehmend diverse informationstechnische Angebote von klassischen Webshops über mobile Apps und sozialen Medien bis hin zu Augmented-Reality-Ansätzen unterschieden (Verhoef et al., 2015). Dabei werden die unterschiedlichen Customer Journeys über die vielfältigen Touchpoints zunehmend transparent, denn die „Spuren im Internet" erlauben eine bis dato nicht mögliche Analyse der Kundeninformations- und -entscheidungsprozesse. So wird es den Kunden bspw. ermöglicht, verschiedene Kanäle für die Produktsuche, den Kauf und den Kundendienst zu nutzen. Beim Einkauf werden die Kanäle gewechselt, d. h., der Abschluss einer Transaktion erfolgt in einem anderen Kanal als der Start dieser Transaktion. Im Rahmen von „Click&Collect" kann der Kunde in einem Kanal, meistens einem digitalen Kanal, die Ware kaufen und dann im stationären Geschäft abholen. Der Kunde kann dabei den Einkaufsvorgang inklusive der Bezahlung online abschließen („Buy&Collect") oder nur initiieren. Beim sogenannten „Reserve&Collect" findet der Bezahlvorgang dann innerhalb des stationären Geschäftes statt, wobei es unterschiedliche Ausprägungen der Kommissionierung der Produkte gibt: Der Kunde muss die Produkte selbst finden und zur Kasse bringen (hat also eigentlich nur eine Information über die Verfügbarkeit) oder Mitarbeiter kommissionieren die Waren zum verabredeten Abholzeitpunkt für den Kunden.

Die Integration dieser Kanäle zu einem solchen „nahtlosen" Erlebnis kann die Kaufabsichten der Kunden erhöhen (Herhausen et al., 2015), aber die meisten Einzelhändler betreiben die einzelnen Kanäle weiterhin separat. Dieser traditionelle Ansatz stellt Einzelhändler vor große Herausforderungen, wenn sie zuvor getrennte Kanäle integrieren und Dienstleistungen einführen wollen, die mehrere Kanäle miteinander verbinden (Verhoef et al., 2015).

3.2 Omni-Channel-Perspektiven

Die sich verändernden Customer Journeys sind zu den zentralen Forschungsfragestellungen im Kontext von Omni-Channel-Überlegungen geworden (Verhoef et al., 2015). Die Literatur kann dabei grob in fünf Gruppen eingeteilt werden, die sich hinsichtlich Ihrer Betrachtungsperspektive auf das Thema unterscheiden (Galipoglu et al., 2018; Lazaris & Vrechopoulos, 2014):

1. Auswirkungen der Kanäle auf betriebliche Leistungskennzahlen
2. Käuferverhalten über verschiedene Kanäle hinweg
3. Marketingaktivitäten und Kommunikation über verschiedene Kanäle hinweg
4. Auswirkungen auf und Anforderung an die Lieferkette (Supply Chain)
5. Informationstechnologische Anforderungen

In der *ersten Forschungsrichtung* liegt der Schwerpunkt hauptsächlich auf dem Beitrag eines bestimmten Kanals oder mehrerer Kanäle zu verschiedenen Leistungskennzahlen der beteiligten Unternehmen. Dabei konzentrierte sich diese Forschung auf die Leistung von zusätzlichen Online-Kanälen, stationären Kanälen und den Auswirkungen auf die bestehende oder zu erreichende Zielgruppe. Dabei legt die Literatur die jeweilige Subperspektive auf die unterschiedlichen Akteure: auf der Ebene des Handelsunternehmens (Homburg et al., 2014), auf der Ebene des Einzelhandelskanals (Avery et al., 2012) oder auf der Kundenebene (Gensler et al., 2012).

Im Rahmen der *zweiten Perspektive* werden die verschiedenen Verhaltensweisen von Käufern über die verschiedenen Kanäle hinweg untersucht und ein Fokus auf die Akzeptanz, die Wahl und die Nutzung der einzelnen Kanäle und deren Interaktion gelegt (Ansari et al., 2008). Die verschiedenen Faktoren, die die Akzeptanz und die Nutzung von Kanälen fördern, werden untersucht. Unter anderem werden die Marketingaktivitäten, Merkmale der Kundenbeziehung, psychografische und soziodemografische Merkmale und Eigenheiten der individuellen Kanäle (Ansari et al., 2008) analysiert. Aus einer Multi-Channel-Perspektive wurde der Kanalwahl in den verschiedenen Kaufphasen, die zu „Forschungseinkäufen" führen können, besondere Aufmerksamkeit geschenkt (Valentini et al., 2011). Außerdem wurde die Segmentierung von Kunden über mehrere Kanäle hinweg zunehmend in den Fokus wissenschaftlicher Forschungsarbeiten gestellt (Konuş et al., 2008).

Die *dritte Betrachtungsperspektive* untersucht alle Marketingaktivitäten rund um die Kanäle, Interaktionsmöglichkeiten und Touchpoints entlang der Customer Journey. Dabei konzentrieren sich die Beiträge hier auf die Analyse von sekundären Leistungsdaten, CRM-Software oder anderen Datenbanken mit ökonometrischen Modellen oder die Analyse von empirischen Daten aus Umfragen und Experimenten. Auch haben sich einige Studien mit Servicefragen – insbesondere, wie hier kanalübergreifend zu agieren ist – beschäftigt (Neslin et al., 2014; Patrício et al., 2008).

Besonders aus der Domäne des Operations Management stammend fokussiert eine *vierte Perspektive* die Untersuchung der Auswirkungen auf die Supply Chain, also den Materialfluss entlang der gesamten Lieferkette von der Beschaffung bis zum Endkunden (Marchet et al., 2018).

Ein *fünfter Forschungsstrang* setzt sich mit den Auswirkungen der Informationstechnologie auf die Bereitstellung und Durchführung der Prozesse im Omni-Channel über die Kanäle hinweg auseinander. Dabei beschäftigen sich Beiträge mit den notwendigen Funktionen der Informationssysteme (Hosseini et al., 2017), insbesondere auch den Informationssystemen der Logistik (Kembro & Norrman, 2019), der Verknüpfung und Vereinheitlichung von Kundendaten und der Erfassung der Interaktionen, insbesondere in CRM-Systemen, (Trautmann et al., 2017) aber auch dem Einsatz und der Integration von mobilen Softwarelösungen (Mladenow et al., 2018).

Eine erstaunliche und diesen Beitrag motivierende Situation liegt in der geringen Auseinandersetzung mit Entscheidungen entlang der Parameter des Handelsmarketings, die unter den Marketingmix subsumiert werden.

4 Der Marketingmix im Omni-Channel-Handel – eine neue Perspektive

4.1 Die Customer Journey im Omni-ChannelHandel

Die gängige Strukturierung des Customer Journey (siehe Abb. 6), die die unterschiedlichen Kaufphasen abbildet und die Interaktionen mit den Kunden über die Kanäle hinweg betrachtet (linker Teil der Abb. 6), bildet die neue Marketing-Mix-Optimierungsrealität von Unternehmen (siehe dazu korrespondierend die rechte Seite der Abb. 6). Dabei sei explizit auf die unterschiedliche Ausprägung der Entscheidungen und der diesen zugrunde liegenden Perspektive hingewiesen: Während die klassische Betrachtung von der Entscheidung der Kunden für eine Form der Interaktion ausgeht, welche unterstützt wird (links), werden die Entscheidungen im Marketingmix (für die 4 Ps) vom Händler getroffen (rechts).

In Anlehnung an Bijmolt et al. (2018) und abgeleitet von Engel et al. (1986) wird die Customer Journey im Omni-Channel in acht Phasen modelliert, die den Prozess von der Bedürfnisentstehung bis zu einer Evaluation nach erfolgtem Kaufabschluss strukturieren. Zunächst bedarf es eines Bedürfnisses oder eines Bedarfs („Need Recognition"), das oder der aus dem Subjekt selbst heraus existiert oder von außen angeregt wird. Dabei wird zwischen den Phasen „Bestellung" und „Verbrauch" („Consumption") eine zusätzliche Phase „Erfüllung" („Order Pickup or Receipt") eingefügt, um der zunehmenden Vielfalt und dem Abstimmungsbedarf mit dem Verbraucher bei der Erfüllung der Bestellung Rechnung zu tragen. Im traditionellen Einzelhandel

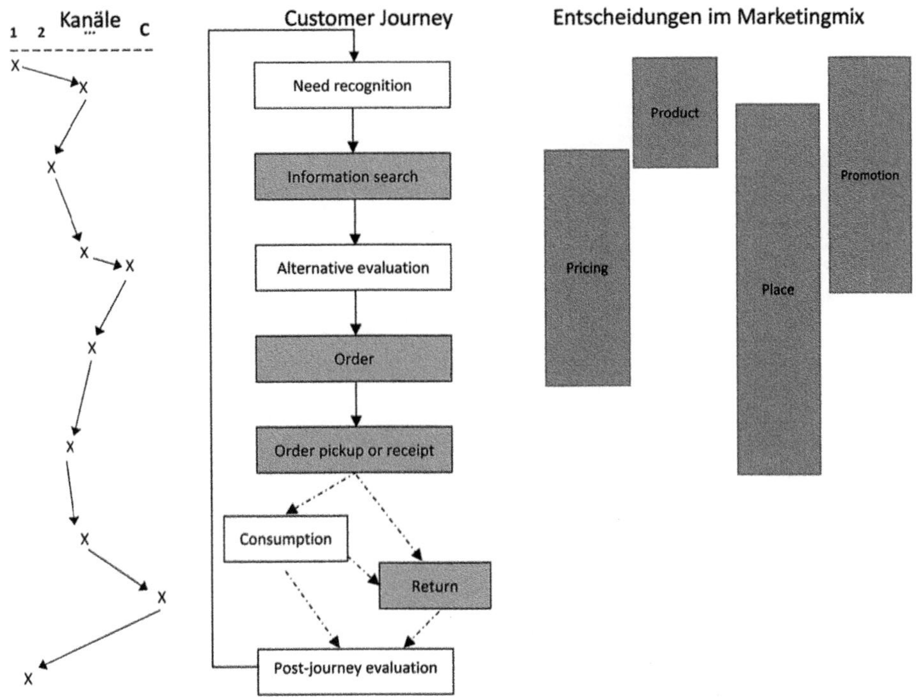

Abb. 6. Einordnung der Entscheidungen im Marketingmix entlang der Customer Journey und der Wahl der Kanäle durch den Kunden

fallen am POS die Phasen des Verkaufs, des Warenausgangs und der Faktura zusammen, während im Großhandel diese Aufgaben stets getrennt gewesen sind. Im Omni-Channel-Szenario werden in der Customer Journey diese Prozessschritte nun auch wieder differenziert, wobei die Pickup-Variante der im stationären Einzelhandel schon immer existierenden Variante einer zeitlich vorausgehenden Bestellung entspricht. In der Variante des „Receipt“ wird die Lieferung der bestellten Ware direkt zum vom Kunden gewünschten Lieferort vorgenommen. Die Rücksendung („Return“) ist eine weitere, neu zu beachtende Phase, die mit dem Bestellverhalten der Kunden in unmittelbarem Zusammenhang steht. Die Kunden nutzen die Sortimentsleistung des Online-Handels, um vor Ort die Auswahlentscheidung zu treffen, was nur bei einem adäquaten Retourenprozess möglich ist. Die letzte Phase wird durch die „Post-Journey Evaluation“ abgebildet, um zu verdeutlichen, dass sich die abschließende Bewertung nicht mehr nur auf das Produkt bezieht, sondern auch den Verkäufer und den Logistikanbieter einbezieht. In einer etwas abgewandelten Form, die aber den Zusammenhang zwischen den Phasen, den Channels und den von den Kunden genutzten Devices ausdrückt und vor allem die intendierten emotionalen Erwartungen und Erfahrungen der Kunden beinhaltet, sei auch auf die Abb. 7, in Anlehnung an Lynch und Barnes (2020), verwiesen.

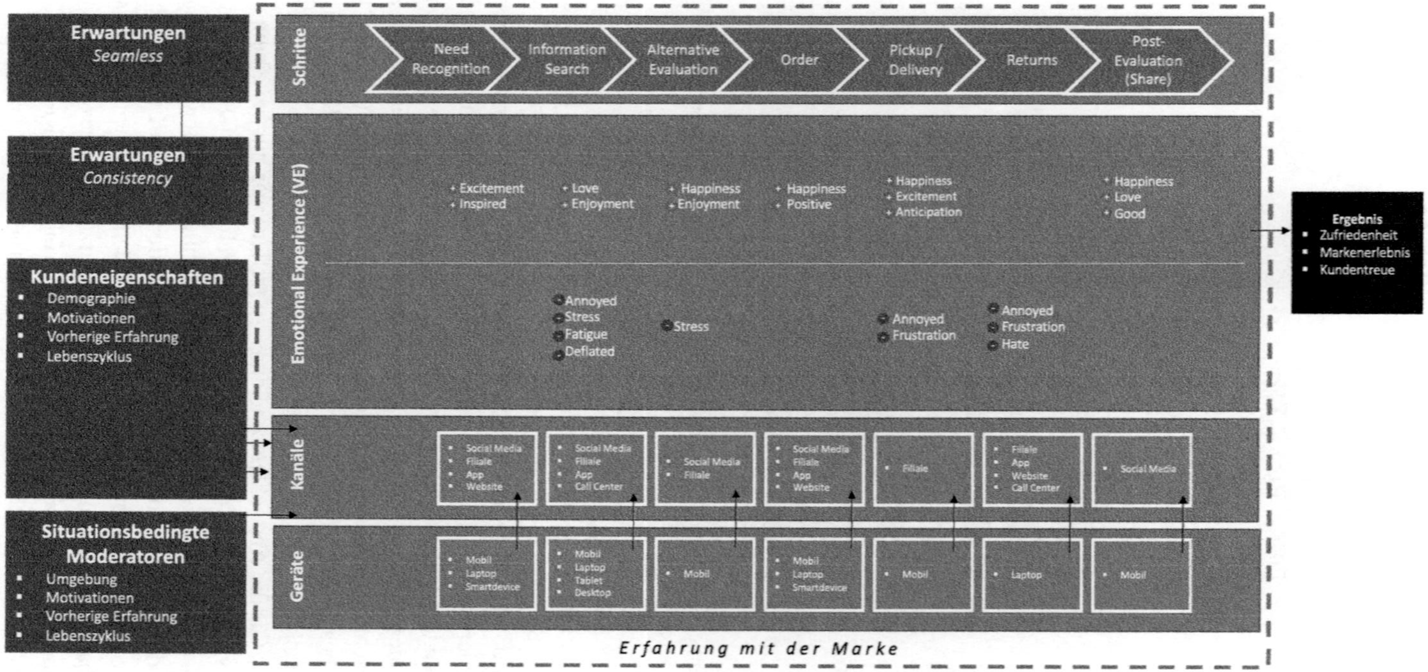

Abb. 7. Zusammenhang der Customer Journey, Wahl der Kanäle und emotionalen Erwartungen der Kunden. (Quelle: In Anlehnung an Lynch & Barnes, 2020)

Dabei werden die Entscheidungen über die *Produkte,* also vorrangig die Sortimentsentscheidungen, zu Beginn der Customer Journey relevant, wenn der Kunde entweder zu einem Bedarf angeregt wird oder im Rahmen der Informationssuche ein Angebot bekommt. Rooderkerk und Kök (2019) bezeichnen dies als „Omni-Channel-Sortimentsplanung" und subsumieren hierunter alle Aspekte des Sortiments (Zusammensetzung, Layout, Preisgestaltung, Lagerbestände usw.) und die kanalübergreifende Koordination, um ein nahtloses Kundenerlebnis an allen Interaktionspunkten zu ermöglichen. Analog zu den Phasen im Kaufprozess erfolgen die Entscheidungen über die Werbeaktivitäten *(Promotions)*.

Die Entscheidungen über den Standort und die Platzierung *(Place)* sind erst einmal auf vorgelagerter Ebene zu sehen: die Entscheidung über Standorte und Distributionskanäle betrifft die konstituierende Logik des Omni-ChannelHandels – nämlich danach, welche Kanäle wie genutzt werden, um den Kunden zu erreichen. Da dies außerhalb der Customer Journey bzw. ihr vorgelagert zu sehen ist, wird dies in der Abb. 7 nicht dargestellt. Aber auch entlang der Customer Journey wird die Entscheidung über die Platzierung und die Standorte an mindestens zwei Stellen relevant. So gibt es auch in einem Onlineshop oder einer mobilen Applikation die Notwendigkeit einer Entscheidung über die Platzierung von Produkten. Dies betrifft die Einordnung, Position und Darstellung auf dem Shop/der App – besonders die Logik der Zuordnung zu Kategorien und zugehörigen Darstellungsflächen. Ebenfalls wird die Platzierung relevant bei der Darstellung und Sortierung von Suchergebnissen. Beide Bereiche erfordern eine Entscheidungsfindung vom Händler, die idealerweise nicht dem Zufall überlassen wird.

Eine weitere Relevanz hat der Standort auch für die Auswahl von Interaktionsmöglichkeiten bzw. die Auswahl der Distribution. Hier muss entschieden werden, welche Produkte von welchen Kunden unter welchen Bedingungen über die verschiedenen Distributionskanäle zusammengeführt werden können (Stichwort „Click&Collect").

Im Rahmen der Entscheidungen über den *Preis* wird betrachtet, welcher Preis über welchen Kanal zu welcher Uhrzeit und – im Extremfall einer kundenindividuellen Preissetzung – für welchen Kunden gesetzt werden soll. Dies betrifft dabei alle Phasen angefangen bei der Informationssuche bis zum Abschluss des Kaufvorgangs mit der Bezahlung.

Anhand der Überlappung der Entscheidungen entlang der Customer Journey wird deutlich, dass eine getrennte Platzierungs- und Preisoptimierung, wie im Einkanalhandel üblich, nicht mehr möglich ist. So soll im Folgenden aufgezeigt werden, inwieweit sich die gemeinsame Betrachtung der vorab dargestellten Variablen Preis und Platzierung in einem Omni-Channel-Szenario verändert.

4.2 Simultanes Pricing und Placement im Omni-Channel-Handel

Die Preispolitik im Einkanalhandel widmet sich dem Entscheidungsproblem, welcher Preis für ein Produkt zu einem Zeitpunkt an welchem Ort (Platz) vom Kunden verlangt

Tab. 1 Übersicht der Entscheidungskomplexität über Preis und Placement im Vergleich zwischen Single- und Omni-Channel-Handel

Entscheidungszeitpunkt	Single-Channel	Omni-Channel	
t_0	$Price_1$; $Placement_1$	$Price_1$; $Placement_1$	$Price_1$; $Placement_1$; $User_1$
	$Price_1$; $Placement_2$	$Price_1$; $Placement_2$	$Price_1$; $Placement_2$; $User_1$
		$Price_1$; $Placement_3$	$Price_1$; $Placement_3$; $User_1$
		…	…
		$Price_1$; $Placement_n$	$Price_1$; $Placement_n$; $User_n$
…			
t_1	$Price_1$; $Placement_1$	$Price_1$; $Placement_1$	$Price_1$; $Placement_1$; $User_1$
…	…	…	…

wird (hier auf der linken Seite der Tab. 1 dargestellt). Dabei wird i. d. R. bei der Preisfestlegung von der Platzierung abstrahiert, d. h., der Preis in einer Filiale unabhängig von der Vorziehenswürdigkeit der Platzierung festgelegt und auch eine doppelte Platzierung – auch in Ermangelung informationstechnischer Möglichkeiten – führt nicht zu unterschiedlichen Preisen für das Produkt-Platzierungs-Tupel. Die Preisdifferenzierung wird damit i. d. R. unter lokalen Aspekten (im Sinne von geografisch) vorgenommen. Bei der Preisdifferenzierung wiederum werden mittlerweile diverse Softwaresysteme zur Optimierung des Preises eingesetzt.

Im Fall des Omni-Channel-Handels wird das Entscheidungsproblem komplexer, denn es tritt neben die Filiale in jedem Fall ein weiterer Kanal, in dem der Preis abweichend gegenüber dem stationären Handelsgeschäft sein könnte, der Online-Kanal. Dabei ist aber die Erweiterung der Kanäle nicht mit der zuvor beschriebenen Logik der stationären Filialen abbildbar, denn es wären auch unterschiedliche Preise während der Customer Journey denkbar. Die Virtualisierung des Angebotes erlaubt eine Anpassung des Preises in einer Art und Weise, die im traditionellen Handel bislang ausgeschlossen gewesen ist. Daneben tritt auch die Gestaltungsentscheidung, dass die Platzierung der Produkte und die Sortimentsleistung des Handelsunternehmens flexibler angepasst werden können, ohne dass dies Ressourcen erfordert. Beispielsweise variieren die Platzierung und der Preis in Abhängigkeit vom Transaktionsverhalten des Kunden bei der Nutzung des Shopsystems (und dies ist damit eine weitere Verfeinerung der skizzierten Customer Journey), um die Transaktionsabbruchquoten zu reduzieren. Die informationstechnischen Lösungsangebote sind hier möglicherweise differenzierter als die Forschungsarbeiten, die ohne die Datenverfügbarkeit nicht angestellt werden können.

Bereits bei dem einfachen Fall, dass ein Handelsunternehmen neben einer stationären Filiale einen digitalen Kanal betreibt, kommt es zu einer erheblichen Entscheidungskomplexitätssteigerung: Pro Produkt sind mehrere Zeitpunkte mit unterschiedlichen Platzierungen (mindestens eine im stationären und eine oder mehrere Platzierungen im digitalen Kanal) sowie abweichenden Preisen (mindestens zwischen den Kanälen) möglich. Sofern der Möglichkeitsraum erweitert wird, indem durch den Einsatz von Technologien oder Kundenkarten im stationären Kanal und auch im Onlinehandel kundenindividuelle Preise erwogen werden, tritt eine weitere Komplexitätsdimension hinzu. Die Preise wären pro Produkt, Zeitpunkt bei mehreren Platzierungen und den unterschiedlichen Kunden festzulegen. Dabei ist, wie das Beispiel zur Reduzierung der Transaktionsabbruchquote verdeutlicht hat, der Zeitraum gering, in dem diese Preisermittlung erfolgen kann. Die vielen Customer Touchpoints in der Interaktion des Kunden mit dem Anbieter erfordern die Preisberechnung „zwischen zwei Klicks" in den unterschiedlichen Applikationen.

Dabei erhöhen sich die Anzahl der notwendigen Entscheidungen und die Komplexität deutlich (siehe Tab. 1). So muss im Single-Channel (im stationären Kanal) zum Zeitpunkt t_0 nur eine Preisentscheidung pro Placement (Filialen) getroffen werden, da auch die mögliche doppelte Platzierung innerhalb einer Filiale mit dem gleichen Preis erfolgt.

Im einfachsten Fall im Omni-Channel-Handel (linke Spalte unter Omni-Channel in der Tab. 1) ist die Entscheidung über unterschiedliche Placements immer erforderlich, auch wenn diese nicht zwingend unterschiedlich sein müssen. Die unterschiedlichen Placements sind dabei nicht nur die stationäre Filiale oder die Produktseite im Onlineshop, sondern stellen sich deutlich diverser dar: Suchergebnisse, Kategorieansichten, Darstellung auf Sonderseiten, „Kunden suchten auch"-Funktionalitäten, im Newsletter oder aber auch extern: verschiedene Marktplätze, Preissuchmaschinen, Google Produktsuche, Retargetingwerbung, Social-Media-Kanäle etc. All dies sind im Omni-Channel-Handel Placements, welche einer Entscheidung dahingehend bedürfen, welcher Preis wann dort ausgespielt wird.

Erweitern wir diese Logik nun im Rahmen der Preisindividualisierung nach Kunde (Personal Pricing), so vergrößert sich die Menge der Entscheidungen – theoretisch – multiplikativ um die Anzahl der Kunden oder zumindest um die zu unterscheidenden Kundensegmente. Wobei Kunden hier sowohl bestehende (und bekannte) Kunden als auch alle möglichen andere Kunden sind (Besucher des Onlineshops, potenzielle Kunden auf Marktplätzen und Social-Media-Portalen).

Ebenfalls verändert sich die Dynamik der zeitlichen Komponente im Omni-Channel-Handel. So ist im stationären Handel die Frequenz der Preisveränderungen recht gering, da einige manuelle und physische Prozesse (Veränderung der Preisauszeichnung, soweit keine digitale Preisauszeichnung genutzt wird) die Veränderungsfrequenz limitieren. Auch die Anwesenheit der Kunden in der Filiale und die Problematik, dass unbekannt ist, welcher Kunde zu welchem Zeitpunkt welche Artikel mit welchem Preis in den Einkaufswagen gelegt hat, verhindern in vielen Szenarien eine Preisveränderung während der Öffnungszeiten. Dies führt zu einer Preisveränderungsfrequenz von mindestens einem Tag und damit auch der Notwendigkeit, nur einmal am Tag über die Preise und Platzierungen zu entscheiden. Im Omni-Channel-Handel existieren die Restriktionen aus der physischen Welt nicht und es ist bekannt, welcher Kunde zu welchem Zeitpunkt welche Artikel mit welchem Preis in den Einkaufswagen gelegt hat – es ist sogar bekannt, welcher Kunde welchen Artikel betrachtet hat. All dies führt zu einer Frequenz im Bereich von Millisekunden, da wirklich zwischen zwei aufeinanderfolgenden Klicks eine Preisentscheidung getroffen werden kann. Dies potenziert sich dann nochmals mit der Anzahl der Kunden bzw. Besucher.

5 Fazit

Die Entscheidungen im Marketingmix und besonders jene über Preis und Platzierung waren im Handel stets von enormer Bedeutung, aber bisher wenig automatisiert oder datengetrieben. Dabei haben insbesondere in Deutschland auch preisstrategische Entscheidungen wie das Every-Day-Low-Price-Prinzip, welches durch Aldi und sämtliche Discounter etabliert wurde, zu einer wenig differenzierten Preispolitik geführt. Somit gab es erstens keine Notwendigkeit, die zeitliche Preisdifferenzierung über die wöchentlichen Angebote hinaus einzusetzen. Zweitens führte der Mangel an informationstechnischen Möglichkeiten dazu, dass die Preise nur wenig verändert wurden. Selbst in dem wichtigen Bereich der Markdown-Problematik wurden wenige Preise zeitlich verändert. Aufgrund der zunehmenden Online-Affinität der Kunden und der dort nun schon seit einigen Jahren zu beobachtenden Preisvariationen hat sich dort ein anderes Preisgeschehen etabliert. Außerdem haben die Discounter, u. a. durch die Markeneinlistung bei Aldi, in Deutschland ihre Preisstrategie ein wenig verändert. Zusammenfassend kann attestiert werden, dass die Kunden mittlerweile anders konditioniert sind, sodass der Bedarf nach zeitlicher Preisanpassung aus Sicht der Unternehmen zunehmen muss. Nicht zuletzt auch die Verbindung des im Internet angebotenen Preises mit dem im stationären Handelsgeschäft erfordert Preispolitiken. Dabei ergibt sich im Internet die Möglichkeit, Preis und Platzierung als ein Entscheidungsproblem zu verstehen. Mittels IoT- bzw. Digital-Signage-Technologien kann die Problematik der fehlenden Daten, besonders bezüglich der Platzierung innerhalb der stationären Filialen, aufgehoben werden. Die vorgestellte Fallstudie zeigt auf, wie diese Daten genutzt werden können, um mit der Verknüpfung der Variablen Preis und Platzierung neuartige Entscheidungen zu treffen. Dennoch bleibt die Komplexität und Menge an Entscheidungen im Single-Channel-Handel auf wenige Entscheidungen (höchstens filialbezogen) begrenzt und dies bei einer geringen Frequenz (täglich).

Sobald nun aber mehrere Kanäle im Omni-Channel-Handel hinzukommen und die Verfügbarkeit von Daten sich völlig anders darstellt (der Händler kann jede Interaktion überall messen und speichern), verändern sich die Komplexität, Anzahl und auch die Frequenz der Entscheidungen über die Variablen Preis und Platzierung. Es muss nun „zwischen zwei Klicks“ der Kunden im Zeitraum von Millisekunden entschieden werden welches Produkt an welcher Platzierung zu welchem Preis welchem Kunden über welchen Kanal zu welcher Zeit ausgespielt wird.

Diese Anforderung stellt hohe Herausforderungen an die genutzten IT-Systeme, da eine manuelle Entscheidung praktisch nur bei einer statischen Betrachtung aller Variablen möglich ist. Die daraus resultierenden Anforderungen aufseiten der betriebswirtschaftlichen Entscheidungsfindung, aber auch der Anforderungen an IT-Systeme, werden bisher nur unzureichend betrachtet, weshalb der vorliegende Beitrag einen Anstoß für weitere Forschung in diesem Bereich und eine erste Einordnung der Problematik geben soll.

Literatur

ACSI. (2014). Acsi retail report 2013. https://www.theacsi.org/images/stories/images/reports/14feb_Retail-Report.pdf. Zugegriffen: 20. Febr. 2022.

Alawadhi, A., & Yoon, S. Y. (2016). Shopping behavioral intentions contributed by store layout and perceived crowding: An exploratory study using computer walk-through simulation. *Journal of Interior Design, 41*(4), 29–46.

Ansari, A., Mela, C., & Neslin, S. (2008). Customer channel migration. *Journal of marketing research, 45*(1), 60–76.

Atzberger, M., Brodski, O., Frigge, D., Gerling, M., Hofacker, L., Horbert, C., & Spaan, U. (2016). *Trends im Handel 2025.* KPMG AG.

Avery, J., Steenburgh, T. J., Deighton, J., & Caravella, M. (2012). Adding bricks to clicks: Predicting the patterns of cross-channel elasticities over time. *Journal of Marketing, 76*(3), 96–111.

Baker, J., Parasuraman, A., Grewal, D., & Voss, G. B. (2002). The influence of multiple store environment cues on perceived merchandise value and patronage intentions. *Journal of Marketing, 66*(2), 120–141.

Bermudez, J., Apolinario, K., & Andres, G. (2016). *Layout optimization and promotional strategies design in a retail store based on a market basket analysis.* Paper presented at the 14th LACCEI International Multi-Conference for Engineering, Education, and Technology. https://www.laccei.org/LACCEI2016-SanJose/RefereedPapers/RP307.pdf. Zugegriffen: 20. Febr. 2022.

Bezawada, R., Balachander, S., Kannan, P., & Shankar, V. (2009). Cross-category effects of aisle and display placements: A spatial modeling approach and insights. *Journal of Marketing, 73*(3), 99–117.

Bijmolt, T. H., Broekhuis, M., De Leeuw, S., Hirche, C., Rooderkerk, R. P., Sousa, R., & Zhu, S. (2018). Challenges on the marketing-operations interface in omni-channel environments. *Journal of Business Research, 122*, 864–874.

Briesch, R. A., Krishnamurthi, L., Mazumdar, T., & Raj, S. P. (1997). A comparative analysis of reference price models. *Journal of Consumer Research, 24*(2), 202–214.

Chong, T., Bustan, I., & Wee, M. (2016). Deep learning approach to planogram compliance in retail stores. https://cs229.stanford.edu/proj2016/report/ChongWeeBustan-DeepLearningApproachToPlanogramComplianceInRetailStores-report.pdf. Zugegriffen: 20. Febr. 2022.

Clark, J. (2014). *Fashion merchandising: Principles and practice.* Palgrave Macmillan.

Diller, H. (2000). *Preispolitik* (3. Aufl.). Kohlhammer.

Engel, J. F., Blackwell, R. D., & Miniard, P. W. (1986). *Consumer behavior* (5. Aufl.). Dryden Press.

Fisher, M., & Raman, A. (2010). *The new science of retailing: How analytics are transforming the supply chain and improving performance.* Harvard Business Review Press.

Galipoglu, E., Kotzab, H., Teller, C., Hüseyinoglu, I. Ö. Y., & Pöppelbuß, J. (2018). Omni-channel retailing research–state of the art and intellectual foundation. *International Journal of Physical Distribution & Logistics Management, 48*(4), 365–390.

Gensler, S., Leeflang, P., & Skiera, B. (2012). Impact of online channel use on customer revenues and costs to serve: Considering product portfolios and self-selection. *International Journal of Research in Marketing, 29*(2), 192–201.

Grewal, D., & Baker, J. (1994). Do retail store environmental factors affect consumers' price acceptability? An empirical examination. *International Journal of Research in Marketing, 11*(2), 107–115.

Herhausen, D., Binder, J., Schoegel, M., & Herrmann, A. (2015). Integrating bricks with clicks: Retailer-level and channel-level outcomes of online-offline channel integration. *Journal of Retailing, 91*(2), 309–325.

Homburg, C. (2017). *Grundlagen des Marketingmanagements. Einführung in Strategie, Instrumente, Umsetzung und Unternehmensführung* (5. Aufl.). Springer Gabler.

Homburg, C., Vollmayr, J., & Hahn, A. (2014). Firm value creation through major channel expansions: Evidence from an event study in the United States, Germany, and China. *Journal of Marketing, 78*(3), 38–61.

Hosseini, S., Röglinger, M., & Schmied, F. (2017). *Omni-channel retail capabilities: An information systems perspective*. Paper presented at the 38th ICIS. https://www.fim-rc.de/Paperbibliothek/Veroeffentlicht/683/wi-683.pdf. Zugegriffen: 20. Febr. 2022.

Hübner, A., & Schaal, K. (2017). A shelf-space optimization model when demand is stochastic and space-elastic. *Omega, 68*, 139–154.

Hübner, A., Schaal, K. N., & Düsterhöft, T. (2019). Regalplatzoptimierung im Einzelhandel. *WiSt-Wirtschaftswissenschaftliches Studium, 48*(9), 4–10.

Hübner, A. H., & Kuhn, H. (2012). Retail category management: State-of-the-art review of quantitative research and software applications in assortment and shelf space management. *Omega, 40*(2), 199–209.

Kembro, J., & Norrman, A. (2019). Exploring trends, implications and challenges for logistics information systems in omni-channels: Swedish retailers' perception. *International Journal of Retail & Distribution Management, 47*(4), 384–411.

Konuş, U., Verhoef, P. C., & Neslin, S. A. (2008). Multichannel shopper segments and their covariates. *Journal of Retailing, 84*(4), 398–413.

Lazaris, C., & Vrechopoulos, A. (2014). *From multichannel to "omnichannel" retailing: Review of the literature and calls for research*. Paper presented at the 2nd International Conference on Contemporary Marketing Issues, (ICCMI). https://www.researchgate.net/profile/Chris-Lazaris/publication/267269215_From_Multichannel_to_Omnichannel_Retailing_Review_of_the_Literature_and_Calls_for_Research/links/544938800cf2f63880810aaa/From-Multichannel-to-Omnichannel-Retailing-Review-of-the-Literature-and-Calls-for-Research.pdf. Zugegriffen: 20. Febr. 2022.

Lee, S. Y., Kim, J.-O., & Li, J.-G. (2011). Impacts of store crowding on shopping behavior and store image. *Journal of Asian Architecture and Building Engineering, 10*(1), 133–140.

Levy, M., & Weitz, B. (2008). Retailing management. *China Machine Press, 1*(998), 78–78.

Lynch, S., & Barnes, L. (2020). Omnichannel fashion retailing: Examining the customer decision-making journey. *Journal of Fashion Marketing and Management, 24*(3), 471–493.

Marchet, G., Melacini, M., Perotti, S., Rasini, M., & Tappia, E. (2018). Business logistics models in omni-channel: A classification framework and empirical analysis. *International Journal of Physical Distribution & Logistics Management, 48*(4), 439–464.

Marn, M. V., Roegner, E. V., & Zawada, C. C. (2004). *The price advantage*. Wiley.

McCarthy, E. (1960). *Basic marketing: A managerial approach*. Irwin.

Meffert, H., Burmann, C., & Kirchgeorg, M. (2008). *Marketing: Grundlagen marktorientierter Unternehmensführung Konzepte – Instrumente – Praxisbeispiele* (10. Aufl.). Gabler.

Merrilees, B., & Miller, D. (2001). Superstore interactivity: A new self-service paradigm of retail service? *International Journal of Retail & Distribution Management, 29*(8), 379–389.

Mladenow, A., Mollova, A., & Strauss, C. (2018). Mobile technology contributing to omni-channel retail. In P. D. Haghighi, I. L. Salvadori, M. Steinbauer, I. Khalil, & G. Anderst-Kotsis (Hrsg.), *MoMM2018: Proceedings of the 16th International Conference on Advances in Mobile Computing and Multimedia* (S. 92–101). Association for Computing Machinery.

Müller-Hagedorn, L. (2002). *Handelsmarketing* (3. Aufl.). Kohlhammer.

Murray, C. C., Talukdar, D., & Gosavi, A. (2010). Joint optimization of product price, display orientation and shelf-space allocation in retail category management. *Journal of Retailing, 86*(2), 125–136.

Neslin, S. A., Jerath, K., Bodapati, A., Bradlow, E. T., Deighton, J., Gensler, S., Lee, L., Montaguti, E., Telang, R., Venkatesan, R., Verhoef, P. C., & Zhang, Z. J. (2014). The inter-relationships between brand and channel choice. *Marketing Letters, 25*(3), 319–330.

Patrício, L., Fisk, R. P., & Falcão e Cunha, J. (2008). Designing multi-interface service experiences: The service experience blueprint. *Journal of Service Research, 10*(4), 318–334.

Pelino, M., & Gillet, F. E. (2016). The internet of things heat map, 2016. *Forrester Research.*

Rooderkerk, R. P., & Kök, A. G. (2019). Omnichannel assortment planning. In S. Gallino & A. Moreno (Hrsg.), *Operations in an omnichannel world* (S. 51–86). Springer.

Schmalen, H. (1995). *Preispolitik*. Fischer.

Schröder, H. (2002). *Handelsmarketing. Methoden und Instrumente im Einzelhandel.* Redline Wirtschaft.

Simon, H., & Fassnacht, M. (2016). *Preismanagement: Strategie – Analyse – Entscheidung – Umsetzung* (4. Aufl.). Springer Fachmedien.

Trautmann, H., Vossen, G., Homann, L., Carnein, M., & Kraume, K. (2017). Challenges of data management and analytics in omni-channel CRM. https://www.ercis.org/sites/ercis/files/structure/network/research/ercis-working-papers/ercis_wp_28.pdf. Zugegriffen: 20. Febr. 2022.

Valentini, S., Montaguti, E., & Neslin, S. A. (2011). Decision process evolution in customer channel choice. *Journal of Marketing, 75*(6), 72–86.

Van Nierop, E., Fok, D., & Franses, P. H. (2008). Interaction between shelf layout and marketing effectiveness and its impact on optimizing shelf arrangements. *Marketing Science, 27*(6), 1065–1082.

Verhoef, P. C., Kannan, P., & Inman, J. J. (2015). From multi-channel retailing to omni-channel retailing: Introduction to the special issue on multi-channel retailing. *Journal of Retailing, 91*(2), 174–181.

Weber, F., & Schütte, R. (2019). Markdown optimization—A taxonomy and realization of the economic decision problem. In R. Silhavy, P. Silhavy, & Z. Prokopova (Hrsg.), *Intelligent Systems Applications in Software Engineering. Proceedings of 3rd Computational Methods in Systems and Software 2019* (Bd. 1, S. 449–460). Springer.

Weber, F., & Schütte, R. (2021). Digitalisierung von Handelsunternehmen–diskutiert am Beispiel der Preispolitik. *Wirtschaftsinformatik & Management, 13*(2), 144–153.

Zhang, J., Farris, P. W., Irvin, J. W., Kushwaha, T., Steenburgh, T. J., & Weitz, B. A. (2010). Crafting integrated multichannel retailing strategies. *Journal of Interactive Marketing, 24*(2), 168–180.

Felix Weber ist Doktorand am Lehrstuhl von Reinhard Schütte mit den Schwerpunkten Digitalisierung, künstliche Intelligenz, Preis-, Promotions- und Sortimentsmanagement sowie Enterprise Systems.

Prof. Dr. Reinhard Schütte hat den Lehrstuhl für Wirtschaftsinformatik und integrierte Informationssysteme an der Universität Duisburg-Essen inne. Seine Forschungsinteressen sind das Management von Large (Retail) Enterprise Systems, Informationsmodellierung, das Transformationsmanagement sowie die Wissenschaftstheorie.

Rating- und Review-Management – ein Konzept mit großem Potenzial

Ralf T. Kreutzer

Inhaltsverzeichnis

1 Kennzeichnung des Rating- und Review-Managements 235
2 Relevanz eines Rating- und Review-Managements für Unternehmen 238
3 Wirkung von Ratings und Reviews auf Kaufentscheidungen 243
4 Etablierung eines Rating- und Review-Managements 246
4.1 Zieldefinition des Rating- und Review-Managements 247
4.2 Definition der relevanten Plattformen und Prozesse 248
4.3 Durchführung eines Empfehlungs-Marketings 250
4.4 Analyse und Verarbeitung des Kunden-Feedbacks 253
4.5 Bewertungsergebnisse für andere sichtbar machen 255
4.6 Controlling des Rating- und Review-Managements 257
5 Ausblick 258
Literatur 259

1 Kennzeichnung des Rating- und Review-Managements

Der Begriff *Rating- und Review-Management* beschreibt ein Handlungsfeld, dessen Bedeutung viele Unternehmen heute noch nicht ausreichend erkannt haben. Kundenbewertungen haben in immer mehr Märkten einen signifikanten Einfluss auf den Kaufentscheidungsprozess. Folglich sind alle Unternehmen gut beraten, die Bedeutung des

R. T. Kreutzer (✉)
Berlin, Deutschland
E-Mail: kreutzer.r@t-online.de

K. Butzer-Strothmann (Hrsg.), *Integriertes Online- und Offline-Channel-Marketing*,
https://doi.org/10.1007/978-3-658-38048-9_11

Rating- und Review-Managements für sich zu ermitteln und ein entsprechendes Konzept aufzubauen.

Unter *Rating- und Review-Management* versteht man die Stimulierung, Steuerung und Nutzung von Kundenbewertungen, um Kunden im Kaufentscheidungsprozess für die eigenen Leistungen zu gewinnen. Während sich *Ratings* von Kunden primär auf die Vergabe von Sternen konzentrieren, sind *Reviews* für die Unternehmen meist viel aussagekräftiger, weil hier Begründungen zu den vorgenannten Ratings mitgeliefert werden.

Die *Stimulierung* bezieht sich beim Rating- und Review-Management darauf, möglichst viele (zufriedene) Kunden zur Abgabe einer (positiven) Bewertung über die eigenen Leistungen zu motivieren. Die *Steuerung* zielt darauf ab, die Bewertungen auf den für das Unternehmen relevanten Plattformen (bspw. *Amazon, Holidaycheck* oder *Google*) zu erhalten. Die *Nutzung* schließlich beinhaltet die Einbindung von Kundenbewertungen in die Unternehmenskommunikation, um auf diese Weise (positive) Bewertungen für möglichst viele sichtbar zu machen.

Allerdings scheitern heute noch viele Unternehmen daran, Kunden durch ein gezieltes Rating- und Review-Management im wichtigen *Zero Moment of Truth* an sich zu binden. Was ist damit gemeint? Durch den Eintritt ins Online-Zeitalter haben sich einige Facetten des klassischen Kaufprozesses verschoben. Bisher wurde nach dem Stimulus im Zuge des Kaufentscheidungsprozesses nur zwischen dem First und dem Second Moment of Truth unterschieden (vgl. Abb. 1).

Der First Moment of Truth (FMOT) bezeichnet den Zeitpunkt, zu dem ein potenzieller Käufer ein Produkt oder eine Dienstleistung zum ersten Mal körperlich in Augenschein nehmen kann. Hier treffen die durch Werbung etc. aufgebauten Erwartungen auf die „harte Realität" des Produktes oder der Dienstleistung. Der Second Moment of Truth (SMOT) umfasst den Zeitpunkt, zu dem der Käufer ein Produkt oder eine Dienstleistung tatsächlich nutzt. Hier kontrastieren wiederum die durch Werbung sowie die durch die erste Inaugenscheinnahme aufgebauten Erwartungen mit den tatsächlichen Leistungen und Erfahrungen der Produktnutzung bzw. der Inanspruchnahme der Dienstleistung.

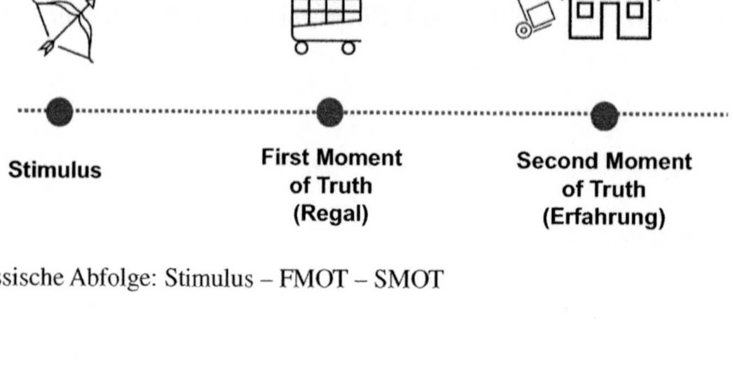

Abb. 1 Klassische Abfolge: Stimulus – FMOT – SMOT

Vom *„Moment der Wahrheit"* wird hier jeweils gesprochen, weil sich in diesen beiden „Momenten" zeigt, ob insb. die durch die Werbung, die Angebotspräsentation sowie ggf. durch die Beratung am POS geschaffenen Erwartungen tatsächlich auch erfüllt werden. Diese traditionelle Customer-Journey konnte prägnant und stark vereinfacht mit der klassischen *AIDA-Formel* dargestellt werden, die die Phasen Attention – Interest – Desire – Action zusammenführte.

Allerdings ist dieses klassische Konzept nicht mehr ausreichend tragfähig, weil sich ein grundlegender Wandel im Entscheidungs- und Kaufprozess der Kunden vollzogen hat. Zum First und Second Moment of Truth ist im Online-Zeitalter der *Zero Moment of Truth (ZMOT)* hinzugekommen (vgl. Abb. 2; Lecinski, 2011, S. 17). Hiermit ist insb. der – den beiden anderen „Momenten" vorgelagerte – Online-Zugriff auf eine nahezu unüberschaubare Vielzahl von Informationen Dritter gemeint. Ein Teil dieses sogenannten User-generated Contents sind Berichte anderer Personen, die über ihre Erfahrungen vor, während und nach Kauf- und Nutzungsakten informieren.

Die Informationen aus Blogs, Communitys, Kommentaren bei Facebook und Twitter sowie User-Videos auf *YouTube* ermöglichen einem Kaufinteressenten eine *„Selbstbedienung in fremder Erfahrung"*, die diesen ZMOT inhaltlich ausgestaltet. Hierdurch werden eigene mögliche Erfahrungen durch den Zugriff auf Berichte, Fotos und Videos häufig von unbekannten Dritten „antizipiert". Ein eigener Testkauf kann folglich entfallen!

Noch bevor der potenzielle Käufer sich eigene Eindrücke vom Zielobjekt verschafft, kann eine Vielzahl von Informationen über die Pre-Sales-, Sales-, Post-Sales- und Usage-Phase anderer Personen gewonnen werden. Der ZMOT wird somit gespeist aus den Erfahrungen anderer entlang deren *Kundenbeziehungslebenszyklus* (vgl. weiterführend Kreutzer, 2021a). Wie wichtig die *Berücksichtigung des ZMOT* für Unternehmen heute ist, zeigen die Ergebnisse aus Abb. 3 (Statista, 2017, S. 11). Dort wird sichtbar, dass Online-Konsumentenbewertungen – auch von unbekannten Dritten – das

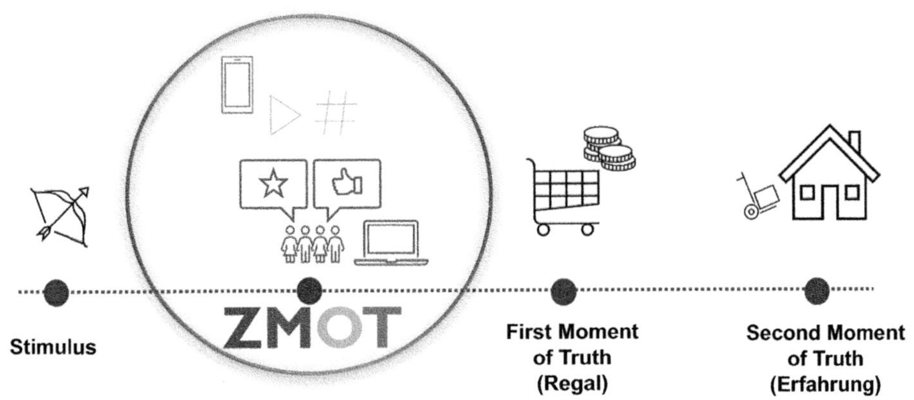

Abb. 2 Positionierung und Quellen des ZMOT

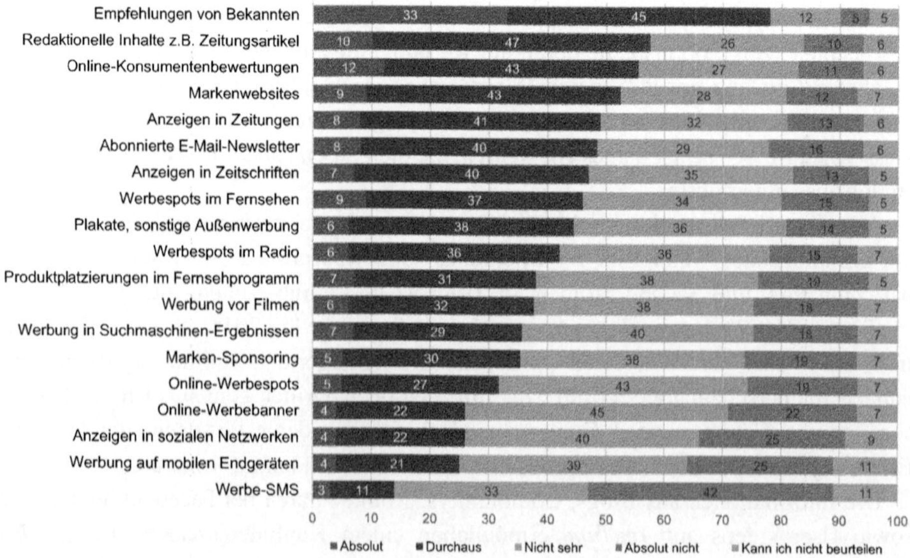

Abb. 3 Vertrauen in ausgewählte Werbeformen in Deutschland – in % (1037 Befragte; deutschsprachige Wohnbevölkerung)

dritthöchste Vertrauen genießen. Deshalb müssen diese ZMOT-Quellen konsequent im Rahmen eines *Rating- und Review-Managements* bearbeitet werden.

2 Relevanz eines Rating- und Review-Managements für Unternehmen

Immer mehr potenzielle Kunden lassen die Meinungen Dritter in ihren Entscheidungsprozess vor dem Kauf eines Produktes oder einer Dienstleistung einfließen. Hier wird vom sogenannten *Zero Moment of Truth* gesprochen. Im Online-Zeitalter haben Interessenten die Möglichkeit, noch vor dem Besuch eine Online- oder Offline-Shops die Informationen über Unternehmen, deren Angebote bzw. konkrete Produkte und Dienstleistungen einzuholen (vgl. Abb. 4). Die Informationen, die in dieser frühen *Phase der Customer Journey* eingeholt werden, entscheiden darüber, welche Angebote vertieft analysiert und ggf. erworben werden. Unternehmen, die im ZMOT „patzen", werden in den folgen Phasen der Customer Journey nicht mehr berücksichtigt.

Deshalb kommt *Online-Bewertungen* eine besondere Bedeutung innerhalb der Customer Journey zu. Dies dokumentiert sich auch im Ergebnis einer repräsentativen Studie der Bitkom Research (2020). Hierzu wurden 1087 Internet-Nutzer ab 16 Jahren (darunter 1024 Online-Käufer) in Deutschland befragt. Die entsprechende Frage lautete: „Welche Entscheidungshilfen nutzen Sie generell vor dem Kauf von Produkten?" Im

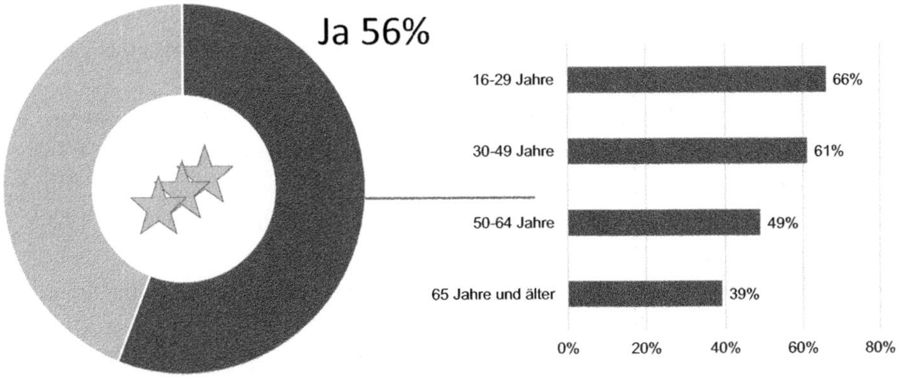

Abb. 4 Zugriff auf Online-Bewertungen vor dem Kauf

Zuge dieser Studie wurde erkannt, dass für mehr als jeden zweiten Online-Shopper (56 %) *Kundenbewertungen* in den Shops eine *wichtige Entscheidungshilfe* beim Kauf darstellen (vgl. Abb. 4; Bitkom Research, 2020).

Im Detail zeigten sich folgende weitere Ergebnisse der Studie (Bitkom Research, 2020):

- Die Orientierung an Kundenbewertungen ist bei *Frauen* mit 62 % noch etwas ausgeprägter. Bei *Männern* liegt dieser Wert bei 50 %.
- Die Meinung anderer Käufer ist vor allem für die *jüngeren Konsumenten* wichtig. 66 % der 16- bis 29-Jährigen und 61 % der 30- bis 49-Jährigen geben an, Online-Bewertungen vor dem Kauf zu lesen.
- Bei *älteren Konsumenten* fällt die Berücksichtigung von Online-Bewertungen deutlich niedriger aus. Bei den 50- bis 64-Jährigen liegt sie bei 49 %. Bei den über 65-Jährigen geht sie sogar auf 39 % zurück.

In Summe zeigt sich, dass viele Konsumenten Bewertungen als wichtige Entscheidungshilfe vor einem Online-Kauf heranziehen. Welches *Vertrauen in verschiedene Informationsquellen* vorliegt, hat sich schon in Abb. 3 gezeigt. Nach den *Empfehlungen von Bekannten* (78 % für „absolutes" bzw. „durchaus" Vertrauen) und *redaktionellen Beiträgen* (57 %) liegen *Online-Konsumenten-Bewertungen* mit 55 % bereits an dritter Stelle bei den vertrauenswürdigsten Informationsquellen.

Für Produkte und Dienstleistungen gilt gleichermaßen, dass Online-Bewertungen maßgeblich zum *Vertrauen in den Online-Handel* beitragen. Hiervon profitieren vor allem die Händler selbst. Anbieter, die viele gute Bewertungen aufweisen, können hierdurch die Qualität ihrer Produkte und Dienstleistungen gegenüber potenziellen Käufern dokumentieren.

Hierbei ist Folgendes zu berücksichtigen: Ratings und Reviews anderer Kunden fließen in den *Zero Moment of Truth* ein. Wer noch vor dem Besuch eines Online-Shops oder eines stationären Geschäftes auf schlechte Bewertungen stößt, wird die entsprechenden Anbieter aus seiner Customer Journey mit hoher Wahrscheinlichkeit ausschließen.

Durch die Bitkom-Studie wurde auch herausgearbeitet, welche weiteren Entscheidungshilfen Online-Shopper heranziehen (Bitkom Research, 2020):

- 48 % der Befragten konsultieren vor dem Kauf *Preisvergleichsseiten.*
- 41 % berücksichtigen *Tipps von Freunden oder Verwandten.*
- 36 % beziehen *Testberichte aus TV, Online- oder Print-Medien* in ihren Entscheidungsprozess ein.
- Nur jeder Vierte (24 %) greift auf die *Websites der jeweiligen Händler* als Entscheidungshilfe zurück.
- Lediglich 19 % der Online-Shopper lesen *Online-Foren oder Blogs* zu Produkten, für deren Kauf sie sich interessieren.
- Die *sozialen Netzwerke* werden nur von 14 % als wichtige Entscheidungshilfe genannt.

Diese Werte unterstreichen nochmals den großen Stellenwert, der einem Rating- und Review-Management beigemessen werden sollte.

Um die *Bedeutung von Kundenbewertungen in unterschiedlichen Produktkategorien* in Deutschland zu erfassen, wurden von Splendid Research (2019) 805 Personen im Alter von 18 bis 69 Jahren befragt. Hier zeigte sich, dass solche Bewertungen vor allem beim Kauf von *Haushalts- und Unterhaltungselektronik* wichtig sind (vgl. Abb. 5; Splendid Research, 2019). Auf dem 3. Platz folgen Kinder- und Babyprodukte. Dem schließen sich die Segmente *Haus- und Wohnungsbau* sowie *Telekommunikation* an. Über unterschiedliche Produktkategorien hinweg zeigt sich, dass Kundenbewertungen

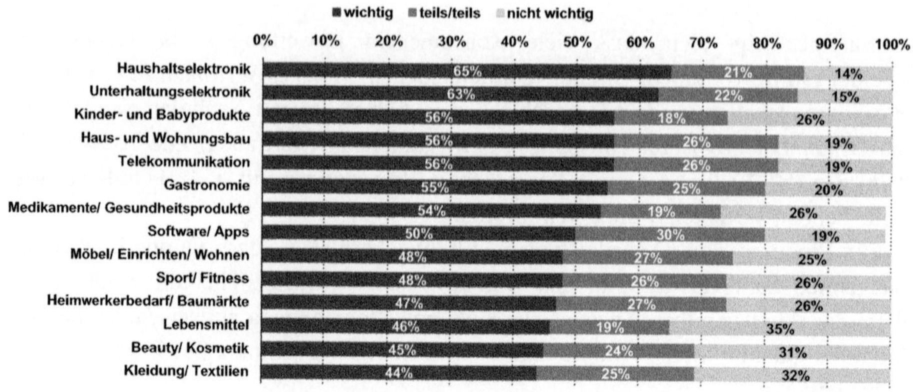

Abb. 5 Bedeutung von Kundenbewertungen in unterschiedlichen Produktkategorien in Deutschland – in %

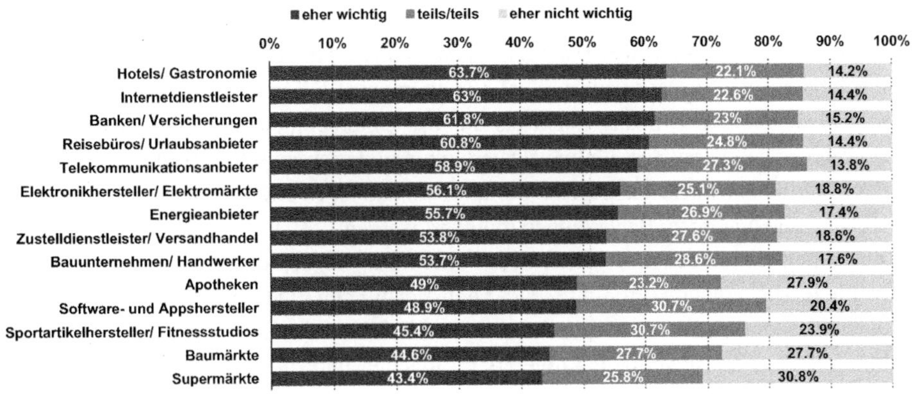

Abb. 6 Bedeutung von Kundenbewertungen bei Serviceleistungen in unterschiedlichen Branchen in Deutschland – in %

für fast die Hälfte aller Befragten eine wichtige Orientierungsquelle beim Einkauf darstellen.

Eine weitere Studie von Splendid Research (2018) analysierte vertiefend, wie wichtig *Kundenbewertungen bei Serviceleistungen* in Deutschland sind. Hierzu wurden 414 Personen im Alter von 18 bis 69 Jahren befragt. Über alle Servicekategorien hinweg werden Kundenbewertungen von 43 bis 64 % als „eher wichtig" erachtet (vgl. Abb. 6; Splendid Research, 2018).

Ratings und Reviews der Kunden sind – nicht nur – im Online-Handel zu einer wichtigen Währung geworden. Deshalb wird bereits vom *„Krieg der Sterne"* gesprochen. Über diese unmittelbare Unterstützung bei der Kaufentscheidung hinaus ergibt sich die *Relevanz von Online-Bewertungen für Unternehmen* durch weitere Aspekte:

- **Marktforschung**
  Ratings und Reviews stellen für Unternehmen eine spannende (kostenlose) *Quelle der Marktforschung* dar. Hier berichten – meist – echte Kunden über die Erlebnisse mit den eigenen Produkten und Dienstleistungen. So kann ein *ungefiltertes Feedback* direkt von der Kundschaft gewonnen werden.
  Allerdings müssen sich alle im Unternehmen, die mit diesen Informationen arbeiten, darüber im Klaren sein, dass hier nur die *aktiven Online-Bewerter* zu Wort kommen. Folglich werden die so gewonnenen Erkenntnisse meistens nicht repräsentativ für alle Nutzer sein. Dennoch stellen diese Informationen wichtige Trigger für weitere Formen der Marktforschung dar. Dann kann festgestellt werden, ob bspw. bestimmte Probleme oder spannende Einsatzbereiche nur für „Exoten" existieren oder von genereller Bedeutung sind.

- **Optimierung der Online-Sichtbarkeit – Suchmaschinen-Optimierung**
  Ratings und Reviews stellen *User-generated Content* dar. Hier handelt es sich – meist – um authentische Aussagen aus der Online-Community. Diese Inhalte werden von *Google* sehr hoch bewertet – häufig höher als die von Unternehmen selbst gestalteten Inhalte. So kann es passieren, dass Online-Bewertungen in der organischen Trefferliste sogar vor den Unternehmen selbst angezeigt werden. Deshalb ist es unverzichtbar, dass zufriedene Kunden regelmäßig zu Bewertungen motiviert werden.
  Zusätzlich erhält der User-generated Content *Keywords,* die für das eigene Unternehmen, die eigenen Produkte und Dienstleistungen und vielleicht sogar für den eigenen Standort relevant sein können. Solche Keywords helfen *Google,* sich ein klareres Bild des jeweiligen Anbieters zu machen und dieses in den SERPs (Search Engine Result Pages) besser zu positionieren. Tauchen die mit einer hohen Keyword-Dichte in den Bewertungen verwendeten Begriffe als Keywords auch auf der Website des jeweiligen Unternehmens auf, kann ein höheres Ranking in der organischen Trefferliste erreicht werden.
  Außerdem interpretiert *Google Bewertungen* so, wie dies auch die Online-Nutzer tun (Brimblecombe, 2019). Positive Bewertungen signalisieren *Google,* dass ein Angebot von hoher Qualität ist. Deshalb werden gut bewertete Angebote und Leistungen an höherer Stelle in der organischen Trefferliste angezeigt. Gleichzeitig analysiert *Google* auch die *Reaktionen auf Bewertungen* durch die Unternehmen selbst. Auch wenn die Details der Ranking-Faktoren für das Erscheinen in der organischen Trefferliste nicht bekannt sind, appelliert *Google* an die Unternehmen, mit den Kunden zu interagieren. Das gilt bspw. auch auf der *Google My Business* Seite (vgl. vertiefend Kreutzer, 2021a, S. 323 ff.). Schließlich signalisiert die Beantwortung von Bewertungen – nicht zuletzt gegenüber *Google,* dass Unternehmen ihre Kunden und deren Feedback wertschätzen, indem Feedback beachtet und beantwortet wird.
  Durch die *Kommentierung von Bewertungen* werden wiederum Keywords für *Google* kreiert, die der Suchmaschinenoptimierung dienen. Durch eine regelmäßige Interaktion mit den Kunden wird außerdem für *Google* sichtbar, dass die Website über relevante Inhalte verfügt – ein Qualitätsindikator für das *Google*-Ranking. Schließlich kann eine problemlösende Beantwortung von Bewertungen die Kunden ermutigen, schlechte Bewertungen zu ändern oder sogar zu löschen. Hierdurch kann eine *Positivdynamik* in Gang kommen (vgl. zum Marken-Schwungrad Kilian & Kreutzer, 2022).
- **Reduktion der Absprungrate**
  Echte Kundenrezensionen haben auch eine unmittelbare *Auswirkung auf die Absprungraten* (Brimblecombe, 2019). Diese sogenannten Bounce Rates signalisieren, wie viele Nutzer eine Website besucht haben, ohne dort etwas angeklickt zu haben. Das Ziel der meisten Websites besteht allerdings darin, Nutzer möglichst lange auf der Website zu halten und zu den gewünschten Konversionen zu motivieren. Dann ist eine hohe Absprungrate zu vermeiden. Wenn eine Website dagegen nur eine Adresse oder die Öffnungszeiten kommunizieren möchte, ist eine hohe Absprungrate dagegen akzeptabel.

Es hat sich gezeigt, dass Website-Besucher eher dazu tendieren, Online-Käufe zu tätigen, wenn dort Bewertungen vorliegen. Dies kann psychologisch durch die Theorie der kognitiven Dissonanz erklärt werden (vgl. grundlegend Festinger, 2019). Eine *kognitive Dissonanz* bezeichnet einen als unangenehm empfundenen Gefühlszustand. Dieser entsteht durch das Aufeinandertreffen von zwei oder mehr unvereinbaren Kognitionen, die zu internen Konflikten (sogenannten *Dissonanzen*) führen. Bei Kognitionen handelt es sich um Bewusstseinsinhalte. Dazu zählen bspw. Informationen, Wahrnehmungen, Bedürfnisse, Gedanken, Meinungen, Einstellungen und Wünsche. Ein klassisches Beispiel ist die Dissonanz zwischen den beiden Kognitionen A „Ich rauche" und B „Rauchen tötet". Dissonanzen treten auch auf, wenn die Kognitionen A „Ich möchte das Produkt XY kaufen" und B „Es hat noch keiner dieses Produkt bewertet" aufeinandertreffen.

Liegen dagegen Bewertungen vor, die mit den Bedürfnissen und/oder Meinungen übereinstimmen, entstehen keine kognitiven Dissonanzen, die einer Weiterbeschäftigung mit den Inhalten sowie einem möglichen Kauf entgegenstehen. Dies gilt sowohl bei positiven als auch bei negativen Bewertungen gleichermaßen, wenn diese mit den eigenen Bedürfnissen bzw. mit der eigenen Meinung übereinstimmen. Allerdings fördern nur positive Bewertung die von vielen Unternehmen gewünschten Transaktionen.

Eine niedrigere Absprungrate sowie eine längere Verweildauer auf der Website signalisieren wiederum *Relevanz in den Augen der Crawler der Suchmaschine*. Deshalb sind diese Kriterien bei der Analyse der Performance einer Website kontinuierlich zu beobachten (vgl. vertiefend Kreutzer, 2021a, S. 294 ff.).

Es wird deutlich: Ratings und Reviews haben für Unternehmen eine überragende Bedeutung – auch über den unmittelbaren Kaufanstoß hinaus!

3 Wirkung von Ratings und Reviews auf Kaufentscheidungen

Wie wirken sich Kundenbewertungen auf die Nutzer und schließlich auf Unternehmen aus? Die vielfältigen Effekte, die von einer Kundenbewertung ausgehen – und nicht nur auf das konkrete Kaufverhalten ausstrahlen, zeigt Abb. 7 (Schulten, 2016, S. 7). Schulten (2016) hat die Erkenntnisse von Bickart und Schindler (2001), Chevalier und Mayzlin (2006), Nambisan und Baron (2007) sowie Paylou und Ba (2002) in diese Darstellung eingearbeitet. Weitere einschlägige Resultate finden sich bei Babić Rosario et al. (2020) und März et al. (2017).

Wie Abb. 7 zeigt, steigert eine positive Bewertung zunächst das *Vertrauen* in das anbietende Unternehmen. Hierdurch erhöhen sich sowohl die *Zahlungsbereitschaft* wie auch die *Kaufabsicht.* Beide wirken sich unmittelbar positiv auf den Umsatz aus. Positive Bewertungen erhöhen aber auch die *Mitwirkungsbereitschaft,* die bspw. durch

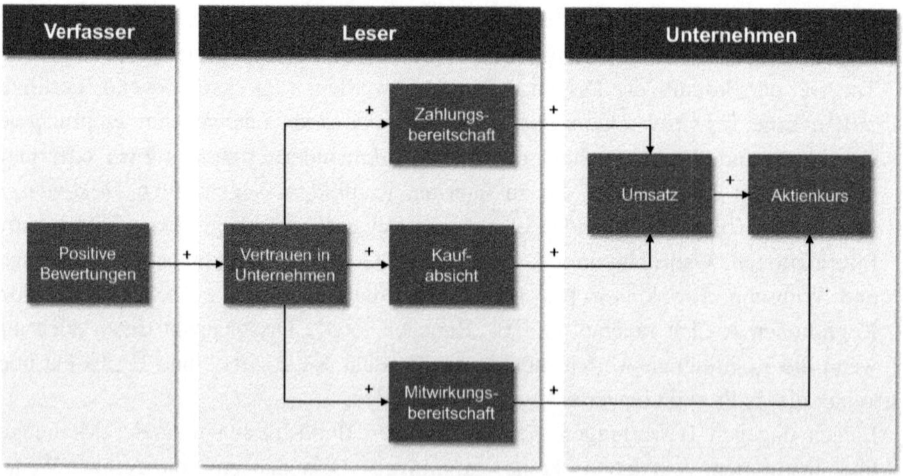

Abb. 7 Einfluss von Kundenbewertungen auf Kaufverhalten und Unternehmen (In Anlehnung an Schulten, 2016, S. 7)

eigene Bewertungen auch positive Effekte auf den Aktienkurs haben kann. Diese Wirkungen auf den Aktienkurs werden durch umsatzinduzierte Effekte noch verstärkt.

Möchte man in der Tiefe verstehen, wie Bewertungen wirken, dann muss man sich den *Rezeptionsprozess von Kundenbewertungen* vor Augen führen. Dieser wurde von Schulten (2016) in Abb. 8 visualisiert. Zunächst einmal ist zu klären, aufgrund welcher Ziele sich ein (potenzieller) Kunde mit Bewertungen von dritten Personen auseinandersetzt. Hier sind drei Zielkategorien zu berücksichtigen:

- *Ökonomische Ziele* (Reduktion von Such- und Bewertungskosten)
- *Soziale Ziele* (Vernetzung mit anderen, soziale Rückbestätigung)
- *Kognitive Ziele* (Erhalt von Produkt- und Marktinformationen)

Diese Ziele wirken sich auf die generelle Bereitschaft aus, sich mit Bewertungen Dritter auseinanderzusetzen.

Jetzt gilt es zu präzisieren, welche Handlungsabsichten beim Leser vorliegen und wie dominant diese jeweils ausgeprägt sind. Auch hier können wieder drei verschiedene Kategorien unterschieden werden:

- **Produktbezogene Diagnoseabsichten**
  Was wird zum Produkt berichtet? Hier werden die Kriterien Qualität, Adäquatheit und Popularität des Produktes analysiert.
- **Schreiberbezogene Diagnoseabsichten**
  Welche Qualitäten weist der Verfasser auf und wie passt dieser zu mir? Wie vertrauenswürdig ist der Schreiber?

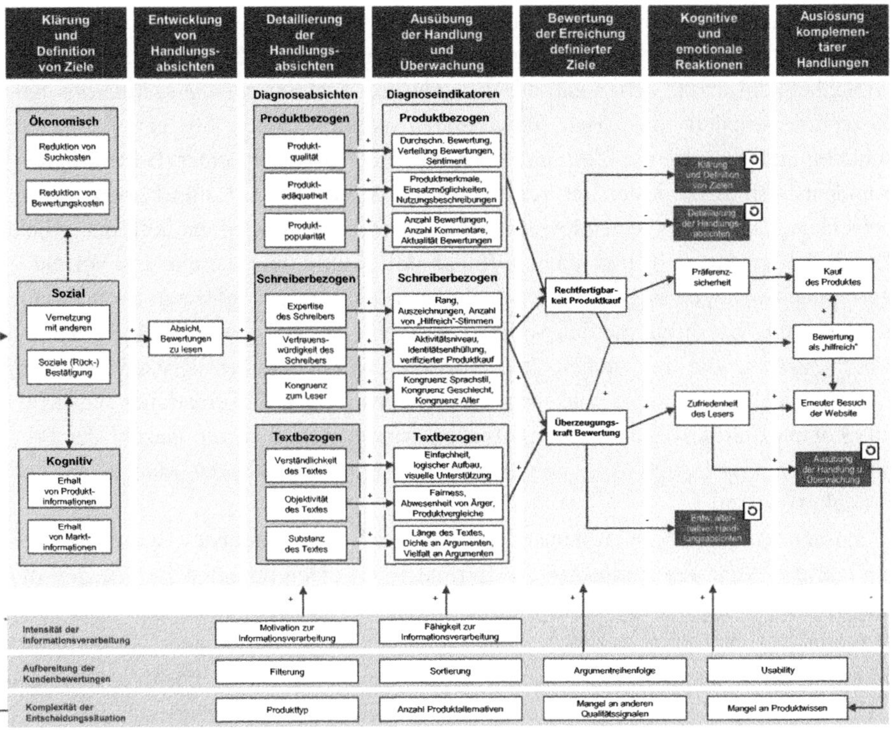

Abb. 8 Rezeptionsprozess von Kundenbewertungen. (Quelle: Schulten, 2016)

- **Textbezogene Diagnoseabsichten**
  Welche Qualität zeigt die vorliegende Bewertung auf? Hierzu stehen die folgenden drei Fragen im Mittelpunkt: Wie verständlich ist der Text? Wird objektiv berichtet? Welche Substanz weist der Text auf?

Die Antworten auf diese Fragen wirken sich auf die nächste Kategorie aus – die *Ausübung der Handlung und deren Überwachung*. Je positiver die Antworten auf die aufgeworfenen Fragen ausfallen, desto relevanter werden die Bewertungen für die eigene Kaufentscheidung. Sie wirken sich folglich auf die *Rechtfertigung des Produktkaufs* sowie auf die *Überzeugungskraft der Bewertung* aus. Damit werden sie zu *Treibern der kognitiven und emotionalen Reaktionen*. Weitere Detaileffekte zeigt Abb. 8.

Parallel hierzu sind drei intervenierende Variablen zu berücksichtigen. Zum einen ist dies die gewünschte bzw. angestrebte *Intensität der Informationsverarbeitung*. Hier sind die Motivation sowie die Fähigkeit zur Informationsverarbeitung zu betrachten. Bei Personen, die im kritischen Umgang mit Informationen weniger geschult sind, fällt diese Auseinandersetzung häufig weg oder wird nur verkürzt durchgeführt.

Zum anderen wirkt sich die *Art der Aufbereitung von Kundenbewertungen* auf deren Rezeption aus. Wenn diese gut verständlich, leicht zugänglich und fundiert erscheinen, ist mit einer höheren Kenntnisnahme zu rechnen. Hierbei geht es u. a. auch um die Argumentationsreihenfolge und insgesamt die Usability einer Bewertung.

Schließlich wirkt sich auch die *Komplexität der Entscheidungssituation* auf das Rezeptionsverhalten aus. Bei *Impulskäufen* entfällt dieses oft ganz. Hier fehlen schlicht und einfach die Zeit und/oder die Notwendigkeit einer Beschäftigung mit Kundenbewertungen. Oder der Käufer hat im Moment des Kaufs keinen Zugang zu einschlägigen Ratings und Reviews. Bei *habituellen Käufen* entfällt der Blick auf Kundenbewertungen häufig auch. Oft hat der Käufer hier bereits im Vorfeld eines gewohnheitsmäßigen Kaufes eine – mehr oder weniger gut informatorisch fundierte – Entscheidung getroffen, die den weiteren Käufen zugrunde gelegt wird. Bei *komplexen Kaufprozessen,* die mit hohen Investitionen und/oder hohen Risiken bei Fehlentscheidungen einhergehen, wird besonders intensiv nach Informationen gesucht. Auf die Komplexität der Entscheidungssituation wirken sich auch die Anzahl der Produktalternativen, das Fehlen von anderen Qualitätssignalen sowie der Mangel an eigenem Produktwissen aus.

Zusammenfassend ist festzustellen, dass sich überzeugende Bewertungen nicht nur auf den *Kauf des Produktes,* sondern auch auf einen erneuten *Besuch der Website* positiv auswirken. Kundenbewertungen bieten den Kunden außerdem eine leichtere *Orientierung im Informationsdschungel* des Internets. Sie können – bei positiven Bewertungen – nicht nur den *Kauf eines Produktes* fördern. Positive Bewertungen stärken auch den *Aufbau von Vertrauen* zu einem Hersteller oder einem Online-Shop, bei dem bisher noch nicht eingekauft wurde.

Zudem können Kundenbewertungen eine *Quelle der Inspiration* für die Leser sein. Durch positive Bewertungen können Nutzer auf bestimmte Angebote erst neugierig gemacht werden und hierdurch Anregungen zum Kauf erhalten. Teilweise liefern Bewertungen auch hilfreiche Hinweise zur Nutzung von Produkten oder Dienstleistungen selbst. Zusätzlich tragen Kundenbewertungen zur *Risikominimierung beim Kauf* bei. Negative Bewertungen tragen dazu bei, dass Käufer nicht auf Anbieter hereinfallen, von denen andere Kunden bereits enttäuscht wurden. Dieser Aspekt gewinnt angesichts der hohen Anzahl an Fake-Shops zunehmend an Bedeutung.

4 Etablierung eines Rating- und Review-Managements

Die Kennzeichnung des Rating- und Review-Managements macht bereits deutlich, dass es nicht damit getan ist, Praktikanten mit dem Verfassen von positiven Statements zum eigenen Unternehmen und seinen Leistungen zu betrauen. Solche Bewertungen können leicht zum Bumerang werden und sind deshalb zu vermeiden. Der *Aufbau eines Rating- und Review-Managements* sollte vielmehr systematisch angegangen werden. Hierfür sind mehrere Arbeitsschritte erforderlich, die Abb. 9 zeigt (vgl. auch Kilian & Kreutzer, 2022).

Abb. 9 Handlungsfelder des Rating- und Review-Managements

4.1 Zieldefinition des Rating- und Review-Managements

Im ersten Schritt sind die *Ziele des Rating- und Review-Managements* zu definieren. Hierbei können die Antworten auf die folgenden Fragen helfen:

- Was genau soll durch den Aufbau eines Rating- und Review-Managements erreicht werden? Geht es primär um zusätzliche Conversions? Strebt das Unternehmen wichtige Imageverbesserungen an? Sollen Vertrauen und Glaubwürdigkeit von Marken erhöht werden?
- Welches sind die relevanten Plattformen, auf denen sich das Unternehmen bewertet sehen möchte, weil hier die meisten potenziellen Kunden unterwegs sind?
- Welche Zielgruppen sind für das Unternehmen besonders wichtig und sollten deshalb vorrangig zur Abgabe von Bewertungen motiviert werden?
- Welche Motive dominieren bei den potenziellen Bewertern und wie kann eine hohe Beteiligungsquote erreicht werden?
- Welche Kriterien i. S. von KPIs (Key Performance Indicators) sind einzusetzen, um die Zielerreichung zu überprüfen?
- Wo ist das Rating- und Review-Management organisatorisch zu verankern? Im Brand- oder Produkt-Management, im Marketing, im Vertrieb oder im Kunden-Service?
- Welche Personen sind konkret verantwortlich?
- Welche Informationsflüsse sind zu installieren?
- Wie sollen die Rückmeldungen verarbeitet werden?
- Welches Budget steht dafür zur Verfügung?

4.2 Definition der relevanten Plattformen und Prozesse

Unternehmen, die über einen *eigenen Online-Shop* verfügen, sollten eine Bewertungsmöglichkeit unmittelbar in die Website integrieren. Beispiele hierfür finden sich bei Amazon und Otto. Kundenbewertungen werden hier in einer kumulierten Gesamtnote mit den dazugehörigen Sterne-Bewertungen direkt bei den Produkten angezeigt (vgl. Abb. 10). Eine solche Anzeige der Bewertungen wirkt sich unmittelbar auf die Conversion Rate der angebotenen Produkte aus. Die Bewertung wird hier zusammen mit weiteren relevanten Informationen zum Produkt präsentiert.

Um möglichst viele Käufer zu einer Bewertung zu motivieren, kann durch einen automatisierten Prozess unmittelbar nach einer erfolgreichen Transaktion eine *Bewertungsanfrage* versandt werden. Idealerweise wird durch Prozesse der Marketing-Automation ein Nachfass-E-Mail versandt, wenn eine Bewertung nicht innerhalb von bspw. drei Tagen erfolgt (vgl. zur Marketing-Automation Kreutzer, 2021b, S. 136–148).

Wenn ein Kunde eine Bewertung abgegeben hat, sollte diese zunächst – bspw. orientiert an einem *Bewertungsleitfaden* – geprüft werden, bevor sie freigeschaltet und damit für alle sichtbar wird. So wird verhindert, dass Schmähkritik oder unerwünschte politische Statements auf der eigenen Website erscheinen. Die entsprechenden Regeln sollten den Bewertern vorab als Teil der *externen Social-Media-Guidelines* auf der eigenen Website mitgeteilt werden (vgl. zu diesen Guidelines Kreutzer, 2021a, S. 548).

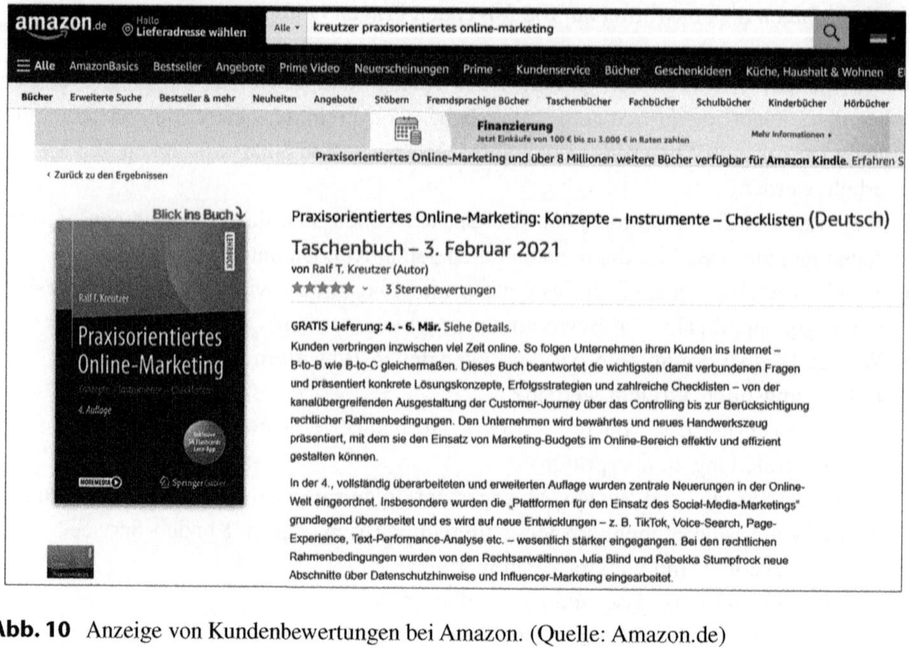

Abb. 10 Anzeige von Kundenbewertungen bei Amazon. (Quelle: Amazon.de)

Ein Beispiel für solche externen Guidelines findet sich bspw. beim Versender *BonPrix*. Im Vorspann zu diesen *Richtlinien für Kundenbewertungen* wird herausgestellt, dass diese nicht nur hilfreich für eigene Kaufentscheidung sind, sondern dem Unternehmen auch helfen, die Qualität der Produkte zu verbessern (BonPrix, 2021).

Zusätzlich ist zu prüfen, welche *Plattformen* die (potenziellen) Kunden im Zuge der Customer Journey nutzen, wenn sie nach dem Leistungsangebot des jeweiligen Unternehmens oder generell in der Branche suchen. Unternehmen sind gut beraten, sich zunächst auf wenige große Plattformen zu konzentrieren, um hier möglichst schnell Erfolge zu erzielen. Wenn die unternehmensinternen Prozesse stehen, können anschließend weitere wichtige Plattformen in die Bearbeitung integriert werden. Bei der Auswahl weiterer Bewertungsplattformen müssen die Unternehmen systematisch ihren Kunden folgen. Nicht die Unternehmen definieren hier, welche Plattformen relevant sind, sondern die Kunden! Schließlich sollten die Kunden (positive) Bewertungen dort finden, wo sie sich mehrheitlich aufhalten.

Von besonderer Bedeutung ist zunächst die Gewinnung von (positiven) *Google-Bewertungen.* Jeder Online-Nutzer kann ein Unternehmen bewerten, das bspw. einen Eintrag auf *Google Maps* hat. Hierbei unterscheidet *Google* nicht, ob ein Nutzer das Unternehmen tatsächlich kontaktiert hat oder nicht. Dies stellt eine Einflugschneise für Fake-Bewertungen dar.

Um Google-Bewertungen zu gewinnen, ist ein Eintrag in *Google My Business* durch das Unternehmen selbst zu erstellen. Wer sein Unternehmen bei *Google My Business* anmelden möchte, ruft einfach google.com/intl/de_de/business/auf. Durch einen Dialog werden alle relevanten Daten und weitere Inhalte (Fotos, Videos etc.) abgefragt. Ein solcher Eintrag ist in wenigen Minuten zu erstellen und stellt ein unverzichtbares Element des Online-Marketing-Engagements dar (vgl. vertiefend Kreutzer, 2021a, S. 323 ff.).

Google-Bewertungen sind nicht nur für die Online-Nutzer relevant, sondern wirken sich auch unmittelbar auf die *Auffindbarkeit von Marken und Unternehmen* in den Suchergebnissen aus. Diese Relevanz ergibt sich aus der Tatsache, dass *Google*-Bewertungen zu den Ranking-Faktoren gehören, die über die Platzierung in der organischen Trefferliste entscheiden.

Eine besonders hohe Relevanz der Google-Bewertungen ist bei *lokalen Suchen* gegeben. Diese Relevanz wird nicht nur durch die Quantität der Bewertungen, sondern auch durch deren Qualität beeinflusst. Wie in Abb. 11 zu sehen, zeigt *Google* hier bei der Suche nach „Gartencenter" in den organischen Suchergebnissen eine Box mit drei lokalen Suchergebnissen an. An erster Stelle findet sich in Abb. 11 das Gartencenter mit der größten Anzahl an Bewertungen, obwohl die Gesamtbewertung mit 4,5 Sternen etwas schlechter ausfällt als beim Zweitplatzierten mit 4,6 Sternen.

Auf den meisten Bewertungsplattformen müssen ebenfalls Unternehmensprofile erstellt werden, um eine Bewertung zu ermöglichen. Dies gilt bspw. für Ärzte bei *jameda* oder für Hotels und weitere touristische Leistungen bei *booking.com, tripadvisor.de* und *holidaycheck.de.* Auch bei *trustpilot.com* und *yelp.de* können sich Unternehmen

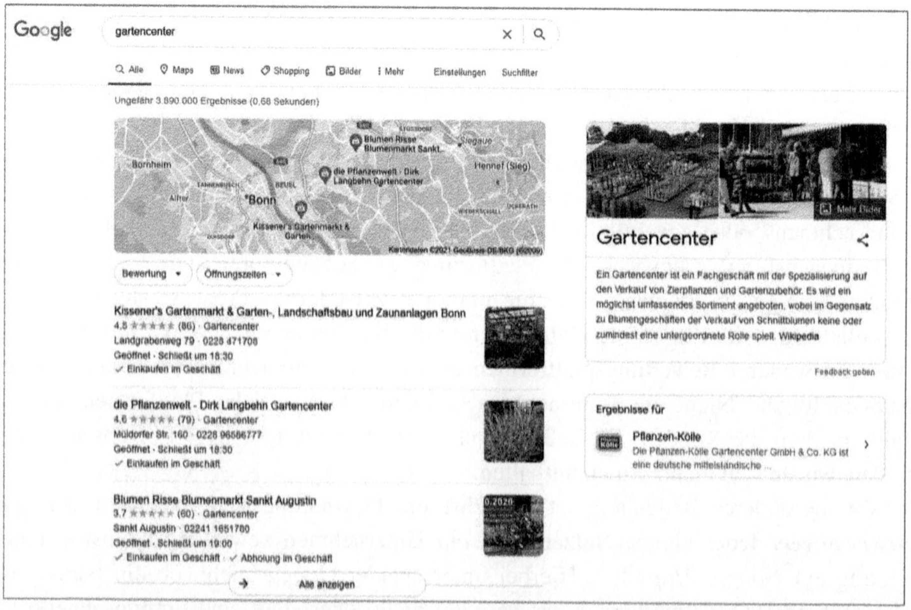

Abb. 11 Google-Suchergebnisse mit Kundenbewertungen – lokale Suche. (Quelle: Google)

registrieren – oder einen dort schon vorhandenen Eintrag übernehmen. *Yelp* ist ein Bewertungsportal für eine Vielzahl verschiedener Dienstleistungen (u. a. Restaurants, Nightlife, lokale Dienstleistungen, Lieferservices).

Wichtige Plattformen für Feedback stellen auch die *sozialen Medien* dar, allen voran die sozialen Netzwerke (wie *Facebook, Xing* und *LinkedIn*). Aber auch die auf Content Sharing ausgerichteten Plattformen wie *Instagram* und *YouTube* sollten im Hinblick auf die Relevanz für die eigenen Kunden überprüft werden.

Übergreifend gilt, dass die Unternehmen auf mögliche Angriffe durch abwertende Kommentare und Bewertungen vorbereitet sein sollten. Das Motto lautet: *Be prepared to be attacked!* Unternehmen müssen prozessual auf solche Angriffe vorbereitet sein, damit sich diese nicht zu Shitstorms entwickeln, wenn Unternehmen nicht, nicht rechtzeitig oder nicht angemessen darauf reagieren.

4.3 Durchführung eines Empfehlungs-Marketings

Unternehmen dürfen *Kunden zur Bewertung auffordern* und sie dürfen auch *Kunden für Bewertungen belohnen.* Manipulationen in Form von selbstverfassten Kundenbewertungen sollten Unternehmen jedoch unterlassen. Sie schaden bei einer häufig nicht zu vermeidenden Aufdeckung nicht nur dem eigenen Image, sondern stehen auch im Widerspruch zum Verbot „Irreführende Werbung" nach § 5 UWG. Mancher Manager musste schon seinen Hut nehmen, nachdem öffentlich bekannt wurde, dass Online-Bewertungen systematisch durch eigene Mitarbeiter manipuliert wurden. Dies ist bspw. daran zu erkennen, dass Bewertungen von der gleichen IP-Adresse (dem Stammhaus eines Unternehmens) aus verfasst werden – oder einen sehr ähnlichen Wortlaut aufweisen.

Zusätzlich zum „Betrug im eigenen Unternehmen" gibt es auch extern viele „passende" Angebote, wenn man *„Kundenbewertungen kaufen"* bei *Google* eingibt. Die Anzahl der Treffer beläuft sich auf 62,3 Mio. Allerdings warnen viele Ergebnisse auch vor dem Einsatz von gekauften Bewertungen. Hier lassen sich nicht nur unter den Keyword-Anzeigen, sondern auch in der organischen Trefferliste einschlägige Unternehmen auffinden, die Kundenbewertungen verkaufen und eine besondere Diskretion ihrer Services versprechen (vgl. Abb. 12).

Seriöse Unternehmen sollten sich lieber bemühen, zufriedene Kunden für die Abgabe von Bewertungen zu gewinnen. Das ist allerdings deutlich mühsamer – aber

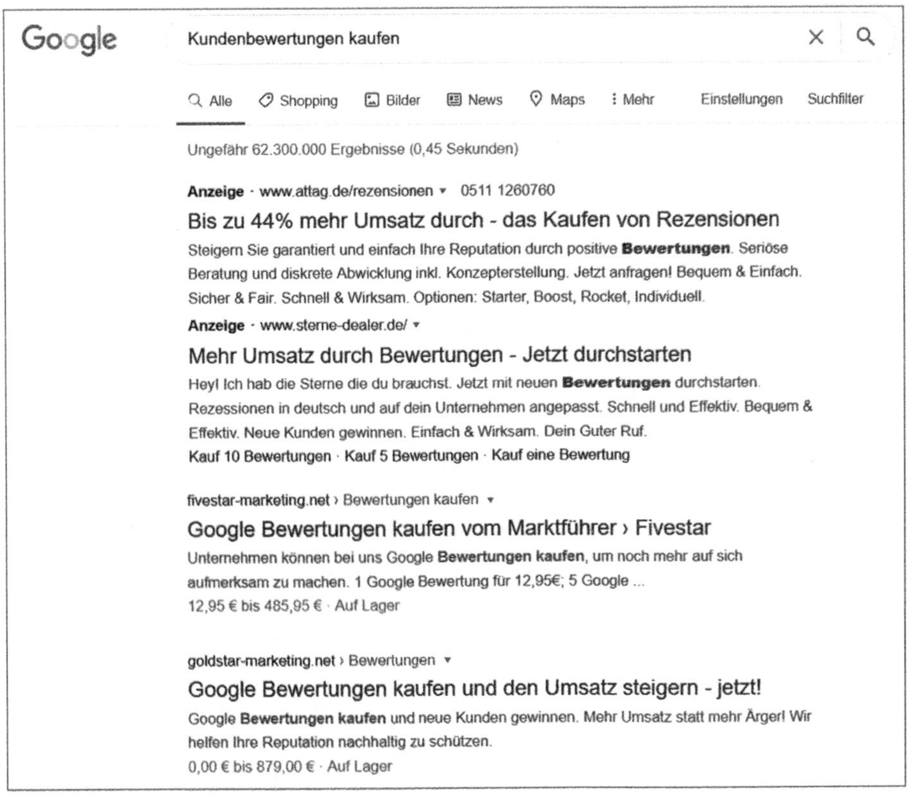

Abb. 12 Google-Suchergebnisse bei der Suche nach „Kundenbewertungen kaufen". (Quelle: Google)

auch redlicher gegenüber den Kunden. Außerdem setzen die Plattform-Betreiber immer intelligentere Algorithmen ein, um Fake-Bewertungen zu erkennen und zu löschen.

Ratsam, aber gleichermaßen mühsam ist es dagegen, Kunden immer wieder bspw. durch *Visitenkarten mit QR-Codes und Web-Adressen* zu motivieren, eine Bewertung des Unternehmens abzugeben. Ein solches Vorgehen kann bei persönlichen Begegnungen im Kaufprozess sehr einfach einsetzt werden. Empfehlenswert ist es hier, den Kunden ein *haptisches Mittel* – im wahrsten Sinne des Wortes – in die Hand zu geben. So kann erreicht werden, dass der Kunde die Bereitschaft zur Bewertung nicht schon wieder vergessen hat, wenn er vor dem Hotel oder vor dem Einzelhandelsgeschäft einen Bekannten trifft.

Wird diese *Bitte um Feedback* noch mit einer Merci-Schokolade verbunden, erhöht sich zusätzlich die Bereitschaft zu einer Bewertung. Allerdings müssen wir uns immer darüber im Klaren sein, dass eine Bewertung für jeden Kunden „Arbeit" darstellt. Deshalb ist häufig nur mit einer minimalen Response-Quote zu rechnen. Vor diesem Hintergrund ist es sehr sinnvoll, wenn die „Bitte um Feedback" in die Standardprozesse des Verkaufs eingebunden wird – online wie offline gleichermaßen.

Bei *Online-Verkäufen* sollte die Bitte um Feedback ebenfalls in die Prozesse eingebunden werden. Nach einem erfolgreichen Kaufabschluss und/oder wenige Tage nach Erhalt einer Lieferung kann automatisiert eine Aufforderung zur Abgabe einer Bewertung versandt werden. Diese Möglichkeit, seine eigenen Kunden per E-Mail zu einer Bewertung nach dem Verkauf eines Produktes oder einer Dienstleistung – auch ohne vorherige Permission – aufzufordern, hat jedes Unternehmen, das sich an die Anforderungen von § 7 III UWG hält (vgl. vertiefend Kreutzer, 2021a).

Unternehmen müssen aktiv Kundenbewertungen einfordern. Die Gewinnung von Kundenbewertungen ist hierbei kein Projekt. Es handelt sich vielmehr um einen andauernden Prozess, der – wenn richtig durchgeführt – nachhaltig zum Erfolg führt.

Diese kundengetriebenen Bewertungen sind von den *kommerziellen Bewertungsplattformen* zu unterscheiden, die eine Objektivität vorgeben – aber oft nicht erreichen. Wie aktuelle Studien immer wieder zeigen, werden häufig bei *biallo.de, check24.de, tarifcheck.de, verivox.de* und anderen nur die Unternehmen bewertet, die sich (kostenpflichtig) bei der Plattform angemeldet haben und/oder bereit sind, Vermittlungsprovisionen für Leads oder Käufer zu bezahlen (vgl. vertiefend Klemm, 2017, S. 27; zu Fake-Bewertungen vgl. Stiftung Warentest, 2019, 2020).

Wer als Anbieter zur Bezahlung solcher Provisionen nicht bereit ist, wird in den „neutralen" Trefferlisten häufig nicht oder nicht an vorderer Position angezeigt. Somit können für die Kunden attraktivere Angebote im Netz verfügbar sein, die aber aufgrund fehlender Zahlungsbereitschaft der Anbieter in den Trefferlisten der Bewertungsportale nicht auftauchen. Es wird deutlich, dass eine unabhängige Bewertung der Leistungsangebote durch diese Plattformen häufig nicht stattfindet. Dennoch bieten sie für Kunden wichtige Vorteile – eine (scheinbar) objektive Transparenz über das Leistungsangebot, inkl. Bewertungen.

4.4 Analyse und Verarbeitung des Kunden-Feedbacks

Wichtig ist zunächst, dass Unternehmen *positive wie negative Rückmeldungen der Kunden* überhaupt *mitbekommen.* Häufig unterhalten sich Kunden über Unternehmen und Marken – und kein verantwortlicher Manager hört zu. Das darf nicht passieren, da Schweigen auf positives, vor allem aber auf negatives Feedback als Arroganz ausgelegt werden kann. Ein solches Verhalten kann zu weiteren – dieses Mal negativen – Kommentaren führen.

Der Verzicht auf die Aktivierung von Bewertungs- bzw. Kommentarfunktionen auf den Plattformen ist keine wirkliche Lösung. Kunden finden immer eine Möglichkeit – vor allem ihren Unmut – über einschlägige Kanäle zu kommunizieren. Allerdings ist ein solches Feedback für Unternehmen dann schwerer zu ermitteln, weil es sich irgendwo im Internet wiederfinden kann. Um dies mitzubekommen, bedarf es – vor allem für größere Unternehmen – des Einsatzes von sogenannten *Social Media Listening Tools.* Solche Werkzeuge werden bspw. von *brandwatch.com, hootsuite.com, meltwater.com, sproutsocial.com* und *talkwalker.*com angeboten.

Wurden positive oder negative Kommentare entdeckt, dann ist angemessen darauf zu reagieren. Folgende *Guidelines für den Umgang mit Kunden-Ratings und Kunden-Reviews* haben sich bewährt:

- **Zeitnahe Erfassung und Beantwortung**
  Jedes Unternehmen sollte mindestens einmal pro Woche die einschlägigen Plattformen nach Kommentaren zu den eigenen Leistungen überprüfen. Hierfür können auf diesen Plattformen teilweise Trigger gesetzt werden, um über jede abgegebene Bewertung informiert zu werden.
  Alternativ kann ein *Google Alert* installiert werden, der bei der Nennung relevanter Keywords (bspw. der eigenen Marken bzw. des Unternehmensnamens) im öffentlichen Bereich des Internets einen Alert i. S. einer Warnung mitteilt. Eine solche Lösung ist allerdings nur für kleinere Unternehmen zielführend, die nicht so im Zentrum der Kommunikation stehen. Für alle anderen Unternehmen ist eines der bereits genannten Social Media Listening Tools erforderlich.
  In Abhängigkeit des Aufkommens von Bewertungen sollte ein **Feedback** darauf erfolgen. Für Unternehmen mit wenigen Reviews und Ratings pro Woche gilt, dass idealerweise auf alle Kunden-Rückmeldungen zu reagieren ist – unabhängig von ihrer Tonalität. Unternehmen mit vielen Rückmeldungen sollten sich vor allem auf die negativen Kommentare konzentrieren und hier schnell eine Reaktion und ggf. eine Lösung anbieten.
- **Umgang mit positiven Kommentaren**
  Warum sollte auch bei positiven Kommentaren ein Feedback erfolgen? Zum einen freut sich jeder Kunde, der sich um eine Rückmeldung bemüht hat, über ein kleines Dankeschön – und sei es auch „nur" dadurch, dass ein Unternehmen signalisiert, dass

es die Bewertung wahrgenommen hat. Zum anderen fühlen sich Bewerter in ihrem Tun bestätigt und verstärkt. Gegebenenfalls berichten sie auch über die positive Reaktion des Unternehmens und ein weiterer positiver Feedback-Kreislauf wird gestartet.

- **Umgang mit negativen Kommentaren**
  Viel schwerer fällt dagegen häufig eine Reaktion auf negative Kommentare. Dies gilt vor allem dann, wenn Feedback ungerechtfertigt erscheint oder feindliche Wettbewerberaktivitäten dahinter vermutet werden. Zunächst einmal ist es wichtig, dass Unternehmen auch ihren Kritikern gegenüber mit Respekt und Wertschätzung begegnen – auch wenn dies von Fall zu Fall eine Herausforderung darstellen könnte.
  Wichtig ist auch, möglichst schnell zu reagieren – und auf den Einsatz inhaltsleerer Textbausteine zu verzichten. Eine *Nichtreaktion* kann als „Schuldeingeständnis" missverstanden werden – und dann kann es ggf. zu einem unerwünschten Shitstorm kommen. Fühlt sich der „Kritiker" dagegen ernstgenommen und wird – soweit sachlich angemessen – eine Lösung angeboten, kann viel „negative Energie" absorbiert werden. Dies gilt bspw. dann, wenn berechtigte Kritik an die verantwortlichen Manager weitergeleitet wird und diese ggf. sogar direkt mit dem Feedback-Geber Kontakt aufnehmen.
  Da die Motivation und auch die Online-Power des Feedback-Gebers oft nicht erkannt werden können, ist eines wirklich unverzichtbar: ein *wertschätzender Umgang*. So kann – auch durch eine schnelle Reaktion – gezeigt werden, dass sich ein Unternehmen für das Feedback seiner Kunden interessiert. Hierbei gilt es, zunächst *Verständnis für eine negative Bewertung* des Kunden zu zeigen. Zuhören und nicht Rechtfertigung ist das – oft schwere – Gebot der Stunde. Ein Unternehmen muss ermitteln, ob bspw. eine Beschwerde zu Recht vorgetragen wurde oder nur einen Vorwand für die Einforderung einer wie auch immer gestalteten Entschädigung darstellt.
  Wichtig ist, bei der Bearbeitung – vor allem bei berechtigter Kritik – eine wertschätzende Aufnahme in der Öffentlichkeit zu dokumentieren. Dann gilt es, zur Lösung in einen *privaten Modus* überzuleiten. Hier können Telefon, eine Direct Message und E-Mail genutzt werden, um Lösungen zu finden. Gerade ein gut geführtes Telefonat kann schnell zur Entspannung führen und geeignete Lösungen finden. Hier können auch persönliche Daten etc. ausgetauscht werden, ohne dass diese für die Öffentlichkeit sichtbar werden. Über einen positiven Abschluss einer Reklamation kann wieder öffentlich berichtet werden.
  Zusätzlich können – bei berechtigter Kritik – kleine *Incentives* helfen, die Wogen zu glätten. Ein professionelles Beschwerde-Management führt dann vielleicht sogar dazu, dass eine Zwei- oder Drei-Sterne-Bewertung durch den Kunden in eine Vier- oder Fünf-Sterne-Bewertung aufgewertet wird. Wenn sich der „Kritiker" anschließend – wieder öffentlich – lobend über das Unternehmen und sein „Beschwerde-Management" äußert, können alle interessierten Personen feststellen, dass hier ein kundenorientiertes Verhalten an den Tag gelegt wird (vgl. vertiefend Baer, 2016).

- **Feedback an die zuständigen Stellen weiterleiten**
  Unverzichtbar ist, dass Feedback an die für eine Optimierung zuständigen Stellen im Unternehmen weitergeleitet wird. Vielfach sind technische Mängel, fehlende Leistungen oder unfreundliches Personal Gegenstand negativer Bewertungen. Unternehmen sind gut beraten, wenn sie dieses Feedback ernst nehmen. Es kommt immer wieder vor, dass wichtiges Kundenfeedback im Customer Service vorliegt – sich aber keiner der betroffenen Unternehmensbereiche dafür interessiert.
  Um dies zu vermeiden, ist ein sauberer Informationsfluss im Unternehmen aufzubauen, der die Informationen an die jeweiligen Verantwortungsträger weiterleitet. Die jeweils Verantwortlichen sind zu informieren, um *Fehler* sowie *Fehlerquellen* schnellstmöglich abzustellen. So können Fehlentwicklungen frühzeitig erkannt und ggf. abgestellt werden. Hierfür sind *geschlossene Informationskreisläufe* zu etablieren. Ideal ist es, wenn die an der „Kundenfront" engagierten Mitarbeiter auch Informationen darüber erhalten, welche weitergeleiteten Impulse bereits zu Veränderungen geführt haben. Das fördert die wahrgenommene Selbstwirksamkeit – und sichert auch ein kompetentes, selbstsicheres Auftreten im Dialog mit den Kunden.

Gerade ein ehrliches *Kunden-Feedback* eröffnet den Unternehmen oft ein wichtiges Verbesserungspotenzial. Um das oft sehr schnell verfügbare Feedback effektiv zu nutzen, muss das Beobachten und Erfassen von Bewertungen zum Tagesgeschäft in Unternehmen werden. Kundenservice, Vertrieb, Marketing, Brand- und Produkt-Management sind in den Rating- und Review-Prozess umfassend zu integrieren. Darüber hinaus müssen Prozesse zur Eskalation bei besonders kritischen Bewertungen frühzeitig definiert werden, um ggf. auch in der generellen Unternehmenskommunikation als Teil des Corporate-Reputation-Managements auf diese Ereignisse zu reagieren.

Wie Unternehmen agieren könnten, um die gesamte Customer Experience zu verbessern, zeigt Abb. 13. Diese Möglichkeit sollte in den Unternehmen angedacht werden, die selbst das *Konzept des Net Promoter Scores einsetzen* (vgl. vertiefend Kreutzer, 2018, S. 182–185). Bei den *Promotoren* der eigenen Leistungen können sich die Service-Mitarbeiter bedanken. Zu den *Unentschlossenen* sollten höherrangige Vertriebsmitarbeiter Kontakt aufnehmen, um mögliche schlechte Erfahrungen oder enttäuschte Erwartungen aufzugreifen und einer Lösung zuzuführen. Für die Kontaktaufnahme zu den *Kritikern* sind das Middle- und Top-Management gefordert. Je größer die Unzufriedenheit, umso höher sollte das Management-Level bei einer Kontaktaufnahme sein, um die Wogen wieder zu glätten. Gleichzeitig bietet ein solches Vorgehen für das Management die perfekte Gelegenheit, regelmäßig „O-Töne der Kunden" zu hören.

4.5 Bewertungsergebnisse für andere sichtbar machen

Sobald positive Kundenbewertungen über die Produkte und Dienstleistungen des Unternehmens vorliegen, sollten diese den Kunden prominent auf der *Website* oder im

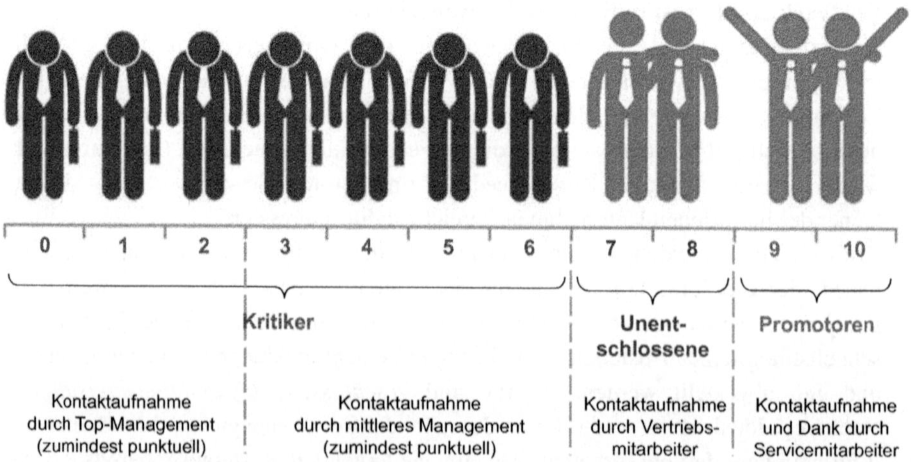

Abb. 13 Reaktionsmöglichkeiten auf die drei Kundentypen gemäß Net Promoter Score

Online-Shop angezeigt werden. Ein Beispiel für die Einbindung in die Website liefert der Friedrichstadt-Palast, Berlin. Hier werden die *Empfehler-Quoten auf verschiedenen Plattformen* ausgewiesen. Durch einen Klick auf das *Tripadvisor*-Ergebnis landet man direkt auf der Bewertungsseite und kann dort eine Buchung vornehmen. Das ist eine perfekte Führung der Kunden. Allerdings muss der Friedrichstadt-Palast für die Vermarktung über die *Tripadvisor*-Plattform beim erfolgreichen Ticket-Verkauf eine Provision an *Tripadvisor* bezahlen. Dies ist bei einer solchen Verlinkung mitzudenken.

Der in Abschn. 4.2 angesprochene Prozess einer automatisierten Einholung von Feedback findet bspw. beim Friedrichstadt-Palast statt. Wenige Tage nach dem Besuch einer Vorstellung wird jeder Besucher per E-Mail zu einer Bewertung aufgefordert. Dieses konsequente Einholen von Bewertungen führt dazu, dass das Unternehmen in seinem Online-Auftritt zeigen kann, dass schon mehr als 5000 Gäste eine Bewertung bei *TripAdvisor* vorgenommen haben.

Eine perfekte Platzierung von Kundenbewertungen ist direkt im *Online-Shop*. So werden Kundenbewertungen bei *Otto* offensiv in die Produktpräsentation eingebunden. Bei der klassischen Leserichtung in westlichen Zivilisationen startet der Lesevorgang oben links. Genau hier sind bei *Otto* die Kundenbewertungen zu sehen, die oft beachtliche Fallzahlen aufweisen. Die Bewertungen und deren Anzeige bei *conrad.de* folgen der gleichen Logik wie bei *otto.de*. In beiden Fällen wird durch die Positionierung oben links erreicht, dass der Nutzer durch die Bewertungen schon auf eine bestimmte Wertigkeit des Angebots konditioniert wird.

Der Kreativität der *Einbindung von positiven Kundenbewertungen* in weitere Kommunikationsmittel sind kaum Grenzen gesetzt. Über entsprechende Bewertungen kann in E-Mails und E-Newslettern berichtet werden. Außerdem können auch in Posts in den sozialen Medien gute Ergebnisse herausgestellt werden. Selbst in die Print-Medien können Kundenbewertungen einfließen (vgl. weiterführend Kreutzer, 2021b).

4.6 Controlling des Rating- und Review-Managements

Zur Messung des *Erfolgs eines Rating- und Review-Managements* können verschiedene KPIs herangezogen werden. Die wichtigsten werden nachfolgend präsentiert. Das *Vorhandensein* und die *Wirkungen von relevanten Bewertungen* auf unterschiedlichen Plattformen können durch folgende KPIs ermittelt werden:

- Wie viele Plattformen werden aktiv beobachtet?
- Auf wie vielen Plattformen finden sich Bewertungen zu den Produkten und Dienstleistungen des eigenen Unternehmens?
- Wie viele neue Plattformen wurden in den letzten drei Monaten in das Monitoring übernommen?
- Wie viele Bewertungen zu den Produkten und Dienstleistungen des eigenen Unternehmens gibt es auf den beobachteten Plattformen?
- Wie verteilt sich die Tonalität dieser Bewertungen auf die Kategorien „negativ", „neutral" und „positiv"?
- Wie hat sich diese Tonalität pro Bewertungsplattform in den letzten drei Monaten verändert?
- Wie viele Bewertungen zu den Produkten und Dienstleistungen der relevanten Wettbewerber gibt es auf den beobachteten Plattformen?
- Wie verteilt sich die Tonalität dieser Wettbewerber-Bewertungen auf die Kategorien „negativ", „neutral" und „positiv"?
- Wie hat sich die Tonalität dieser Wettbewerber-Bewertungen pro Plattform in den letzten drei Monaten verändert?

Zur Ermittlung des *Impacts von relevanten Bewertungen* auf den Kaufprozess dienen folgende KPIs:

- Auf welchen Plattformen sind die potenziellen Kunden während ihrer Customer Journeys primär unterwegs?
- Welche Glaubwürdigkeit wird den verschiedenen Plattformen zugeordnet?
- Wie viele Bewertungen lesen die potenziellen Käufer vor einem Kauf?
- Wie verändert sich die Conversion Rate, wenn ein Nutzer vorher Bewertungen gelesen hat, im Vergleich zur „normalen" Conversion Rate?
- Lassen sich bei der Conversion Rate Unterschiede im Hinblick auf die genutzten Plattformen erkennen?

Zur *Analyse der Kundenbewertungen* durch die Kunden können folgende KPIs herangezogen werden:

- Wie viel Prozent aller Kunden eines Monats geben durchschnittlich eine Bewertung ab?
- Konnte diese Zahl in den letzten drei Monaten gesteigert werden?
- Wie verteilt sich die Tonalität dieser neuen Bewertungen auf die Kategorien „negativ", „neutral" und „positiv"?
- Welche Anreize wurden zum Verfassen von Bewertungen gesetzt?
- Welche Anreize haben – aus welchen Gründen – besonders gut oder besonders schlecht funktioniert?

Um die *Kosten des Rating- und Review-Managements* zu erfassen, sind die folgenden Fragen zu beantworten:

- Welche Kosten fallen für das Rating- und Review-Management an?
- Auf welche Abteilungen und welche Funktionen entfallen diese Kosten?
- Wie verhalten sich diese Kosten im Vergleich zu den monetären und nicht-monetären Leistungsbeiträgen?

Zur Ermittlung von *Leistungsbeiträgen des Rating- und Review-Managements* dienen die folgenden Kriterien:

- Welche (zusätzlichen) Conversions lassen sich auf Kundenbewertungen zurückführen?
- Welche Ideen für Produkt- bzw. Service-Verbesserungen wurden durch das Rating- und Review-Management in den letzten drei Monaten ermittelt?
- Welche Ideen für neue Produkte und Services wurden durch das Rating- und Review-Management in den letzten drei Monaten ermittelt?
- Konnten Kosten durch die frühzeitige Identifikation von Schwachstellen der Produkte bzw. Services vermieden werden?

Die Zahl der für die Erfolgsanalyse notwendigen Kriterien zeigt, welches umfassende Potenzial durch ein leistungsstarkes Rating- und Review-Management ausgeschöpft werden kann. Jedes Unternehmen ist gut beraten, für sein eigenes Leistungsfeld zu ermitteln, wo bei der Umsetzung des Rating- und Review-Managements die Schwerpunkte zu setzen sind.

5 Ausblick

Wir sind auf dem Weg zu einer *Likeokratie.* Bei jeder passenden und unpassenden Gelegenheit werden wir heute zur Bewertung aufgefordert – nicht nur bei sehr vielen Online-Dialogen und Online-Bestellungen. Auch in der Offline-Welt begegnen uns regelmäßig Aufforderungen zur Bewertung, bspw. bei den Sicherheitskontrollen sowie in den Toiletten am Flughafen. Eines wird sichtbar:

- Vertrauen wird immer mehr zu einer relevanten Währung.

Allerdings sind wir gut beraten, es bei der Likeokratie nicht zu übertreiben. Sonst stoßen wir bei unserer Bitte um Bewertung auf Reaktanz. Das sollten wir vermeiden.

Literatur

Babić Rosario, A., de Valck, K., & Sotgiu, F. (2020). Conceptualizing the electronic word-of-mouth process: What we know and need to know about eWOM creation, exposure, and evaluation. *Journal of the Academy of Marketing Science, 48*(3), 422–448.

Baer, J. (2016). *Hug your haters: How to embrace complaints and keep your customers.* Penguin Random House.

Bickart, B., & Schindler, R. M. (2001). Internet forums as influential sources of consumer information. *Journal of Interactive Marketing, 15*(3), 31–40.

Bitkom Research. (2020). Jeder Zweite liest Online-Bewertungen vor dem Kauf. https://www.bitkom.org/Presse/Presseinformation/Jeder-Zweite-liest-Online-Bewertungen-vor-dem-Kauf. Zugegriffen: 26. Feb. 2021.

Bonprix. (2021). Rezensionen. https://www.bonprix.de/service/rezensionen/. Zugegriffen: 1. Sept. 2021.

Brimblecombe, S. (2019). 6 Ways Reviews Can Benefit SEO. https://blog.reviews.io/use-customer-feedback-boost-seo. Zugegriffen: 2. Sept. 2021.

Chevalier, J. A., & Mayzlin, D. (2006). The effect of word of mouth on sales: Online book reviews. *Journal of Marketing Research, 43*(3), 345–354.

Festinger, L. (2019). *Theorie der kognitiven Dissonanz* (3. Aufl.). Hofgrefe.

Klemm, T. (2017). Die Check24-Masche. *Frankfurter Allgemeine Sonntagszeitung, 2017*(27), 27.

Kilian, K., & Kreutzer, R. T. (2022). *Digitale Markenführung.* Springer Gabler.

Kreutzer, R. T. (2018). *Toolbox für Marketing und Management.* Springer Gabler.

Kreutzer, R. T. (2021a). *Praxisorientiertes Online-Marketing* (4. Aufl.). Springer Gabler.

Kreutzer, R. T. (2021b). *Kundendialog online und offline, Das große 1x1 der Kundenakquisition, Kundenbindung und Kundenrückgewinnung.* Springer Gabler.

Lecinski, J. (2011). *ZMOT. Winning the zero moment of truth.* Google.

März, A., Schubach, S., & Schumann, J. H. (2017). "Why would i read a mobile review?" Device compatibility perceptions and effects on perceived helpfulness. *Psychology & Marketing, 34*(2), 119–137.

Nambisan, S., & Baron, R. A. (2007). Interactions in virtual customer environments: Implications for product support and customer relationship management. *Journal of Interactive Marketing, 21*(2), 42–62.

Paylou, P. A., & Ba, S. (2002). Evidence of the effect of trust building technology in electronic markets: Price premium and buyer behavior. *MIS Quarterly, 26*(3), 243–268.

Schulten, M. (2016). *Kundenbewertungen erfolgreich in der Praxis einsetzen. Vortrag auf dem 11. wissenschaftlicher interdisziplinärer Kongress für Dialogmarketing am 21. Sept. 2016.* Deuterscher Dialogmarketing Verband.

Splendid Research. (2018). Bedeutung von Kundenbewertungen bei Serviceleistungen in unterschiedlichen Branchen in Deutschland im Jahr 2018. https://de-statista-com.ezproxy.hwr-berlin.de/statistik/daten/studie/883045/umfrage/umfrage-zur-bedeutung-von-kundenbewertungen-bei-serviceleistungen-in-deutschland/. Zugegriffen: 25. Aug. 2021.

Splendid Research. (2019). Bedeutung von Kundenbewertungen in unterschiedlichen Produktkategorien in Deutschland im Jahr 2019. https://de-statista-com.ezproxy.hwr-berlin.de/statistik/daten/studie/883030/umfrage/umfrage-zur-bedeutung-von-kundenbewertungen-bei-produkten-in-deutschland/. Zugegriffen: 26. Aug. 2021.
Statista. (2017). Welcher der folgenden Werbeformen vertrauen Sie? https://de.statista.com/statistik/daten/studie/222329/umfrage/umfrage-zum-vertrauen-in-unterschiedliche-werbeformen/. Zugegriffen: 12. Aug. 2021.
Warentest, S. (2019). Das steht in den Sternen. *Testheft, 2019*(3), 24–25.
Warentest, S. (2020). Manipulierte Sterne. *Testheft, 2020*(7), 48–53.

Prof. Dr. Ralf T. Kreutzer ist seit 2005 Professor für Marketing an der Hochschule für Wirtschaft und Recht/Berlin School of Economics and Law. Parallel ist er als Trainer, Coach sowie als Marketing und Management Consultant tätig. Er war 15 Jahre in verschiedenen Führungspositionen bei Bertelsmann (letzte Position Direktor des Auslandsbereichs einer Tochtergesellschaft), Volkswagen (Geschäftsführer einer Tochtergesellschaft) und der Deutschen Post (Geschäftsführer einer Tochtergesellschaft) tätig, bevor er 2005 zum Professor für Marketing berufen wurde.

Prof. Kreutzer hat durch regelmäßige Publikationen und Keynote-Vorträge (u. a. in Deutschland, Österreich, Schweiz, Frankreich, Belgien, Singapur, Indien, Japan, Russland, USA) maßgebliche Impulse zu verschiedenen Themen rund um Marketing, Dialog-Marketing, CRM/Kundenbindungssysteme, Database-Marketing, Online-Marketing, Social-Media-Marketing, Digitalen Darwinismus, Digital Branding, Dematerialisierung, Change-Management, digitale Transformation, Künstliche Intelligenz, Agiles Management, strategisches sowie internationales Marketing gesetzt und eine Vielzahl von Unternehmen im In- und Ausland in diesen Themenfeldern beraten. Zusätzlich ist Prof. Kreutzer als Trainer und Coach im Einsatz.

Seine jüngsten Buchveröffentlichungen sind „Kundendialog online und offline" (2021), „Praxisorientiertes Online Marketing" (4. Aufl., 2021), „Toolbox für Digital Business" (2021), „Social-Media-Marketing kompakt" (2. Aufl., 2021), „E-Mail-Marketing kompakt" (2. Aufl., 2021), „Online-Marketing – Studienwissen kompakt (3. Aufl., 2021), „Digitale Markenführung" (2022, zusammen mit Karsten Kilian) und „Praxisorientiertes Marketing" (6. Aufl., 2022).

Die Messe als Instrument im integrierten Online- und Offline-Channel-Marketing

Sven M. Prüser

Inhaltsverzeichnis

1 Einführung 261
2 Traditionelle Messen als Offline-Plattform-Business 262
3 Erfolgsfaktoren des traditionellen Messemarketings 265
4 Virtualisierte Messen als Alternative zur inflexiblen Präsenz-Messe 269
5 Die Integration hybrider Messen in das digitale Channel-Marketing 270
6 Ausblick 272
Literatur 273

1 Einführung

Wie kaum ein anderes Marketing-Instrument polarisiert die Messe die Marketing-Community. Jedes Mal, wenn eine neue technologische, wirtschaftliche oder politische Entwicklung sich anschickt, fundamentale Veränderungen zu initiieren, wagen sich diejenigen, denen die Messen immer schon suspekt waren, aus der Deckung und verkünden das Ende des Messewesens oder zumindest dessen grundlegenden Bedeutungsverlust (Hymer, 2020; Möllenberg & Teichmann, 2000, S. 45; Schulz, 2017, S. 193). Umgekehrt wurden und werden die Befürworter des Messewesens nicht müde, kontinuierlich darauf hinzuweisen, dass ihre Veranstaltungen erhebliche positive Effekte erzeugen. Von diesen würden nicht nur Besucher und Aussteller, sondern auch die gastgebenden Städte

S. M. Prüser (✉)
Hannover, Deutschland
E-Mail: Sven.Prueser@HTW-Berlin.de

K. Butzer-Strothmann (Hrsg.), *Integriertes Online- und Offline-Channel-Marketing*,
https://doi.org/10.1007/978-3-658-38048-9_12

und Regionen sowie selbstverständlich die jeweils vertretenen Branchen profitieren (Könicke, 2021). Diese variantenreich geführte Debatte, die bis ins Mittelalter zurückverfolgbar ist, hat vor allem dazu geführt, dass das Messewesen neue Entwicklungen bislang stets schnell adaptierte, um dann mit innovativ ergänzten oder veränderten Konzeptionen weiter zu wachsen.

Aktuell, während diese Worte geschrieben werden, erreicht die Dramatik der Situation für das deutsche Messewesen allerdings ein seit Jahrzehnten nicht mehr gekanntes Ausmaß. Seit 2020 herrscht eine durch die Pandemie bedingte nahezu flächendeckende Zwangspause der Messen, die selbst die größten Anhänger des Messemarketings zwang, alternative Vermarktungskanäle zu finden. Als Alternative boten sich verschiedene digitale Formen der Marktkommunikation an, die größtenteils zwar schon aus dem letzten Jahrtausend stammen, aber erst im Zuge der Pandemie einen schlagartigen Popularitätsschub erfuhren. Die größten Gewinner waren hier die Videokonferenztechniken bzw. -services, die allerdings auch weit über die Grenzen des Marketings hinaus einen erheblichen Bedeutungszuwachs erfahren haben. Im Zuge deren Siegeszugs tauchte als Nebeneffekt sogar ein neues Krankheitsbild auf, die „Zoom-Fatigue", deren schnelle Verbreitung die Gesetzlichen Unfallversicherer dazu veranlasste, eigens eine spezielle Präventions- und Hilfsbroschüre zu publizieren (DGUV, 2021).

Virtuelle Messen und Kongresse, die ebenfalls schon eine sehr lange Geschichte haben, profitierten gleich doppelt von der Entwicklung. Da die Videokonferenztechniken in vielerlei Hinsicht sehr ähnliche Funktionalitäten wie die virtuellen Messe- und Kongressangebote aufweisen, stieg mit der Zahl der routinierten Nutzer von Videokonferenztechniken zugleich auch das Potenzial für die virtuellen Veranstaltungsformate. Gleichzeitig wuchs die Zahl der vormaligen Messebesucher und -aussteller, die auf der Suche nach Alternativen für ihre Offlineformate waren, was zahlreiche etablierte und neue Veranstalter motivierte, entsprechende virtuelle Angebote zu machen. Ob damit die Substitution der Offline- durch die Online-Veranstaltung eingeleitet ist, darf aber angesichts der Erfolge der „analogen" Präsenz-Messen, die im Ausland stattfanden, während gleichzeitig in Deutschland pausiert wurde, bezweifelt werden. Wenn aber auch dieses Mal die Analogie zur Geschichte zutreffen sollte, dann lohnt es sich, anhand der Erfahrungen der letzten zwei Jahre zu überprüfen, welche möglicherweise sogar grundlegenden Änderungen des Messewesens zu erwarten sind.

Entsprechend werden im Folgenden zunächst wichtige Charakteristika der Messen ausgeführt und mit den Eigenschaften führender Online-Plattformen kontrastiert. Dabei werden Defizite deutlich werden, die die Frage aufwerfen, warum die Messen zumindest bislang so erfolgreich waren.

2 Traditionelle Messen als Offline-Plattform-Business

Da sich die Attraktivität einer Messe einerseits daraus ergibt, dass die Besucher der jeweiligen Veranstaltung auf interessante Aussteller stoßen, und andererseits davon abhängt, dass diese Aussteller auf die für sie relevanten Besucher treffen, handelt es sich bei der Veranstaltung von Messen um typische zweiseitige Märkte. Das Businessmodell der Messeveranstalter basiert entsprechend darauf, „Multisided-Platforms" bereitzustellen, auf denen wechselseitig passende Aussteller und Besucher zueinander finden (Osterwalder & Pigneur, 2011, S. 80 ff.). Genau genommen können sogar weitere klar voneinander abgrenzbare Kundengruppen, wie Journalisten und Verbandsfunktionäre, genannt werden, für die Messen attraktiv sind und deren Anwesenheit auf Messen zusätzliche Attraktivität schafft. Die entscheidenden Marktseiten sind aber die Besucher und Aussteller. Dieses Charakteristikum stellt eine Parallelität zu anderen, zum Teil hoch bewerteten mehrseitigen Plattformen wie z. B. Amazon, Ebay, Facebook oder Google dar. Auch deren Geschäftsmodelle basieren darauf, mindestens zwei voneinander unabhängige Kundengruppen miteinander zu verbinden. Google bietet bspw. den Suchmaschinennutzern den Zugriff auf Internet-Contents an. Da Google aus dem Suchverhalten der Nutzer Erkenntnisse über deren Bedarf gewinnt, kann das Unternehmen im logisch nächsten Schritt Weblinks gegen Bezahlung platzieren. Wie die Suchmaschinennutzer auf diese gesponserten Links reagieren, wird ebenfalls sorgfältig durch Google analysiert; denn einerseits müssen die Sponsoren nur dann bezahlen, wenn der angebotene Link auch wirklich geklickt wird, und andererseits lernt Google auch daraus, was der Nutzer mit diesem Link anfängt. Werden angebotene Links z. B. ignoriert oder nach dem Klicken schnell wieder verlassen, zieht der Algorithmus die Schlussfolgerung, dass der Content des Sponsors doch nicht zum Suchinteresse passt, sodass die nächste Suchanfrage entsprechend besser beantwortet werden wird (Osterwalder & Pigneur, 2011, S. 84 f.; List, 2020). Ein ähnliches Lernverhalten praktizieren auch die übrigen genannten und weiteren digitalen Plattformen, wobei diese dann jeweils anderen Content, wie Postings von sogenannten Freunden oder Waren, die zum Kauf angeboten werden, präsentieren.

Die Content-Strategie der Messeveranstalter weist insofern Ähnlichkeiten zum Vorgehen der Suchmaschinenbetreiber auf, als auch die Messemacher Content für ihre Plattformen suchen und dabei hoffen, dass ihre Auswahl den Besucherinteressen entspricht. Zu diesen Contents gehören u. a. Vorträge, die auf Messen im Rahmen von messebegleitenden Kongressen, Foren etc. gehalten werden. Diese sollen die Attraktivität der jeweiligen Veranstaltung dadurch erhöhen, dass sie einen zusätzlichen Nutzen für Besucher und Aussteller bieten. Ob diese Hoffnung zutrifft, kann bei den Messen genau wie bei Suchmaschinen anhand der Nutzer-Reaktionen ermittelt werden. Im Gegensatz zu der Plattform Suchmaschine hat die Plattform Messe aber – wenn überhaupt – nur einen sehr begrenzten Spielraum, um kurzfristig auf die Erkenntnisse der Nutzerbeobachtungen einzugehen; denn die Vortragsprogramme sind i. d. R. vorab für die gesamte Laufzeit der Messe festgelegt, sodass bspw. auch ein sehr gut angenommenes Diskussionsforum nicht so leicht wiederholt werden kann, sondern wahrscheinlich frühestens wieder zur nächsten Ausgabe der Messe in ein, zwei oder mehr Jahren einen größeren Raum erhalten wird, sofern es dann noch aktuell sein wird. Ähnlich inflexibel sind auch sogenannte ideelle Flächen, die insofern eine Anreicherung des Content-Angebots darstellen, als sie das Informationsangebot mit vorwiegend nichtkommerziellen Präsentationen abrunden. Auf publikumsorientierten Freizeitmessen zeigen sich z. B. gelegentlich Modellbau-Vereine, die dem Publikum ihre Flugzeug-, Schiffs- und Automodelle vorführen. Analog dazu informieren auf Fachmessen manchmal u. a. auch berufsständische Verbände über ihre Anliegen. Auch hier wird sehr schnell deutlich, ob sich die Besucher für derlei Content begeistern oder ob sie ihn ignorieren. Konsequenzen aus diesen Erkenntnissen können aber normalerweise frühestens zur nächsten Messe gezogen werden.

Den wichtigsten Messe-Content stellen die Messestände dar, die die professionellen Aussteller auf gemieteten Flächen präsentieren. Auch hier gilt, dass alle Inhalte lediglich für die Laufzeit der Messe zur Verfügung stehen und die Präsentation während der Messetage nur im begrenzten Umfang modifizierbar ist. So kann z. B. einerseits ein weitgehend gemiedener Messestand nicht einfach abgeräumt werden und andererseits besteht i. d. R. keine Möglichkeit, die Präsentationsfläche eines Ausstellers im Verlauf der Veranstaltung auszuweiten, wenn der Messestand von Interessenten überrannt wird.

Eine weitere Parallelität, die zwischen Veranstalten von Messen und Betreibern von Suchmaschinen besteht, ist die Zusammenführung von Besuchs- und Ausstellerinteressen. So wie eine Suchmaschine Suchende und Content-Angebot verbindet, sind auch Messeveranstalter bemüht, die Besucher auf die passenden Vorträge, Sonderschauen und vor allem Aussteller hinzuführen. Traditionell stehen den Veranstaltern für diese Aufgabe im Wesentlichen Geländepläne, auf denen thematische Schwerpunkte der Messe dargestellt sind, und Messekataloge, in denen neben Vortrags-Programmen vor allem Angaben zu den Leistungen zu finden sind, die die Aussteller auf ihren Messeständen anbieten, zur Verfügung. Geländepläne, Kataloge oder auch die Messezeitung sind allerding eine „Datenbasis", die hauptsächlich auf den Angaben der Aussteller bzw. Vortragenden basiert, wobei die Erfassung der nötigen Angaben nur sehr grob erfolgen kann. Die „Gegenseite", die Interessen der Besucher, wird erst seit der Einführung der Besucherregistrierung Teil der Messe-Datenbasis; wobei auch in diesem Fall lediglich sehr grobe Kategorien erfasst werden. Ferner erfolgt die Erfassung der Daten im Wesentlichen nur einmal im Zuge der Registrierung, sodass die Datenbasis außerstande ist, aus dem Besucherverhalten zu „lernen". Daher ist es nicht möglich, den Besuchern im Verlauf ihres Aufenthalts auf der Messe immer bessere, also auf ihre individuellen Bedürfnisse hin optimierte Hinweise auf interessante Aussteller, Vorträge etc. zu geben. Entsprechend wundert es nicht, dass das datengestützte Matchmaking zwischen Ausstellern und Besuchern auf Messen eher grobschlächtig ausfällt und bei weitem nicht die Qualität erreicht, wie sie die Nutzer von Suchmaschinen, Social Networks oder Onlineshops gewohnt sind.

Der Vergleich der Business-Modelle Messe und Suchmaschine macht deutlich, dass der unbestrittene Erfolg des Marketing-Instruments Messe nicht daraus resultieren kann, dass die Messe-Macher über herausragende Fähigkeiten im Anlegen und Auswerten von Datensätzen verfügen. Vielmehr zeigt sich, dass der größte Teil der vorliegenden Informationen gar nicht erst erfasst wird und dass die wenigen aufgezeichneten Daten suboptimal nutzbar sind. Daher ist die Frage, die im nächsten Abschnitt zu klären sein wird, worauf das Marketing-Potenzial der Messen stattdessen basiert.

3 Erfolgsfaktoren des traditionellen Messemarketings

Geht es um den Erfolg des Marketing-Instruments Messe, finden sich in der Literatur verschiedene, ergänzende Erklärungsansätze. Eine zentrale Rolle spielt, dass Messen zeitgleich eine Vielzahl von Kommunikations- und Informationsaspekten abdecken. Dadurch, dass die Messe räumlich und zeitlich konzentriert ist, treffen auf einem relativ kleinen Raum Anbieter und Besucher, die das Interesse an einem oder mehreren passenden Themen verbindet, aufeinander. Dadurch entsteht eine Kommunikationsdichte, die es allen Beteiligten ermöglicht, themenbezogene Kommunikationsziele innerhalb eines kurzen Zeitraums zu erreichen. Neben den fachlichen kommen dabei auch atmosphärische Aspekte ins Spiel, sodass nicht nur relevante Informationen, sondern auch persönliche Eindrücke, die für den Aufbau von Vertrauensverhältnissen essenziell sind, gewonnen werden. Dies spielt insbesondere bei Dienstleistungen eine Rolle, denn die Dienstleistungsqualität eines Anbieters lässt sich kaum anhand von Dokumenten oder anderen Unterlagen hinreichend beurteilen.

Die – zumindest bei erfolgreichen Messen – hohe Konzentration von Interessenten erlaubt es den Anbietern außerdem, ein breites Spektrum von Informationsangeboten zu machen. Neben Broschüren, Datenblättern, Plakaten und dergleichen können auch Referenzkunden auf den Messestand gebeten werden, damit diese dann darlegen, welche (positiven) Erfahrungen sie mit dem jeweiligen Anbieter gemacht haben, was zusätzlich vertrauensbildend wirkt. Ferner lohnt es sich, verschiedene Experten bereitzuhalten, die auf spezielle Fragen der Informationssuchenden eingehen können. Geht es um die Vermarktung von konkreten Produkten, können die Aussteller Muster und Modelle zeigen. Unter Umständen ist es sogar wirtschaftlich vertretbar, Maschinen oder ganze Fertigungsprozesse im Original darzustellen, damit sich Besucher im Wortsinn ein Bild davonmachen können, ob die jeweilige produktionstechnische Lösung zur eigenen Fertigung passt. Sollen Konsumgüter beworben werden, können sich Interessenten nicht nur ein Bild machen, sondern die Produkte haptisch und ggf. sogar gustatorisch oder olfaktorisch begutachten (Selinski & Sperling, 1995, S. 84). Dabei besteht für die Besucher die Möglichkeit, verschiedene Anbieter und deren Angebote direkt zu vergleichen, sodass es zwar i. d. R. aufwendig ist, eine Messe zu besuchen, es sich aber lohnt, sobald durch das Aufsuchen der Messe eine Vielzahl von Vertreterbesuchen oder gar Reisen zu den (potenziellen) Lieferanten gespart werden kann.

Der Aspekt der Informationsdichte auf Messen wirkt sich auch noch in einer anderen Hinsicht aus. Private und erst recht betriebliche Beschaffungen werden selten spontan getroffen. Typischerweise liegen vor dem Kauf mehrere Phasen der Meinungsbildung, die aus der Käuferperspektive als Entscheidungsprozess und vom Standpunkt des Anbieters als Salesfunnel wahrgenommen werden können (Kotler et al., 2021, S. 169 ff.). Aus der Perspektive des späteren Kunden können vereinfachend drei Phasen unterschieden werden:

1. **Initiierung und Vororientierungsphase**
   In dieser Phase identifiziert der spätere Kunde seinen Bedarf und sondiert, welche Alternativen allgemein zur Deckung dieses Bedarfs bereitstehen.
2. **Orientierungs- und Informationsphase**
   Sobald die Richtung der Bedarfsdeckung geklärt ist, wird das Objekt der Bedarfsdeckung spezifiziert und mögliche Anbieter werden identifiziert und bewertet.
3. **Auswahl- und Entscheidungsphase**
   Schließlich werden dann mit dem oder den potenziellen Anbietern die Details der Lösung festgelegt und die Konditionen verhandelt bzw. verglichen sowie die endgültige Auswahl getroffen.

Der für jede Phase charakteristische Klärungsbedarf der späteren Kunden bietet potenziellen Anbieter ebenso charakteristische Möglichkeiten zur Beeinflussung der Meinungsbildung. Diese beginnt damit, dass Prozesse, die noch nicht eigenständig gestartet sind, initiiert werden können. Danach bedarf es in Abhängigkeit von der Kompliziertheit des Entscheidungsgegenstandes zunächst solcher Informationen, die dem Kunden helfen, einen Überblick zu gewinnen, um dann immer detaillierter auf die Materie einzugehen, bis schließlich das den jeweiligen Kunden zufriedenstellende Informationsniveau erreicht ist. Je besser das Marketing bzw. dessen Kommunikationspolitik phasenspezifisch Einfluss nimmt, desto wahrscheinlicher wird der Abschluss. Entsprechend erfolgskritisch ist es daher, die Übereinstimmung zwischen Inhalten der Einflussnahme und dem jeweiligen Entscheidungsstatus zu finden. Im Online-Marketing werden anhand des individuellen Internet-Surfverhaltens Schlussfolgerungen über die Phase der Meinungsbildung gezogen, in der sich der jeweilige aktuelle Surfer befindet, und die phasenspezifischen Impulse gegeben. Da zugleich aus der Reaktion auf die Impulse automatisiert gelernt wird, kann der Algorithmus im Zeitverlauf immer präziser auf die jeweilige phasenspezifische Aufnahmebereitschaft eingehen und entsprechend erfolgreicher werden.

Die traditionellen Kommunikationsmedien, die keinen Rückkanal haben, treffsicher an die jeweilige Phase des Entscheidungsprozesses anzupassen, ist hingegen wesentlich schwieriger. So kann eine Anzeige in einer Fachzeitschrift oder ein Plakat auf Lesende treffen, die sich in jeder Phase der Auswahl befinden. Im Gegensatz dazu erreicht die direkte persönliche Kommunikation die höchste Treffsicherheit; denn gut geschulte Call-Center-Mitarbeiter können genau wie Verkaufspersonal oder Vertriebsmitarbeiter sehr schnell anhand weniger Fragen ermitteln, in welcher Meinungsbildungsphase sich das jeweilige Gegenüber befindet. Abgesehen von den hohen Kosten, die mit diesen personenbezogenen Instrumenten verbunden sind, besteht ein weiterer Nachteil darin, dass Informationssuchende erst zu späteren Phasen ihres Entscheidungsprozesses den direkten Kontakt suchen, sodass die Initiierung oft bereits unbeeinflusst erfolgt ist. Außerdem ist fraglich, ob das Informationsangebot, das vom Call Center aus, im Ladengeschäft oder bei einem Vertreterbesuch verfügbar ist, den Bedarf des Informationssuchenden decken kann. Auch in dieser Beziehung weist die Messe erhebliche Vorteile auf. Zum einen können (und sollten) die Aussteller fest damit rechnen, dass unter den Besuchern der Veranstaltung potenzielle Kunden jeder Entscheidungsphase zu finden sein werden. Zum anderen lohnt es sich bereits aus den anderen dargestellten Gründen, ein breites Spektrum an Informationsangeboten bereitzuhalten, sodass von der Initiierung bis zur Vertragsunterzeichnung auf Messen alle Phasen der Meinungsbildung adäquat bedient werden können (Stoeck & Schraudy, 2017, S. 168). Im Übrigen steht auch auf der Messe die persönliche Kommunikation im Vordergrund, sodass hier schnell der individuelle Status eines Gegenübers ermittelbar ist.

Ein für die Beschaffung und als Konsequenz auch für die Vermarktung speziell von Investitionsgütern weiterer wichtiger Aspekt ist, dass es sich bei dieser Art von Beschaffungsentscheidungen i. d. R. um Gremienentscheidungen handelt (Backhaus & Voeth, 2015, S. 21 f.). Es sind vielfältige Gründe, die aus Sicht des beschaffenden Unternehmens gegen Einzelentscheidungen sprechen. Zu diesen Gründen gehört, dass im Rahmen des Entscheidungsprozesses eines investierenden Unternehmens möglichst alle von der Entscheidung betroffenen Funktionsbereiche dieses Unternehmens in den Entscheidungsprozess einbezogen werden sollten; denn nur so kann sichergestellt werden, dass das am Schluss des Entscheidungsprozesses ausgewählte Investitionsgut in die betrieblichen Abläufe nicht nur friktionsfrei integriert werden kann, sondern auch optimale Leistungen bringt. Des Weiteren sind schon bei der Definition der Entscheidungskriterien sowie bei der Identifikation und erst recht beim Vergleich der Entscheidungsalternativen i. d. R. eine Vielzahl technischer und wirtschaftlicher Aspekte zu berücksichtigen, sodass unterschiedlich qualifizierte Know-how-Träger zu Rate zu ziehen sind. Für die Anbieter der Beschaffungsobjekte, zu denen selbstverständlich auch Dienstleistungen oder Zulieferprodukte gehören können, bedeutet diese Konstellation, dass es nicht ausreicht, Einzelpersonen anzusprechen, um sie von der Leistungsfähigkeit der Angebote zu überzeugen. Vielmehr zielt das Investitionsgütermarketing darauf, ganze Entscheidungsgremien für sich zu gewinnen.

Diese Aufgabenstellung birgt im Detail interessante Herausforderungen, denn sie bedeutet, dass die Anbieter gefordert sind, Experten unterschiedlicher Fachrichtungen, die in unterschiedlichen Funktionsbereichen eingesetzt sind, vom selben Investitionsobjekt zu überzeugen. Genauso heterogen wie die professionellen Hintergründe der Gremienmitglieder sind aber auch deren Informationsbedürfnisse und Informationskanäle. Daher hat das Investitionsgütermarketing die komplizierte Koordination von Informationskanälen und den jeweils auf diesen Kanälen ausgesandten Informationen sicherzustellen. Diese Aufgabe ist selbstverständlich auch auf Messen wahrzunehmen. Sie ist aber im Verlauf der Messe sehr viel einfacher als im Alltag zu lösen, da zumindest Leitmessen einer Branche i. d. R. von einer breiten Auswahl von Entscheidungsbeteiligten der potenziellen Abnehmer aufgesucht werden, sodass die Messe als eine Art universeller Informationskanal zu sehen ist. Gleichzeitig dient das breite Informationsangebot einer Messepräsentation ohnehin dazu, unterschiedlichen Informationsinteressen gerecht zu werden, sodass auch auf die Heterogenität der Entscheidungsgremien adäquat eingegangen werden kann. Dadurch besteht u. a. auch die Möglichkeit, divergierende Willensbildungen in Entscheidungsgremien zu harmonisieren.

Dem Phänomen Messe würde man nicht gerecht werden, wenn verschwiegen würde, dass neben der Deckung mehr oder weniger konkreter vorhandener Informationsbedürfnisse auch ein übergreifender Austausch und das Einfangen ungeplanter Eindrücke, der sogenannten Serendipität, stattfindet (Prüser et al., 2021, S. 10). Diese Melange führt dazu, dass die Messe als inspirierend wahrgenommen wird. Die Abwesenheit dieser messeinduzierten Inspiration war es im Übrigen auch, die 92 % der befragten Besucher und Aussteller einer Studie des Jahres 2021 vermissten bzw. sehr vermissten, als die Präsenzveranstaltungen zwangsweise pausieren mussten (Prüser et al., 2021, S. 13).

Die hier vorgestellten Aspekte führen dazu, dass Messen sowohl für die Pflege bestehender Geschäftsbeziehungen als auch für die Neukundengewinnung als besonders effektiv gelten (Neven & Hochheim, 2017, S. 1047). Das erklärt die Beliebtheit der Messen vor allem im B2B-Sektor. Allerdings darf nicht verschwiegen werden, dass diesem Marketing-Potenzial signifikante Nachteile entgegenstehen. Paradoxerweise ist gerade die Basis des Erfolgs, die zeitliche und geografische Konzentration von Angebot und Nachfrage, zugleich der wichtigste Nachteil; denn diese Konzentration erzeugt zwar den Ereignischarakter der Messe, führt aber im Gegenzug zu zeitlicher und geografischer Inflexibilität (Strothmann, 1979, S. 167). Beispielsweise sollte das Marketing eines Unternehmens, das ein echtes innovatives Produkt launcht, erhebliche Aktivitäten durchführen, um aktiv Entscheidungsprozesse bei potenziellen Kunden zu initiieren. Dies insbesondere deshalb, weil bei echten Innovationen davon auszugehen ist, dass die Bedarfsträger schon deshalb nicht von selbst darauf kommen, nach der Innovation zu fragen, weil sie diese nicht kennen. Grundsätzlich ist die Messe – wie ausgeführt – ein hervorragend geeignetes Instrument für eben diese Aufgabe, weshalb Messen auch traditionell den Status eines typischen Termins zur Vorstellung von Innovationen innehaben. Sprachlich hat dieses im Begriff „Messe-Innovation" seinen Niederschlag gefunden. Einzuräumen ist jedoch, dass sich nicht jeder Innovationsprozess mit den relevanten Messe-Terminen synchronisieren lässt. Erschwerend kommt hinzu, dass die Wahrscheinlichkeit, dass geeignete Messe-Termine und Zeitpunkte der Vermarktungsstarts von Innovationen übereinstimmen, im Zuge sich beschleunigender Innovationszyklen sinkt (Stettmeier, 2003, S. 1256). Ein ähnlicher Effekt kann auch auf der Beschaffungsseite beobachtet werden. Zwar wird oft davon gesprochen, dass die Messetermine den Investitionszyklen ihrer jeweiligen Branchen entsprechen. Da sich jedoch auch die Investitionszyklen im Zuge beschleunigter Innovativität verkürzen, dürfte sich die terminliche Verzahnung von Messe- und Investitionsterminen tendenziell auflösen.

Für die Messen stellt sich daher die Frage, ob angesichts der systembedingten Inflexibilität ein zumindest partieller Bedeutungsverlust unvermeidbar ist. Als eine mögliche Alternative werden gerade im Zuge der Pandemie und des bereits beschriebenen Digitalisierungsschubes verschiedene digitale Messeformate diskutiert.

4 Virtualisierte Messen als Alternative zur inflexiblen Präsenz-Messe

Im Zuge der Pandemie begannen viele Messe-Veranstalter, das Konzept der Online-Messe aufzugreifen. Diese schon lange erprobten, aber bis dato kaum beachteten Formate virtualisieren das Informations- und Kommunikationsangebot einer physischen Präsenz-Messe und machen es für die Besucher nutzbar, indem sie es ins Internet transferieren. Das Ausmaß der Digitalisierung kann dabei sehr unterschiedlich ausfallen. So haben manche vermeintlich virtuelle Messen die Anmutung eines digitalisierten Katalogs, während andere Veranstaltungen mit animierten Hallen, Messeständen und sogar Standpersonal sowie Besuchern aufwarten, die sich als dialogbereite Avatare lebensnah im virtuellen Raum bewegen. Während diese Formate in der Vergangenheit eher unbeachtet blieben, zeigte eine breit angelegte Befragung von Besuchern und Ausstellern von Messen, dass die Zahl derer, die über Erfahrungen mit derlei Formaten haben, von 6 % vor der Pandemie auf 53 % Mitte 2021 gestiegen war (Prüser et al., 2021, S. 18).

Die erheblich gewachsenen Nutzerzahlen bilden eine gute Basis, um die Akzeptanz und Wirksamkeit der virtuellen Formate beurteilen zu können. Hier fällt zunächst einmal auf, dass die von Experten erwartete höhere Wirtschaftlichkeit der Online-Formate nicht eingetreten ist; denn Aussteller sehen im Hinblick auf die Kosten-Nutzen-Relation mehrheitlich die Präsenz-Messe im Vorteil (Prüser et al., 2021, S. 21). Dies ist u. a. damit zu erklären, dass einerseits die erwarteten Kosteneinsparungen nicht im erhofften Umfang eintraten, da gerade die technisch aufwendigeren Varianten der Online-Messen teilweise erhebliche, ungewohnte Anstrengungen bedeuten. Zum anderen wurden wesentliche Marketing-Ziele nicht in dem Umfang erreicht, den die Aussteller von den Präsenz-Messen gewohnt sind. So sahen 61 % der Befragten die Markenwirkung der Präsenz-Messen im Vergleich zu der der virtuellen Messen als überlegen an. Trotz aller digitalen Möglichkeiten bevorzugten 69 % der Befragten die Produktdarstellung auf Präsenz-Messen. Geht es um die Bestandskundenpflege und die Neukundengewinnung, sind es 70 % bzw. 71 % der Befragten, die die Präsenz-Messen im Vorteil sehen (Prüser et al., 2021, S. 20).

Sowohl unter Kosten- als auch unter Nutzengesichtspunkten ist eine der zentralen Fragen darin zu sehen, inwieweit vor allem die technisch aufwendigen Online-Lösungen der Online-Formate, vom Standpunkt der Nutzer gesehen, als sinnvoll erachtet werden. Dass dabei die Animation von Exponaten von nahezu zwei Dritteln der Befragten (64 %) als sinnvoll oder sehr sinnvoll angesehen wird, dürfte nicht überraschen, denn bei der Möglichkeit, sich von den Produkten ein Bild zu machen, handelt es sich schließlich um einen der wesentlichen Vorteile der Messe. Dagegen schlägt sich der große technische und organisatorische Aufwand, den die Bereitstellung der Avatare bedeutet, nicht in entsprechend großer Zustimmung nieder; denn lediglich 13 % bzw. 17 % der Befragten halten Besucher- bzw. Aussteller-Avatare für sinnvoll (Prüser et al., 2021, S. 24). Trotz der eher ernüchternden Rezeption gehen aber immerhin 41 % der Befragten davon aus, zukünftig weiterhin Online-Messen nutzen zu wollen (Prüser et al., 2021, S. 23).

Deutlich beliebter als die vollständig im Internet stattfindenden Online-Messen sind nach den Erfahrungen der Pandemie sogenannte hybride Formate. Bei diesen werden Offline- und Online-Elemente kombiniert, z. B. indem eine vollständige Offline-Messe veranstaltet wird, deren Vorträge und Workshops aber entweder gänzlich ins Internet verlegt werden oder aber in Präsenz und in gestreamter Form stattfinden. Damit wird die Aussteller- und Besucherkommunikation sowohl im Internet als auch in Persona ermöglicht. Die 67 % der Befragten, die angaben, solche Formate auch zukünftig verstärkt nutzen zu wollen, sind ein überzeugender Beleg dafür, dass sich hier signifikante Zukunftsaussichten für das Messewesen abzeichnen. Praktisch identisch positive Aussichten zeichnen sich auch für rein virtuelle Kongresse ab; denn 64 % der Befragten meinen, diese zukünftig verstärkt zu nutzen (Prüser et al., 2021, S. 23). Bei Letzteren dürfte sich verstärkend auswirken, dass Inhalte, die auf Kongressen dargeboten werden, sehr viel leichter digitalisierbar und damit ins Internet transferierbar sind als Produkte und deren Eigenschaften. Vor allem wenn es um Haptik, Gustatorik oder Olfaktorik geht, ist auch langfristig keine digitale Lösung absehbar. Allerdings dürfte angesichts der sich abzeichnenden konstanten Beliebtheit der digitalen Formate realistischerweise davon auszugehen sein, dass in Zukunft alle sinnvoll digitalisierbaren Inhalte, die auf Messen zu finden sind, zumindest auch im Internet zu finden sein werden.

Sobald das Content-Angebot der Messe verstärkt über das Internet verfügbar gemacht wird, beginnt die Messe, die bereits als „universeller Informationskanal“ beschrieben wurde, andere Informationskanäle nicht mehr nur werblich zu nutzen, um Aussteller und Besucher zu gewinnen, sondern diese Kanäle vielmehr in ihr eigenes Leistungsangebot zu integrieren. Damit wird nicht nur die geografische Begrenzung der Messe, sondern auch deren solitäre Stellung im Marketing-Mix partiell aufgelöst. Es bleibt allerdings die Frage, inwieweit die zeitliche Inflexibilität überwindbar ist. Eine Perspektive zeichnet sich im Dargestellten ab; denn sobald die Messe sowohl Ziel- als auch Ausgangspunkt von anderen Kommunikation-Kanälen ist, ergibt sich auch die Chance darauf, zeitlich flexibler zu werden.

5 Die Integration hybrider Messen in das digitale Channel-Marketing

Anders als „analoger“ Content, wie er auf und während der Messe dargeboten wird, ist digitalisierter Content grundsätzlich jederzeit reproduzierbar, sofern er entsprechend gespeichert wurde. Damit ergibt sich für die hybriden Messen die Chance, das Content-Angebot auf den zeitlichen Nachlauf der Messe auszudehnen. Die Messe-Veranstalter empfinden es dabei als Nachteil, dass durch dieses Angebot auch Personen, die die Messe nicht besuchten und damit auch nicht zu deren (analogen) Erfolg beitrugen, von der Leistungsfähigkeit der Messe profitieren. Da zugleich die Reichweite des Contents aber mit dieser Maßnahme deutlich erhöht wird, dürfte der empfundene Nachteil i. d. R. dadurch überkompensiert werden, dass diejenigen, die den Content erstellt und verfügbar gemacht haben, eine überproportionale Nutzensteigerung erfahren. So wird es bspw. möglich, einen während der Messe gut angenommenen Vortrag nach der Messe einem theoretisch unbegrenzt großen Publikum anzubieten. Gleiches gilt auch für eine gut gelungene Produktanimation. Allerdings sollten die Content-Owner sicherstellen, dass etwaige Interessenten, die den Content im Internet zur Kenntnis nehmen, eine niederschwellige Möglichkeit zur Kontaktaufnahme erhalten. Die Erfahrungen, die bislang mit solcher Art Content-Nachnutzung gemacht werden, zeigen nämlich, dass sich die Marketing-Erfolge einer solchen Nach-Messepräsentation schnell verflüchtigen, wenn die Hürden, die etwaige Interessenten für die Kontaktaufnahme mit dem Anbieter zu überwinden haben, zu hoch sind. Sinnvoll wäre es daher, wenn die Messe-Veranstalter selbst ihr Serviceangebot für die Content-Owner erweiterten und ihre Internet-Präsenzen nicht nur für die Darstellung dieser Contents verfügbar machten, sondern auch gleich komfortable Kommunikationskanäle eröffnen.

Eine neue Dimension des Messe-Marketings würde darüber hinaus entstehen, wenn die angebotenen Kommunikationskanäle mit Schnittstellen zu den CRM-Systemen vor allem der Aussteller ausgestattet werden würden. Damit würde die nach der Messe stattfindende Content-Verwertung zum Bestandteil des automatisierten respektive digitalisierten Leadmanagements der Anbieter. Diese braucht aber nicht auf die Zeit nach der Messe begrenzt zu werden. Teile des Content-Angebots, wie bspw. die bereits genannten Produktanimationen, aber auch Whitepaper, Datenblätter etc., sind prinzipiell bereits vor der Messe verfügbar oder könnten zumindest verfügbar gemacht werden. Sollte dieser Content professionell inkl. einer Schnittstelle zum CRM der Content-Owner verfügbar gemacht werden, wäre zwar nicht zu verhindern, dass gelegentlich potenzielle Besucher eine für sie passende Lösung finden, bevor die Messe überhaupt stattgefunden hat, sodass der Besuch selbst überflüssig würde. Allerdings bliebe auch in solchen Fällen ein nachweisbarer Zusammenhang zwischen Messe und Marketing-Erfolg bestehen, der die Geschäftsbeziehung zwischen Messe-Veranstalter und Aussteller stabilisiert. Ferner steigt mit wachsender Qualität des vorab einsehbaren Contents die Wahrscheinlichkeit, dass auch solche Internet-Nutzer zu Besuchern konvertieren, die ursprünglich am Sinn des Besuchs zweifelten oder diesen gar nicht erst planten. Dabei ist insbesondere an solche Personen zu denken, bei denen der Willensbildungsprozess im zeitlichen Umfeld der Messe noch gar nicht begonnen hat. Gelingt es, einer solchen Person bspw. zu vermitteln, dass eine neue, womöglich unerwartete Lösung für ein altes Ärgernis auf der Messe zu sehen und auszuprobieren sein wird, wird die Motivation zum Besuch massiv erhöht. Dass diese Art Leads zudem auch den Messe-Erfolg der Aussteller erhöhen und deren Messe-Zufriedenheit erhöhen, sollte mehr als nur ein angenehmer Nebeneffekt sein.

Für Aussteller und Veranstalter erwächst durch die zeitliche Ausdehnung des digitalen Contents eine weitere signifikante und langfristig für die Messen wahrscheinlich überlebenswichtige Option. Zwar kann im begrenzten Umfang auch auf einer Präsenz-Messe

z. B. mittels Scannens von Besucherausweisen verfolgt werden, welche Ausstellungsbereiche ein Besucher aufsucht oder welchen Vorträgen zugehört wird. Solche Methoden zum Verstehen der Nutzerbedürfnisse wirken aber im Vergleich zu den bereits skizzierten Möglichkeiten zur Datensammlung im Internet steinzeitlich. Je mehr digitaler Content länger im Internet verfügbar gemacht wird und je vollständiger die Nutzung dieses Contents durch Informationssuchende erfasst und analysiert wird, desto mehr werden Aussteller und Veranstalter in die Lage versetzt, ihr Content-Angebot optimal an die Bedürfnisse der Informationssuchenden dynamisch anzupassen.

Das Optimierungspotenzial, das aus dem Beobachten und Analysieren des im Internet praktizierten Suchverhaltens der Informationssuchenden zu gewinnen ist, beschränkt sich nicht nur auf die Inhalte selbst. Liegt der Content erst einmal digital vor, ist es vergleichsweise einfach, ihn in verschiedenen Formen aufzubereiten. So sind technische Basisdaten eines Produktes in Form eines schlichten Datenblattes, eines Fließtextes oder einer Präsentation darstellbar. Mit etwas größerem Aufwand lässt sich eine Präsentation animieren oder sogar mehrsprachig vertonen. Schließlich können sogar mehr oder weniger professionelle Podcasts oder Videos erstellt werden. Auf der Basis der Erkenntnisse darüber, welche Arten von Nutzern wie intensiv die verschiedenen Aufbereitungsformen nutzen, kann entschieden werden, welcher Content zukünftig in welcher Form für welche Zielgruppen aufbereitet wird.

Schließlich sollte es nicht dabei bleiben, die wertvollen Inhalte nur auf den Seiten des Veranstalters oder der Aussteller anzubieten. Auch andere Content-Plattformen bieten Möglichkeiten, sowohl niederschwellige Kommunikationskanäle zu unterhalten als auch Datensammlungen über Nutzerverhalten durchzuführen. Entsprechend kann die Reichweite des Contents nutzbringend erhöht werden, indem weitere Plattformen einbezogen werden. Im Zuge des datengestützten Lernens werden dann die Auswahl der Plattformen und das Timing sowie die Art der Bereitstellung laufend verbessert, sodass nicht nur die geografische und zeitliche Begrenztheit der Präsenz-Messe überwunden, sondern zugleich auch ein Beitrag zur Integration der unterschiedlichen Marketing-Ansätze geleistet würde.

6 Ausblick

In der Pandemie haben die Menschen Wege gefunden, die direkte zwischenmenschliche Kommunikation zumindest partiell zu substituieren. Zugleich lernten sie auch, wie wichtig menschliche Begegnung ist; denn 77 % der Befragten gaben an, dass sie zukünftig persönliche Kommunikation im Vergleich zu der Zeit vor der Pandemie als wertvoller empfinden (Prüser et al., 2021, S. 12). Daher ist davon auszugehen, dass die Präsenz-Messen mit all ihren kommunikativen Facetten und vor allem mit der Chance zur persönlichen Begegnung ihre Berechtigung behalten. Allerdings wird ihre Wettbewerbsfähigkeit zukünftig wesentlich davon abhängen, dass Besucher, Aussteller und

Veranstalter sie zu einem integrierten und integralen Bestandteil eines digitalen Multi-Channel-Marketing weiterentwickeln.

Ansätze dazu wurden in diesem Beitrag gezeigt. Insgesamt würde ihre Umsetzung dazu führen, dass die Messe zunehmend zu einem Bestandteil eines die Gesamtheit der verfügbaren Kanäle nutzenden integrierten Marketing werden würde. Gleichzeitig ergäben sich Chancen, die unterschiedlichen Online- und Offline-Marketing-Aktivitäten auf der Messe zusammenzuführen und somit die Effektivität des gesamten Marketings zu erhöhen. Insofern ist die einzige Gefahr, die Messen zu fürchten haben, die Scheu vor der Digitalisierung.

Literatur

Backhaus, K., & Voeth, M. (2015). Besonderheiten des Industriegütermarketing. In K. Backhaus & M. Voeth (Hrsg.), *Handbuch Business-to-Business-Marketing. Grundlagen, Geschäftsmodelle, Instrumente des Industriegütermarketing* (2. Aufl., S. 17–29). Springer Gabler.

Deutsche Gesetzliche Unfallversicherung e. V. (DGUV). (2021). *Praxishilfe Zoom-Fatigue – Symptome, Ursachen und Maßnahmen.* Eigenverlag. https://publikationen.dguv.de/widgets/pdf/download/article/4428. Zugegriffen: 13. März 2022.

Hymer. (2020). Presse-statement: Hymer SAGT Caravan Salon 2020 AB. https://www.hymer.com/hymer/pressematerial/modelljahr-2020/2020-05_hymer-sagt-caravan-salon-ab/de/hymer-presse-statement-zur-absage-des-caravan-salon-2020.pdf. Zugegriffen: 13. März 2022.

Könicke, H. (2021). Offener Brief: Perspektivlosigkeit im Messeland Nummer 1. https://fama.de/offener-brief-perspektivlosigkeit-im-messeland-nummer-1/. Zugegriffen: 13. März 2022.

Kotler, P., Armstrong, G., & Opresnik, M. (2021). *Principles of marketing* (Global Aufl.). Pearson.

List, F. (2020). Wie funktioniert der Algorithmus von Google? https://www.heise-regioconcept.de/google/wie-funktioniert-der-algorithmus-von-google. Zugegriffen: 13. März 2022.

Möllenberg, A., & Teichmann, O. (2000). Die virtuelle Messe als Marketinginstrument: Bestandsaufnahme und Zukunftsperspektive. https://www.econstor.eu/obitstream/10419/54793/1/683506250.pdf. Zugegriffen: 13. März 2022.

Neven, P., & Hochheim, H. (2017). Nutzen von Messebeteiligungen aus Ausstellersicht – MesseNutzenCheck. In M. Kirchgeorg, W. Dornscheidt, & N. Stoeck (Hrsg.), *Handbuch Messemanagement – Planung, Durchführung und Kontrolle von Messen, Kongressen und Events* (2. Aufl., S. 1043–1055). Springer Gabler.

Osterwalder, A., & Pigneur, Y. (2011). *Business model generation.* Campus.

Prüser, S. M., Ausstellungs- und Messe-Ausschuss der Deutschen Wirtschaft e. V. (AUMA), Fachverband Messen und Ausstellungen e. V. (FAMA), & Interessengemeinschaft Deutscher Fachmessen und Ausstellungsstädte (IDFA). (2021). MESSE – Analoge Intelligenz für die Zukunft. Abschlussbericht, September 2021. https://www.auma.de/de/medien_/publikationen_/Documents/messe%E2%80%93analoge-intelligenz-fuer-die-zukunft/messe-analoge-intelligenz-fuer-die-zukunft.pdf. Zugegriffen: 15. März 2022.

Schulz, M. (2017). Digitale Events und Messe: Gestern noch Theorie – heute schon Wirklichkeit. In T. Knoll (Hrsg.). *Veranstaltungen 4.0 – Konferenzen, Messen und Events im digitalen Wandel* (S. 171–194). Springer Gabler.

Selinski, H., & Sperling, U. A. (1995). *Marketinginstrument Messe – Arbeitsbuch für Studium und Praxis.* Bachem.

Stettmeier, H. (2003). Ziele und Nutzen von Messebeteiligungen aus Ausstellersicht der Microsoft Deutschland GmbH. In M. Kirchgeorg, W. M. Dornscheidt, W. Giese, & N. Stoeck (Hrsg.), *Handbuch Messemanagement – Planung, Durchführung und Kontrolle von Messen, Kongressen und Events* (S. 1253–1257). Gabler.

Stoeck, N., & Schraudy, K. (2017). Messen auf dem Weg zu integrierten Kommunikationsdienstleister. In M. Kirchgeorg, W. Dornscheidt, & N. Stoeck (Hrsg.), *Handbuch Messemanagement – Planung, Durchführung und Kontrolle von Messen, Kongressen und Events* (2. Aufl., S. 165–176). Springer Gabler.

Strothmann, K.-H. (1979). *Investitionsgütermarketing*. Moderne industrie.

Prof. Dr. Sven M. Prüser wurde nach Abschluss seines betriebswirtschaftlichen Studiums und ersten praktischen Erfahrungen auf dem Gebiet der Marktforschung für Investitionsgüter wissenschaftlicher Mitarbeiter am Lehrstuhl für Investitionsgütermarketing der FU Berlin. Nach Abschluss der Promotion 1996 begann er zunächst als Marketingreferent bei der Messe Berlin. Nach Durchlaufen einiger Stationen wurde er 2000 zum Geschäftsbereichsleiter berufen. 2001 wechselte Sven M. Prüser zur Deutschen Messe AG und leitete dort das Auslandsgeschäft, bis ihm 2006 die Verantwortung für die CeBIT übertragen wurde. 2009 erfolgte die Berufung zum Professor an der HTW Berlin. Seither ist er in der Ausbildung für Wirtschaftsingenieure sowie in der Forschung tätig.

Videokommunikation als multifunktionales interaktives Marketinginstrument

Jacqueline Rieger

Inhaltsverzeichnis

1 Einführung 275
2 Technische Voraussetzungen und Einsatzmöglichkeiten 277
2.1 Hardware 277
2.2 Software und Plattformen 277
2.3 Beispiele für Einsatzmöglichkeiten 278
3 Integration in den Marketing-Mix 279
3.1 Produktpolitik 279
3.2 Preispolitik 280
3.3 Kommunikationspolitik 281
3.4 Vertriebspolitik 282
3.5 Erweiterter Marketing-Mix 283
4 Anwendungsfelder 284
5 Fazit und Ausblick 285
Literatur 285

1 Einführung

Stellen Sie sich vor, Sie benötigen ein spezielles Produkt, haben vielleicht noch einige Fragen dazu, jedoch keine Möglichkeit, in ein Geschäft zu gehen. Mit einem Videotelefonat ließe sich das Problem leicht lösen, doch wird dies als Marketinginstrument bereits

J. Rieger (✉)
Bayern, Deutschland

K. Butzer-Strothmann (Hrsg.), *Integriertes Online- und Offline-Channel-Marketing*,
https://doi.org/10.1007/978-3-658-38048-9_13

genutzt? In den ersten Monaten des coronabedingten Lockdowns mit geschlossenen Geschäften und Homeoffice galt es, in vielen Lebens- und Arbeitsbereichen umzudenken und neue Lösungen zu finden. Während Einkäufe in Lebensmittelgeschäften, Drogerien und Apotheken vor Ort möglich waren, mussten die meisten anderen Unternehmen nach alternativen Vertriebs- und Kommunikationskonzepten suchen. So nahm zwar der Onlinehandel in Deutschland von März 2020 bis Januar 2021 im Vergleich zum Vorjahreszeitraum um real 27,8 % zu (Statistisches Bundesamt, 2021), doch nicht alle Händler verfügten in diesem Zeitraum über einen Onlineshop.

Zum Teil entstanden originelle Ansätze, um Kunden zu erreichen oder Veranstaltungen durchführen zu können, z. B. in Autokinos (Schasche, 2020) oder in Form verschiedener Drive-in-Konzepte (Breitkopf, 2020).

Es entwickelten sich aber auch unterschiedliche Onlineangebote, wie z. B. Workshops oder Museumsführungen auf Instagram, die live übertragen wurden (Hänsch, 2020) und teilweise danach noch länger abrufbar waren. Im Messebereich fand anstelle der Frankfurter Buchmesse das digitale BOOKFEST als Sonderformat statt (Buchmesse, 2020).

Neben Events für größere Zielgruppen entdeckten Unternehmen aber auch Videotelefonate als Kommunikationsinstrument, um Produkte zu zeigen, Fragen zu beantworten und Bestellungen aufzunehmen. Gerade diese breit verfügbare und kostengünstige Kommunikationsmöglichkeit bietet auch unabhängig von Lockdown und Homeoffice vielfältige Einsatzmöglichkeiten im Marketing, auf die im Folgenden näher eingegangen wird.

Entwicklungsschritte zur Videokommunikation

Um die Entwicklung der Videokommunikation besser zu verstehen, ist ein Blick auf die Anfänge der Fernsehtechnik interessant. Das weltweit erste regelmäßige Fernsehprogramm startete im März 1935 vom Berliner Funkturm aus (Wikipedia, o. J. a). Der erste Werbespot im deutschen Fernsehen wurde im November 1956 mit einer Waschmittelwerbung ausgestrahlt (Sagatz, 2016). Seit August 1967 werden Sendungen auch farbig übertragen und 1971 stellten Philips und Grundig den ersten Video-Cassetten-Rekorder vor (Wikipedia, o. J. b).

Fernsehen bedeutete anfangs, dass Programminhalte eines Senders gleichzeitig von mehreren Nutzern empfangen werden konnten. Rückmeldungen waren nur telefonisch möglich, wie z. B. bei ersten Teleshopping-Sendungen in den USA ab 1985 (Wikipedia, o. J. c). Dabei wurden Produkte präsentiert, die interessierte Kunden telefonisch bestellen konnten.

Auch die Entwicklung von Videokonferenzen reicht bis zu den 30er Jahren des letzten Jahrhunderts zurück. Bei einer Videokonferenz geht es um „synchronen Informationsaustausch zur Bild- und Tonübertragung" (Wikipedia, o. J. d). Trotzdem dauerte es durch notwendige Entwicklungen bei Kompressionsverfahren und Datendigitalisierung bis zum Jahr 1993, in dem das erste Videokonferenzsystem vorgestellt wurde.

In den folgenden Jahren wurden Systeme und Internet weiter ausgebaut, doch erst die Lockdown-Monate haben weltweit zu einer massenhaften Nutzung geführt.

Im Dezember 2019 lag die Nutzerzahl des Videokonferenzsystems Zoom bei 10 Mio., im März 2020 waren es bereits über 200 Mio. (Wikipedia, o. J. e).

2 Technische Voraussetzungen und Einsatzmöglichkeiten

Videokommunikation ist grundsätzlich mit fast jedem Computer, Tablet und Smartphone mit Internetzugang möglich. In diesem Bereich haben sich in den vergangenen Jahren durch schnellere Internetzugänge viele neue Nutzungsmöglichkeiten ergeben. Je nach Anwendungswunsch gibt es Software bzw. Plattformen und Apps, über die in unterschiedlicher Form kommuniziert werden kann.

2.1 Hardware

Die technischen Anforderungen für interaktive Videokommunikation sind relativ gering. Sowohl auf Sender- als auch Empfängerseite wird lediglich ein internetfähiges Endgerät mit Kamera und Mikrofon benötigt, wobei auch zusätzliche Dokumentenkameras o. Ä. angeschlossen werden können. Arbeitsspeicher und Grafikkarte sollten bei häufiger Nutzung entsprechend leistungsstark sein, um Bildausfälle zu vermeiden.

Der Internetzugang sollte möglichst über eine WLAN-Verbindung hergestellt werden, da durch Videobildübertragungen große Datenmengen zustande kommen, die ein Mobilfunkguthaben schnell aufbrauchen würden.

An einigen Stellen im öffentlichen Bereich, z. B. an Flughäfen, findet man auch große Monitore, sogenannte Infogates, über die ein Videokontakt zu einem Serviceteam hergestellt werden kann, um Informationen einzuholen oder Fragen zu klären. Ähnlich wie der Kontakt zu einer Servicekraft am Auskunftsschalter, mit dem Vorteil, dass die MitarbeiterInnen dezentral arbeiten und dadurch mehrere Standorte betreuen können (Munich Airport, o. J.).

2.2 Software und Plattformen

Für die Videokommunikation stehen unterschiedliche Software- bzw. Plattformlösungen zur Verfügung. Während der Lockdown-Monate wurden für Homeoffice, Homeschooling und auch private virtuelle Treffen oft Videokonferenzlösungen wie Zoom, Teams etc. genutzt (Ionos, 2020). Während der pandemiebedingten Homeofficezeit hatten MitarbeiterInnen, die dienstlich per Videoanruf erreichbar sein mussten, im Durchschnitt sieben solcher Gespräche pro Tag (Bitkom, 2021). Viele Menschen haben sich dadurch daran gewöhnt, nicht nur miteinander zu sprechen, sondern auch Dinge in die Kamera zu halten und ihr Umfeld zu zeigen.

Ein zusätzlicher Vorteil dieser Systeme ist, dass sich auch virtuelle Gruppenräume z. B. für kleinere Workshoprunden einrichten lassen. Zudem können Bildschirminhalte geteilt und Whiteboards gemeinsam genutzt werden. Teilweise lassen sich auch Unterlagen in Arbeitsräume hochladen, wie bei Microsoft Teams.

Neben diesen Konferenzsystemen, die auch für große Online-Veranstaltungen mit mehreren hundert Teilnehmern genutzt werden können, gibt es zahlreiche Messenger-Dienste in den sozialen Medien für kleinere Gruppen. Beispiele hierfür sind WhatsApp, Skype etc. (Ionos, 2021).

Der Vorteil dieser Systeme liegt in ihrer großen Verbreitung. So wird beispielsweise WhatsApp von 95 % der Anwender im Alter von 14 bis 29 Jahren genutzt. In der Altersgruppe von 30 bis 49 Jahren von 87 %, zwischen 50 und 69 von 76 % und ab 70 Jahren von 43 % (Statista, 2020).

Interessant ist vor allem die Nutzung der Apps mit Blick auf die Internet- bzw. Videotelefonie. Lag der Anteil 2016 noch bei 28 %, waren es 2019 bereits 55 % in der gesamten Altersgruppe zwischen 16 und 74 Jahren (Statista, 2021a).

2.3 Beispiele für Einsatzmöglichkeiten

Um Kunden auch während der Lockdown-Monate individuell beraten zu können, boten manche Händler einen entsprechenden Service per Videoanruf an, z. B. im Bereich Mode, Fahrräder und Laufschuhe (Business Insider, o. J.). Dabei können Produkte ausführlicher vorgestellt, Farben bei Tageslicht gezeigt oder auch neue Ware präsentiert werden, die evtl. noch nicht online beschrieben wurde. Auch für Händler ohne Onlineshop war dies eine kurzfristig umsetzbare Möglichkeit, um mit Kunden im Gespräch zu bleiben und etwas zu verkaufen.

Mit Blick auf die Nutzung von Videotelefonie im Kundenservice ist seit der COVID-19-Pandemie eine starke Zunahme zu verzeichnen. In einer Studie mit über 6000 Verbrauchern aus Deutschland, Großbritannien und Frankreich wurde festgestellt, dass vor Corona „nur 19 % der deutschen VerbraucherInnen Videotelefonie im Kundenservice genutzt hatten" (Bengarin, 2021). Durch Corona ist diese Zahl auf 34 % angestiegen. Kunden nutzten diesen Service vor allem bei der Abwicklung von Versicherungsansprüchen, zum technischen Support und bei Verkaufs- und Finanzierungsgesprächen. 43 % gaben an, Videotelefonie auch nach der Pandemie im Kontakt mit Unternehmen weiterhin nutzen zu wollen.

Beispiele gab es auch im kulturellen Bereich. Da KünstlerInnen während des Lockdowns keine Möglichkeiten für Auftritte, Ausstellungen, Seminare o. Ä. hatten, verlagerten sie Lesungen, Musikaufführungen oder auch den Entstehungsprozess von Kunstwerken als Videostream ins Internet, z. B. auf Instagram. Aus diesem kostenlosen Livestream wurden nach und nach Veranstaltungen für zahlende TeilnehmerInnen z. B. über eine Plattform wie Zoom. Auch viele Museen nutzten die Chance, einzelne Werke genauer auf Instagram vorzustellen, oft in Interviewform mit KunsthistorikerInnen. (Hänsch, 2020; Großmann, o. J.)

Interessant waren ebenso virtuelle Ausstellungseröffnungen. So hatte die Kunstakademie Bad Reichenhall für 2021 mehrere Kunstausstellungen geplant, obwohl durch die Coronamaßnahmen keine BesucherInnen zugelassen waren. Trotzdem gab es am jeweiligen Tag der Vernissage einen virtuellen Ausstellungsrundgang, bei dem jedes Bild online vorgestellt wurde. Die Videos wurden anschließend auf YouTube veröffentlicht und sind dadurch auch über den Ausstellungszeitraum hinaus abrufbar (KA Bad Reichenhall, 2021).

3 Integration in den Marketing-Mix

Wie beschrieben, bietet Videokommunikation unterschiedliche Nutzungsmöglichkeiten. Diese sind jedoch nicht nur auf den kommunikationspolitischen Bereich begrenzt, sondern haben auch Auswirkungen auf andere Bereiche des Marketing-Mix. Eine Einordnung in das marketingpolitische Instrumentarium erfolgt in Anlehnung an Bruhn (2019, S. 31). Darüber hinaus werden Möglichkeiten skizziert, wie sich Videokommunikation nutzen lässt.

3.1 Produktpolitik

Zu den produktpolitischen Instrumenten gehören u. a. Produktinnovation und -variation, Sortimentsplanung und Serviceleistungen.

Produktinnovation
Bei der Entwicklung neuer Ideen für Produkte und Angebote ist die Zusammenarbeit mit Teammitgliedern, möglichen KundInnen und ExpertInnen unterschiedlicher Bereiche ein wichtiger Faktor. Da es jedoch nicht immer möglich ist, dass sich alle Projektbeteiligten an einem Ort treffen, kann Videokommunikation in verschiedenen Phasen des Innovationsprozesses, wie z. B. im Rahmen von Design Thinking, aktiv genutzt werden. So lässt sich bei virtuellen Teammeetings nicht nur am Schreibtisch über Probleme diskutieren, sondern es können Aufnahmen und Interviews vor Ort über mobile Geräte live übertragen und ggf. aufgezeichnet werden. In den weiteren Phasen der Ideenfindung und des Prototypings lassen sich Bildschirminhalte teilen und Dateien gemeinsam bearbeiten, z. B. Zeichnungen, Modelle o. Ä. Bei Rückfragen können ExpertInnen virtuell zu Diskussionen eingeladen werden, ebenso wie NutzerInnen und KundInnen zu Feedbackrunden.

Produktvariation
Wie in den Monaten von Lockdown und Homeoffice deutlich wurde, bietet Videokommunikation die Möglichkeit, verschiedene Dienstleistungen, die normalerweise in Präsenz stattfinden, online anzubieten. Beratungs-, Bildungs- und Trainingsangebote

eignen sich hierfür besonders. Je nach Zielsetzung und Inhalt kann dies per Videotelefonat im Einzelgespräch stattfinden oder sich als Videokonferenz an eine Gruppe richten.

Dabei geht es nicht immer um die einseitige Wissensvermittlung, sondern um einen Austausch zwischen KundInnen und Anbietern, damit eine optimale Leistung erbracht werden kann. Im medizinischen Bereich gab es teilweise schon vor Corona Videosprechstunden (GKV, o. J.). Einsatz finden Videoberatungen auch bei Ämtern (Bundesagentur, o. J.) oder Versicherungen (Handelsblatt, 2020).

Aus den Erfahrungen im Veranstaltungsbereich hat sich gezeigt, dass Hybridkonzepte eine gute Möglichkeit sind, Vorteile aus Präsenz- und Onlineevents zu kombinieren (Haaring & Schenk, 2020). Bei kleineren Veranstaltungsformaten kann dies leicht umgesetzt werden, wie z. B. bei einer Autorenlesung, die in Präsenz stattfindet und parallel live gestreamt wird. Tickets sind dabei als Saal- und etwas günstigere Onlinekarten erhältlich (Literaturhaus München, o. J.). Wird die Veranstaltung aufgezeichnet, besteht zudem die Möglichkeit, Nutzungsgebühren für den späteren Abruf zu erzielen. Ebenso gibt es Plattformen, über die auch Kurse und Veranstaltungen online gekauft und heruntergeladen werden können, wie bspw. www.udemy.com, www.linkedIn.com oder auch www.domestika.org.

Der Vorteil solcher Angebote liegt darin, dass mit ihnen über einen längeren Zeitraum Einnahmen möglich sind. Je nach Angebot können DozentInnen zusätzlich individuelles Feedback geben, einen Chat anbieten o. Ä. Digitalisierte Leistungen lassen sich dadurch einem größeren Nutzerkreis anbieten, was zu einer Sortimentserweiterung oder -veränderung beitragen kann.

Serviceleistungen

Mit Blick auf den Kundenservice bietet Videokommunikation ebenfalls sinnvolle Ergänzungsmöglichkeiten. Vor einem Kauf können sich KundInnen beispielsweise Teile des Verkaufssortiments online zeigen und ggf. reservieren lassen. Nutzbar ist dies z. B. als VIP-Service einer Boutique inkl. Anlieferung zur Probe.

Prozessschritte für Kunden, wie z. B. eine Legitimierung im Rahmen einer Kontoeröffnung, können durch ein Video-Ident-Verfahren vereinfacht werden (Wikipedia, o. J. f.). Hierbei wird der Personalausweis während des Videotelefonats in die Kamera gehalten und als Screenshot fixiert.

Auch im After-Sales-Service gibt es Integrationspotenzial, etwa bei Kundenfragen zur Bedienung eines technischen Gerätes oder bei Reklamationen.

3.2 Preispolitik

In den Bereich der Preispolitik fallen u. a. Entscheidungen über Preise, Rabatte, Liefer- und Zahlungsbedingungen. Eine Verbindung zur Videokommunikation ergibt sich, wenn bspw. für videobasierte Leistungen andere Preise kalkuliert werden können. Veranstalter von Onlineevents sind nicht auf kostenaufwändige Tagungsorte angewiesen. Auch bei hybriden Veranstaltungen, an denen weniger Präsenzgäste teilnehmen, reichen kleinere Räume aus. Diese Kostenvorteile können in Form günstigerer Konditionen an die KundInnen weitergegeben werden.

Wenn Videos kostenlos auf YouTube hochgeladen werden, gibt es im Gegenzug bei häufigen Abrufen die Möglichkeit, Einnahmen durch Werbeeinblendungen zu erzielen (YouTube, o. J.).

3.3 Kommunikationspolitik

Videokommunikation gehört zur Kommunikationspolitik, kann aber mit vielen anderen kommunikationspolitischen Instrumenten kombiniert werden.

Persönliche Kommunikation

Videotelefonate können leicht per Smartphone geführt werden und haben gegenüber normalen Telefongesprächen den Vorteil, dass sich auch Dinge zeigen lassen, ob Produkte, Ausweisdokumente, ein Schaden oder eine Umgebungssituation. Dieser Kommunikationsweg kann Kunden entweder kostenlos oder im Rahmen einer Premiummitgliedschaft bzw. eines Servicevertrages angeboten werden. Auch wenn viele Menschen die Möglichkeit persönlicher Treffen begrüßen, haben Videogespräche den Vorteil, kostengünstiger und schneller realisierbar zu sein.

Gleiches gilt für Videokonferenzen, an denen auch mehrere EntscheidungsträgerInnen eines Unternehmens beteiligt sein können.

Werbung

Klassische Werbemittel, wie z. B. Anzeigen, Flyer oder Plakate, werden zunehmend durch QR-Codes ergänzt, über die Internetseiten oder andere Quellen aufgerufen werden können. Möglich ist dabei eine Verlinkung zu weiterführenden Videos oder per Videotelefonat erreichbare MitarbeiterInnen.

Mitarbeiterkommunikation

Während der Homeofficezeit wurden Videokonferenzen von vielen Unternehmen intensiv zur Zusammenarbeit genutzt. Dies kann sowohl horizontal auf Projektebene als auch vertikal Einsatz finden, um wichtige Informationen von Führungskräften an MitarbeiterInnen weiterzugeben oder neue Produkte seitens des Vorstandes zu präsentieren.

Ein weiterer Einsatzbereich sind Bewerbungsgespräche. Nach einer Studie gaben 72 % der befragten Unternehmen an, während der Corona-Pandemie Videokonferenzen bei Bewerbungsgesprächen zu nutzen (Pauly & Holdampf-Wendel, 2021).

Verkaufsförderung
Klassische Produktvideos am Point of Sale gibt es schon länger, anfangs über Videokassetten. Inzwischen werden oft QR-Codes auf Produktschilder gedruckt, über die KundInnen online zu weiteren Informationen geführt werden. Zur Unterstützung des Verkaufspersonals sind zudem Videotelefonate und Live-Shows möglich.

Messen und Ausstellungen bzw. hybride Veranstaltungen
Im Messebereich können vorproduzierte Videos klassisch zur Produktpräsentation eingesetzt werden. Zusätzlich sind bei speziellen Fragen am Stand Videoanrufe z. B. bei ExpertInnen im Unternehmen möglich. Auch Interviews und Vorträge können online direkt vom Veranstaltungsort live übertragen werden.

Social Media
Je nach Inhalt können Videosequenzen und Livestreams Vorstellungs- oder Erklärvideos, Event-, Testimonial- oder Tutorialvideos sein (Wilms, 2019). Dabei kann die Menge des kostenlos zur Verfügung gestellten Inhaltes je nach Zielsetzung variieren. Handelt es sich um ein kurzes Video zur Vorstellung eines Produktes, wird dies kostenlos abrufbar sein. Werden ausführliche Beispiele vorgestellt, wie man mit dem Gerät arbeiten kann, können es Tutorials gegen Bezahlung sein. Einen Zugangslink für eine Veranstaltung z. B. über Zoom können Unternehmen nach Vorabbezahlung übersenden. Spezielle Plattformen, über die Kurse gebucht werden können, wurden in Abschn. 3.1 bereits beschrieben.

Einen weiteren Bereich stellen Social-Media-Videos durch InfluencerInnen dar (Wikipedia, o. J. g.), die regelmäßig Inhalte zu einem bestimmten Themengebiet über Blogs oder Social-Media-Kanäle veröffentlichen und teilweise Reichweiten von mehreren Millionen Followern erzielen (Deges, o. J.). Sie teilen ihre Erfahrungen über Produkte, die sie anfangs oft selbst kaufen, durch Videos, Fotos oder Texte. Bei wachsender Reichweite bekommen sie Waren oft auch kostenlos zur Verfügung gestellt. Bei höherer Reichweite werden für die werbliche Darstellung zudem auch Honorare bezahlt. Für einen Post durch einen Mega-Influencer mit über 1 Mio. Followern können Beträge ab 15.000 € gezahlt werden (Statista, 2021b).

3.4 Vertriebspolitik

Videokommunikation hat auch Verknüpfungspunkte zum vertriebspolitischen Instrumentarium.

Vertriebskanäle
Während der Lockdown-Monate mit geschlossenen Läden nahm der Onlinehandel stark zu (Statistisches Bundesamt, 2021). Geschäfte, die zunächst keinen Onlineshop hatten,

improvisierten und boten z. B. Videoanrufe per WhatsApp an, um verfügbare Waren zu zeigen, wie bereits kurz skizziert. Manche Geschäfte, wie z. B. Boutiquen oder Möbelgeschäfte (Nagel, 2021), bieten Videotelefonate jedoch auch weiterhin für persönliche Kundengespräche an.

Manche Firmen bauen dies zusätzlich zu Live-Shopping-Shows aus (Walbusch, 2021). Ähnlich wie bei Teleshopping-Sendungen im Fernsehen lässt sich dies inzwischen online mit gleichzeitiger Bestellmöglichkeit realisieren.

Einsatzmöglichkeiten sind darüber hinaus in personallosen Verkaufsstätten denkbar, bei denen über einen Bildschirm Kontakt zu einer Servicekraft aufgenommen werden kann, um Fragen zu stellen oder Probleme zu schildern.

Vertriebsorgane
Auch wenn viele Firmen inzwischen Direktvertrieb anbieten, sind VertreterInnen oder Reisende wichtige AnsprechpartnerInnen für den Handel. Sie können bei der Händlerakquisition durch Unternehmens- und Produktvideos unterstützt bzw. selbst geschult werden. Bei Verkaufsgesprächen können ggf. mittels einer Videokonferenz weitere ExpertInnen oder auch EntscheiderInnen auf Kundenseite hinzugeschaltet werden.

3.5 Erweiterter Marketing-Mix

Mit Blick auf das Marketing für Dienstleistungen werden in der Literatur neben den klassischen vier Bereichen Product, Promotion, Place und Price noch drei weitere diskutiert, und zwar Personnel, Physical Facilities und Process (Magrath, 1986, S. 44). Dies kann teilweise auf die Videokommunikation übertragen werden (s. auch Abb. 1).

- **Personal:** MitarbeiterInnen im Videokontakt sollten speziell geschult werden, auch wenn während des Lockdowns durch zahlreiche Videokonferenzen vielfach Learning by Doing stattfand. Mimik, Gestik, Stimme, Kleidung etc. sind hierbei wichtige Faktoren.
- **Umgebung:** Im Büro-/Studiobereich sollte auf ein passendes Kamerasetting geachtet werden, da eine Gesprächssituation auch durch Hintergründe, Beleuchtung und Geräusche beeinflusst wird. Im Homeoffice wurden dabei oft private oder digitale Hintergründe sichtbar. Auch bei Videoanrufen, in denen Produkte, Werkstatthintergründe, Lager o. Ä. zu sehen sind, sollte dies grundsätzlich berücksichtigt werden.
- **Prozess:** Manche Abläufe können durch Videokommunikation vereinfacht und beschleunigt werden, wie beispielsweise die Authentifizierung im Kontoeröffnungsprozess. Der in die Kamera gehaltene Ausweis erspart KundInnen den Weg zur Post, wodurch auch die Prozessdauer verkürzt wird.

Abb. 1 Einsatzmöglichkeiten für Videokommunikation im Marketingbereich

4 Anwendungsfelder

Wie dargestellt, gibt es viele Ansatzpunkte für Videokommunikation, von einem individuellen Videotelefonat über Onlineschulungen bis zu professionell produzierten Imagefilmen. Insbesondere jedoch, wenn Fragen zu klären sind, Produktdetails oder Situationen auf Kundenseite gezeigt werden sollen, bietet diese Kommunikationsmöglichkeit Vorteile. Auch wenn kein Geschäft in der Nähe ist, Kunden das Haus nicht verlassen können, wenig Zeit zur Verfügung steht oder nicht alle Unikate von KünstlerInnen, Mode- oder SchmuckdesignerInnen im Onlineshop präsentiert werden sollen, ist dies eine sinnvolle Ergänzung zu bestehenden Marketinginstrumenten.

Die Abgrenzung innerhalb des Marketing-Mix ist dabei fließend. Ein Juweliergeschäft könnte per Video präsentieren, wie Schmuck gereinigt werden kann (Service), wie sich Schmuckstücke umarbeiten lassen (Dienstleistung) oder wie im Rahmen eines Workshops ein neues Unikat daraus entstehen könnte (Produkt).

Ein Restaurant könnte das frisch gekochte Tagesgericht präsentieren (Kommunikation), den Entstehungsprozess zeigen und über Inhaltsstoffe und Besonderheiten der Zutaten informieren (Service), ggf. auch Tipps zum Nachkochen geben (Service) bis zum Angebot eines Onlinekochkurses (Produkt).

Die Möglichkeiten sollten jedoch je nach Zielgruppe und Kundenwünschen genutzt werden. Nicht alle Kunden möchten sich und ihr Umfeld per Video zeigen, dafür ggf. aber Produkte und Verkaufspersonal sehen. Ebenso sind Aspekte des Datenschutzes zu berücksichtigen. Videokonferenzen dürfen beispielsweise nur nach vorheriger Zustimmung aller TeilnehmerInnen aufgezeichnet werden (Stiletto, 2021). Ebenso sind geltende Gesetze hinsichtlich unerlaubter Telefonwerbung zu beachten.

5 Fazit und Ausblick

Videokommunikation kann die bestehenden Marketinginstrumente ergänzen und ggf. auch zur digitalen Neuausrichtung der Angebotspalette beitragen. Persönliche Kontakte vor Ort kann und sollte sie dennoch nicht völlig ersetzen, wie sich nach den ersten Lockdown-Monaten gezeigt hat. Der Wunsch nach persönlichen Treffen, realen Veranstaltungen und Vor-Ort-Erlebnissen war groß, auch weil Videokonferenzen in einer Studie als anstrengender beschrieben wurden (Arnu, 2021).

Für die Zukunft sind mehrere Möglichkeiten denkbar. Schon jetzt kommunizieren NutzerInnen auf vielen Internetseiten mit sogenannten Chatbots, d. h. Künstlicher Intelligenz. Möglicherweise kann man sich in Zukunft auch visuell mit einem Roboter verbinden lassen, der mit einer eingebauten Kamera im Geschäft herumfährt und gewünschte Produkte zeigt. Bei speziellen Fragen könnte er abrufbare Videos anbieten oder mit menschlichen KollegInnen verbinden.

So vielfältig die technischen Möglichkeiten sind, so unternehmensindividuell lässt sich Videokommunikation kreativ erfolgreich nutzen.

Literatur

Arnu, T. (2021). Das bin doch ich! https://www.sueddeutsche.de/panorama/videokonferenzen-zoom-fatigue-studie-1.5270664. Zugegriffen: 20. Okt. 2021.

Bengarin, A. (2021). Webhelp: Videochat im Kundenservice verzeichnet in Deutschland ein Wachstum von 79 %. https://webhelp.com/de/news/webhelp-videochat-im-kundenservice-verzeichnet-in-deutschland-ein-wachstum-von-79/. Zugegriffen: 11. Okt. 2021.

Bitkom. (2021). 8 Videoanrufe pro Tag sind der Schnitt. https://www.bitkom.org/Presse/Presseinformation/8-Videoanrufe-pro-Tag-sind-der-Schnitt. Zugegriffen: 11. Okt. 2021.

Breitkopf, M. (2020). Trotz Lockdown: Murnau bietet „Drive-In-Weihnachtsmarkt“. https://www.br.de/nachrichten/bayern/drive-in-weihnachtsmarkt-trotz-lockdown,SJSgerU. Zugegriffen: 13. Okt. 2021.

Bruhn, M. (2019). *Marketing – Grundlagen für Studium und Praxis*. Springer.

Buchmesse. (2020). #fbm20 – Virtuelle Vielstimmigkeit, digitale Vielfalt. https://www.buchmesse.de/presse/pressemitteilungen/2020-10-18-fbm20-virtuelle-vielstimmigkeit-digitale-vielfalt. Zugegriffen: 11. Okt. 2021.

Bundesagentur. (o. J.). Videoberatung. Berufs- und Studienberatung trotz Corona? https://www.arbeitsagentur.de/vor-ort/berlin-sued/bb-videoberatung. Zugegriffen: 17. Okt. 2021.

Business Insider. (o. J.). Beratung per WhatsApp, Laufanalyse per Video, digitales Weintasting: Wie Händler im Lockdown um ihre Kunden kämpfen. https://www.businessinsider.de/wirtschaft/beratung-per-whatsapp-laufanalyse-per-video-digitales-weintasting-wie-haendler-im-lockdown-um-ihre-kunden-kaempfen/. Zugegriffen: 09. Nov. 2021.

Deges, F. (o. J.). Influencer. https://wirtschaftslexikon.gabler.de/definition/influencer-100360. Zugegriffen: 8. Okt. 2021.

GKV. (o. J.). Videosprechstunde/Telemedizin. https://www.gkv-spitzenverband.de/krankenversicherung/digitalisierung_und_innovation/videosprechstunde/kv_videosprechstunde.jsp. Zugegriffen: 17. Okt. 2021.

Großmann, J. (o. J.). Coronakrise. Diese Museen können Sie virtuell besuchen. https://www.geo.de/reisen/reisewissen/22736-rtkl-coronakrise-diese-museen-koennen-sie-virtuell-besuchen. Zugegriffen: 14. Okt. 2021.

Handelsblatt. (2020). Videoberatung für Versicherung, Finanzen & Co.: So starten Berater 2020 durch. https://firmen.handelsblatt.com/videoberatung-versicherung.html. Zugegriffen: 14. Okt. 2021.

Haaring, F., & Schenk, S. (2020). Hybriden Events gehört die Zukunft. In Degefest e. V. Verband der Kongress- und Seminarwirtschaft e. V. (Hrsg.), *Sonderthemenreihe: Vor-Ort, digital, hybrid – Zukunft der Präsenzveranstaltung?* https://degefest.de/wp-content/uploads/2020/12/degefest-Themenreihe-Hybride-Events.pdf. Zugegriffen: 10. Okt. 2021.

Hänsch, J. (2020). Der digitale Kulturtipp des Tages: „Kunst und Krise" – die Pinakotheken live auf Instagram. https://www.ad-magazin.de/article/kulturtipp-live-dialoge-pinakotheken. Zugegriffen: 10. Okt. 2021.

Ionos. (2020). Videokonferenzen: 8 Software-Lösungen. https://www.ionos.de/digitalguide/online-marketing/verkaufen-im-internet/videokonferenz-software-im-ueberblick/. Zugegriffen: 10. Sept. 2021.

Ionos. (2021). Die besten Skype-Alternativen: 15 Gratis-Anwendungen für die Videotelefonie. https://www.ionos.de/digitalguide/online-marketing/social-media/skype-alternativen/. Zugegriffen: 10. Okt. 2021.

KA Bad Reichenhall. (2021). https://www.youtube.com/channel/UCFaidAE8Nzsul9ANG4qV1DA. Zugegriffen: 10. Okt. 2021.

Literaturhaus München. (o. J.). https://www.literaturhaus-muenchen.de/news/streamtickets/. Zugegriffen: 17. Okt. 2021.

Magrath, A. J. (1986). When marketing services, 4 Ps are not enough. *Business Horizons, 29*(3), 44–50.

Munich Airport. (o. J.). InfoGate-Produkte. https://www.munich-airport.com/infogate-products-930385. Zugegriffen: 15. Sept. 2021.

Nagel, D. (2021). Digitalisierung im Store: So optimieren Sie Ihr Ladengeschäft. https://www.handwerk-magazin.de/digitalisierung-im-store-so-machen-sie-ihr-ladengeschaeft-bereit-fuer-die-zukunft-242850/. Zugegriffen: 30. Okt. 2021.

Pauly, B., & Holdampf-Wendel, A. (2021). Vorstellungsgespräch per Videocall. https://www.bitkom.org/Presse/Presseinformation/Vorstellungsgespraech-per-Videocall. Zugegriffen: 20. Okt. 2021.

Sagatz, K. (2016). 60 Jahre TV-Werbung „Der gebildete Mensch sagt nur Persil.". https://www.tagesspiegel.de/gesellschaft/medien/60-jahre-tv-werbung-der-gebildete-mensch-sagt-nur-persil/14784486.html. Zugegriffen: 10. Okt. 2021.

Schasche, S. (2020). Tim Bendzko gibt Exklusivkonzert im Autokino. https://www.wuv.de/marketing/tim_bendzko_gibt_exklusivkonzert_im_autokino. Zugegriffen: 13. Okt. 2021.

Statista. (2020). Anteil der Nutzer von Social-Media-Plattformen nach Alter in Deutschland 2020. https://de.statista.com/statistik/daten/studie/543605/umfrage/verteilung-der-nutzer-von-social-media-plattformen-nach-altersgruppen-in-deutschland/. Zugegriffen: 10. Okt. 2021.

Statista. (2021a). Anteil der Nutzer von Internet- oder Videotelefonie in Deutschland bis 2020. https://de.statista.com/statistik/daten/studie/457978/umfrage/nutzung-von-internettelefonie-oder-videotelefonie-in-deutschland/. Zugegriffen: 10. Okt. 2021.

Statista. (2021b). Marktdurchschnittspreis für einen Beitrag von Influencern im Jahr 2020. https://de.statista.com/statistik/daten/studie/1119636/umfrage/influencer-einkommen-pro-post/. Zugegriffen: 17. Okt. 2021.

Statistisches Bundesamt. (2021). Die Folgen der Corona-Pandemie in 10 Zahlen. Pressemitteilung Nr. 023 vom 31. März 2021. https://www.destatis.de/DE/Presse/Pressemitteilungen/2021/03/PD21_N023_p001.html. Zugegriffen: 13. Okt. 2021.

Stiletto, S. (2021). Verboten: Video Konferenzen aufzeichnen. https://www.anwalt.de/rechtstipps/verboten-video-konferenzen-aufzeichnen_186059.html. Zugegriffen: 20. Okt. 2021.

Walbusch. (2021). Live-Shopping bei Walbusch. https://www.walbusch.de/live-shopping. Zugegriffen: 21. Okt. 2021.

Wikipedia. (o. J. a). Chronologie des Fernsehens. https://de.wikipedia.org/wiki/Chronologie_des_Fernsehens. Zugegriffen: 10. Okt. 2021.

Wikipedia .(o. J. b). Geschichte des Fernsehens. https://de.wikipedia.org/wiki/Geschichte_des_Fernsehens. Zugegriffen: 10. Okt. 2021.

Wikipedia. (o. J. c). Teleshopping. https://de.wikipedia.org/wiki/Teleshopping. Zugegriffen: 10. Okt. 2021.

Wikipedia. (o. J. d). Videokonferenz. https://de.wikipedia.org/wiki/Videokonferenz. Zugegriffen: 10. Okt. 2021.

Wikipedia. (o. J. e). Zoom Video Communications. https://de.wikipedia.org/wiki/Zoom_Video_Communications. Zugegriffen: 10. Okt. 2021.

Wikipedia. (o. J. f). Video-Ident-Verfahren. https://de.wikipedia.org/wiki/Videoident. Zugegriffen: 11. Okt. 2021.

Wikipedia. (o. J. g). Influencer. https://de.wikipedia.org/wiki/Influencer. Zugegriffen: 15. Okt. 2021.

Wilms, D. (2019). Warum Videos für Social Media Marketing wichtig sind. 06. Juni 2019. https://www.kgmediafactory.com/wissen/wichtigkeit-social-media-videos/. Zugegriffen: 16. Okt. 2021.

YouTube. (o. J.). https://support.google.com/youtube/answer/72857?hl=de&ref_topic=9153826. Zugegriffen: 15. Okt. 2021.

Dr. Jacqueline Rieger ist im Bereich Ideenentwicklung und Innovation tätig, vor allem als Autorin und freie Dozentin. Dabei arbeitet sie auch mit verschiedenen Visualisierungstechniken, um Themen, Ideen und Konzepte zu veranschaulichen. Sie hat BWL an der Freien Universität Berlin studiert und dort im Fachgebiet Marketing promoviert.

Die Verknüpfung von analogem und digitalem Marketing und Vertrieb

Omni-Channel als Antwort auf ein ganzheitliches Offline- und Online-Marketing und -Sales

Marina Sverdel und Meike Terstiege

Inhaltsverzeichnis

1 Kunden im Dialog und im Fokus 289
2 Kundenerlebnis mittels Offline- und Online-Kanälen 290
3 Kunden im Spannungsfeld von Ratio und Tech, Emotion und Empathie 293
4 Fazit 294
Literatur 295

1 Kunden im Dialog und im Fokus

Wir leben mittlerweile in einer immer digitaleren Welt und sind immer erreichbar. Zugleich wird die Customer Experience angesichts von Zielgruppen, für die das Channel Hopping eine Selbstverständlichkeit darstellt, mehr und mehr durch die Kunden selbst gestaltet. Und dabei ist jeder Kunde ein technologisch gestärkter Kunde, die IT- und Media-Kompetenzen nehmen auf Seite der Zielgruppen kontinuierlich und stark zu – die damit verbundene Informationsmacht, Selbstbestimmung und auch der Anspruch auf eine möglichst vollständige Kontrolle gehen damit einher. Informationen, Produkte und Services sind weltweit 24/7 zugänglich – wodurch deren Exklusivität eher abnimmt,

M. Sverdel
Düsseldorf, Deutschland

M. Terstiege (✉)
Köln, Deutschland
E-Mail: meike.terstiege@docmarketeer.de

K. Butzer-Strothmann (Hrsg.), *Integriertes Online- und Offline-Channel-Marketing*,
https://doi.org/10.1007/978-3-658-38048-9_14

während die Transparenz und die Vergleichbarkeit von Angeboten wiederum stetig steigen.

Für jedes Angebot existieren (oftmals eine Vielzahl an) Alternativen, die gerade in der digitalen Welt nur einen Klick entfernt sind. Die Hürden, von Marke zu Marke, von Produkt zu Produkt, von Dienstleister zu Dienstleister und von Plattform zu Plattform zu wechseln, nehmen daher immens ab – Channel Hopping at it's best. Der Weg der Kundschaft zum Kauf oder zur Nutzung einer Dienstleistung war bislang recht planbar, vorhersehbar und vor allem linear. Der Marketing- und Sales-Funnel wurde mittlerweile aber durch ein von digitalen Technologien angetriebenes Modell abgelöst. Die heutige Customer Journey ist komplex und dynamisch, sodass Kunden ihre Kaufoptionen ständig neu bewerten können. Sie konsumieren und kreieren eigenständig (digitale) Inhalte und sehen es als selbstverständlich an, Medieninhalte und -kultur mit zu beeinflussen.

Gerade in der anonymisierten digitalen Welt kommt der emotionalen Verbindung mit der Marke daher eine große Bedeutung zu. Selbst reine Online Player bzw. Marken ergreifen die Chance, die Erfahrung für User personalisierter und so emotionaler zu gestalten. Spotify bspw. erstellt für User Playlists nach deren Lauftempo, während Google seine User überrascht und ihnen bei einer Suche mit personalisiertem Gruß zum Geburtstag gratuliert. Vor allem die Erfahrungen mit den vier GAFA-Unternehmen (die US-amerikanischen Tech-Riesen Google, Apple, Facebook und Amazon) prägen weltweit die Ansprüche und Erwartungen von Zielgruppen bzw. Usern gegenüber anderen Marken sowie die Marken-Loyalität (Gizycki & Elias, 2018).

Konsumenten verändern somit mittlerweile die Regeln der Markenführung. Aber längst nicht alle Marken können mit der Erwartungshaltung der Nutzer Schritt halten. Die größte Herausforderung liegt darin, Kundenwünsche zu antizipieren, d. h. vorauszusehen und sogenannte „Beeindrucke-mich"-Momente zu schaffen. Denn Kunden erwarten Innovationen – sie wollen heute nicht nur die Erfüllung ihrer offensichtlichen und selbst geäußerten sowie bewussten Bedürfnisse, sondern sie wollen durch Innovationen überrascht werden, die u. a. unbewusste Bedürfnisse aufdecken und ansprechen. Marken sollten die Chance nutzen, Konsumenten zu involvieren, ihre Produkte, Dienstleistungen, aber vor allem ihre Geschichten mitzuprägen. Diese Herausforderungen erfordern neue Ansätze in Marketing und Vertrieb – vom traditionellen Monolog hin zum Community-Building. Nur so können Marken relevant, nützlich und unterhaltsam bleiben (Gizycki & Elias, 2018).

2 Kundenerlebnis mittels Offline- und Online-Kanälen

Auch wenn alle das Gefühl haben, dass Smartphone, Smart Tools und Smart Homes das Leben beherrschen, sollte differenziert werden, wie „digital savvy" Konsumenten sind. Sie haben unterschiedliche digitale Erfahrungen, Intensität und Berührungspunkte im Umgang mit Technologien. In der Praxis werden zunehmend die folgenden

Gruppen unterschieden: die Traditionellen (sie verlassen sich auf klassische Kanäle), die Experimentellen (sie nutzen selektiv digitale Angebote), die Übergangswilligen (diese sind bestrebt, digitale Angebote stärker zu nutzen) und die Fortgeschrittenen (digitale Technologien sind Teil ihres Lebens) (Ramadan, 2017).

Um sich der relevanten Zielgruppe richtig zuwenden zu können, bedarf es einer wirklich grenzenlosen, d. h. kanalunabhängigen Vernetzung der Customer Touchpoints mit einem deutlichen Fokus auf Kundenbedürfnissen. Eine reine Kanalstrategie oder ein rein technologisches Spiel haben ausgedient, vielmehr relevant ist nunmehr die Veränderung von Massenwerbung hin zu einer individuellen Ansprache von Konsumenten. Hierbei spielen die Fachgebiete des digitalen Marketings und Vertriebs eine bedeutende Rolle (Vallée et al., 2018). Durch die Verfügbarkeit und Analyse von Kunden-, Produkt- und Absatzdaten sowie durch die Messbarkeit der Marketing- und Vertriebsaktivitäten wird ein System geschaffen, in dem die Vermarktungsaktivitäten laufend optimiert werden können. Die Beherrschung und konsequente Anwendung auf diesen Fachgebieten bilden die Grundlage für die Etablierung einer konsistenten Omni-Channel Customer Experience (siehe Abb. 1).

Konsumenten erleben täglich, welche Vorteile Personalisierung und haben können. Solange diese Dienste als relevante Dienstleistung empfunden werden, nutzen Kunden diese intensiv. Die Trends Personalisierung und Customization sind jedoch nicht für jede Marke geeignet.

Als Best Practice ist hier das Unternehmen und die Marke METRO anzuführen: Für die Marke METRO als weltweit führender Großhändler für Gewerbetreibende wie Gastronomen oder Hoteliers ist bspw. der Wunsch, Kunden noch persönlicher zu betreuen, im Unternehmen verankert. Als Beziehungsmarke bietet METRO auf der Basis

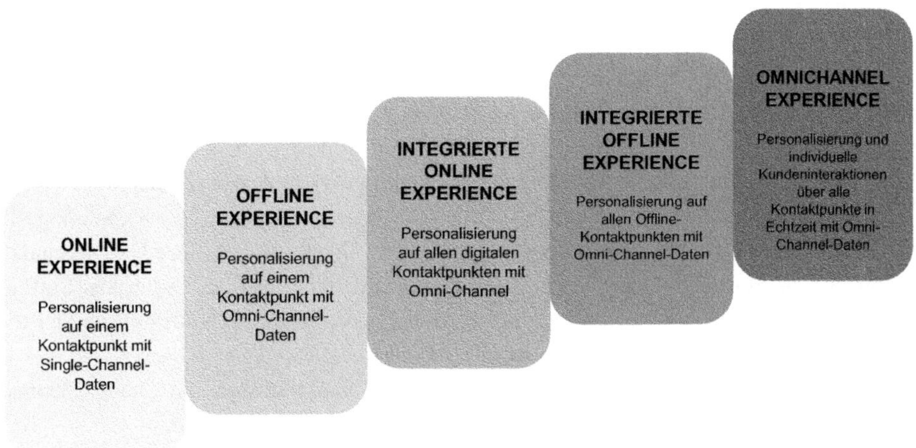

Abb. 1 Zusammenhang von Offline und Online Experience zur Schaffung einer Omni-Channel Experience

einer einzigartigen Mitgliedskarte die Möglichkeit, Kunden ganzheitlich zu verstehen und personalisierte Informationen über alle Offline- und Online-Kanäle hinweg anzubieten.

Und damit ist METRO nicht allein: Zahlreiche Unternehmen setzen mittlerweile sogenannte Customer-Success-Manager oder Customer-Happiness-Manager ein. Entscheidende Voraussetzungen hierfür sind

- engagierte Top-Fachleute,
- offene Unternehmenskultur,
- absoluter Fokus auf Nutzer,
- konsistente Beratung, Implementierung und Lokalisierung,
- 24/7-Messbarkeit der Performance, Evaluierung und Optimierung,
- erstklassige Technologie, Innovationsspirit und Time-to-Market-Analyse.

Zusammenfassend lassen sich fünf Stufen des Reifegrades und der Transformation hin zur Omni-Channel Customer Experience erkennen, die hier aus der Kundenperspektive aufgezeigt werden:

- **Stufe 1 – Online Experience:** Der Kunde interagiert mit der Marke über einen einzigen digitalen Kontaktpunkt, mit dem Ziel, die Marke kennenzulernen, Produkte und Services zu entdecken – in einer natürlichen intuitiven Verbindung von Content und Commerce.
  Mehrwert: Personalisierung an einem Kontaktpunkt mit Single-Channel-Daten.
- **Stufe 2 – Offline Experience:** Der Kunde erlebt an einem Offline-Kontaktpunkt ein verbessertes Erlebnis aufgrund der Nutzung von Segmentdaten aus mehreren Quellen, dadurch erhält das Unternehmen einen besseren Überblick über die individuellen Kunden und das Verhalten der Gruppe. Wenn der Kunde in Stufe 1 zuerst online mit der Marke in Kontakt kommt, werden diese Daten für weitere Kontakte in Stufe 2 genutzt, um die UX zu verbessern.
  Mehrwert: Personalisierung an einem Kontaktpunkt mit Omni-Channel-Daten.
- **Stufe 3 – Integrierte Online Experience:** Der Kunde wird über mehrere digitale Kanäle (nicht nur über einen einzigen Kontaktpunkt) angesprochen, indem Omni-Channel-Daten für alle digitalen Kontaktpunkte genutzt werden. Der Kunde hatte in Stufe 1 also zuerst online mit der Marke Kontakt, dann wurden diese Daten genutzt, um ihm in Stufe 2 bei der Offline Experience auf der Basis der Daten aus Stufe 1 ein noch besseres Erlebnis zu bieten. In Stufe 3 wird die UX noch besser, da hier die Daten aus Stufe 1 und 2 genutzt werden.
  Mehrwert: Personalisierung an allen digitalen Kontaktpunkten mit Omni-Channel-Daten.
- **Stufe 4 – Integrierte Offline Experience:** Der Kunde wird über mehrere physische Kontaktpunkte angesprochen, wie etwa im stationären Geschäft oder Callcenter. Er erlebt eine bessere UX, da alle Daten genutzt werden, die zuvor bei Offline-Begegnungen mit der Marke gesammelt werden konnten.

Mehrwert: Personalisierung an allen Offline-Kontaktpunkten mit Omni-Channel-Daten.

- **Stufe 5 – Omni-Channel Experience:** Der Kunde genießt inspirierende und ansprechende Erlebnisse, die auf seine Bedürfnisse zugeschnitten sind, diese werden ermöglicht durch die Anbindung aller Kanäle und durch die Bereitstellung konsistenter personalisierter Kundenerfahrung.
  Mehrwert: Personalisierung und individuelle Kundeninteraktionen über alle Kanäle und Kontaktpunkte hinweg in Echtzeit.

3 Kunden im Spannungsfeld von Ratio und Tech, Emotion und Empathie

Der wichtigste Faktor im System der Verknüpfung von Offline und Online-Maßnahmen und -Kanälen in Marketing und Vertrieb und somit einer erstklassigen Omni-Channel Experience und der Digitalisierung ist die Kompetenz, Wissen einzuordnen, zu beurteilen und in einen Kontext zu setzen (Winters, 2021). Das Internet steht zwar jedem jederzeit als die größte Datenbank der Welt zur Verfügung. Meinung von Tatsachenbehauptung, Sachinformationen von Fake News zu differenzieren oder bspw. verschiedene Facetten von Humor zu erkennen, sind jedoch menschliche Leistungen. Es erfordert menschliche Empathie, d. h. Einfühlungsvermögen, die technologisch gestärkte anonyme digitale Welt und das emotional geladene physische Umfeld miteinander zu verbinden (Winters, 2021).

Ein tragendes Element für den Erfolg von Offline- und Online-Kanälen in Marketing und Vertrieb im Sinne eines Omni-Channel-Ansatzes ist ein aussagekräftiges Wissen über die jeweiligen Zielgruppen, das zwischen Teams, Systemen und Kontaktpunkten ausgetauscht wird. Omni-Channel-Marketing und -Vertrieb funktionieren nicht beim Vorherrschen einer Silo-Denke und -Kultur (Winters, 2021). Grundvoraussetzung dafür ist, die gesamte Organisation sowohl strategisch als auch operativ im Hinblick auf einen Omni-Channeö-Ansatz aufzustellen und mit Big Data zu versorgen. Das heißt, das Aggregieren und Analysieren von Daten aus verschiedenen Anwendungen und Kanälen ist von Bedeutung, um ein umfassendes Profil jedes einzelnen Kunden (Omni-Channel-Daten) zu erstellen, und ebenso die Verwendung dieser Daten, um inspirierende Erfahrungen über mehrere Kanäle (Omni-Channel-Kontaktpunkte) zu erzeugen (Vallée et al., 2018).

Dabei liefern Fortschritte bei Analyseplattformen, Customer-Relationship-Management-Tools, Web-Reporting und Social-Media-Analysen Unternehmen mehr Daten als je zuvor. Daten sind daher das neue Öl: Sie bedürfen effizienter und zielgerichteter Verarbeitung. Im Kern steht die vernetzte Datenbasis, welche mittels intelligenter Analyseverfahren zu neuem Wissen führt, um strategische Entscheidungen in Echtzeit zu treffen. Diese Herausforderung ist für viele Organisationen und Marketingverantwortliche neu.

VERGANGENHEIT

Ehemals gefragte Kompetenzen

- Manual dexterity, endurance and precision
- Memory, verbal, auditory and spatial abilities
- Management of financial, material resources
- Technology installation and maintenance
- Reading, writing, math and active listening
- Management of personnel
- Quality control and safety awareness
- Coordination and time management
- Visual, auditory and speech abilities
- Technology use, monitoring and control

GEGENWART

Aktuell gefragte Kompetenzen

- **Analytical thinking and innovation**
- **Complex problem-solving**
- **Critical thinking and analysis**
- **Active learning and learning strategies**
- **Creativity, originality and initiative**
- **Emotional intelligence**
- **Attention to detail, trustworthiness**
- **Reasoning, problem-solving and ideation**
- **Leadership and social influence**
- **Coordination and time management**

ZUKUNFT

Zukünftig gefragte Kompetenzen

- Analytical thinking and innovation
- Active learning and learning strategies
- Creativity, originality and initiative
- Technology design and programming
- Critical thinking and analysis
- Complex problem-solving
- Leadership and social influence
- Emotional intelligence
- Reasoning, problem-solving and ideation
- Systems analysis and evaluation

Abb. 2 Beispiele für sich verändernde Qualifikationen im Omni-Channel-Kontext

Die entsprechenden Veränderungen von Ansprüchen hinsichtlich der Qualifikationen und Kompetenzen von Mitarbeitern vor dem Hintergrund von Omni-Channel-Strategien ist in Abb. 2 veranschaulicht.

4 Fazit

Bei der Weiterentwicklung von eher „althergebrachten" Prozessen, die aus einer Unternehmenskultur und -organisation stammen, in welcher sich das Marketing häufig zwischen offline und online entscheiden musste, hin zu Prozessen, Tools und Kommunikationskanälen, die das Ziel der integrierten Sichtweise einer ganzheitlichen und kanalübergreifenden bzw. -unabhängigen Omni-Channel Experience verfolgen, sind Teams von Bedeutung, die einheitlich analog und zugleich digital denken, verstehen und handeln – Teams, die vor allem in ihrer Digitalkompetenz und in der Nutzung digitaler Technologien trainiert werden. Vor allem aufgrund des weiterhin rasanten technischen Fortschrittes müssen sich Menschen zunehmend mehr Wissen aneignen.

Auch wenn dieses sogenannte Lifelong Learning für manche eher bedrohlich als inspirierend klingen mag, muss sich dies nicht unbedingt anstrengend und/oder sogar langweilig gestalten. Neues Wissen kann sich jeder durch Beobachten, Ausprobieren, Überwinden, Nachdenken und auch durch ein Scheitern aneignen – letztlich geht es auch hier darum, die eigene Komfortzone zu verlassen.

Die entsprechenden Veränderungen und Chancen von Berufsgruppen vor dem Hintergrund von Omni-Channel-Strategien sind in Abb. 3 veranschaulicht.

REDUNDANT	STABIL	NEU
Data Entry Clerks	**Managing Directors and Chief Executives**	Data Analysts and Scientists
Accounting, Bookkeeping and Payroll Clerks	**General and Operations Managers**	AI and Machine Learning Specialists
Administrative and Executive Secretaries	**Software and Applications Developers and Analysts**	General and Operations Managers
Assembly and Factory Workers	**Data Analysts and Scientists**	Big Data Specialists
Client Information and Customer Service Workers	**Sales and Marketing Professionals**	Digital Transformation Specialists
Business Services and Administration Managers	**Sales Representatives, Wholesale and Manufacturing, Technical and Scientific Products**	Sales and Marketing Professionals
Accountants and Auditors	**Human Resources Specialists**	New Technology Specialists
Material-Recording and Stock-Keeping Clerks	**Financial and Investment Advisers**	Organizational Development Specialists
General and Operations Managers	**Database and Network Professionals**	Software and Applications Developers and Analysts
Postal Service Clerks	**Supply Chain and Logistics Specialists**	Information Technology Services

Abb. 3 Beispiele für sich verändernde Chancen von Berufsgruppen im Omni-Channel-Kontext

Literatur

Gizycki, v. V., & Elias, C. A. (Hrsg.). (2018). *Omnichannel Branding: Digitalisierung als Basis erlebnis- und beziehungsorientierter Markenführung*. Springer Gabler.

Ramadan, S. (2017). *OmniChannel marketing: The roadmap to create and implement omnichannel strategy for your business*. Independently published.

Vallée, F., Schulz, C., & Pumpe, A. (2018). *Omnichannel im Handel*. Huss-Verlag.

Winters, A. (2021). *Omni-Channel Retailing: An Analysis of Channel Interdependencies, Integration Services and Specific Marketing Instruments*. Springer Gabler.

Marina Sverdel entwickelt als Führungskraft im digitalen Marketing und in der Customer Experience innovative Konzepte, deren Ziel eine relevante Erfahrung mit Marken über alle Kanäle hinweg ist. In ihrer globalen Funktion für METRO, einen der weltweit führenden Großhändler für Gastronomen, treibt sie als Change Managerin die digitale Transformation des Konzerns voran, indem sie den Kundenfokus in bestehende Marketing- und Serviceprozesse integriert und Teams zur Nutzung von digitalen Technologien weltweit coacht. Die Erfolgsbilanz von Marina Sverdel reicht von der Entwicklung und Steuerung von Investitionen in kundenorientierte digitale Lösungen, deren bestmöglicher Nutzung weltweit, Relaunch und Harmonisierung der Kunden-Website bis hin zur Etablierung des ersten globalen Kennzahlensystems zur Messung von Effektivität der Multikanal-Kommunikation.

Prof. Dr. Meike Terstiege ist selbstständige Marketing-Beraterin und -Trainerin. Sie berät als @DOCMARKETEER Unternehmen zu digitalem und strategischem Marketing sowie zur Auswahl von Agenturen und zur Zusammenarbeit mit Agenturen. Als Talent Hunter berät sie zudem Unternehmen im HR-Bereich bei der Rekrutierung von Talenten und Young Professionals sowie im Hochschulmarketing und Campus Recruiting. Sie hat eine Professur für Digital Marketing an der International School of Management (ISM), konzipierte dort den Studiengang Digital Marketing und lehrt europaweit digitales und strategisches Marketing. Sie ist Herausgeberin, Autorin und Co-Autorin mehrerer Fachbücher und Publikationen (u. a. „Effiziente Marketingkommunikation", „Digitales Marketing", „KI in Marketing & Sales" und „Marketing-Automation"). Ihre Beiträge wurden in Fachmagazinen wie Handelsblatt Online, New Business, Markenartikel und Horizont veröffentlicht. Zuvor studierte sie Wirtschaftspsychologie an der Universität Mannheim, promovierte berufsbegleitend am Marketing-Lehrstuhl der TU Dortmund mit „summa cum laude" und war im strategischen Marketing in Führungspositionen auf Unternehmensseite (Henkel, Generali Holding und Allied Domecq) sowie auf Agenturseite (BBDO, Ogilvy, McCann und Edelman) tätig.

Praxis eines integrierten Online- und Offline-Channel-Managements

Strategien von Kleinstunternehmen, kleinen und mittleren Unternehmen (KMU) für ein integriertes Online- und Offline-Channel-Marketing

Jörg Sikkenga

Inhaltsverzeichnis

1 Integriertes Online- und Offline-Marketing . . . 299
2 Unternehmensperspektive . . . 301
3 Kundenperspektive . . . 302
4 Herausforderungen der Integration von Offline- und Online-Marketing-Kanälen bei Kleinstunternehmen, kleinen und mittleren Unternehmen (KMU) . . . 304
5 Ermittlung der Ist-Situation mittels des EFQM-Excellence-Modells . . . 305
6 Beschreibung der Stichprobe . . . 306
7 Darstellung der Ist-Situation . . . 308
8 Mögliche Strategien für die identifizierten Cluster . . . 311
9 Fazit . . . 313
Literatur . . . 313

1 Integriertes Online- und Offline-Marketing

Marketing ist eine Disziplin, die ein Spiegelbild gesellschaftlicher Entwicklungen darstellt. Derzeit prägen u. a. die Megatrends der Individualisierung, Nachhaltigkeit und Digitalisierung unsere Gesellschaft (Jacob, 2019, S. 1; Ternès et al., 2015, S. 2). Dies bedeutet für das Marketing, dass eine massenmediale analoge Kommunikationsgestaltung für ein nicht-nachhaltiges Produkt den Kunden nicht mehr in der Art und Weise wie früher erreicht und zu keiner Kaufentscheidung führt.

J. Sikkenga (✉)
Lüneburg, Deutschland
E-Mail: sikkenga@vwa-lueneburg.de

K. Butzer-Strothmann (Hrsg.), *Integriertes Online- und Offline-Channel-Marketing*,
https://doi.org/10.1007/978-3-658-38048-9_15

Wegbereiter dieser geschilderten gesellschaftlichen Entwicklung sind u. a. das Internet und die sich daraus entwickelnde Digitalisierung. Digitalisierung wird im Sinne von Mauro et al., (2015, S. 98) als ein Umwandlungsprozess von analogen Informationen in ein digitales und maschinenlesbares Format verstanden. Dieser Umwandlungsprozess erlaubt es, Prozesse zu optimieren und kosteneffizienter zu gestalten. Die Digitalisierung führt zu einer Vernetzung der unbelebten und belebten Materie (Deckert, 2019, S. 12), also die Vernetzung von Maschinen und Menschen. Die Vernetzung zeigt sich auch in der Veränderung der Customer Journey (Kotler et al., 2017, S. 75–90): Die Vernetzung der Menschen durch das Internet führt zu einer gefühlt kleineren Welt, in der die Menschen untereinander kommunizieren und einander Empfehlungen für Produkte und Dienstleistungen geben. Konsumenten orientieren sich bei ihrer Kaufentscheidung sowohl an persönlichen Empfehlungen (East et al., 2008, S. 219) als auch an Empfehlungen aus der virtuellen Welt. Zum einen bringt die virtuelle Welt Influencer hervor, denen ein hohes Vertrauen zugesprochen wird, welches zu einer Kaufabsicht führt (Lou & Yuan, 2019, S. 68), und zum anderen führt die positive Bewertung einer anonymen Masse ebenfalls zu einer positiven Kaufabsicht (Pelsmacker et al., 2018, S. 347 ff.). Ziel von Unternehmen muss es sein, eine Beziehung zu den potenziellen Kunden aufzubauen und eine Marke gemeinsam mit den potenziellen Kunden zu kreieren, zu gestalten und weiterzuentwickeln (France et al., 2015, S. 858).

Betrachtet man den Kauf in dieser skizzierten Gesellschaft, ist zu konstatieren, dass ein einzigartiges Kauferlebnis über alle Kundenkontaktpunkte hinweg, unabhängig ob offline oder online, geschaffen werden soll (Mosquera et al., 2017, S. 174 f.). Im Mittelpunkt stehen, wie im einführenden Beitrag deutlich gemacht wurde, heutzutage der Kunde und seine Bedürfnisbefriedigung. Dies bedarf einer Veränderung von Unternehmen in Richtung einer Integration von Offline- und Online-Channel-Marketing mithilfe der Digitalisierung. Bruhn und Schnebelen (2017, S. 475–479) proklamieren bei der integrierten Marketing-Kommunikation die drei Prinzipien Beziehungsorientierung, Inhaltsorientierung und Prozessorientierung. Die von den beiden Autoren benannte kundenzentrierte integrierte Marketing-Kommunikation wird als Wechselspiel zwischen den eigenen Branding-Aktivitäten sowie der Integration kundenzentrierter Themen verstanden (Bruhn & Schnebelen, 2017, S. 477). Duncan (2002, S. 8) definiert den Begriff des integrierten Marketings als „a cross-functional process for creating and nourishing profitable relationships with customers and other stakeholders by strategically controlling or influencing all messages sent to these groups and encouraging data-driven, purposeful dialogue with them“. In der Definition werden die drei Prinzipien deutlich. Eine Beziehungsorientierung zwischen Kunden und anderen Stakeholdern wird mittels eines Dialogs hergestellt und es wird versucht, diese Beziehung durch an diese Gruppen gerichtete nützliche Informationen aufrechtzuerhalten (Inhaltsorientierung). Dabei ist diese Beziehung als zielorientierter Prozess zu gestalten (Prozessorientierung).

Um diese drei Prinzipien zu erreichen, bedarf es bei der Integration von Offline- und Online-Channel-Aktivitäten einer Betrachtung aus Kunden- und Unternehmensperspektive. So benötigt man auf der einen Seite Wissen über die Wünsche und Bedürfnisse der Kunden und Einblicke in die Customer Journey. Auf der anderen Seite muss das Unternehmen die organisatorischen Rahmenbedingen schaffen, die eine Integration der Kanäle erlauben. Dabei ist es wichtig, dass diese Integration ein nahtloses Erlebnis beim Kunden schafft. Förderlich ist dabei ein hoher Grad der Digitalisierung, der insbesondere bei der Prozessorientierung zum Tragen kommt.

2 Unternehmensperspektive

Die Integration von Offline- und Online-Channel-Marketing kann auch als Omni-Channel-Marketing bezeichnet werden. Verhoef et al. (2015, S. 176) definieren dies als „the synergetic management of the numerous available channels and customer touchpoints, in such way that the customer experience across channels and the performance over channels is optimized". Im Mittelpunkt des Omni-Channel-Marketings stehen demnach der Kunde und die Optimierung seines Kundenerlebnisses durch das Unternehmen.

Die unabhängige Nutzung unterschiedlicher Kanäle wird als Multi-Channel-Marketing bezeichnet. Rangaswamy und van Bruggen (2005, S. 6) definieren dies als „simultaneously offering their customers and prospects information, products, services, and support (or any combination of these) through two or more synchronized channels". Zwar wird hier proklamiert, dass zwei oder mehr Kanäle synchronisiert werden zum Zwecke des Anbietens von Informationen, Produkten, Dienstleistungen und Support für Kunden und Interessenten, allerdings führt diese Synchronisierung nicht zu einer organisatorischen unternehmensinternen Synchronisation (Gallino & Moreno, 2014, S. 1436).

Berman und Thelen (2018, S. 599) zeigen überblicksartig die Unterschiede zwischen Multi-Channel-Marketing und Omni-Channel-Marketing. Sie beschreiben, dass die Fokussierung des Multi-Channel-Marketings auf die Maximierung der Leistung eines bestimmten Kanals sich auf die organisationale Gestaltung des Unternehmens auswirkt. So ergeben sich ein Silo-Denken und Silo-Agieren mit separaten Organisationen, Zielen und Budgets sowie eine kanalorientierte Kunden- und Bestandsdatenbank. Die ganzheitliche Perspektive beim Omni-Channel-Marketing zeigt sich organisatorisch in einer Abteilung, die alle Kanäle gleichermaßen bespielt. Dies erfordert eine kanalübergreifende einheitliche Kunden- und Bestandsdatenbank. Das Multi-Channel-Marketing geht von einem linearen Verkaufsablauf aus: Bekanntheit, Suchverhalten, Kauf und Nachkaufverhalten. Das Omni-Channel-Marketing geht von einem nicht-linearen Verkaufsablauf aus. Verbraucher verwenden unterschiedliche Kanäle und Kontaktpunkte, die nicht direkt in einen Kauf münden müssen.

Übereinstimmend mit Cao und Li (2015), Beck und Rygl (2015) und Strang (2013) erstellen Berman und Thelen (2018, S. 606) vier Phasen zur Entwicklung einer Omni-Channel-Marketingstrategie. Phase 1 beschreibt den Umstand, dass ein Unternehmen ein isoliertes Multi-Channel-Marketingprogramm betreibt. Es besteht ein Silo-Denken und Silo-Agieren in der Organisation, da jeder Kanal isoliert und in Konkurrenz zu den anderen Kanälen betrieben wird. Die Schaffung eines einheitlichen Images ist nicht möglich. Eine einheitliche Kunden- und Bestandsdatenbank existiert nicht. Phase 2 zeichnet sich durch eine minimale kanalübergreifende Integration aus. Dies umfasst werbliche Aktionen auf unterschiedlichen Kanälen mit einem einheitlichen Corporate Design. Die Kanäle sind wie in Phase 1 organisatorisch voneinander getrennt. In Phase 3 findet eine Verzahnung zwischen Offline- und Online-Kanälen statt mit dem Ziel einer Verbrauchertransaktion. Dies bedeutet, dass Kunden entscheiden können, ob sie online einkaufen und sich das Produkt nach Hause liefern lassen oder online einsehen können, ob das Produkt in einer Filiale vor Ort vorhanden ist, und sich dieses dort abholen. Dies setzt eine kanalübergreifende Integration hinsichtlich der Abwicklung von Kundenaufträgen sowie Preis- und Bestandsdaten voraus. Phase 4 bedeutet eine umfassende Omni-Channel-Strategie. Im Mittelpunkt stehen der Kunde und die Schaffung eines nahtlosen Einkaufserlebnisses. Der Kunde wird über verschiedene Kanäle hinweg mit individualisierter Werbung stimuliert, weitere Käufe zu tätigen. Die Kunden sind in einer kanalübergreifenden Kundendatenbank gesammelt.

Cao und Li (2015, S. 203) weisen vier positive Auswirkungen für Unternehmen mit einer kanalübergreifenden Integration nach: Vertrauenszuwachs, erhöhte Kundenloyalität, eine höhere Conversion Rate sowie größere Chancen für Cross-Selling. Darüber hinaus ist festzuhalten, dass die Ausgestaltung einer Omni-Channel-Strategie in enger Wechselwirkung mit dem Geschäftsmodell steht. Darauf verweisen Jocevski et al. (2019, S. 82) in ihrem multiplen Case-Study-Design von 13 italienischen Einzelhändlern. Um die drei Dimensionen nahtloses Kundenerlebnis, integrierte kanalübergreifende Analyse und Nutzung von Kundendaten sowie kanalübergreifende Koordination der Lieferkette einer Omni-Channel-Strategie erfüllen zu können, bedarf es Veränderungen im Business Model (z. B. Kunden zu Markenbotschaftern machen, Schaffung personalisierter Angebote mittels Datenanalyse, Aufbau eines Netzwerkes und/oder Partnerschaften, die neue Kundenerwartungen erfüllen können, sowie Investitionen in Technologien, die einen Mehrwert für die Kunden schaffen können). Dies bedeutet für Unternehmen, eine Wandlungsbereitschaft aufzuweisen, um sich auf die verändernden Umwelten einstellen zu können.

3 Kundenperspektive

Mittels einer Analyse von 143 Artikeln zwischen den Jahren von 1982 bis Januar 2020 erstellen Keyser et al. (2020, S. 438 ff.) eine Nomenklatur für die Schaffung eines Kundenerlebnisses. Die Nomenklatur besteht aus den drei Elementen Touchpoints, Kontextbedingungen sowie Qualitäten.

Touchpoints werden als Gesamtheit der Kontakte zwischen der Marke/dem Unternehmen und dem Kunden während der Customer Journey verstanden. Die Touchpoints variieren in Bezug auf die Kontrolle, die Art und das Stadium der Customer Journey.

Die Touchpoints untergliedern sich in unternehmenskontrollierte (z. B. Geschäftsumfeld, Homepage, Werbung) und nicht-unternehmenskontrollierte Touchpoints (z. B. Influencer, andere Marken oder Unternehmen). Die Art des Touchpoints bedeutet, in welcher Form man sich dem Kunden präsentiert. Dies kann eine menschliche Art durch Mitarbeiter, digital durch eine Homepage oder physisch in Form eines stationären Handels sein. Auch Kombinationen dieser drei Arten sind denkbar. Die Customer Journey besteht aus der Vorkauf-, Kauf- und Nachkaufphase.

Die Kontextbedingungen sind diejenigen Faktoren, die für eine bestimmte Zeit und/ oder für einen bestimmten Ort spezifisch und damit auch nur vorübergehender Natur sind. Folgende Kontextfaktoren wurden in der Analyse herausgearbeitet: individueller, sozialer, Markt- und Umweltkontext. Der individuelle Kontext bezieht sich auf die Individualität eines jeden Kunden, der anhand seiner eigenen Logik agiert und somit nicht allein von der Kommunikation des Unternehmens gesteuert wird. Die Individualität resultiert aus dem Zusammenspiel zwischen emotionalen (z. B. Freude oder Traurigkeit), kognitiven (z. B. vorherige Erfahrungen und Erinnerungen), normativen (z. B. Werte und Normen), physischen (z. B. Krankheit) und ökonomischen Faktoren (z. B. das zur Verfügung stehende Budget). Der soziale Kontext beinhaltet die Kontakte, mit denen der Kunde auf Individual- und Kollektivebene in Verbindung steht und die einen Einfluss auf das Denken und Handeln des Kunden haben. Der Marktkontext betrachtet die Sichtweise des Kunden auf den Markt. Dies bedeutet, welche Akteure neben dem zu betrachtenden Unternehmen ebenfalls agieren: Konkurrenten, Substitute sowie künftige Marktteilnehmer. Der Umweltkontext bildet sich aus den natürlichen Umweltbedingungen (z. B. Wetter), ökonomischen Umweltfaktoren (z. B. Zustand der Gesamtwirtschaft), öffentlichen Umweltfaktoren (z. B. Straßeninfrastruktur) und politischen Umweltfaktoren (z. B. Regierungsumbildung).

Das dritte Element der Nomenklatur bezeichnen Keyser et al. (2020, S. 441 f.) als Qualitäten, die sich in fünf Bereiche aufgliedern: Beteiligungsgrad, Dimensionalität, Zeitfluss, Valenz und Gewöhnlichkeit. Gemeinsam können sie bei einer entsprechenden Ausgestaltung dazu führen, dass der Kauf zu einem Erlebnis wird. Der Kunde kann entscheiden, wie stark er sich selbst in den Erstellungsprozess des Produktes bzw. der Dienstleistung einbringt auf einem Kontinuum von geringer bis hoher Beteiligung (Beteiligungsgrad). Eine hohe Beteiligung bedeutet z. B. ein individualisiertes Produkt mit der Losgröße eins. Die Dimensionalität beschreibt die Dimensionen, die ein Erlebnis ausmachen. Diese appellieren in Anlehnung an Schmitt (1999, S. 61 f.) an die Sinne des Kunden, an die inneren Gefühle und Emotionen und an den Intellekt. Es sollen Interaktionen hervorgerufen und es soll ein Gefühl der Zugehörigkeit zu anderen geschaffen werden. Der Zeitfluss umschreibt die vom Kunden gefühlte Dauer und Dynamik eines Erlebnisses. Ein Erlebnis kann positiv, neutral oder negativ vom Kunden bewertet werden (Valenz). Die Gewöhnlichkeit eines Erlebnisses wird auf einem Kontinuum von gewöhnlich bis außergewöhnlich dargestellt. Das Zusammenspiel der drei dargestellten Elemente mündet in ein Urteil des Kunden, welches über die Fortführung oder Beendigung der Customer Journey und der Beziehung zum Unternehmen entscheidet. Im Idealfall ist das Unternehmen in der Lage, ein Erlebnis zu kreieren, welches Ober-Heilig (2015, S. 26) wie folgt definiert: „Erlebnisse sind herausgehobene, multidimensionale Ereignisse, die individuell wahrgenommen und verarbeitet werden und für das Individuum eine langfristige Bedeutung besitzen."

Hickman et al. (2020, S. 274) stellen einen konzeptionellen und empirisch getesteten Rahmen (Online-Befragung von 246 Personen, die per Schneeballverfahren rekrutiert wurden) vor, der Faktoren identifiziert, die ein Omni-Channel-Erlebnis beeinflussen: Markenvertrautheit, Kundenzentriertheit, wahrgenommener Wert sowie Technologiebereitschaft. Markenvertrautheit wird als die Gesamtheit direkter und indirekter Erfahrungen verstanden, die ein Verbraucher mit einer Marke gemacht hat (Park & Stoel, 2005, S. 150). Die Kundenzentriertheit definieren die Autoren als Bewertung der Relevanz der Marketingbotschaften für den Kunden (Lee et al., 2015). Der wahrgenommene Wert ist die Differenz zwischen dem Nutzen, den der Kunde wahrnimmt, und den Kosten, die der Kunde für das Produkt zahlt (McDougall & Levesque, 2000, S. 394). Technologiebereitschaft wird als die Bereitschaft verstanden, neue Technologien anzunehmen und im alltäglichen Leben zu verwenden (Parasuraman, 2000, S. 308). Die Kanäle Online, Ladengeschäft und Smartphone werden im Rahmen der Studie als Omni-Channel verstanden (Hickman et al., 2020, S. 274). Die Markenvertrautheit hat einen positiven Einfluss auf die Nutzung der Kanäle Ladengeschäft und Smartphone. Die Kundenzentriertheit hat einen positiven und signifikanten Einfluss auf die Verwendung der Kanäle Online und Smartphone, der wahrgenommene Wert auf die Nutzung der Kanäle Ladengeschäft und Online, die Technologiebereitschaft auf den Einsatz der Kanäle Online und Smartphone (Hickman et al., 2020, S. 280). Dies bedeutet für Unternehmen, diese Faktoren zu berücksichtigen und mehrere Touchpoints zu verwenden, um den Kunden ein Omni-Channel-Erlebnis zu gewährleisten.

4 Herausforderungen der Integration von Offline- und Online-Marketing-Kanälen bei Kleinstunternehmen, kleinen und mittleren Unternehmen (KMU)

Gemäß der Kommission der Europäischen Gemeinschaften (2003) werden diejenigen Unternehmen als Kleinstunternehmen, kleine und mittlere Unternehmen (KMU) definiert, deren Beschäftigtenzahl unter 250 sowie deren Umsatz pro Jahr bis 50 Mio. € liegt oder eine Bilanzsumme von maximal 43 Mio. € aufweist. Laut Berechnungen des Statistischen Bundesamtes (2021) waren im Jahr 2019 99,4 % aller Unternehmen in Deutschland den KMU zuzuordnen. 56,3 % aller tätigen Personen waren 2019 in KMU beschäftigt und erzielten 42 % der Bruttowertschöpfung. Lindner und Leyh (2019,

S. 403) stellen als Besonderheiten von KMU folgende Charakteristika im Vergleich zu Großunternehmen heraus:

- Kürzere Entscheidungswege
- Geringeres Budget
- Weniger komplexe Prozess- und IT-Landschaft

Insbesondere die Charakteristika des geringen Budgets und der wenig ausgereiften IT-Landschaft wirken sich vermutlich auch auf die Ausgestaltung der Digitalisierung negativ aus. Demary et al. (2016, S. 17) fassen in ihrer Meta-Analyse von 46 Studien hinsichtlich des Status quo der Digitalisierung zusammen, dass der Digitalisierung eine große Bedeutung beigemessen wird. Der Stand der Digitalisierung ist allerdings noch ausbaufähig und variiert stark innerhalb der Branchen. Als Hemmnisse der Digitalisierung werden die Herausforderungen an die IT-Sicherheit, Wirtschaftlichkeit der Digitalisierungsinvestitionen sowie fehlende Digitalisierungskompetenz (Demary et al., 2016, S. 35–45) herausgearbeitet. Schöpper et al. (2018, S. 40) führten in der Metropolregion Hamburg eine Online-Befragung (n = 191) zur Ermittlung der Digitalisierungskompetenz durch, verstanden als Zusammenspiel von Wissen und Aktivitäten. Diese Selbstbewertung zeigte hohe Kompetenzwerte in den Wirtschaftszweigen Informations- und Kommunikationstechnologie (66 %) und Dienstleistung (51 %). Die Wirtschaftszweige Handel (29 %), Baugewerbe (21 %) und verarbeitendes Gewerbe (13 %) weisen geringere Werte auf (Schöpper et al., 2018, S. 40).

Albayrak und Gadatsch (2018, S. 1685) vermuten, „dass KMU aktuell noch keine ausreichende Reife zur Digitalen Transformation haben, da diese Unternehmen überwiegend keine IT-Strategie besitzen und auch nicht wissen, wie man überhaupt zu einer IT-Strategie gelangt“. Mittels einer strukturierten Befragung von 15 Unternehmen kommen sie zu der Erkenntnis, dass neun der 15 Unternehmen über keine IT- oder Digitalisierungsstrategie verfügen (Albayrak & Gadatsch, 2018, S. 1688). Da Digitalisierung als Treiber des Omni-Channel-Marketings angesehen werden kann (Park et al., 2021, S. 895), ist zu vermuten, dass der Stand der Integration von Offline- und Online-Channel-Marketing in KMU ebenso als gering einzustufen ist. Daher soll untersucht werden, wie der Ist-Stand hinsichtlich der Integration von Offline- und Online-Channels aussieht, um anschließend Strategien zu erarbeiten.

5 Ermittlung der Ist-Situation mittels des EFQM-Excellence-Modells

Das Excellence-Modell der European Foundation For Quality Management (EFQM) fungiert als Handlungsrahmen, welcher Organisationen dazu befähigt, „Veränderungen zu steuern und die eigene Leistungsfähigkeit zu steigern“ (EFQM, 2021). Die Befähigung gelingt durch eine Betrachtung der Aktivitäten der Organisation und der

Ergebnisse dieser Aktivitäten. Die Ermittlung des unterstellten Ursache-Wirkungs-Zusammenhangs geschieht mittels einer Selbstbewertung eines Befähiger-Feldes und eines Ergebnis-Feldes. Das Befähiger-Feld besteht aus dem Zusammenspiel der Führung, der Mitarbeiterorientierung, der Politik und Strategie, Partnerschaften und Ressourcen sowie Prozessen. Diese Kriterien sollen das Unternehmen dazu befähigen, exzellente Leistungen zu erbringen. Diese Leistungen werden aus der Perspektive der relevanten Anspruchsgruppen bewertet (mitarbeiterbezogene, kundenbezogene sowie gesellschaftsbezogene Ergebnisse) und die Geschäftsergebnisse allgemein miteinbezogen (Sandbrook, 2001, S. 84).

Das EFQM-Modell erhebt den Anspruch, auf alle Organisationen anwendbar zu sein, unabhängig von Branche, Organisationsform, Größe oder soziokulturellem Kontext. Rusjan (2005, S. 363) kommt in seiner theoretischen Analyse zu dem Schluss, dass das EFQM-Modell geeignet ist, mithilfe der Betrachtung des Befähiger-Feldes eine problematische Situation zu identifizieren. Bekmeier-Feuerhahn und Sikkenga (2008) setzen beispielsweise das EFQM-Modell zur Ermittlung des Ist-Standes der Markenführung von Museen ein. Es scheint damit ebenfalls geeignet zu sein, den Ist-Zustand von KMU hinsichtlich des Standes der Integration von Offline- und Online-Channeln zu ermitteln.

Bei der Ermittlung dieser Ist-Situation erfolgte eine Konzentration auf das Befähiger-Feld, um hier Schwachstellen identifizieren zu können. Das Kriterium externe Partnerschaften fand keinen Eingang in die Befragung, da dieses als nicht relevant für die Fragestellung eingestuft wurde. Beispielhafte Inhalte der Befragung können der Tab. 1 entnommen werden.

6 Beschreibung der Stichprobe

Elf KMU (vier Kleinstunternehmen, ein Kleinunternehmen und sechs mittlere Unternehmen) aus der Metropolregion Hamburg wurden befragt. Diese wurden aufgrund eines gegebenen Kontakts durch duale Studierende ausgewählt und deren Entscheidungsträger (Geschäftsführung oder Leitung der Abteilung Marketing) von den dualen Studierenden interviewt. Dies erwies sich in Zeiten der Pandemie als geeignete Maßnahme. Der Fragebogen umfasste insgesamt sechs Seiten und alle Items sind auf einer fünfstufigen Likertskala (1 = stimme überhaupt nicht zu, 2 = stimme eher nicht zu, 3 = teils/teils, 4 = stimme eher zu, 5 = stimme voll und ganz zu) erhoben. Die Unternehmen sind in verschiedenen Branchen wie z. B. Lebensmittelindustrie, Feinmechanik, Elektrotechnik und Handel tätig. Der Tab. 2 ist eine nähere Beschreibung der befragten Unternehmen zu entnehmen. Die Unternehmen sind im B2B-Bereich tätig ($M = 4{,}91$, $SD = 0{,}30$) und

Tab. 1 In der Befragung abgefragte Themen

Themenschwerpunkte	Beispielhafte Inhalte
Thema 1: Führung	Vorhandensein eines Leitbildes; Führungskräfte motivieren und unterstützen die Mitarbeiter
Thema 2: Marketingstrategien	Marketingstrategien werden entwickelt, um Ziele zu realisieren; die entwickelten Strategien basieren auf Daten; Unternehmen beschäftigt sich mit dem Eintritt in neue Märke
Thema 3: Mitarbeiter	Wissen und Kompetenzen der Mitarbeiter werden ermittelt und ausgebaut; Mitarbeiter werden in Entscheidungsprozesse miteinbezogen
Thema 4: Prozesse und Kunden	Prozesse werden systematisch gestaltet und gemanagt; Produkte und Dienstleistungen werden aufgrund der Bedürfnisse und Erwartungen der Kunden entworfen und entwickelt; Bekanntheit der Kontaktpunkte sowie genutzten Verkaufskanäle; Verkaufskanäle unterliegen einer strategischen Planung
Thema 5: Ressourcen	Abteilungen sind mittels Datenbanken miteinander verbunden; Wissen der jeweiligen Abteilungen wird über alle Abteilungen hinweg geteilt
Thema 6: Charaktereigenschaften des Unternehmens mittels semantischen Differentials	Wandelfähig vs. starr; Zukunft wird als sicher wahrgenommen vs. Zukunft wird als unsicher wahrgenommen; modern vs. verstaubt; digital vs. analog; kreativ vs. bürokratisch
Thema 7: genutzte Kunden-Kommunikationskanäle	Face-to-Face; Telefon; E-Mail, Facebook, Twitter; Mobile Instant Messaging; Kontaktformular/Chatfunktion auf der Homepage
Thema 8: Homepage	Betreiben von Suchmaschinenoptimierung, Offpage- und Onpage-Optimierung; ansprechende Gestaltung der Homepage; Bereitstellung nützlicher Informationen; Kompatibilität mit dem Smartphone
Thema 9: Einschätzung der zukünftigen Entwicklung des Kundenverhaltens	Kunde holt offline Informationen ein und kauft online; Bedeutung von Social Media steigt in Bezug auf die Customer Journey; Kombination aus digitalen und physischen Kanälen stellt keine Herausforderung dar

in geringerem Umfang auch im B2C-Bereich ($M = 2{,}22$, $SD = 0{,}98$). Die Produkte und Dienstleistungen sind für den Kunden (egal ob B2B- oder B2C-Bereich) erklärungsbedürftig ($M = 4{,}45$, $SD = 0{,}82$). Die Märkte werden als hart umkämpft bewertet ($M = 4{,}45$, $SD = 0{,}69$) und die Unternehmen sind eher international tätig ($M = 3{,}91$, $SD = 1{,}58$).

Tab. 2 Beschreibung der befragten Unternehmen

Bitte geben Sie an, was auf ihr Unternehmen in welchem Ausmaß zutrifft (Skala von 1 = stimme überhaupt nicht zu bis 5 = stimme voll und ganz zu)	n	Mittelwert	Standardabweichung
Wir sind im produzierenden Bereich tätig	11	3,00	1,84
Wir sind im Dienstleistungsbereich tätig	11	3,50	1,57
Wir sind im B2B-Bereich tätig	11	4,91	0,30
Wir sind im B2C-Bereich tätig	11	2,22	0,98
Unsere Produkte/Dienstleistungen sind für den Kunden erklärungsbedürftig	11	4,45	0,82
Unsere Märke, auf denen wir tätig sind, sind hart umkämpft	11	4,45	0,69
Wir sind Marktführer	11	3,09	1,51
Wir sind international tätig	11	3,91	1,58

7 Darstellung der Ist-Situation

Betrachtet man die Standardabweichung in Tab. 2, ist zu konstatieren, dass diese bei einigen Aussagen hohe Werte aufweist und sich die Stichprobe als heterogen erweist. Daher wurde eine Clusteranalyse des gesamten Fragebogens mit dem Ward-Verfahren durchgeführt. Dieses Verfahren hat das Ziel, möglichst homogene Cluster zu bilden (Backhaus et al., 2016, S. 484). Anhand inhaltlicher Plausibilitätsüberlegungen konnten drei Cluster identifiziert werden.

Cluster 1: n = 3

Cluster 1 ist im Dienstleistungsbereich tätig (M = 4,33, SD = 1,20) und eher nicht im produzierenden Bereich (M = 1,67, SD = 1,20). Die drei Unternehmen, die alle als Kleinstunternehmen zu bezeichnen sind, agieren sowohl im B2B-Bereich (M = 5,00, SD = 0,00) als auch im B2C-Bereich (M = 3,33, SD = 0,58). Sie beschreiben sich nicht als Marktführer (M = 1,33, SD = 0,58). Im Bereich Führung gibt dieses Cluster an, dass die Führungskräfte die Mitarbeiter motivieren und unterstützen (M = 4,33, SD = 0,58) sowie deren Leistungen anerkennen (M = 4,33, SD = 0,58). Der Mittelwert mit 3,67 (SD = 1,53) bei der Aussage, dass die Führungskräfte einen Dialog mit den Mitarbeitern führen, unterstützt die vorher gezeigte Mitarbeiterorientierung hingegen nicht. Dies ist in Bezug zu setzen mit der Aussage, dass die Mitarbeiter zu selbstständigem Handeln ermächtigt werden. Hier wird ein Mittelwert von 4,67 (SD = 0,58) erreicht. Dies könnte so interpretiert werden, dass aufgrund des selbstständigen Handelns ein Dialog zwischen Führungskraft und Mitarbeiter obsolet ist. Die Mittelwerte der anderen Aussagen zeigen eine ausgeprägte Mitarbeiterorientierung. Das Wissen und die Kompetenzen der Mitarbeiter werden ermittelt (M = 4,00, SD = 1,00) und ausgebaut

(M = 4,67, SD = 0,58). Die Mitarbeiter werden in Entscheidungsprozesse miteinbezogen (M = 4,67, SD = 0,58) und die Aussage, dass eine hohe Fluktuation der Mitarbeiter vorherrscht, wird eher verneint (M = 1,67, SD = 0,58). Marketingstrategien werden teils, teils entwickelt (M = 3,00, SD = 0,00) und eher nicht evaluiert (M = 2,33; SD = 0,58). Hinsichtlich des Themenfeldes Prozesse und Kunden ist hervorzuheben, dass die Prozesse zwar systematisch gestaltet und gemanagt (M = 4,00, SD = 1,00) sowie kontinuierlich verbessert werden (M = 4,00, SD = 1,00), allerdings Kenntnisse über den Kunden und seinen Kaufvorgang im Vergleich zu den anderen beiden Clustern geringer ausfallen. Die Aussage, „wir kennen unsere Kunden genau", erreicht einen Mittelwert von 3,67 (SD = 0,58), ebenso wie die Kenntnis über Kontaktpunkte mit den Kunden (SD = 0,58). Die Verkaufskanäle unterliegen eher nicht einer strategischen Planung (M = 2,33, SD = 1,16) und die Kommunikation mit den Kunden ist eher nicht auf allen Kanälen hinweg einheitlich (M = 2,33, SD = 1,53). Das Wissen der jeweiligen Abteilungen wird über alle Abteilungen geteilt (M = 4,00, SD = 1,00), teilweise über Datenbanken (M = 3,67, SD = 2,31). Hauptkommunikationskanäle sind Face-to-Face (M = 4,00, SD = 1,00), Telefon (M = 4,67, SD = 0,58), E-Mail (M = 4,67, SD = 0,58) und das Kontaktformular über die Homepage (M = 4,00, SD = 1,00). Die Homepage wird insgesamt positiv beurteilt. So ist die Homepage einfach zu benutzen (M = 4,67, SD = 0,58), ansprechend gestaltet (M = 4,67, SD = 0,58) und liefert kurz und bündig die wichtigsten Informationen (M = 5,00, SD = 0,00). Offpage- sowie Onpage-Optimierung finden eher nicht statt (M = 2,33 bzw. 2,67, SD = 1,53 bzw. 1,16). Suchmaschinenwerbung wird nicht betrieben (M = 1,33, SD = 0,58). Hinsichtlich der Entwicklung des Kundenverhaltens wird eher nicht mit einer Verzahnung zwischen Offline- und Online-Welt gerechnet. Die Aussagen „Der Kunde holt offline Informationen ein und kauft online" sowie „Der Kunde holt online Informationen ein und kauft offline" erreichen jeweils einen Mittelwert von 2,00 (SD jeweils 1,00). Das Unternehmen sieht sich als ein innovatives Unternehmen (M = 4,00, SD = 0,00) und für die Zukunft gerüstet (M = 4,00, SD = 1,00).

Cluster 2: n = 4

Cluster 2 ist im produzierenden (M = 4,75, SD = 0,50) und im B2B-Bereich (M = 4,75, SD = 0,50) zu verorten. Dort ist man international tätig (M = 5,00, SD = 0,00) und die hergestellten Produkte sind für die Kunden erklärungsbedürftig (M = 5,00, SD = 0,00). Das Unternehmen verfügt über ein Leitbild/Vision (M = 5,00, SD = 0,00) und die Führungskräfte kommunizieren dieses klar und verständlich (M = 4,00, SD = 1,15). Die Führungskräfte motivieren und unterstützen die Mitarbeiter (M = 4,00, SD = 0,00) und führen einen Dialog mit den Mitarbeitern (M = 4,00, SD = 0,82). Marketingstrategien werden entwickelt (M = 4,00; SD = 0,82) und regelmäßig evaluiert (M = 3,75, SD = 0,96) und basieren eher auf Daten (M = 3,25, SD = 0,50). Vergangenheitsbezogene Daten dienen der Ableitung zukünftiger Entwicklungen (M = 4,25, SD = 0,96), so auch die Beschäftigung mit dem Eintritt in neue Märkte (M = 4,25, SD = 0,50). Mitarbeiter werden eher nicht in Entscheidungsprozesse miteinbezogen (M = 2,75, SD = 0,50), das

Wissen und die Kompetenzen werden teils/teils ermittelt (M=3,50, SD=0,58) und ausgebaut (M=3,75, SD=0,96). Auch die Ermächtigung zu selbstständigem Handeln der Mitarbeiter wird mit teils/teils bewertet (M=3,00, SD=0,00). Die Prozesse des Unternehmens werden systematisch gestaltet und gemanagt (M=4,00, SD=1,00) sowie eher kontinuierlich verbessert (M=3,75, SD=0,96). Auch die Verkaufskanäle unterliegen einer strategischen Planung (M=4,25, SD=0,50). Sowohl Online- (M=4,25, SD=1,50) wie auch Offline-Kanäle (M=4,50, SD=0,58) spielen in der Verkaufsstrategie eine wichtige Rolle. Die Verknüpfung dieser beiden Kanäle wird als Herausforderung empfunden (M=4,50, SD=0,58). Die Abteilungen sind mittels Datenbanken miteinander verbunden (M=4,00, SD=0,82) und das Wissen der jeweiligen Abteilungen wird über alle Abteilungen hinweg geteilt (M=3,75, SD=0,96). Die Aussage „eine übergeordnete Zusammenarbeit der Abteilungen und Vertrieb in Bezug auf die Customer Journey findet statt" erreicht den Wert (M=3,75, SD=1,26). Bei der Charakterisierung des Unternehmens mittels eines semantischen Differentials lässt sich das Unternehmen als modern, digital, neue Geschäftsfelder entdeckend und partnerschaftlich beschreiben. Die häufigsten Kundenkommunikationskanäle sind Telefon (M=4,50, SD=1,00) und E-Mail (M=4,50, SD=0,58). Der Kanal Mobile Instant Messaging erzielt einen Mittelwert von 3,48 (SD=1,30) und erreicht damit den höchsten Mittelwert aller drei Cluster (Cluster 1=3,00, Cluster 3=2,23). Der Inhalt der Homepage wird als interessant bewertet (M=4,25, SD=0,96). Suchmaschinenoptimierung (M=4,75, SD=0,50) und Suchmaschinenwerbung (M=4,75, SD=0,50) werden betrieben. Die Mittelwerte bei der Bedienbarkeit fallen allerdings leicht ab: Die Aussage „Es fällt leicht, gesuchte Informationen zu finden" erzielt einen Mittelwert von 3,25 (SD=0,96), die Aussage „Die Struktur der Homepage ist leicht nachvollziehbar" einen Mittelwert von 3,50 (SD=0,58). Hinsichtlich der Entwicklung des Kundenverhaltens wird davon ausgegangen, dass der Kunde immer vielfältigere Informationskanäle verlangt (M=4,25, SD=0,96). Weiterhin wird vermutet, dass Social Media an Bedeutung für die Customer Journey zunehmen wird (M=4,00, SD=0,82). Ebenso wie Cluster 1 sieht sich das Cluster 2 als für die Zukunft gerüstet (M=4,00, SD=0,00).

Cluster 3: n=4

Cluster 3 ist im Dienstleistungsbereich (M=4,00, SD=1,41) tätig und eher nicht im produzierenden Bereich (M=2,25, SD=1,89). Das Cluster agiert im B2B-Bereich (M=5,00, SD=0,00) und eher nicht im B2C-Bereich (M=1,55, SD=0,64). Das Cluster sieht sich eher als Marktführer (M=4,00, SD=1,15) und ist international tätig (M=4,25, SD=1,50). Die Mittelwerte beim Themengebiet Führung befinden sich durchgehend im Antwortbereich teils/teils. Dieser Befund trifft für den Bereich Marketingstrategien ebenfalls zu. Marketingstrategien werden teils/teils entwickelt (M=3,25, SD=0,96), eine Evaluation findet eher nicht regelmäßig statt (M=2,75, SD=0,96) und eine datenbasierte Strategieentwicklung wird eher nicht durchgeführt (M=2,50, SD=0,58). Dem Eintritt in neue Märke wird eher zurückhaltend gegenübergestanden (M=3,25, SD=0,96). Der Aussage „Das Wissen und die Kompetenzen unserer Mitarbeiter werden ermittelt" erreicht einen Mittelwert von 3,68 (SD = 0,47). Der Ausbau des Wissens und der Kompetenzen liegt ebenfalls in diesem Bereich (M = 3,50, SD = 0,58). Dieses Cluster erzielt beim Statement „Wir haben eine hohe Fluktuation der Mitarbeiter" den insgesamt höchsten Mittelwert aller drei Cluster mit 2,50 (SD = 1,73). Cluster 1 kommt auf 1,67 und Cluster 2 auf 2,00. Beim Themenfeld Prozesse und Kunden ist eine ausgeprägte Kundenorientierung zu identifizieren. Die Produkte und Dienstleistungen werden aufgrund der Bedürfnisse und Erwartungen der Kunden entworfen und entwickelt (M = 4,25, SD = 0,50) und der Kunde wird genau gekannt (M = 4,00, SD = 0,82). Es ist bekannt, über welche Kanäle die Dienstleistung in Anspruch genommen wird (M = 4,25, SD = 0,50). Die Offline-Kanäle dominieren in der Verkaufsstrategie (M = 4,50, SD = 0,58). Die Abteilungen sind teils/teils mittels Datenbanken miteinander verbunden (M = 3,50, SD = 1,29) und das Wissen der jeweiligen Abteilungen wird teilweise über alle Abteilungen hinweg geteilt (M = 3,00, SD = 1,41). Eine einheitliche Kommunikation mit den Kunden auf allen Kanälen wird mit teils/teils bewertet (M = 3,25, SD = 0,96). Die Unternehmen bewerten ihre Zukunft eher als sicher und würden sich als teils modern, teils verstaubt charakterisieren. Die Hauptkommunikationskanäle sind das Telefon (M = 4,75, SD = 0,50), E-Mail (M = 4,75, SD = 0,50) und Face-to-Face (M = 3,75, SD = 0,96). Kunden verwenden zudem das Kontaktformular über die Homepage (M = 3,25, SD = 1,50). Die Homepage wird eher schlecht bewertet. So wird den Aussagen, dass die Homepage das Interesse der Kunden weckt, eher nicht zugestimmt (M = 2,5, SD = 1,29). Eine strategische Nutzung mithilfe von Suchmaschinenoptimierung (M = 2,25, SD = 1,23) und Suchmaschinenwerbung (M = 2,00, SD = 1,41) ist gering ausgeprägt. Im Gegensatz dazu steht die Zustimmung, dass der Kunde online Informationen einholt und offline kauft (M = 4,00, SD = 0,82) sowie der Bedeutungszunahme von Social Media in Bezug auf die Customer Journey (M = 4,00, SD = 0,00). Das Cluster 3 bewertet die Aussage „Wir sind für die Zukunft gerüstet" mit 3,50 (SD = 1,00).

8 Mögliche Strategien für die identifizierten Cluster

Auf dem Weg zu einer integrierten Offline- und Online-Channel-Strategie ist zu bemerken, dass solch eine Strategie eine Utopie darstellen kann. Mithilfe vierer Fallstudien kommen Hajdas et al. (2020[16]) zu der Erkenntnis, dass für einige Branchen und Produkte der Omni-Channel-Ansatz als Utopie angesehen werden kann. Sie identifizieren interne wie externe Hürden bei der Integration. Interne Gründe unterteilen sich in mitarbeiterbezogene, organisationale und visionsbezogene Faktoren, externe Barrieren in produktbezogene, kundenbezogene, rechtliche und wettbewerbsbedingte Faktoren (Hajdas et al., 2020, S. 9–10).

Organisationale Hemmnisse verhindern bei Cluster 1 eine integrierte Offline- und Online-Channel-Strategie. Bei Cluster 1 handelt es sich um Kleinstunternehmen, welche versuchen, die Mitarbeiter zu selbstständigem Arbeiten zu bringen. Aufgrund der Größe des Unternehmens ist davon auszugehen, dass die selbstständig arbeitenden Mitarbeiter ein generalistisches Wissen über das Unternehmen aufbauen, um so im Notfall überall einsetzbar zu sein. Die geringe Größe der Unternehmen erlaubt es, das Wissen auch ohne Datenbanken zu teilen. Negativ zu bewerten ist die nicht vollends ausgeprägte Kundenorientierung, welche gerade bei einem Dienstleistungsunternehmen vorhanden sein sollte. Eine Integration von Offline- und Online-Channel scheint für dieses Cluster nicht geeignet zu sein, da dieses Cluster die Kunden derart einschätzt, dass eine Verzahnung zwischen Offline- und Online-Welt nicht stattfindet. Eine strategische Planung für die Verkaufskanäle findet eher nicht statt. Die Unternehmen bezeichnen sich als innovativ und gut für die Zukunft gerüstet. Es ist zu vermuten, dass die Unternehmen sich im Sinne eines Entrepreneurial Marketings (Bettiol et al., 2012, S. 241) verhalten. Dies wird verstanden als „combination of innovative, proactive, and risk-taking activities that create, communicate, and deliver value to and by customers, entrepreneurs, marketers, their partners, and society at large" (Whalen et al., 2016, S. 3). Das proaktive und innovative Verhalten erlaubt es, sich in einer sich verändernden Gesellschaft zurechtzufinden und auf eine daten- und prozessgetriebene Integration von Offline- und Online-Channel zu verzichten.

Cluster 2 befindet sich auf einem Weg der Integration von Offline- und Online-Channel-Marketing. Die Prozessorientierung ist weit vorangeschritten. Die Prozesse der Unternehmen dieses Clusters werden systematisch gestaltet und gemanagt. Diese systematisierte Vorgehensweise zeigt sich auch in der strategischen Planung der Verkaufskanäle. Sowohl Offline- wie auch Online-Kanäle spielen in der Verkaufsstrategie eine wichtige Rolle und eine weitere Verzahnung dieser Kanäle wird als zukünftige Entwicklung von diesem Cluster vermutet. Eine übergeordnete Zusammenarbeit von Abteilungen in Bezug auf die Customer Journey findet zwar statt, ist jedoch noch ausbaufähig. Ebenso ist die Bedienbarkeit der Homepage verbesserungswürdig. Die Kenntnisse über den Kunden, die für eine Integration notwendig erscheinen, zeigen Schwachstellen. Damit ist die Beziehungsorientierung in diesem Cluster nicht komplett ausgebildet. Diese ausbaufähige Beziehungsorientierung zeigt sich nicht nur bei der Kundenbetrachtung, sondern auch bei der Mitarbeiterbetrachtung. Die Mitarbeiter werden zwar von den Führungskräften motiviert und unterstützt, allerdings werden sie nicht in Entscheidungsprozesse miteinbezogen und ihr Wissen und Kompetenzen nicht ausreichend gefördert. Dem Cluster ist eine Beziehungsorientierung sowohl intern auf Mitarbeiterebene als auch extern auf Kundenebene zu empfehlen. Das Wissen über die Kunden sollte intensiviert werden, was sich dann auch auf der Inhaltsebene niederschlagen kann. Die Homepage sollte überarbeitet werden, um interessanten Content darzustellen. Das Cluster ist in der dritten Phase auf dem Weg zu einer Omni-Channel-Strategie zu verorten. Im Mittelpunkt steht noch eine Verbrauchertransaktion und weniger ein Beziehungsaufbau.

Das Cluster 3 ist im B2B-Bereich als Dienstleistungsunternehmen tätig. Eine klare Orientierung am Kunden ist zu erkennen. Zwar dominieren noch die Offline-Kanäle in der Verkaufsstrategie, jedoch geht das Cluster davon aus, dass Online-Kanäle in Zukunft an Bedeutung gewinnen. Für die Zukunft hinsichtlich der Integration von Offline- von Online-Kanälen ist das Unternehmen nicht gut gerüstet. Eine strategische Orientierung, die auf Datenbasis agiert, ist gering ausgeprägt. Eine Mitarbeiterorientierung ist nicht vorhanden, was sich in einer hohen Fluktuation widerspiegelt. Das Cluster sieht sich als Marktführer und könnte diese Position verspielen, wenn es sich nicht konsequenter der strategischen Integration der Online- und Offline-Kanäle widmet. Eine Prozessorientierung, die auf den Kunden ausgerichtet ist, ist vorhanden, ebenso wie das Wissen über den Kunden. Dieses Wissen sollte in eine Datenbank münden und über alle Abteilungen hinweg zugänglich gemacht werden. Dies würde eine einheitliche Kommunikation mit den Kunden erleichtern. Des Weiteren sollte in die Homepage investiert werden und dies als weiterer Verkaufskanal etabliert werden. Das Cluster ist in Phase 2 der Integration von Offline- und Online-Kanälen zu verorten.

9 Fazit

KMU können als Motor der deutschen Wirtschaft bezeichnet werden. Damit dieser Motor nicht stottert, bedarf es einer Beschäftigung der KMU mit der Integration von Offline- und Online-Kanälen. Diese Integration wird durch die Digitalisierung vorangetrieben. KMU weisen Defizite hinsichtlich der Digitalisierungskompetenz auf, welche Auswirkungen für den Integrationsprozess haben könnten. Elf KMU aus der Metropolregion Hamburg wurden hinsichtlich des Standes der Integration von Offline-und Online-Channel-Marketing befragt. Handlungsleitender Rahmen dabei war das EFQM-Modell, um die Befähiger-Seite der KMU zu untersuchen. Drei unterschiedliche Cluster konnten herausgearbeitet werden, die sich hinsichtlich des Ist-Standes der Integration unterscheiden. Das Cluster 1 erweist sich als sehr wandlungsfähig und wird seine Nische in der digitalisierten Welt finden. Cluster 2 weist den höchsten Stand der Integration auf und befindet sich in Phase 3 der Integration von Offline- und Online-Kanälen. Die Beziehungs- und Inhaltsorientierung sollte verbessert werden. Das Cluster 3 hat großen Nachholbedarf bei der Integration und befindet sich in Phase 2 der Integration. Hier bedarf es zunächst einer Prozessorientierung, um die Grundlagen dafür zu schaffen, dass der Kunde ein Erlebnis während der gesamten Customer Journey erfahren kann.

Literatur

Albayrak, C. A., Gadatsch, A. (2018). Sind kleinere und mittlere Unternehmen (KMU) bereits auf die Digitale Transformation vorbereitet. Multikonferenz Wirtschaftsinformatik.

Backhaus, K., Erichson, B., Plinke, W., & Weiber, R. (2016). *Multivariate Analysemethoden*. Springer.

Beck, N., & Rygl, D. (2015). Categorization of multiple channel retailing in multi-, cross-, and omni-channel retailing for retailers and retailing. *Journal of Retailing and Consumer Services, 27*, 170–178.

Bekmeier-Feuerhahn, S., Sikkenga, J. (2008). Museen auf dem Weg zur Marke. In C. Baumgarth, G. Kelemci Schneider, B. Ceritoğlu (Hrsg.), *Impulse für die Markenforschung und Markenführung* (S. 163–186). Gabler.

Berman, B., & Thelen, S. (2018). Planning and implementing an effective omnichannel marketing program. *International Journal of Retail & Distribution Management, 46*(7), 598–614.

Bettiol, M., Di Maria, E., & Finotto, V. (2012). Marketing in SMEs: The role of entrepreneurial sensemaking. *International Entrepreneurship and Management Journal, 8*(2), 223–248.

Bruhn, M., & Schnebelen, S. (2017). Integrated marketing communication – from an instrumental to a customer-centric perspective. *European Journal of Marketing, 51*(3), 464–489.

Cao, L., & Li, L. (2015). The impact of cross-channel integration on retailers' sales growth. *Journal of Retailing, 91*(2), 198–216.

de Keyser, A., Verleye, K., Lemon, K. N., Keiningham, T. L., & Klaus, P. (2020). Moving the customer experience field forward: Introducing the touchpoints, context, qualities (TCQ) nomenclature. *Journal of Service Research, 23*(4), 433–455.

de Mauro, A., Greco, M., & Grimaldi, M. (2015). What is big data? A consensual definition and a review of key research topics. *AIP Conference Proceedings, 1644*(1), 97–104.

de Pelsmacker, P., Dens, N., & Kolomiiets, A. (2018). The impact of text valence, star rating and rated usefulness in online reviews. *International Journal of Advertising, 37*(3), 340–359.

Deckert, R. (2019). Digitalisierung und Industrie 4.0. Springer Fachmedien.

Demary, V., Engels, B., Röhl, K.-H., Rusche, C. (2016). Digitalisierung und Mittelstand. Eine Metastudie (IW-Analysen, Nr. 109). Institut der deutschen Wirtschaft Köln Medien GmbH.

Duncan, T. R. (2002). *IMC: using advertising and promotion to build brands*. McGraw-Hill.

East, R., Hammond, K., & Lomax, W. (2008). Measuring the impact of positive and negative word of mouth on brand purchase probability. *International Journal of Research in Marketing, 25*(3), 215–224.

EFQM. (2021). HOME. http://www.efqm.de/. Zugegriffen: 4. Nov. 2021.

France, C., Merrilees, B., & Miller, D. (2015). Customer brand co-creation: A conceptual model. *Marketing Intelligence & Planning, 33*(6), 848–864.

Gallino, S., & Moreno, A. (2014). Integration of online and offline channels in retail: The impact of sharing reliable inventory availability information. *Management Science, 60*(6), 1434–1451.

Hajdas, M., Radomska, J., & Silva, S. C. (2020). The omni-channel approach: A utopia for companies? *Journal of Retailing and Consumer Services, 65*. https://doi.org/10.1016/j.jretconser.2020.102131

Hickman, E., Kharouf, H., & Sekhon, H. (2020). An omnichannel approach to retailing: Demystifying and identifying the factors influencing an omnichannel experience. *The International Review of Retail, Distribution and Consumer Research, 30*(3), 266–288.

Jacob, M. (2019). *Digitalisierung & Nachhaltigkeit*. Springer Fachmedien.

Jocevski, M., Arvidsson, N., Miragliotta, G., Ghezzi, A., & Mangiaracina, R. (2019). Transitions towards omni-channel retailing strategies: A business model perspective. *International Journal of Retail & Distribution Management, 47*(2), 78–93.

Kommission der Europäischen Gemeinschaften. (2003). Empfehlung der Kommission vom 6. Mai 2003 betreffend die Definition der Kleinstunternehmen sowie der kleinen und mittleren Unternehmen (2003/361/EG). In Kommission der Europäischen Gemeinschaften (Hrsg.), *Amtsblatt der Europäischen Union* (S. L124/36–L124/41).

Kotler, P., Kartajaya, H., Setiawan, I. (2017). Marketing 4.0. Der Leitfaden für das Marketing der Zukunft (Business 2017). Campus.

Lee, D., Moon, J., Kim, Y. J., & Yi, M. Y. (2015). Antecedents and consequences of mobile phone usability: Linking simplicity and interactivity to satisfaction, trust, and brand loyalty. *Information & Management, 52*(3), 295–304.

Lindner, D., & Leyh, C. (2019). Digitalisierung von KMU – Fragestellungen, Handlungsempfehlungen sowie Implikationen für IT-Organisation und IT-Servicemanagement. *HMD Praxis der Wirtschaftsinformatik, 56*(2), 402–418.

Lou, C., & Yuan, S. (2019). Influencer marketing: How message value and credibility affect consumer trust of branded content on social media. *Journal of Interactive Advertising, 19*(1), 58–73.

McDougall, G. H., & Levesque, T. (2000). Customer satisfaction with services: Putting perceived value into the equation. *Journal of Services Marketing, 14*(5), 392–410.

Mosquera, A., Olarte Pascual, C., Juaneda Ayensa, E. (2017). Understanding the customer experience in the age of omni-channel shopping. *Revista ICONO14 Revista científica de Comunicación y Tecnologías emergentes, 15*(2), 92–114.

Ober-Heilig, N. (2015). *Das gebaute Museumserlebnis*. Springer Fachmedien.

Parasuraman, A. (2000). Technology readiness index (Tri). *Journal of Service Research, 2*(4), 307–320.

Park, J., & Stoel, L. (2005). Effect of brand familiarity, experience and information on online apparel purchase. *International Journal of Retail & Distribution Management, 33*(2), 148–160.

Park, J., Dayarian, I., & Montreuil, B. (2021). Showcasing optimization in omnichannel retailing. *European Journal of Operational Research, 294*(3), 895–905.

Rangaswamy, A., & van Bruggen, G. H. (2005). Opportunities and challenges in multichannel marketing: An introduction to the special issue. *Journal of Interactive Marketing, 19*(2), 5–11.

Rusjan, B. (2005). Usefulness of the EFQM excellence model: Theoretical explanation of some conceptual and methodological issues. *Total Quality Management & Business Excellence, 16*(3), 363–380.

Sandbrook, M. (2001). Using the EFQM Excellence Model as a framework for improvement and change. *Journal of Change Management, 2*(1), 83–90.

Schmitt, B. (1999). Experiential marketing. *Journal of Marketing Management, 15*(1–3), 53–67.

Schöpper, H., Lodemann, S., Dörries, F., Kersten, W. (2018). Digitalisierung deutscher KMU im Branchenvergleich. *Industrie 4.0 Management, 2018*(2), 38–42.

Statistisches Bundesamt. (2021). Anteile Kleine und Mittlere Unternehmen 2019 nach Größenklassen in %. https://www.destatis.de/DE/Themen/Branchen-Unternehmen/Unternehmen/Kleine-Unternehmen-Mittlere-Unternehmen/Tabellen/wirtschaftsabschnitte-insgesamt.html;jsessionid=058BE494448932ABD45361F1E60402E5.live712. Zugegriffen: 22. Febr. 2022.

Strang, R. (2013). Retail without boundaries. *Supply Chain Management Review, 17*(6), 32–39.

Ternès, A., Towers, I., Jerusel, M. (2015). Konsumentenverhalten im Zeitalter der Mass Customization. Trends: Individualisierung und Nachhaltigkeit. Springer Gabler.

Verhoef, P. C., Kannan, P. K., & Inman, J. J. (2015). From multi-channel retailing to omni-channel retailing. *Journal of Retailing, 91*(2), 174–181.

Whalen, P., Uslay, C., Pascal, V. J., Omura, G., McAuley, A., & Kasouf, C. J. (2016). Anatomy of competitive advantage: Towards a contingency theory of entrepreneurial marketing. *Journal of Strategic Marketing, 24*(1), 5–19.

Jörg Sikkenga ist hauptamtlicher Dozent für BWL und Soziale Arbeit an der Verwaltungs- und Wirtschaftsakademie/Berufsakademie Lüneburg. Zuvor war er wissenschaftlicher Mitarbeiter am Institut für Management & Organisation der Leuphana Universität Lüneburg sowie selbstständig in einer Unternehmung im Bereich Marktforschung. In seiner Arbeit interessieren ihn alle Fragen rund um das Thema Kommunikation: virale Kommunikation, strategische Kommunikation, Kulturkommunikation, CSR-Kommunikation und Gründungskommunikation.

Distributionsstrategien im Wandel am Beispiel der Do-it-yourself-Branche

Ergebnisse einer empirischen Studie

Niklas Schramm, Vanessa Rockendorf und Julian Voss

Inhaltsverzeichnis

1 Einleitung 318
2 Technologische Treiber von Distributionsstrategien 318
3 Multi-Channel- und Cross-Channel-Management 321
4 Omni-Channeling 323
5 Empirische Ergebnisse zu Distributionsstrategien in der Do-it-yourself-Branche 325
5.1 Forschungsdesign und Methodik 325
5.2 Studienergebnisse 326
6 Fazit: Maßnahmen zur Verbesserung der Omni-Channel-Fähigkeit in der Do-it-yourself-Branche 335
6.1 Mobile Konzepte mit Mehrwert als Unique Selling Proposition 335
6.2 Location-based Services 336
6.3 Seamless Shopping 337
6.4 Integrierte Service-Marktplätze 337
Literatur 338

N. Schramm (✉) · V. Rockendorf · J. Voss
Göttingen, Deutschland
E-Mail: niklas.schramm@pfh.de

V. Rockendorf
E-Mail: vanessa.rockendorf@pfh.de

J. Voss
E-Mail: voss@pfh.de

K. Butzer-Strothmann (Hrsg.), *Integriertes Online- und Offline-Channel-Marketing*,
https://doi.org/10.1007/978-3-658-38048-9_16

1 Einleitung

Das Internet, Smartphones und andere mobile Endgeräte haben das alltägliche Leben von Grund auf verändert. Die Konsummuster, insbesondere die Frequenz des Konsums, folgen durch die ubiquitäre Verfügbarkeit des Internets respektive die Opportunität, zu jeder Zeit und an jedem Ort, Produkte und Dienstleistungen erwerben zu können, neuen Gesetzmäßigkeiten. Der Konsum findet nicht mehr ausschließlich bzw. vornehmlich im stationären Einzelhandel statt, sondern wird über eine Vielzahl potenzieller Berührungspunkte abgewickelt. Beispielhaft zu nennen sind Online-Shops, Social-Media-Anwendungen sowie Apps abgerufen über Smartphones, Smartwatches oder Tablets. Angefangen bei der allgemeinen Produktrecherche über die spezifische Informationssuche und Produkt- sowie Preisvergleiche bis hin zum Kauf und der digitalen Zahlungsabwicklung. Alles kann von überall zu jeder Zeit durchgeführt werden, auf dem Weg zur Arbeit, nach Hause, in den stationären Stores oder auf dem Rückweg aus dem Urlaub – alle Kaufszenarien sind denkbar. Durch das umfangreiche (Service-)Angebot großer Handelsplattformen und Online-Pure-Playern hat sich konsumentenseitig ein Mindeststandard respektive eine Erwartungshaltung gegenüber dem Handel entwickelt, den es zu adressieren gilt. Der Hintergrund, die Entwicklung hin zum aktuellen Status quo und potenzielle Maßnahmen werden nachfolgend am Beispiel der Do-it-yourself-Branche näher beleuchtet.

2 Technologische Treiber von Distributionsstrategien

Der wachsende Einfluss innovativer digitaler Kommunikations- und Informationstechnologien geht mit einem starken gesellschaftlichen und wirtschaftlichen Wandel einher. Diese Entwicklung schlägt sich insbesondere auch im Bereich der Distribution in Form einer Neujustierung der Wettbewerbsdynamik sowie der Wertschöpfungsstufen nieder und erfordert handelsseitig eine Anpassung des ureigenen Rollenverständnisses (Heinemann et al., 2019, S. V). Vor allem das Internet und die zunehmende Verbreitung und Nutzung von mobilen Endgeräten spielen in diesem Zuge eine wesentliche Rolle. Somit muss festgehalten werden, dass der technologische Fortschritt nicht lediglich Katalysator, sondern vielmehr der zentrale Treiber für die strukturellen Veränderungen im Handel ist (Galipoglu, 2014, S. 17; Heinemann, 2013, S. 1 ff.).

Entsprechend den Ausführungen von Galipoglu (2014, S. 18) stehen im Zentrum dieses handelsseitigen Wandels insbesondere die Entwicklungen in den Bereichen des Electronic sowie des Mobile Commerce.

Unter den Begriff des sogenannten *Electronic Commerce,* bzw. in der Kurzform *E-Commerce,* können alle internetbasierten Handelsprozesse, die auf die Anbahnung, Aushandlung sowie die Abwicklung von güter- und dienstleistungsbezogenen Kaufhandlungen zwischen Wirtschaftssubjekten abzielen, subsumiert werden. Als wohl populärstes Beispiel ist an dieser Stelle der Online-Shop zu nennen respektive der virtuelle Raum, der als Basis für Transaktionen mittels elektronischer Datenübertragung dient. E-Commerce-Kanäle können nach ihrem Nutzen differenziert werden – grundsätzlich wird dabei eine Unterscheidung nach der Erfüllung folgender Zwecke vorgenommen: Information, Kommunikation und Transaktion. Aus den genannten Komponenten erwachsen sowohl für den Handel als auch für den Konsumenten verschiedene Vorteile. Auf der einen Seite kann der Handel durch weniger physische Präsenz kosteneffizienter wirtschaften und erhält ferner im Rahmen von internetbasierten Kommunikations- sowie Transaktionsprozessen Zugang zu qualitativ hochwertigen kundenbezogenen Daten, die als Grundlage für die Realisierung von Cross- und Up-Selling-Potenzialen genutzt werden können. Auf der anderen Seite profitiert der Konsument von den orts- und zeitunabhängigen Kontakt- und Kommunikationsmöglichkeiten im Zuge von produktbezogenen Such-, Vergleichs- sowie Kaufprozessen. Der damit einhergehende wechselseitige Austausch respektive das gegenseitige Zurverfügungstellen von Informationen hat eine neue Qualität der Markttransparenz zur Konsequenz. Dieser Effekt wird durch die ubiquitären Zugangsmöglichkeiten in Form von mobilen Endgeräten noch weiter verstärkt – die mit der mobilen Nutzung des Internets verbundenen Entwicklungen werden unter dem Begriff des Mobile Commerce zusammengefasst (Galipoglu, 2014, S. 18 ff.).

Mobile Commerce (kurz *M-Commerce*) kann nur insofern vom Ansatz des E-Commerce abgegrenzt werden, als dass dafür die Nutzung von mobilen Technologien im Zuge der Anbahnung, Aushandlung und Abwicklung von Transaktionsprozessen vorausgesetzt wird. Die wesentliche Eigenschaft, die den M-Commerce charakterisiert, ist demnach nicht nur der Zugang zu überregionalen sowie internationalen Anbietern, sondern vielmehr die Möglichkeit, unabhängig von Zeit und Standort auf die angebotenen Produkte und Dienstleistungen zuzugreifen. Mobile Endgeräte des M-Commerce müssen folgende Kriterien erfüllen: Lokalisierbarkeit, Erreichbarkeit und Ortsunabhängigkeit. Unter Beachtung der Kriterien kommen hauptsächlich die drei Endgeräte Smartphone, Tablet und Laptop zum Einsatz. Diese Endgeräte können hinsichtlich ihrer Relevanz für den M-Commerce differenziert werden. Während beim Smartphone die wesensgebenden Eigenschaften Lokalisierbarkeit, Erreichbarkeit und Ortsunabhängigkeit sowie die Nutzungsmöglichkeiten außer Haus am stärksten ausgeprägt sind, spielt das Tablet im direkten Vergleich eine eher nachrangige Rolle, da es die notwendigen Mobilitätskriterien Erreichbarkeit und Ortsunabhängigkeit aufgrund seiner Größe und einer oftmals fehlenden Mobilfunkanbindung wie 4G/LTE nicht erfüllt. Der Laptop ist insbesondere durch seine Bedeutung im Zuge von längeren und zielgerichteten Recherchen in der Mitte einzuordnen. Abschließend sollen kurz Beispiele für das Potenzial bzw. die Anwendungsformen des M-Commerce umrissen werden. Vor allem zu nennen sind hierbei die Ausprägungsformen des Mobile Shoppings, des Mobile Payments, der Location-based Services sowie des Social-Commerce. Das *Mobile Shopping* kann als klassisches Beispiel für elektronisch basierte Interaktionen analog zum E-Commerce beschrieben werden. Es unterscheidet sich lediglich durch den Zugriff über ein mobiles Endgerät. *Mobile Payment* ermöglicht dagegen Zahlungsmitteltransfers mittels mobiler Endgeräte als Alternative zu konventionellen Zahlungsmethoden. Ferner ermöglichen *Location-based Services* mittels der Nutzung von GPS-Lokalisierung die Bedienung ortsspezifischer Kundenbedürfnisse, z. B. in Form von umgebungsbezogenen Angeboten – somit kann diese Form des M-Commerce als Bindeglied zwischen On- und Offline-Angeboten betrachtet werden. Die letzte Ausprägung ist der sogenannte *Social-Commerce*. Hierbei wird darauf abgezielt, durch die Verknüpfung von Absatzkonzepten mit den sozialen Medien die Reichweite sozialer Netzwerke auszunutzen. Dies birgt vor dem Hintergrund steigender Mitgliederzahlen und insbesondere durch den mehrheitlichen Zugriff mittels mobiler Endgeräte enormes Potenzial (Galipoglu, 2014, S. 20 ff.).

Der technologische Wandel schlägt sich in der Konsequenz unmittelbar in Veränderungen der Bereiche der Kontaktaufnahme und des Kaufverhaltens respektive des Kaufentscheidungsprozesses nieder.

Nach Heinemann (2019, S. 4) gilt es, die klassischen vier Kontaktprinzipien, konkret Residenzprinzip (z. B. Filialverkauf), Domizilprinzip (z. B. Haustürverkauf), Treffpunktprinzip (z. B. On-/Offline-Marktplätze) sowie Distanzprinzip (z. B. Versand-/Online-Handel), durch das sogenannte *Hybridprinzip* zu ergänzen, das als Mischform die Unterstützung bzw. Vorbereitung von stationären Kaufhandlungen durch die Nutzung des Internets umfasst – z. B. im Rahmen von Mehrkanalstrategien. Damit einhergehend ist neben der Erweiterung der Kontaktprinzipien außerdem eine Vermischung eben jener zu beobachten. So kann der Handel auf Online-Marktplätzen zwar originär dem Treffpunktprinzip zugeordnet werden, er folgt jedoch auch klar dem Distanzprinzip (Heinemann, 2019, S. 5).

Heinemann (2019, S. 9 ff.) beschreibt ferner eine wesentliche Veränderung des Kaufverhaltens und damit einhergehend des Kaufentscheidungsprozesses als Folge des technologischen Wandels. Hiernach ist insbesondere das Internet von zentraler Bedeutung bei der Phasenverschiebung innerhalb des Kaufentscheidungsprozesses respektive der Auflösung der Einheit von Point of Decision und Point of Sale. Konkret gestaltet es sich in der neuen Praxis so, dass die Wahl des Anbieters nunmehr den letzten Schritt darstellt. Im ersten Schritt entscheidet sich der Konsument für eine Produktkategorie oder -gruppe. Im zweiten Schritt erfolgt eine Suche nach potenziell bedürfnisgerechten Produkten via Suchmaschinen oder Online-Marktplätzen. Im dritten Schritt erfolgt dann die eigentliche Produktauswahl basierend auf produktbezogenen Informationen von den jeweiligen Herstellern, Test- und Vergleichsportalen sowie aus den sozialen Medien. Erst im vierten und letzten Schritt wird ein potenzieller Anbieter erkoren. Ausschlaggebende Kriterien bei der Auswahl sind dabei weniger kanalspezifische Eigenschaften, sondern vielmehr der Preis, die Produktverfügbarkeit sowie der individuelle Service. Dementsprechend kann konstatiert werden, dass die Entscheidung zum Kauf in erster Linie produktbezogen und losgelöst vom Anbieter getroffen wird – der Point of Decision gewinnt an Relevanz und wird dem Point of Sale vorangestellt. Mit dem Point of Sale büßt mithin insbesondere auch der Anbieter an Stellenwert ein. In den Mittelpunkt des Kaufentscheidungsprozesses rückt somit die vorgelagerte Recherche.

Das Internet ist hierbei unabhängig von individuellen On- oder Offline-Präferenzen die erste Anlaufstelle zur Informationsbeschaffung (Heinemann, 2019, S. 9 f.). „Das Auffinden der richtigen Information bietet dem Kunden den größten Nutzen und wird damit zum wertvollsten Teil der Wertschöpfungskette.“ (Heinemann, 2019, S. 12).

3 Multi-Channel- und Cross-Channel-Management

Der Ansatz des *Multi-Channel-Handels* kann allgemein definiert werden als ein Distributionssystem, das im Rahmen des Absatzes über mindestens zwei Distributionskanäle verfügt, über die der Konsument seine Kaufhandlungen vornehmen kann (Heinemann, 2008, S. 14 f.). Der Absatz über verschiedene Kanäle ist im Umfeld des Handels grundsätzlich kein neues Phänomen, sondern vielmehr bewährte Tradition. An dieser Stelle können alle Unternehmen genannt werden, die zusätzlich zum stationären Ladengeschäft auch einen Versandhandel via Katalog betreiben bzw. betrieben haben – beispielhaft sind hier Neckermann oder Bertelsmann aufzuführen. Aus heutiger Perspektive muss jedoch festgestellt werden, dass der moderne Multi-Channel-Handel eng mit der Entwicklung und Verbreitung des Internets respektive dem Absatz über zusätzliche Online-Kanäle verknüpft ist (Heinemann, 2011, S. 1). Heinemann (2011, S. 1) formuliert in diesem Kontext: „Ohne die Einbindung von Internet-Handel kann nicht von ‚modernen‘ Multi-Channel-Systemen, sondern allenfalls von ‚traditionellen‘ Mehrkanalsystemen gesprochen werden.“ Vor diesem Hintergrund erläutert Heinemann (2008, S. 15) ferner, dass es einer zeitgemäßen Interpretation des Multi-Channel-Handels bedarf, und definiert wie folgt: „Im Gegensatz zu traditionellen Mehrkanalsystemen muss dabei mindestens ein Kanal des Handelsunternehmens den stationären Handel und ein zweiter Kanal [...] den Internet-Handel repräsentieren. Multi-Channel-Handel bezeichnet folglich ausschließlich die [...] Verknüpfung von stationärem Geschäft und Internet-Handel.“ Galipoglu (2014, S. 15) verweist hierbei auf die Ausführungen von Schröder (2005, S. 3), der diesen Definitionsansatz grundlegend ablehnt, da in der Folge eine Vielzahl an Ausprägungsformen nicht erfasst würden.

Der vorliegende Artikel stellt jedoch – analog zu Galipoglus (2014, S. 15) Auffassung – auf die Definition von Heinemann (2008, S. 15) ab, da diese den Ausführungen hinsichtlich des technologischen Wandels und mit Blick auf die gewachsene Relevanz des Online-Handels angemessen Rechnung trägt. Weiterhin gilt es, das sogenannte *Multiple-Channel-System* abzugrenzen. Im Gegensatz zum Multi-Channel-Ansatz sind hierbei zwar mehrere Absatzkanäle vorhanden, diese arbeiten jedoch unabhängig voneinander bzw. werden nicht übergeordnet koordiniert – daraus können mitunter strukturelle Asymmetrien hinsichtlich Preisen, Produkten sowie Servicedienstleistungen resultieren (Galipoglu, 2014, S. 16).

Diese Abgrenzung ist insofern von Relevanz, als der Integration der einzelnen Absatzkanäle eine zentrale Bedeutung bei der Ausgestaltung eines erfolgreichen Multi-Channel-Systems zukommt. Dabei besteht die Herausforderung grundlegend darin, alle

Kanäle derart in ein Gesamtsystem zu integrieren, dass eine übergreifende Koordination ermöglicht wird. Voraussetzung dafür ist eine kanalübergreifende Vernetzung in Form eines Austausches kunden- sowie warenbezogener Informationen (Galipoglu, 2014, S. 16). Die Notwendigkeit einer stärkeren integrativen Verknüpfung der einzelnen Distributionskanäle wird in erster Linie bedingt durch das bereits umrissene veränderte Kaufverhalten der Konsumenten. Insbesondere zu nennen sind an dieser Stelle das sogenannte Channel-Hopping sowie der sogenannte ROPO-Effekt (Heinemann, 2013, S. 3; Galipoglu, 2014, S. 31).

Der Begriff des *Channel-Hoppings* umschreibt ein Verhaltensmuster, das sich durch den Wechsel zwischen den einzelnen Absatzkanälen im Rahmen des Kaufprozesses auszeichnet (Heinemann, 2008, S. 8). Der *ROPO-Effekt* sticht in die gleiche Richtung, das Akronym steht entweder für „research offline – purchase online" oder für „research online – purchase offline" (Heinemann, 2013, S. 3). Dementsprechend handelt sich hierbei um ein ähnliches Verhaltensmuster im Zuge des Kaufprozesses, das die sequenzielle Nutzung verschiedener Kanäle beinhaltet. Diese Formen des Kaufverhaltens können anhand von Beispielen idealtypisch wie folgt beschrieben werden: Denkbar wäre die Entdeckung eines Produktes online, inklusive einer kurzen Recherche bzw. Produkt- und Preisvergleichen, mit einem anschließenden Kauf bei einem stationären Anbieter. Umgekehrt kann der Erstkontakt ebenso durch ein Printmedium, inklusive stationärer Informationssuche, erfolgen und der daran anschließende Kauf bei einem Online-Anbieter. In der Konsequenz kann die Möglichkeit des Channel-Hoppings als zentraler Erfolgsfaktor des Multi-Channel-Handels gegenüber anderen Kanalsystemen identifiziert werden (Heinemann, 2011, S. 16). Ferner stellt Heinemann fest (2013, S. 18): „Um an den Potenzialen des weiter zunehmenden Channel-Hopping teilhaben zu können, führt insbesondere für die stationären Händler kein Weg mehr an einem integrierten Multi-Channel-System vorbei. Die Integration der Kanäle erfordert dann aber ein professionelles Cross-Channel-Management, dem damit eine Schlüsselstellung für die erfolgsorientierte Ausrichtung von Multi-Channel-Systemen zukommt."

Das *Cross-Channel-Managem*ent kann somit definiert werden als die „integrative Ausgestaltung von Multi-Channel-Systemen" (Heinemann, 2011, S. V). Grundsätzlich wird dabei darauf abgezielt, die potenziellen Hindernisse aus Perspektive des Kunden entlang des Kaufentscheidungsprozesses zu bewältigen (Heinemann, 2011, S. V). Konkret wird dies erreicht durch eine an den Kundenbedürfnissen ausgerichtete Integration respektive Orchestrierung der Distributionskanäle. Ein derartig ausgestaltetes Gesamtsystem schafft kundenseitig die Möglichkeit, über den vollständigen Kaufentscheidungsprozess hinweg alternative Kanäle desselben Unternehmens phasengerecht zu nutzen (Heinemann, 2008, S. 8). Homburg (2020, S. 959) definiert ferner folgende wesentliche Erfolgsfaktoren im Rahmen des Cross-Channel-Managements: Koordination der Kommunikation zwischen den Kanälen, kanalübergreifendes Controlling, Management der Kundenbeziehungen und der Sortimentsfindung, konsistenter Auftritt am Markt, Komplexitätsreduzierung sowie eine kanalübergreifende Kultur. Insgesamt beschreibt Galipoglu (2014, S. 25) die zunehmende Relevanz der Kanalintegration als evolutorischen Prozess, wobei der Grad der Kanalintegration positiv mit der Qualität der Kundenerlebnisse korreliert. Über den zeitlichen Verlauf wird dabei die Entwicklung des Multi-Channel-Handels vom Multi-Channeling über das Cross-Channeling bis hin zum Omni-Channeling abgebildet, welcher als State-of-the-Art angesehen werden kann.

4 Omni-Channeling

Der Begriff des *Omni-Channelings* definiert die nicht mehr sequenzielle, sondern inzwischen parallele Nutzung der Distributionskanäle. Es handelt sich somit zum einen um ein Verhaltensmuster aufseiten der Konsumenten und zum anderen um eine Anforderung an den Multi-Channel-Handel aufseiten der Anbieter. Katalysator hierfür sind vor allem die Verbreitung der Smartphones sowie die Verfügbarkeit des mobilen Internets, respektive damit einhergehend der bereits ausgeführte M-Commerce. In der Praxis ermöglicht dieser den simultanen Einkauf in Off- und Online-Kanälen – beispielhaft kann hier die Informationssuche via Smartphone im stationären Handel bzw. direkt am Point of Sale genannt werden (Heinemann, 2013, S. 20 f.). Mithin kann zu dem Schluss gekommen werden, dass Konsumenten nicht mehr nach Kanälen differenzieren, sondern die jeweiligen Anbieter ganzheitlich wahrnehmen (Galipoglu, 2014, S. 35). Heinemann (2013, S. 20) verdeutlicht an dieser Stelle die Notwendigkeit, dass der Fokus bei der handelsseitigen Umgestaltung von Online-Shops insbesondere auf der Verknüpfung von Online- und Offline-Kanälen liegen muss.

In diesem Kontext, respektive als Basis der Umgestaltung, identifiziert Galipoglu (2014, S. 35 f.) die Faktoren Flexibilität, Erlebnis, Schnelligkeit, Transparenz sowie Bequemlichkeit als wesentliche Kernthemen der konsumentenseitigen Erwartungshaltung. Unter *Flexibilität* wird hierbei das Nutzen der kanalspezifischen Vorzüge verstanden, z. B. im Zuge eines Online-Einkaufs in Verbindung mit einem anschließenden stationären Umtausch. Das *Erlebnis* ist insofern von Relevanz, als Konsumenten ihre Erfahrungen im Zuge des Kaufentscheidungsprozesses unmittelbar im Internet teilen und bewerten oder ggf. eine Empfehlung aussprechen können. Der Faktor *Schnelligkeit* ergibt sich aus dem Anspruch der Konsumenten, über die relevanten Produkte nahezu sofort zu verfügen. Hier können Anbieter bspw. kanalübergreifende Engpässe überbrücken und ggf. einen Onlinekauf über den Versand durch ein stationäres Geschäft abwickeln, sofern der Artikel dort auf Lager ist. Die Anforderung der *Transparenz* ist in Zeiten der ubiquitären Verfügbarkeit von Informationen zum einen als konsumentenseitiger Anspruch zu werten, relevante Informationen optimal abrufen zu können und zum anderen handelsseitig als Chance zu begreifen, das Vertrauen der Konsumenten durch einen konsistenten und offenen Marktauftritt zu gewinnen. Der letzte Faktor, die *Bequemlichkeit* aufseiten der Konsumenten, wird bedingt durch deren Bedürfnis einer möglichst einfachen Abwicklung des Kaufentscheidungsprozesses, inklusive des nachgelagerten Transportes bzw. des Verfügbarmachens der Produkte durch den Anbieter. Beispielhaft können hier auf Smartphones optimierte Online-Shops oder im stationären

Handel über QR-Codes abrufbare Informationen genannt werden (Galipoglu, 2014, S. 35 f.).

Es gibt eine Vielzahl potenzieller Ansätze, wie der Handel diese mit dem Omni-Channeling einhergehenden Anforderungen adäquat adressieren kann. Vor diesem Hintergrund hat Galipoglu (2014, S. 42 ff.) im Rahmen einer Literaturanalyse verschiedene Konzepte zum Omni-Channeling aus Wissenschaft und Praxis untersucht. Die vier konzeptionellen Ansätze sowie die durch die Untersuchung gewonnenen Erkenntnisse werden nachfolgend in den wesentlichen Zügen wiedergegeben:

Der erste Ansatz, der sog. *No-Line-Handel,* geht auf Heinemann (2013, S. 7) zurück. Er beschreibt eine Form des Multi-Channel-Handels, die aus der vollständigen Integration der Offline-, Online- und Mobile-Teilbereiche resultiert. „Der Begriff ‚No-Line' lässt sich dabei von der Verschmelzung von Offline-, Online- und Mobile-Welten und der Ungebundenheit des Handelssystems vom Kommunikationskanal ableiten. Somit ist es weder On- noch Off-Line, sondern No-Line." (Galipoglu, 2014, S. 43) Hierbei werden insbesondere der mobile Distributionskanal und das Smartphone als Bindeglied zwischen stationärem Handel und Online-Handel in den Mittelpunkt gerückt (Galipoglu, 2014, S. 43).

Der zweite Ansatz folgt dem Namen *Everywhere Commerce* und wurde von Himmelreich et al. (2013) in Kooperation mit der Unternehmensberatung Mücke, Sturm und Company entwickelt. Diese bezeichnen das Konzept jedoch nicht als Omni-Channel-Ansatz, sondern vielmehr als Multi-Touchpoint-Strategie. Im Zentrum des Modells steht der Anspruch, Kaufhandlungen für den Konsumenten unabhängig von Ort und Zeit zu ermöglichen. Mit der Bereitstellung sogenannter Struktur- und Service-Enabler wird darauf abgezielt, ein kontinuierliches sowie konsistentes Kauferlebnis ohne qualitative Einschränkungen zu schaffen. Struktur-Enabler sind dabei sowohl eine übergreifende Ausgestaltung der Unternehmenskultur als auch die IT- und CRM-Infrastruktur sowie eine professionell koordinierte Logistik. Service-Enabler adressieren hingegen die Faktoren Komfort, Beratung und Erlebnis durch soziale Elemente, Location-based Services sowie Mobile-Payment (Galipoglu, 2014, S. 44 f.).

Der dritte Ansatz fasst das Omni-Channeling im Kontext des Multi-Channel-Handels unter dem Begriff des *Agile Commerce* zusammen. Die Konzeption und Ausgestaltung gehen dabei auf Walker (2011) sowie das Marktforschungsunternehmen Forrester zurück. Im Fokus des Ansatzes steht die Optimierung aller internen Prozesse – im Zuge dessen gilt es, eine Rekonfiguration der gesamten Organisation vorzunehmen, die eine kanal- und touchpointübergreifende Betrachtung des Kaufentscheidungsprozesses ermöglicht. Im Ergebnis sollen Unternehmen befähigt werden, schnell auf technologische und kundenseitige Veränderungen zu reagieren. Der Agile Commerce kann insofern vom Everywhere Commerce abgegrenzt werden, als dass er nicht immer und überall, sondern vielmehr lediglich an den relevanten Punkten Präsenz zeigen möchte (Galipoglu, 2014, S. 45 f.).

Der vierte Ansatz, das sogenannte *Omni-Channel Retailing,* wird als Bezeichnung von einer Vielzahl von englischsprachigen Autoren verwendet. Analog zu den bisherigen

Ausführungen wird dieses Konzept, gemessen am Grad der Kanalintegration, als höchste Ausprägung des Multi-Channel-Handels beschrieben. Im Zentrum steht hierbei insbesondere die integrative Verknüpfung von On- und Offline-Kanälen zur Optimierung eines kanal- und touchpointübergreifenden Einkaufserlebnisses. Hinsichtlich konkreter Maßnahmen für die Praxis besteht kein Konsens, jedoch herrscht weitestgehend Einigkeit hinsichtlich der notwendigen Infrastruktur, bestehend aus einem zentralisierten sowie integrierten IT-System, inklusive CRM und ERP (Galipoglu, 2014, S. 46 f.).

Abschließend kann somit festgehalten werden, dass allen Ansätzen die vollständige Integration aller On- und Offline-Kanäle vor dem Hintergrund der Optimierung des Einkaufserlebnisses gemein ist. Ferner kommt insbesondere dem Smartphone, vor allem in Kombination mit mobilen, lokalen und sozialen Dienstleistungen, ein besonderer Stellenwert zu.

5 Empirische Ergebnisse zu Distributionsstrategien in der Do-it-yourself-Branche

5.1 Forschungsdesign und Methodik

Mithilfe einer quantitativen Messung in Form einer Online-Befragung wurden die Veränderungen der Kundenerwartungen sowie des Kaufverhaltens bei Heimwerkerartikeln bzw. der Do-it-yourself-Branche vor dem Hintergrund einer zunehmenden (mobilen) Internetnutzung untersucht. Der Erhebungszeitraum erstreckte sich über insgesamt drei Wochen vom 31.05.2021 bis zum 21.06.2021. Es wurde ein standardisierter Fragebogen mit dem Online-Umfragetool SurveyMonkey erstellt. Die Antworten wurden teils in Form verschiedener vorgegebener Antwortmöglichkeiten mit Einfach- oder Mehrfachauswahl sowie teils als fünfstufige Likert-Skalen abgebildet, deren Aussagen die Probanden zustimmen oder die sie ablehnen sollten.

Die jeweiligen Antwortoptionen wurden je nach Zustimmungsgrad von -2 (stimme überhaupt nicht zu) bis +2 (stimme voll und ganz zu) gewichtet. Die Befragung der Teilnehmer erfolgte vollständig anonym. Die Probanden konnten den Fragebogen nach Erhalt des entsprechenden Links an jeglichem mobilen Endgerät aufrufen und beantworten. Die Umfrage konnte ausschließlich in deutscher Sprache absolviert werden. Die Rekrutierung der Probanden erfolgte über den Einkauf einer Stichprobe bei einem Marktforschungsdienstleister, um eine möglichst umfassende und repräsentative Stichprobe zu erhalten.

Es wurden bewusst keine Quoten gesetzt, um eine möglichst große Stichprobe zu erhalten. Stattdessen wurde die Stichprobe anschließend auf ihre Verteilung bzgl. Geschlecht, Alter, Bildungsstand etc. untersucht. Es ist vorab limitierend festzuhalten, dass dieser ausgewählte, deskriptive Forschungsansatz lediglich eine Evaluation und keine kausale Prüfung der Veränderungen der Kundenerwartungen sowie des Kaufverhaltens bei Heimwerkerartikeln zulässt.

Die statistische Analyse der quantitativen Befragung wurde mithilfe des Statistikprogramms SPSS (Version 28.0.1.0 (142)) durchgeführt. Nach Bereinigung der Daten auf vollständige Beantwortungen besteht die Stichprobe aus 1038 Befragten. Davon sind 49,90 % weiblich und 49,99 % männlich. 0,10 % sind divers, diese wurden in der nachfolgenden Auswertung jedoch nicht weiter betrachtet, da der Stichprobenumfang keine repräsentativen Rückschlüsse zulässt.

Die Altersstruktur der Befragten teilt sich wie folgt auf: 18 bis 29 Jahre (19,70 %), 30 bis 39 Jahre (17,40 %), 40 bis 49 Jahre (19,60 %), 50 bis 59 Jahre (18,50 %) sowie 60 Jahre und älter (24,80 %). Die 1038 Probanden verfügen darüber hinaus über verschiedene Bildungsabschlüsse. 25,00 % der Teilnehmer haben einen akademischen Abschluss, 40,00 % eine Berufsausbildung und 28,00 % einen Fachschulabschluss als höchsten Bildungsabschluss. Der Durchschnitt der befragten Personen lebt in einem Haushalt mit insgesamt 2,5 Personen. Der Mehrheit der Haushalte steht dabei ein monatliches Nettoeinkommen von 2.600,00 € bis 3.600,00 € zur Verfügung. Ferner gaben 20,00 % der Studienteilnehmer an, in einer Großstadt (ab 500.000 Einwohner) zu leben. 18,00 % leben in einer Landgemeinde (unter 5000 Einwohner).

In einem zweiten Schritt wurde die Stichprobe gruppiert und die Auswertung auf die Studienteilnehmer fokussiert, die sich selbst als Heimwerker bezeichnen („stimme voll und ganz zu“ oder „stimme zu“ auf die Frage „Ich bin leidenschaftlicher Heimwerker“). Dieser Teildatensatz umfasst $n=488$ Beobachtungen.

5.2 Studienergebnisse

Dieser Abschnitt diskutiert ausgewählte Studienergebnisse zum Kaufverhalten von Heimwerkerartikeln hinsichtlich Online- und Offline-Shopping von Personen, die sich selbst als Heimwerker bezeichnen ($n=488$).

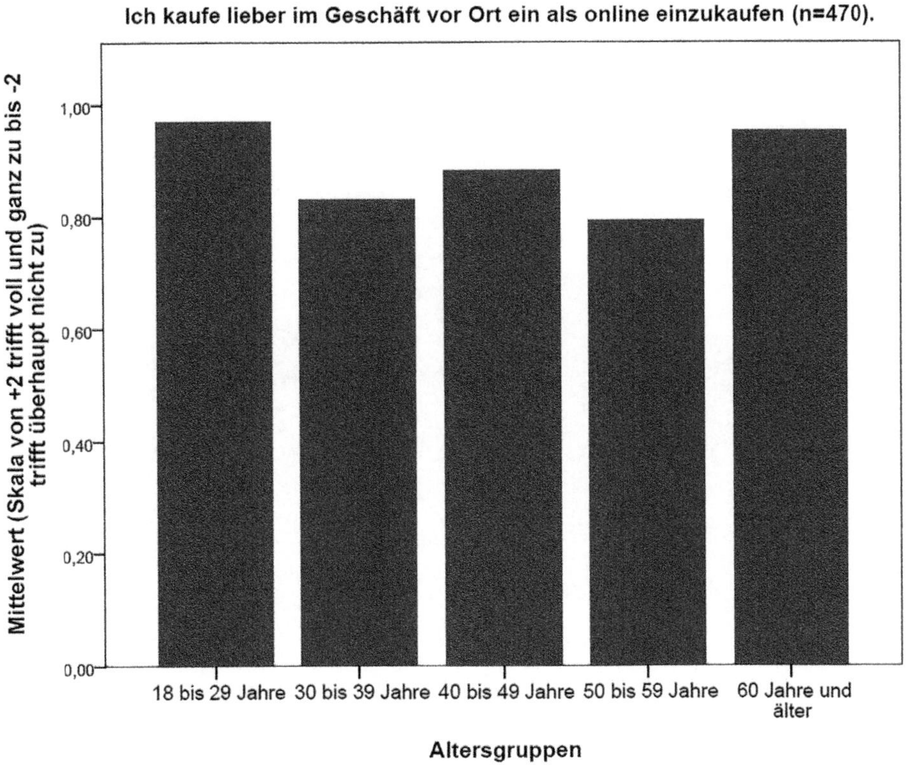

Abb. 1 Zustimmung Einkauf lieber im Geschäft vor Ort als online (n = 470). (Quelle: Eigene Erhebung)

In einer ersten Betrachtung wurde die Bewertung verschiedener Absatzkanäle untersucht (siehe Abb. 1). Die Aussage „Ich kaufe lieber im Geschäft vor Ort ein als online einzukaufen" erhielt insgesamt Zuspruch mit einer durchschnittlichen Zustimmung von 0,88. Bei der Betrachtung unterschiedlicher Altersgruppen ist zu beobachten, dass die Gruppe der 18- bis 29-Jährigen sowie Befragte über 60 Jahre lieber im Geschäft vor Ort einkaufen als online.

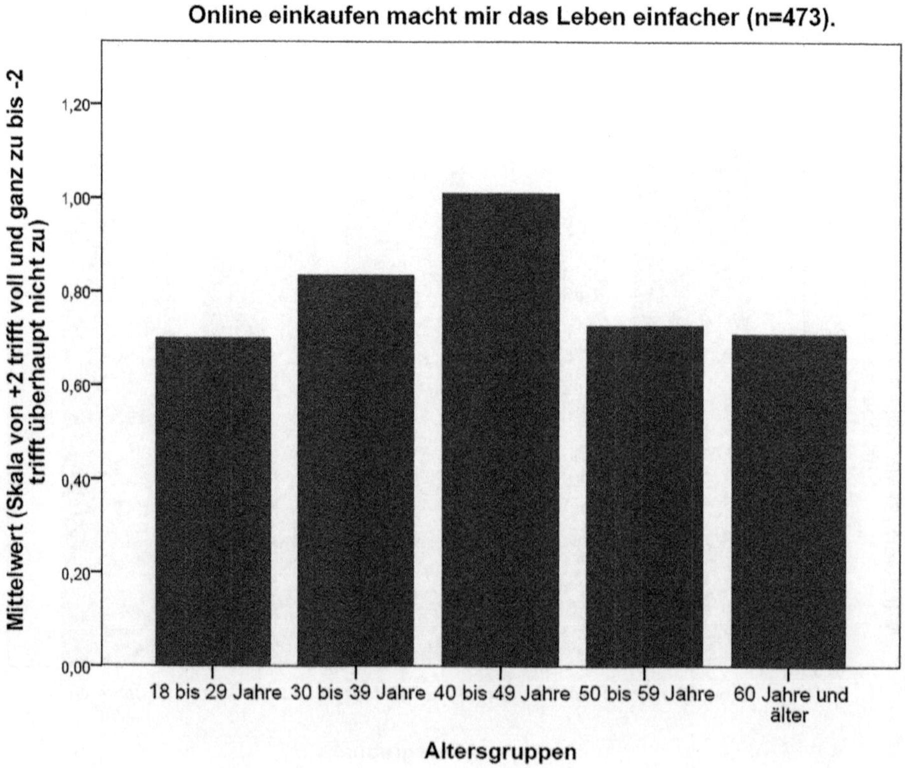

Abb. 2 Zustimmung Online-Einkauf macht das Leben einfacher (n = 473). (Quelle: Eigene Erhebung)

Ein ähnliches Bild ergibt sich bei der Bewertung der Aussage „Online einkaufen macht mir das Leben einfacher" (siehe Abb. 2). Dieser Aussage stimmt insbesondere die Altersgruppe der 40- bis 49-Jährigen zu, was sich durch einen Mittelwert von 1,0 äußert. Die zuvor betrachteten jüngeren und älteren Altersgruppen, die lieber im Geschäft vor Ort einkaufen, stimmten der Aussage weniger stark zu mit Mittelwerten von 0,70 und 0,71. Die Zustimmung über alle Altersgruppen hinweg liegt bei 0,80.

Anschließend wurde die Wichtigkeit verschiedener Aspekte des Online-Einkaufs von Heimwerkerartikeln evaluiert. Die Studienteilnehmer stufen sowohl das Rücktrittsrecht vom Kauf, mehr Produktinformationen und auch preisliche Aspekte als (sehr) wichtig bei einem Online-Kauf ein. Das Rücktrittsrecht vom Kauf ist im Vergleich für die Alters-

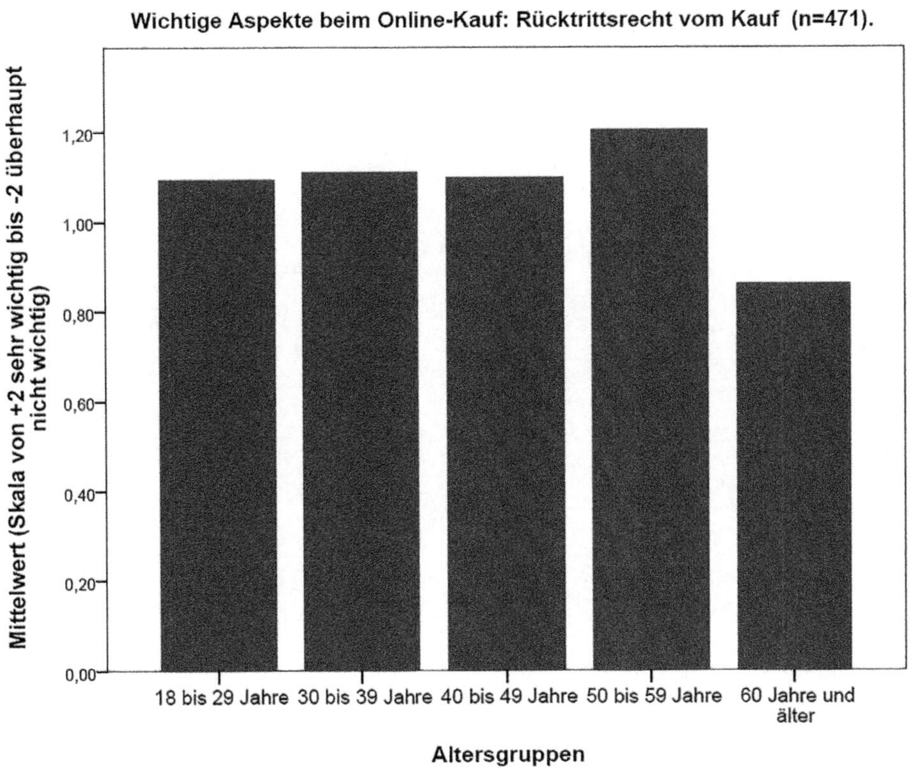

Abb. 3 Wichtigkeit Rücktrittsrecht beim Kauf (n = 471). (Quelle: Eigene Erhebung)

gruppe der über 60-Jährigen weniger wichtig (siehe Abb. 3). Für alle anderen Altersgruppen ist das Rücktrittsrecht von höherer Bedeutung. Dies zeigt sich an Mittelwerten von 1,10 bis 1,20. Die insgesamt hohe Zustimmung von 1,07 lässt darauf schließen, dass sich Online-Käufer mittlerweile an derartige Services gewöhnt haben. Branchenriesen wie Amazon haben eine unkomplizierte und kostenlose Rücksendung von Waren frühzeitig in ihr Geschäftsmodell integriert, sodass Kunden diesen Vorteil des Online-Shoppings gerne wahrnehmen. Daraus lässt sich die Hypothese ableiten, dass das Rücktrittsrecht vom Kauf das physische Ausprobieren und Anfassen von Waren im Geschäft substituiert, indem es eine Rückgabe nach einer kurzen Bedenkzeit zu Hause ermöglicht.

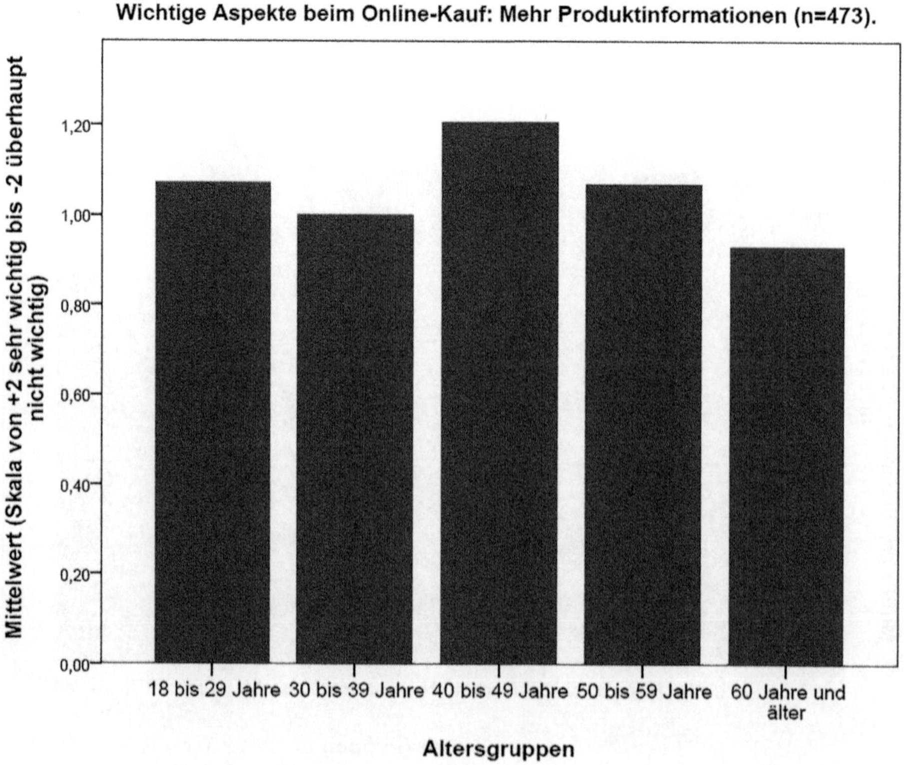

Abb. 4 Wichtigkeit von mehr Produktinformationen (n = 473). (Quelle: Eigene Erhebung)

Daneben zeigt die Möglichkeit, im Internet mehr Produktinformationen zu erhalten, ebenfalls die Bedeutung des Internets auf (siehe Abb. 4). Der Großteil der Befragten stuft diesen Aspekt als wichtig ein (1,06). Auch Heimwerkerartikel können komplexe und erklärungsbedürftige Produkte darstellen, über die sich der Käufer vorab informieren und eventuell durch Bewertungen und Foren beraten lassen möchte. Händler sollten daher Produktinformationen in ihrer Absatzstrategie berücksichtigen und die gesuchten Informationen, sowohl online als auch offline, bereitstellen.

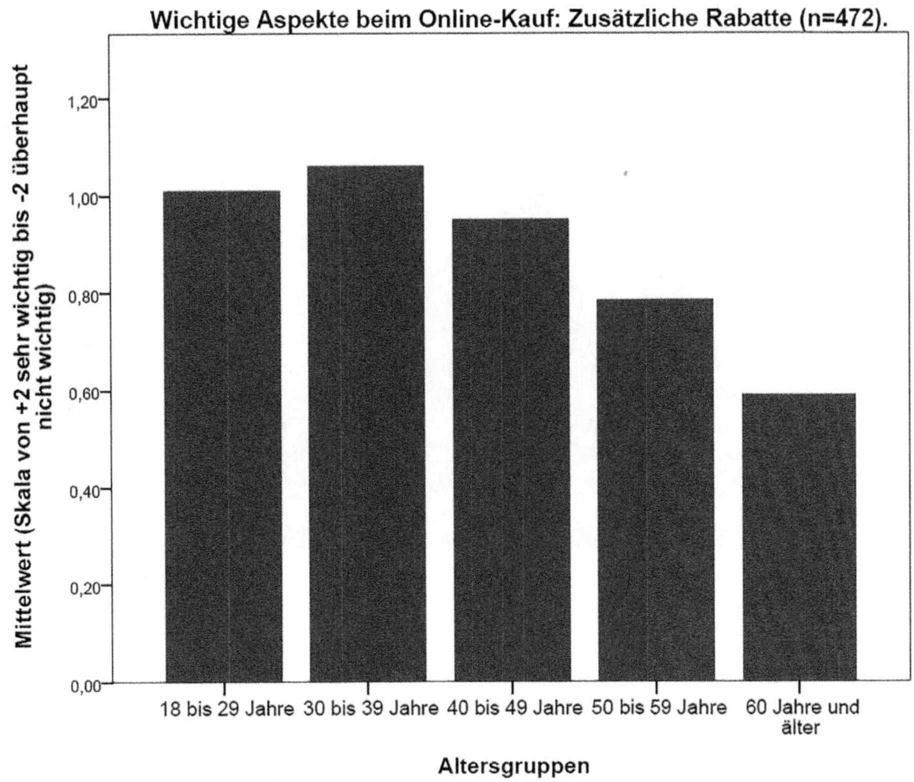

Abb. 5 Wichtigkeit zusätzlicher Rabatte (n = 472). (Quelle: Eigene Erhebung)

Während günstigere Preise beim Online-Einkauf über alle Altersgruppen hinweg eine bedeutende Rolle spielen (1,09), nimmt die Wichtigkeit von zusätzlichen Rabatten ab einem Alter von 50 Jahren eher ab (siehe Abb. 5). Die Gruppe der 30- bis 39-Jährigen stimmt im Mittelwert mit 1,07 für die Wichtigkeit zusätzlicher Rabatte. Die über 60-Jährigen erreichen, im Gegensatz dazu, einen Mittelwert von 0,56. Man kann davon ausgehen, dass die Altersgruppen der 50- bis 60-Jährigen und älter in diesem Lebensstadium, im Vergleich zu den Jüngeren, eher gut situiert sind und mit zunehmendem Alter einen gewissen Grad an Wohlstand erreicht haben. Dies kann der Grund dafür sein, dass Rabatte beim Online-Kauf für diese Gruppe eine vergleichsweise untergeordnete Rolle spielen.

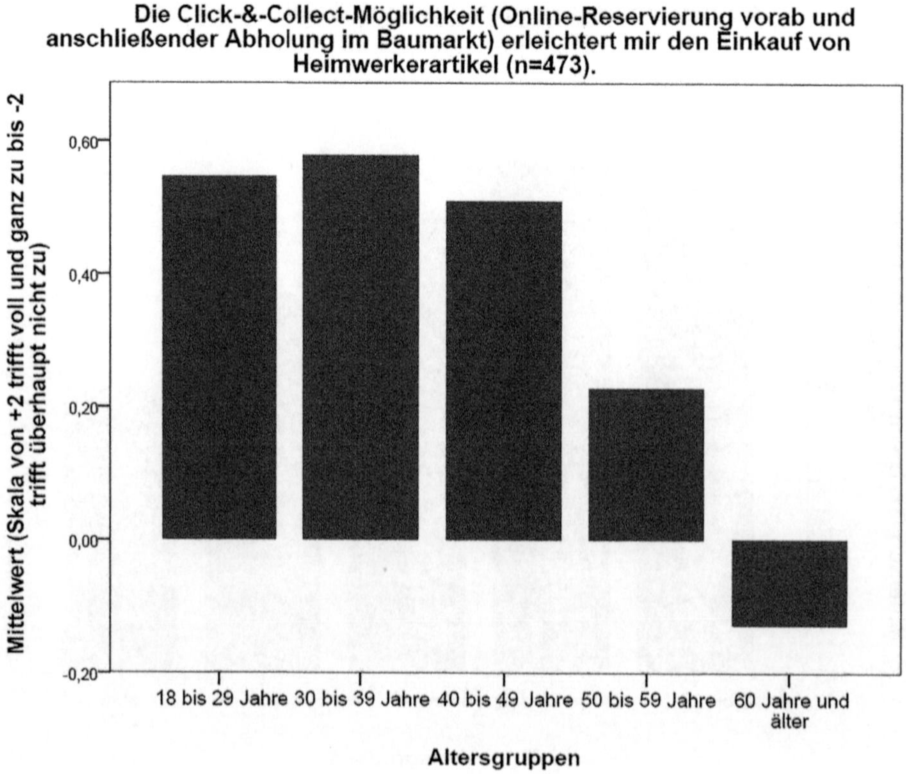

Abb. 6 Zustimmung Click & Collect erleichtert den Einkauf von Heimwerkerartikeln (n = 473). (Quelle: Eigene Erhebung)

Im Bereich der Services, die die Online-Welt mit der Welt des Baumarktes vernetzen, zeigt sich in Abb. 6, dass die Befragten teilweise ein Interesse daran haben, digitale Services wie Click & Collect für den Einkauf im Baumarkt zu nutzen (0,36). Dabei nutzen die 30- bis 39-Jährigen die Möglichkeit, Artikel vorab online zu reservieren und anschließend im Baumarkt abzuholen, häufiger (0,58) als die befragten über 60-Jährigen (−0,13).

Ein ähnliches Bild zeichnet sich bei der Nutzung von QR-Codes im Baumarkt ab. Die Aussage „Es wäre für mich hilfreich, wenn ich im Baumarkt über einen QR-Code weiterführende Informationen zu Produkten mit meinem Smartphone aufrufen könnte“, erreichte einen insgesamt schwach positiven Mittelwert von 0,47. Die größte Zustimmung zur Aussage machten die Befragten der Altersgruppe der 18- bis

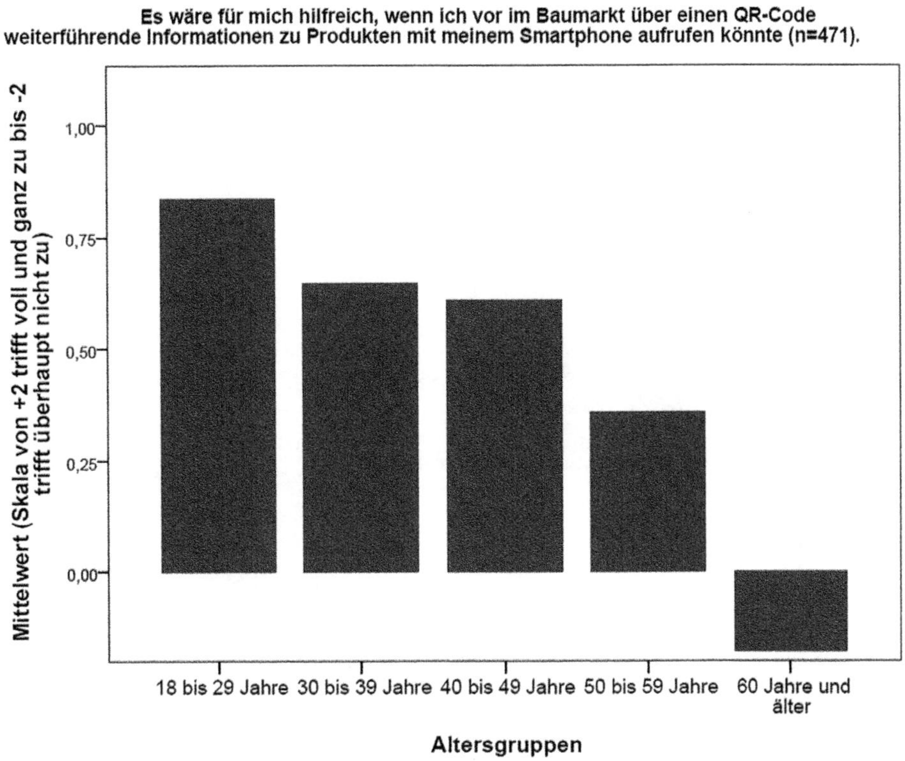

Abb. 7 Zustimmung QR-Code hilfreich (n = 471). (Quelle: Eigene Erhebung)

29-Jährigen mit einem Mittelwert von 0,83 (siehe Abb. 7). Dieses Ergebnis bestätigt die Annahme, dass die QR-Codes desto gefragter sind, je jünger die Zielgruppe ist. Dabei können QR-Codes am Regal den Einkauf im Baumarkt über alle Zielgruppen hinweg erleichtern und als zusätzliches Serviceangebot vom Händler wahrgenommen werden. Um die positiven Effekte des Cross- und Omni-Channel-Marketings zu nutzen, sollten Händler auf eine stabile Internetverbindung im Baumarkt achten, um die notwendigen Voraussetzungen für eine QR-Code-Nutzung zu schaffen.

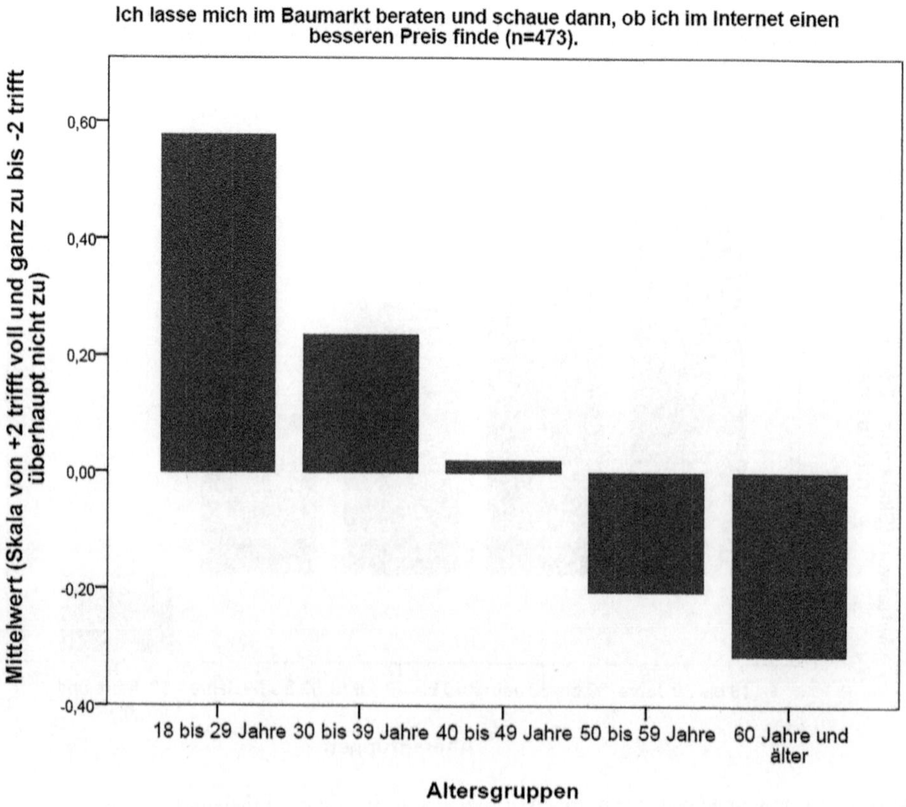

Abb. 8 Zustimmung ROPO-Prinzip (n = 473). (Quelle: Eigene Erhebung)

Die junge Altersgruppe der 18- bis 29-Jährigen ist darüber hinaus affin für „Research offline – Purchase online" (ROPO-Prinzip), was sich in Abb. 8 zeigt. Die Aussage „Ich lasse mich im Baumarkt beraten und schaue dann, ob ich im Internet einen besseren Preis finde" erzielt bei den 18- bis 29-Jährigen einen Mittelwert von 0,58, während mit zunehmendem Alter die Zustimmung rapide abnimmt (−0,20 bis −0,31 bei den 50- bis 59-Jährigen und über 60-Jährigen). Stationäre Händler sollten sich daher bewusstmachen, dass sie im Preiskampf mit anderen stationären Händlern bzw. Online-Händlern stehen und sich ggf. über andere Aspekte als den Preis vom Wettbewerb differenzieren müssen, z. B. durch ein Bonusprogramm in Kombination mit einer besonders guten und persönlichen Beratung.

Abschließend ist festzustellen, dass der Einkauf von Heimwerkerartikeln über das Internet für alle Altersgruppen einfacher und bequemer ist als im Baumarkt (0,63). Insbesondere die weiblichen Studienteilnehmer zeigen über alle Altersgruppen hinweg beim Online-Shopping von Heimwerkerartikeln hinsichtlich Lieferung nach Hause (1,09) großes Interesse (siehe Abb. 9).

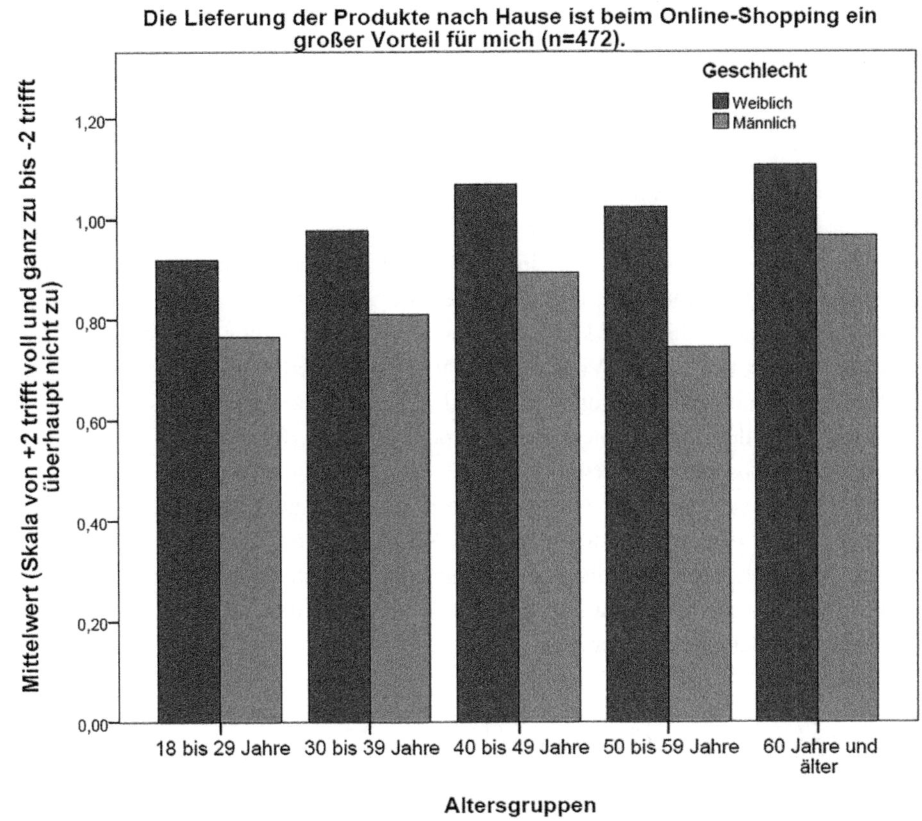

Abb. 9 Zustimmung Lieferung der Produkte nach Hause beim Online-Shopping ist ein großer Vorteil (n = 472). (Quelle: Eigene Erhebung)

6 Fazit: Maßnahmen zur Verbesserung der Omni-Channel-Fähigkeit in der Do-it-yourself-Branche

6.1 Mobile Konzepte mit Mehrwert als Unique Selling Proposition

Die Ergebnisse der Online-Befragung geben Hinweise darauf, wie die Do-it-yourself-Branche auf das veränderte Einkaufsverhalten ihrer Kunden – geprägt durch die Entwicklung und Verbreitung des Internets – reagieren sollte und welche Implikationen sich daraus für die Distributionsstrategien ergeben. Dabei ist zunächst festzuhalten, dass die Auswirkungen zielgruppenspezifisch diskutiert werden müssen, da die Online-Befragung insbesondere erhebliche Unterschiede in den Altersgruppen herausgearbeitet hat. Diese Unterschiede adressieren die konsequente Vernetzung bzw. Verknüpfung von On- und Offline-Kommunikations- und Vertriebskanälen, da am Point of Sale gerade für jüngere

Altersgruppen das Internet eine hohe Bedeutung hat. Dieses zeigt sich bspw. in dem Wunsch, vor Ort weitere digitale Informationen abzurufen oder Preisvergleiche vorzunehmen.

Das Ausschöpfen der Potenziale mobiler Konzepte – auch am Point of Sale – sollte im Rahmen einer stärkeren Fokussierung auf die Anforderungen der zentralen Nutzergruppen (hier: jüngere Altersgruppen) erfolgen. Damit werden sich Unique Selling Propositions gegenüber dem Wettbewerb erzielen lassen. Die Do-it-yourself-Branche kann dabei von anderen Akteuren in der Handelslandschaft lernen und mit diesen Konzepten die Kundenbindung im digitalen Zeitalter erhöhen.

Die digitale Kundenbindung kann auch durch die Bereitstellung von Premiumdienstleistungen gegen Entgelt für Viel- und Mehrfachnutzer erfolgen (bspw. eine Videoberatung am Do-it-yourself-Projekt, aus welcher sich eine Einkaufsliste ergibt, und damit verbunden der Zugang zu exklusiven Produkten, weiterführenden Dienstleistungen und/oder einem kostenfreien Versand).

Impulse können Baumärkte dabei bspw. von Thalia erhalten, welche durch die Verwendung von Nutzerdaten individualisierte Mindmaps zur Inspiration neuer Käufe erstellt. Oder auch von Rewe, die einerseits eine gut designte Mobile-Experience bieten und über Kontextualisierungsfeatures wie z. B. Rezepte und das Speichern von Einkaufslisten einen Kundennutzen generieren.

6.2 Location-based Services

Ein weiteres Kernergebnis der Studie ist – wie bereits skizziert – die Bedeutung des Internets am Point of Sale durch die Nutzer mobiler Endgeräte. Heinemann und Handt (2019, S. 257 ff.) skizzieren diesbezüglich relevante Features, um Kunden ortsbezogene und kaufrelevante Informationen zur Verfügung zu stellen. Ohne Zweifel: Der Einsatz von Location-based Services bietet dem Handel die Chance, dem Konsumenten ein nahtloses Shopping-Erlebnis entlang des gesamten Kaufentscheidungsprozesses über alle Kanäle und Berührungspunkte hinweg zu ermöglichen.

Die Do-it-yourself-Branche sollte Kunden das Abrufen von Produktinformationen über QR-Codes durch mobile Endgeräte vor Ort im Baumarkt ermöglichen und damit eine transparente Kommunikation über Warenverfügbarkeiten, Sonderaktionen oder Anwendungshinweisen geben, um Kunden einen zielgerichteten und effizienten Einkauf zu ermöglichen. Damit lassen sich auch Cross- und Upselling-Potenziale erschließen, wenn Kunden aktiv auf weitere, für Arbeitsschritte notwendige Produkte hingewiesen werden. Zudem verhindern solche intelligenten und digitalen Services die von Baumarktkunden häufig adressierte Servicewüste in Baumärkten.

Mobile, digitale Services am Point of Sale ermöglichen gleichzeitige (personalisierte) Echtzeitangebote und weitere Digital-in-Store-Leistungen wie z. B. digitale Infodisplays, mobile Zahlungsabwicklung oder In-Store-Navigation. Damit wird den Kunden ein einfaches und bequemes Einkaufserlebnis geboten. Die intelligente Verknüpfung verschiedener Kanäle in Baumärkten, bspw. in Form mobiler Endgeräte, Infopoints und QR-Codes an den Regalen, ermöglicht den Kunden die gleichzeitige Nutzung der Vorteile von On- und Offline-Welt. Die aktuelle Hornbach-App gibt dabei Impulse, in welche Richtung sich diese Services in der Do-it-yourself-Branche entwickeln können.

6.3 Seamless Shopping

In Diskussionen zu Distributionsstrategien im Wandel ergibt sich häufig ein gefühlter Wettbewerb zwischen der Online- und Offline-Welt. Dies ist jedoch nicht zielführend, denn es muss – auch in der Do-it-yourself-Branche – eine optimale und effiziente Ergänzung beider Kanäle zu einem einzigen Gesamtsystem erfolgen (vgl. dazu auch Wild, 2019). Ziel ist also eine nahtlose Kundenreise mit größtmöglichem Nutzen für den Kunden.

Impulse in diese Richtung sind zielgerichtete sowie personalisierte Lösungen zur optimalen Kundenansprache, also bspw. der Versand von verschiedenen Varianten von Newslettern basierend auf den Interessen und Präferenzen der Kunden sowie lokalen Verfügbarkeiten bzw. Angeboten am Point of Sale. Aber auch Augmented Reality als Basis für virtuelle Shopping-Touren außerhalb von Öffnungszeiten oder elektronische Preisschilder (zur schnelleren Harmonisierung von Online- und Offline-Preisen) ermöglichen nicht nur eine Reduzierung des händlerseitigen Aufwandes bei Preisanpassungen, sondern erhöhen auch die Vernetzung der Online- und Offline-Welt. Weiterhin ergibt sich im Rahmen der sogenannten Near Field Communication die Möglichkeit, eine direkte Verbindung mit dem mobilen Endgerät des Konsumenten herzustellen und relevante Informationen zu teilen.

Ein weiterer Impuls in diese Richtung sind kassenlose Märkte, bei welchen eine Zahlung direkt am Regal via mobile Zahlungsdienstleister erfolgt und damit den Kunden das Anstellen bzw. Warten an der Kasse erspart, welches zu Stoßzeiten in Baumärkten häufig eine große Herausforderung ist.

6.4 Integrierte Service-Marktplätze

Abschließend ergeben sich vielfältige Potenziale für die Do-it-yourself-Branche im Hinblick auf sich wandelnde Distributionsstrategien durch integrierte Service-Marktplätze, die ein erweitertes Produktportfolio sowie neu ausgerichtete Geschäfts- bzw. Erlösmodelle eröffnen. Festzuhalten ist: Auch filialisierte Baumärkte werden zukünftig den Kontakt zum Kunden über eine Vielzahl von Berührungspunkten suchen müssen, um wettbewerbsfähig und erfolgreich im Markt zu sein.

Wertvolle Kundenkontakte ergeben sich durch Technologien und Geräte wie Mobile, Wearables und Internet of Things (IoT), die bereits im realen Handelsmarktplatz existieren. Sensoren und mobile Endgeräte, die dauerhaft online sind, ermöglichen eine starke Personalisierung des Angebots respektive der kundenspezifischen Ansprache. Mehr Berührungspunkte vereinfachen dabei eine valide Identifikation des Kundenbedarfs in Echtzeit – beispielhaft können hier automatisierte Lieferungen von Verbrauchsgütern nach Hause genannt werden. Ein konkretes Anwendungsbeispiel sind Verbrauchsgüter wie Rasendünger oder auch Ersatzklingen für Rasenmähroboter, bei welchen durch Sensoren im Rasen oder die Meldungen von Rasenmährobotern Bedarfe ermittelt und sofort bedient werden können.

Literatur

Galipoglu, E. (2014). Multi-Channel-Systeme des deutschen Einzelhandels vor dem Hintergrund des Omni-Channeling. In H. Kotzab (Hrsg.), *Schriftenreihe des Lehrstuhls für Logistikmanagement Nr. 9*. Universität Bremen – Fachbereich Wirtschaftswissenschaft.

Heinemann, G. (2008). *Multi-Channel-Handel. Erfolgsfaktoren und Best Practices* (2. Aufl.). Springer.

Heinemann, G. (2011). *Cross-Channel-Management. Integrationserfordernisse im Multi-Channel-Handel* (3. Aufl.). Springer.

Heinemann, G. (2013). *No-Line-Handel. Höchste Evolutionsstufe im Multi-Channeling*. Springer.

Heinemann, G. (2019). Zukunft des Handels und Handel der Zukunft – treibende Kräfte, relevante Erfolgsfaktoren und Game Changer. In G. Heinemann, H. M. Gehrckens, T. Täuber, Accenture GmbH (Hrsg.), *Handel mit Mehrwert. Digitaler Wandel in Märkten, Geschäftsmodellen und Geschäftssystemen* (S. 3–41). Springer.

Heinemann, G., Handt, F. (2019). Mehrwert im Handel durch Location-based Platforms am Beispiel von Bonial. In G. Heinemann, H. M. Gehrckens, T. Täuber, Accenture GmbH (Hrsg.), *Handel mit Mehrwert. Digitaler Wandel in Märkten, Geschäftsmodellen und Geschäftssystemen* (S. 257–274). Springer.

Heinemann, G., Gehrckens, H. M., Täuber, T., & GmbH, A. (Hrsg.). (2019). *Handel mit Mehrwert. Digitaler Wandel in Märkten, Geschäftsmodellen und Geschäftssystemen*. Springer.

Himmelreich, A., Meinert, M., & Pöpplow, M. (2013). *Strategic insight: Everywhere commerce 2013*. Studie der Mücke Sturm & Company.

Homburg, C. (2020). *Marketingmanagement. Strategie – Instrumente – Umsetzung – Unternehmensführung* (7. Aufl.). Springer.

Schröder, H. (2005). *Multichannel-Retailing*. Springer.

Walker, B.-K. (2011). Welcome to the era of agile commerce. Forrester research Inc. https://www.forrester.com/blogs/11-03-11

Wild, M. (2019). Seamless Shopping – komplett digital, über alle Kanäle hinweg – ein Fallbeispiel. In G. Heinemann, H. M. Gehrckens, T. Täuber, Accenture GmbH (Hrsg.), *Handel mit Mehrwert. Digitaler Wandel in Märkten, Geschäftsmodellen und Geschäftssystemen* (S. 345–356). Springer.

Niklas Schramm studierte von 2016 bis 2021 General Management mit dem Abschluss Master of Science an der PFH – Private Hochschule Göttingen. Seine Studienschwerpunkte umfassten Vertriebsmanagement, Internationales Marketing, Corporate Financial Management sowie Food- und Agribusiness Management. Während dieser Zeit war er unter anderem als studentische Aushilfskraft bei Prof. Dr. Julian Voss beschäftigt. Seit 2021 ist Niklas Schramm als Management Consultant bei MHP – A Porsche Company tätig und berät in diesem Zuge OEMs sowie Tier-1 Unternehmen der Automobilindustrie.

Vanessa Rockendorf absolvierte nach ihrem Abitur 2011 eine Ausbildung zur Bankkauffrau. Von 2015 bis 2020 studierte sie General Management mit einem Doppelabschluss als Master of Science an der PFH – Private Hochschule Göttingen und der KEDGE Business School Bordeaux. Während ihres Studiums belegte sie die Schwerpunkte Marketing, Vertriebsmanagement sowie Food- und Agribusiness Management. Seit 2021 ist Vanessa Rockendorf als wissenschaftliche Mitarbeiterin und Consultant bei Prof. Dr. Julian Voss tätig und forscht zu Themen des Konsumentenverhaltens und der Lebensmittelkennzeichnung. Daneben berät sie Akteure der Ernährungs- und Landwirtschaftsbranche.

Prof. Dr. Julian Voss hat Betriebswirtschaftslehre studiert und wurde 2008 an der Georg-August Universität-Göttingen (Fakultät für Agrarwissenschaften) promoviert. Seit 2011 ist er Professor für Allgemeine Betriebswirtschaftslehre an der PFH – Private Hochschule Göttingen. Dort lehrt und forscht er in den Themenschwerpunkten Vertriebsmanagement, Food- und Agribusiness Management sowie Sino-German Entrepreneurship. Julian Voss arbeitet eng an der Schnittstelle von Praxis und Wissenschaft. Er vereint dabei vielfältige Branchenerfahrungen (u. a. in der Agrar- und Ernährungswirtschaft) mit funktionaler Expertise in den Bereichen Vertrieb, Digitalisierung, Finanzierung, Marktforschung, Strategie sowie Business-Development. Julian Voss berät Unternehmen branchenübergreifend insbesondere bei der Entwicklung und Umsetzung von Marktstrategien im globalen Kontext.

Click-to-Brick – Erfolgreicher Aufbau stationärer Läden durch Online-Retailer am Beispiel von *Mister Spex*

Andrea Rumler und Mariam Grosser

Inhaltsverzeichnis

1 Einführung ... 341
2 Chancen und Risiken im stationären Einzelhandel für Online-Retailer ... 343
3 Mister Spex: Der Weg vom Online- zum Omni-Channel-Optiker ... 346
4 Erfolgreiche Integration von Online- und Offline-Kanal bei Mister Spex ... 348
5 Eine Offline-Expansion erfolgreich umsetzen: Dos and Don'ts ... 356
6 Fazit ... 360
Literatur ... 360

1 Einführung

„Der Einzelhandel stirbt aus". Diese durchaus provokante These wird nicht erst seit der weltweiten Corona-Pandemie von zahlreichen Expertinnen und Experten vertreten. Zwei Tendenzen sprechen dafür, dass sich der stationäre Einzelhandel neu erfinden muss. Zum einen zeugen zunehmende Leerstände in früher dicht befüllten und attraktiven Fußgängerzonen der deutschen Innenstädte davon, dass vor allem kleine und mittelständische Unternehmen ohne eigenen Onlineshop mehr und mehr in Existenznöte geraten. Zum anderen beschleunigte die im Jahr 2020 als Folge der Covid-19-Pandemie

A. Rumler (✉) · M. Grosser
Berlin, Deutschland
E-Mail: andrea.rumler@hwr-berlin.de

M. Grosser
E-Mail: Mariam.grosser@htp-tel.de

K. Butzer-Strothmann (Hrsg.), *Integriertes Online- und Offline-Channel-Marketing*,
https://doi.org/10.1007/978-3-658-38048-9_17

gesetzlich angeordnete Schließung aller nicht zur Grundversorgung beitragenden Geschäfte das Wachstum verschiedener E-Commerce-Marktführer, u. a. *Amazon* und *Zalando,* exponentiell (Zacharakis, 2020). Gero Furchheim, Präsident des Bundesverbands E-Commerce und Versandhandel, betont, dass der Onlinehandel zum normalen Einkaufskanal geworden sei und noch an Relevanz gewinnen werde (Bundesverband E-Commerce & Versandhandel Deutschland e. V., 2020).

Obwohl der Corona-Effekt dem Onlinehandel zusätzlichen Auftrieb verschaffte, erkennen viele Unternehmer inzwischen, dass Multi- und Omni-Channel-Strategien die stetig wachsenden Kundenerwartungen langfristig am besten erfüllen. Traditionsreiche Filialisten wie *Douglas* denken um und setzen auf Multi-Channel-Konzepte, die das Online-Vertriebsmodell in das Offline-Angebot integrieren. Um dem wachsenden Marktanteil der Online-Konkurrenz entgegenzutreten, verlagern sie den Fokus ihrer Vertriebstätigkeiten auf den hauseigenen Webshop, der stetig um zusätzliche Funktionen wie Click-and-Collect erweitert wird. Ziel ist es, gegenüber rein digitalen oder rein analogen Angeboten einen Mehrwert zu schaffen (Rittinger, 2014, S. 5).

Wer beim Gang durch die deutschen Fußgängerzonen genauer hinsieht, erkennt einen weiteren Trend, der angesichts der aktuellen Entwicklungen im stationären Handel umso ungewöhnlicher erscheint. In den vergangenen Jahren entschlossen sich verschiedene, ursprünglich reine Online-Retailer dazu, Filialen an stark frequentierten Standorten innerhalb der größten deutschen Innenstädte zu eröffnen. Ob Spielzeughändler, Müsli-Hersteller oder Optiker: Online-Unternehmer aus verschiedenen Branchen gehen zunehmend dazu über, ihr disruptives Geschäftsmodell auch im stationären Handel zu etablieren. Schon länger gibt es Outlet-Filialen wie bei *Zalando* und *Home24.* Daneben integrieren Anbieter wie *myMuesli* Elemente der Handelsgastronomie, die im Onlinegeschäft zuvor nicht vertreten waren. Schließlich sind bei *Mister Spex* Filialen als exakte Spiegelung des Online-Konzepts zu beobachten. Der Experimentierfreude der Online-First-Händler scheinen keine Grenzen gesetzt zu sein (Sanz Grossón, 2018).

Das Phänomen wird auch *Click-to-Brick* genannt. Man versteht darunter ehemalige Internet-Pure-Player, die das Einkaufserlebnis des Online-Shops um stationäre Filialen erweitern. Die neu geschaffenen Ladenflächen zeichnen sich oftmals durch Toplagen und qualifiziertes Personal aus. Darüber hinaus weisen verschiedene Elemente des stationären Geschäfts, insbesondere bei der Ladeneinrichtung, digitale Kompetenz auf, sodass die Online-Welt beim Besuch der Filialen stets erkennbar bleibt (Deges, 2020, S. 150).

Doch warum entscheiden sich diese Unternehmen bewusst dazu, auf die Vorteile des reinen Internetvertriebs, wie z. B. geringere Mieten und Fixkosten, zu verzichten? Es waren doch gerade diese Faktoren, die das schnelle Wachstum in der Unternehmensentstehung maßgeblich beschleunigten. Und was bedeutet es, ein stationäres Vertriebskonzept erfolgreich einzubinden? Dieser Beitrag beleuchtet die vorgenannten Fragestellungen anhand des Fallbeispiels von *Mister Spex.* Der Omni-Channel-Optiker zeigt beispielhaft auf, dass sich die Investition in eine stationäre Expansion durchaus lohnt, und wie diese mit der richtigen Strategie erfolgreich umgesetzt werden kann.

2 Chancen und Risiken im stationären Einzelhandel für Online-Retailer

Der Übergang zum Offline-Handel verlangt Online-Händlern einiges ab. Nicht nur müssen sie dabei ihr bisheriges Geschäftsmodell hinterfragen, sondern vor allem die mit dem Offline-Gang verknüpften Chancen und Risiken sorgfältig abwägen. Dies ist eine Herausforderung, die eine „nahtlose strategische und prozessuale Verknüpfung der verschiedenen Vertriebskanäle" (KPMG, 2016, S. 5) erfordert.

Vor allem die *hohen initialen Kosten* einer Erweiterung der Vertriebskanäle wirken auf den ersten Blick abschreckend. Im Gegensatz zu Online-Shops, die sich bei Bedarf schnell eröffnen und auch wieder schließen lassen, bringen stationäre Filialen langfristige Verpflichtungen und deutlich höhere Risiken mit sich. Mietverträge werden meist über mehrere Jahre unterschrieben, hinzu kommen laufende Kosten für das Personal im Store, ggf. Entwicklungskosten für das Filialkonzept sowie zusätzliche Ressourcen für dessen Planung und Umsetzung sowie das Recruiting. Möglicherweise müssen auch Logistik-Abläufe angepasst und im Back-Office neue Integrationsmöglichkeiten geschaffen werden, die teilweise aufwendig zu entwickeln sind. So lässt sich die Komplexität einer Store-Eröffnung nicht immer von Beginn an in vollem Ausmaße absehen. Während die Führungskräfte der Online-First-Unternehmer über besondere Kompetenzen auf dem Gebiet E-Commerce verfügen, wagen sie sich bei der Erweiterung des Vertriebskonzepts auf den stationären Kanal mitunter auf unbekanntes Terrain vor. Hier müssen die erforderlichen neuen Kompetenzen entweder eigenständig oder durch externe Berater erworben werden.

Selbst wenn genug Mittel für eine Investition zur Verfügung stehen, kann nicht garantiert werden, dass der Kunde das Produkt letztendlich auch in der neu eröffneten Filiale erwirbt. Grund dafür ist die zunehmende Nutzung des mobilen Internets und der sozialen Medien, die in Konsumenten die Erwartungshaltung wecken, ihren Kaufprozess vollständig selbst gestalten zu können. Preisvergleichsseiten, Online-Rezensionen und Personalisierungsmöglichkeiten reduzieren schrittweise die Abhängigkeit der Verbraucher vom Händler (Mei-Pochtler & Hepp, 2013, S. 77). Dadurch nimmt das *Showrooming-Verhalten* zu. Damit werden Konsumenten beschrieben, die sich vor dem Kauf in einem oder mehreren Ladengeschäften beraten lassen oder Produkte ausprobieren, die gewünschten Artikel aber anschließend online erwerben. Dieser Kauf kann, muss aber nicht zwangsläufig beim gleichen Händler stattfinden, sodass die Filiale sich vom Point of Sale zu einem *Point of Information* entwickelt. Um das Filialpersonal auf diese Herausforderung vorzubereiten, müssen sowohl Schulungen als auch Provisionssysteme dem veränderten Konsumentenverhalten angepasst werden (Schramm-Klein & Wagner, 2016, S. 440 f.).

Die Erweiterung der Marke um den neuen Kanal bedeutet für Verbraucher eine zusätzliche kognitive Herausforderung (Barth et al., 2015, S. 17). Somit besteht auch das Risiko, den Konsumenten zu verwirren und durch widersprüchliche Informationen oder

Einkaufserlebnisse die Kernassoziationen mit der Marke bzw. die grundlegende Markenidentität zu verwässern (Rittinger, 2014, S. 27). So muss besonders darauf geachtet werden, alle Kanäle einheitlich zu gestalten und eine verständliche, nachvollziehbare und stringente Kommunikation an allen Marken-Touchpoints zu gewährleisten (Ahlert et al., 2018, S. 370). Dies stellt vor allem das Marketing vor neue Herausforderungen und erfordert mehr Absprachen und eine zielgerichtete interne Kommunikation.

Auch der Einfluss der weltweiten Corona-Pandemie auf die deutsche Einzelhandelslandschaft lässt sich bislang noch nicht vollständig abschätzen. Die behördlich angeordnete Schließung stationärer Geschäfte bedeutete für viele Filialisten zunächst erhebliche Umsatz-Einbußen bei weiterlaufenden Fixkosten, die nicht immer vollständig über das parallel anziehende Online-Geschäft kompensiert werden konnten. Doch auch nach der Wiedereröffnung konnte sich die Nachfrage zunächst aufgrund der grundlegenden Verunsicherung der Verbraucher nicht in allen Branchen signifikant erholen. Dies führte eine Reihe von Unternehmen, die schon vorher um ihre Existenz kämpfen mussten, in die Insolvenz (Joho, 2020). Für expansionsfreudige Online-Händler können die Leerstände dagegen die Chance auf günstige Ladenflächen bedeuten. Fest steht lediglich, dass sich die Handelslandschaft in den kommenden Jahren voraussichtlich neu zusammensetzen wird. Dabei liegt es in der Hand der Traditionsfilialisten und Omni-Channel-Händler, die Richtung zu bestimmen, in die diese Entwicklung geht, und die Verbraucher mit innovativen Konzepten davon zu überzeugen, dass der stationäre Handel nicht vollständig durch Online-Shopping substituiert werden kann.

Doch warum bleibt die Filialeröffnung für die Unternehmen trotz der hohen initialen Kosten und des nötigen neuen Know-hows so attraktiv?

Das Click-to-Brick-Phänomen ist schon seit einer Reihe von Jahren bekannt. Als eine der größten Chancen einer Offline-Expansion wird dabei zunächst eine mögliche *Neukundengewinnung* erwähnt. Bei Produktkategorien wie etwa Mode, für die das physische Begutachten der Ware sowie die Beratung durch das Verkaufspersonal essentielle Verkaufsargumente darstellen, kann ein positives Einkaufserlebnis in der Filiale zu einer verbesserten Grundeinstellung gegenüber dem Online-Shop führen. Die Möglichkeit einer Rückgabe im Geschäft reduziert das wahrgenommene Risiko des Online-Einkaufs, sodass der Kunde eine höhere Bereitschaft zeigt, das gewünschte Produkt im Falle einer Nichtverfügbarkeit online zu bestellen (Kumar et al., 2019, S. 335). Dies hilft E-Commerce-Händlern dabei, auch das Vertrauen bisher nicht online-affiner Konsumenten zu gewinnen (Roggentin et al., 2019, S. 67). Zudem ergeben sich etwa bei der Abholung bestellter Ware oder der Retoure im Geschäft *Möglichkeiten des Cross-Sellings,* da das Verkaufspersonal die Möglichkeit erhält, gezielt auf mögliche Alternativen hinzuweisen oder Spontankäufe zu initiieren (Gallino & Moreno, 2014, S. 1443 f.)

Werden stationäre Filialen als Showrooms mitgenutzt, kann dies bei Produkten, deren Online-Kauf in der Wahrnehmung des Konsumenten mit einer hohen Unsicherheit verbunden ist, dazu beitragen, zusätzliche Verkäufe in allen Umsatzkanälen zu generieren und kostenintensive Retouren zu vermeiden (Bell et al., 2018, S. 1638 f.).

Kurz nach einer Filial-Eröffnung werden dabei vor Ort hauptsächlich Neukunden aus eher offline-affinen Kundensegmenten gewonnen. Dies könnte auf den ersten Blick für eine Kannibalisierung der Verkäufe durch den Offline-Kanal sprechen. Im Zeitablauf lässt sich jedoch feststellen, dass im Nachgang auch online steigende Verkaufszahlen zu beobachten sind (Avery et al., 2012, S. 105 f.). Weiterführende Studien hierzu ergeben, dass die Neueröffnung einer Filiale in Gegenden, die zuvor vom jeweiligen Unternehmen nicht stationär versorgt wurden, zu einer messbaren Zunahme der Online-Suchen und -Käufe in diesen Regionen führt. Ähnlich einer Werbetafel sorgt das Ladengeschäft mit seiner bloßen Existenz dafür, dass Kunden die Marke bewusst wahrnehmen und sich an diese erinnern, selbst wenn bis dato noch kein Kauf erfolgte (Wang & Goldfarb, 2015, S. 717). Dieser sogenannte *Billboard-Effekt* kann entsprechend sowohl die Markenbekanntheit als auch den Gesamtumsatz des Online-Händlers steigern.

Auch ein *Availability-Effekt* kann sich positiv im unternehmerischen Gesamterfolg niederschlagen. Dabei erhöhen zusätzliche Kanäle die wahrgenommene Produktverfügbarkeit und verringern die Suchkosten, sodass der Konsument zu regelmäßigeren Einkäufen animiert wird (Neslin et al., 2006, S. 101). Eine stationäre Filiale bewirkt dabei lediglich eine Abwanderung der Kundengruppen, die sich in unmittelbarer Nähe des Ladengeschäfts befinden. Je weiter die Entfernung zum Ladengeschäft ist, desto geringer wirkt die Ersparnis der Suchkosten im Vergleich zu Anfahrts- und Transportkosten. Die Attraktivität des Online-Kanals bleibt dabei unverändert (Forman et al., 2009, S. 57).

Verschiedene Studien belegen, dass Konsumenten, die mehrere Kanäle für ihren Einkauf nutzen, durch ein größeres Engagement im Kaufprozess zu höheren Besuchsfrequenzen, häufigeren Bestellungen sowie größeren Bestellmengen neigen und mit größerer Wahrscheinlichkeit auf Marketing-Maßnahmen reagieren (Kushwaha & Shankar, 2013, S. 87; Kumar et al., 2018, S. 305). Dazu trägt bei Bestandskunden auch der sogenannte *Lock-in-Effekt* bei: Bietet sich dem Kunden bei einer fehlenden Leistung eines Kanals die Möglichkeit, diese in einem anderen Kanal innerhalb des gleichen Unternehmens in Anspruch zu nehmen, reduziert sich die Wahrscheinlichkeit, dass er im Verlauf des Kaufprozesses zu einem Wettbewerber wechselt. So lässt sich bei Kunden, denen mehrere Kanäle zum Einkaufen zur Verfügung stehen, grundsätzlich eine höhere Kundenzufriedenheit, eine höhere Loyalität und damit einhergehend ein höherer Customer Lifetime Value messen (Neslin & Shankar, 2009, S. 72).

Bieten E-Commerce-Händler ihren Kunden auch Filialen zum Einkauf an, ergibt sich die Möglichkeit, dem *Webrooming-Verhalten* entgegenzuwirken. Als Gegentrend zum Showrooming beginnen Kunden ihren Kauf zwar mit einer Online-Recherche auf einer Website, entschließen sich aber final dazu, das Produkt in einer Filiale zu erwerben, die nicht unbedingt dem zur Recherche genutzten Online-Shop entsprechen muss (Schramm-Klein & Wagner, 2016, S. 440). Durch das Anbieten verschiedener Kontaktpunkte, sowohl online als auch offline, können Online-Händler das Risiko einer Abwanderung zu Konkurrenten reduzieren und gleichzeitig ihre digitale Kompetenz zur Schaffung ganzheitlicher Einkaufserlebnisse einsetzen.

Auch kann der zusätzliche Kontaktpunkt die Warenübergabe an den Endkonsumenten erheblich vereinfachen. Da Online-Händler nach dem Bring-Prinzip agieren, können sie nur so schnell wachsen, wie auch die externen Logistikpartner in der Lage sind, die vereinbarungsgemäße Lieferung der Bestellung auszuführen. Für Online-Käufer, die Lieferzeiten und -optionen schon vor der Kaufentscheidung berücksichtigen, ist die erwartungsgemäße Lieferung ein weiterer „Moment der Wahrheit" und beeinflusst ihre Zufriedenheit mit dem Händler. Stehen für den Kunden Filialen zur Abholung und Rückgabe von Produkten zur Verfügung, sind beide Parteien in der Zustellung der Ware flexibler, was die Zufriedenheit des Kunden mit dem Einkaufserlebnis positiv beeinflusst (Engels, 2019, S. 14 ff.).

Stationäre Filialen können sich positiv auf den *Bekanntheitsgrad* des Unternehmens auswirken, die *Kundenbindung* stärken und nicht zuletzt den *Umsatz* steigern. Sie bieten den Händlern so die Möglichkeit, einen zusätzlichen, vertrauten Kontaktpunkt zu schaffen, der die verschiedenen Sinne umfassender anspricht, als es der reine Online-Kanal vermag. Ist dieses stationäre Einkaufserlebnis so gut in die Online-Welt integriert, dass der Konsument nahtlos zwischen den verschiedenen Kontaktpunkten wechseln kann, lassen sich zudem Wettbewerbsvorteile gegenüber reinen Offline-Händlern generieren (Sanz Grossón, 2018). Bei der Gestaltung des Verkaufskonzepts sollte jedoch zu jedem Zeitpunkt der Kunde im Vordergrund stehen. Schaffen Händler es, die verschiedenen Bedürfnisse ihrer Kunden an den einzelnen Kontaktpunkten im Kaufprozess zu verstehen, können sie die Zielsetzung der Filiale als *Service-Standort, Erlebniswelt* oder *Ausstellungsort* festsetzen und ein entsprechendes Leistungsangebot definieren (Mei-Pochtler & Hepp, 2013, S. 90).

3 Mister Spex: Der Weg vom Online- zum Omni-Channel-Optiker

2007 startete *Mister Spex* als damals Deutschlands erster Online-Optiker mit der Mission, eine „neue Art des Brillenkaufs" zu etablieren. Unter der Führung von Gründer Dirk Graber und von Mirko Caspar, der 2011 in das Unternehmen einstieg und u. a. die Retail-Expansion des Unternehmens mitbetreut, konnte *Mister Spex* erfolgreich Marktanteile auf dem Optiker-Markt erobern und den Brillenkauf über das Internet salonfähig machen. Heute erreicht das inzwischen börsennotierte Unternehmen mit seinen Online-Shops in zehn europäischen Ländern knapp fünf Mio. Kunden und beschäftigt über 1000 Mitarbeiter, die sich auf Büro-Standorte in Berlin und Stockholm, ein Logistikzentrum in Berlin sowie weitere Logistik Hubs in Schweden und Norwegen und inzwischen rund 60 Ladengeschäfte in Deutschland, Österreich und in Schweden (Stand 06/2022) aufteilen.

Zum Erfolgskonzept des Unternehmens gehörte es von Anfang an, den Online-Shop dahingehend zu optimieren, dem Kunden auf dem Weg zum richtigen Produkt die *bestmögliche User Experience* zu bieten. So wurden intuitive Navigations- und Filtermöglichkeiten mit der Zielsetzung entwickelt, die Produktauswahl so einfach wie möglich zu gestalten. Ein weiterer Unique Selling Point ist die *Preistransparenz* des Optikers. Entlang der gesamten Customer Journey kann der Kunde zu jedem Zeitpunkt einsehen, wie viel das nach seinen Wünschen konfigurierte Produkt am Ende kosten wird. Dabei sind Standard-Qualitätsgläser immer im angegebenen Brillenpreis enthalten. Dies war zum Zeitpunkt der Unternehmensgründung ein erheblicher Mehrwert gegenüber etablierten Konkurrenten. Durch zusätzliche digitale Innovationen wie etwa die *virtuelle Anprobe* per Foto oder Video-Kamera, die nachfolgend von einigen Konkurrenten kopiert wurde, schaffte es *Mister Spex,* schnell Marktanteile zu gewinnen, und erreichte durch gezielte TV-Werbung eine hohe gestützte Brand Awareness von fast 80 % im deutschsprachigen Raum (Klatt, 2018, S. 240 f.). Weiterhin differenziert sich der Omni-Channel-Optiker über eine stetig wachsende *Auswahl* an Brillen, Sonnenbrillen und Kontaktlinsen von Top-Marken und Independent Labels und strebt danach, sich vor allem mit seinem Luxussortiment von Wettbewerbern weiter abzugrenzen.

Der Brillenmarkt ist traditionsbedingt offline-affin. Während der deutsche Markt früher größtenteils unter kleinen, unabhängigen Optikern aufgeteilt war, dominieren inzwischen die großen Filialisten wie *Fielmann, Apollo* und *eyes+more,* die mit einem Anteil von 19 % der Brillenläden fast 50 % des Branchenumsatzes erwirtschaften. Trotz einer überschaubaren Größe von 6,5 Mrd. € Umsatz in Deutschland ist die Optiker-Branche für Unternehmer und Investoren aus zweierlei Gründen ein attraktiver Markt. Durch die wachsende Bildschirmnutzung steigt einerseits die Nachfrage nach Sehhilfen kontinuierlich an. Andererseits betrachten Konsumenten Brillen heutzutage eher als modisches Accessoire und nicht mehr nur als notwendige Sehhilfe, sodass sie Spaß am Einkauf entwickeln und verschiedene Modelle besitzen möchten. Mit 5 % ist der Anteil der Online-Brillenkäufe noch relativ gering einzustufen, allerdings ist auch in Folge der Corona-Pandemie davon auszugehen, dass sich dieser Wert in den nächsten Jahren deutlich erhöhen wird. Die Branche ist somit von einer starken Dynamik geprägt, bei der insbesondere Multi-Channel-Unternehmer, die ihre Kunden sowohl online als auch offline erreichen, große Wachstumschancen haben (Nicolai, 2020).

Diesen Trend erkannte auch *Mister Spex* frühzeitig. Durch seine Aktivität als Internet Pure Player sah sich das Unternehmen im Verlauf seiner Entwicklung mit einer *Sättigungsgrenze* des Wachstums im Online-Bereich konfrontiert. Denn der Anteil der online-affinen Käufer auf dem Brillenmarkt wächst zwar stetig, aber auf niedrigem Niveau. Zudem ist auch nicht jeder Offline-Käufer dazu bereit, zum Online-Kauf zu wechseln. Demgegenüber besitzt der Offline-Optikermarkt ein höheres Wachstumspotenzial und vor allem auch die Chance, ein Hybrid-Konzept im Vertrieb zu etablieren (Klatt, 2020; Nicolai, 2020).

Entsprechend wagte das Unternehmen schon 2011 einen ersten *Vorstoß in den stationären Handel.* Zunächst wurden *Partner-Optiker* unter Vertrag genommen, die Leistungen wie einen Sehtest oder eine Brillenanpassung übernahmen und im Gegenzug eine Provision erhielten. So konnte das Unternehmen die Lücke zu Leistungen schließen, die sich durch den reinen Online-Kauf nicht abbilden lassen, die aber für Brillenkäufer essenziell vertrauensbildend sind. Auch bot *Mister Spex* als erster Optiker den Kunden über ein sogenanntes *Home Trial* (Ansichtsbestellung) die Möglichkeit, bis zu vier Brillenmodelle kostenfrei zu Hause anzuprobieren (Mister Spex, 2021; Klatt, 2018, S. 241 ff.).

Aufgrund des großen Erfolgs des Partneroptiker-Programms wurde 2014 mit der Planung eines Store-Konzepts begonnen, um das Unternehmen in Richtung Omni-Channel zu entwickeln, die Präsenz im deutschen Markt zu verstärken und nicht online-affine Kundengruppen zu erreichen (Klatt, 2020). Die Umsetzung des Offline-Projekts verantwortete Jens Peter Klatt, der vom Wettbewerber *eyes+more* zu *Mister Spex* wechselte (Höckmann, 2019). 2016 eröffnete *Mister Spex* testweise seinen *ersten eigenen Store* im *Alexa*-Einkaufszentrum in Berlin, der bis heute besteht. Aufgrund des großen Erfolgs der Filiale wurden zunächst zehn weitere Filialen in verschiedenen deutschen Großstädten eröffnet, bis das Unternehmen im Jahr *2018* mit dem endgültigen *Roll-out* begann. Der Retail-Bereich des Unternehmens wird seit Oktober 2021 von Nils Vortmann als Vice President Omnichannel Excellence geführt, der darauf spezialisiert ist, die Filialen prozessseitig optimal und reibungslos in das Online-Geschäft zu integrieren (Mister Spex, 2021).

Das Expansionstempo zeigt den Stellenwert, den *Mister Spex* dem *Omni-Channel-Ansatz* als relevantem *Wachstumshebel* beimisst (Caspar, 2016, S. 164). Zwischen 2018 und 2020 wurden 22 neue Filialen eröffnet (Nicolai, 2020). 2021 kamen 14 weitere Filialen dazu, unter ihnen die ersten internationalen Stores in Österreich und Schweden. Übergeordnetes Ziel soll es sein, durch die Integration stationärer Filialen den Kunden „das Beste aus zwei Welten" zu bieten und eine vollständige Verzahnung zwischen Online- und Offline-Kanal nach dem No-Line-Prinzip zu ermöglichen (Klatt, 2020). Dabei versucht das Unternehmen, alle möglichen Barrieren des Online-Brillenkaufs, die das Einkaufserlebnis beeinträchtigen, zu beseitigen. Solche Barrieren können bspw. ein mangelndes Vertrauen in die Realitätstreue der Produktbilder im Online-Shop, fehlende Messwerte der Sehschärfe oder die mangelnde Möglichkeit, das Tragegefühl einer Brille zu beurteilen, darstellen. Über die Ansprache im Store sollen Neukunden gewonnen und vor allem ältere, nicht online-affine Kundensegmente mit speziellen Bedürfnissen und Wünschen, insbesondere nach Gleitsichtbrillen, besser angesprochen werden (Wischmeyer, 2020).

4 Erfolgreiche Integration von Online- und Offline-Kanal bei Mister Spex

Das derzeitige Store-Konzept wurde in Zusammenarbeit mit der *Dan Pearlman Kreativagentur für Markenarchitektur* unter der Prämisse entwickelt, die „Pain Points", die der Konsument im deutschen Markt regelmäßig beim Brillenkauf erlebt, zu reduzieren (eyebizz, 2017; Klatt, 2020). Bevor mit der Konzeptentwicklung begonnen wurde, setzte sich das Unternehmen dabei das klare Ziel, dem Kunden auf allen Kanälen den Spaß am Brillenkauf zu ermöglichen (Klatt, 2020; Mister Spex, 2021). Weiterhin sollte eine *konsistente „Kommunikation von Vision, Mission, Marke* und den dazu gehörigen Inhalten" (Klatt, 2018, S. 238), inklusive Preisen, im Konzept verankert werden. So setzt das Store-Design die Marke kongruent fort. Transparenz, Klarheit und Schlichtheit zeichnen die Ladengestaltung aus, die an einen „Apple Store für Brillen" (Klatt, 2020) angelehnt ist.

Im ersten Schritt der Konzeptentwicklung stellte das Unternehmen sich die folgenden Fragen:

- Warum sind wir online erfolgreich?
- Wie können wir offline besser werden als die Konkurrenz?

So beruht das Filialkonzept auf drei wesentlichen Säulen, die im Folgenden näher erläutert werden.

Markenkongruentes Design des Stores

Um das Risiko zu reduzieren, durch die Offline-Expansion die Markenidentität zu verwässern, wird der Kerngedanke der Marke *Mister Spex* anhand verschiedener Designelemente immer wieder aufgegriffen und zieht sich wie ein roter Faden durch das Gesamtkonzept. So versteht das Unternehmen seine Filialen vordergründig als *fast exakte Replikation* bzw. *natürliche Erweiterung des Online-Shops* (Höckmann, 2019).

Kunden, die mit dem Online-Shop vertraut sind, erkennen durch die Gestaltung der Filiale in der Grundfarbe weiß, angereichert um grüne und hellgraue Elemente, sofort, dass es sich um Filialen von *Mister Spex* handelt. Das Logo wird konsistent immer wieder aufgegriffen und an Außenfassaden und in einer sogenannten Fokuswand im hinteren Teil des Ladens prominent platziert. Trotz eines cleanen und reduzierten Designs sollen Holzelemente, sorgfältig ausgewählte Musik und Raumbeduftung für Gemütlichkeit sorgen. So hat das Unternehmen erkannt, dass im stationären Bereich Emotionen und das sensorische Erleben eine wesentliche Rolle spielen, und bleibt doch gleichzeitig der Reduktion auf das Wesentliche als Erfolgsfaktor aus dem Online-Bereich treu (eyebizz, 2017; Höckmann, 2019). Für einen höheren Wiedererkennungswert verfügen alle *Mister Spex*-Stores über einen *ähnlichen Grundriss* und den *gleichen Aufbau.*

Die *Navigationsleiste,* die Brillen nach Damen- und Herrenmodellen, der Brillenform und der Größe sowie Marken sortiert, wurde online als wesentlicher Erfolgstreiber für das Unternehmen identifiziert und so auch über die Wandgestaltung im Laden in den stationären Handel transportiert, wie Abb. 1 zeigt (Klatt, 2018, S. 241). Auch zum *Home Trial* wurde eine sinnvolle Analogie geschaffen, indem Kunden in der Filiale bis zu vier Brillen auf einem Tablett aussuchen und im späteren Verlauf des Besuchs immer wieder anprobieren können.

Die Optiker-Traditionsbranche modernisieren

So wie im Online-Geschäft stellt sich *Mister Spex* auch für seine Stores zu jedem Zeitpunkt die Frage: *Was will der Kunde wirklich*? Der Omni-Channel-Optiker will

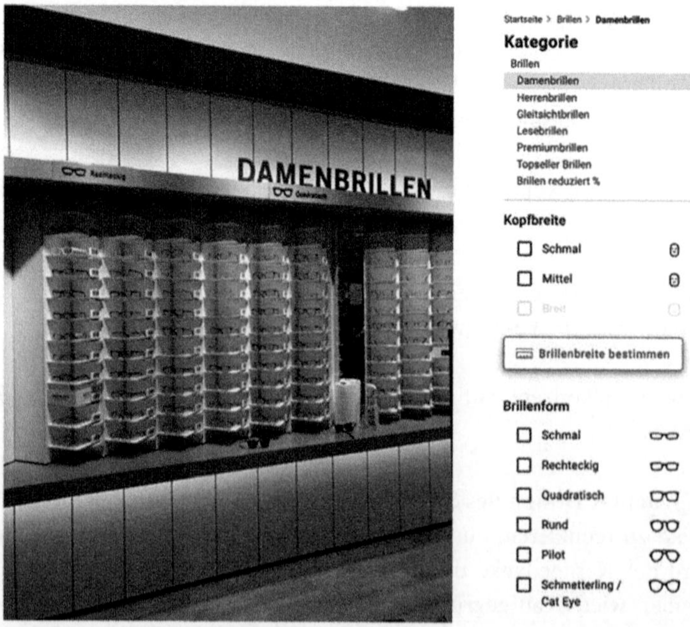

Abb. 1 Gegenüberstellung der Navigationsmöglichkeiten in der Filiale und der Filter-Möglichkeiten im Online-Shop. (Quelle: © Mister Spex)

dabei dem Kunden im Store auf Augenhöhe begegnen. Dazu trägt insbesondere die Präsentation der Brillen bei, die gut sortiert in frei zugänglichen Regalen liegen, sodass Besucher einer Filiale sich schnell einen Überblick verschaffen können (eyebizz, 2017). In Abgrenzung zu Konkurrenten können die Besucher sämtliche Modelle frei anprobieren, egal ob Einsteiger- oder Luxusmodelle. So will *Mister Spex* seinen Kunden die *Berührungsängste nehmen,* nahbar sein und vor allem *mehr Spaß* vermitteln (Klatt, 2020).

Beratung bleibt dabei zwar ein wesentlicher Teil des Service-Gedankens im Store, allerdings sollen potenzielle Kunden nicht dazu gedrängt werden, sich beraten zu lassen oder etwas zu kaufen. Vielmehr geht es darum, dass diese selbstständig durch den Store navigieren können, ihnen aber auch Beraterinnen und Berater zur Seite stehen, wenn Unterstützung notwendig wird. Der Fokus liegt hierbei vor allem auf der transparenten Erklärung aller Glaspakete und der Preiszusammensetzung sowie auf einer kompetenten Stilberatung. Hier hebt sich *Mister Spex* klar vom Wettbewerb ab und macht deutlich, dass das Unternehmen auch stationär einen anderen Weg einschlagen und sich vom Standard der Branche abheben will, bei dem viele Filialbesucher den Preis ihres konfigurierten Produkts erst am Ende erfahren (Klatt, 2020).

Als bislang einziges Unternehmen auf dem deutschen Optiker-Markt führt *Mister Spex* ein *gemeinsames Kundenkonto für alle Kanäle.* So wird dieses für Erstkäufer entweder direkt in der Filiale angelegt oder kann für Kunden, die bereits online registriert sind, jederzeit bequem aufgerufen werden. Falls im Store ein Sehtest gemacht wurde, werden die ermittelten Werte direkt übernommen und Kunden können diese dann für den nächsten Kauf, sowohl online als auch in der Filiale, nutzen. Dieser „digitale Brillenpass", in Abb. 2 gezeigt, bietet beiden beteiligten Parteien maximale Transparenz über alle Transaktionen und für den Einkauf wichtige Daten (Klatt, 2020).

Als weitere Besonderheit werden die Mitarbeiter nicht nur fachlich umfassend eingearbeitet, sondern auch dahingehend geschult, dass Online- und Offline-Vertrieb keine koexistenten Kanäle sind, sondern Hand in Hand arbeiten. Dementsprechend wird in der Filiale aktiv auf den Online-Shop hingewiesen und Konsumenten die Möglichkeit aufgezeigt, nicht verfügbare Produkte online nachzubestellen (Klatt, 2020). Dies zeigt, dass der *Omni-Channel-Gedanke* tiefgreifend *in der Unternehmenskultur verankert* ist und vor Ort auch gelebt wird.

Sinnvolle Integration digitaler Elemente

Mister Spex strebt an, online und offline das gleiche Leistungsangebot zu schaffen. So wird im Store nicht nur über die Mitarbeiter, sondern auch an vielen weiteren Stellen die Brücke zur digitalen Welt geschlagen.

In den Geschäften sind, wie Abb. 3 zeigt, *digitale Screens* positioniert, auf denen Online-Inhalte wie z. B. Kampagnen im Wechsel mit Produktinformationen dargestellt werden. Die gezeigten Brillen und Sonnenbrillen werden dabei in einem Visual-Merchandising-Ansatz, der typisch für den stationären Handel ist, über in der Raummitte platzierte Kampagnentische in Szene gesetzt. Einen Vergleich der Kampagnenumsetzung online und offline zeigt Abb. 4.

Abb. 2 Digitaler Brillenpass im Kundenkonto. (Quelle: © Mister Spex)

Abb. 3 Beispiel eines digitalen Screens in der Filiale Berlin-Steglitz. (Quelle: © Mister Spex)

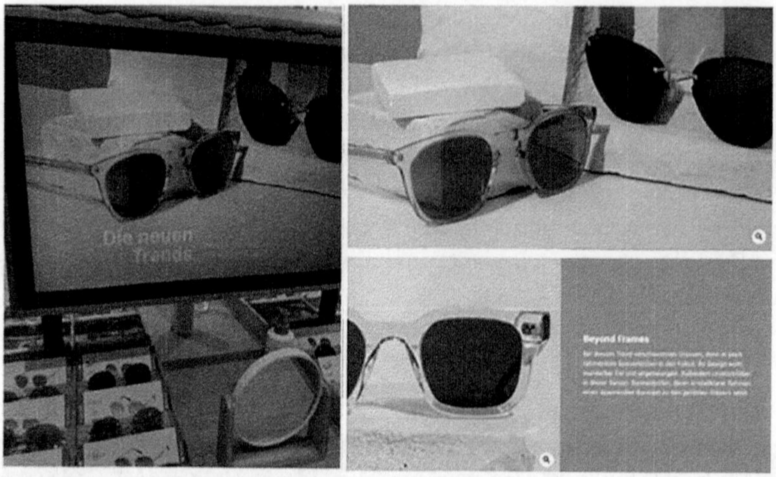

Abb. 4 Vergleich der Kampagnenumsetzung auf einem Trendtisch in der Filiale und auf einer spezifischen Landingpage online. (Quelle: © Mister Spex)

Auch Offline-Marketing-Aktionen wie z. B. Gutscheine und Coupons werden grundsätzlich kanalübergreifend ausgespielt, wie Abb. 5 beispielhaft zeigt, sodass sie online und offline eingelöst werden können.

Als besondere Innovation gibt es bei *Mister Spex digitale Preisschilder.* Diese können nicht nur passend zum Sortimentswechsel aktualisiert werden, sondern enthalten einen Barcode, der den Kunden vom Geschäft aus den direkten Zugriff auf den Online-Shop erlaubt. Das Unternehmen greift dabei den Trend des Mobile Commerce gekonnt auf, der für andere stationäre Händler noch eine Herausforderung darstellt, und macht ihn sich im *No-Line-Ansatz* zunutze. Gleichzeitig stehen Produktkarten als analoge Variante zur Verfügung, wie in Abb. 6 gezeigt, um allen Besuchern der Filiale die Möglichkeit zu

Abb. 5 Im Store ausgegebene Gutscheinkarte. (Quelle: © Mister Spex)

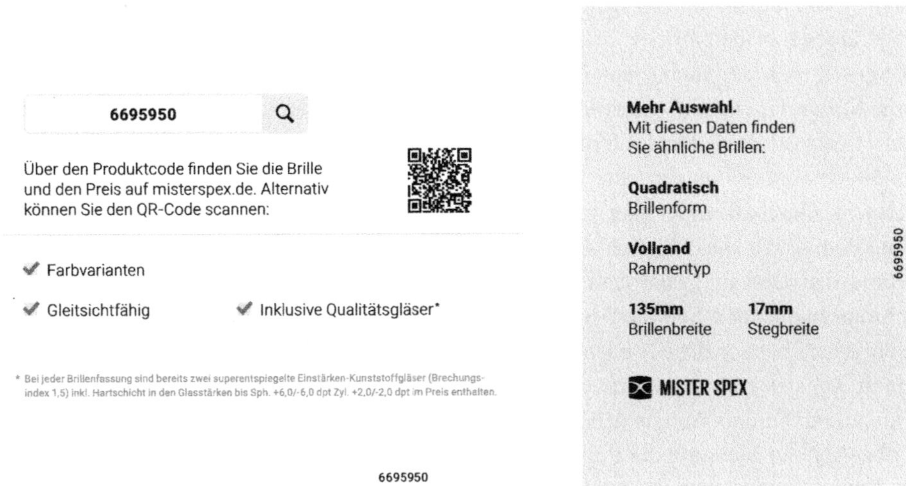

Abb. 6 Beispiel einer im Store ausgegebenen Produktkarte. (Quelle: © Mister Spex)

geben, jederzeit flexibel auf das Produkt zuzugreifen – entweder in der Filiale, unterwegs oder zu Hause.

Um den ganzheitlichen Gedanken des Konzepts abzurunden, wird nicht nur in der Filiale auf den Online-Shop hingewiesen, wie Abb. 6 zeigt, sondern auch im Online-Shop auf das Filialangebot. So ist, wie in Abb. 7 zu sehen, bspw. auf einer Store-Landingpage ein Filialfinder integriert, der es ermöglicht, im nächstgelegenen Store einen Termin für einen Sehtest zu buchen und das dortige Leistungsangebot, die Adresse und die Öffnungszeiten abzufragen. Abb. 8 zeigt einen Hinweis auf die Angebote in den Offline-Geschäften. Auch weitere Marken-Touchpoints, etwa der Newsletter oder der Instagram-Kanal des Unternehmens, integrieren das Filial-Angebot des Omni-Channel-Optikers. Ein Beispiel dafür zeigt Abb. 9.

Zusammenfassend kommt *Mister Spex* im Vergleich zur Branchen-Konkurrenz und anderen Online-Händlern, die den Schritt in die stationäre Expansion gewagt haben, am nächsten an einen No-Line-Händler heran. Die Unternehmenskultur ist dabei so ausgeprägt, dass der Online-Shop und die Filialen intern als ein Gesamtkonstrukt wahrgenommen werden. Dies spiegelt sich auch in den *integrierten Marketing-Maßnahmen* sowie der *Verzahnung analoger und digitaler Prozesse* wider. *Mister Spex* hat es so geschafft, ein skalierbares Konzept mit hohem Wiedererkennungswert zu entwickeln. Dieses bietet genug Potenzial, um Besucherinnen und Besucher zu überraschen und sich von Konkurrenten zu differenzieren, bleibt dabei aber der Marke treu. Der Erfolg des Konzepts äußert sich dabei auch zahlenmäßig, etwa in einer höheren Anzahl an Online-Besuchen in Store-Regionen, einer 50 bis 60 % höheren *Neukundenquote* als im Online-Shop sowie messbaren Erfolgen in der *Bestandskundenreaktivierung* (Klatt, 2020).

Während in den *Mister Spex*-Stores die Integration des Online-Shops weitgehend fortgeschritten ist, fehlen auf der Website allerdings noch wesentliche Elemente, um eine vollumfängliche Vernetzung mit dem stationären Bereich zu ermöglichen. Diese betreffen vor allem die Lieferung des Produktes an den Kunden. Beispielsweise gibt es die Option, das gewünschte Produkt an die Filiale liefern zu lassen, zurzeit nur beim Kauf im Geschäft, nicht aber im Online-Shop. Die Integration einer Click-and-Collect-Funktion sowie die Möglichkeit, die Produktverfügbarkeit in der Filiale abzufragen, würde den Übergang aus dem Online-Shop in die Filiale und auch die Verknüpfung mit anschließenden Service-Angeboten wie der Brillenanpassung erheblich erleichtern. Demgegenüber schafft Mister Spex in den Filialen über Tablets und die Mitarbeiter, die einen Zugang zum gesamten Online-Sortiment schaffen können, mehr Anknüpfungspunkte zur Online-Welt und beweist durch die Nutzung von Zentrierspiegeln und der Tribe-App zur Messung der Pupillendistanz mittels Smartphone Innovationsfreude.

Dem Unternehmen ist bewusst, dass hier noch Verbesserungspotenziale bestehen. Weitere technische Neuerungen wie zusätzliche Automatisierungen, mehr digitale Funktionen und die Erweiterung der App um weitere Funktionen zur Bereicherung des Einkaufsprozesses stehen auf der Agenda bzw. sind in Vorbereitung (Klatt, 2020).

Abb. 7 Integration der Filialen auf einer Store-Landingpage. (Quelle: © Mister Spex)

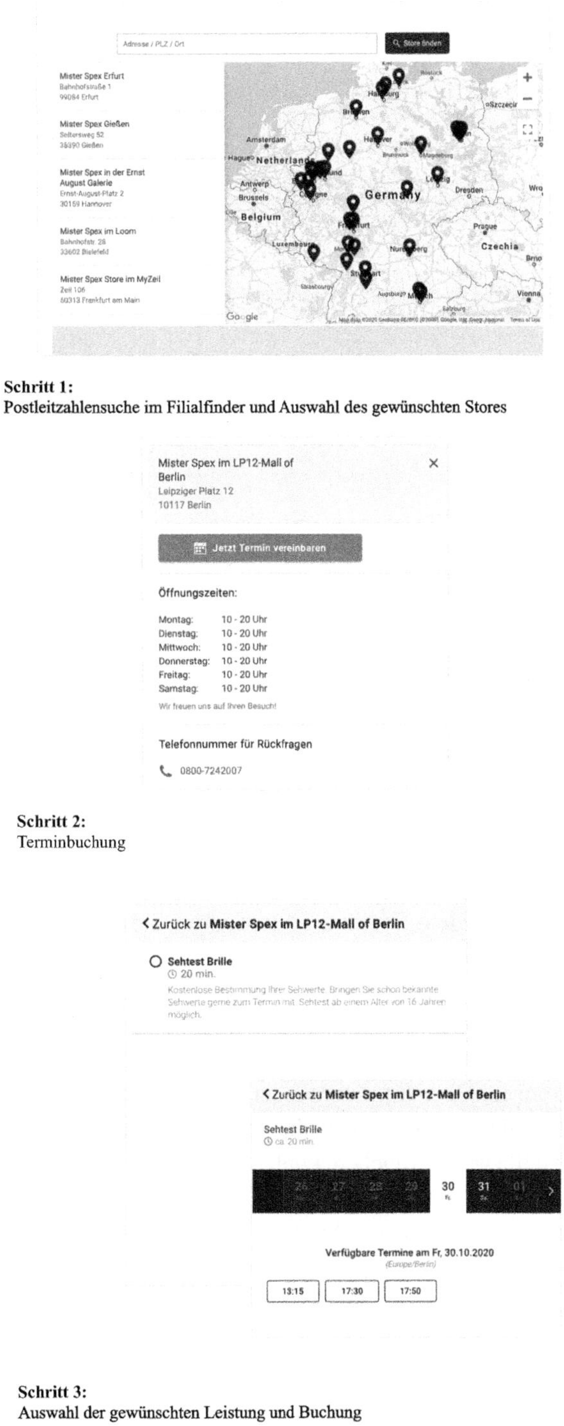

Abb. 8 Überblick über das Leistungsangebot im Store. (Quelle: © Mister Spex)

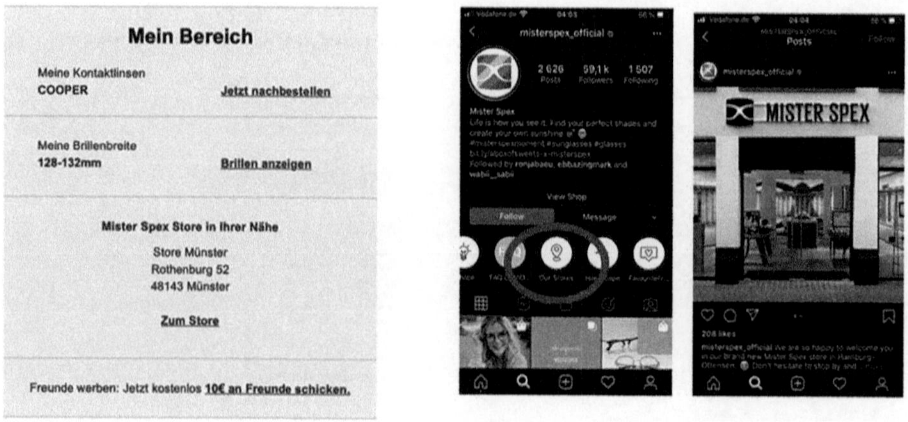

Abb. 9 Integrationen der Stores im Newsletter und auf Instagram. (Quelle: © Mister Spex)

5 Eine Offline-Expansion erfolgreich umsetzen: Dos and Don'ts

Mister Spex hat mit seinem Filialkonzept vieles richtig gemacht und durch eine sinnvolle Verknüpfung analoger und digitaler Elemente schnell skalierbare Erfolge erzielen können. Dazu trug im Wesentlichen bei, dass das Unternehmen sich im Vorfeld intensiv mit dem Offline-Brillenkauf auseinandersetzte und eine klare Differenzierung vom Wettbewerb erreichen konnte. Gleichzeitig verfolgte *Mister Spex* von Anfang an die *klare Vision einer universellen Customer Journey,* wie in Abb. 10 gezeigt, auf die das Ladenkonzept zugeschnitten ist und die dem Kunden alle Freiheiten lässt, die Elemente zu nutzen, die für ihn am vorteilhaftesten sind. Entstanden sind daraus Filialen, die das Potenzial besitzen, als Vorbild für die Branche zu dienen und zusätzliche Wachstumschancen für *Mister Spex* zu schaffen.

Online-Händlern anderer Branchen, die eine Offline-Expansion wagen wollen, stellt sich die Frage, wie sie für sich selbst ein passendes Konzept entwickeln und dieses zielführend umsetzen können. Der Weg, den *Mister Spex* bei der Integration stationärer

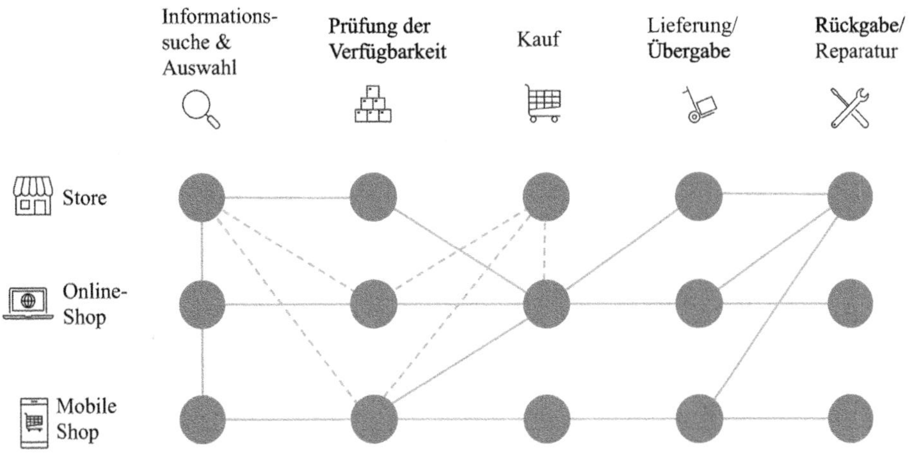

Abb. 10 Customer Journey bei Mister Spex. (Quelle: In Anlehnung an Zentes et al., 2017, S. 101)

Filialen einschlug, lässt sich in drei Phasen unterteilen, an denen beispielhaft aufgezeigt werden kann, welche Herangehensweise sich als vorteilhaft für Online-Händler mit einem ähnlichen Vorhaben erweisen kann.

Initiale Konzeption

Bevor ein erstes Filialkonzept erarbeitet wird, sollten Online-Händler die *Anforderungen* ihrer Ziel- und Bestandskunden *an eine stationäre Filiale* genauestens verstehen. Dabei können potenzielle Neukunden im Rahmen von Fokusgruppen oder über Marktforschungspanels sowie Bestandskunden bspw. über ein CRM-Mailing befragt werden (Westermann & Zimmermann, 2018, S. 76). Auf Basis der Marktforschung sollten die folgenden zwei Leitfragen beantwortet werden können:

1. **Wie sieht das perfekte Einkaufserlebnis aus?**
   Bei *Mister Spex* erwies es sich als erfolgstreibend, zunächst den Einkaufsprozess in der Branche zu verstehen und dabei die Konzepte von Wettbewerbern mit einzubeziehen. Es gilt, die jeweiligen Stärken und Schwächen der Kaufprozesse in der Branche zu ermitteln. Daraus kann abgeleitet werden, welche Mindestanforderungen an das eigene Konzept zu stellen sind und welche weitergehenden Faktoren die Konsumenten dazu motivieren, den Offline-Kanal gegenüber dem Webshop zu bevorzugen.
2. **Wie sieht die perfekte Filiale aus?**
   Trotz verschiedener Definitionen von Ästhetik sollten sich Online-Händler ein möglichst genaues Bild davon machen, welche Stimmung sie in der Filiale transportieren möchten und wie dabei das Bild, das die Marke online repräsentiert, am sinnvollsten aufgegriffen werden kann. So wird bei *Mister Spex* über das Ladendesign, die Farbgebung sowie die Musik und die Raumbeduftung ein Wohlfühleffekt forciert und

gleichzeitig die Marke deutlich erkennbar gemacht (Klatt, 2020). Sobald definiert ist, welches Markenbild Kunden in der Filiale vermittelt werden soll (z. B. natürliche Ergänzung, Modernisierung, Ansprache jüngerer Zielgruppen), sollten Händler mit ihrer Zielgruppe bzw. Bestandskunden in die Interaktion treten und diese dazu befragen, in welchen Elementen des Ladenbaus sie die Kernmarke am ehesten wiedererkennen und was sie von dessen zukünftigem Ladengeschäft grundsätzlich erwarten. Es sollte vermieden werden, sich ausschließlich auf aktuelle Einrichtungs- oder Designtrends zu berufen, die nicht zur Kernmarke passen und von Konsumenten nicht mit der Marke in Verbindung gebracht werden.

Auch sollte sich das Management gerade zu Beginn des Projekts einer ehrlichen Selbsteinschätzung stellen. Sofern weder ein gewisses Verständnis für die Gegebenheiten des Offline-Handels noch eine Begeisterungsfähigkeit für die Thematik vorhanden ist, kann es sinnvoll sein, sich frühzeitig externe Expertise über Agenturen, Berater oder erfahrene Fachkräfte aus dem stationären Handel an Bord zu holen.

Testphase
Nach der Entwicklung eines geeigneten Konzepts empfiehlt sich die Eröffnung einer geringen Anzahl von Filialen an strategisch günstigen Standorten als *Testgeschäfte*. So können Erfolgsfaktoren wie z. B. der Standort, der Ladenbau oder Marketing-Maßnahmen identifiziert und Hypothesen diesbezüglich in der Praxis getestet werden. Beispielsweise eröffnete *Mister Spex* sowohl Filialen in Einkaufszentren als auch in Einkaufsstraßen, um herauszufinden, welche Lage zur Neukundengewinnung besser geeignet ist. Die Ergebnisse sollten dabei nicht nur quantitativ anhand der Verkaufszahlen ausgewertet werden. So betrieben Unternehmensvertreter Feldforschung als sinnvolle Ergänzung und befragten Besucher in den ersten Wochen nach der Geschäftseröffnung direkt in der Filiale zu ihren ersten Eindrücken (Klatt, 2020). Je flexibler und veränderlicher das Ausgangskonzept gestaltet ist, desto mehr kann der Online-Händler aus den Testfilialen lernen und desto einfacher kann er auf die gewonnenen Erkenntnisse reagieren und Bestandteile des Konzepts überarbeiten.

Roll-out und Überarbeitung
„Man lernt nie aus" – diese Lebensweisheit trifft auch auf die Store-Integration zu. Auch nach einer erfolgreichen Skalierung sollten Online-First-Unternehmer ihr Filialkonzept nie als „fertig" betrachten, da ihnen so Möglichkeiten entgehen, neue Dinge auszuprobieren und das Konzept mit ihren Kunden gemeinsam weiterzuentwickeln. Dabei können sukzessive Erweiterungen im Back-End vorgenommen und somit zusätzliche Vernetzungen der Kontaktpunkte im Interesse des Kunden ermöglicht werden. Dazu ist das regelmäßige *Einholen und Analysieren des Kundenfeedbacks* essenziell. Zudem sollten Online-Händler die Bereitschaft besitzen, auch liebgewonnene Elemente des Konzepts, die nicht dem Kundeninteresse entsprechen, zu verwerfen. So passte *Mister*

Abb. 11 Handlungsempfehlungen für Filialeröffnungen von Online-Händlern

Spex etwa für seine Store-Expansion nach Stockholm das Designkonzept etwas an, um es „skandinavischer" wirken zu lassen.

Die in der Abb. 11 dargestellte Checkliste fasst anhand des 7-P-Modells zusammen, auf welche Faktoren Online-Händler beim Projekt „Filialeröffnung" besonderes Augenmerk legen sollten.

6 Fazit

Das Fallbeispiel *Mister Spex* zeigt, dass sich europäischen Online-Händlern durch den Schritt in die Offline-Welt viele Möglichkeiten eröffnen. Mit dem richtigen Filialkonzept können sie Neukunden gewinnen und diese zu profitableren Mehr-Kanal-Konsumenten entwickeln, die ihnen auf lange Sicht treu bleiben. Durch neuartige Ideen können die Schwachpunkte des klassischen Handels reduziert, der Kaufprozess vereinfacht und Konsumenten die Freude am stationären Kauferlebnis zurückgebracht werden. Eine konsequent ausgearbeitete Mehr-Kanal-Strategie hebt somit die Kundenzentriertheit auf eine neue Ebene und wirkt sich, sofern sie intern vorgelebt und ganzheitlich umgesetzt wird, positiv auf den Unternehmenserfolg und die Außenwahrnehmung des jeweiligen Unternehmens aus. So konnte *Mister Spex* durch die Filialeröffnung die Markenbekanntheit signifikant steigern und profitierte von maßgeblichen Umsatzsteigerungen sowohl im Offline- als auch im Online-Bereich. Das Tempo, mit dem das Unternehmen die Expansion vorantreibt, bestätigt, dass der Omni-Channel-Optiker für sich ein skalierbares und profitables Konzept entwickeln konnte. In zwei Stores in Stockholm und zwei weiteren Stores in Wien sollen die gewonnenen Erkenntnisse nun auch außerhalb des deutschen Markts angewandt werden.

Der stationäre Handel, so wie wir ihn kennen, wird mit großer Wahrscheinlichkeit weiterhin der Gefahr einer Verdrängung durch den Online-Handel ausgesetzt bleiben. Wie seine Zukunft aussieht, kann zum jetzigen Zeitpunkt nicht vorhergesagt werden und hängt maßgeblich von der Entwicklung des Konsumentenverhaltens ab. Die Kunden begründen mit ihrer Kaufentscheidung, ob sie sich eher Convenience-Stores ohne Personal und mit schneller Kaufabwicklung oder mehr Erlebnisfilialen mit persönlicher Beratung und Eventcharakter wünschen. So liegt es in der Hand der Online-First-Unternehmen, mit neu entwickelten, innovativen Strategien die Standards von morgen zu entwickeln und dem stationären Einzelhandel neues Leben einzuhauchen – eine Investition, die sich lohnt.

Literatur

Ahlert, D., Kenning, P., & Brock, C. (2018). *Handelsmarketing: Grundlagen der marktorientierten Führung von Handelsbetrieben* (2. Aufl.). Springer Gabler.

Avery, J., Steenburgh, T. J., Deighton, J., & Caravella, M. (2012). Adding bricks to clicks: Predicting the patterns of cross-channel elasticities over time. *Journal of Marketing, 76*(3), 96–111.

Barth, K., Hartmann, M., & Schröder, H. (2015). *Betriebswirtschaftslehre des Handels* (7. Aufl.). Springer Fachmedien.

Bell, D. R., Gallino, S., & Moreno, A. (2018). Offline showrooms in omnichannel retail: Demand and operational benefits. *Management Science, 64*(4), 1629–1651.

Bundesverband E-Commerce und Versandhandel Deutschland e.V. (2020). Corona-Pandemie führt zu deutlichem Umsatzverlust im Online-Handel. https://www.bevh.org/presse/pressemitteilungen/details/corona-pandemie-fuehrt-zu-deutlichem-umsatzverlust-im-onlinehandel.html. Zugegriffen: 25. Aug. 2021.

Caspar, M. (2016). So kauft man Brillen heute-Die Erfolgsgeschichte von misterspex.de. In G. Heinemann, M. Gehrckens, U. J. Wolters (Hrsg.), *Digitale Transformation oder digitale Disruption im Handel: Vom Point-of-Sale zum Point-of-Decision im Digital Commerce* (S. 153–168). Springer Gabler.

Deges, F. (2020). *Grundlagen des E-Commerce: Strategien, Modelle, Instrumente.* Springer Fachmedien.

Engels, B. (2019). IW-Report 33/19: Lage und Trends im deutschen Onlinehandel. https://www.iwkoeln.de/fileadmin/user_upload/Studien/Report/PDF/2019/IW-Report_2019_Lage_und_Trends_im_Onlinehandel.pdf. Zugegriffen: 25. Aug. 2021.

Eyebizz. (2017). Mister Spex: Erneut Ladenkonzept ausgezeichnet. https://www.eyebizz.de/branche/mister-spex-erneut-ladenkonzept-ausgezeichnet/. Zugegriffen: 25. Aug. 2021.

Forman, C., Ghose, A., & Goldfarb, A. (2009). Competition between local and electronic markets: How the benefit of buying online depends on where you live. *Management Science, 55*(1), 47–57.

Gallino, S., & Moreno, A. (2014). Integration of online and offline channels in retail: The impact of sharing reliable inventory availability information. *Management Science, 60*(6), 1424–1451.

Höckmann, C. (2019). Mister Spex: Transparenz von Bochum bis Berlin. https://www.eyebizz.de/eyebizz-news/mister-spex-transparenz-von-bochum-bis-berlin/. Zugegriffen: 25. Aug. 2021.

Joho, K. (2020). Corona-Folgen: Einzelhandel befürchtet Pleitewelle gegen Jahresende. https://www.wiwo.de/unternehmen/handel/corona-folgen-einzelhandel-befuerchtet-pleitewelle-gegen-jahresende/26006502.html. Zugegriffen: 25. Aug. 2021.

Klatt, J. P. (2018). Der Weg zu Europas führendem Multichannel-Anbieter in der Augenoptik – Die FUTURE CUSTOMER EXPERIENCE von Mister Spex. In I. Böckenholt, A. Mehn, A. Westermann (Hrsg.), *Konzepte und Strategien für Omnichannel-Exzellenz. Innovatives Retail-Marketing mit mehrdimensionalen Vertriebs- und Kommunikationskanälen* (S. 237–249). Springer Fachmedien.

Klatt, J. P. (2020). Vice President Multi-Channel, Mister Spex GmbH, Deutschland, Experteninterview vom 14. Aug. 2020.

KPMG. (2016). Trends im Handel 2025. Erfolgreich in Zeiten von Omni-Business. https://einzelhandel.de/images/presse/Studie_Trends_Handel_2025.pdf. Zugegriffen: 25. Aug. 2021.

Kumar, A., Bezawada, R., & Trivedi, M. (2018). The effects of multichannel shopping on customer spending, customer visit frequency, and customer profitability. *Journal of the Association for Customer Research, 3*(3), 294–311.

Kumar, A., Kumar, S., & Mehra, A. (2019). Why do stores drive online sales? Evidence of underlying mechanisms from a multichannel retailer. *Information Systems Research., 30*(1), 319–338.

Kushwaha, T., & Shankar, V. (2013). Are multichannel customers really more valuable? The moderating role of product category characteristics. *Journal of Marketing, 77*(4), 67–85.

Mei-Pochtler, A., Hepp, M. (2013). Die neue Welt des Handels. In H.-C. Riekhof (Hrsg.), *Retail Business: Perspektiven, Strategien, Erfolgsmuster. Mit Fallstudien und Praxisbeispielen von Aldi, Budnikowsky, Dell, Görtz, Hugo Boss, Keen on fashion, Kiehl's, Lush, Otto Group, Sport Scheck, Takko* (S. 77–98). Gabler.

Mister Spex. (2021). Mister Spex-eine Erfolgsgeschichte. https://corporate.misterspex.com/de/unternehmen/erfolgsgeschichte/. Zugegriffen: 25. Aug. 2021.

Neslin, S., Grewal, D., Leghorn, R., Shankar, V., Teerling, M. L., Thomas, J. S., & Verhoef, P. C. (2006). Challenges and opportunities in multichannel customer management. *Journal of Service Research, 9*(2), 95–112.

Neslin, S., & Shankar, V. (2009). Key issues in multichannel customer management: Current knowledge and future directions. *Journal of Interactive Marketing., 23*(1), 70–81.

Nicolai, B. (2020). Deutschland Optiker haben ein 54-Jahre-Problem. https://www.welt.de/wirtschaft/article210959077/Brillen-Die-kleinen-Augenoptiker-sterben-aus.html. Zugegriffen: 25. Aug. 2021.

Rittinger, S. (2014). Multi-Channel Retailing. Prinzip, Konzepte und Erfolgsfaktoren. Springer Gabler.

Roggentin, A. S., Litt, M., & Waldau, R. (2019). Adding bricks to clicks-online retail evolution. *Marketing Review St. Gallen, 2019*(3), 64–71.

Sanz Grossón, U. (2018). Warum es die Onlinehändler in die Städte drängt. https://etailment.de/news/stories/Onliner-gehen-Offline-20900. Zugegriffen: 25. Aug. 2021.

Schramm-Klein, H., Wagner, G. (2016). Disruption im Mehrkanalhandel: Transformation von Multi- über Cross- zu Omni-Channel-Retailing. In G. Heinemann, H. M. Gehrckens, U. J. Wolters, dgroup GmbH (Hrsg.), *Digitale Transformation oder digitale Disruption im Handel* (S. 425–448). Springer Fachmedien.

Wang, K., & Goldfarb, A. (2015). Can offline stores drive online sales? *Journal of Marketing Research, 54*(5), 706–719.

Westermann, A., Zimmermann, R. (2018). Omnichannel-Handel in Deutschland-wie Konsumenten sich verhalten und wie Unternehmen darauf reagieren. Ergebnisse einer Konsumenten- und Unternehmensbefragung. In I. Böckenholt, A. Mehn, A. Westermann (Hrsg.), *Konzepte und Strategien für Omnichannel-Exzellenz: Innovatives Retail-Marketing mit mehrdimensionalen Vertriebs- und Kommunikationskanälen* (S. 71–109). Springer Gabler.

Wischmeyer, N. (2020). Mister Spex: Ein bisschen kurzsichtig. https://www.brandeins.de/magazine/brand-eins-wirtschaftsmagazin/2020/kommunikation/mister-spex-ein-bisschen-kurzsichtig. Zugegriffen: 25. Aug. 2021.

Zacharakis, Z. (2020). Covid 19: Ein Onlineshop in 24 Stunden. https://www.zeit.de/wirtschaft/unternehmen/2020-03/covid-19-einzelhandel-coronavirus-online-shop. Zugegriffen: 25. Aug. 2021.

Zentes, J., Morschett, D., & Schramm-Klein, H. (2017). *Strategic retail management: Text and international cases* (3. Aufl.). Springer Fachmedien.

Prof. Dr. Andrea Rumler ist Professorin für allgemeine BWL und Marketing an der Hochschule für Wirtschaft und Recht Berlin. Zuvor war sie in gleicher Position an der Hochschule für Technik und Wirtschaft Berlin tätig. In den 90er Jahren war sie Geschäftsführerin eines Möbelgeschäfts in New York, davor Marketingleiterin der Verlagsgruppe Bertelsmann International. Ihre Interessengebiete sind digitale Marketingstrategien, Marketing für Startups, internationales Marketing und Nachhaltigkeitsmarketing.

Mariam Grosser war von 2019 bis 2022 bei Mister Spex tätig und verantwortete dort den Bereich Content & Campaigning für die europäischen Märkte des Unternehmens. Sie absolvierte zunächst den Bachelor-Studiengang European Business Studies in Deutschland, Frankreich und Großbritannien und spezialisierte sich dabei auf internationales Marketing. Danach entschied sie sich zu einem Masterstudium in Marketing Management an der Hochschule für Wirtschaft und Recht Berlin, das sie 2020 erfolgreich abschloss.

Omnichannel-Retail beim Kontraktlogistiker Fiege

Hanna Nüßing und Annette Hoxtell

Inhaltsverzeichnis

1 Einleitung 365
2 Entwicklung und Funktion der Kontraktlogistik am Beispiel von Fiege 366
2.1 Über die Kontraktlogistik 367
2.2 Logistik als Dienstleistungsfunktion 368
2.3 Koordinationsfunktion und Expansion 369
2.4 Flussorientierung und Supply-Chain-Management 370
3 Kontraktlogistik-Lösungen für den Omni-Channel-Retail 371
3.1 Omni-Channel-Retail 372
3.2 Omni-Channel-Retail in der Kontraktlogistik am Beispiel von Fiege 373
4 Fazit und Ausblick 376
Literatur 377

1 Einleitung

Die Globalisierung der Wirtschaft zeigt sich in neuen Marktentwicklungen, komparativen Kostenvorteilen der Produktion, dem Abbau von Handelsbarrieren sowie verbesserten Verkehrs- und Kommunikationsnetzwerken. Konsumentinnen und Konsumenten erwarten schnelle und sichere Lieferungen aus der ganzen Welt. Deren Umfang

H. Nüßing (✉) · A. Hoxtell
Berlin, Deutschland
E-Mail: hanna.nuessing@web.de

A. Hoxtell
E-Mail: annette.hoxtell@victoria-hochschule.de

K. Butzer-Strothmann (Hrsg.), *Integriertes Online- und Offline-Channel-Marketing*,
https://doi.org/10.1007/978-3-658-38048-9_18

hat sich seit 1990 verfünffacht (Urmersbach, 2021). Dazu tragen auch Kontraktlogistiker bei, die das Logistikgeschäft für Unternehmen übernehmen bis hin zur ganzheitlichen Integration sämtlicher Vertriebskanäle, den Omni-Channel-Retail. Im Vergleich zur Inhouse-Lösung stehen Kontraktlogistiker oft für eine verbesserte Leistungsqualität, mehr Flexibilität sowie geringere und korrekt validierbare Kosten (CEVA Logistics, 2010, S. 38; Wagner & Bode, 2009, S. 63).

Dieser Beitrag beleuchtet am Beispiel von Fiege, wie sich die Kontraktlogistik entwickelt hat und wie sie Omni-Channel-Lösungen integriert. Fiege ist einer der europaweit führenden Kontraktlogistiker. Als solcher bietet er seinen Kundinnen und Kunden Lösungen an, die neben dem klassischen Warentransport von A nach B deren komplette Wertschöpfungskette abdecken. Mit dem Omni-Channel-Retail, bei dem Online- und Offline-Vertriebskanäle übergreifend miteinander vernetzt werden, sorgt das Unternehmen dafür, dass nicht nur seine Kundinnen und Kunden, sondern auch deren Kundinnen und Kunden eine optimale Customer Experience erleben.

Auf eine Einführung zur Entwicklung der Kontraktlogistik folgt ein Überblick über den Omni-Channel-Handel und seine Ausgestaltung bei Fiege. Der Beitrag schließt mit Fazit und Ausblick.

2 Entwicklung und Funktion der Kontraktlogistik am Beispiel von Fiege

Die Fiege Logistik Stiftung & Co. KG, im Weiteren Fiege, ist ein Familienunternehmen in der fünften Generation und gehört zu den führenden Kontraktlogistikanbietern Europas. Neben den klassischen Logistikdienstleistungen der Lagerung, des Umschlags und des Transportes bietet Fiege Full-Service-Dienstleistungen an, die bspw. E-Commerce-Serviceleistungen, das Debitoren- und das Immobilienmanagement umfassen. Kundinnen und Kunden stammen aus den verschiedensten Branchen – von Mode über Medizin und Printmedien bis hin zu Reifen. Seit der Gründung im Jahr 1873 ist Fiege zu einem Netzwerk mit 19.000 Mitarbeitenden an 150 Standorten in 14 Ländern angewachsen (Fiege Logistik Stiftung & Co. KG, 2021c). Die folgende Übersicht gewährt einen Überblick über Fiege.

Unternehmenssteckbrief Fiege (Stand: 2019, Fiege Logistik, 2021c)

- **Rechtsform:** Stiftung & Co. KG
- **Gründungsjahr:** 1873
- **Gründer:** Joan Joseph Fiege
- **Vorstandsvorsitzende:** Jens Fiege, Felix Fiege
- **Vorstandsmitglieder:** Alfred Messink, Martin Rademaker, Peter Scherbel, Dr. Stefan Thies

- **Branchen:** Kontraktlogistik; Fashionlogistik, Healthcare, Industrie, Konsumgüter, Reifenlogistik, Medienlogistik, Online Retail
- **Zusatzdienstleistungen:** E-Commerce, Transport, See- und Luftfracht, Zollabwicklung, Lagerung, Paketauslieferung und Immobilienmanagement von der Beratung bis zur Umsetzung
- **Hauptsitz:** Greven
- **Operierende Länder mit Niederlassungen:** Deutschland, Polen, Italien, Schweiz, Tschechische Republik, Niederlande, Slowakei, Ungarn, Ukraine, Österreich, Belgien, Indien, China, Taiwan, Hongkong
- **Umsatz:** 1,7 Mrd. €
- **Mitarbeiterinnen und Mitarbeiter:** 19.000

Die folgenden Abschnitte behandeln die Kontraktlogistik im Speziellen sowie die Entwicklung der Logistik im Allgemeinen. Konkrete Beispiele zur Entwicklung von Fiege ergänzen die Abschnitte zur Entwicklung der Logistik.

2.1 Über die Kontraktlogistik

Der Begriff Kontraktlogistik setzt sich aus „Kontrakt" und „Logistik" zusammen. „Kontrakt" stammt vom lateinischen Wort „contractus" ab, welches Vertrag bedeutet (Bibliographisches Institut GmbH, 2021). Solch ein Kontrakt ist i. d. R. auf mehrere Jahre angelegt und regelt die Rechte und Pflichten der involvierten Parteien – des Kontraktlogistikers als Auftragnehmer und des Geschäftskunden als Auftraggeber (Mühlencoert, 2012; Wrobel & Klaus, 2009).

Kontraktlogistik ist partnerschaftlich, also relational und nicht bloß transaktionsbezogen. Dies spiegelt sich auch im Verständnis des Logistikbegriffs wider, der sich über die Jahre gewandelt hat. War das traditionelle Transportieren, Umschlagen und Lagern – auch als TUL-Logistik bekannt – dem Wesen nach transaktionsbezogen, so sind die Koordination von Material- und Warenbewegungen bis hin zum Flow-Management, bei dem materielle Güter, Menschen und Informationen mobilisiert werden und sich in unternehmensübergreifenden Netzwerken bewegen, relational (Gleißner & Femerling, 2012, S. 4 f.; Krieger, o. J.; Wagner & Bode, 2009, S. 63).

Gelegentlich werden Kontraktlogistiker als Systemdienstleister bezeichnet, da sie verschiedene Logistikdienstleistungen anbieten und diese in kundenspezifischen, individuellen Leistungspaketen bündeln, so wie auch Fiege dies tut. Der Fokus liegt nicht wie bei der traditionellen Logistik auf der Optimierung der eigenen Prozesse, sondern vielmehr auf den Prozessoptimierungen der Kundinnen und Kunden (Wallenburg, 2004, S. 173). Der Auftraggeber erwartet vom Kontraktlogistikdienstleister eine erhöhte Qualität der Logistikleistungen sowie eine Kostenreduktion, eine höhere Transparenz über angefallene Logistikkosten und einen vereinfachten und flexiblen Umgang mit unvorhersehbaren Marktentwicklungen (Buck & Wrobel, 2015, S. 7; Wagner & Bode, 2009, S. 63; Wallenburg, 2004, S. 174 f.). Auf der anderen Seite erwartet der Logistikdienstleister eine lukrative Gewinnspanne mit erhöhter Kundenbindung auf einem stark wachstumsbehafteten Markt (Buck & Wrobel, 2015, S. 7; Gleißner & Femerling, 2012, S. 106).

Der Kontraktlogistikmarkt ist abhängig von der wirtschaftlichen Entwicklung; aufgrund des Globalisierungstrends und der wirtschaftlichen Verflechtung befindet er sich im Aufschwung. Viele Produktions- und Handelsunternehmen betrachten Logistiktätigkeiten nicht als ihre Kernkompetenzen und beauftragen externe Dienstleister. Das Outsourcing von Logistikdienstleistungen an Logistikunternehmen trägt ebenfalls dazu bei, dass der Kontraktlogistikmarkt wächst (Manners-Bell, 2017, S. 129 f.).

Logistik umfasst den gesamten Güter- und Informationsfluss vom Ausgangspunkt bis hin zur Verbrauchsstätte und ist demnach als Teilsystem des Supply-Chain-Managements zu verstehen (Frank, 2009, S. 14; Mühlencoert, 2012, S. 11). Im Kern geht es dabei darum, Güter vom Entstehungs- zum Nutzungsort zu bringen (Gleißner & Femerling, 2012, S. 4). Darüber hinaus hilft Logistik dabei, die folgenden Ziele zu erreichen:

- Transportkosten gering zu halten,
- das Logistiksystem flexibel zu gestalten, sodass es auf Veränderungen reagieren kann, und
- den wahrgenommenen Nutzen und Wert von Produkten und Dienstleistungen zu erhöhen (Fleischmann, 2018, S. 9; Gleißner & Femerling, 2012, S. 5; Krieger, o. J.).

Abb. 1 illustriert die Entwicklung der Logistik und wird in den folgenden Absätzen näher erläutert. Parallel dazu wird die Entwicklung Fieges zum Kontraktlogistiker nachgezeichnet.

2.2 Logistik als Dienstleistungsfunktion

Wie Abb. 1 verdeutlicht, steht in der ersten Stufe der Logistikentwicklung die Dienstleistungsfunktion im Vordergrund. Diese besteht darin, Materialien und Waren von A nach B zu bewegen, sie umzuschlagen und zu lagern (Weber, 2012, S. 7). Dies zeigt sich auch in den Anfängen bei Fiege: 1873 begann der Landwirt Joan Joseph Fiege in Greven im Nebenerwerb, Transporte mit Pferdekarren durchzuführen (Fiege Logistik Stiftung & Co. KG, 2021b). Neben dem B2C-Geschäft – hauptsächlich Kohlentransporte – wurde er durch Aufträge der Grevener Einzelhändler auch im B2B-Bereich aktiv. 1924 erfolgte die erste von vielen technischen Neuerungen: Fiege schaffte einen Lastkraftwagen an. Das Unternehmen wuchs: Erste innerdeutsche Zweigstellen wurden 1951 eingerichtet, seit 1970 auch Auslandstransporte durchgeführt (Fiege Logistik Stiftung & Co. KG, 2021a).

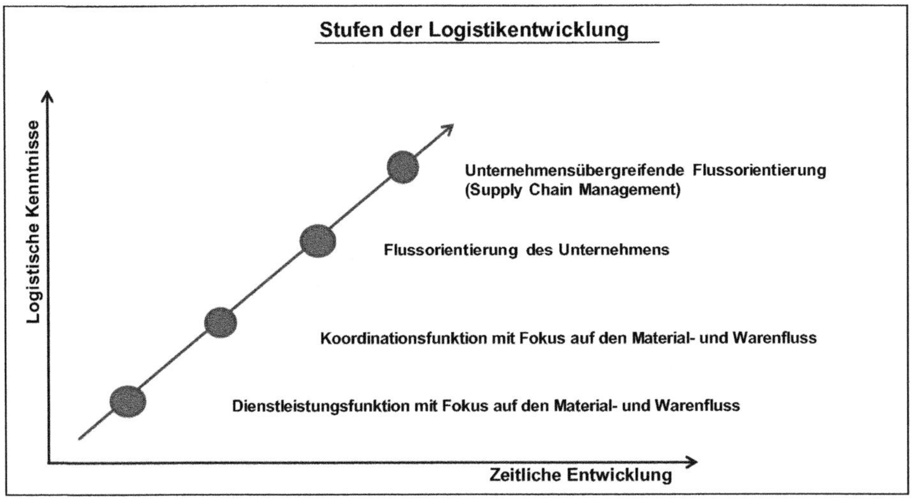

Abb. 1 Stufen der Logistikentwicklung. (Quelle: In Anlehnung an Weber, 2012, S. 5)

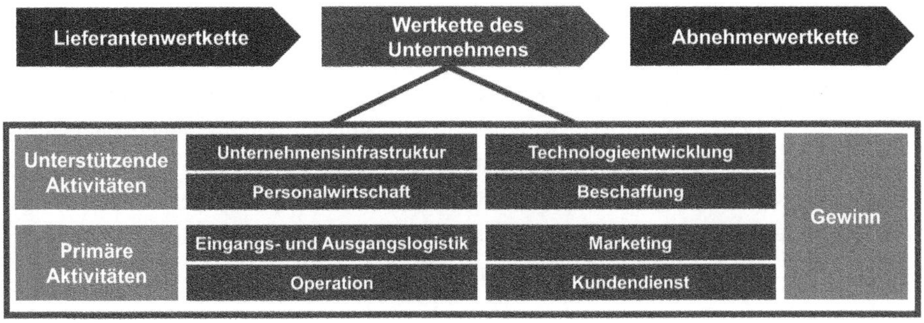

Abb. 2 Wertschöpfungskette. (Quelle: In Anlehnung an Porter, 1986)

2.3 Koordinationsfunktion und Expansion

In der zweiten Entwicklungsstufe der Logistik wird deutlich, dass verschiedene Funktionen aufeinander abgestimmt werden müssen. Steigendes Potenzial in der Informations- und Kommunikationstechnologie ermöglicht diese Entwicklung, sodass die Logistikfunktion auf die vollständige Wertschöpfungskette ausgeweitet wird (Weber, 2012, S. 9 ff.). In diesem Zusammenhang wird die Wertschöpfungskette als Zusammenschluss der Tätigkeiten definiert, die ein Produkt durchläuft, bis es zu den Endkundinnen und -kunden sowie Konsumentinnen und Konsumenten gelangt. Diese Tätigkeiten sind im Einzelnen in Abb. 2 dargestellt.

Die Ausdehnung der Logistiktätigkeit bedeutete in der zweiten Entwicklungsstufe darüber hinaus einen erhöhten Einfluss auf die operative Planung und Steuerung (Weber, 2012, S. 9 ff.). Demnach kommt der Logistik in dieser Entwicklungsstufe erheblich mehr Bedeutung zu und beteiligte Unternehmen nutzen die Logistik als Differenzierungsmöglichkeit zum Wettbewerb (Muchna et al., 2018, S. 22; Weber, 2012, S. 13).

Diese Entwicklung lässt sich ebenfalls in der Unternehmensgeschichte von Fiege wiederfinden. 1979 mietete das Unternehmen 15.000 m^2 Logistik- und Lagerfläche in Hamburg an und entwickelte das erste bundesweite Logistikkonzept – für den Reifenhersteller Bridgestone. Darüber hinaus nahm das Unternehmen 100.000 m^2 Fläche in Greven-Reckenfeld zur Lagerung und Verwaltung in Betrieb. Durch den zusätzlichen Fokus auf die Lagerlogistik wandelte sich Fiege vom Speditions- zum Kontraktlogistikunternehmen. Neben deutschen Standorten entstanden in den 1990er-Jahren zusätzliche Niederlassungen in China und Hongkong sowie in West- und Südeuropa.

Der Automobilsektor trug erheblich zur Entwicklung der Kontraktlogistik bei. In den 1990er-Jahren fand ein wirtschaftlicher Aufschwung in Europa und Nordamerika statt, der mit der Auslagerung von Produktionsschritten einherging. Um die Komponenten zusammenzuführen, benötigten die Automobilhersteller spezialisierte Logistikdienstleister. Darüber hinaus halfen die Logistiker bei der Erschließung unbekannter Märkte. Es folgten Unternehmen aus weiteren Wirtschaftssektoren, die Produktionsschritte auslagerten.

Kontraktlogistiker verfügen über Kompetenzen und Erfahrung, mit denen sie die Auslagerung der Produktion für ihre Kundinnen und Kunden vereinfachen. Sie bewegen sich in einem Wachstumsmarkt, der sich durch eine zunehmende Konkurrenz auszeichnet – insbesondere durch Logistikdienstleister und Speditionen. Als wichtigste Differenzierungsmerkmale im Kontraktlogistikmarkt gelten Qualität und Preis (Manners-Bell, 2017, S. 130 f.; Zimmermann, 2004, S. 9).

2.4 Flussorientierung und Supply-Chain-Management

Durch die steigende Konkurrenz, einen umkämpften Markt und die Notwendigkeit von weniger komplexen Geschäftsprozessen wird die Logistik in der dritten Entwicklungsphase zu einer wichtigen Führungsfunktion. Alle Prozesse werden an die Wertschöpfungskette angepasst und Schnittstellen miteinander verknüpft, um einen reibungslosen Fluss zu gewährleisten (Muchna et al., 2018, S. 23; Weber, 2012, S. 14 ff.). Da diese Entwicklungsstufe den Umfang der Logistiktätigkeit auf alle Unternehmenstätigkeiten ausdehnt, wird sie als Managementfunktion angesehen (Weber, 2012, S. 14 ff.). Die letzte Entwicklungsstufe der Logistik zum Supply-Chain-Management weitet den Blick über Unternehmensgrenzen hinaus aus, hat die Integration aller Strukturen und Prozesse unabhängig von der Wertschöpfungskette zum Ziel und erfolgt in einem verflochtenen Netzwerk (Muchna et al., 2018, S. 23; Weber, 2012, S. 19 f.).

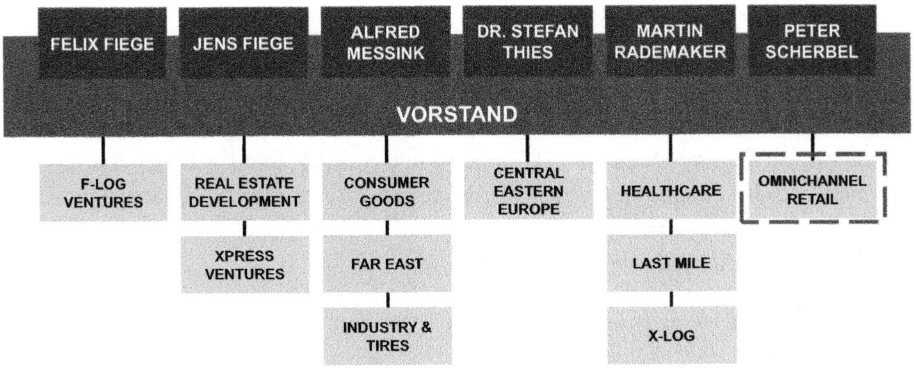

Abb. 3 Business-Unit-Struktur bei Fiege

Fiege tut genau dies: Das Unternehmen integriert Logistiklösungen entlang der gesamten Wertschöpfungskette – auch im Verbund –, bietet sämtliche Zusatzleistungen an und entwickelt sein Leistungsportfolio durch Digitalisierung und Automatisierung beständig weiter (Fiege Logistik Stiftung & Co. KG, 2021c). Da Fiege in verschiedenen Branchen tätig ist, variieren die Kundenanforderungen stark. Fiege versteht sich nicht als Dienstleister, sondern als Logistikpartner. Um die Wettbewerbsfähigkeit zu steigern, bietet es Kundinnen und Kunden individuelle und spezialisierte Lösungen an.

Aufgrund steigender Anforderungen in den jeweiligen Branchen wurde der Organisationsaufbau des Unternehmens grundlegend umstrukturiert und dezentralisiert. Regionale Strukturen wichen einem sektororientierten Aufbau. Dieser sektororientierte Aufbau, der sich durch gebildete Business Units in den verschiedenen Bereichen auszeichnet, ermöglicht die Konzentration auf Kernkompetenzen der jeweiligen Branche. Die Business Units bilden, wie in Abb. 3 dargestellt, organisatorisch selbstständige Einheiten mit eigener Geschäftsführung, welche durch verschiedene Zentralfunktionen unterstützt werden. Klar definierte Verantwortlichkeiten ermöglichen kurze Entscheidungswege und eine schnelle Reaktionszeit (Fiege Logistik Stiftung & Co. KG, 2021b).

3 Kontraktlogistik-Lösungen für den Omni-Channel-Retail

Entwicklungen wie eine zunehmende Kundenorientierung, Prozessintegration und Vernetzung zeigen sich nicht nur in der Logistik, sondern auch im Vertrieb. Sie sind eine Antwort auf den Wettbewerbsdruck, der aus der intensiven Verflechtung globaler Märkte resultiert (Brugger, 2012, S. 65 f.; Meffert et al., 2015, S. 108). Die folgenden Abschnitte führen in die am stärksten integrierte Form des Vertriebs, den Omni-Channel-Vertrieb oder auch Omni-Channel-Retail, ein und zeigen am Beispiel von Fiege auf, welche Omni-Channel-Lösungen Kontraktlogistiker anbieten.

3.1 Omni-Channel-Retail

Im Omni-Channel-Retail werden alle Absatz- und verwandten Kanäle vernetzt und integriert, sodass Kundinnen und Kunden ein nahtloses Einkaufserlebnis haben (Orendorff, 2018; Swoboda et al., 2019, S. 11 und S. 220). Ihre Customer Journey wird optimiert und die Grenzen zwischen den Kanälen verschwimmen – unabhängig davon, ob Kundinnen und Kunden diese Kanäle neben- oder nacheinander nutzen. Die folgende Definition bringt dies auf den Punkt:

> „Omni-channel retailing means being available at any time anywhere, making it convenient for the customer." (Deloitte, 2015, S. 6)

Beim Omni-Channel-Retail steht die Kundin oder der Kunde selbst im Mittelpunkt und nicht länger das Unternehmen oder ein Produkt, für das er sich interessiert. Jegliche Interaktion zwischen ihm und dem Unternehmen verändert seine Wahrnehmung des Unternehmens und der Marke als Ganzes (Orendorff, 2018) und wird dazu genutzt, ihn noch stärker an das Unternehmen zu binden (Große Holtforth, 2016, S. 41).

Entwickelt hat sich der Omni-Channel-Vertrieb aus dem stationären Handel, dem E-Commerce sowie dem Multi-Channel-Vertrieb, wie in Abb. 4 dargestellt.

Abb. 4 zeigt auf, dass die Anfänge des Handels stationär waren und die Kundin oder der Kunde sich selbst zum Offline-Kanal bewegte, um ein Produkt zu erstehen. Ab der Jahrtausendwende gewann der E-Commerce an Bedeutung. Die Kundin oder der Kunde kaufte online ein und ließ sich die Ware nach Hause liefern. Seit etwa 2005 ist zu beobachten, dass Kundinnen und Kunden mehrere Kanäle nutzten, um einzukaufen. Händler reagierten darauf mit Multi-Channel-Strategien, d. h., sie boten On- und Offline-Vertriebskanäle nebeneinander an. Viele Händler weiteten das Angebot an Vertriebskanälen aus, vernetzten diese miteinander und stimmten sie aufeinander ab; dieses Vorgehen nennt sich Omni-Channel-Vertrieb. Der größte Unterschied zwischen Multi-Channel- und Omni-Channel-Vertrieb besteht darin, dass der Multi-Channel-Vertrieb nur

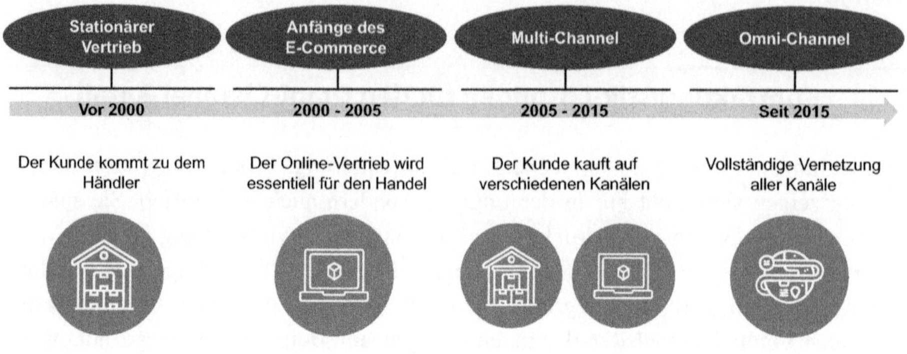

Abb. 4 Omni-Channel-Entwicklung. (Quelle:In Anlehnung an Mehn & Wirtz, 2018, S. 7)

ausgewählte Kanäle umfasst und das zu kaufende Produkt im Mittelpunkt steht. Demgegenüber ist der Omni-Channel-Vertrieb kundenzentriert und umfasst alle relevanten Vertriebs- und verwandten Kanäle (Winkler, 2019), was Kundinnen und Kunden ein hohes Maß an Flexibilität ermöglicht (Mehn & Wirtz, 2018, S. 9).

Voraussetzungen für eine konsistente Verknüpfung aller Verkaufskanäle, wie sie im Omni-Channel-Vertrieb notwendig ist, sind laut Lee und Kim (2010) eine technische Infrastruktur, zu der ein ausgereiftes Stammdatenmanagement, Echtzeit-Anbindungen und die Datensynchronisation gehören, über alle Kanäle hinweg abgestimmte Inhalte sowie die individuelle Ansprache von Kundinnen und Kunden in Echtzeit. Diese individuelle Ansprache ist erst durch die automatisierte Auswertung verknüpfter Kundendaten möglich. Neben der individuellen Ansprache erlaubt die automatisierte Auswertung von Kundendaten, Kundinnen und Kunden nach Umsatzstärke zu clustern. Werden vor allem umsatzstarke Kundinnen und Kunden angesprochen, kann eine höhere Effizienz der Bindungsmaßnahmen erreicht werden (Große Holtforth, 2016, S. 38).

Die Fähigkeit eines Unternehmens, Kanäle erfolgreich miteinander zu verbinden, nennt sich Integrationskompetenz. Sie ist ein wichtiger Erfolgsfaktor und vermag Wettbewerbsvorteile im Omni-Channel-Vertrieb zu sichern, da sie sich positiv auf die Zufriedenheit und Loyalität der Kundinnen und Kunden auswirkt (Lee & Kim, 2010; Rittinger, 2014, S. 20). Oft mangelt es Unternehmen noch an dieser Integrationskompetenz. Beispielsweise informieren sich viele Konsumentinnen und Konsumenten online, bevor sie ins Bekleidungsgeschäft gehen. Dort angekommen, müssen sie Verkäufern ihre Probleme und Recherchen noch einmal darlegen, anstatt auf Augenhöhe mit ihnen zu kommunizieren und dort abgeholt zu werden, wo sie den letzten Kanal verlassen haben. Gelingt die Channel-Verknüpfung nicht, kann aus den Vorteilen eines Omni-Channel-Vertriebs schnell ein Nachteil werden, z. B. aufgrund von Wartezeiten bei Click & Collect, Online-Terminvereinbarungen, die offline nicht eingehalten werden, und fehlerhaften Artikelverfügbarkeitsanzeigen auf Online-Kanälen (IFH Köln GmbH & salesforce, 2020, S. 15).

Neben dem B2C- entwickelt sich der Omni-Channel-Vertrieb auch im B2B-Segment, wenngleich mit Verzögerung. Ein wichtiger Treiber hierfür war die Corona-Pandemie. Aufgrund physischer Kontaktverbote verstärkte sich der Online-Vertrieb. Barrieren für weit entfernte Unternehmen fielen (Harrison et al., 2021). Auch im B2C-Segment zeigen sich die Auswirkungen der Corona-Pandemie: 2020 stieg der Umsatz im deutschen E-Commerce-Markt um 23 %; im Vergleich dazu betrug die Umsatzsteigerung in den fünf Vorjahren nur halb so viel, ca. 11 % (Statista, 2021).

3.2 Omni-Channel-Retail in der Kontraktlogistik am Beispiel von Fiege

> „Omnichannel bedeutet nicht nur, online und stationär präsent zu sein, sondern auch, die Ware schnell an den Ort der Wahl zu liefern." (Nave, 2018)

Für Handelsunternehmen bedeutet dies u. a., Waren verfügbar zu halten, immer mehr Kleinsendungen schnell und korrekt zusammenzustellen und zu versenden sowie bis zu 60 % Retouren effizient zum Wiederverkauf bereitzustellen (Nave, 2018, S. 338). In vielen Fällen lagern Handelsunternehmen diesen Teil ihres Geschäfts an Kontraktlogistikdienstleister aus, da sie selbst nicht über die notwendigen komplexen Hintergrundprozesse und technischen Systeme verfügen, um die Kundenzufriedenheit sicherzustellen. Bei der Auslagerung kann es sich sowohl um Teilprozesse als auch um ganze Geschäftsbereiche handeln (Müller-Dauppert, 2009, S. 11; Vahrenkamp & Kotzab, 2012, S. 15). Das Angebot von Kontraktlogistikdienstleistern bezieht sich in diesem Zusammenhang auf ganzheitliche und komplexe Prozesslösungen, die individuell an die Kundin oder den Kunden angepasst werden und auf eine langfristige Kooperation ausgerichtet sind (Gleißner & Femerling, 2012, S. 106; Wallenburg, 2004, S. 51).

Kundinnen und Kunden von Fiege setzen vor allem in der Mode- und Konsumgüterbranche auf den Omni-Channel-Retail.[1]

Seit 2014 agiert die Business Unit Omnichannel Retail als eigenständige Geschäftseinheit innerhalb des Unternehmens Fiege. Sie vereint die Belieferung unterschiedlicher Zielgruppen und Märkte in verschiedenen Branchen (Fiege Logistik Stiftung & Co. KG, 2021b). Als Business Unit Fashion und Online Retail gestartet, zeigte sich zunehmend die Notwendigkeit einer kanalübergreifenden Ausrichtung, weshalb sich die Business Unit mittlerweile auf jegliche Kundenportfolios im Omni-Channel Retail konzentriert. Hierbei stehen sowohl Kundinnen und Kunden, die den stationären Einzelhandel bedienen, als auch Online-Händler im Fokus. In diesem Zusammenhang übernimmt die Business Unit kein vorab festgelegtes Leistungsspektrum.

Jedes Kundengeschäft wird von den Mitarbeiterinnen und Mitarbeitern im Business Development individuell bewertet. Gemeinsam wird definiert, welche Anforderungen die Kundin oder der Kunde an Fiege hat und welche Erwartungshaltung zu erfüllen ist. In weiteren Gesprächen werden die strategische Unternehmensausrichtung und die Wachstumsprognosen abgeglichen. Durch die langjährige Erfahrung mit verschiedenen Kundinnen und Kunden und ihren Anforderungen können Skaleneffekte genutzt werden. Der Schwerpunkt liegt dabei auf der Entwicklung individueller Logistiklösungen entlang der gesamten Wertschöpfungskette. Fiege versteht sich hierbei nicht als Dienstleister, sondern agiert als langfristiger Partner. Somit werden neben logistischen Dienstleistungen, wie der Lagerung und dem Transport, auch viele individuelle Value-Added-Services angeboten. Abb. 5 zeigt einen Überblick des von Fiege angebotenen Leistungsspektrums, welches sich an der Vision, „We connect brands and consumers across channels", orientiert und damit die Kundin oder den Kunden in den Fokus aller Aktivitäten stellt.

[1] Hanna Nüßing ist Business Development Managerin in der Business Unit Omnichannel Retail und seit 2016 bei Fiege tätig. Die folgenden Ausführungen basieren auf ihren Kenntnissen und Erfahrungen.

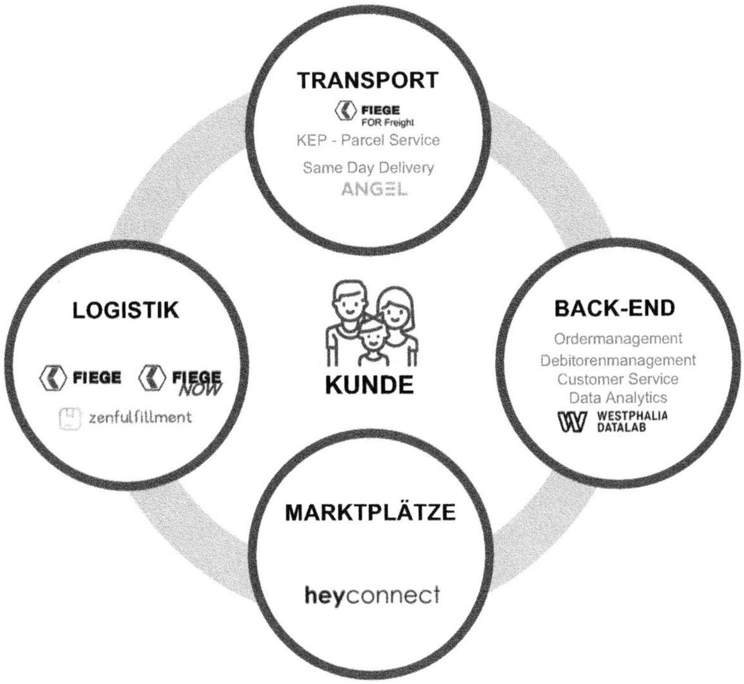

Abb. 5 Omni-Channel-Eco-System bei Fiege

Das Leistungsspektrum dreht sich hierbei um die Kundenbedürfnisse, die in den letzten Jahren verstärkt von Fiege wahrgenommen wurden. Diese Bedürfnisse wurden in diesem Zusammenhang in die Kategorien Logistik, Transport, Back-End und Marktplätze eingeteilt. Die Logistikdienstleistungen umfassen die traditionellen Services der Lagerung. Dabei wurde schnell deutlich, dass jede Kundin und jeder Kunde individuelle Bedürfnisse hat und demnach jedes Logistikkonzept individuell bewertet und gestaltet werden muss. Hierbei runden zusätzliche Leistungen, wie Aufbereitungsarbeiten von Textilien, Etikettierung und Qualitätsprüfungen, das Portfolio ab, um einen maximalen Kundenmehrwert zu schaffen.

Um kleinen und mittelgroßen Online-Shops einen schnellen und flexiblen Einstieg in das E-Commerce-Umfeld ermöglichen zu können, hat sich Fiege an dem 2017 gegründeten Start-up Zenfulfillment beteiligt, welches eine unkomplizierte und maximal transparente Abwicklung des Logistikgeschäftes verspricht. Durch die standardisierte Abwicklung an einem Logistikstandort von Fiege ist eine schnelle Implementierung ohne langfristige Verpflichtungen möglich und trifft damit vor allem die Anforderungen von Start-ups und mittelgroßen Onlinehändlern (Zenfulfillment, 2021). Mit dem Produkt Fiege Now bietet Fiege mit einer Standardinfrastruktur eine Implementierung innerhalb von vier Wochen an. Durch die Standardisierung sind keine individuellen Anpassungen enthalten, weshalb beidseitig auf langfristige Verpflichtungen verzichtet wird (Wegmann,

2021). Die Erfahrung mit verschiedensten Kanälen und Marktplätzen, die Fiege in den letzten Jahren sammeln konnte, werden in der Marktplatzlösung heyconnect gebündelt, deren Teilhaber Fiege ist. Hierbei wird der Kundin und dem Kunden eine unkomplizierte Anbindung an verschiedenste Marktplätze, wie Zalando und Amazon, ermöglicht. Wo die Kundin oder der Kunde bisher die eigene Koordination der Marktplätze steuerte, greift heyconnect ein. Heyconnect sucht die geeigneten Marktplätze aus, stellt die Infrastruktur her und ermöglicht eine einfache Skalierung. Zusätzlich werden das Plattformmarketing und die Erstellung von Inhalten für die Marktplätze übernommen. Der Koordinationsaufwand der Kundin oder des Kunden kann dabei von vielen 1:1-Beziehungen zu den unterschiedlichen Marktplätzen auf den Kontakt zu heyconnect reduziert werden. Die dazugehörigen Logistikprozesse können in diesem Zusammenhang wiederum von Fiege übernommen werden (Röbig, 2021).

Bei Fiege wird unter der Säule des Transportes der Speditionstransport aus eigener Fiege-Hand sowie mit Netzwerkpartnern angeboten. Im Bereich Pakettransport ist eine Anbindung an die relevanten Paketdienstleister vorgesehen. Zusätzlich wird hierbei der unternehmenseigene Paketservice Angel angebunden. Angel verspricht in urbanen Regionen eine Zustellung der Bestellung am selben Tag, wobei die Endkundin oder der Endkunde den Zustelltag und die Zustellzeit in den Abendstunden individuell konfigurieren kann. Durch die Zusammenarbeit mit Zeitungszustellern werden vorhandene Ressourcen optimal genutzt und der CO_2-Ausstoß wird reduziert. Auch dieser Service entstand aus dem Kundenbedürfnis nach taggleichen Zustellungen der Bestellung sowie der Wahl des Zustelltages. Da die Zustellzeiten von Angel zwischen 18 und 23 Uhr gewählt werden können, liegt die Quote erfolgreicher Zustellungen bei dem ersten Versuch bei ca. 99 % und steigert somit die Zufriedenheit der Endkundinnen und -kunden (Wentz, 2021).

Das Omni-Channel-Portfolio wird durch Back-End-Leistungen komplettiert. Hierbei bietet Fiege Möglichkeiten, das gesamte Bestellsystem und den Kundenservice zu übernehmen. Zusätzlich kann die gesamte Content-Produktion für den Onlineshop oder die Debitorenprüfung übernommen werden – alles aus einer Hand (Fiege Logistik Stiftung & Co. KG, 2021a). Die Planung und Umsetzung individueller Lösungen im Bereich Data Science, Machine Learning und Künstliche Intelligenz werden seit 2017 von dem Unternehmen Westphalia Data Lab zur Verfügung gestellt und stetig weiterentwickelt. Hierbei liegt der Fokus vor allem auf der optimalen Nutzung Künstlicher Intelligenz in den Bereichen Marketing und Vertrieb, Herstellung, Supply Chain und der Gesundheitsbranche (Westphalia DataLab GmbH, 2021). Bei dem Unternehmen agiert Fiege ebenfalls als Teilhaber und nutzt die Lösungen für individuelle Logistikplanungen.

4 Fazit und Ausblick

Sowohl im Vertrieb als auch in der Logistik lässt sich ein Bewusstseinswandel beobachten weg von der Inside-out-Perspektive, bei der Produkt oder Unternehmen auf Anbieterseite im Mittelpunkt stehen, hin zu einer Outside-in-Perspektive, bei der die einzelne Kundin oder der einzelne Kunde im Mittelpunkt steht. Automatisierung und Digitalisierung, inklusive der Nutzung Künstlicher Intelligenz, ermöglichen eine personen- bzw. unternehmensgenaue – je nachdem, ob es sich um B2C- oder B2B-Märkte handelt – Analyse und Anpassung der Ansprache und angebotenen Leistungen.

Im Spannungsfeld von Standardisierung und Differenzierung ist je nach Kundenwertigkeit eine verstärkte Differenzierung möglich – unter Wahrung von Effizienzgesichtspunkten. In der Kontraktlogistik geht dies so weit, dass sämtliche Kundenlösungen maßgeschneidert werden, bspw. von Fieges Business Unit Omnichannel-Retail. Langfristige B2B-Geschäftsbeziehungen machen diese Individualisierung der angebotenen Leistungen erst lukrativ. Der Omni-Channel-Vertrieb – als B2C-Geschäft zwischen Händler und Endkundinnen und -kunden verstanden – setzt auf ein abgestuftes Vorgehen: Endkundinnen und -kunden können nach Belieben Vertriebskanäle neben- und nacheinander verwenden, wobei sie ein nahtloses Einkaufserlebnis erfahren. Was sich aus individueller Sicht wie eine einzigartige Customer Journey darstellt, ist auf aggregierter Ebene ein Weg, den mehrere Individuen beschreiten, jedoch für sich allein.

Im Kern bleiben die Wurzeln von Kontraktlogistik und Omni-Channel-Retail bestehen. Zum einen ist dies die Logistik mit dem Transport, dem Umschlag und der Lagerung von Gütern, zum anderen ist dies der Vertrieb mit dem Verfügbarmachen von eben diesen Gütern. Allerdings sind die sie begleitenden Prozesse erheblich komplexer geworden als in ihrer Entstehungszeit, weshalb sich Dienstleister wie Fiege darauf konzentrieren.

Es ist davon auszugehen, dass solche Dienstleister nur in Netzwerken umfassend auf ihre Kundinnen und Kunden eingehen und im Wettbewerb bestehen können (Nave, 2018, S. 337). Bezogen auf den Omni-Channel-Vertrieb werden im B2C-Segment die Automatisierung von Customer Journeys sowie kuratierte Dienste weiter an Bedeutung gewinnen (IFH Köln GmbH & salesforce, 2020). Da physische Treffen nach den pandemiebedingten Kontaktbeschränkungen wieder möglich sind (Hendriks-Tardy, 2021), ist im B2B-Segment damit zu rechnen, dass die gekonnte Verquickung von persönlichen Kontakten und weiteren On- und Offline-Kanälen Wettbewerbsvorteile sichern. Hier dürfte die persönliche Note im Omni-Channel-Vertrieb den entscheidenden Unterschied machen.

Literatur

Bibliographisches Institut GmbH. (2021). Kontrakt. Duden. https://www.duden.de/rechtschreibung/Kontrakt. Zugegriffen: 19. Febr. 2022.

Brugger, B. (2012). Kundenbindungskonzepte. In H. Künzel (Hrsg.), *Erfolgsfaktor Kundenzufriedenheit. Handbuch für Strategie und Umsetzung* (2. Aufl., S. 53–66). Springer.

Buck, M., Wrobel, H. (2015). Branchenanalyse Kontraktlogistik. Eine Markt- und Beschäftigungsanalyse in Deutschland. Hans Böckler Stiftung.

CEVA Logistics. (2010). Outsourcing – Damit es bestens klappt. *Materialfluss, 2010*(5), 38–39.

Deloitte (2015). Omnichannel retail. A deloitte point of view. https://docplayer.net/7561072-Omnichannel-retail-a-deloitte-point-of-view.html. Zugegriffen: 19. Okt. 2021.

Fader, P. (2012). *Customer centricity. Focus on the right customers for strategic advance* (2. Aufl.). Wharton Digital Press.

Fiege Logistik Stiftung & Co. KG. (2021a). E-Commerce Solutions. Mit FIEGE kanalübergreifend online erfolgreich sein! https://www.fiege.com/de/services/ecommerce-solutions/. Zugegriffen: 20. Okt. 2021a.

Fiege Logistik Stiftung & Co. KG. (2021b). Die FIEGE Gruppe von 1873 bis heute. https://www.fiege.com/de/group/history/. Zugegriffen: 21. Mai 2021b.

Fiege Logistik Stiftung & Co. KG. (2021c). Innovative Logistik seit 1873. https://www.fiege.com/de/group/company/. Zugegriffen: 19. Apr. 2021c.

Fleischmann, B. (2018). Begriffliche Grundlagen der Logistik. In H. Tempelmeier (Hrsg.), *Begriff der Logistik, logistische Systeme und Prozesse* (S. 1–16). Springer Vieweg.

Frank, K. (2009). Vertragstypen im Bereich Logistik: Ein Überblick. In M. Braun (Hrsg.), *Logistikverträge. Interessen sichern, Rechte wahren* (S. 14–20). Heinrich Vogel.

Gleißner, H., & Femerling, J. C. (2012). *Logistik. Grundlagen, Übungen, Fallbeispiele* (2. Aufl.). Springer Gabler.

Große Holtforth, D. (2016). Customer Centricity – Kunden im Zentrum. In D. Große Holtforth (Hrsg.), *Schlüsselfaktoren im E-Commerce. Innovationen, Skaleneffekte, Daten und Kundenzentrierung* (S. 37–42). Springer.

Harrison, L., Spillecke, D., Stanley, J., & Tsai, J. (2021). Omnichannel in B2B sales: The new normal in a year that has been anything but. McKinsey. https://www.mckinsey.com/business-functions/marketing-and-sales/our-insights/omnichannel-in-b2b-sales-the-new-normal-in-a-year-that-has-been-anything-but. Zugegriffen: 29. Sept. 2021.

Hendriks-Tardy, C. (2021). Omnichannel im B2B – Neue Studie zeigt die Effekte der Pandemie. BM-Experts GmbH. https://bm-experts.de/news/omnichannel-im-b2b-neue-studie/. Zugegriffen: 19. Febr. 2022.

IFH Köln GmbH/salesforce (2020). Omnichannel 2020—Datenbasierte Optimierung der Customer Experience im Handel. ECC Köln. https://www.salesforce.com/content/dam/web/de_de/www/datasheets/omnichannel-2020-report-de.pdf. Zugegriffen: 19. Febr. 2022.

Krieger, W. (o. J.). Definition: Was ist „Logistik"? https://wirtschaftslexikon.gabler.de/definition/logistik-40330. Zugegriffen: 23. Sept. 2021.

Lee, H.-H., & Kim, J. (2010). Investigating dimensionality of multichannel retailer's cross-channel integration practices and effectiveness: Shopping orientation and loyalty intention. *Journal of Marketing Channels, 17*(4), 281–312.

Manners-Bell, J. (2017). *Introduction to global logistics. Delivering the goods* (2. Aufl.). Kogan Page.

Meffert, H., Bruhn, M., & Hadwich, K. (2015). *Dienstleistungsmarketing. Grundlagen – Konzepte – Methoden* (8. Aufl.). Springer Gabler.

Mehn, A., Wirtz, V. (2018). Stand der Forschung – Entwicklung von Omnichannel-Strategien als Antwort auf neues Konsumentenverhalten. In I. Böckenholt, A. Mehn, A. Westermann (Hrsg.), *Konzepte und Strategien für Omnichannel-Exzellenz. Innovatives Retail-Marketing mit mehrdimensionalen Vertriebs- und Kommunikationskanälen* (S. 4–33). Springer Gabler.

Muchna, C., Brandenburg, H., Fottner, J., Gutermuth, J. (2018). Grundlagen der Logistik. Begriffe, Strukturen und Prozesse. Springer Gabler.

Mühlencoert, T. (2012). Kontraktlogistikmanagement. Grundlagen, Beispiele, Checklisten. Springer Gabler.

Müller-Dauppert, B. (2009). Potenzialanalyse Logistik-Outsourcing. In B. Müller-Dauppert (Hrsg.), *Logistik-Outsourcing. Ausschreibung, Vergabe, Controlling* (2. Aufl., S. 11–32). Heinrich Vogel.

Nave, M. (2018). Herausforderungen und Lösungen innerhalb der Omnichannel-Logistik – Best Practices aus dem Bereich Consumer Goods & Fashion. In I. Böckenholt, A. Mehn, A. Westermann (Hrsg.), *Konzepte und Strategien für Omnichannel-Exzellenz. Innovatives Retail-Marketing mit mehrdimensionalen Vertriebs- und Kommunikationskanälen* (S. 329–355). Springer Gabler.

Orendorff, A. (2018). Omni-channel retail strategy: What, why, and how. Shopify plus. https://www.shopify.com/enterprise/omni-channel-retail-strategy. Zugegriffen: 19. Okt. 2021.

Porter, M. E. (1986). *Wettbewerbsvorteile. Spitzenleistungen erreichen und behaupten*. Campus.

Rittinger, S. (2014). Multi-Channel Retailing: Prinzip, Konzepte und Erfolgsfaktoren. Springer Gabler.

Röbig, T. (2021). heyconnect. The way to enter international marketplaces and platforms [PowerPoint Präsentation]. FIEGE intern.

Statista (2021). Umsatz durch E-Commerce (B2C) in Deutschland in den Jahren 1999 bis 2020 (in Milliarden Euro). https://de.statista.com/statistik/daten/studie/3979/umfrage/e-commerce-umsatz-in-deutschland-seit-1999/. Zugegriffen: 19. Okt. 2021.

Swoboda, B., Foscht, T., Schramm-Klein, H. (2019). Handelsmanagement: Offline-, Online- und Omnichannel-Handel (4. Aufl.). Franz Vahlen.

Urmersbach, B. (2021). Handelsvolumen weltweit (Exporte) bis 2020. https://de.statista.com/statistik/daten/studie/37143/umfrage/weltweites-exportvolumen-im-handel-seit-1950/#professional. Zugegriffen: 19. Okt. 2021.

Vahrenkamp, R., & Kotzab, H. (2012). *Logistik. Management und Strategien* (7. Aufl.). Oldenbourg.

Wagner, S. M., Bode, C. (2009). Managing risk and security. The safeguard of long-term success for logistics service providers. Haupt.

Wallenburg, C. M. (2004). *Kundenbindung in der Logistik. Eine empirische Untersuchung zu ihren Einflussfaktoren*. Haupt.

Weber, J. (2012). Logistikkostenrechnung. Kosten-, Leistungs- und Erlösinformationen zur erfolgsorientierten Steuerung der Logistik. Springer Vieweg.

Wegmann, J. (2021). Discover Fiege Now. B2C Fulfillment Service for small and medium-sized online shops. https://www.fiege.com/app/uploads/2021/05/FIEGE-NOW_EN.pdf. Zugegriffen: 19. Febr. 2022.

Wentz, J. (2021). Die Magie von Angel [PowerPoint Präsentation]. FIEGE intern.

Westphalia DataLab GmbH (2021). Wir machen Daten für Sie nutzbar. Künstliche Intelligenz – einfach einsetzbar. https://www.westphalia-datalab.com/. Zugegriffen: 20. Okt. 2021.

Winkler, N. (2019). Omnichannel vs Multichannel: What is the Difference? Shopify Plus. https://www.shopify.com/enterprise/omni-channel-vs-multi-channel. Zugegriffen: 29. Sept. 2021.

Wrobel, H., Klaus, P. (2009). Projektanbahnung in der Kontraktlogistik: Eine empirische Studie zum Status Quo und zu den Erfolgsfaktoren im Vertrieb und im Einkauf von Kontraktlogistikdienstleistungen. Fraunhofer-Institut für Integrierte Schaltungen.

Zenfulfillment. (2021). Lerne Zenfulfillment kennen. https://zenfulfillment.com/de/about-zenfulfillment. Zugegriffen: 20. Okt. 2021.

Zimmermann, B. (2004). Kontraktlogistik als Zukunftsmarkt der Logistikdienstleistungswirtschaft? Mittelstandskongruenz und Entwicklung eines mittelstandsgerechten Vertriebsmodells. Dissertation. Friedrich-Alexander-Universität Erlangen-Nürnberg.

Hanna Nüßing arbeitete als Business Development Managerin in der Business Unit Omnichannel Retail der Fiege Logistik Stiftung & Co. KG. Sie war von 2016 bis 2022 in der Business Unit tätig, wobei sie zuerst als Duale Studentin ihren Bachelor Im Bereich Betriebswirtschaftslehre – Spedition, Transport und Logistik absolvierte. Darauf folgte die Tätigkeit als Projektassistenz der Niederlassungsleitung, wobei sie nebenbei ihren Master in Business Management & Development absolvierte. Zuletzt entwickelte sie individuelle Logistiklösungen für wachsende Bestandskunden sowie für Neukunden.

Prof. Dr. Annette Hoxtell ist Professorin für Allgemeine Betriebswirtschaftslehre mit dem Schwerpunkt Marketing an der VICTORIA Internationalen Hochschule Berlin. Sie war als PR-Managerin und Sustainability Advisor in der IT-Branche tätig, als Social Entrepreneur sowie als Projektleiterin an einer Fachhochschule. Annette Hoxtell forscht zu Social Marketing, gelingender digitaler Zusammenarbeit sowie zu qualitativen Methoden.

Die Erweiterung des Offline-Angebotes durch Online-Angebote im Kulturmarketing am Beispiel des Museumsmanagements

Barbara Beer, Theresa Stärk und Bernd Günter

Inhaltsverzeichnis

1 Die Absatzkanalentscheidung im Marketing 381
2 Der Kultursektor als Anwendungsfeld 384
3 Digitale Präsentationen im Museumsmarketing 387
4 NutzerInnenerwartungen in Online-Kanälen 389
5 Instagram als interaktiver Online-Kanal im Museumsmanagement 392
6 NutzerInnenerwartungen an die Social-Media-Präsenz von Kunstmuseen bei Instagram . . . 397
7 Die Erweiterung des Offline-Erlebnisses durch Online-Angebot und Interaktion – Konsequenzen und Ausblick 401
Literatur 403

1 Die Absatzkanalentscheidung im Marketing

Ökonomische Angebote offline oder online sind Optionen der sogenannten Absatzkanalentscheidung. Um diese in der modernen Betriebswirtschaftslehre zu verorten, sollte ein Blick auf die Strukturen von Entscheidungen zum Absatz von Leistungen (Produkten, Dienstleistungen, Rechten, Finanzen, Informationen, Risiken; allg.: Werten = values) geworfen werden.

B. Beer (✉) · T. Stärk · B. Günter
Düsseldorf, Deutschland

T. Stärk
E-Mail: theresa.staerk@hhu.de

B. Günter
E-Mail: guenter@uni-duesseldorf.de

K. Butzer-Strothmann (Hrsg.), *Integriertes Online- und Offline-Channel-Marketing*, https://doi.org/10.1007/978-3-658-38048-9_19

Die Entscheidung über Absatzkanäle (Vertriebswege) ist traditionell eines der vier klassischen Marketing-Instrumente Produktpolitik, Preispolitik, Vertriebspolitik und Kommunikationspolitik (vgl. für viele Meffert et al., 2019). Diese Taxonomie wurde von Günter (2007) erweitert um die Mengenpolitik, die Zeitpolitik (Timing), die Vertragspolitik und die Absatzfinanzierungspolitik. Die Marketing-Instrumente haben zunächst den instrumentellen Charakter eines „Werkzeugkastens" zur Information über und zur Attraktivitätssteigerung von Angeboten. Sie können aber strategischen Charakter gewinnen.

Absatzkanäle können sich grundsätzlich aufspalten in drei verschiedene oder identische Kanäle in den Wertschöpfungsketten:

- Informations- und Kommunikationskanäle
- Liefer- und Leistungskanäle („physische Distribution")
- Kanäle der finanziellen Abwicklung

Im konkreten Einzelfall kann ein Angebot einen oder mehrere dieser „Funktionskanäle" nutzen – jede Konstellation ist denkbar.

Der Informations- und Kommunikationskanal dient dazu, sich der Gegenseite bekannt zu machen bzw. Informationen über die Gegenseite sowie über Angebot, Nachfrage und Wettbewerbsangebote einzuholen. Er kann auch zur Bestellung genutzt werden, ebenso zur Kommunikation nach einer Markttransaktion, etwa zum Feedback, für Reklamationen usw. Daneben sind Social-Media-Kanäle zu berücksichtigen, allerdings weniger zur Anbieter-Abnehmer-Kommunikation als vielmehr im Hinblick auf virale Empfehlungen und Einflüsse Dritter.

Entsprechend der Gliederung einer Vielfalt von Instrumenten der Kommunikationspolitik kann es sich bei den Kommunikations- und Informationskanälen um persönliche, fernmündliche, schriftliche oder elektronisch-digitale Wege handeln. Es ist z. B. festzuhalten, dass der Versandhandel schon vor Internet und E-Commerce Eigenschaften des Letzteren besaß und nutzte.

Liefer- und Leistungskanäle ermöglichen den Transport von einem Anbieter einer beliebigen Wertschöpfungsstufe zum Nachfrager – auf direktem Wege oder auf indirektem Wege über selbstständige Zwischenstufen (Intermediäre). Dabei spielen Timing-Fragen und -Aspekte einer möglichen Lagerung eine erhebliche Rolle. Generell gilt, dass viele Dienstleistungen (nicht alle!) nicht gelagert bzw. gespeichert werden können. Im Übrigen erfordern Dienstleistungen bei ihrer Erbringung die Mitwirkung des „externen Faktors", zumeist der KundInnen (vgl. z. B. Kleinaltenkamp & Weiber, 2013, passim). Dies schränkt u. a. die Wahl der Liefer- und Leistungskanäle ein.

Die finanzielle Abwicklung von Markttransaktionen erfordert in aller Regel einen dritten „Kanal". Im einfachsten Fall kann dieser mit den anderen Kanälen zusammenfallen, etwa bei „Ware gegen Geld" oder im Falle eines Naturaltauschs. In den meisten Fällen werden Finanzinstitutionen als Dritte zwischengeschaltet, sodass die Kanäle der finanziellen Abwicklung durchaus eigenständige Mechanismen des Bank- und Zahlungsverkehrs als Rahmen für Absatzentscheidungen festlegen können.

Auf mehrstufigen Märkten ist die Absatzkanalentscheidung mit einer strategischen Komponente verbunden, die unterschiedlichen Stoßrichtungen Rechnung trägt (Günter, 2007; Günter & Hausmann, 2012). Zum einen kann der Schwerpunkt der Marketing-Bemühungen auf der Bearbeitung der nächstfolgenden Wertschöpfungsstufe liegen, also als Möbelhersteller auf der Bearbeitung der Händlerstufe, als Verlag auf der Bearbeitung der Buchhandelsstufe etc. Es handelt sich dann um eine sogenannte „Push-Strategie", bei der typischerweise die Entscheidungen über die drei Absatzkanäle auf die direkte Abnehmerstufe gerichtet sind.

Eine strategische Alternative besteht in einer Pull-Strategie, die wie eine „Zangenpolitik" wirken soll. Die Akquisitionsbemühungen sind dann zunächst auf eine spätere (End-)Abnehmerstufe gerichtet, um bei diesen Präferenzen (Wettbewerbsvorteile) für das eigene Angebot zu erzeugen. Im erfolgreichen Fall werden die Intermediäre (Zwischenstufen: Händler, Weiterverarbeiter, Makler, Broker u. Ä.) „gezwungen", die Produkte des betrachteten Herstellers in ihr Sortiment aufzunehmen und weiter zu vermarkten. In diesem Fall werden Informations- und Kommunikationskanäle zu den Endabnehmern individuell, segmentspezifisch oder marktbezogen zur Erzeugung des „Pull"-Effektes genutzt. Markenbildung und Werbung sind hier die wichtigsten Instrumente unpersönlicher Kommunikation. Der Leistungs- und Lieferkanal allerdings verläuft zunächst zum direkten Abnehmer („Push") und dann weiter bis zu den EndkundInnen. Es muss betont werden, dass eine Pull-Strategie nur unter begleitender Push-Versorgung und Akzeptanz der Intermediäre funktionieren kann. Dies verweist auf eine zentrale Frage: Wie funktionieren Absatzkanäle, wenn Hersteller die Intermediäre ausschalten? Und welche Rolle spielen dabei Offline- und Online-Geschäfte?

Als Offline-Geschäfte können alle Markttransaktionen und Geschäftsbeziehungen bezeichnet werden, die stationäre Standorte, persönliche nicht-digitale Medien und die verschiedenen Liefer- und Leistungswege für physische Produkte nutzen.

Online-Geschäfte treten in verschiedenen Varianten auf.

- Fall 1:
  - Bestellung u. a. Kommunikation online
  - Lieferung offline (bei physischen Produkten)
  - After-Sales-Kommunikation i. d. R. online
- Fall 2:
  - Bestellung und Kommunikation online
  - Lieferung/Leistung online (bei digitalen Produkten wie etwa Nachrichten, Filmen, Musik etc.)
  - After-Sales-Kommunikation online

Der Zahlungsabwicklungskanal wird in beiden Fällen zumeist oder ausschließlich online genutzt.

Unter welchen Bedingungen kann nun mit der Absatzkanalwahl ein Wettbewerbsvorteil erlangt werden? Wettbewerbsvorteile sind nicht einfach USPs („Unique Selling Proposition"). Ein USP ist ein Verkaufsvorschlag – übrigens nur in seltenen Fällen ein Alleinstellungs-Vorschlag. Erst wenn KundInnen (Zielgruppen, Adressaten) diesen Vorschlag als vorziehenswürdig beurteilen im Vergleich zu Wettbewerbsangeboten, wird aus einem USP ein KundInnenvorteil und damit ein realisierter Wettbewerbsvorteil (Backhaus & Voeth, 2014, S. 37–191; Günter, 2007). Günter (2007) unterscheidet vier Kategorien von Wettbewerbsvorteilen:

1. Nutzen- und Qualitätsvorteile
2. Kostenvorteile für KundInnen
3. Zeitvorteile für KundInnen
4. Verlässlichkeitsvorteile.

Es scheint plausibel, dass Absatzkanalentscheidungen kaum einmal auf der Kategorie (1) fußen. Auch dass die Absatzkanalwahl zu den Gesamtkosten eines/r KundIn bei Wahrnehmung eines Angebotes („Total Cost of Ownership"; „Total Cost of Visitorship" bei Kulturangeboten) beizutragen vermag, erscheint weniger wahrscheinlich. Die bedeutsamen Chancen eröffnet die Wahl eines spezifischen Absatzkanals für das Timing und damit für zeitliche Präferenzen von KundInnen sowie für das Signalisieren von Verlässlichkeit als Argument für Vorziehenswürdigkeit. Der zuletzt angesprochene Gedankengang hat sich im Übrigen während der pandemiebedingten Unterbrechung verschiedener Lieferketten als besonders wichtig erwiesen!

Damit wird auch deutlich, dass die Wahl von Absatzwegen, die Wahl von Online- oder Offline-Kanälen differenziert nach den drei Funktionskanälen (wie bereits dargestellt), nach physischem oder digitalem Produkt, nach Zielgruppen und deren Verhalten vor allem in Bezug auf angestrebte KundInnenvorteile bedeutsam ist. Damit stellt sich die Frage nach dem Entscheidungsverhalten bezüglich der Absatzkanäle im Consumer Business und Marketing ebenso wie im Business-to-Business-Marketing oder sektorbezogen z. B. im Kulturmarketing.

2 Der Kultursektor als Anwendungsfeld

Absatzkanalentscheidungen im Kultursektor sind in den letzten Jahren zunehmend bedeutsamer geworden für das Marketing kultureller Leistungen. So findet die Vermarktung vieler Spielfilme nicht mehr in erster Linie (zumindest bei zeitlicher Betrachtung) über Kinos statt und danach über das Fernsehen und seine Mediatheken sowie über DVD-Verkauf, sondern mehr und mehr z. B. über Streaming-Dienste. Gleichzeitig wurde, mit Anerkennung des Gaming-Sektors als Kultursparte, eine massive Schwerpunktlegung auf das Internet erkennbar. Im Bereich der Hochkultur – das hat die 2020 beginnende COVID-19-Pandemie gezeigt und vielleicht erzwungen – wurden jüngst Kanäle erschlossen und genutzt, die Alternativen zu den bisher üblichen Absatzwegen darstellen. Mit Calaios.eu entsteht derzeit (2022) die wohl erste Internet-Plattform für Online-Führungen, -Vorträge und -Workshops, deren Schwerpunkt wohl zunächst in der Museums- und Ausstellungssparte liegen soll.

Man kann nun innerhalb des Kultursektors, der aus mindestens elf Bereichen besteht (Bundesministerium für Wirtschaft und Energie, 2020, S. 11), jede Sparte für sich daraufhin abklopfen, wie sich die Absatzkanal-Entscheidungen verhalten bzw. verändern und wie sie begründet werden. Dies soll hier an ausgewählten Beispielen geschehen.

Einige Vorbemerkungen zu Eigenarten kultureller Leistungen und Angebote:

- Die Qualität vieler kultureller Leistungen ist – vor allem von Nicht-ExpertInnen – nicht wirklich einzuschätzen, sodass ihr Kauf- und Nutzungsverhalten mit wahrgenommener Unsicherheit behaftet ist. Manche Angebote sind erst nach Vertragsabschluss und Nutzung beurteilbar; die Theorie der Neuen Institutionenökonomik innerhalb der Betriebs- und Volkswirtschaftslehre spricht dann von „experience goods" (Erfahrungsgütern), die überwiegend „experience qualities" (Erfahrungseigenschaften) besitzen.
- Für viele Leistungen, insbesondere im Eventbereich, im Theater-, Oper- und Konzertsektor gilt manchen Mitmenschen die Devise „Live geht vor Konserve oder anderen Formen des Nicht-Live-Dabeiseins". Der Deutsche Bühnenverein – Verband der Theater und Orchester in Deutschland hat zur Abgrenzung von anderen Sparten jahrelang den Claim verwendet „Theater ist live".
- In ähnlicher Weise behaupten viele ExpertInnen, auch MuseumsdirektorInnen und -leiterInnen, das Live-Besuchserlebnis sei nicht zu ersetzen mit Hinweis auf auratische Eigenschaften von Exponaten (vgl. Benjamin (1935) und die intensive Diskussion dazu seit mehreren Jahrzehnten).

In der Sparte Bildende Kunst soll ein erstes Beispiel die Wertschöpfungsstufe der Kunstschaffenden und ihre Absatzwege zeigen. Bereits anerkannte KünstlerInnen wählen häufig den Absatzkanal „Kunstgalerie" bzw. „Kunsthandel". Das Extrembeispiel Damien Hirst demonstriert aber, wie unter Ausschaltung der Intermediäre ein Direktabsatz an SammlerInnen und Museen funktionieren kann. Für bildende KünstlerInnen ist der Weg über kooperative Organisation z. B. von Verkaufsausstellungen in Form der Produzentengalerie ein besonderer Absatzkanal. Viele KünstlerInnen gehen den Weg über Ausstellungen in semi-professionellem Umfeld (in Cafés, Arztpraxen, Bankfilialen usw.). In all diesen Fällen ist die Ausstellungslocation in dritter Hand, der Absatzkanal zu einem/r potenziellen KäuferIn bleibt aber ein direkter. Der Weg über Versand (z. B. über LUMAS) und/oder über das Internet scheint auf bestimmte eher niedrigschwellige Angebote und Marktsituationen begrenzt. Ein Weg über Auktionshäuser bietet sich am ehesten bei hochkarätigen Nachlässen (und natürlich Sammlungen) und für arrivierte KünstlerInnen an.

Ambitionierte MusikerInnen wie etwa SängerInnen und InstrumentalsolistInnen werden, um Engagements (als Form des Verkaufs der künstlerischen Leistung) zu akquirieren, zunächst den kooperativen Weg der Mitwirkung in Ensembles wählen oder – mühsam und im Marketing zumeist autodidaktisch auf sich allein gestellt – über Anzeigen, Websites, Empfehlungen und Wettbewerbe Informationskanäle erschließen. Interpretiert man die Mitwirkung in Ensembles, Orchestern und freien Gruppen als indirekten Absatzkanal, so ist selbstverständlich der Weg, aus den kooperativen Strukturen heraus zu einer reinen SolistInnen-Präsentation zu gelangen (Beispiel: Sopranistin Marlis Petersen) mit der Erschließung direkter Kanäle verbunden, allerdings im Kanal 1 oft mithilfe von Intermediären wie ManagerInnen, Agenturen oder Impresarios.

Der Absatz von Büchern bzw. Buchmanuskripten durch AutorInnen verläuft i. d. R. direkt an Verlage, indirekt dann über den Buchhandel, stationär oder im Versand. In den vergangenen Jahren ermöglicht das Internet Eigenpublikationen leichter und schneller als in früheren Zeiten. Nutzung und Erfolg scheinen aber bis dato recht begrenzt. Interessant ist in dieser Sparte die Entwicklung des EndnachfragerInnenverhaltens. Jahrelang waren ein Rückgang von Käufen im stationären Buchhandel und die Ausdünnung der Buchhandelsdichte sowie eine damit einhergehende Konzentration auf Großbetriebe/Filialisten im Buchhandel zu beobachten. Möglicherweise hat die COVID-19-Pandemie diese Tendenz verstärkt. Da aber viele Verlage ihr Sortiment auch zum Direktkauf auf Websites anbieten, ist hier auch eine veränderte Wettbewerbssituation zwischen den Absatzkanälen zu konstatieren.

Bei Veranstaltungen und Events wie etwa Festivals zeigt sich die Wahl zwischen mehreren unterschiedlichen Kanälen. Der Ticketverkauf kann in direkten Kanälen erfolgen, und zwar vom Vorverkauf bis hin zum Verkauf an der Abendkasse und auch online. Ein weiterer Kanal sind selbstständige intermediäre Vorverkaufsstellen, die an Institutionen unterschiedlicher Art angebunden sein können. Auch der Verkauf über Freundeskreise, Theatergemeinden/Volksbühnen, Reiseveranstalter und Tourismus-Stellen bietet ergänzende Kanäle. Wesentliche Entscheidungsaspekte für die Wahl der Absatzkanäle sind:

- Zuteilung und Verfügbarkeit von Ticket-Kontingenten
- Preisgestaltung zwischen den Kanälen
- „Paket-Schnürung“
- Zeitliche Aspekte (Vorverkaufsbeginn, Last-minute-Angebote usw.)

Diese Überlegungen werfen letztlich die Frage auf: Muss man als Kulturanbieter in mehreren oder allen Kanälen vertreten sein?

3 Digitale Präsentationen im Museumsmarketing

Als eines der möglichen Kulturangebote im Internet präsentieren staatliche und private Museen ihre Sammlungen immer häufiger digital frei verfügbar als sogenannte „Sammlung Online". Nicht erst seit den pandemiebedingten Museumsschließungen rückte das Bestreben der Digitalisierung Museumsbestände und deren Veröffentlichung in den Fokus musealer Digitalisierungsstrategien. Dass durch die Erweiterung des Museums in den digitalen Raum der orts- und zeitunabhängige Zugang und somit vor allem durch den einfachen Zugriff auf Sammlungsbestände auch der kulturpolitische Gedanke der Inklusion und kulturellen Teilhabe gestärkt werden können, hat die Kulturpolitik erkannt. Dabei folgt eine solche Hybridisierung des Museums im analogen und digitalen Raum durch die webbasierte Veröffentlichung seiner Sammlung zugleich den (noch) aktuellen ICOM-Richtlinien (International Council of Museums): „Ein Museum ist eine dauerhafte Einrichtung, die keinen Gewinn erzielen will, öffentlich zugänglich ist und im Dienst der Gesellschaft und deren Entwicklung steht. Sie erwirbt, bewahrt, beforscht, präsentiert und vermittelt das materielle und immaterielle Erbe der Menschheit und deren Umwelt zum Zweck von Studien, der Bildung und des Genusses." (ICOM Deutschland, 2010; die ICOM-Museumsdefinition ist derzeit in Überarbeitung). Dabei kann die Veröffentlichung einer Online-Sammlung die musealen Aufgaben gemäß der ICOM-Museumsdefinition in nahezu allen Aspekten dieses Funktionenkataloges unterstützen: Die geforderte Dauerhaftigkeit und öffentliche Zugänglichkeit eines Museums kann durch den zeit- und ortsunabhängigen Zugriff auf webbasierte Museumsangebote umgesetzt werden und so zugleich neue (internationale) Zielgruppen ansprechen. Um dabei der Gesellschaft und ihrer Entwicklung zu dienen, sind ein publikumsorientiertes Denken und das Kennen seiner NutzerInnen sowie deren Anforderungen besonders wichtig. Dabei fungieren Museen zugleich als „Orte mit Expertise" (Simon, 2018, S. 324), die nicht nur Objekte präsentieren und vermitteln, sondern zugleich erforschen: Eine „Sammlung Online", also eine webbasierte museale Sammlungspräsentation, kann dabei essenziell zur Erforschung ihrer Objekte beitragen, indem sie nicht nur qualitativ hochwertiges Bildmaterial, sondern auch relevante Informationen zu den Objekten zur Verfügung stellt und Basis einer wissenschaftlichen Vernetzung ist.

Die verschiedenen konzeptionellen und gestalterischen Umsetzungsmöglichkeiten webbasierter musealer Sammlungspräsentationen sind dabei sowohl kulturpolitischen als auch internen Rahmenbedingungen ausgesetzt, die mögliche Dimensionen eines einfachen Zugangs einschränken können. Auch wenn lange Zeit Museen im deutschsprachigen Raum als rückständig galten (Keene, 2011, S. 93), so ließ sich in den letzten Jahren ein großer Fortschritt in den Digitalisierungsbestrebungen erkennen. Seit Anfang der 2000er Jahre fördert die EU zum Ziel der Digitalisierung und der webbasierten Zugänglichkeit kulturellen Erbes verstärkt den Einsatz neuer Informations- und Kommunikationstechnologien in Museen (Becker, 2013, S. 241). Seit 2006 erhebt auch das Institut für Museumsforschung (2007) Daten zum Stand der Digitalisierung an deutschen Museen.

Als eine der größten Hürden zur digitalen Veröffentlichung einer Museumssammlung mögen dabei kulturpolitische Rahmenbedingungen zählen, die in Deutschland sowohl auf bundes- als auch auf landesweiter Ebene stattfinden (Becker, 2013, S. 240). Nach Becker (2013, S. 240) können hierbei vor allem rechtliche Probleme durch die Etablierung eines öffentlich geförderten Kulturportals auf einem von Kapitalinteressen dominierten Markt die bildliche Veröffentlichung von Museumsobjekten im Internet erschweren. Gerade das Klären der Bildrechte von musealen Objekten, die nicht nur den/die Kunstschaffenden, sondern auch FotografIn und EigentümerIn des Kunstobjekts berücksichtigen müssen, stellt eine Hürde in der Veröffentlichung und Verwendung digitaler Sammlungspräsentationen dar. Auch knappe finanzielle und personelle Ressourcen gehören zu den erschwerenden Rahmenbedingungen der Veröffentlichung einer Online-Sammlung. Die digitale Inventarisierung von musealen Beständen, die die Grundlage für eine Veröffentlichung dieser darstellt, erfordert hohe personelle und zeitliche Kapazitäten, die viele Häuser, allen voran kleine Häuser, nicht stellen können. Grundlage zur Veröffentlichung einer Online-Sammlung stellen dabei Museumsdatenbanken dar, in die Objekt für Objekt eingepflegt werden muss. Eine Frage, die sich Museen dabei stellen müssen, ist die der Langzeitpflege solcher Datenbanken. Die sorgfältige Befüllung der Datenmasken, die dabei nicht nur KünstlerIn, Titel, Maße, EigentümerIn, Entstehungsort sowie den aktuellen Aufbewahrungsort und ein Objektfoto berücksichtigen, sondern auch erweiterte Angaben zum Objekt und dessen Forschungsstand wie Genre, Epoche, Stil/Schule, Verweise in der Literatur, Provenienz, Ankaufspreis, Bildbeschreibung, Zustand und Restaurierungsgeschichte im Optimalfall mit aufnehmen können, ist dabei eine besondere Herausforderung. Während Neuerwerbungen direkt in die Datenbanken eingetragen werden, stellt vor allem die Erfassung der Altbestände, die retrospektiv erfasst werden, einen fast nicht zu bewältigenden Arbeitsaufwand dar (Dresch & Mainberger, 2017, S. 593). Durch die knappen personellen, zeitlichen und finanziellen Ressourcen können an vielen Museen die meisten Objekte nur rudimentär erfasst werden (Dresch & Mainberger, 2017, S. 593). Gerade diese rudimentäre Erfassung kann die Veröffentlichung der digital inventarisierten Objekte in einer webbasierten Sammlungspräsentation erschweren.

Die Umsetzungsmöglichkeiten solcher digitaler Sammlungspräsentationen in Online-„Absatzkanälen" gestalten sich dabei so vielseitig wie die Sammlungsbestände der Museen selbst. Hierbei gilt es, zwischen der Präsentation der Objekte und der diese ergänzenden digitalen Vermittlung zu differenzieren:

Neben virtuellen Rundgängen, die in einer 360°-Ansicht Sammlungsbestände zeigen und dabei die Objekte in ihrer Ausstellungssituation kontextualisieren, kann die Präsentation der Museumsobjekte auch webbasiert stattfinden. Die bildliche Darstellung der Objekte im digitalen Raum kann neben einer 360°-Ansicht ebenso als Video oder fotografisch erfolgen. Als immersives BetrachterInnenerlebnis setzen jüngst immer mehr Museen Vermittlungskonzepte als Augmented Reality via App um. Dabei können Objekte gezeigt werden, die

1. in der Dauerausstellung des Hauses ausgestellt sind,
2. in einer aktuellen Wechselausstellung des Hauses ausgestellt sind oder
3. zur Sammlung des Hauses gehören, aber aktuell im Depot, verliehen oder in Restaurierung sind.

Gerade für die dritte Objektgruppe ermöglicht die digitale Präsentation der Werke einen Zugriff auf das physisch absente Werk. Dass gerade das Veröffentlichen von Objekten, die in Wechselausstellungen gezeigt werden, mit Schwierigkeiten verbunden ist, hat dabei vor allem rechtliche Gründe: Bei Leihgaben von Privatsammlungen oder anderen staatlichen Sammlungen kann das Einholen der notwendigen Bildrechte schwierig sein.

Dabei gibt es verschiedene Umsetzungsmöglichkeiten der Vermittlung im digitalen Raum. Hierbei kann es verschiedene Intensitätsstufen einer digitalen Kunstvermittlung geben:

- **0:** Auf Stufe 0 erfolgt die Präsentation der Kunstobjekte durch Objektfoto(s) mit Bildangaben ohne Vermittlung. Dies erfordert am wenigsten finanzielle und personelle Ressourcen.
- **1:** Auf Stufe 1 werden die Objekte neben Objektfoto(s) und Bildangaben durch vermittelnde informative Texte ergänzt. Diese können exklusiv für die Onlinepräsentation konzipiert sein oder aber eine Übertragung der Vermittlungstexte vom analogen Ausstellungsraum in den digitalen Raum sein.
- **2:** Auf Stufe 2 werden Objektfoto(s) und Bildangaben zusätzlich durch nutzerInnenpassive multimediale Vermittlungsmethoden ergänzt. Hierbei kann es sich um exklusiv für die digitale Sammlungspräsentation konzipierte Audio- oder Videodateien handeln. Dazu gehören auch kurze Podcast-Segmente oder digitale Videotutorials.
- **3:** Auf Stufe 3 erfolgt die Vermittlung durch nutzerInnenaktive multimediale Elemente: Mithilfe von Gamification-Einheiten wie Quizzes und Mini-Games wird der/die NutzerIn interaktiv involviert.

Verschiedene Vermittlungsangebote können und sollen dabei verschiedene NutzerInnengruppen ansprechen. Eine der großen Aufgaben des modernen Museums wird es sein, sich über das Nutzungsverhalten seines digitalen Publikums bewusst zu werden. Hierzu gehören nicht nur Betrachtungen zur Verteilung der Website-Besuche, sondern auch gezielte Untersuchungen zu möglichen Anforderungen an ein digitales Angebot sowie Barrieren von NichtbesucherInnen/NichtnutzerInnen.

4 NutzerInnenerwartungen in Online-Kanälen

Seit den 1990er Jahren ist eine klare Tendenz zu einer publikumsorientierten Kunstvermittlung und Museumsforschung zu beobachten. Der auf den/die BesucherIn zentrierten Fokus wird als eine der größten Aufgaben des Museums im 21. Jahrhunderts beschrieben

(Hooper-Greenhill, 2006, S. 362). Nach dem Leitmotiv „Audiences first" bekundet auch Nina Simon (2010, S. 34) die publikumsfokussierte Ausrichtung von Angeboten als ersten Schritt zur Personalisierung von kulturellen Institutionen.

Bereits Anfang der 2000er Jahre war dabei ein verstärktes Aufkommen von Kulturpublikumsforschung zu beobachten (Glogner-Pilz & Föhl, 2011, S. 9), bei welchen vor allem Nutzungsmotive und Erwartungen an Kulturangebote im Fokus der Untersuchungen standen (Glogner-Pilz & Föhl, 2011, S. 30). Während sich in den vergangenen Jahren erste Forschungsprojekte mit Publikumsforschung digitaler Vermittlung im analogen Raum befassten (Staatliche Museen zu Berlin, 2021), gibt es jedoch nur wenige Untersuchungen zum Museumspublikum im digitalen Raum. Auch wenn die meisten Museen im deutschsprachigen Raum über eine webbasierte Sammlungspräsentation verfügen, so gibt es wenig Einsicht in deren Online-NutzerInnen-Statistika. Auch wenn es während der pandemiebedingten Museumsschließungen zu einem regelrechten Boom an digitalen Vermittlungs- und Präsentationsangeboten der Sammlungsbestände kam, sind immer noch große Desiderate in der Kulturpublikumsforschung im Hinblick auf nutzerInnenorientierte Anforderungen an eben solche digitalen Angebote zu beobachten.

Zur Untersuchung möglicher Anforderungen verschiedener NutzerInnen webbasierter musealer Sammlungspräsentationen wurden im Februar 2020 Fokusgruppendiskussionen an der Heinrich-Heine-Universität Düsseldorf durchgeführt (im Rahmen einer Masterarbeit von Theresa Stärk, betreut durch Prof. Dr. Bernd Günter und Dr. Julia Römhild), bei welchen zum einen das eigene Nutzungsverhalten der TeilnehmerInnen abgefragt wurde und zum anderen mögliche Anforderungen und K.O.-Kriterien zur Nutzung einer Sammlung Online untersucht wurden. Zu den häufiger als durchschnittlich (Mittelwert) in den Fokusgruppen genannten Aspekten, die die Nutzung einer Sammlung Online positiv beeinflussen, zählten dabei: eine nach verschiedenen Kriterien nutzbare Schlagwortsuche, eine hohe Auflösung der Bilder, Vollständigkeit und Korrektheit der Bildangaben und Informationen, Aktualität der Angaben, Kunstvermittlung durch informative Texte, Mehrsprachigkeit, Download-Möglichkeit der Bilder, Responsivität/Kompatibilität mit verschiedenen Geräten und Betriebssystemen, eine ansprechende Ästhetik, leichter Zugang der Sammlung Online durch Sichtbarkeit/SEO, Querverweise auf andere Werke der Sammlung, Standortinformation (Depot, Ausstellungsraum, Leihgabe o. Ä.), sowie eine Angabe zur Provenienz.

Folgende Aspekte lagen im Rahmen der Studie unter dem Mittelwert und wurden somit von den Teilnehmenden als weniger relevant eingestuft: Kunstvermittlung durch Videos, Kunstvermittlung durch Audio, Verfügbarkeit einer Sammlung Online als App, Kunstvermittlung durch interaktive Tools und Gamification-Elemente, mögliche Vernetzung mit Social-Media-Kanälen, Personalisierung durch einen eigenen Account mit Log-in sowie Druckkompatibilität.

Zur Marktsegmentierung des digitalen Museumspublikums ist es zwar möglich, nach demografischen Angaben vorzugehen, jedoch lohnt sich zur Untersuchung von NutzerInnen-Anforderungen eine Segmentierung nach Nutzungsmotivation:

Dabei gibt es in der Publikumsforschung des physischen Museumspublikums im Ausstellungsraum bereits Ansätze des Kulturpublikumsforschers und Professors für Freies Lernen John H. Falk, an dem sich u. a. aktuelle Forschungsprojekte wie „museum4punkt0" der Stiftung Preußischer Kulturbesitz in Kooperation mit zahlreichen anderen deutschen Museen orientieren (Bauer, 2018).

Während demografische Angaben wie Nationalität, Geschlecht, Geburtsjahr u. Ä. i. d. R. permanente Angaben sind, sind identitätsbezogene Bedürfnisse wie die der Besuchsmotivation temporär und situationsabhängig (Falk, 2013, S. 118). John H. Falk (2013, S. 117) das Museumspublikum in fünf motivationsbasierte Gruppen: EntdeckerInnen (Explorers), Professionelle und HobbybesucherInnen (Hobbyists), ErmöglicherInnen (Facilitators), Erfahrungssuchende (Experience Seekers) und Regenerierende (Recharger).

John H. Falk stützt sich in seinen Forschungen immer wieder auf das „Free-Choice Learning" als gesellschaftliches Phänomen im Kulturbereich, dessen Begriff er gemeinsam mit Lynn D. Dierking und Marianna Adams prägte (Falk et al., 2006, S. 324). Free-Choice-Learning beschreibt dabei das aus einer intrinsischen Motivation hervorgehende freiwillige Lernen, das sich vor allem auf Falks Gruppierung der HobbybesucherInnen übertragen lässt. Eine Abgrenzung von den professionellen BesucherInnen ist dabei sinnvoll: Gerade im digitalen Raum gestaltet sich die Usergruppe der Professionellen als auffallend heterogen: Neben WissenschaftlerInnen des jeweiligen Fachbereichs können auch Studierende, LehrerInnen, KulturmanagerInnen oder Personen der Presse zu dieser Gruppe gehören. Auch Kreativschaffende, die nach Inspiration und/oder neuem Bildmaterial suchen, bilden eine NutzerInnengruppe von Online-Sammlungen. In Falks analogem BesucherInnenmodell nach Motivationstypus wird nicht weiter auf sogenannte „ZwangsbesucherInnen" eingegangen: Diese Personengruppe besucht das Museum nicht aus eigener Motivation, sondern sie sind i. d. R. Begleitpersonen oder Teil einer geführten Gruppe (wie bspw. einer Schulklasse). Hierbei führt statt einer intrinsischen Motivation ein externer Anlass zum Besuch eines Museums.

Falks Segmentierung nach BesucherInnenmotivation lässt sich bedingt auch auf das digitale Museumspublikum übertragen:

EntdeckerInnen und Regenerierende (nach Falk, 2013, S. 117) lassen sich dabei als **UnterhaltungsnutzerInnen** im digitalen Raum zusammenfassen. Nach Falk (2013, S. 117) suchen diese bei ihrem Museumsbesuch nicht gezielt nach Informationen, sondern möchten mit neuen Objekten und Angeboten konfrontiert werden, etwas entdecken, das sie in ihren Bann zieht, und hoffen dabei auf eine entspannende Abwechslung zum Alltag (vgl. auch Bauer, 2018). Auf das mögliche Angebotsspektrum einer Sammlung Online übertragen, suchen UnterhaltungsnutzerInnen auch im digitalen Raum vor allem nach Spaß und Abwechslung vom Alltag: Dabei können virtuelles Stöbern in Museumssammlungen, Querverweise auf ähnliche Objekte und Gamification-Anweisungen zum Entdecken einer Sammlung relevant sein.

Professionelle NutzerInnen bilden zwar nur einen Bruchteil der BesucherInnen, jedoch kann gerade diese Usergruppe hohe Ansprüche an eine Sammlung Online erheben: Auf der gezielten Suche nach fachlichen Informationen und Bildmaterial der

Objekte ist für diese Usergruppe vor allem eine funktionierende Suchfunktion nach verschiedenen Kriterien relevant. Auch hochauflösende Fotos der Objekte sowie die Korrektheit der Werkangaben und Informationen werden von jener NutzerInnengruppe bei dem Besuch einer Sammlung Online als zuverlässige Quelle geschätzt.

HobbynutzerInnen, die als „Free-Choice Lernende" die Sammlung Online zur eigenen Weiterbildung nutzen, schätzen besonders digitale multimediale Vermittlungsangebote. Hierzu können Gamification-Elemente wie Quizzes, AR-Apps oder ähnliche Angebote zählen.

Eine weitere Nutzergruppe einer Sammlung Online stellen dabei **Kulturtouristen** dar: Diese suchen eine digitale Sammlung Online auf, um einen Museumsbesuch vor- oder nachzubereiten. Hierbei ist vielfach der Wunsch nach Standortinformationen, aber auch zu aktuellen Ausstellungen sowie Highlights der Sammlung groß.

Als Museum gilt es, sich über die verschiedenen Anforderungen seines heterogenen digitalen Publikums bewusst zu werden und durch eigene Untersuchungen der Segmentierung seiner BesucherInnen (und NichtbesucherInnen) ein digitales Angebot zu schaffen, das den Wünschen seiner NutzerInnen gerecht werden kann.

5 Instagram als interaktiver Online-Kanal im Museumsmanagement

Die sozialen Medien sind in der heutigen Zeit ein wichtiger Marketingkanal. Der Grund ist simpel – gerade junge Zielgruppen sind dort potenziell oft besser zu erreichen als über die klassischen Medien. Unter den verschiedenen Social-Media-Kanälen ist einer in dieser Hinsicht besonders erfolgreich: Instagram. Laut der ARD/ZDF Onlinestudie 2020 (n = 3003) ist Instagram unter den sogenannten Digital Natives der meistgenutzte Social-Media-Kanal. Die Studie ergab, dass 53 % der 14- bis 29-Jährigen Instagram täglich nutzen (wöchentlich sind es 65 %). In der Zielgruppe der 30- bis 49-Jährigen gaben 13 % an, die App täglich zu nutzen (wöchentlich sind es 21 %) (Beisch & Schäfer, 2020, S. 466). Seit dem Start der Social-Media-App im Jahr 2010 hat sich die Plattform merklich gewandelt. Die wohl deutlichste Veränderung ist die Entwicklung von einer Foto-Sharing-Community hin zu einem sozialen Netzwerk, das immer mehr Videoinhalte und auch den E-Commerce in den Fokus rückt (Mosseri, 2021). Mehr und mehr vermischen sich dementsprechend Inhalte von FreundInnen, Bekannten und anderen Persönlichkeiten mit solchen werblicher Art.

Auf dieser Plattform zu bestehen und NutzerInnen für die eigenen Inhalte zu gewinnen, ist keine leichte Aufgabe. Gleichzeitig kommt als weitere Hürde hinzu, dass deutsche Museen laut AutorInnen wie Kohle und Simon im gesamten Bereich der Digitalisierung hinter anderen Ländern, wie etwa den Vereinigten Staaten von Amerika, Großbritannien und den Niederlanden zurückbleiben (Kohle, 2018, S. 13; Simon, 2020). Anhand einer exemplarischen Betrachtung der Instagram-Kanäle von 18 ausgewählten deutschen und internationalen Kunstmuseen ließ sich diese These bezogen auf das Medium Instagram bestätigen (siehe Abb. 1).

Vergleicht man die Experimentierfreude bezogen auf die Social-Media-App, werden die unterschiedlichen Haltungen und Herangehensweisen von deutschen und (den vergleichend betrachteten) internationalen Kunstmuseen deutlich. Untersucht wurden die Kriterien des Datums des ersten Instagram-Posts der Museen, die Gesamtanzahl ihrer Beiträge und die Anzahl der FollowerInnen (siehe Abb. 1). Ein Modell, welches hilft, die Kunstmuseen anhand der untersuchten Kategorien nach dem Grad ihrer Experimentierfreude und ihres Erfolgs im Bereich Social Media zu kategorisieren und daraus resultierende Ergebnisse zu verstehen, ist das Modell der Diffusion of Innovations nach Rogers (2003, S. 279 ff.). Rogers unterscheidet in seinem Modell, wie schnell Dienstleister, Unternehmen oder auch Einzelpersonen auf Innovationen eingehen und diese für sich nutzen. In zeitlicher Abfolge unterteilt er dabei die Gruppen der Innovators, Early Adopters, Early Majority, Late Majority und Laggards. Überträgt man dieses Modell darauf, wie schnell Kunstmuseen die Relevanz der Social-Media-App Instagram erkannten und begannen, diese als Kommunikationskanal zu nutzten, so zeigen sich deutliche Unterschiede. Das Museum of Modern Art (MoMA) in New York, das Instagram bereits seit 2011 verwendet, wäre dabei als Innovator bzw. Early Adopter einzuordnen. Als besonders frühe Anwender (bezogen auf die Vergleichsgruppe internationaler Kunstmuseen aus Abb. 1) erkannten sie das Potenzial der App früher als andere. Im Vergleich zeigt sich, dass sie die App sehr erfolgreich nutzen und viele FollowerInnen gewinnen konnten; also App-NutzerInnen, die sich bewusst dafür entschieden haben, mehr Inhalte dieses Museums sehen zu wollen. Unter den deutschen Kunstmuseen haben das Städel Museum (Frankfurt) und das Museum Ludwig (Köln) beide 2014 damit begonnen, Instagram in ihre Kommunikationspolitik einzubinden. Im internationalen Vergleich kommt ihnen dabei eher die Position der Early Majority zu, denn sie haben die Wirkungsmacht des Online-Kommunikationskanals erst kurz vor der Mehrzahl der regulären NutzerInnen erkannt. Dennoch sind diese beiden Beispiele unter den deutschen Kunstmuseen noch als frühe Nutzer zu sehen. Dies verdeutlicht, dass die Gesamtheit der deutschen Kunstmuseen bezogen auf eine integrierte Kommunikationsstrategie, die sich bezüglich ihrer Medienwahl an den eigenen Zielgruppen orientiert, sehr verzögert agiert. Nicht ohne Wirkung. Denn es zeigt sich: Wer Potenziale neuer Kommunikationskanäle zu spät entdeckt, der holt nur schwer den Erfolg der Vorreiter auf. So fällt auf, dass deutsche Kunstmuseen im internationalen Vergleich weniger FollowerInnen (das Social-Media-Äquivalent zu BesucherInnenzahlen) aufweisen und insgesamt auch weniger Beiträge dort veröffentlicht haben als die internationale Konkurrenz (Beer, 2020, S. 21 ff.; siehe Abb. 1).

Daraus resultierend lässt sich festhalten, dass deutsche Kunstmuseen bezüglich der Nutzung von Instagram als Distributions- und Kommunikationskanal ein deutliches Aufholpotenzial haben. Gründe und potenzielle Vorteile, die für die Nutzung der Social-Media-App sprechen, gibt es viele. Zu ihnen zählen:

Museumsname (@profilname)	Ort, Land	AbonnentInnen (Tsd.)	Beiträge	Erster Post
Museum of Modern Art (MoMA) (@themuseumofmodernart)	New York, US	5200	4341	Dez 11
Tate Galleries (@tate)	London, Liverpool & Cornwall, UK	3700	3264	Feb 12
Guggenheim Museum (@guggenheim)	New York, US	2500	3875	Feb 13
Van Gogh Museum (@vangoghmuseum)	Amsterdam, NL	1800	2152	Jul 13
National Gallery (@nationalgallery)	London, UK	1700	2286	Jun 15
Victoria and Albert Museum (@vamuseum)	London, UK	1400	3294	Jul 13
Rijksmuseum (@rijksmuseum)	Amsterdam, NL	592	1795	Apr 14
National Museum of Women in the Arts (@womeninthearts)	Washington, US	112	2234	Nov 13
Städel Museum (@staedelmuseum)	Frankfurt, DE	75,1	1671	Feb 14
Museum Ludwig (@museumludwig)	Köln, DE	63,2	1293	Apr 14
Kunstsammlung NRW (K20/K21) (@kunstsammlungnrw)	Düsseldorf, DE	31,1	648	Mär 17
Kunstpalast (@kunstpalast)	Düsseldorf, DE	27,9	808	Jan 15
Bundeskunsthalle (@bundeskunsthalle)	Bonn, DE	26,9	1334	Nov 15
Lenbachhaus (@lenbachhaus)	München, DE	17,7	342	Mär 18
NRW Forum (@nrwforum)	Düsseldorf, DE	12	538	Apr 15
Marta Herford (@martaherford)	Herford, DE	11,6	681	Nov 15
LWL-Museum für Kunst und Kultur (@lwlmuseumkunstkultur)	Münster, DE	10,8	938	Sep 15
Museum Abteiberg (@museumabteiberg)	Mönchengladbach, DE	1,8	84	Mär 20

Abb. 1 Übersicht einiger ausgewählter Instagram-Accounts von Kunstmuseen nach AbonnentInnenzahlen, Beiträgen und Datum des ersten Posts (Zahlen vom 29.11.2020)

- Eine Erweiterung des physischen Museumsraums ins Digitale und somit die Möglichkeit, ein größeres kunst- und kulturinteressiertes Publikum anzusprechen, u. a. durch die Überwindung geografischer Hürden (Campbell, 2012; Kohle, 2018, S. 13 ff.).

- Die Chance, sich gezielt dort im digitalen Raum zu platzieren, wo sich eine jüngere Zielgruppe erreichen lässt, und somit der Feststellung, dass das Museumspublikum im Durchschnitt immer älter wird, entgegenzuwirken (Campbell, 2012; Kohle, 2018, S. 13 ff.).
- Die Möglichkeit einer gezielten Steuerung und Anregung von positivem eWoM (electronic Word-of-Mouth), etwa indem innerhalb des Museums auf dessen Social-Media-Account verwiesen wird und ein Teilen des Museumsbesuchs als erwünscht gekennzeichnet wird. Solche Empfehlungen, die NutzerInnen mit dem eigenen FollowerInnenkreis teilen, sind für Kunstmuseen besonders wertvoll. Ihr Vorteil liegt dabei vor allem in der dem/der SenderIn zugeschriebenen Unparteilichkeit, die eine solche Botschaft für die Empfangenden besonders glaubwürdig macht (Ausnahme wäre hier eine Zusammenarbeit mit InfluencerInnen) (Günter & Hausmann, 2012, S. 86 ff., 93; Hoffmann & Akbar, 2019, S. 150; Meffert et al., 2019, S. 121, 149 f.; Sikkenga, 2016, S. 154; Schweiger & Schrattenecker, 2017, S. 52 f.).
- Die Möglichkeit, das Involvement mit der eigenen Institution zu steigern und im Sinne des Community-Managements engere KundInnenbeziehungen im digitalen Raum aufzubauen (Pöllmann, 2019, S. 180; siehe auch Abb. 2).
- Die Viralität von Posts ist ein möglicher Effekt von Social-Media-Kommunikation, bei dem sich Inhalte mit einer exponentiell gesteigerten Reichweite verbreiten (Günter & Hausmann, 2012, S. 92). Solche Posts sind jedoch schwer planbar, vor allem da Filterfunktionen beeinflussen, welche Inhalte bei NutzerInnen ausgespielt werden, sodass es immer wichtiger wird, bezüglich des Social-Media-Kanals und der dort präferierten Inhalte auf dem neuesten Stand zu bleiben.
- Durch die Möglichkeit, sich innerhalb von Instagram verschiedenster Möglichkeiten zu bedienen, die eigenen Botschaften zu kommunizieren (per Foto, Video, mit Texten oder auditiv), ist hier eine Multimedialität gegeben, die manch traditionelles Medium (man vergleiche hier etwa mit Radio, Kunstzeitschriften oder Zeitungen) so nicht bietet (Günter & Hausmann, 2012, S. 92).

Die hier vorgebrachten Vorteile beziehen sich zum Großteil auf Aspekte, die vor allem aus kommunikationspolitischer Sicht und aus Gründen des Beziehungsmanagements mit potenziell kunst- und kulturinteressierten Social-Media-NutzerInnen relevant sind. Diese mögen aus Sicht von Kunstmuseen hinter ihren primären Aufgaben zu verorten sein: dem Sammeln, Bewahren, Forschen, Präsentieren und Vermitteln von Kunst (ICOM, 2007). Umso wichtiger ist es deshalb zu betonen, dass auch diese Kernaufgaben sich mithilfe der Bespielung von Social-Media-Kanälen in den digitalen Raum verlängern lassen, ähnlich wie dies bei Online-Sammlungspräsentationen der Fall ist. Während das Präsentieren in dem schnelllebigen und oft an kleine Handydisplays gebundenen Social-Media-Kosmos als eher zweitrangig anzusehen ist (Online-Sammlungspräsentationen auf eigenen Webseiten eignen sich dafür deutlich besser), bietet sich für die Vermittlung hier eine große Chance. Da bei dieser der Austausch und Dialog zwei wichtige Komponenten sind, kann die Kunstvermittlung in angepasster Form sehr gut auch in den

Eine Kategorisierung von High- und Low-Involvement-Indikatoren des Instagram-Nutzerverhaltens in Bezug auf Kunstmuseen

High-Involvement-Indikatoren

Vor dem Museumsbesuch

- aktive Informationssuche, etwa in Bezug auf eine bestimmte Kunstausstellung oder ein Kunstmuseum
- das Verfassen von Nachrichten, um sich mit dem Kunstmuseum über dessen Inhalte auszutauschen oder um sich nach bestimmten Dingen, wie etwa Öffnungszeiten, zu erkundigen
- die Suche nach bestimmten Museumsprofilen bei Instagram
- der aktive Austausch mit anderen Instagram-NutzerInnen zu bestimmten Angeboten eines Kunstmuseums
- (potenzielle/potenzieller) BesucherIn informiert sich parallel über die Veranstaltungen in mehreren Kunstmuseen, um für sich das passendste Angebot auszuwählen

Während/nach dem Museumsbesuch

- Instagram-Post über den Besuch der Kunstausstellung
- NutzerIn gibt an das Museum gerichtetes Feedback zur dem Museumsbesuch ab, etwa per Kommentar oder Nachricht
- Aktiver Austausch über einen Ausstellungsbesuch mit anderen InstagrammerInnen, etwa über Kommentare oder Nachrichten

Unabhängig von einem physischen Museumsbesuch (Anzeichen für *Consumer Devotion*)

- InstagrammerIn interagiert mit der Story oder den jeweiligen Beiträgen und reagiert auf sogenannte „Call-to-action"-Elemente in der Kommunikation
- das Teilen von Inhalten einer Museumsseite
- InstagrammerIn folgt und interagiert regelmäßig mit seinen liebsten Kunstmuseen auf Instagram
- InstagrammerIn folgt bestimmten Hashtags zu Themen aus dem Bereich von Kunstmuseen

Low-Involvement-Indikatoren

- Durchscrollen des von Instagram kuratierten Feeds/der Timeline zur kurzweiligen Beschäftigung
- Folgen Museumsprofilen aus Gewohnheit, ohne deren Inhalte bewusst wahrzunehmen oder sich mit diesen aktiv auseinanderzusetzen

Abb. 2 Indikatoren für High und Low Involvement von Instagram-NutzerInnen bezüglich Kunstmuseen (siehe auch Beer, 2020, S. 40 ff.)

sozialen Medien betrieben werden. So lassen sich mithilfe einer durchdachten Social-Media-Strategie Kommunikationsprozesse nicht nur moderieren, sondern es kann auch ein Austausch über Kunst und Museen gestärkt werden (Mandel, 2014, S. 20). Zusätzlich können Museumsaufgaben, die bei einem physischen Besuch oft im Verborgenen bleiben, durch Blicke hinter die Kulissen sichtbarer gemacht werden – etwa die Arbeit von RestauratorInnen (als Teil des Bewahrens) oder die transparente Wiedergabe von aktueller Forschung zu Kunstwerken (etwa aus dem Bereich Provenienz). Durch solche Einblicke bietet sich die Möglichkeit, das Kunstmuseum nahbarer, glaubwürdiger und somit ggf. auch interessanter für potenzielle MuseumsbesucherInnen zu machen (Beer, 2020, S. 7). Das folgende Kapitel erläutert ausführlicher, was Kunstmuseen dabei beachten sollten.

6 NutzerInnenerwartungen an die Social-Media-Präsenz von Kunstmuseen bei Instagram

Das Instagram-NutzerInnenverhalten von kunst- und kulturinteressierten Individuen zu untersuchen, war das Ziel einer 2020 durchgeführten empirisch, qualitativen Untersuchung mithilfe von Tiefeninterviews im Rahmen der Masterarbeit „Kunstmuseen und Instagram. Nutzererwartungen und Konsequenzen für die Museumspraxis" (Beer, 2020). In einer kleinzahligen Stichprobe von fünf kunst- und kulturinteressierten Instagram-NutzerInnen wurde deren Social-Media-Nutzungsverhalten und ihre Einstellung als potenzielle BesucherInnen von Kunstmuseen erfragt. Die hieraus gewonnenen Erkenntnisse wurden genutzt, um innerhalb der Stichprobe eine Einteilung in die motivationsbasierten Museums-BesucherInnentypen nach John H. Falk vorzunehmen, diese auf eine Übertragbarkeit des NutzerInnenverhaltens hinsichtlich Instagram zu überprüfen und anschließend Posting-Formate abzuleiten, die für Kunstmuseen besonders relevant sein können (Beer, 2020; Falk, 2009, S. 158 ff.).

Die Einordnung der Befragten in die BesucherInnentypen der *Explorer, Facilitator, Experience Seeker, Professionals/Hobbyists* oder *Rechargers* nach Falk erfolgte anhand von Kriterien wie der Motivation für einen Museumsbesuch, dem Ablauf des Museumsbesuchs, der Motivation für diesen und der Liste an Erwartungen oder Kriterien, die die Befragten mit Bezugnahme auf ihr letztes Besuchserlebnis nannten. Innerhalb der Stichprobe konnten dabei drei der fünf BesucherInnentypen nach Falk identifiziert werden: Professionals/Hobbyists, Explorer und Experience Seeker (Beer, 2020, S. 60 ff.). Anschließend wurden diese BesucherInnentypen vergleichend betrachtet, um festzustellen, ob diese Typisierung auch bezogen auf ihr NutzerInnenverhalten bei Instagram ein Differenzierungsmerkmal darstellte. Innerhalb der untersuchten Stichprobe konnte dies bestätigt werden, denn wie sich zeigte, war das NutzerInnenverhalten online in gewisser Weise eine Verlängerung ihres Besuchsverhaltens im physischen Museumsraum (Beer, 2020, S. 80). Folgendes konnte dabei für die jeweiligen BesucherInnentypen in Bezug auf deren Nutzung von Instagram hinsichtlich Kunstmuseen festgehalten werden.

Die *Professionals/Hobbyists,* deren Motivation für physische Museumsbesuche angetrieben wird durch den Wunsch sich (oft auch auf einem bereits vorab definierten Gebiet) weiterzubilden, sind oft sehr kritische BesucherInnen, denn sie haben bereits eine gefestigte Vorstellung davon, was sie von Museen erwarten (Falk, 2009, S. 158 ff.). Im Rahmen der Stichprobe konnten bezogen auf ihre Instagram-Nutzung die folgenden Eigenschaften festgestellt werden:

- Professionals/Hobbyists interessieren sich für eine große Auswahl an Kunstmuseen, mit denen sie sich (sowohl online als auch offline) näher beschäftigen (großes „evoked set").
- Sie haben einen kritischen Blick und bringen konkrete Erwartungen an die Präsentations- und Vermittlungsarbeit von Kunstmuseen mit (sowohl offline als auch bei Instagram).
- Sie folgen im Vergleich mit den anderen Befragten überdurchschnittlich vielen Kunstmuseen bei Instagram.
- Sie sind mit vielen Personen in Kontakt, die ein starkes Interesse an Kunstmuseen haben (FreundInnen, aber auch Kontakte ausschließlich über Social Media).
- Sie sind empfänglich für Empfehlungen zu Kunstausstellungen und Museen, wenn diese aus der eigenen Referenzgruppe stammen.
- Die Zusammenarbeit von Kunstmuseen und InfluencerInnen sehen sie kritisch – ggf. wünschten sie sich davon inhaltliche Mehrwerte und eine Abgrenzung von kommerziellen Interessen (also eine klare Abgrenzung von Werbung).
- Sie zeigen ein hohes Involvement mit Kunstmuseen durch ihre Social-Media-Aktivität – sie rezipieren, interagieren und erstellen selbst User-Generated Content (UGC).
- Die Motivation für das Erstellen von UGC war dabei bedingt durch den Wunsch der Selbstpräsentation und den Drang, relevantes Wissen zu vermitteln.

Damit sind Professionals/Hobbyists potenziell wichtige MultiplikatorInnen aus Sicht von Kunstmuseen. Da ihre Erwartungen bereits sehr gefestigt sind, ist es jedoch nicht einfach, sie zu überzeugen – im Idealfall strebt das Museum hier also einen Dialog mit ihnen an.

Explorer gehen regelmäßig ins Museum, haben dabei aber oft kein vorab festgelegtes Ziel für diesen Besuch. Sie suchen nach etwas, das ihre Aufmerksamkeit fesselt, und sind dabei besonders aufgeschlossen, neugierig und lernbegierig (Falk, 2009, S. 158 ff.). Betrachtet man die Instagram-Nutzung dieses Typs, so lassen sich die folgenden Eigenschaften feststellen:

- Explorer folgen bei Instagram einer Auswahl von nationalen und internationalen Kunstmuseen.
- Sie empfinden die Instagram-Auftritte von Kunstmuseen als zu ähnlich, um diese hinsichtlich der Frage nach Best-Practice-Beispielen differenzieren zu können.

- Sie kennen viele Personen, die im Kunst- und Kulturbereich tätig sind, folgen diesen auch bei Instagram und nehmen wahr, dass diese z. B. über Besuche in Kunstausstellungen posten – diese Posts sind jedoch noch kein Auslöser für einen Museumsbesuch gewesen.
- Phasen des High und Low Involvements wechseln sich ab, in unregelmäßigen Abständen wird mit Inhalten von Kunstmuseen interagiert.
- Eigene Posts über Erlebnisse in Kunstmuseen werden nur dann geteilt, wenn der Besuch eine besondere Faszination ausgelöst hat.
- UGC ist hier vermutlich nicht durch extrinsische Anreize steuerbar.
- Sie wünschen sich von Kunstmuseen bei Instagram, dass dort Ungewöhnliches sichtbar wird, etwa Dinge, die bei einem physischen Museumsbesuch verborgen bleiben.

Experience Seeker gehen eher unregelmäßig ins Museum. Sie sind am wahrscheinlichsten in großen und renommierten Kunstmuseen unterwegs, halten sich während ihres Besuchs oft an festgelegte Wege durch die Ausstellung und versuchen, so viel wie möglich von ihrem Museumsbesuch mitzunehmen. Gegen Ende gehen sie oft schneller durch die Ausstellung und interessieren sich beim Museumsbesuch für das Rundumerlebnis, sprich auch Serviceleistungen, wie ein schönes Museumscafé oder ein Museumsshop, sind für sie wichtig (Falk, 2009, 158 ff.). Bezogen auf ihre Instagram-Nutzung lässt sich Folgendes festhalten:

- Experience Seeker folgen bei Instagram wenigen (oder gar keinen) Kunstmuseen.
- Sie interessieren sich hinsichtlich Kunstmuseen hauptsächlich für Informationen zu aktuellen Ausstellungen und Veranstaltungen.
- Sie kennen (vor allem durch ihr Studium) Personen, die über Museumsinhalte posten, sind dadurch jedoch bisher nicht zu einem Besuch motiviert worden.
- Es besteht dennoch der Wunsch, „up-to-date“ zu bleiben.
- Sie weisen einen deutlich niedrigeren Aktiviertheitsgrad (Low Involvement) im Vergleich zu anderen BesucherInnentypen hinsichtlich Kunstmuseen auf Instagram auf.
- Ihr Involvement steigt lediglich vor einem geplanten Museumsbesuch an – wenn es darum geht, Informationen einzuholen.
- Anreize für Museumsbesuche entstehen meist unabhängig von ihrer Instagram-Nutzung.
- Sie wünschen sich bezüglich der Social-Media-Präsenz von Kunstmuseen Hinweise zu konkreten Besuchsanlässen.

Die stichprobenartige Untersuchung der Zielgruppe kunst- und kulturinteressierter Instagram-NutzerInnen zeigt, dass sich die befragten Individuen in ihrem Nutzungsverhalten und ihren Erwartungen an Kunstmuseen in den sozialen Medien deutlich unterscheiden. Die Gruppierung in BesucherInnentypen nach John H. Falk hilft dabei, Muster und Verhaltensweisen zu erkennen, und zeigt, dass Kunstmuseen bei Instagram keinen „One-fits-all“-Ansatz mit ihren Kommunikationsinhalten verfolgen sollten. Vielmehr sollten sie ein Spektrum an Inhalten schaffen mit unterschiedlichen Partizipations- und Interaktionsmöglichkeiten. Die Grenze zwischen Museumsaufgaben wie der Kunstvermittlung und dem Marketing sind dabei als fließend anzusehen (Bocatius, 2014, S. 35). Inhalte bieten sich viele, denn im Gegensatz zu vielen Unternehmen ist es die Aufgabe von Kunstmuseen, ihre Werke mit Geschichten anzureichern.

Für die Nutzung des Online-Kommunikationskanals Instagram sollen im Folgenden einige Posting-Formate aufgelistet werden, die sich für Kunstmuseen anbieten:

- *Posts über Ausstellungen und besondere Veranstaltungen* sind ein bereits viel genutztes Format, das Besuchsanlässe generieren kann (Bocatius, 2014, S. 31). In der Umfrage äußerten vor allem Experience Seeker den Wunsch, so auf besondere Events und Ausstellungen aufmerksam gemacht zu werden.
- *Virtuelle Museumsführungen* können Einblicke in Bereiche des Museums bieten, die sonst eher verborgen bleiben (z. B. in die Restaurationswerkstatt), oder in kurzen Sequenzen besondere Aspekte einer Ausstellung präsentieren und so sowohl Besuchsanreize schaffen als auch die Möglichkeit, über Ausstellungen, die geografisch nicht erreichbar sind, informiert zu bleiben. Dabei können sie alle Stufen der Kunstvermittlung nach Bettina Riedrich (2011, S. 13 ff.) annehmen, von rezeptiv über interaktiv bis zu partizipativ.
- *Quiz-Elemente,* bspw. zu bestimmten Epochen oder KünstlerInnen, können das Interesse für Museumsthemen steigern. In spielerischen Micro-Lerneinheiten können so vor allem an Interaktion interessierte NutzerInnen angesprochen werden.
- *User-Generated Content (UGC)* lässt sich etwa dadurch fördern, dass Museums-Hashtags aktiv kommuniziert werden. Als Gegenleistung kann das Museum bspw. Reposts durch die Museumsseite als extrinsischen Anreiz in Aussicht stellen. Aktive Instagram-NutzerInnen können so leicht zu MultiplikatorInnen von Museumsinhalten gemacht werden. Um diese Zielgruppen an sich zu binden, sind Events wie Insta-Walks, Museumsnächte oder Tage, wie der Museum Selfie Day, denkbare Anlässe.
- *Kooperationen mit MeinungsführerInnen aus dem Bereich Kunst und Kultur* können ebenfalls bereichernd für die Social-Media-Arbeit sein. Dafür ist es wichtig, dass ein gegenseitiges Einverständnis darüber besteht, wie diese Zusammenarbeit aussieht. Ein künstlerisch-inhaltlicher Mehrwert sollte dabei im Fokus stehen. Im Rahmen der Befragung fiel auf, dass der Begriff *InfluencerIn* in diesem Bereich sehr kritisch gesehen wird, weil er oft mit dem Konsumgüterbereich assoziiert wird. In Abgrenzung zu konsumorientierten InfluencerInnen könnten deshalb die Professionals/Hobbyists als KooperationspartnerInnen eine gute Wahl sein. Mit Formaten wie *Instagram-Takeovers* (also der zeitlich limitierten Abgabe des eigenen Instagram-Kanals an eine andere Person) können sie neue Sichtweisen auf das Museum eröffnen. Im Idealfall übertragen sich die positiven Assoziationen gegenüber dem/der jeweiligen MeinungsführerIn auf das jeweilige Kunstmuseum und lassen es insgesamt nahbarer wirken.

- Aspekte wie das *Vorstellen von MuseumsmitarbeiterInnen,* das Teilen von *Wissen zu museumsnahen Inhalten* wie bestimmten Hängungen oder harmonischen Farbkonzepten oder das *Einholen von Feedback* mit dem Ziel einer gesteigerten NutzerInnen- und/oder BesucherInnenzufriedenheit sind nur einige der weiteren Möglichkeiten, die sich im Rahmen eines Instagram-Profils bieten.

Zusammengefasst sollten Kunstmuseen beachten, dass Instagram ein (wichtiger) Baustein ihrer integrierten Kommunikationsstrategie sein kann und sollte. Wo möglich, sollte darüber hinaus die Anknüpfung zu institutionseigenen digitalen Plattformen (wie etwa der Museumswebseite) mitbedacht werden. Da die Welt der Social Media extrem schnelllebig sein kann und neue Kanäle schnell entstehen, ist schwer vorhersehbar, wie sie sich in Zukunft entwickeln. Umso wichtiger sollte deshalb die Einstellung sein, diese als Experimentierfeld anzunehmen und auszutesten.

7 Die Erweiterung des Offline-Erlebnisses durch Online-Angebot und Interaktion – Konsequenzen und Ausblick

Die vorstehenden Ausführungen dienen dazu zu zeigen, dass Online-Kanäle nicht einfach eine Alternative zu (herkömmlichen) Offline-Absatzkanälen sind. Wie die Erfahrung seit dem Aufkommen der Online-Kanäle gezeigt hat, müssen nach wie vor viele Online-Kanäle durch Offline-Kommunikation bekanntgemacht werden, durch den Initiator und Träger selbst oder durch Dritte wie etwa Plattformen, „market places“ etc.

An Beispielen aus dem Kulturbereich wurde gezeigt, dass Online-Kanäle eine zweckmäßige Ergänzung des Angebots sein können. Sie können zum einen zusätzliche Kommunikation und zusätzliches Business generieren, zum anderen aber bei ein und demselben Nachfrager *Mehrwert* schaffen. Online-Kanäle sind ortsunabhängig nutzbar und jederzeit zugänglich, die Inhalte jederzeit verfügbar. Der Mehrwert kann dann z. B. in einer angereicherten oder schnelleren Interaktion liegen, kann aber auch im Transport zusätzlicher (Begleit-)Information bestehen. Dadurch können zusätzliche Erfahrungen und Erlebnisse erzeugt werden. Zusammen mit den Bedingungen während der Anfang 2020 auftretenden COVID-19-Pandemie sind auch neue, experimentelle Formate entstanden – deren Überleben bzw. Weiterentwicklung noch nicht gesichert zu sein scheint. In diesem Kontext ist als positiver Effekt von Online-Kanälen die Vermeidung von Offline-Risiken und -Nebenwirkungen des persönlichen Kontaktes bei Offline-Absatz zu vermerken (Abstands- und Hygieneregeln). Als Experimentierfeld sind Online-Kanäle in vielerlei Hinsicht jedenfalls gut geeignet.

Allerdings entstehen auch *neue Entscheidungsnotwendigkeiten* und -optionen, die in diesem Rahmen nur beispielhaft angerissen werden können. So ist, wie eine Untersuchung des Auswandererhauses Bremerhaven im Rahmen des Projektes Museum4punkt0 gezeigt hat, der Einbau von Virtual Reality Experiences – hier interpretiert als Online-Kanal – geeignet, durch den Immersionseffekt emotionale

Erfahrungen und Eindrücke zu intensivieren, evtl. auch erst zu generieren. Bezogen auf den Museumssektor, aber auch auf verschiedene andere Sparten des Kultursektors ist zu fordern, dass der Mehrwert eines zweiten Kanals auf die NachfragerInnen-, also die Publikumsorientierung abgestimmt ist, die Kanäle laufend im Sinne der Publikumsorientierung gepflegt werden und dass hier nicht neue Barrieren der KundInnenorientierung entstehen. Das impliziert Überlegungen dazu, welche Zielgruppen welches Angebot über welche Kanäle erwarten, z. B. auch über welche Social-Media-Plattformen Information, Interaktion und diverse Erlebnisangebote benötigt und bespielt werden.

Risiken für die Kulturanbieter treten auf, wenn Kannibalisierungseffekte entstehen und weil durch die Zweigleisigkeit der Absatzwege Kapazitäts-, Personal-, Know-how- und andere Input- und Kosteneffekte auftreten. So steht der Anbieter vor der Entscheidung, ob er die Nutzungsbedingungen für beide Arten von Kanälen harmonisieren und vereinheitlichen will oder ob er gerade für unterschiedliches Nutzungsverhalten und differenzierte Nutzungsbedingungen Mehrwert im Sinne der Individualisierung („customization") und der Marktsegmentierung schaffen will.

Bei aller Argumentation hinsichtlich zweigleisiger Absatzkanäle besteht noch beträchtlicher *Forschungsbedarf*. Digitale KulturrezipientInnen mit ihren ästhetischen Erfahrungen sind viel zu wenig erforscht; es fehlt weiterhin an differenzierten Analysen des digitalen Publikums, selbst nach Monaten des intensiven Streamings während der Pandemie. Die Art und die Wirkung der zusätzlichen digital möglichen Erfahrungen bis hin zum Online-Gaming ist erst rudimentär erkennbar, Unterschiede und Grenzen sind noch zu wenig transparent.

Abschließend drei Bemerkungen, die auch als Ausblick auf die weitere Entwicklung verstanden werden können:

Eines der berühmtesten Kunstwerke des Abendlandes, der Genter Altar der Brüder van Eyck in der Kathedrale St. Bavo in Gent/Belgien, wird seit März 2021 unterstützt von einer Augmented Reality Experience präsentiert. Haben sich früher Dutzende von BesucherInnen gleichzeitig vor dem Altar in einer Seitenkapelle gedrängt, eng beieinander, Details kaum erkennen könnend, abgelenkt durch Gruppenführungen, so ist heute der allergrößte Teil der Begleitinformation in die Krypta verlagert. Dort werden die BesucherInnen mithilfe der AR-Technologie (Brille und Kopfhörer) an neun Stationen geführt, in denen Entstehungskontext und Geschichte des Werkes, die Werkstatt van Eyck und Details des Altars vermittelt werden. Im Ergebnis werden die BesucherInnenströme entzerrt und „beruhigt". Vor dem Original-Altar können dann die BesucherInnen mithilfe der AR-Technologie an bestimmte Details heranzoomen und weitere Informationen verarbeiten – was in den traditionellen Offline-Vermittlungskanälen kaum oder weniger konzentriert und womöglich nur weniger intensiv möglich wäre. Dass die finanzielle Belastbarkeit und die Zahlungsbereitschaft der BesucherInnen hier auch Gegenstand von Überlegungen war und ist, versteht sich fast von selbst.

Im Entstehen begriffen ist außerdem eine Internet-Plattform, die Angebote von einzelnen Museen und ähnlichen Institutionen, die Online-Führungen anbieten, sammelt und mit dem Ziel größerer Reichweite zur Verfügung stellt. Die Website www.calaios.eu will auf diese Weise Mitmenschen, die an Ausstellungsführungen, archäologischen Führungen, später vielleicht Stadtführungen interessiert sind, auch standort- und reiseunabhängig ein breites Angebot von Online-Führungen zur Auswahl stellen und vermitteln.

Abschließend sei als Expertin zur hier behandelten Fragestellung Claudia Paul, Abteilungsleiterin Kommunikation in einem der größten Technikmuseen, dem Technoseum in Mannheim, mit einer Aussage aus dem Juni 2021 zitiert. Sie formuliert trotz mancher Unterschiede in Präsentation, Service etc.: „Wir wollen auch digital besucht werden. Der Besuch vor Ort und der digitale Besuch haben den gleichen Wert!"

Literatur

Backhaus, K., & Voeth, M. (2014). *Industriegütermarketing. Grundlagen des Business-to-Business-Marketings* (10. Aufl.). Vahlen.

Bauer, N. (2018). Audiences first, digital second. https://www.museum4punkt0.de/audiences-first-digital-second. Zugegriffen: 16. März 2020.

Becker, J. (2013). *Die Digitalisierung von Medien und Kultur*. Springer VS.

Beer, B. (2020). Kunstmuseen und Instagram. Nutzererwartungen und Konsequenzen für die Museumspraxis. [unveröffentlichte Masterarbeit im Fach Kulturmanagement]. Heinrich-Heine-Universität Düsseldorf.

Beisch, N., Schäfer C. (2020). Ergebnisse der ARD/ZDF-Onlinestudie 2020. Internetnutzung mit großer Dynamik: Medien, Kommunikation, Social Media. *Media Perspektiven, 2020*(9), 462–481.

Benjamin, W. (1935). Das Kunstwerk im Zeitalter seiner technischen Reproduzierbarkeit. *Zeitschrift für Sozialforschung, 5*(1), 40–68.

Bocatius, B. (2014). Museumsvermittlung mit Social Media – webbasierte Partizipation auf neuen Wegen. In A. Hausmann & L. Frenzel (Hrsg.), *Kunstvermittlung 2.0: Neue Medien und ihre Potenziale* (S. 27–46). Springer VS.

Bundesministerium für Wirtschaft und Energie. (2020). Monitoringbericht Kultur- und Kreativwirtschaft 2020: Kurzfassung. https://www.bmwi.de/Redaktion/DE/Publikationen/Wirtschaft/monitoringbericht-kultur-und-kreativwirtschaft-2020-kurzfassung.pdf?__blob=publicationFile&v=10. Zugegriffen: 1. März 2022.

Campbell, T. (2012). Weaving narratives in museum galleries (TED Talk). https://www.ted.com/talks/thomas_p_campbell_weaving_narratives_in_museum_galleries. Zugegriffen: 17. Okt. 2021.

Dresch, J. & Mainberger, C. (2017). Digitale Erschließung in Museen. Die Nutzung von imdas pro in den baden-württembergischen Landesmuseen. In M. Eibl & M. Gaedke (Hrsg.), *Informatik 2017. Lectures Notes in Informatics (LNI)* (S. 585–596). Köllen.

Falk, J. H. (2009). *Identity and the Museum Visitor Experience* (1. Aufl.). Walnut Creek.

Falk, J. H. (2013). Understanding Museums Visitors' Motivations and learning. In I. Brændholt Lundgaard & J. Thorek Jensen (Hrsg.), *Museums. Social learning spaces and knowledge producing processes* (S. 106–127). Danish Agency for Culture.

Falk, J. H., Dierking, L. D., Adams, M. (2006). Living in a learning society. Museums and free-choice learning. In S. Macdonald (Hrsg.), *A companion to museum studies* (S. 323–339). Blackwell.

Glogner-Pilz, P., & Föhl, P. S. (2011). *Das Kulturpublikum. Fragestellungen und Befunde der empirischen Forschung* (2. Aufl.). Springer Nature.

Günter, B., & Hausmann, A. (2012). *Kulturmarketing* (2. Aufl.). Springer VS.

Günter, B. (2007). Verlässlichkeit als Wettbewerbsvorteil im Business-to-Business-Marketing. In J. Büschken & R. Weiber (Hrsg.), *Innovationen für das Industriegütermarketing* (S. 185–199). Poeschel.

Hoffman, S., & Akbar, P. (2019). *Konsumentenverhalten* (2. Aufl.). Springer Gabler.

Hooper-Greenhill, E. (2006). Studying visitors. In S. Macdonald (Hrsg.), *A companion to museum studies* (S. 362–376). Blackwell.

ICOM (2007). Museumsdefinition. https://icom-deutschland.de/de/icom-deutschland/handlungsfelder.html. Zugegriffen: 17. Okt. 2021.

ICOM Deutschland (Hrsg.) (2010). Ethische Richtlinien für Museen von ICOM. https://icom-deutschland.de/images/PDF/icom_ethische_richtlinien_d_2010.pdf. Zugegriffen: 7. Febr. 2020.

Institut für Museumsforschung. (2007). *Statistische Gesamterhebung an den Museen der Bundesrepublik Deutschland für das Jahr 2006, Heft 61*. Institut für Museumsforschung.

Keene, S. (2011). *Digital collections. Museums and the information age* (2. Aufl.). Routledge.

Kleinaltenkamp, M., & Weiber, R. (2013). *Business- und Dienstleistungsmarketing*. Kohlhammer.

Kohle, H. (2018). *Museen Digital: Eine Gedächtnisinstitution sucht den Anschluss an die Zukunft*. Heidelberg University Publishing.

Mandel, B. (2014). Status Quo zur Kunst- und Kulturvermittlung in und außerhalb des Web 2.0. In A. Hausmann & L. Frenzel (Hrsg.), *Kunstvermittlung 2.0: Neue Medien und ihre Potenziale* (S. 17–26). Springer VS.

Meffert, H., Burmann, C., Kirchgeorg, M., & Eisenbeiß, M. (2019). *Marketing: Grundlagen marktorientierter Unternehmensführung* (13. Aufl.). Springer Gabler.

Mosseri, A. (2021). Statement des Instagram Chefs zur aktuellen Ausrichtung der App. https://www.instagram.com/tv/CQwNfFBJr5A/?hl=en. Zugegriffen: 17. Okt. 2021.

Pöllmann, L. (2019). Ganzheitliche Online-Kommunikation als virtuelle Erweiterung der Kulturbetriebe. In L. Pöllmann & C. Herrmann (Hrsg.), *Der Digitale Kulturbetrieb. Strategien, Handlungsfelder und Best Practices des digitalen Kulturmanagements* (S. 161–188). Springer Gabler.

Riedrich, B. (2011). Partizipation durch Social Media? Museale Vermittlung und das Partizipative Web. Masterarbeit im Fach Art Education. Zürcher Hochschule der Künste.

Rogers, E. (2003). Diffusion of innovations (5. Aufl.). [Original von: 1962]. Free Press.

Schweiger, G., Schrattenecker, G. (2017). Werbung. UTB.

Sikkenga, J. (2016). *Weiterempfehlung im Kulturbereich: Eine austauschorientierte Betrachtung der senderorientierten Weiterempfehlung*. Leipziger Universitätsverlag.

Simon, H. (2018). Digitales Ökosystem. Eine Antwort auf die digitale Transformation in den Kulturinstitutionen am Beispiel der Museen. In P. Kuroczyński, P. Bell, & L. Dieckmann (Hrsg.), *Computing Art Reader: Einführung in die digitale Kunstgeschichte* (S. 318–328). Arthistoricum.net

Simon, H. (2020). Vom Musentempel zum postdigitalen Museum. Ein Labor für die nächste Gesellschaft. https://www.youtube.com/watch?v=NJrr5Wfv8Ek. Zugegriffen: 17. Okt. 2021.

Simon, N. (2010). The Participatory Museum. Museum 2.0.

Staatliche Museen zu Berlin (Hrsg.). (2021). Vor, während und nach dem Besuch. Visitor Journeys in den Staatlichen Museen Berlin. Eine Studie im Teilprojekt Visitor Journeys neu gedacht im Verbundprojekt museum4punkt0. Berlin 2021. https://www.museum4punkt0.de/wp-content/uploads/2021/08/210818_Grundlagenstudie_interaktiv.pdf. Zugegriffen: 17. Okt. 2021.

Barbara Beer (M.A.) arbeitet derzeit als Social-Media-Managerin in der Werbebranche. Die studierte Kulturmanagerin beschäftigte sich im Rahmen ihrer Masterarbeit an der Heinrich-Heine-Universität in Düsseldorf mit der NutzerInnenerwartung an die Social-Media-Präsenz von Kunstmuseen. Zuvor studierte sie Kunstgeschichte, Medienwissenschaften, Kunstvermittlung und Kulturmanagement an den der Universität zu Köln, der University of York (UK) und der Heinrich-Heine-Universität Düsseldorf. Im Bereich Journalismus und Kommunikation arbeitete sie u. a. für die Deutsche Welle, zusammen mit dem Museum Kunstpalast und für den WDR.

Theresa Stärk (M.A.) ist wissenschaftliche Mitarbeiterin und Doktorandin am Institut für Kunstgeschichte der Heinrich-Heine-Universität Düsseldorf. Ihre Forschungsschwerpunkte sind digitale Kunstvermittlung, digitale Museumspublikumsforschung und Kunst im digitalen Raum. Sie studierte Kunstgeschichte und Philosophie in Heidelberg und Siena und absolvierte ihren Master in Kunstvermittlung und Kulturmanagement an der Heinrich-Heine-Universität Düsseldorf.

Prof. Dr. Bernd Günter ist Professor für Betriebswirtschaftslehre. Er war Inhaber des Lehrstuhls für Marketing an der Heinrich-Heine-Universität Düsseldorf und mehrfach Dekan und Prodekan der Wirtschaftswissenschaftlichen Fakultät. Er ist Mitbegründer und Dozent der Düsseldorf Business School GmbH. Er war Dozent am Zentrum für Internationales Kunstmanagement CIAM, Köln, und ist Lehrbeauftragter im Master-Studiengang „Kunstvermittlung und Kulturmanagement" der Heinrich-Heine-Universität Düsseldorf. Seine Arbeitsschwerpunkte sind Business-to-Business-Marketing; Marketing, Controlling und Service im Kunst- und Kultursektor sowie Stadt- und Regionen-Marketing.

Transformationen in der Wissenschaftskommunikation – Online- und Offline-Channel im Wandel

Emilia Spenst und Steven Gronau

Inhaltsverzeichnis

1 Momentum Wissenschaftskommunikation . . . 408
1.1 Trends und Entwicklungen . . . 408
1.2 Fokus und Aufbau des Beitrages . . . 409
2 Aktuelle Rahmenbedingungen . . . 410
2.1 Historische Entwicklungen der Wissenschaftskommunikation . . . 411
2.2 Ausgangslage in der Wissenschaft . . . 412
3 Transformationsprozesse . . . 414
3.1 Vergleichslinien zwischen Wissenschaft und Wirtschaft . . . 414
3.2 Kommunikationsstrukturen . . . 418
3.3 Akteur:innen . . . 421
4 Resümee und Ausblick . . . 428
Literatur . . . 431

E. Spenst (✉)
Rodenberg, Deutschland
E-Mail: emilia.loves.science@wisskomm.com

S. Gronau
Hannover, Deutschland
E-Mail: gronau@iuw.uni-hannover.de

K. Butzer-Strothmann (Hrsg.), *Integriertes Online- und Offline-Channel-Marketing*,
https://doi.org/10.1007/978-3-658-38048-9_20

1 Momentum Wissenschaftskommunikation

Die Wissenschaftskommunikation (WK) erfährt ein Momentum des Umbruchs und des Ausbaus. Dies zeigt sich insbesondere in der aktuell vom BMBF moderierten Denkwerkstatt zur WK (FactoryWisskomm, 2021). Seit Jahren wird ein Anstieg von Beiträgen und Formaten zu wissenschaftlichen Themen in sozialen Medien beobachtet. Besonders deutlich wird dies hinsichtlich der „PUSH-Initiative" großer deutscher Wissenschaftseinrichtungen. Mit einem Memorandum zu „Public Understanding of Sciences and Humanities" setzt der Stifterverband 1999 gemeinsam mit anderen Einrichtungen einen Meilenstein für die WK. In diesem verpflichten sich die bedeutendsten deutschen Wissenschaftsorganisationen zur Förderung des Dialoges zwischen Wissenschaft und Gesellschaft. Der Dialog-Gedanke prägt bis heute die inhaltliche Arbeit des Stifterverbandes und führte bspw. zur Gründung der Initiative „Wissenschaft im Dialog" und zur Auslobung des „Communicator-Preises", welcher Forscher:innen für die Vermittlung von wissenschaftlichen Ergebnissen in die Öffentlichkeit auszeichnet.

Das gesellschaftliche Bild von Wissenschaftler:innen ist im Wandel. Massenmediale Darstellungen, wie die Serie „Big Bang Theory", führen zu einer Statuserhöhung des zuvor als „Nerd" und „Laborratte" mit Pullunder und Hornbrille karikierten Wissenschaftsberufes. Hinzu kommen Formate wie „Science Slams", „Research-Communities" auf Twitter und „Erklärvideos" auf YouTube. Diese leisten einen Beitrag zum Aufbau neuer Communities innerhalb der Wissenschaften und „Wissenshungrigen".

Das Internet und soziale Medien haben die öffentliche, private und politische Kommunikation, wie auch die Wissenschaftskommunikation revolutioniert (Jarren, 2017, S. 6). Zudem hat die COVID-19-Pandemie einen notgedrungenen abrupten Digitalisierungsschub erzeugt. Die Effekte, die auf das Feld der WK einwirken und es begleiten, sind vielfältig, sodass mittlerweile von einem Paradigmenwechsel in der WK gesprochen wird (FactoryWisskomm, 2021, S. 55–58).

1.1 Trends und Entwicklungen

Transformationsprozesse, die in der Wirtschaft schon länger beobachtet und erforscht werden, machen sich auch in der Wissenschaft bemerkbar. Eine erste Näherung zeigt die Entwicklung der Wissenschaftskommunikation hinsichtlich digitaler Plattformen, Publika, Akteur:innen (Einrichtungen, Einzelpersonen, Intermediäre) und dargestellter Inhalte. Diese Elemente erfahren neue Formen des Rollenbildes, der Nutzung und des Wachstums. Partizipation, Interaktion und Etablierung digitaler Kommunikationskanäle prägen die interne und externe WK.

Für eine Darstellung der Zusammenhänge führt der Beitrag einen bildhaften Vergleich zu einem Theater mit mehreren Sälen auf. Wir bewegen uns in den nächsten Kapiteln exemplarisch von Theatersaal zu Theatersaal und finden in jedem eine andere Aufführung,

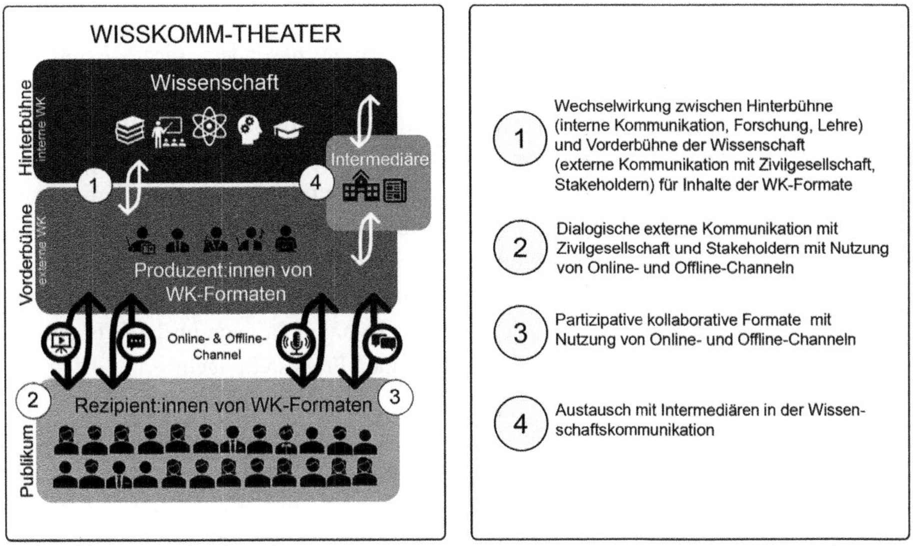

Abb. 1 Wisskomm-Theater – Trends und Entwicklungen

unterschiedliche Darstellende, verschiedene Publika und Requisiten. Wer eben noch im Publikum saß, steht im nächsten Saal auf der Bühne. An einigen Schauplätzen begegnen uns dieselben Darstellenden, allerdings mit anderen Inhalten und anderen Zuschauenden. Im Fokus des Theaters stehen hierbei die Fragen: Wer ist auf der Bühne? Sind die Stücke leicht verständlich oder komplex? Wer ist im Publikum? Ist das Publikum online oder offline anwesend? Ist es passiv oder wird es aktiv eingebunden? Bekommt das Publikum sogar Einblicke hinter die Kulissen oder in das Drehbuch? Abb. 1 verdeutlicht das „Wisskomm-Theater“. Dieses visualisiert die verschiedenen Komponenten von Akteur:innen und Kommunikationskanälen, bei denen Transformationsprozesse stattfinden.

1.2 Fokus und Aufbau des Beitrages

Wissenschaftskommunikation setzt sich aus zwei Begriffen zusammen: Wissenschaft und Kommunikation. Beide Termini definieren ein eigenes Feld und erleben Wandlungsprozesse, was zunächst eine gesonderte und dann kombinierte Betrachtungsweise notwendig macht. Definiert ist Wissenschaftskommunikation als „alle Formen von auf wissenschaftliches Wissen oder wissenschaftliche Arbeit fokussierter Kommunikation, sowohl innerhalb als auch außerhalb der institutionalisierten Wissenschaft, inklusive ihrer Produktion, Inhalte, Nutzung und Wirkungen“ (Bonfadelli et al., 2017, S. 5).[1]

[1] Vergleichende Definition siehe Schäfer (2015, S. 13).

Dieser Beitrag betrachtet die externe (generelle Begriffsassoziation) sowie die interne WK (häufig vernachlässigt betrachtet). Hierfür spielt besonders die Nutzung verschiedener Online- und Offlinekanäle eine zentrale Rolle. In diesem Zusammenhang zieht der Beitrag Konzepte der Mehrkanalnutzung heran, die sich zur Darstellung von Digitalisierungsprozessen im Handel etabliert haben.

Globale Wachstumsraten im digitalen Handel und dynamische Verbraucherpräferenzen motivieren eine Vielzahl von Unternehmen, sowohl physische als auch digitale Kanäle zu nutzen, d. h. Multi-Channel-Unternehmen zu werden (Lipsman, 2019). Diese Entwicklung betrifft den Handel und beinhaltet einen globalen Megatrend: die Digitalisierung. Inwiefern diese Prozesse und Dynamiken auch in der Wissenschaft spürbar sind, betrachtet dieser Beitrag unter folgenden Fragestellungen:

1. Was sind Transformationsprozesse der Wissenschaftskommunikation hinsichtlich systemischer Entwicklungen, digitaler Dynamiken und Pandemiebedingungen?
2. Welche Transformationsprozesse zeichnen sich in der Kanalnutzung und bei Akteur:innen der Wissenschaftskommunikation unter der konzeptionellen Perspektive von Multi- und Omni-Channeln ab?

Zur Beantwortung dieser Fragen betrachtet der Beitrag zunächst aktuelle Rahmenbedingungen der WK in Kap. 2. In Abschn. 2.1 reflektieren wir ausgewählte historische Entwicklungen der WK und betrachten in Abschn. 2.2 die Ausgangslage. Dies beinhaltet die Rolle und Bedeutung von Wissenschaft, die Dynamik der Digitalisierung und Effekte der Pandemie. Zur Veranschaulichung der Transformationsprozesse zieht Abschn. 3.1 Vergleichslinien zwischen Wissenschaft und Wirtschaft. Diese beleuchten die Nutzung verschiedener Online- und Offlinekanäle und zeigen die Parallelen, die sich in einem Vergleich der Begriffe zur WK ziehen lassen. Veränderungen in den Kommunikationsstrukturen, eine Mehrkanalnutzung in der internen und externen Kommunikation (Abschn. 3.2) und beteiligte Akteur:innen (Abschn. 3.3) zeigen die verschiedenen Ebenen des Wandels. Abschließend fasst dieser Beitrag in Kap. 4 den Paradigmenwechsel der WK sowie Handlungsempfehlungen der FactoryWisskomm zusammen.

2 Aktuelle Rahmenbedingungen

Um auf die Rahmenbedingungen von Wissenschaftskommunikation genauer einzugehen, betrachtet der Beitrag zunächst deren historische Entwicklung. Anschließend geht es um die Ausgangslage der WK. Diese betrifft das System Wissenschaft (Bedeutung und Entwicklung), die Dynamiken der Digitalisierung (Technik und Kommunikationskanäle) und die beschleunigende Wirkung der Pandemie (Nachfrage nach wissenschaftlicher Einschätzung und digitalen Lösungen).

2.1 Historische Entwicklungen der Wissenschaftskommunikation

Um die Rolle der Wissenschaft und somit auch der Wissenschaftskommunikation im 21. Jahrhundert zu reflektieren, bedarf es einer komplementären Betrachtung. Der Beitrag überspringt an dieser Stelle die Entstehung der Wissenschaften in der Antike, die mittelalterliche Scholastik und Aufklärung sowie das Gelehrtentum des Islam. Aufgrund mangelnder globaler Historiographien der WK stellen wir nicht den Anspruch auf eine erschöpfende Literaturübersicht, zeigen an dieser Stelle jedoch beitragsrelevante Schlüsselmomente der Geschichte.

Organisierte Informationsquellen und Orte des Austausches für den Stand der Forschung und Technik haben ihren Ursprung vor ca. 300 Jahren. So organisierten bspw. Einrichtungen wie die „Philosophical Transactions of the Royal Society" wissenschaftlichen Austausch von Forschungsinhalten (Kronick, 1962). Später folgte mit der Gründung weiterer Organisationen (z. B. 1822: „Deutsche Gesellschaft für Naturforscher und Ärzte") eine Etablierung sogenannter Populärwissenschaften, die auch auf öffentliches Interesse stießen. Heutige Beispiele des deutschsprachigen Raumes sind die VW, Bertelsmann und Siemens Stiftung (Bauer, 2017, S. 19). Populärwissenschaften wird die Eigenschaft zugeschrieben, arkane Kontroversen aufzudecken (Gregory, 2003). Beispielhaft hierfür ist der Diskurs zur „Big Bang Theory". Die Thematik des Urknalls steht symbolisch für den Aufbruch sakral geprägter Weltbilder durch die Wissenschaft. Die populärwissenschaftliche Debatte über arkane Kontroversen stellen die Radio- und Bucharbeiten von Fred Hoyle und der „Big Bang"-Theorie dar, der erst durch seine spöttische Haltung der Theorie seinen Namen gab und diese über seine Sendungen massenmedial verbreitete (Lorenzen, 2019). Barlösius und Wilholt (2021, S. 5) argumentieren, dass „sogar wissenschaftliches Wissen, das wiederholt geprüft und bestätigt wurde und über dessen Geltung und Verlässlichkeit breiter wissenschaftlicher Konsens besteht, sich solcher Infragestellung ausgesetzt sieht. Dies zeigt sich am deutlichsten im Falle des anthropogenen Klimawandels."

Eine Professionalisierung der Wissenschaft zeichnet sich seit Anfang des 20. Jahrhunderts ab. Nach Auseinandersetzung mit kirchlichen Einflüssen auf die Bildung und dem Druck der Industrie und Medizin nach naturwissenschaftlichen Erkenntnissen und technischem Fortschritt entwickelten sich zunehmend Ressourcen, Einrichtungen und Karrierewege (Turner, 1978, S. 365). Mittlerweile sprechen wir von einem Wechsel vom Weberschen Verständnis von „Wissenschaft als Beruf(ung)" zu einem „Alltagsjob" (Bauer, 2017, S. 22).[2] Wissenschaftskommunikation entwickelt sich aus der Praxis der Wissenschaft heraus und tangiert ebenfalls Kernelemente der Kommunikationswissenschaften, sodass eine klassische Einordnung erst mit der modernen Entstehung dieser Disziplin möglich ist (Bauer, 2017, S. 18 f.). Heute werden über 50.000 Fachzeitschriften und

---

[2] Zur (Selbst-)Findung und Rollendefinition von Wissenschaftler:innen siehe auch Shapin (2010) und Roman (2022).

Datenbanken als primäre Informationsquellen für den Stand der Forschung und Technik genutzt und eine gesellschaftliche Teilhabe an Wissenschaft wird forciert. Mit der großen „PUSH-Initiative“ setzten 1999 der Stifterverband und Wissenschaftsorganisationen einen Meilenstein der WK in Deutschland. Getragen vom Dialog-Gedanken gründete sich die Initiative „Wissenschaft im Dialog“. Es folgten weitere Zusammenschlüsse, Bündnisse und Programme (Stifterverband, 2022).

2.2 Ausgangslage in der Wissenschaft

Wissenschaft wird im Diskurs um die Wissensgesellschaft diskutiert und zunehmend ins Zentrum für gesellschaftsrelevante Themen gerückt (Barlösius, 2012; Höhne, 2020). Themen wie Vernetzung und Austausch sind fest verankert. Die Motivation zur Übertragung von Daten zwischen Wissenschaftler:innen hat so zur Entstehung des Arpanets (Vorstufe des Internets) geführt (Braun, 2008, S. 15). Hochschulen und Wissenschaftler:innen sind in der Pflicht durch Kommunikation neuer wissenschaftlicher Erkenntnisse einem Bildungsauftrag für die Gesellschaft nachzukommen (nach Forschung und Lehre die „Third Mission“) (Claussen et al., 2020, S. 270). Die Grundlage demokratischer Prozesse ist die Reflexion wissenschaftlicher Ergebnisse und die Fähigkeit, auf Grundlage dieser Informationen Entscheidungen zu treffen. Demokratie und Citizens[3] wird folglich eng mit Wissenschaft gedacht (FactoryWisskomm, 2021, S. 6). Wissenschaftskommunikation hat den Anspruch, Menschen mit großem Wissenschaftsinteresse sowie geringen wissenschaftlichen Berührungspunkten die Möglichkeit der Auseinandersetzung zu geben (FactoryWisskomm, 2021, S. 5).

Nach Forschung und Lehre bildet die sogenannte „dritte Mission“ (der Transfer) eine Abrundung zu den „eigentlichen“ Aufgaben von Wissenschaftler:innen. Schneidewind (2016, S. 14) provoziert mit der Frage, ob man die „Third Mission“ nicht auch als „First Mission“ denken könne. Er setzt bei diesem Gedanken die gesellschaftliche Funktion von Hochschulen im Zusammenspiel mit Forschung und Lehre in den Vordergrund und skizziert die Selbstbeschreibung des Hochschulsystems als eingefahren. Die Wechselwirkung zu außeruniversitären Akteur:innen wird besonders bei aktuellen gesellschaftlich relevanten Themen deutlich. Beispielsweise steigt die öffentliche Nachfrage an Wissenschaft hinsichtlich Lösungen zum Klimawandel seit Jahrzehnten. Im BUND[4]-Beitrag (BUND, 2012) titelt der Verband: „Nachhaltige Wissenschaft – Plädoyer für eine Wissenschaft für und mit der Gesellschaft“ und geht auf mangelnde

[3] Um dem Anspruch einer genderneutralen Sprache gerecht zu werden sowie zur Einhaltung normativ-institutioneller Ansprüche und zur Vermeidung semantischer Nachteile verwenden wir statt des Begriffes „(Staats-)Bürger“ diesen Anglizismus.

[4] BUND ist einer der großen Umweltverbände in Deutschland.

Transparenz und festgefahrene Strukturen ein. Die Forderung ist klar formuliert: „[…] dass die im Wesentlichen industrie- und ökonomisch getriebene Wissenschaftspolitik der letzten Jahrzehnte sich zu Beginn des 21. Jahrhunderts zu einer gesellschaftsorientierten Wissenschaftspolitik weiterentwickelt" (BUND, 2012, S. 3). Die aktuelle Relevanz qualitativ hochwertiger WK gewinnt auch bei kontroversen Themen, wie bspw. innovativen Forschungen zu erneuerbaren Energien (Kovač et al., 2021), wasserstoffbetriebener Luftfahrt (Hoelzen et al., 2021) oder Integration von Geflüchteten (Gronau & Ruesink, 2021), an Bedeutung.

Wissenschaftskommunikator:innen sehen sogenannte Bottom-up-Initiativen als besonders geeignet, um gesellschaftliche Problem- und Fragestellungen ins Wissenschaftssystem zu befördern. Die zunehmende Bedeutung der „dritten Mission" an Hochschulen fokussiert den Transfer von relevanten Themen aus der Zivilgesellschaft in die Wissenschaft. Transfer meint dabei nicht nur Technologietransfer, sondern umfasst explizit den Austausch mit der Zivilgesellschaft, Kultur, Wirtschaft und Politik. Laut FactoryWisskomm (2021 S. 60) ist die Etablierung geeigneter und niedrigschwelliger Begegnungsräume eine zentrale Herausforderung der Wissenschaftskommunikation im 21. Jahrhundert.

Wandlungsprozesse in der Wirtschaft und Gesellschaft vollziehen sich parallel zu technischem Fortschritt. Levitt (1976) beschreibt von der Industrialisierung ausgelöste Transformationen. Doch je nach zeitlichem Bezugsrahmen und relevanten Kennzahlen[5] lassen sich regelhafte Zyklen abbilden, die von technischem Fortschritt ausgelöst werden und Muster der Transformationsprozesse zeigen (Wagner-Döbler, 1996 S. 65 ff.). Die Identifikation von (Mega-)Trends scheint aus Sicht der Wissenschaftsforschung (besonders aus diskursanalytischer Sicht) kritisch. Einschätzungen zu den letzten Wirtschaftszyklen konzentrierten sich um die Jahrtausendwende noch um den Megatrend „Gesundheit". Maitz und Granig (2011) arbeiten das Potenzial des Marketings heraus, um durch Megatrends ausgelöste Innovationen in die Unternehmensführung zu integrieren. Anfang 2000 und nach der „geplatzten Internetblase" beschränkte sich der Internet-Hype um Online-Marketing auf Ebay und Amazon, eingangs noch ohne nennenswerte Beachtung (Bachem, 2004, S. 29). Heute sehen wir eine Dekade detaillierter Analysen über den Einfluss von Influencer:innen und die digitale Veränderung von Marketing-Prozessen (Kamps & Schetter, 2020). Dynamiken der Digitalisierung zeigen sich in der Wirtschaft, machen sich aber auch in der Wissenschaft bemerkbar. Dies betrifft zum einen die digitale Vernetzung zwischen Wissenschaftler:innen und zum anderen die Form von ähnlichen Kanalstrukturen, wie sie sich in Unternehmen im Rahmen der Digitalisierung

[5] Ökonomische Kartografien zeigen anhand von Wachstumsschwankungen wirtschaftlicher Größen regelmäßige Zyklen. Die bekanntesten sind Kitchins (Zyklus von 3 bis 6 Jahren); Juglars (Zyklus von ca. 11 Jahren); Kuznets (Zyklus von ca. 25 Jahren); Kondratieff (Zyklus von ca. 50 Jahren).

vollziehen. Im 21. Jahrhundert machen es digitale Alltagsroutinen in der Wissenschaft nahezu unmöglich, offline zu arbeiten. Die pandemiebedingte beschleunigte Umstellung auf Online-Formate beflügelt(e) zusätzlich die stattfindenden Transformationsprozesse.

Die COVID-19-Pandemie erzeugte einen abrupten Digitalisierungsschub der Wissenschaftskommunikation. Aktuell gilt es, auf den positiven Beispielen und Lernerfahrungen aufzubauen und digitale partizipative Formate weiterzudenken (FactoryWisskomm, 2021, S. 58). Mediatisierte WK hat durch die Pandemie die Bedeutung qualitativ hochwertiger Beiträge deutlich gemacht, als noch nicht veröffentlichte Preprints als Basis für politische Entscheidungen in der COVID-19-Pandemie herangezogen wurden. Ergebnisse wurden zu diesem Zeitpunkt vor ihrer Publikation direkt an die Öffentlichkeit berichtet, und nicht erst nachgelagert kommuniziert (FactoryWisskomm, 2021, S. 56). Die daraus resultierende öffentliche Debatte verdeutlichte das fehlende gesellschaftliche Verständnis für wissenschaftliche Review-Prozesse. Hier stellt sich die grundlegende Frage, welchen Beitrag WK zur Überwindung gesellschaftlicher Polarisierung und Fragmentierung leisten kann (FactoryWisskomm, 2021, S. 6). Die vielschichtige Ausgangslage offenbart Transformationsprozesse, denen Wissenschaft und Wissenschaftskommunikation unterliegen. Hinzu kommen weitere Transformationen auf Ebene der Akteur:innen und Kommunikationsstrukturen.

3 Transformationsprozesse

Wissenschaftskommunikation beinhaltet Kommunikation aus der Wissenschaft, in die Wissenschaft und über die Wissenschaft (FactoryWisskomm, 2021, S. 6). Um Transformationsprozesse aufzuzeigen, betrachtet der Beitrag Vergleichslinien zwischen Wissenschaft und Wirtschaft. Verdeutlicht wird dies an den Begriffen „Multi- und Omni-Channel". Parallelen zur WK zieht der Beitrag anhand der internen und externen Kommunikation sowie verschiedener Kommunikationsmodelle und Akteur:innen. Kommunikationskanäle haben in den letzten Jahrzehnten eine unübersehbare (R)evolution erfahren. Digitale Plattformen vervielfachen die Möglichkeiten zur Interaktion zwischen Privatpersonen, B2C, B2B, C2C, Medien und Rezipient:innen, sowie Wissenschaft und Gesellschaft. Es zeigt sich eine Parallele in der Wissenschaft zu Entwicklungen in der Wirtschaft; die Entgrenzung zwischen Online- und Offlinekanälen und neue Rollengefüge zwischen den beteiligten Akteur:innen.

3.1 Vergleichslinien zwischen Wissenschaft und Wirtschaft

Der Beitrag differenziert an dieser Stelle Vergleichskategorien zwischen Wissenschaft und Wirtschaft auf Grundlage konzeptioneller Ansätze von Online- und Offline-Channels, um Transformationsprozesse in der Wissenschaftskommunikation abzubilden.

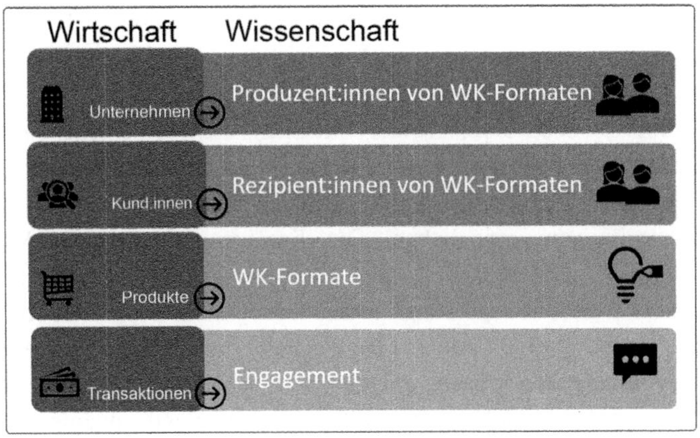

Abb. 2 Begriffsnäherung Wirtschaft und Wissenschaft

Dabei fokussieren wir die Begriffe Multi- und Omni-Channel.[6] Um eine erste Parallele zwischen Wirtschaft und Wissenschaft ziehen zu können, ordnen wir die Begriffe „Kund:innen", „Produkt", „Unternehmen/Handel" und „Transaktion" ein. Hier gilt es, das Gegenstück aus der WK zu definieren. In Abb. 2 sind die Vergleichslinien aufgeführt. Eine naheliegende Parallele bietet die Übertragung von „Kund:innen" zu „Rezipient:innen" sowie „Produkt" zu „Format in der WK". „Unternehmen/Handel" definieren wir als „Produzent:innen in der WK" (z. B. Wissenschaftler:innen, wissenschaftliche Einrichtungen und Intermediäre wie Wissenschaftsjournalist:innen oder Blogger:innen). Die Übertragung des Begriffes „Transaktion" ist eher heuristisch, da i. d. R keine monetäre Transaktion erfolgt. Eine Ausnahme wäre Eintrittsgeld bei wissenschaftlichen Veranstaltungen oder beim Verkauf von wissenschaftlichen Veröffentlichungen. Wir sehen im „Engagement" eine bewusste Aktion der Rezipient:innen begründet. Dazu zählen das Abonnieren von Social-Media-Kanälen, die Kontaktaufnahme via Direct Message oder Interaktionen (Likes, Kommentare, Reposts und Speicherungen) auf den Kanälen.

3.1.1 Multi- und Omni-Channel im Vergleich

Für eine Begriffsnäherung des Multi- und Omni-Channels betrachtet der Beitrag zunächst die unterschiedlichen Kanalstrukturen. Unter dem Begriff „Kanal" werden unterschiedliche Vertriebs- und Kommunikationskanäle sowie Kontaktpunkte über ein Medium verstanden. Über dieses interagieren Kund:innen und Unternehmen (Beck & Rygl, 2015, S. 170; Neslin & Shankar, 2009, S. 70). Darunter werden sowohl stationäre Vertriebsmedien (Telefon-, TV-, Online- oder Mobilvertrieb, Katalogbestellungen,

[6] Andere Kategorisierungen wie Cross-Channel oder No-Line-Channel werden aufgrund marginaler Differenzierungen für den Vergleich mit WK nicht herangezogen.

„Third Party Agencies", Callcenter) sowie integrierte (innerhalb der Unternehmensstruktur organisierte, miteinander verbundene und einheitlich konzipierte) Plattformen gefasst (Hudetz, 2012, S. 40 f.; Stone et al., 2002, S. 41).

Bachem (2002, S. 260) unterscheidet zwischen drei verschiedenen Kanalformen eines Unternehmens: dem Ansprache-, Service- und Transaktionskanal. Heute verschmelzen diese drei Unterscheidungen, die sowohl Kund:innen werben als auch Austausch und Bestellungen ermöglichen. Die Kombination mehrerer Vertriebskanäle (Mehrkanalstrategie) wird unter Begriffen wie Multi- und Omni-Channel mit Fokus auf eine zunehmend digitalisierte Kundenorientierung konzeptualisiert (Mehn & Wirtz, 2018, S. 6). Zu Beginn des E-Commerce lag der Fokus vom Multi-Channel-Retailing auf der Kundenorientierung. Autor:innen gingen von einem konsistenten und koordinierten Management aller Kanäle und Medien, mit denen der Kunde interagiert, aus (Neslin et al., 2006; Rangaswamy & Van Bruggen, 2005; Stone et al., 2002, S. 43).

Die Besonderheit des Multi-Channel-Retailings spiegelt sich in dem synergetischen Miteinander der verschiedenen Kanäle wider. Hierbei werden sowohl digitale als auch analoge Kanäle als Instrument zur Zielerreichung verstanden (Bachem, 2004). Heinemann (2011, S. 19, 2013, S. 10) hebt hervor, dass reine Kommunikationskanäle wie soziale Medien, die keine Transaktionen zulassen, einen Händler daher noch nicht zu einem Multi-Channel-Retailer machen. Nach Mehn und Wirtz (2018, S. 8) umfasst Multi-Channel-Vertrieb verschiedene (Vertriebs-)Kanäle, die allerdings als voneinander unabhängige, nicht integrierte Einheiten existieren und die Möglichkeit zur Transaktion bieten.

Omni-Channel-Retailing beschreibt eine komplexere Abfolge des Konsument:innenverhaltens. Dieses wechselt fließend zwischen digitalen und analogen Kanälen. Während Kund:innen vor Ort beim Händler sind, werden digitale aufeinander abgestimmte Kanäle genutzt (Haderlein, 2013, S. 19). Verhoef et al., (2015, S. 174) sprechen vom Verschwinden der Grenzen zwischen der virtuellen und der physischen Welt aufgrund mobiler Endgeräte und sozialer Medien. Sie definieren Omni-Channel als „[…] the synergetic management of the numerous available channels and customer touchpoints, in such a way that the customer experience across channels and the performance over channels is optimized" (Verhoef et al., 2015, S. 176). Erfolgreiche Omni-Channel-Strategien hängen zentral von der unternehmerischen Gestaltung konsistenter Kauferlebnisse mit einem einheitlichen Bild sowie der Integration verschiedener Kanäle in das unternehmerische Kanalkonzept ab (Pophal, 2015, S. 16). Omni-Channel-Marketing wird auf dem heutigen wettbewerbsintensiven Markt als Kernstück des unternehmenseigenen Kanalsystems gesehen (Akter et al., 2021). In Abgrenzung vom Multi-Channel-Management zeigt das Omni-Channel-Management ein Outside-in-Vorgehen hinsichtlich des Kommunikationsweges. Die Kundenbedürfnisse werden datenbasiert analysiert. In dieser Betrachtungsweise steht allein der Kunde im Kern der Unternehmensstrategie und keine unternehmensinternen Silos (Pophal, 2015, S. 19). Das Abgrenzungskriterium zum Multi-Channel-Management ist die konzeptionelle Herangehensweise an die Kanalgestaltung entlang der Kundenbedürfnisse (Akter et al., 2021,

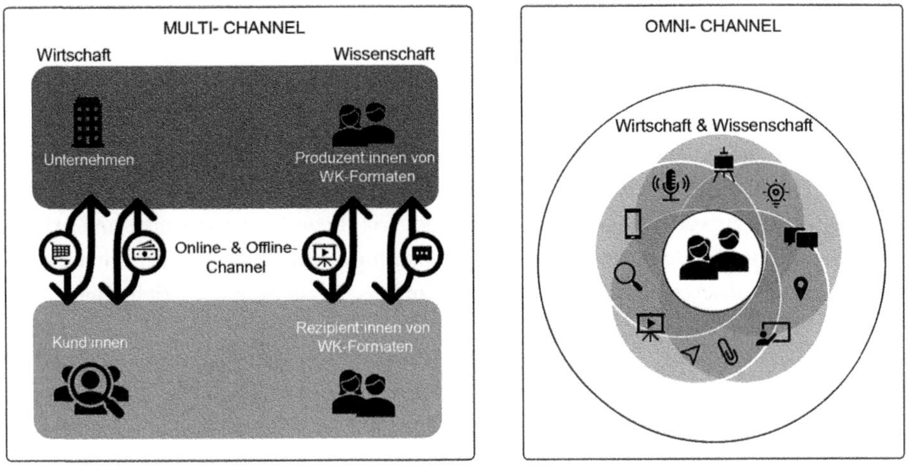

Abb. 3 Multi- und Omni-Channel im Vergleich

S. 571). Akter et al. (2021) konkretisieren die Integration von Omni-Channel-Strategien in das unternehmenseigene Kanalsystem als Kernstück des Channel-Managements und nicht als zusätzlichen Service, um den Bedürfnissen immer anspruchsvollerer und stärker vernetzter Kund:innen gerecht zu werden. Abb. 3 fasst beide Konzepte visuell zusammen.

3.1.2 Parallelen zur Wissenschaftskommunikation

Der Beitrag identifiziert den Zusammenhang der Mehrkanal-Beschreibung zur Wissenschaftskommunikation. Mit WK werden Kanäle wie Zeitungen, Zeitschriften mit wissenschaftlichen Artikeln, Berichte und Dokumentationen im TV, Radiobeiträge, Podcasts und Beiträge in sozialen Medien assoziiert. Zudem sind Ausstellungen und Veranstaltungen etablierte Quellen und Kanäle für wissenschaftliche Informationen. Diese externen Kommunikationsplattformen mit Publika außerhalb der Wissenschaft stehen sowohl online als auch offline zur Verfügung. Hinzu kommen interne Kanäle wie Kongresse, Konferenzen und kollegialer wissenschaftlicher Austausch. Die interne Kommunikation beinhaltet des Weiteren nicht-öffentliche Gremien und Räte, die zur Entscheidungsfindung in politischen und gesellschaftsrelevanten Themen dienen. Dies liegt darin begründet, dass zu WK auch die institutionalisierte Wissenschaft zählt, inklusive ihrer Produkte, Inhalte, Nutzungen und Wirkungen (Bonfadelli et al., 2017, S. 5).

Die Konzepte des Multi- und Omni-Channel-Managements erschließen interessante Erkenntnisse für eine Betrachtung der Transformationsprozesse der Wissenschaftskommunikation. Hierbei spielt die Unterteilung in Kanäle der internen und externen WK eine Rolle. Zudem ist eine Betrachtung der Kommunikationsstrukturen notwendig, zwischen denen sich Akteur:innen bei der Gestaltung der WK entscheiden (müssen).

3.2 Kommunikationsstrukturen

In der kommunikationswissenschaftlichen Literatur werden vielfache Perspektiven der Kommunikation eingenommen. Die gängigsten Betrachtungen konzentrieren sich auf Sender und Empfänger. Ebenfalls interessant sind das Kommunikationsmedium sowie die Nähe und Distanz zwischen den Parteien. Um die Strukturen in der Wissenschaftskommunikation zu veranschaulichen, betrachten wir Prozesse der internen und externen Kommunikation. Zudem werden Kommunikationsmodelle zwischen Sender und Empfänger (in unserem Fall Wissenschaftler:innen, Wissenschaftseinrichtungen, Intermediäre und Zivilgesellschaft) fokussiert.

3.2.1 Interne und externe Wissenschaftskommunikation

Getrieben von der Digitalisierung entwickelt die Wissenschaftskommunikation eine zunehmende Entgrenzung von interner und externer Kommunikation (FactoryWisskomm, 2021, S. 58). Interne WK, bzw. „scholarly communication"[7], besteht aus der formalen und informellen Kommunikation. Formale Kommunikation umfasst wissenschaftliche Publikation bzw. wissenschaftsöffentliche Kommunikation, das Verfassen und Publizieren von wissenschaftlichen Texten, Projektanträge bei Drittmittelgebern sowie die Diskussion und Einordnung wissenschaftlicher Inhalte (Gloning & Fritz, 2011, S. 4 ff.). Die formale WK sieht Lüthje (2017, S. 110) als sporadisch in reflexiven und bibliometrischen Studien aufgearbeitet und fachintern durch neue Publikationswege und -formen (bspw. Open Access) diskutiert. Informelle WK ist für die kommunikationswissenschaftliche Forschung hingegen weitestgehend terra incognita. Sie wird jedoch durch die Entwicklung neuer Medientechnologien zunehmend mediatisiert und interessant für die Forschung (Lüthje, 2017, S. 109). Informelle Kommunikation umfasst alle anderen Bereiche wissenschaftsinterner Kommunikation. Sie erfolgt interpersonal und rückt aktuell in den Fokus der Forschung, da sie zunehmend medial vermittelt wird und so die Grenzen zu öffentlichen Diskursen verschwimmen. Die Kommunikation zwischen Wissenschaftler:innen bildet eine Kernessenz, um Aufgaben der Wissenschaft zu bewältigen. Das beginnt bei der Entwicklung von Ideen bis hin zur Kommunikation von Ergebnissen und Feedbackschleifen (Lüthje, 2017, S. 109 f.). Gloning (2011, S. 6) spricht von einem medialen Switch des kollegialen Austausches von der Kaffeeküche auf die „Twitter-Bühne". Interessanterweise findet auf diesem Schauplatz wichtige Kommunikation für die Qualitätssicherungsfunktion der Wissenschaft statt.[8] Sobald für

[7] Im englischsprachigen Raum wird zwischen der „science communication" und „scholarly communication" unterschieden. Beide Perspektiven werden als „scientific communication" konzeptionell zusammengefasst (Lüthje, 2017, S. 110).

[8] Gloning (2011, S. 7) erklärt Qualitätssicherung mit dem Verweis auf die nicht vorhandene unabhängige Beurteilungsinstanz, weshalb Wissenschaftler:innen auf interne und kollaborative Verfahren der Prüfung angewiesen sind.

diese Form des kollegialen Austausches öffentliche digitale Medien genutzt werden, wird die Kommunikation auch öffentlich geführt. Ein Beispiel für die Entgrenzung zwischen interner und externer WK wird erkenntlich.

Externe Wissenschaftskommunikation zeigt sich facettenreicher als die interne. Voigt (2012) hebt hervor, dass digitale WK bereits vor der Entstehung des „Social Webs" möglich war. Allerdings erleichtern niedrigschwellige Medien die WK und Kontaktaufnahme, da keine formalen Barrieren überwunden werden müssen, denn sogar herkömmliche E-Mails im akademischen Betrieb sind im Hinblick auf Formalia und Konventionen einem Brief sehr ähnlich (Gebert, 2020, S. 281).

Unter Pandemiebedingungen haben die Tendenzen der Entgrenzung zwischen internen und externen Kommunikationskanälen zugenommen. Der Umbruch zeigt sich besonders in der Gestaltung von Online-Formaten für Konferenzen und Kongresse sowie neuen digitalen Lösungen für Projektgruppen und Arbeitskreise. Die Gestaltung solcher digitalen Lösungen für formale interne Wissenschaftskommunikation (Videos, Grafiken, Präsentationen, usw.) hat sich professionalisiert und einen interessanten Nebeneffekt ausgelöst: die Zunahme von wissenschaftlichen Beiträgen in den sozialen Medien. Die Nachfrage nach wissenschaftlichen Formaten ist gestiegen. Dies korrespondiert mit einer zunehmenden Bereitschaft von Wissenschaftler:innen, in öffentlichen sozialen Medien über Wissenschaft zu sprechen. Die professionell aufbereiteten Medien für die interne Kommunikation erleichtern die rasche Gestaltung von hochwertigen Beiträgen für externe WK-Formate. Der Wechsel vollzieht sich an dieser Stelle vom geteilten Bildschirm mit einer Präsentation auf einer (Video-)Konferenz hin zu YouTube-Aufzeichnungen, in denen eine übersichtliche Grafik aus der Präsentation animiert und mit einem „Voice Over" erläutert wird. Erneut zeigt sich hier eine Entgrenzung zwischen interner und externer Kommunikation. Öffentliche Publika rücken insbesondere bei großen medialen Schauplätzen wie Twitter & Co. in den Fokus. Ein weiteres Beispiel der Entgrenzung verdeutlichen kombinierte Lehrveranstaltungen, die in didaktischer Herangehensweise Studierende mit Blogs und sozialen Medien konfrontieren und/oder experimentieren lassen. Dies betrifft Simulationen des akademischen Selbst-, Institutionen- oder Projektmarketings sowie die Wirksamkeitsbeobachtung wissenschaftlicher Statements in den sozialen Medien (Gebert, 2020, S. 297).

Entgrenzende Transformationen erkennen wir zudem in den digitalen Visitenkarten von Wissenschaftler:innen. Persönliche Accounts in akademischen sozialen Netzwerken wie Research Gate, Academia oder ORCiD sind oft der Beginn weiterer „Abdrücke" der eigenen Profession im Netz. Berufliche Plattformen wie LinkedIN und XING sind besonders interessant für Wissenschaftler:innen und wissenschaftliche Einrichtungen, die Kollaborationen mit anderen Einrichtungen oder Stakeholdern außerhalb der Wissenschaft eingehen. Doch auch eigene Homepages mit integrierten Blogs und statische Accounts bei Google Scholar und Wikipedia steigern die Sichtbarkeit. Diese sind zwar öffentliche digitale Kanäle, führen jedoch zu Interaktionsschleifen, die in Wechselwirkung zur internen Kommunikation erneut zur Entgrenzung von interner und externer WK führen.

Das Facettenreichtum der externen WK wird durch diverse Publika, Kommunikator:innen und Plattformen geprägt. Die Auswahl der Plattform definiert den Kreis der Rezipient:innen und hat Einfluss auf die Komplexität der Beitragsgestaltung und Sprache. Digitale Plattformen hier zu benennen, wäre indes nur eine Momentaufnahme, da sie stetig im Wandel sind, wachsen, schrumpfen, fusionieren oder veralten. Es existieren Blogs von wissenschaftlichen Gesellschaften und Wissenschaftler:innen, öffentliche „Science Slams", „Research-Communities" auf Twitter sowie gehaltvolle wissenschaftliche Videos auf YouTube und Twitch. Zudem erhalten wir Einblicke in den Alltag und „aufklärende" Beiträge von Wissenschaftler:innen, Wissenschaftsjournalist:innen und Wissenschaftsblogger:innen auf Instagram, Facebook, Twitter und zunehmend TikTok. Wissenschaftliche Einrichtungen nutzen diese Plattformen ebenfalls für Literatur-, Veranstaltungs- und/oder Programmhinweise. Aktuell sind Podcasts, Live-Audio-Diskussionen auf Clubhouse und Mitschnitte von Tagungen auf YouTube im Fokus wissenschaftlicher Kommunikator:innen. Diese Beiträge haben die Eigenschaft, dass Rezipient:innen Feedback in Form von Kommentaren, Direct Messages, Likes, Reposts oder „Shoutouts"[9] geben können.

3.2.2 Kommunikationsmodelle

Kommunikationsmodelle sind in der Wissenschaftskommunikation historisch gewachsen. Das anfängliche Defizit-Modell, das auch als Top-Down-Kommunikation bezeichnet wird (Informationen werden von oben aus der Wissenschaft nach unten in die Zivilgesellschaft formuliert), ist von einem dialogischen bzw. partizipativen Kommunikationsmodell abgelöst. Vertrauen in die Wissenschaft zu generieren, steht für einen Dialog oder eine auf Partizipation ausgelegte Kommunikation vor der reinen Informationsvermittlung (Appelhans & Kremer, 2018, S. 598). Hier erleben wir aktuell einen Wandel der WK. Dialog und Partizipation haben im Sinne des „Public Understandings" und „Public Engagements of Science" an Bedeutung gewonnen (Jarren, 2017, S. 6). Beispielhaft sind an dieser Stelle die innovativen Ansätze von Open (siehe Miedema, 2022) und Citizen Science (siehe Haklay et al., 2021) zu nennen. Im Fokus stehen Beteiligung, Einbezug und Einfluss auf Wissenschaft und Gesellschaft. Kommunikationsmodelle zeigen, dass eine klare Unterteilung in Kommunikationslinien ab dem Punkt des Dialoges zwischen Publika und Wissenschaft nicht mehr linear, sondern spiralförmig verläuft. Die Betrachtung gewinnt durch eine weitere Komponente an Komplexität: Doppelbesetzungen der Akteur:innen. Es besteht keine klare Trennung zwischen Wissenschaft und Öffentlichkeit sowie zwischen Publikum und Darstellenden. Die Grenzen verschwimmen, da beim Publikum (hier als Öffentlichkeit oder Zivilgesellschaft bezeichnet) auch wissenschaftliche

[9] Als „Shoutouts" werden Reposts oder Retweets durch andere Kanäle, die gezielt Beiträge oder Channels bewerben, bezeichnet. In der Regel sind diese koordiniert und auf ein Event oder einen Launch bezogen.

Teilnehmer:innen inkludiert sind. Wissenschaftler:innen sind sowohl Produzent:innen als auch Konsument:innen von WK.

Zusammenfassend zeigen sich fluktuierende Grenzen bei der Betrachtung von Kanälen und Kommunikationsformen. Diese decken eine Entgrenzung zwischen formaler und informeller sowie zwischen interner und externer WK auf. Diese Entgrenzungstendenzen und Transfusionen gilt es auch hinsichtlich verschiedener Akteur:innen im Kontext der WK zu untersuchen.

3.3 Akteur:innen

Die FactoryWisskomm (2021, S. 5 f.) beschreibt Wissenschaftskommunikation als einen Kommunikationsprozess „aus der Wissenschaft, in die Wissenschaft und über die Wissenschaft zwischen Wissenschaftler:innen, Kommunikator:innen, Journalist:innen, zivilgesellschaftlichen Akteur:innen und Öffentlichkeit“. Die Motivationen zur Produktion und/oder zum Konsum von WK sind vielfältig und richten sich danach, wer was warum produziert und/oder konsumiert. Auf der Seite der Produzent:innen finden wir drei verschiedene Akteur:innen, die sich in ihren Bedürfnissen, Rahmenbedingungen und Motivationen unterscheiden. Dazu zählen Wissenschaftler:innen (die als Einzelpersonen mit ihrer Profession in den sozialen Netzwerken sichtbar sind), Einrichtungen und Zusammenschlüsse jeglicher Art (die gemeinsame Projektziele verfolgen und dafür digitale Kanäle betreiben), sowie Intermediäre wie Journalist:innen und Blogger:innen (die wissenschaftliche Inhalte aufbereiten und medial verbreiten). Eine trennscharfe Zuordnung ist kaum möglich. Eine Person kann bspw. in der Wissenschaft tätig sein, im Rahmen einer Projektzugehörigkeit einen Kanal auf Instagram und Facebook bespielen, parallel als Blogger:in einen Podcast zu wissenschaftlichen Themen betreiben und in der Freizeit wissenschaftliche Beiträge auf Twitter konsumieren.

Wissenschaftliche Inhalte erreichen demnach primär wissenschaftliches Publikum, weshalb die gezielte Ansprache von Publika außerhalb der Wissenschaft zunehmend an Bedeutung gewinnt.

3.3.1 Wissenschaftler:innen

Hervorzuheben ist die intrinsische Motivation des Berufsethos Wissenschaft, dessen Lebensform und Weltansicht maßgeblich wissenschaftsgeleitet ist (Shapin, 2010). Wissenschaftler:innen definieren sich selbst als Mediator:innen, Multiplikator:innen oder „Gatekeeper:innen“, was aktive externe WK begünstigt (Jünger & Fähnrich, 2020, S. 391). Die Rahmenbedingungen in der Wissenschaft sind geprägt von Publikationsdruck, Projektakquise, Wissenschaftszeitgesetz, Lehrbelastungen und der Erfüllung der „dritten Mission“. Dies steht mit begrenzt verfügbaren Ressourcen für WK im Konflikt.

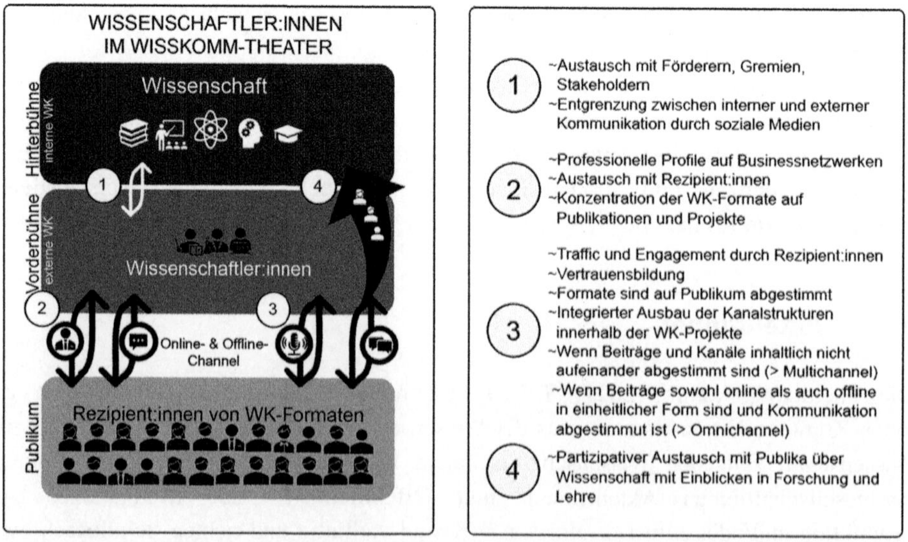

Abb. 4 Online- und Offline-Channel von Wissenschaftler:innen

Allerdings begünstigen der überschaubar wirkende zeitliche Aufwand für einen Tweet oder Post und die geringe finanzielle Belastung die Entscheidung, in sozialen Medien wissenschaftliche Beiträge zu veröffentlichen (Könneker, 2017, S. 455). Dies betrifft auch das Loslösen vom journalistischen Selektionsprozess der Massenmedien (Metag & Schäfer, 2017, S. 165).

Der Zeitpunkt, wann sich Wissenschaftler:innen entscheiden, eigene Beiträge auf unterschiedlichen Kanälen aktiv zu veröffentlichen, ist unklar. Rationale im System begründete Motivationen, wie Legitimationsgründe zur Verteidigung der Wissenschaft (Dudo & Besley, 2016) oder Richtigstellung von Fehlinformationen und Widerlegung pseudowissenschaftlicher Inhalte (Schäfer, 2017, S. 279), begünstigen die Aktivität als Wissenschaftskommunikator:in. Die Rechtfertigung für das Ausgeben öffentlicher Gelder oder der Wunsch, Verbesserungen herbeizuführen, spielen ebenfalls eine Rolle (Scheu & Schedifka, 2018). Allerdings erschweren systemische Hindernisse im Wissenschaftssystem (d. h. Ressourcenknappheit, Publikationsdruck, mangelnde Reputation, mangelndes Anreizsystem) partizipative WK. Laut FactoryWisskomm (2021, S. 57) wird Engagement in der deutschen WK noch immer eher als Karrierehindernis für Forschende und nicht als förderliche Qualifikation verstanden. Der Beitrag verdeutlicht in Abb. 4 Wissenschaftler:innen im Wisskomm-Theater. Die Motivationen für eine aktive wissenschaftskommunikatorische Gestaltung steht in Zusammenhang mit der Entscheidung, welches Format genutzt wird. Die Möglichkeiten reichen von bildreichen Beiträgen in sozialen Medien über knappe Tweets bis zu aufwendigen Podcast-Produktionen. Hinzu kommt die Erstellung von persönlichen Profilen in digitalen akademischen oder beruflichen Netzwerken, die eher auf Publikationen und Projekte aufmerksam machen. So vielfältig die Gestaltungspalette ist, so mannigfaltig können auch die Motivationen sein.

Bei Formaten der WK, die von Wissenschaftler:innen produziert werden, können wir sowohl von einer Multi-Channel- als auch von einer Omni-Channel-Nutzung sprechen. Entscheidend sind der Integrationsgrad der Kanäle und der Austausch mit Rezipient:innen. Auch wenn Online- und Offlinekanäle von Wissenschaftler:innen aus einer Hand betrieben werden, können sie trotzdem untereinander nicht vernetzt, nicht einheitlich gestaltet oder nicht engagementorientiert betrieben sein. Es wird dem folgend eher von Multi-Channeln gesprochen. Liegt jedoch eine Kanalstruktur vor, die Rezipient:innen ein einheitliches Bild bietet und verschiedene Formate user-freundlich darstellt und eindeutig mit dem „Creator" assoziiert, sprechen wir eher von einer Omni-Channel-Nutzung. Der Rollenwechsel zu Blogger:innen liegt hier nahe. Sobald die Person die Formate nicht mehr alleine erstellt, sondern im Team, können wir von einer Professionalisierung ausgehen und bezeichnen diese Akteur:innen als Intermediäre.

3.3.2 Wissenschaftseinrichtungen

Wissenschaftsinstitutionen kommt eine Pionierrolle der WK zu. Wissenschaftseinrichtungen oder Zusammenschlüsse jeglicher Art, die sich zu wissenschaftlichen Zwecken oder im wissenschaftlichen Rahmen organisieren, sind Forschungseinrichtungen, Kommunikationsabteilungen von Hochschulen, Institute, Fakultäten, Forschungsbündnisse und private Forschungseinrichtungen. Sie entwickeln und fördern ein neues Rollenbild und Selbstverständnis von Wissenschaftskommunikator:innen als Vermittelnde zwischen Wissenschaft und Zivilgesellschaft (FactoryWisskomm, 2021, S. 58).

Laut Raupp (2017, S. 144) sind Organisationen der Wissenschaft, und damit auch Verantwortliche für die Kommunikation von Wissenschaft, von entscheidender Bedeutung. Ein Grund ist die fortschreitende Professionalisierung der Wissenschaftskommunikation und die damit zunehmende Bedeutung für Hochschulen und Wissenschaftsorganisationen. Hinzu kommt das Potenzial verbesserter Vernetzung der Akteur:innen, die durch entsprechende Fachtagungen und Foren feste Netzwerktermine gefunden haben (Kleinert, 2012, S. 49). Wissenschaftliche Organisationen sind interpersonell breiter aufgestellt als eine Einzelperson, verfügen über Projektmittel und/oder öffentliche Mittel und sind strukturell in der Lage, (Forschungs-)Projekte zu organisieren. Die Integration einer strategischen WK erfordert allerdings neue Strukturen und Ressourcen.

Wissenschaftseinrichtungen finden im Wissenschaftssystem vergleichbare Rahmenbedingungen wie Wissenschaftler:innen. Dies betrifft einen Mangel an Ressourcen, Reputation und Anreizen für externe Wissenschaftskommunikation. Die Sorge vor negativen Reaktionen im Netz erschwert das aktive Betreiben wissenschaftlicher Kanäle und Plattformen. Die formalen Rahmenbedingungen digitaler Kanäle sind komplex und führen zu langen Entscheidungsketten und Abwägungen von Risiken und Chancen. Hinzu kommt Fachpersonalmangel, um wissenschaftlichen „Content" zu konzipieren, zu erstellen und zu veröffentlichen. Die Frage nach Form und Art der

Inhalte ist zu definieren und führt entweder zu zeitlicher Verzögerung oder gar einem Ausschluss der Nutzung digitaler Formate in sozialen Medien. Die bereits etablierten Wege der Öffentlichkeitsarbeit – konkret sind dies Websites, Flyer, Ausstellungen, Tagungen, Pressemitteilungen, Publikationen, Vorträge und Veranstaltungen jeglicher Art – verursachen hingegen vergleichsweise/vermutlich weniger Aufwand, da keine neuen Konzepte entwickelt werden müssen.

Aktuelle Entwicklungen zeigen, dass digitale Kanäle wie Facebook und Twitter bereits von wissenschaftlichen Einrichtungen favorisiert und fokussiert werden. Häufig beobachten wir hier allerdings eher rudimentär betriebene Kanäle. Mangelnder positiver Kanalerfolg bewirkt, dass die Effizienz von sozialen Medien innerorganisatorisch regelmäßig hinterfragt und auch wieder verworfen wird.

Wissenschaftliche Einrichtungen unterliegen ähnlichen Motivationen wie Einzelpersonen: Legitimationsgründe zur Verteidigung der Wissenschaft (Dudo & Besley, 2016), Richtigstellungen von Fehlinformationen (Schäfer, 2017, S. 279) und die Rechtfertigung für das Ausgeben öffentlicher Gelder (Scheu & Schedifka, 2018). Ein spezifisches Charakteristikum von Institutionen ist jedoch der häufige Fokus auf nachhaltige Kommunikation der Ergebnisse. Wo jüngst noch eine überschaubare Größe eines öffentlichen Publikums via Publikationen, Fachtagungen, etc. erreicht wurde, erfolgt diese Kommunikation zunehmend im digitalen Raum via Social Media. Begründet liegt dieser Wechsel im Anstieg des gesellschaftlichen Interesses und der technischen Möglichkeiten.

Soziale Medien ermöglichen Interaktion und Partizipation. Allerdings existieren in der wissenschaftlichen Praxis Forschungsbündnisse nur mit begrenzten Projektlaufzeiten, sodass der Betrieb aufwendiger Kanäle eher gescheut wird. Hier werden Beiträge (z. B. Werbung für Veranstaltungen) häufig heterogen über die Projektbeteiligten verteilt, die wiederum auf eigenen Kanälen dann berichten/empfehlen. Einrichtungen und Forschungsbündnisse, die bspw. an Hochschulen angebunden sind und ohnehin Öffentlichkeitsarbeit betreiben, unterliegen anderen Rahmenbedingungen und wagen eher den Sprung in die digitalen sozialen Medien. Hier werden allerdings erneut Ressourcenmängel in Form von Fachpersonal und Zeit deutlich. Beiträge, die Wissenschaftseinrichtungen veröffentlichen, sind i. d. R. identisch mit Beiträgen aus der Öffentlichkeitsarbeit, die bspw. für Print oder Webmedien erstellt wurden. Der Umgang mit digitalen Algorithmen ist kaum bekannt und die Onlinekanäle werden wegen des ungenügenden „Traffics" und „Engagements" letztendlich eingestellt oder nur sporadisch betrieben.[10] Die Umsetzung erfolgt häufig durch Personal, das auch die Homepage

[10] Die Algorithmen der Kanäle wurden im letzten Jahrzehnt massiv sensibilisiert. Die Zunahme an professionellen „Nicht-Personen-Accounts" führte dazu, dass die Reichweite kommerziell ausgelegter/wirkender Accounts unterdrückt wird, sofern diese ihre Beiträge nicht kostenpflichtig sponsern. Diese sensibilisierten Algorithmen sollen soziale Netzwerke sozial halten und nichtgesponserte Werbung von kommerziellen Anbietern drosseln. Leider führt dies auch zu einer geringeren Reichweite von professionalisierten Accounts aus anderen Bereichen, wie etwa der WK.

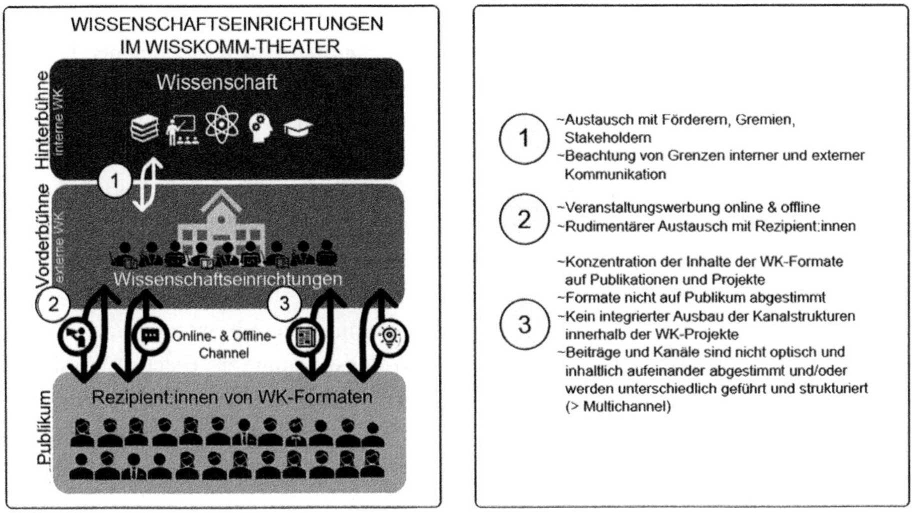

Abb. 5 Online- und Offline-Channel von Wissenschaftseinrichtungen

pflegt, oder durch studentische Hilfskräfte, denen als vermeintliche „Digital Natives" (fälschlicherweise) Fähigkeiten in „Content Creation und Management" zugeschrieben werden. Allerdings stellt sich hier eine vergleichende Frage zur Wirtschaft: „Lässt ein Großkonzern ein neues Produkt ausschließlich vom Auszubildenden der Marketingabteilung betreuen?"

Abb. 5 verdeutlicht die Unterschiede zwischen der WK von Wissenschaftler:innen und Wissenschaftseinrichtungen. Das Risiko einer Entgrenzung zwischen interner und externer WK wird im Vergleich zu Einzelpersonen stärker kontrolliert und gemieden. Formate der Online- und Offlinekanäle konzentrieren sich auf Veranstaltungen, Projekteinhalte und Publikationen. Beiträge (z. B. Werbung für Veranstaltung) entsprechen via „copy and paste" der Werbung auf der Website. Es fehlt an einem strukturiertem community-bildenden Umgang mit Rezipient:innen. Diese müssen sich auf jedem Kanal neu orientieren oder erkennen nicht, dass es Formate derselben Einrichtung sind. Wir ordnen Wissenschaftseinrichtungen eher dem Kategorieschema des Multi-Channel-Managements zu, da sowohl Online- als auch Offlinekanäle genutzt werden. Diese sind nicht integriert und weisen keinen Rezipient:innenfokus auf.

3.3.3 Intermediäre

Neben dem klassischen Intermediär der Wissenschaftskommunikation, dem Wissenschaftsjournalismus, fungieren sogenannte „dritte Orte" und zivilgesellschaftliche Akteur:innen (z. B. in Bildungsinitiativen, Museen oder Science Centern), Blogger:innen in sozialen Medien und politische Akteur:innen (z. B. in Ministerien und Parlamenten) als Intermediäre (FactoryWisskomm, 2021, S. 60). Aktuell steigt besonders die Anzahl der Wissenschaftsblogger:innen. Dies betrifft zudem die Auswahl an Plattformen, sodass

Formate der WK sich zunehmend heterogen darstellen. Diese Entwicklung wird durch die pandemiebedingte hohe Nachfrage nach wissenschaftlichen Statements befeuert. Stollorz (2021) konstatiert anhand der massenmedialen Flut im Zuge der COVID-19-Pandemie die Systemrelevanz der Profession des bzw. der Wissenschaftsjournalist:in. Intermediäre Einrichtungen, wie das Science Media Center Germany, helfen Journalist:innen, sich im Dschungel der domainspezifischen Expertisen und der erheblichen Unsicherheit zu orientieren (Stollorz, 2021, S. 71 f.). Die Nachvollziehbarkeit und Bewertung wissenschaftlicher Entwicklungen durch die Gesellschaft kann jedoch nur durch eine kompetente und unabhängige Berichterstattung im Sinne des Qualitätsjournalismus erfolgen. Wissenschaftsjournalist:innen kommt somit eine tragende Rolle für die demokratische Wissens- und Willensbildung zu (FactoryWisskomm, 2021, S. 65). Intermediäre der WK erfüllen des Weiteren eine „Übersetzungsrolle“ (wissenschaftliche Inhalte allgemeinverständlich und unabhängig zu erläutern), die nur außerhalb der Wissenschaft erfüllt werden kann. Diese Eigenschaft können Dialog-, PR- oder Marketing-Angebote aus der Wissenschaft heraus nicht erfüllen, da sie die Perspektive unabhängiger Außenbeobachtung funktional nicht einnehmen können (FactoryWisskomm, 2021, S. 67).

Die Zunahme an weiteren intermediären digitalen Formaten in der Blogszene und den sozialen Medien zeigt zudem eine Transformation des Wissenschaftsjournalismus, da sich der Medienkonsum der Rezipient:innen ändert und journalistische Geschäftsmodelle erodieren. Der pandemiebedingte höhere Konsum von Medien bringt jedoch kaum zusätzliche Einnahmen aufgrund geringer Online-Zahlungsbereitschaft und einbrechender Werbeerträge. Laut FactoryWisskomm (2021, S. 67) erleben wir einen „schleichenden Verlust der diskursordnenden Funktion des Journalismus: Die Digitalisierung pluralisiert Information und Meinungsaustausch, begünstigt aber auch die Bildung von Meinungsblasen und erleichtert Desinformationskampagnen“. Die Zunahme an vielfältigen Formen der intermediären Wissenschaftskommunikation durch interaktive digitale Angebote und partizipative Projekte schafft allerdings neue Dialog- und Explorationsräume für Rezipient:innen und Produzent:innen (FactoryWisskomm, 2021, S. 60). Darunter fallen Formate, die nicht dem traditionellen Verständnis von (seriöser) WK entsprechen und mitunter kabarettistisch für Themen begeistern. Erfolgreiche Beispiele für Kritik, Satire und Humor sind „Science Slams“ oder „Die Anstalt“ (Eckert, 2021; Weitze et al., 2021). Hieran erkennen wir einen gesellschaftlichen Bedarf an qualitativ hochwertiger, intermediär gestalteter WK sowie an Unterstützung der digitalen Transformation im Interesse des Gemeinwohls (FactoryWisskomm, 2021, S. 67). Abb. 6 zeigt Unterschiede zu anderen Kommunikator:innen der WK. Intermediäre stehen im Austausch zur Wissenschaft. Blogger:innen, die selbst in der Wissenschaft tätig sind und im Team WK-Formate erstellen, haben im Austausch- und Rechercheprozess die Möglichkeit (ähnlich wie unabhängige Journalist:innen), Inhalte rezipient:innengerechter darzustellen. Formate werden diversen Publika online und offline vereinheitlicht angeboten. Der Austausch zwischen Produzent:innen und Rezipient:innen kann bei strukturiertem synergetischen

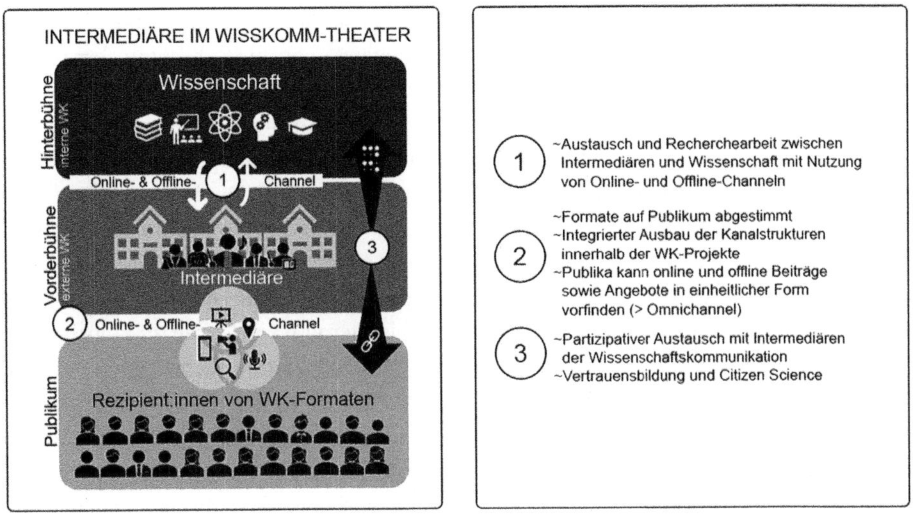

Abb. 6 Online- und Offline-Channel von Intermediären

Management innerhalb der Omni-Channel auch die Umsetzungen von Citizen-Science-Projekten beinhalten.

3.3.4 Öffentlichkeit und Zivilgesellschaft

Im Zuge des digitalen Wandels sind neue Formen und Möglichkeiten für Kommunikation und Kollaboration entstanden, welche die soziale Distanz zwischen Wissenschaft, Öffentlichkeit und Zivilgesellschaft aufbrechen. Digitale Darstellungen bieten die Option, bei passender Konzeption und inklusiver Gestaltung, Ausdifferenzierung und Weiterentwicklung auf verschiedenste Formen der Beteiligung anzupassen (FactoryWisskomm, 2021, S. 56 ff.). In der historischen Entwicklung und Etablierung der Wissenschaft spielt allerdings die Abgrenzung zu anderen Systemen stets eine tragende Rolle (Bauer, 2017, S. 20). Sogenannte „Feinde" der Wissenschaft, d. h. Kapitalismus, Aberglaube und Kirche, sowie das „Laienpublikum", wurden vor ca. 300 Jahren noch als die „formbaren Idioten" bezeichnet (Lezaun & Soneryd, 2007).

Die Relevanz der Wissenschaftskommunikation führt/e zu einem veränderten Umgang mit der Öffentlichkeit und Zivilgesellschaft von rein informierenden Formaten (wissensvermittelnd aufgrund von Wissensasymmetrien) hin zu interaktiven und partizipativen Ansätzen (Position der Publika auf Augenhöhe). Appelhans und Kremer (2018, S. 598) sprechen von „in den Vordergrund rückenden Variablen wie Wahrnehmung und Vertrauen in Wissenschaft". Diese lösen Variablen der reinen Wissensvermittlung ab. Zuzuschreiben ist dieser Trend dem steigenden Bedürfnis der Bevölkerung, wissenschaftliche und technische Entwicklung mitzugestalten. Zudem ist die Gemeinwohlorientierung der Wissenschaft ein begünstigender Treiber für Transformation (FactoryWisskomm, 2021, S. 55). Doch Citizens bzw. die Öffentlichkeit oder auch

Stakeholder zusammenzufassen und Motivationen dieser heterogenen Gruppe in extenso zu formulieren, ist kaum möglich. Es ist naheliegend, von einer bildungsfernen oder bildungsnahen Perspektive Motivationsfaktoren zu erklären.

Der Beitrag möchte an dieser Stelle auf eine interessante medienorientierte Entwicklung hinweisen, die vermutlich schicht- und herkunftsübergreifend auftritt: das Microlearning. Mit neuen Medien und Kommunikationskanälen hat sich eine neue Form der Informationsaufnahme etabliert. Kurze Konzentrationsspannen, Konsumabwägungen und die Frage nach Zeitinvestitionen kennzeichnen das Konsumverhalten digitaler Medien (Taylor & Hung, 2022). Rezipient:innen sind stets nur einen Swipe davon entfernt, den Inhalt wegzuwischen und einen alternativen Beitrag zu konsumieren. Dies verdeutlicht der Erfolg von auf Kernaussagen reduzierten Beiträgen in sozialen Medien (Tweets und bildlastige Posts) und Applikationen wie Blinkist[11]. Das Nutzungsverhalten auf digitalen Plattformen weist auf die Anforderungen für eine effektiv gestaltete Wissenschaftskommunikation hin. Der Effekt macht sich durch eine geringe Reichweite von Wissenschaftsbeiträgen sowie in geringen Besucher:innenzahlen von Veranstaltungen oder Ausstellungen bemerkbar, wenn zuvor keine ausreichende und ansprechende Werbung in sozialen Medien gemacht wurde.

Einzelne Formate können nicht jede:n erreichen, dennoch stellt sich die Herausforderung, bisher unerreichte Menschen diverser Gruppen und Kulturen anzusprechen und partizipativ einzubinden (FactoryWisskomm, 2021, S. 57; Weitze & Heckl, 2016). Gut gemachte Beiträge sind folglich nicht nur inhaltlich korrekt, sondern auch ansprechend gestaltet. Publika bewegen sich auf unterschiedlichen digitalen Plattformen und jede beansprucht eine andere habituelle Praktik und Struktur. Für die Erreichung von Rezipient:innen außerhalb der Wissenschaft sind Formate auf denjenigen Plattformen notwendig, auf denen sich das gewünschte Publikum befindet.

4 Resümee und Ausblick

Dieser Beitrag fokussierte Transformationsprozesse der Wissenschaftskommunikation hinsichtlich systemischer Entwicklungen, digitaler Dynamiken und Pandemiebedingungen. Zudem wurden Transformationsprozesse in der Kanalnutzung und bei Akteur:innen unter der konzeptionellen Perspektive von Multi- und Omni-Channeln beleuchtet. Transformationsprozesse stehen in Zusammenhang mit Strukturveränderungen und Wandlungsprozessen, welche die WK prägen, formen und verändern. Dazu zählen Transformationen, welche die Wissenschaft quia creatio begleiten, und jene, die durch die Auswirkungen der Digitalisierung spürbar wurden. In Kombination mit der COVID-19-Pandemie erleb(t)en wir zudem einen abrupten Digitalisierungsschub in der WK. Der Paradigmenwechsel

[11] Blinklist ist eine Applikation (App), die auf mobilen Endgeräten installiert wird. Der Inhalt jedes Buches soll innerhalb von 15 min verständlich gemacht werden.

zeigt sich demnach in der Entgrenzung zwischen interner und externer WK sowie anhand sich transformierender Kommunikationsmodelle zwischen Wissenschaft und Gesellschaft. Digitale Medien und Möglichkeiten sowie aktuelle Entwicklungen und Trends begünstigen diese Transformationsprozesse.

Systemische Bedingungen für Beschäftigte in der Wissenschaft führen zu höherer Nutzung von Kanälen für das digitale Personal Branding und für aktiv betriebene Wissenschaftskommunikation. Wissenschaftliche Einrichtungen entwickeln und fördern zudem ein neues Rollenbild und Selbstverständnis als Wissenschaftskommunikator:innen sowie als Vermittelnde zwischen Wissenschaft und Zivilgesellschaft. Die erhöhte Nachfrage nach digitaler WK in den sozialen Medien bringt für Wissenschaftseinrichtungen neue Umbrüche in der (interpersonellen) Organisation und dem Selbstverständnis von externer WK.

Die Transformationsprozesse der Digitalisierung und erhöhte Nachfrage an wissenschaftlichen Beiträgen führen zu einer Umstrukturierung bekannter Formate, wie Tageszeitungen und Fachzeitschriften, hin zu sozialen und digitalen Medien. Diese erodierende Entwicklung betrifft in erster Linie den Berufszweig des Wissenschaftsjournalismus. Die Rolle von Intermediären, die eine Außenperspektive einnehmen, kann nicht ersetzt werden (Bauer, 2017, S. 29). Wir stellen fest, dass Wissenschaftsjournalismus und professionelle Intermediäre (z. B. die Blog-, Eduencer- oder Podcastszene) im Vergleich zu anderen aktiven Akteur:innen in der WK den höchsten Grad der Professionalisierung aufweisen.

Eine klare Differenzierung zwischen Öffentlichkeit und Wissenschaft ist in der WK kaum umsetzbar, da Wissenschaftler:innen (ob als Privatpersonen oder in ihrer Berufsrolle) auch zum Publikum zählen. Insbesondere in sozialen Medien vollzieht sich der Wechsel von Konsument:in zu Produzent:in innerhalb weniger Sekunden. Weiter ist der Besuch von Veranstaltungen für Gäste der Wissenschaft nicht ausgeschlossen, sondern zählt zum Habitus in der Wissenschaft. Dies führt jedoch dazu, dass wir selten von reiner Zivilgesellschaft sprechen können, wenn sich im Publikum auch Rezipient:innen aus der Wissenschaft befinden.

Eine weitere Veränderung ist auf den dynamischen Einzug mobiler Endgeräte im Alltag sowie den Bedarf an haltbaren Informationen, ausgelöst durch die Pandemie und den Klimawandel, zurückzuführen: das Konsumverhalten von Rezipient:innen. Die hohe Nachfrage und der Bedarf an wissenschaftlichen Themen gehen einher mit gestiegenen Ansprüchen und Anforderungen an qualitativ hochwertige Formate. Innovative, inspirierende und unterhaltsame Beiträge – ob online oder offline – sprechen Zivilgesellschaft und Wissenschaftler:innen auch außerhalb der Wissenschaft oder außerhalb der eigenen Disziplinen an.

Es zeigen sich zudem Wandlungstendenzen eines gesellschaftlichen Wunsches nach Austausch und Mitwirkung in wissenschaftlichen Formaten. Rezipient:innen sind offener gegenüber Teilhabe und Partizipation. Dies wird durch Beteiligungen an Aktionen, Umfragen oder Kommentaren sichtbar. Rein erklärende Darstellungen, die keine weitere Anschlusskommunikation ermöglichen, werden von Konsument:innen anders bewertet als partizipative Formate. Der Wunsch nach Teilhabe wirft jedoch die Frage auf, wo diese an ihre Grenzen stößt. Interessenskonflikte verschiedener Gesellschaftsgruppen und Verleugnung evidenzbasierter Aussagen machen die wissenschaftliche Bühne zu einem Schauplatz für Auseinandersetzungen und Kompromisslosigkeit (FactoryWisskomm, 2021, S. 57).

Transformationsprozesse betreffen verschiedene Akteur:innen der Wissenschaftskommunikation. Im Ergebnispapier der FactoryWisskomm (2021) „Handlungsperspektiven für die Wissenschaftskommunikation" wird der aktuelle Diskurs anschaulich zusammengeführt. Dieses skizziert eine richtungsweisende Haltung gegenüber der WK für verschiedene Beteiligte. Die Aktualität, Inhalte und Handlungsempfehlungen machen diese Veröffentlichung zu einer zentralen Referenz. Wir greifen an dieser Stelle richtungsweisende Praxisempfehlungen für verschiedene Akteur:innen auf.

Die tragende Rolle des Wissenschaftsjournalismus als unabhängiger Intermediär hat sich anhand des Mangels an fachkundigen Journalist:innen während der COVID-19-Pandemie herausgestellt. Die Systemrelevanz von intermediären Akteur:innen zeigt sich besonders im Krisenmanagement anhand der Bedeutung medialer Berichterstattung für ein gesellschaftliches Verständnis. In Kombination mit dem Grad an Professionalisierung und dem Handwerkszeug, um partizipative Projekte umzusetzen, sind unabhängige Intermediäre von zentraler Bedeutung für qualitativ hochwertige Wissenschaftskommunikation. Ein Wissenschaftsjournalismus im digitalen Zeitalter entwickelt neue Tools und Darstellungsformen, erreicht breitere Gruppen der Gesellschaft und erschließt neue Geschäfts- und Berufsmodelle. Eine Beleuchtung der Transformationsprozesse hat gezeigt, dass die Beteiligten der WK in Wechselwirkung zueinanderstehen. Dem folgend ist die Aus-, Fort- und Weiterbildung aller Akteur:innen im Feld der WK von zentraler Bedeutung. An dieser Stelle möchten wir auf zentrale Handlungsempfehlungen der FactoryWisskomm verweisen:

- Zur Stärkung der WK ist die ideelle und finanzielle Kooperation und Förderung durch Wissenschaft, Politik und Gesellschaft nötig. Wissenschaftseinrichtungen, öffentlich-rechtlicher Rundfunk, Verlage, Unternehmen, NGOs, Stiftungen und staatliche Stellen sind für die Unterstützung eines unabhängigen Wissenschaftsjournalismus gefragt (FactoryWisskomm, 2021, S. 67 f.).
- Der forschungsbasierte Ausbau der kommunikativen Kompetenzen von Wissenschaftler:innen und die Etablierung der WK im Wissenschaftssystem sollen weiter vorangetrieben werden (FactoryWisskomm, 2021, S. 5).
- Die Entstehung des gemeinwohlorientierten, nicht-kommerziellen Journalismus als dritte Säule im deutschen Mediensystem sollte gestärkt werden und so dem Vorbild anderer Länder folgen. Besonders bei prekär finanzierten und gleichzeitig recherche- und ressourcenintensiven Bereichen wie Investigativ-, Wissenschafts- oder Aus-

landsberichterstattung kann die Etablierung eines Non-Profit-Journalismus dem Marktversagen entgegenwirken (FactoryWisskomm, 2021, S. 73).
- Entsprechend dem Vorbild des Science Media Centers Germany soll die Weiterentwicklung von Angeboten für und mit Wissenschaftsjournalist:innen systemische Rahmenbedingungen optimieren (FactoryWisskomm, 2021, S. 65).
- Die Zielgruppenauswahl und der Transfer verschiedener Lebenswelten sollten in den Fokus der Wirkungsforschung rücken, damit Formate und Aktivitäten in der WK qualitativer gestaltet werden können (FactoryWisskomm, 2021, S. 48).
- In einem fachübergreifenden gemeinsamen Netzwerk für partizipative WK kann Austausch zwischen Intermediären, Wissenschaftsinstitutionen und weiteren Akteur:innen entstehen (FactoryWisskomm, 2021, S. 53 f.).
- Zur Etablierung der WK als Reputationsfaktor sollte sich ein bestimmter Teil der Arbeitszeit von Wissenschaftler:innen der dialogischen WK widmen. Solche Modelle sollen in Pilotversuchen geprüft und bei positiver Erfahrung in dauerhafte Modelle überführt werden (FactoryWisskomm, 2021, S. 60).

Die Bedeutung der Wissenschaft und ihr Einbezug in diverse Bereiche darf nicht die Hoffnung erwecken, wissenschaftliches Wissen könne gesellschaftliche Kontroversen zum Verschwinden bringen, Ideologien neutralisieren oder gesellschaftliche Probleme effizient und konfliktfrei lösen. Immer häufiger werden Zweifel über die an Wissenschaft und Hochschulen gesetzten Erwartungen geäußert (Barlösius & Wilholt, 2021, S. 5). Demnach möchte dieser Beitrag abschließend auf eine kritische Haltung gegenüber der pluralisierenden Bildung von Meinungsblasen und Desinformationskampagnen aufmerksam machen, gegen die auch Wissenschaftskommunikation nur beschränkt wirken kann (FactoryWisskomm, 2021, S. 6). Wir benötigen „für eine lebendige und wehrhafte Demokratie und ein gelingendes Miteinander im 21. Jahrhundert eine enge Vernetzung zwischen Wissenschaft, Journalismus, Politik und Bürger:innen“ (FactoryWisskomm, 2021, S. 4). Die Ausführungen dieses Beitrags haben gezeigt, dass kollaborative Projekte mit reflektierten Konzepten die besten Voraussetzungen erfüllen, um qualitativ hochwertige Wissenschaftskommunikation hervorzubringen. Digitale soziale Medien liefern dafür die Möglichkeiten, da sie das Potenzial aufweisen, einfache Werkzeuge für einzigartige Beiträge zu sein.

Literatur

Akter, S., Hossain, T. M. T., & Strong, C. (2021). What omnichannel really means? *Journal of Strategic Marketing, 29*(7), 567–573.

Appelhans, Y., & Kremer, K. (2018). Dialog im Public Outreach – Eine Untersuchung an Texten. In C. Maurer (Hrsg.), *Qualitätsvoller Chemie- und Physikunterricht- normative und empirische Dimensionen. Gesellschaft für Didaktik der Chemie und Physik, Jahrestagung in Regensburg 2017* (S. 598–600). Gesellschaft für Didaktik der Chemie und Physik (GDCP). https://gdcp-ev.de/wp-content/tagungsbaende/GDCP_Band38.pdf.

Bachem, C. (2002). Multi-Channel-Marketing. In U. Manschwetus & A. Rumler (Hrsg.), *Strategisches Internetmarketing* (S. 259–277). Gabler.

Bachem, C. (2004). Multichannel-Marketing – Eine Einführung. In O. Merx & C. Bachem (Hrsg.), *Multichannel-Marketing-Handbuch* (S. 29–64). Springer.

Barlösius, E. (2012). Wissenschaft als Feld. In S. Maasen, M. Kaiser, M. Reinhart, & B. Sutter (Hrsg.) *Handbuch Wissenschaftssoziologie* (S. 125–134). Springer VS.

Barlösius, E., & Wilholt, T. (2021). Was ist, was will und wozu braucht es Wissenschaftsreflexion? Eine Einleitung. *Unimagazin, 3*(4), 4–7.

Bauer, M. (2017). Kritische Beobachtungen zur Geschichte der Wissenschaftskommunikation. In H. Bonfadelli, B. Fähnrich, C. Lüthje, J. Milde, M. Rhomberg, & M. S. Schäfer (Hrsg.), *Forschungsfeld Wissenschaftskommunikation* (S. 17–40). Springer VS.

Bauer, M., & Bucchi, M. (2007). *Science, journalism and society: Science communication between news and public relations*. Routledge.

Beck, N., & Rygl, D. (2015). Categorization of multiple channel retailing in multi-, cross-, and omni-channel retailing for retailers and retailing. *Journal of Retailing and Consumer Services, 27,* 170–178.

Bonfadelli, H., Fähnrich, B., Lüthje, C., Milde, J., Rhomberg, M., & Schäfer, M. S. (2017). Das Forschungsfeld Wissenschaftskommunikation. In H. Bonfadelli, B. Fähnrich, C. Lüthje, J. Milde, M. Rhomberg, & M. S. Schäfer (Hrsg.), *Forschungsfeld Wissenschaftskommunikation* (S. 3–16). Springer VS.

Braun, T. (2008). Entstehung und Funktionsweise des Internets. In T. Myrach & S. Zwahlen (Hrsg.), *Virtuelle Welten* (S. 15–28). Kulturhistorische Vorlesungen.

BUND. (2012). Nachhaltige Wissenschaft. https://www.bund.net/service/publikationen/detail/publication/nachhaltige-wissenschaft/. Zugegriffen: 6. Jan. 2022.

Claussen, C., Knapp, J. M., Kapitza, M., Bernholt, A., Schulenburg, H., & Kremer, K. (2020). Metaorganismusforschung trifft Schule: Wissenschaftskommunikation an der Universität zu Kiel. *Biologie in unserer Zeit, 50*(4), 270–277.

Dudo, A., & Besley, J. C. (2016). Scientists' prioritization of communication objectives for public engagement. *PLoS ONE, 11*(2), 1–18.

Eckert, D. (2021). „Die Anstalt" als Beispiel für Kritik, Satire und Humor in der Wissenschaftskommunikation. In M. D. Weitze, W. C. Goede, & W. M. Heckl (Hrsg.), *Kann Wissenschaft witzig?* (S. 47–53). Springer.

FactoryWisskomm. (2021). *FactoryWisskomm. Handlungsperspektiven für die Wissenschaftskommunikation.*

Gebert, B. (2020). Digitale Wissenschaftskommunikation. In *Digitale Fachdidaktiken in den Kulturwissenschaften* (S. 281–302). TU Darmstadt. https://doi.org/10.25534/tuprints-00017207.

Gloning, T. (2011). *Interne Wissenschaftskommunikation im Zeichen der Digitalisierung. Formate, Nutzungsweisen, Dynamik. Digitale Wissenschaftskommunikation–Formate und ihre Nutzung*, (S. 3–33). Gießener Elektronische Bibliothek.

Gloning, T., & Fritz, G. (2011). *Digitale Wissenschaftskommunikation–Formate und ihre Nutzung*. Gießener Elektronische Bibliothek.

Gregory, J. (2003). Popularisation und Excommunication of Fred Hoyle's 'life from space' Theory. *Public Understanding of Science, 12,* 25–46.

Gronau, S., & Ruesink, B. (2021). What makes me want you here? Refugee integration in a Zambian settlement setting. *Sustainability, 13*(15), 8380.

Haderlein, A. (2013). *Die digitale Zukunft des stationären Handels. Auf allen Kanälen zum Kunden* (2. Auf.). MI-Wirtschaftsbuch.

Haklay, M. M., Dörler, D., Heigl, F., Manzoni, M., Hecker, S., & Vohland, K. (2021). *What is citizen science? The challenges of definition. The science of citizen science* (13. Aufl.) Springer Nature.

Heinemann, G. (2011). *Cross-Channel-Management. Integrationserfordernisse im Multi-Channel-Handel* (3., vollständig überarbeitete Auf.). Gabler & Springer Fachmedien Wiesbaden GmbH (Gabler Lehrbuch).

Heinemann, G. (2013). *No-Line-Handel.* Springer Fachmedien Wiesbaden.

Hoelzen, J., Silberhorn, D., Zill, T., Bensmann, B., & Hanke-Rauschenbach, R. (2021). Hydrogen-powered aviation and its reliance on green hydrogen infrastructure–Review and research gaps. *International Journal of Hydrogen Energy, 47*(5), 3108–3130.

Höhne, T. (2020). Wissensgesellschaft. In J. Buchna, T. Coelen, & H. U. Otto (Hrsg.), *Handbuch Ganztagsbildung* (S. 1629–1640). Springer VS.

Hudetz, K. (2012). *Kein Handel ohne Internet: ECommerce und Multi-Channel-Vertrieb auf dem Vormarsch. Ecommerce lohnt sich nicht: Ein Plädoyer für erfolgreichen No-Line-Handel.* Shopmacher.

Jarren, O. (2017). *Social Media und digitale Wissenschaftskommunikation. Analyse und Empfehlungen zum Umgang mit Chancen und Risiken in der Demokratie.* Nationale Akademie der Wissenschaften Leopoldina.

Jünger, J., & Fähnrich, B. (2020). Does really no one care? Analyzing the public engagement of communication scientists on Twitter. *New Media and Society, 22,* 387–408.

Kamps, I., & Schetter, D. (2020). *Performance Marketing: Der Wegweiser zu einem mess- und steuerbaren Online-Marketing – Einführung in Instrumente, Methoden und Technik.* Springer Gabler.

Kleinert, C. (2012). Der Dialog muss organisiert und koordiniert werden. Eine Bilanz von Wissenschaft im Dialog. In B. Dernbach, C. Kleinert, & H. Münder (Hrsg.), *Handbuch Wissenschaftskommunikation* (S. 49–54). VS Verlag. https://link.springer.com/chapter/10.1007/978-3-531-18927-7_6.

Könneker, C. (2017). Wissenschaftskommunikation in vernetzten Öffentlichkeiten. In H. Bonfadelli, B. Fähnrich, C. Lüthje, J. Milde, M. Rhomberg, & M. S. Schäfer (Hrsg.), *Forschungsfeld Wissenschaftskommunikation* (S. 453–476). Springer VS.

Kovač, A., Paranos, M., & Marciuš, D. (2021). Hydrogen in energy transition: A review. *International Journal of Hydrogen Energy, 46*(16), 10016–10035.

Kronick, D. (1962). *A history of scientific and technical periodicals. The origins and development of the scientific and technological press.* Scarecrow Press Inc.

Lehrer, C. & Trenz, M. (2022). Omnichannel business. In R. Alt, & H.-D. Zimmermann (Hrsg.), *Electronic Markets* (S. 687–699). Springer Link. https://link.springer.com/article/10.1007/s12525-021-00511-1.

Levitt, T. (1976). The industrialization of service. *Harvard Business Review, 54*(5), 63–74.

Lezaun, J., & Soneryd, L. (2007). Consulting citizens: Technologies of elicitation and the mobility of publics. *Public Understanding of Science, 16*(3), 279–297.

Lipsman, A. (2019). Global Ecommerce 2019 – Ecommerce continues strong gains amid global economic uncertainty. Insider Intellignece – eMarketer. https://www.emarketer.com/content/global-ecommerce-2019.

Lorenzen, D. (2019). Deutschlandfunk. Ausstrahlung der Sendung am 27.03.2019. https://www.deutschlandfunk.de/big-bang-fuer-den-urknall-der-spott-des-fred-hoyle-100.html.

Lüthje, C. (2017). Interne informelle Wissenschaftskommunikation. In H. Bonfadelli, B. Fähnrich, C. Lüthje, J. Milde, M. Rhomberg, & M. S. Schäfer (Hrsg.), *Forschungsfeld Wissenschaftskommunikation* (S. 109–124). Springer VS.

Maitz, M., & Granig, P. (2011). Der sechste Kondratieff. In P. Granig & L. A.Nefiodow (Hrsg.), *Gesundheitswirtschaft – Wachstumsmotor im 21. Jahrhundert* (S. 93–137). Gabler & Springer Fachmedien Wiesbaden GmbH.

Mehn, A., & Wirtz, V. (2018). Stand der Forschung – Entwicklung von Omnichannel-Strategien als Antwort auf neues Konsumentenverhalten. In I. Böckenholt, A. Mehn, & A. Westermann (Hrsg.), *Konzepte und Strategien für Omnichannel-Exzellenz* (S. 3–35). Springer Gabler.

Metag, J., & Schäfer, M. S. (2017). Hochschulen zwischen Social Media-Spezialisten und Online-Verweigerern. Eine Analyse der Online-Kommunikation promotionsberechtigter Hochschulen in Deutschland, Österreich und der Schweiz. *Studies in Communication | Media, 6*(2), 160–190.

Miedema, F. (2022). *Open science: The very idea*. Springer Nature.

Neslin, S. A., & Shankar, V. (2009). Key issues in multichannel customer management: Current knowledge and future directions. *Journal of Interactive Marketing, 23*(1), 70–81.

Neslin, S. A., Grewal, D., Leghorn, R., Shankar, V., Teerling, M. L., Thomas, J. S., & Verhoef, P. C. (2006). Challenges and opportunities in multichannel customer management. *Journal of Service Research, 9*(2), 95–112.

Pophal, L. (2015). Multichannel vs. omnichannel marketing: Is there a difference, and what does it mean to you? *EContent, 38*(3), 15–20.

Rangaswamy, A., & Van Bruggen, G. H. (2005). Opportunities and challenges in multichannel marketing. An introduction to the special issue. *Journal of Interactive Marketing, 19*(2), 5–11.

Raupp, J. (2017). Strategische Wissenschaftskommunikation. In H. Bonfadelli, B. Fähnrich, C. Lüthje, J. Milde, M. Rhomberg, & M. S. Schäfer (Hrsg.), *Forschungsfeld Wissenschaftskommunikation* (S. 143–163). Springer VS.

Roman, N. (2022). Honeymoon is over? Strategien im Umgang mit Selbstpositionierungen in der Postdocphase. In M. S. Baader, M. Kamphans, S. Korff, & W. Schroer (Hrsg.), *Übergänge in Wissenschaftskarrieren. Wissenschaft – Hochschule – Bildung* (S. 77–93). Springer VS.

Schäfer, M. (2015). *Wissenschaftskommunikation im Wandel*. Halem.

Schäfer, M. (2017). Wissenschaftskommunikation Online. In H. Bonfadelli, B. Fähnrich, C. Lüthje, J. Milde, M. Rhomberg, & M. S. Schäfer (Hrsg.), *Forschungsfeld Wissenschaftskommunikation* (S. 275–296). Springer VS.

Scheu, A. M., & Schedifka, T. (2018). Wissenschaftskommunikation im Netz. Eine explorative Studie zur Nutzung webbasierter sozialer Kommunikationskanäle. In L. Hagen, C. Lüthje, F. Ohser, & C. Seifert (Hrsg.), *Wissenschaftskommunikation* (S. 177–212). Nomos Verlagsgesellschaft mbH & Co. KG. https://doi.org/10.5771/9783845276427.

Schneidewind, U. (2016). *Die „Third Mission" zur „First Mission" machen?* Die Hochschule.

Shapin, S. (2010). *The scientific life – A morel history of late a modern vocation*. CUP.

Stifterverband. (2022). https://www.stifterverband.org/ueber-uns/geschichte-des-stifterverbandes/push-memorandum. Zugegriffen: 6. Jan. 2022.

Stollorz, V. (2021). Herausforderungen für den Journalismus über Wissenschaft in der Coronapandemie – Erste Beobachtungen zu einem Weltereignis. *Bundesgesundheitsbl, 64*, 70–76.

Stone, M., Hobbs, M., & Khaleeli, M. (2002). Multichannel customer management: The benefts and challenges. *Journal of Database Marketing, 10*(1), 39–52.

Taylor, A. D., & Hung, W. (2022). *The effects of microlearning: A scoping review. Educationaltechnology research and development 70*, 363–395. Springer Link. https://link.springer.com/article/10.1007/s11423-022-10084-1.

Turner, F. (1978). *The Victorian conflict between science and religion: A professional dimension. i G. Parsons, Religion in Victorian Britain*, Bd. 4: Interpretations, (S. 356–377). Ort o.A.: ISIS, 69(248).

Verhoef, P. C., Kannan, P. K., & Inman, J. J. (2015). From multi-channel retailing to omni-channel retailing. *Journal of Retailing, 91*(2), 74–181.

Voigt, K. (2012). *Informelle Wissenschaftskommunikation und Social Media*. Frank & Timme.
Wagner-Döbler, R. (1996). *Innovationsebben und Innovationsfluten: Kondratieff-Zyklen aus der Perspektive der Wissenschaftsforschung*. Wissenschaftsforschung: Jahrbuch1997, (S. 65–75).
Weitze, M. D., Goede, W. C., & Heckl, W. M.(2021). *Kann Wissenschaft witzig? Wissenschaftskommunikation zwischen Kritik und Kabarett*. Springer-Verlag GmbH Deutschland, ein Teil von Springer Nature 2021.
Weitze, M. D., & Heckl, W. M. ((2016). *Öffentlichkeit: Wen erreicht Wissenschaftskommunikation? I Wissenschaftskommunikation – Schlüsselideen, Akteure, Fallbeispiele* (S. 47–53). Springer Spektrum.

Emilia Spenst hat Sozialwissenschaften, Soziologie und Arbeitswissenschaften an der Leibniz Universität Hannover studiert und war Inhaberin einer Marketingagentur. Heute ist sie als Beraterin für Wissenschaftskommunikation für Wissenschaftler:innen und Wissenschaftseinrichtungen im deutschsprachigen Raum tätig. Ihre Schwerpunkte sind Strategieentwicklungen für soziale Medien, Visualisierungen für Konferenzen und Personal Branding von Wissenschaftler:innen.

Dr. Steven Gronau studierte und promovierte im Bereich Wirtschaftswissenschaft an der Leibniz Universität Hannover. Hier leitet er eine Forschungsgruppe am Institut für Umweltökonomik und Welthandel. Sein Fachgebiet umfasst nachhaltige Geschäftsmodelle, Wertschöpfungskettenanalysen, Kreislaufwirtschaft, Biodiviersität und Themen der Energie- und Wasserwirtschaft. Weitere Expertise von Steven Gronau liegt im Bereich der volkswirtschaftlichen (Sektoren-)Analyse und Modellierung, Datenerhebung-/auswertung und Kennzahlenberechnung. Aspekte der Nachhaltigkeit (bspw. die nachhaltigen Entwicklungsziele) und Wissenschaftskommunikation stellen zentrale Elemente seiner Arbeit dar.

Die Zukunft eines integrierten Online- und Offline-Channel-Managements

Learnings für B2C- und B2B-Marketing: Synergetisches Potenzial eines Benchmarks zur Gestaltung des Online- und Offline-Channel-Managements

Kristin Butzer-Strothmann und Sven M. Prüser

Inhaltsverzeichnis

1 Einführung 440
2 Wesentliche Differenzierungsmerkmale im B2B- und B2C-Marketing: Ein kurzer Überblick zur Ermittlung der Benchmarkkriterien 441
3 Derivate versus originäre Nachfrage 442
 3.1 Learnings für B2B: Web-Analytics 442
 3.2 Learnings für B2B: Von der Pull- zur Push-Strategie 444
 3.3 Learnings für B2B: Social Shopping im Blick behalten 445
4 Faktenbasierte versus emotional determinierte Kaufentscheidung 446
 4.1 Learnings für B2B: Etablierung eines Customer-Experience-Managements 446
 4.2 Learnings für B2C: Bedeutung von faktenorientiertem Content 448
5 Produkt- versus Markenorientierung 449
 5.1 Learnings für B2B: Markenkommunikation als vertrauensschaffender Faktor 449
 5.2 Learnings für B2C: Denken in Marken als Innovationshemmer auf Abnehmer- und Kundenseite 51
6 Gremienentscheidung versus individuelle Präferenz 452
 6.1 Learnings für B2B: Einsatz von Fachleuten als Influencer 452
 6.2 Learnings für B2C: Ermittlung einer Omni-Persona-Customer-Journey 452

K. Butzer-Strothmann (✉)
Hannover, Deutschland
E-Mail: butzer-strothmann@leibniz-fh.de

S. M. Prüser
Berlin, Deutschland
E-Mail: Sven.prueser@htw-berlin.de

K. Butzer-Strothmann (Hrsg.), *Integriertes Online- und Offline-Channel-Marketing*,
https://doi.org/10.1007/978-3-658-38048-9_21

7 Formalisierte versus freie Beschaffungsprozesse 453
7.1 Learnings für B2B: Auflösung einst formalisierter Informationsprozesse 453
7.2 Learnings für B2C: Umgang mit strukturierteren Informationsprozessen 454
8 Persönliche Ansprache versus Bearbeitung anonymer Märkte 455
8.1 Learnings für B2B: Nutzung von Künstlicher Intelligenz zur individualisierten Ansprache 455
8.2 Learnings für B2C und B2B: Vernetzung der persönlichen On- und Offline-Beratung nicht unterschätzen 456
9 Fazit 458
Literatur 459

1 Einführung

Lernen von den „Besten" zur Weiterentwicklung und Optimierung von Ideen, Prozessen und Konzepten ist ein wichtiges Instrument der Unternehmensführung. Unter dem Stichwort „Benchmarking" wird ein Phasenkonzept durchlaufen, in dem zunächst die Benchmarkpartner sowie Benchmarkkriterien festgelegt werden und dann im Sinne der Definition von Benchmarking Stärken und Schwächen im Vergleich zu den Benchmarkpartnern identifiziert werden. Ziel ist es, das eigene Benchmarkobjekt, z. B. einen Prozess, zu verbessern (Tucher, 2000).

In dem Kontext dieses Herausgeberwerkes mag es nicht überraschen, dass das Benchmarkobjekt das Online- und Offline-Channel-Management darstellt. Die Frage nach dem Benchmarkpartner ist hier schon diffiziler. So bieten sich auf den ersten Blick zwar z. B. brancheninterne oder auch -externe Wettbewerbsunternehmen an. Der vorliegende Benchmarkvergleich setzt aber auf einer höheren „Flugebene" an, indem er sich mit zwei „sektorspezifischen" Varianten des Marketings und deren jeweiligen Adaptionen im Digitalen befasst. Konkret geht es um den Vergleich von B2C- und B2B-Marketing, also die Bereiche des Marketings, die sich im weitesten Sinne mit der Vermarktung von Konsumgütern bzw. Investitionsgütern befassen.

Dazu wird zunächst in Kap. 2 kurz skizziert, worin die Unterschiede zwischen den beiden Marketing-Spezialisierungen bestehen. Ob die Unterschiede dabei so groß sind, dass von zwei eigenständigen Marketing-Gebieten zu sprechen ist, oder ob es sich (allenfalls) um zwei unterschiedliche Einsatzgebiete ein und derselben Disziplin handelt, ist zwar eine spannende Streitfrage, spielt aber im aktuellen Kontext keine Rolle. Dies zumal vermehrt Stimmen zu vernehmen sind, die im Zuge der Digitalisierung eine Auflösung der Grenzen zwischen B2C und B2B sehen bzw. bereits von einer Verschmelzung ausgehen (siehe z. B. Pförtsch & Sponholz, 2019). Relevant ist vielmehr die Frage, vor welchen Herausforderungen die Digitalisierung die Akteure in den unterschiedlichen Sektoren stellt und wie diese damit umgehen; denn das ist die Basis um im Sinne des Benchmarkings voneinander zu lernen.

2 Wesentliche Differenzierungsmerkmale im B2B- und B2C-Marketing: Ein kurzer Überblick zur Ermittlung der Benchmarkkriterien

Da in den beiden Begriffen Konsumgütermarketing und Investitionsgütermarketing der Terminus „Güter" zu finden ist, liegt es auf den ersten Blick nahe, die Unterschiede beider Marketingvarianten an den Produkten festzumachen, um die es jeweils geht. Tatsächlich gibt es eine Reihe Produkte, die eindeutig nicht den Konsumgütern zuzurechnen sind. Dies gilt bspw. für Atomkraftwerke oder Hochöfen. Dabei handelt es sich aber um Ausnahmen; denn für die meisten Produkte kann allenfalls gesagt werden, dass sie überwiegend von gewerblichen oder mehrheitlich von privaten Kunden beschafft werden. So sind es zwar Bauunternehmen, die den allergrößten Teil des Zements kaufen, aber der eine oder andere rechtmäßig erworbene Zementsack findet sich auch im privaten Haushalt. Umgekehrt werden die meisten TV-Geräte hierzulande von Konsumenten zum privaten Gebrauch gekauft, aber die Vermarktung an gewerbliche Kunden, zu denen insb. Hotels gehören, ist so lukrativ, dass einige TV-Produzenten sich mit spezialisierten Vertriebsabteilungen an diese gewerbliche Kundschaft richten.

Führende Autoren, zu denen bspw. Kotler et al. (2019), Backhaus und Voeth (2015) oder auch Engelhardt und Günter (1981) gehören, richten das Augenmerk bei der Abgrenzung der beiden Varianten daher nicht auf etwaige unterschiedliche Produkt-Zuständigkeiten. Stattdessen betrachten sie einerseits die Absicht, die mit der Beschaffung verfolgt wird. Anderseits achten sie darauf, unter welchen Bedingungen die Einkaufsentscheidung erfolgt. Diese Betrachtung leitet die genannten und andere Autoren dazu, im Wesentlichen die im Folgenden aufgeführten Unterschiede zwischen beiden Marketing-Varianten zu sehen:

1. Derivater versus originärer Bedarf
2. Faktenbasierte versus emotional determinierte Kaufentscheidung
3. Produktgeschäft versus Markenorientierung
4. Gremienentscheidung versus individuelle Präferenz
5. Formalisierte versus freie Beschaffungsprozesse
6. Persönliche Ansprache versus Bearbeitung anonymer Märkte

Die hier aufgeführten Aspekte werden im weiteren Verlauf dieser Abhandlung zunächst kurz ausgeführt, um dann ermitteln zu können, in welcher Weise die Digitalisierung das Online- und Offline-Channel-Marketing des jeweiligen Sektors beeinflusst bzw. wie sie nutzbringend aufgegriffen wird. Anschließend gilt es herauszuarbeiten, welche Ansätze, Praktiken und Erfahrungen Gegenstand des intersektoralen Lernens sein könnten oder vielleicht sogar sein sollten, ohne dabei etwaige Risiken auszublenden.

3 Derivate versus originäre Nachfrage

3.1 Learnings für B2B: Web-Analytics

Als eines der charakteristischen Merkmale der Investitionsgüter-Industrie gilt, dass die Nachfrage nach ihren Leistungen ein Derivat der Nachfrage nach Leistungen nachgelagerter Wertschöpfungsstufen sei (Backhaus & Voeth, 2015, S. 21). Steigt z. B. die Nachfrage nach Kraftfahrzeugen, wird auch die Nachfrage nach Zulieferteilen sowie Maschinen und Anlagen für die Kraftfahrzeugherstellung wachsen. Umgekehrt verlieren die Zulieferer Umsatz, sobald die Nachfrage nach Kraftfahrzeugen sinkt. Während jedoch die Automobilhersteller selbst aufgrund ihrer Nähe zu den Endkunden etwaige Signale, die auf Wachstum oder Reduktion hindeuten, an der Quelle bereits im Moment des Entstehens detektieren und schnell adäquat reagieren können, bleibt den vorgelagerten Wertschöpfungsstufen nichts Anderes übrig, als auf die Signale der jeweils vorgelagerten Wertschöpfungsstufe zu warten.

Dagegen belassen es B2C-Unternehmen nicht dabei, die Auftragseingänge zu überwachen und gelegentlich eine Umfrage durchzuführen. Vielmehr findet sich im B2C-Bereich auch die systematische Sammlung von Daten über die Internet-Aktivitäten potenzieller Kunden (Meffert et al., 2019, S. 182 f.). Dabei werden Daten über die Nutzung der herstellereigenen Internet-Angebote, z. B. Online-Shops, PKW-Konfiguratoren oder Produktbeschreibungen, genauso erfasst wie Bewegungsdaten, zu denen bspw. das Surfverhalten vor und nach dem Besuch der eigenen Präsentationen gehört. Zusätzlich werden auch Daten über Rahmenbedingungen, wie etwa Konjunkturverläufe oder Wettervorhersagen, einbezogen. Dabei entstehen große Datenmengen, deren Analyse es den Unternehmen ermöglicht, nicht erst anhand der Auftragseingänge, sondern zum Teil sehr weit zeitlich vorgelagert zu erkennen, welche Entwicklung die Absatzzahlen nehmen werden und wie sich Präferenzen für bestimmte Produktfeatures, Distributionswege etc. verändern (Boßow-Thies et al., 2020, S. 3 ff.; Ottogroup, o. J.). Darüber hinaus können wichtige Erkenntnisse über die Mediennutzung im Allgemeinen und das Informationsverhalten der Konsumenten im Besonderen gewonnen werden, sodass sich Unternehmen in die Lage versetzen, passgenau und kostengünstig ihre (potenziellen) Kunden anzusprechen (Hassler, 2019). Nicht verschwiegen werden darf aber, dass die DSGVO sowie der Einsatz von Tracking-Blockern in den letzten Jahren die Datenerhebung zunehmend erschwert haben (Benedikt et al., 2019). Für die Zukunft könnten sich weitere Einschränkungen dadurch ergeben, dass die hierzulande wichtigste Suchmaschine Google zukünftig keine Third-Party-Daten mehr zur Verfügung stellen möchte (googlewatchblog, 2021).

Allerdings werden die Methoden der Datenerhebung und Datenanalyse nicht erst seit der Einführung der Tracking-Blocker oder des Inkrafttretens der DSGVO unter Hochdruck weiterentwickelt. So arbeiten Online-Shops z. B. mit „situationsbezogener Echtzeit-Personalisierung", die auch ohne die Angaben auskommen, die aus Cookies gewonnen werden können. Dazu werden ab dem Moment des Aufrufens der entsprechenden Internet-Präsenz Daten über die Besucher und den Besuch erfasst. Hierzu gehören einerseits solche Angaben, die die Situation der Besuche beschreiben, wozu bspw. Besucherstandorte, genutzte Geräte, Tageszeiten der Besuche oder Sprachpräferenz gehören. Andererseits sammelt das System Informationen über die Aktivitäten, die jeder Besucher im Shop ausführt, wobei hier vor allem das jeweilige Suchverhalten und etwaige Käufe interessieren. Diese Angaben werden um Aufzeichnungen über den Status des Shops selbst ergänzt, sodass nachvollziehbar wird, welche Angebote dem jeweiligen Besucher wann und in welcher Weise präsentiert wurden. In dem so entstehenden Datensatz können durch Korrelationsanalysen statistische Zusammenhänge zwischen den erfassten Datenreihen berechnet werden. Betritt nun ein Besucher den Shop, kann sofort ermittelt werden, welche vormaligen Besucher ein ähnliches Profil aufwiesen und somit als statistische Geschwister (digitaler Zwilling) dienen können. Anschließend wird der neue Besucher in der Weise behandelt, wie es sich in der Vergangenheit bei seinen „Geschwistern" als erfolgswirksamsten erwiesen hat (odoscope, o. J.; materna, 2021). Auch wenn unstrittig ist, dass sich die Wirksamkeit dieser Methode durch die Nutzung von Cookie-Daten deutlich erhöht, so zeigen die Erfahrungen, dass sie bereits sehr gut ohne diesen Input funktioniert (odoscope, o. J.). Auf der Basis der so gewonnenen Erkenntnisse können dann auch wertvolle Hinweise auf zukünftige Marktentwicklungen gewonnen werden, insbesondere dann, wenn weitere Datenreihen einbezogen werden.

Während die skizzierte systematische und umfassende Beobachtung und Analyse der Internet-Aktivitäten der Konsumenten bei B2C-Unternehmen zunehmend Verbreitung findet, wird ein solches Vorgehen im B2B-Sektor eher selten praktiziert. Dessen Marktforschung baut nach wie vor in erster Linie auf klassischen Sekundäranalysen und empirischen Erhebungen auf, sodass zukünftige Marktentwicklungen erst mit der bereits beschriebenen Latenz erkennbar werden (Baier & Sänn, 2015, S. 76 ff.). Eine Möglichkeit, dieses relative Informationsdefizit bzw. diese Latenz zu kompensieren, bestünde prinzipiell darin, an den Datensammlungen der B2C-Unternehmen oder zumindest an deren Auswertungen zu partizipieren. Aber abgesehen davon, dass damit eine weitere Abhängigkeit geschaffen würde, darf bezweifelt werden, dass den Zulieferern, die an mehrere Hersteller liefern, Zugang zu den sensiblen Daten und Erkenntnissen gewährt wird. Besser wäre es daher, wenn B2B-Unternehmen die Internet-Aktivitäten der Endkunden selbst erfassten. Nach einer Lernphase wären die Analyse-Tools dann in der Lage, aus den Aktivitätsdaten die Signale herauszulesen, die den Marktentwicklungen vorausgehen, sodass früher als mit den traditionellen Methoden Veränderungen der Absatzzahlen, Präferenzen etc. erkannt werden könnten.

Für diese Datenbeschaffung kommen i. d. R. für die B2B-Unternehmen Online-Shops, die sich an Konsumenten richten, nicht infrage. Relevante Marktdaten können aber nicht nur im Online-Shop, sondern auch anhand der Nutzung von informativem Content gewonnen werden. Dieser kann unter Umständen sogar sehr viel besser von den vorgelagerten Wertschöpfungsstufen als von den B2C-Unternehmen selbst bereitgestellt werden. Wer sollte z. B. besser über spezielle Eigenschaften von Prozessoren oder über den schonenden Umgang mit Batterien informieren können als diejenigen, die diese Produkte herstellen? Entsprechend sollten diese Unternehmen konsumentengerecht aufbereitete Informationsangebote im Internet verfügbar machen und die Nutzung dieser Inhalte sorgfältig tracken. Die dabei gewonnenen Daten würden die vorgelagerten Wirtschaftsstufen in die Lage versetzen, frühe Signale über etwaige Entwicklungen der Nachfrage und der Präferenzen zu gewinnen.

3.2 Learnings für B2B: Von der Pull- zur Push-Strategie

Abgesehen vom Aspekt der Web-Analytics gibt es im Kontext der derivaten Nachfrage noch ein weiteres, für Teile der Zulieferindustrie noch relevanteres Learning vom B2C-Bereich. Einer der wichtigsten Erfolgsfaktoren der ersten Hersteller von dem, was heute Markenartikel genannt wird, war es, den Handel davon zu überzeugen, auf das Einzelverpacken zu verzichten. Stattdessen sollten die standardisierten Produkte der Hersteller ins Sortiment genommen werden. Entsprechend lag zunächst die Priorität der Hersteller darauf, den Handel mit allen Instrumenten des Marketings zu bearbeiten, damit dieser seine Regale mit besagten Standardprodukten füllte. Als sehr wirksame Ergänzung dieser handelsgerichteten Aktivitäten erwies es sich im zweiten Schritt, die Verbraucher der Produkte direkt anzusprechen, um sie von den standardisierten Produkten zu überzeugen. Dies war zugleich die Geburtsstunde der Markenartikel (Paul, 2004). Diese unmittelbare Ansprache war sinnvoll, obwohl die Verbraucher gar keine Möglichkeit hatten, beim Hersteller direkt zu kaufen; denn je mehr überzeugte oder zumindest neugierig gemachte Konsumenten bei ihren Händlern nach den Markenartikeln fragten, desto mehr kamen die Händler unter Druck, diese Ware ins Sortiment aufzunehmen. In der US-amerikanischen Sprache, die oft bildliche Analogien nutzt, wird die traditionelle Methode Push-Strategie genannt, weil sie darauf zielt, die Ware zum Kunden (Händler) zu drücken. Dagegen zielt die Pull-Strategie darauf ab, die Händler durch indirekt wirkende Maßnahmen dazu zu bringen, die Ware von sich aus vom Hersteller zu beziehen (Meffert et al., 2019, S. 381 f.).

Aus der Sicht der Markenhersteller hat sich die Inauguration der Pull-Strategie als besonders segensreich erwiesen; denn im Zuge der Marktkonzentration, die in den USA in den 1960er Jahren und in Europa etwas später begann, wuchs die Nachfragemacht der großen Handelsstrukturen erheblich (Paul, 2004). Dagegen stand und steht aber die Anbietermacht der Markenartikler, deren Fundament die hohe Popularität der Markenartikel bei den Konsumenten ist (Statista, 2022a).

Welche Konsequenzen sich für Hersteller ergeben, die über keine Gegenposition zur Nachfragemacht ihrer Kunden verfügen, kann sehr gut an der Automobil-Zulieferindustrie studiert werden. Das Ausmaß der Unfairness hat sich zwar seit López Zeiten reduziert, aber das ist eher der Einsicht der Automobilhersteller als einem etwaigen Machtausgleich zu verdanken. Denn nach wie vor können die Automobilhersteller weitreichenden Einfluss auf die Zulieferer nehmen und die Bedingungen der Interaktion zu ihren Gunsten gestalten (Puls & Fritsch, 2020, S. 28). Aus Sicht der Automobil-Zulieferer wäre die erfolgreiche Umsetzung einer Pull-Strategie daher ein gern gesehener Beitrag, dieses Ungleichgewicht zu reduzieren. Ein Beispiel dafür, dass auch im Zulieferbereich eine solche Strategie gelingen kann, ist INTEL bzw. deren Kampagne „INTEL inside". Mit dieser gelang es dem Prozessorhersteller selbst bei solchen Endkunden, die gar nicht wussten, was ein Prozessor ist, eine hohe Präferenz für solche Computer zu schaffen, die mit INTEL-Bauteilen bestückt waren. Zugleich zeigt dieses Beispiel auch, dass eine auf Endkunden gerichtete Pull-Strategie unter den Bedingungen der traditionellen Kommunikationspolitik einen sehr hohen Aufwand bedeutet. Im Jahre 2006, dem letzten Jahr der Kampagne, beliefen sich Intels „Advertising Expenses" nämlich auf 2,32 Mrd. US-$, was in dem Jahr etwa 1,85 Mrd. € entsprach (dazeinfo.com, 2021). Ein Kommunikationsbudget in dieser Größenordnung ist für die allermeisten B2B-Unternehmen nicht darstellbar und i. d. R. auch nicht wirtschaftlich sinnvoll. Entsprechend gilt es, von Fall zu Fall zu prüfen, ob eine Pull-Strategie auch kostengünstiger realisierbar ist.

Infrage kommt hierfür die bereits angedeutete Content-Strategie (Kreutzer et al., 2020, S. 228). Sie ist grundsätzlich für jede Stufe der Wertschöpfung geeignet, bedarf aber der Adaption, wenn, wie im Falle von INTEL, die Endkunden direkt erreicht werden sollen. Zumindest für Konsumgüter, die einen hohen Stellenwert in der Konsumhierarchie einnehmen, gilt, dass der jeweiligen Kaufentscheidung typischerweise eine intensive Informationssuche vorausgeht. Während dieser Phase besteht eine hohe Bereitschaft, sich auch mit sehr speziellen Details des zu beschaffenden Gutes zu befassen, sodass sich eine Chance eröffnet, auch mit Informationen über Zulieferteile, die in das Produkt eingebaut werden, das Interesse der Endkunden zu treffen. Da ohnehin ein großer Teil der Informationssuche im Internet stattfindet (ECC Köln, 2022b, S. 8), bietet es sich für die Zulieferer an, konsumentengerecht aufbereitete Informationen über ihre Einbauteile im Internet verfügbar zu machen. Neben der eigenen Internet-Präsenz kommen dafür typische Informationsplattformen wie z. B. SlideShare infrage. Noch wirksamer sind Informationen, die über Internet-Angebote verbreitet werden, die die Endkunden kennen und schätzen. Dies gilt insbesondere für Blogs, Vlogs oder andere Kanäle, in denen vertraute Influencer Produkte vorstellen und kommentieren.

3.3 Learnings für B2B: Social Shopping im Blick behalten

Im B2C-Bereich geht es inzwischen bezüglich eines Online-Shops bereits eine Stufe weiter. Hier verlagert sich zunehmend nicht nur die Informationssuche, sondern auch der Kaufabschluss in die sozialen Kanäle. So wächst hier – vor allem auf dem US-amerikanischen und chinesischen Markt, aber auch in Deutschland – die Bedeutung des Social Shoppings und wird daher zu einer wichtigen Säule im E-Commerce. Insbesondere bei der Generation Z und den Millennials kauft jeder Dritte bereits über Social Media ein (YouGov, 2021). Diesen Trend gilt es im B2B-Marketing zu beobachten.

Wie bereits erwähnt, steigt der Online-Bezug bei B2B-Unternehmen. Derzeit erfolgt dies eher über unternehmenseigene Online-Shops oder B2B-Plattformen. So setzen derzeit nur sehr wenige B2B-Unternehmen auf den Vertrieb über soziale Netzwerke, erkennen zeitgleich aber, dass Social Media für sie immer wichtiger wird (Weigel, 2022). Daher sollte kontinuierlich überprüft werden, inwieweit die eigene Zielgruppe u. U. offen für Social Shopping geworden ist. Bei der Nutzung von Social Media als Verkaufskanal sollte von B2C gelernt werden. Erfolgreich sind die B2C-Unternehmen, die ihre Zielgruppe sehr authentisch ansprechen. Anders als beim klassischen E-Commerce ist der (potenzielle) Kunde nicht unbedingt auf der Suche nach etwas, sondern wird vielmehr in seinem persönlichen Social-Media-Umfeld von den passenden Produkten gefunden (YouGov, 2021). Insgesamt ist davon auszugehen, dass die Grenzen zwischen der beruflichen und privaten Social-Media-Nutzung zunehmend verschwinden und somit Social Shopping auch für den B2B-Bereich einen wichtigen Trend darstellt (Weigel, 2022; Ermer & Kleine, 2021, S. 530 ff.).

4 Faktenbasierte versus emotional determinierte Kaufentscheidung

4.1 Learnings für B2B: Etablierung eines Customer-Experience-Managements

Im B2C-Bereich ist die Erkenntnis, dass ökonomische Entscheidungen zu weiten Teilen auf unbewusst ablaufenden Prozessen beruhen, schon längst im Marketing angekommen. So ist eine Vielzahl von Kaufentscheidungen in hohem Maße stärker von Emotionen als von rationalen Überlegungen bestimmt. Positive Gefühle spielen bei nahezu jeder Kaufentscheidung eine Rolle. Diese Einschätzung wird durch Erkenntnisse der Neurologie gestützt, was zum Aufkommen des Neuromarketings führte, das noch konsequenter als frühere Ansätze die Beachtung emotionaler Aspekte in allen Marketing-Instrumentalbereichen fordert (Pispers et al., 2018, S. 41 ff.).

Ziel ist es, an jedem Touchpoint der Customer Journey positive Kundenerlebnisse zu schaffen, sodass eine emotionale Bindung zwischen Kunde und Anbieter entsteht. Insgesamt zeigt sich, dass Unternehmen, die das Customer-Experience-Management in den Fokus stellen, die Kundenzufriedenheit um 35 % und die Markenbekanntheit um durchschnittlich 29 % gegenüber dem Branchendurchschnitt steigern konnten. Das wirkt sich dann auch auf den Unternehmenserfolg aus. So stieg der Umsatz um 22 %, während die Kosten gleichzeitig um 16 % gesenkt werden konnten (Esch. The Brand Consultants, o. J.).

Im B2B-Marketing scheint häufig vergessen zu werden, dass der Einkäufer ein Mensch und kein Homo oeconomicus ist. Es wird immer noch davon ausgegangen, dass der Einkäufer seine Beschaffungsentscheidungen rein rational trifft und deshalb auch die Ansprache und Inhalte der zur Verfügung gestellten Informationen nicht emotional gestaltet werden „dürfen". Diese Annahme, dass der Einkäufer ein „Homo oeconomicus" ist, hat allerdings einen nachvollziehbaren Beweggrund, der sich mithilfe der Institutionen-Ökonomie bzw. präziser mit dem Principal-Agent-Ansatz veranschaulichen lässt. Abstrakt betrachtet agieren die Entscheidungsbeteiligten im B2B-Bereich, z. B. Einkäufer, als Agenten im Auftrag der Ressourcen-Eigentümer, den Prinzipalen; z. B. den Aktionären eines Unternehmens. Die Prinzipale behalten sich das Recht vor, direkt oder indirekt zu überprüfen, ob die Agenten effizient und sachgerecht mit ihrem Eigentum umgehen. Praktisch passiert dies z. B., indem sich Revisionsabteilungen mit Beschaffungsvorgängen ihrer Unternehmen befassen. Entscheidungsbeteiligte, also Agenten, sind daher gut beraten, sorgfältig zu dokumentieren, dass im Zuge der Entscheidungsfindung alle relevanten Aspekte und Informationsquellen Berücksichtigung fanden sowie die nach objektiv begründbaren Kriterien beste Lösung gefunden wurde. Dieser Aspekt darf daher bei der Kommunikation mit dem Einkäufer im B2B-Bereich nicht außer Acht gelassen werden. Die Anbieter haben daher darauf zu achten, dass sie im Rahmen der Kommunikation immer wieder Informationen liefern, die die Einkäufer für ihre „Rechtfertigungsprozesse" als rationale Argumente nutzen können und die zugleich die Entscheidungsprozesse mit Fakten abstützen (siehe im Überblick: Erlei et al., 2016).

Aber auch hinter dem B2B-Einkäufer steht ein Mensch, der nicht ausschließlich faktenorientiert agiert. „Auch Einkäufer haben Gefühle", so titelte einst das Handelsblatt (Bialek, 2009). Um die Rolle, die emotionale menschliche Faktoren bei der Entscheidungsfindung spielen, besser zu verstehen und zu quantifizieren, wurden in einer Studie im Jahr 2014 mehr als 700 Führungskräfte aus neun Branchen befragt. Insgesamt gaben rund 655 der Befragten an, dass subjektive Einflussfaktoren in ihre Entscheidungen einfließen (Hartman, 2014). So muss der Einkäufer darauf vertrauen können, dass die kommunizierten Eigenschaften, z. B. die Qualität der Produkte, Lieferzeitpunkte etc., eingehalten werden. Dabei spielen aber bei dem Konstrukt „Vertrauen" neben den rational messbaren Kriterien und Erfahrungswerten letztlich auch emotionale Aspekte eine zentrale Rolle. Daher gilt, dass Empathie zwischen den Geschäftspartnern die Geschäfte vereinfacht. Für die B2B-Werbung empfehlen Binet und Field (o. J., S. 26) daher entsprechend auch emotionale Aspekte zulasten der Faktendarstellung zu forcieren, da dies insbesondere langfristig die Werbewirkung erhöhe.

Die Erkenntnis, dass das Einkaufserlebnis im B2B-Bereich im Rahmen der Customer Journey eine Rolle spielt, ist zum Teil im Marketing der B2B-Unternehmen bereits angekommen. So vereinfacht Siemens (o. J.) bspw. mit dem Easy Spares Marketplace, einem B2B-Marktplatz für den Verkauf von Zug-Ersatzteilen, die Ersatzteilbeschaffung seiner Kunden. Auch werden insgesamt die Touchpoints entlang der Customer Journey zunehmend erlebnisorientierter gestaltet. Storytelling, Influencer-Marketing und soziale Netzwerke werden bereits verstärkt eingesetzt (Kreutzer et al., 2020). Ein Gebiet, auf dem auch das B2B-Marketing schon seit Jahrzehnten emotionale Aspekte nutzt, ist das Messewesen. So erklärt Strothmann (1979, S. 167) z. B. einen Teil der Bedeutung des Marketinginstruments Messe damit, dass es sich durch einen „Ereignischarakter" auszeichne. Brühe (2003, S. 73 ff.) sieht die Messe dann bereits im Jahr 2003 als eines von vielen Instrumenten der Live Communication und macht dabei keine Unterschiede zwischen B2C und B2B. Im Zuge der Digitalisierung ergaben und ergeben sich darüber hinaus ganz neue Möglichkeiten, die emotionale Wirkung der Messen zu intensivieren und Ausstrahlung über den jeweiligen Veranstaltungszeitraum und -ort zu erreichen. Hierzu gehören u. a. eine durch eine spezielle Applikation auf Smartphones ermöglichte individuelle Ansprache von Messebesuchern oder ein auf persönliche Präferenzen ausgelegtes Matchmaking (Grosser, 2017, S. 37 ff.; Lukas, 2020, S. 112 ff.).

Trotz der dargelegten Erfolgswirkung der Emotionalität (Capgemini, 2017) darf nicht übersehen werden, dass sie weder im B2B- noch im B2C-Kontext „überstrapaziert" werden sollte; denn eine als synthetisch empfundene Zwangsemotionalisierung wirkt sich nicht nur im B2B-Bereich negativ auf die Glaubwürdigkeit und die Authentizität einer Marke und oder eines Anbieters aus (Swiss Direct Marketing AG, o. J.).

Insgesamt bleibt aber festzuhalten, dass zwar aufgrund der bereits dargestellten Zusammenhänge Einkaufsbeteiligte im B2B-Bereich ihre Entscheidungen im Normalfall rationaler als Konsumenten zu treffen bzw. zu begründen haben, dass aber dieser Umstand nicht dazu verleiten sollte, die Gefühle der B2B-Einkäufer außer Acht zu lassen. Das Customer-Experience-Marketing ist in dieser Hinsicht auch für das B2B-Marketing ein interessanter Benchmark.

4.2 Learnings für B2C: Bedeutung von faktenorientiertem Content

Der Aspekt, dass Kaufentscheidungen begründbar sind, ist auch im B2C-Bereich nicht komplett zu vernachlässigen. So existieren immer wieder Situationen, in denen auch B2C-Käufer während einer Kaufentscheidung oder im Nachhinein durch Bezugsgruppen genötigt werden, ihre Kaufentscheidung zu begründen. Ebenso kommt das Phänomen der Post-Decision-Dissonance zum Tragen. So haben Kunden nach einer Kaufentscheidung manchmal das Gefühl, dass diese falsch sein könnte. Um dieses Gefühl (kognitive Dissonanz) aufzulösen, suchen die Käufer nach rationalen Argumenten, um die Entscheidung attraktiver erscheinen zu lassen (Raab et al., 2010, S. 42 ff.).

Zwar haben innerhalb der Argumentation aufgedeckte Widersprüche i. d. R. nicht die Konsequenzen wie eine Fehlentscheidung im B2B-Bereich. Trotzdem sollte auch im B2C-Marketing immer wieder geprüft werden, an welchen Stellen der Customer Journey es sinnvoll ist, dem Kunden eher rationale, begründende Informationen an die Hand zu geben. Diese Funktion kann mit gedruckten Informationen, E-Mail-Marketing oder auch mithilfe der Homepage wahrgenommen werden. Hilfreich sind dabei Online-Contents, wie sie bspw. auf YouTube zu finden sind, in denen andere Nutzer nicht nur ihre Zufriedenheit mit den erworbenen Produkten demonstrieren, sondern auch praktische Tipps und Tricks für eine (noch) bessere Nutzung der Produkte bieten. Auch wenn das B2B-Marketing einige Defizite bei der Nutzung des breiten Angebots von

Social-Media-Kanälen aufweist und daher insgesamt als Benchmark für dieses Gebiet kaum taugt, kann das B2C-Marketing aber dennoch im Kontext der Faktenvermittlung lernen. Denn anders als in weiten Teilen des B2C-Marketings liegt der Fokus der B2B-Contentstrategien typischerweise auf Fakten.

5 Produkt- versus Markenorientierung

5.1 Learnings für B2B: Markenkommunikation als vertrauensschaffender Faktor

Durch die Digitalisierung sind sowohl die Analyse als auch die Beeinflussung des Kaufverhaltens von Kunden wesentlich komplexer geworden. So folgt die Kaufentscheidung nicht mehr der Vorstellung eines trichterförmigen Prozesses, sondern vollzieht sich in Schleifen durch Überspringen oder auch durch die Wiederholung von Phasen (Meffert et al., 2019, S. 126 f., 145). Darüber hinaus wirken auf den Kunden wesentlich mehr Stimuli ein, weil die Kanalvielfalt exponentiell angestiegen ist bzw. noch ansteigt (Kreutzer, 2018, S. 25 ff.). Bereits einmal aus dem Evoked Set herausgefallene Alternativen werden wieder in die Auswahlentscheidung aufgenommen, weil ein Konsument bei der Suche im Netz z. B. auf Empfehlungen für diesen Anbieter stößt (Meffert et al., 2019, S. 127). Die Vielfalt an Informationen kann zu einem Information Overload bei den Kunden führen (siehe zu diesem Phänomen auch den Beitrag „Vertrauensschaffende Signale bei Vertrauensgütern durch On- und Offline-Kommunikation am Beispiel von Beratungsdienstleistungen (Kap. 7)" von Butzer-Strothmann und Kirste in diesem Werk). Eine Reaktion des Kunden ist es, nach der Eliminationsregel die Reduktion der Informationsmenge zu erreichen und dabei nach Möglichkeit subjektiv keine Kompromisse bei der Entscheidungsqualität einzugehen. So wird z. B. gezielt nach Signalen gesucht, die das Gefühl vermitteln, den Informationen ohne weitere Prüfung vertrauen zu können. Diese Vorgehensweise ist nicht neu, sondern vielmehr bereits als wesentlicher Bestandteil der Markenpolitik bekannt (Esch, 2019). Die Konsumenten ziehen die Markenbotschaften als Orientierungshilfe heran und entwickeln ein Vertrauen gegenüber der Marke, sodass sie die Informationssuche in der beschriebenen Weise vereinfachen und beschleunigen können (Meffert et al., 2019, S. 264).

Der Zuwachs an Informationsmöglichkeiten, der sich durch die Digitalisierung ergeben hat, beschränkt sich selbstverständlich nicht auf Konsumrelevantes. Auch die Entscheidungsbeteiligten der Unternehmen haben in den letzten Jahrzehnten ein sehr viel breiteres Spektrum an Informationsmöglichkeiten dazugewonnen (ECC Köln, 2022b, S. 8). Die Entscheider, die ohnehin durch eine höhere Professionalität charakterisiert sind, werden dadurch in die Lage versetzt, ein größeres Volumen an Informationen schneller und kostengünstiger zu beschaffen. Aber auch die damit zumindest theoretisch erreichbare signifikante Verbesserung der Informationsbasis, auf der die betrieblichen Beschaffungsentscheidungen getroffen werden, schafft nicht den Status vollkommener

Sicherheit. Es bleibt auch unter den Bedingungen der Digitalisierung stets ein Restrisiko, das mit zunehmender Kompliziertheit des Beschaffungsfalls auch weiterhin zunehmend größer wird. Somit basiert auch im digitalen Zeitalter die Wahl des Lieferanten immer zu einem bestimmten Anteil auf Vertrauen.

Wenn betriebliche Entscheidungen genau wie die private Produktwahl zum Teil eine Vertrauenssache sind, dann hat auch im B2B-Bereich die Markenpolitik eine Existenzberechtigung. Ein Indiz für die Berechtigung dieser These ist das legendäre „nobody ever gets fired for buying IBM". Die oft anzutreffende Vermutung, dass es sich hierbei um einen Slogan der IBM selbst gehandelt hat, ist unzutreffend. Vielmehr handelt es sich um eine seinerzeit realistische Einschätzung, dass Ranghöhere es akzeptieren, wenn die im Entscheidungsprozess Mitwirkenden der IBM vertrauten (Liesching, 2015). Das kann nur einer herausragend starken Marke gelingen, sodass unterstellt werden darf, dass die IBM eine starke Markenpolitik erfolgreich umgesetzt hat. Damit ist allerdings eine im B2B-Bereich seltene Ausnahme beschrieben. Denn das Marketing der B2B-Unternehmen wird generell eher als produktorientiert charakterisiert (Baumgarth, 2019, S. 12 ff.). Entsprechend findet i. d. R. auch keine Markenführung im eigentlichen Sinne statt (Baumgarth, 2019, S. 14 ff.). Häufig werden im B2B-Bereich sogar die Produktbezeichnungen mit dem Markennamen gleichgesetzt (B2B International, o. J.).

Die Gründe für die „markenpolitische Abstinenz" des B2B-Sektors sind vielfältig (Baumgarth, 2019, S. 12 ff.). Neben dem anbieter- und abnehmerseitigen Misstrauen gegenüber allen Entscheidungskriterien, die nicht fachlicher Natur sind, dürften vor allem die mit der Markenbildung verbundenen Kosten abschrecken. Dass das Erstgenannte unberechtigt ist, wurde bereits gezeigt. Zum Kostenaspekt ist hingegen einzuwenden, dass im Zuge der Digitalisierung interessante kostengünstige Optionen entstanden sind. Auch in dieser Hinsicht kann der B2B-Bereich sehr viel vom B2C-Marketing lernen. Damit soll keinesfalls die Idee propagiert werden, dass nun auch z. B. mittelständische Maschinenbauer aufwendige integrierte TV-, Kino- und YouTube-Kampagnen inszenieren sollen, um damit Millionen von Menschen auf sich aufmerksam zu machen. Vielmehr wird empfohlen, insbesondere die niederschwelligen bzw. kostengünstigen Elemente der Internet-Kommunikation zu nutzen; denn im B2B-Bereich kommt es ja nur ausnahmsweise darauf an, breite Bevölkerungsschichten zu erreichen. Im Normalfall geht es vielmehr darum, Vertrauen in der jeweiligen Branchen-Community aufzubauen. Dazu kann insbesondere der typischerweise selbst in kleinen Investitionsgüter-Unternehmen vorliegende, aber ungenutzte Content verwertet werden. So können Anbieter bspw. mit Whitepapers über gelungene Kunden-Projekte in der relevanten Community kostengünstig einerseits Aufmerksamkeit gewinnen und andererseits Vertrauen aufbauen. Ähnliches gilt für Technologie-Reports, in denen über den Einsatz neuer Technologien, Forschungsergebnisse o. Ä. berichtet wird; denn es müssen nicht gleich nobelpreiswürdige Erfindungen, wie sie in den IBM Laboratorien oft gemacht wurden, sein, um die Abnehmerbranche im positiven Sinne auf sich aufmerksam zu machen und damit ein positives Image aufzubauen. Verbreitung findet solcher Content, wenn er entsprechend aufbereitet ist, über verschiedene Internet-Kanäle. Neben der herstellereigenen Homepage sind hier – ja nach Art des Contents – Videoplattformen wie YouTube, Internet-Foren insbesondere auf LinkedIn, spezielle Whitepaper-Datenbanken der Fachverlage oder SlideShare und vergleichbare Präsentations-Dienste zu nennen. Des Weiteren verbreiten sich auch in Nischenbereichen zunehmend Podcasts, die mit einfachen Mitteln auf einem zum Teil sehr hohen professionellen Niveau produzierbar sind und die über die entsprechenden Service-Angebote u. a. kostenlos für alle Nutzer von Smartphones verfügbar gemacht werden können. Ein Beispiel ist der Podcast der InnoTrans Berlin, der führenden internationalen Leitmesse für die Verkehrstechnik. Das InnoTrans-Team produziert diesen Podcast und lässt in jeder Folge einen Know-how-Träger aus Wirtschaft, Politik oder Wissenschaft über relevante Aspekte der Branche sprechen (InnoTrans, o. J.). Verbreitung finden die Podcasts über die verschiedenen Podcast-Bibliotheken, die standardmäßig auf allen Smartphones installiert sind. Mit diesem Medium werden sowohl potenzielle Besucher als auch Aussteller auf die Veranstaltung aufmerksam gemacht und zugleich wird relevanter Content gestreut.

5.2 Learnings für B2C: Denken in Marken als Innovationshemmer auf Abnehmer- und Kundenseite

Wie bereits erwähnt, können Fehlentscheidungen im B2B-Einkauf – vor allem, wenn sie hohe finanzielle und auch organisatorische Investitionen beinhalten – mit beruflichen Konsequenzen verbunden sein. Das Vertrauen auf Markenqualität ist daher ein nachvollziehbares Verhalten von Einkäufern (Milz, 2016). Hinter einer Markenbotschaft sollte allerdings ein kommunizierter Wettbewerbsvorteil stehen, der dann aber auch langfristig gehalten werden muss. Wieder sehr plastisch lasst sich dies an der bereits genannten Feststellung „Niemand wird jemals gefeuert, weil er IBM gekauft hat" exemplifizieren. So kann das Vertrauen auf Markenbotschaften auch schnell ein Ausweichverhalten von risikoscheuen Einkäufern werden. Sie verzichten dann u. U. (bewusst) darauf, nach einem geeigneteren Produkt bzw. einer geeigneteren Dienstleistung zu suchen. Auf der anderen Seite „ruht" sich u. U. auch der Verkäufer auf der Markenbotschaft aus und fragt nicht mehr nach neuen Anforderungen an die Produkteigenschaften. Dieses Verhalten kann sich sehr ungünstig auf die Innovationsbereitschaft und dann auch im Endeffekt langfristig auf die Innovationsfähigkeit in den Unternehmen auswirken.

In dieser Hinsicht erweist es sich für den B2B-Sektor als vorteilhaft, dass sein Markenmanagement weniger ausgeprägt ist. Denn auf diese Weise haben Investitionsgüter-Hersteller nur einen sehr geringen Spielraum dafür, etwaige Innovationsschwächen markenpolitisch zu kompensieren. Insofern könnte die Empfehlung an das B2C-Marketing lauten, von der Anwendung der Innovationstechniken und des Innovationsmanagements bei ihren B2B-Kollegen zu lernen. Ein Beispiel für einen erfolgreichen Transfer solcher Techniken von B2B- zum B2C-Bereich ist Tesla, dessen Gründer bekanntlich ursprünglich im B2B-Sektor innovativ erfolgreich war.

6 Gremienentscheidung versus individuelle Präferenz

6.1 Learnings für B2B: Einsatz von Fachleuten als Influencer

Der Gedanke, Einfluss auf das Kaufverhalten zu nehmen, besteht – wie bereits angedeutet – im B2C-Bereich grundsätzlich schon. So zeigen aktuelle Studien, dass Kunden ihren Freunden und Bekannten mehr vertrauen als z. B. Werbung (Tarkowski, 2016). Der den B2C-Bereich prägende Gedanke des Empfehlungsmarketings zielt aber stärker auf eine durch das Unternehmen initiierte Empfehlung ab. So etablierten sich Testimonialmarketing, Bewertungen durch unabhängige Institutionen usw. (Kotler et al., 2019, S. 281 f., 710; Kotler et al., 2021, S. 58). Diese Form der Beeinflussung erhielt im B2C-Bereich durch die Digitalisierung einen Schub. Online-Bewertungsportale „schossen" aus dem Boden. Konsumenten werden von den Unternehmen aktiv aufgefordert, Produkte/Dienstleistungen zu liken und zu kommentieren. Darüber hinaus entwickelt sich das Influencer-Marketing (Jahnke, 2018, S. 2 ff.).

Im B2B-Bereich entwickelt sich das Influencer-Marketing hingegen zögerlich. Auch wenn sich die Umsetzung einer Influencer-Kampagne im B2B-Bereich sicherlich komplexer gestaltet, sollte dieses Instrument nicht von vornherein vollständig ausgeschlossen werden. So dient es sicherlich weniger der Beschleunigung von Kaufentscheidungen, könnte aber dazu genutzt werden, Aufmerksamkeit für Marken zu generieren, neue Lösungen bekanntzumachen oder auch in neue Märkte vorzustoßen. Dabei muss den Spezifika des B2B-Marktes Rechnung getragen werden. Das heißt, der Content sollte im Kern nutzbar sein, die Auswahl der Influencer sollte fachliche Kriterien einschließen und die für Influencer-Marketing genutzten Social-Media-Plattformen sollten im beruflichen Kontext stehen (Valassis, 2020).

Im Übrigen sollten B2B-Marketing-Verantwortliche beachten, dass im Zuge des Generationswechsels zunehmend Fachleute in die Entscheidungsgremien einziehen, die sich anders als die aktuell dominierenden Babyboomer zu deutlich früheren Zeitpunkten ihrer Sozialisation mit digitaler Technik und vor allem Internetangeboten vertraut gemacht haben. Mittelfristig ist davon auszugehen, dass die Digital Natives die Digital Immigrants substituieren werden. Erstere kaufen überwiegend online und erwarten daher auch ähnliche Shoppingerlebnisse aus dem B2C-Bereich und auch andere Standards als die vorherige Generation. So wird prognostiziert, dass zukünftig auch im B2B-Bereich zunehmend online gekauft wird (sana, 2021). Viele Branchen im B2C-Bereich haben diese Entwicklung bereits durchlaufen und die Customer Experience entsprechend ausgestaltet, um wettbewerbsfähig zu bleiben.

6.2 Learnings für B2C: Ermittlung einer Omni-Persona-Customer-Journey

Kaufentscheidungen in B2B-Unternehmen sind nicht nur – wie mithilfe der Principal-Agent-Theorie veranschaulicht – dadurch geprägt, dass sich ein Einkäufer u. U. für seine Beschaffungsvorgänge faktenbasiert rechtfertigen muss. Gerade bei finanziellen Großanschaffungen, bei komplexen Produkten oder Dienstleistungen oder auch bei dem Eingehen von langfristigen Geschäftsbeziehungen holen Einkäufer zur eigenen Risikoreduzierung bzw. zur fachlichen Unterstützung oder aufgrund einer begrenzten Bevollmächtigung andere Personen zum Entscheidungsprozess hinzu (Backhaus & Voeth, 2015, S. 21 f.). Im B2B-Bereich hat schon seit Mitte der 1990er Jahre das Konstrukt des Buying Centers eine hohe Bedeutung bei der Entwicklung und Umsetzung von Marketing-Konzepten (siehe im Überblick: Herbst & Kemmerling, 2015, S. 33 ff.).

Für die Gestaltung des Online- und Offline-Channel-Marketings eines Anbieters bedeutet das Vorliegen eines Buying Centers, dass zum einen identifiziert werden muss, wer Mitglied des Buying Centers ist. Dies ist zum Teil ein schwieriges Unterfangen, weil nicht immer alle Personen und deren Rollen klar erkennbar sind. So kann z. B. auch eine Kollegin, die eigentlich nicht offiziell durch Aufgaben im Buying Center vertreten ist, Einfluss auf das Entscheidungsverhalten nehmen. Zum anderen muss ermittelt werden, welche Informationen die einzelnen Buying-Center-Mitglieder für ihre Entscheidung benötigen sowie in welcher Form sie Einfluss nehmen (Herbst & Kemmerling, 2015, S. 38 ff.).

Dieses Bewusstsein für Mehrpersonenentscheidungen aus dem B2B-Marketing ist ein Aspekt, den der B2C-Bereich durchaus stärker auch für sich schärfen sollte. Der Einflussnahme durch Dritte auf Kaufentscheidungen wird hier bisher „nur“ durch das Empfehlungsmarketing Rechnung getragen (Rassinger & Adelmann, 2020). Bei zunehmendem Beschaffungswert, bei einem neuartigen Beschaffungsobjekt oder auch bei sehr langfristigen Beschaffungsentscheidungen erfolgt nicht nur im B2B-Bereich eine Mehrpersonenentscheidung. Auch Endkunden werden sich z. B. beim Kauf einer Immobilie, eines wertvollen Bildes oder Autos mit anderen Familienmitgliedern abstimmen, konkrete Ratschläge von Bekannten und Freunden einholen etc. – sich also aktiv ihr eigenes Buying Center zusammenstellen. Der Gedanke eines Buying Centers im Hintergrund eines Kunden und die damit verbundenen Implikationen sollten daher im B2C-Marketing wesentlich stärker Beachtung finden. Die Idee des Begriffs des Omni-Channel-Marketings aufgreifend, sollte im B2B-Bereich eine Omni-Persona-Customer-Journey ermittelt werden, die aufzeigt, an welchen Touchpoints weitere Personen Einfluss nehmen und somit auch die weitere Customer Journey beeinflussen könnten.

7 Formalisierte versus freie Beschaffungsprozesse

7.1 Learnings für B2B: Auflösung einst formalisierter Informationsprozesse

Unabhängig davon, ob es sich um B2B oder B2C handelt, ist eine der zentralen Aufgaben des Marketings, Beschaffungsentscheidungen so zu beeinflussen, dass sie zugunsten des jeweiligen Auftraggebers gefällt werden. Dabei gilt, dass die

Auswahl- und Entscheidungsprozesse, die das B2B-Marketing zu beeinflussen hat, definitionsgemäß betriebliche Beschaffungsprozesse sind. Diese Prozesse sind traditionell stark formalisiert. Einer der Gründe ist, dass die einkaufenden Unternehmen und die Entscheidungsbeteiligten sicherstellen müssen, dass möglichst alle relevanten Aspekte und Informationen einbezogen werden, ohne zugleich die Suchkosten unnötig ausufern zu lassen. Wenn z. B. eine Investition in 3D-Druck erwogen wird, ist es nicht notwendig, alle Mitglieder des Buying Centers umfassend über die verschiedenen Verfahren, ökonomischen Aspekte usw. additiver Fertigung zu schulen. Effizienter ist es, wenn jeder der Beteiligten die Investition von seinem Fachgebiet aus beurteilt. Unter Umständen ist es sogar kostengünstiger, zur Klärung etwaiger offener Detailfragen externe Expertise einzuholen. Für das Anbieter-Marketing ist die ausgeprägte traditionelle Formalisierung insofern ein Vorteil, als sie die zielgruppengerechte Verteilung der kommunikativen Botschaften erleichtert, da die Zuständigkeiten für einzelne Teilaspekte der Entscheidung festgelegt sind. Die Tradition klarer Formalisierung und Arbeitsteilung gerät jedoch im Zuge der Digitalisierung unter Druck; denn digitale Medien vereinfachen den Zugang zu Informationen zum Teil erheblich und reduzieren zugleich die Informationskosten. Entsprechend können prinzipiell alle Entscheidungsbeteiligten die formale Zuständigkeit von sich aus umgehen, indem sie den demokratisierten Zugang zu Informationen nutzen, um sich eigeninitiativ zu informieren und sogar zu schulen. Die Konsequenz ist, dass sich die einst klare Formalisierung der Beschaffungsprozesse auflöst, sodass nun damit zu rechnen ist, dass auch Fachfremde mit fachlich relevanten Informationen Einfluss nehmen.

7.2 Learnings für B2C: Umgang mit strukturierteren Informationsprozessen

In gewisser Weise kann im B2C-Bereich eine umgekehrte Entwicklung beobachtet werden. Auch hier gilt, dass die (End-)Kunden von der Ausweitung des Informationsangebots im digitalen Zeitalter profitieren; denn die Zahl und die Arten unterschiedlicher Informationsangebote sind in diesem Sektor sogar noch stärker als im B2B-Bereich gewachsen. Einerseits verkompliziert diese Entwicklung die Arbeit des B2C-Marketings, u. a. weil die Bestimmung des optimalen Media-Mix angesichts des wachsenden Medienangebots aufwendiger wird. Anderseits ist aber zu beobachten, dass wachsende Teile der Informationsbeschaffung der Konsumenten ins Internet verlegt werden, wo sie im Vergleich zu der offline stattfindenden Informationsbeschaffung zu geringeren Kosten auf der individuellen Ebene beobachtet und beeinflusst werden können. Dabei zeigt sich, dass sich neue Gesetzmäßigkeiten herauskristallisieren, die zu einer teilweisen Strukturierung der einst – vom Standpunkt der Anbieter aus gesehen – erratischen Konsumenten-Entscheidungsprozesse führt. So ist zumindest im deutschsprachigen Raum zu beobachten, dass beim Großteil der Customer Journeys Googles Suchmaschine zu Beginn oder zumindest zu einem sehr frühen Zeitpunkt der gezielten

Informationssuche genutzt wird. Je nach Zielgruppe und Produktkategorie folgen dann weitere typische Informationsquellen, zu denen bspw. die Kanäle spezialisierter YouTuber, Instagramer oder TikToker gehören. Hier kann das B2C-Marketing von der traditionellen entscheidungsprozessorientierten Steuerung der Marketing-Maßnahmen lernen (Newmann et al., 2021, S. 22).

8 Persönliche Ansprache versus Bearbeitung anonymer Märkte

8.1 Learnings für B2B: Nutzung von Künstlicher Intelligenz zur individualisierten Ansprache

In der Regel wird im B2C-Bereich ein anonymer Massenmarkt angesprochen, während der Fokus im B2B-Bereich auf langfristigen und persönlichen Beziehungen liegt (Weiber & Ferreira, 2015, S. 122 ff.). Diese Dichotomie gilt sicherlich nicht durchgängig für alle Produktbereiche und Vermarktungssituationen. So ist das Phänomen Stammkunde auch dem Handel mit Konsumgütern bekannt; während umgekehrt auch Unternehmen anonyme Spotmärkte nutzen, z. B. in Form von Rohstoff- oder Elektrizitätsbörsen. Aber abgesehen von diesen und einigen weiteren Ausnahmen kann in der Tat unterstellt werden, dass das B2B-Marketing im Vergleich zu seinem B2C-Pendant sehr viel stärker darauf fokussiert ist, die Zielmärkte zu de-anonymisieren, und entsprechend weniger Erfahrungen damit hat, namenlose Märkte zu bearbeiten. Wenn aber wie ausgeführt im Zuge der Digitalisierung eine wachsende Zahl von Mitgliedern des Buying Centers, die keinen direkten Kontakt zu den Anbietern unterhalten, zunehmend auch außerhalb ihrer jeweiligen unmittelbaren Zuständigkeit Informationen recherchiert, dann entsteht eine wachsende Gruppe von Entscheidungsbeteiligten, die zwar im Internet surfen, aber aus Sicht der B2B-Anbieter anonym sind. Entsprechend bietet es sich an, vom B2C-Marketing zu lernen; denn hier kam es schon immer darauf an, Absatzmärkte zu bearbeiten, die sehr viele, manchmal Millionen unbekannter potenzieller Kunden umfassen. Die Fähigkeiten des B2C-Marketings, diese große Zahl namenloser Konsumenten immer individueller anzusprechen, ist mittlerweile so weit fortgeschritten, dass inzwischen bereits das Ende der Marktsegmentierung und der Zielgruppendefinition prognostiziert worden ist. Auch wenn sich diese – je nach Standpunkt optimistische oder pessimistische – Sichtweise nicht bewahrheitet hat, so ist dennoch festzustellen, dass die Segmentierung und Zielgruppenansprache mithilfe digitaler Techniken mittlerweile Granularitäten erreichen, die einer individuellen Ansprache sehr nahekommen (Grishikaschvili et al., 2014, S. 30).

Ein Beispiel für diese Quadratur des Kreises sind Online-Shops, in denen die Beratung zumindest im ersten Schritt sogenannten Servicebots übertragen wird. Diese softwarebasierten Service-Roboter sind aufgrund geschickter Nutzung Künstlicher Intelligenz in der Lage, den Sinn schriftlich oder sogar verbal vorgebrachter Fragen zu „verstehen“

und diese dann schriftlich oder mündlich sinnvoll zu beantworten. Außerdem „lernt" die Künstliche Intelligenz im Einsatz weiter, sodass sowohl das Verstehen als auch das Beantworten der Fragen mit steigender Nutzung laufend besser werden. Untersuchungen zeigen, dass Nutzer i. d. R. glauben, mit Menschen kommuniziert zu haben. Allerdings wird genauso deutlich, dass – so faszinierend die auf KI basierende Spracherkennung und -interpretation bereits heute sein mag – es noch ein sehr langer Weg sein wird, bis auch die wirklich komplizierten Sachverhalte den Servicebots überlassen werden können. Derzeit sind sie vor allem für die 80 % der Fragen geeignet, die sehr häufig gestellt werden (z. B. „Gibt es das auch in meiner Größe?"). Noch sehr viel länger wird es dauern, bis eine zufriedenstellende Online-Lösung für haptische oder gar olfaktorische Informationswünsche verfügbar werden wird (Peters, 2022).

Diese digitale Kommunikation stellt für B2B-Unternehmen aber schon jetzt eine große Chance dar, um individuell und schnell auf Bedürfnisse anonymer Kunden zu reagieren. So können Standardanfragen schnell auf digitalem Wege beantwortet werden und somit sowohl auf Kunden- als auch auf Unternehmensseite Prozesse optimieren. Durch kontinuierliche Weiterentwicklung werden Chatbots zukünftig nicht nur auf standardisierte, sondern auch auf komplexe Fragen antworten können (Fynn, 2020). Darüber hinaus sollte auch über den Einsatz von Sprach- oder Videoassistenten zum interaktiven Dialog nachgedacht werden (siehe z. B. Youtube, 2018).

8.2 Learnings für B2C und B2B: Vernetzung der persönlichen On- und Offline-Beratung nicht unterschätzen

„Googleisierung der Informationssuche" so titelt ein Buch von Stark et al. (2014). Die Suchmaschine fungiert als Gatekeeper und leitet dann 24/7 die Konsumenten immer weiter zu der jeweils gesuchten Information. Für den Konsumenten hat daher die Informationssuche im Internet große Vorteile. So kommt er in Sekundenschnelle zu Suchergebnissen, deren Recherche offline wesentlich zeitaufwendiger wäre. Vielfach erhält man u. U. auch Informationen, die einem sonst gar nicht zugänglich gewesen wären. Insgesamt ermöglicht die Onlineinformationssuche bereits eine sehr breite und – wenn gewollt – auch tiefgehende Informationsbeschaffung zu Produkten, Dienstleistungen, Anbietern sowie zu weiteren Backgroundinformationen. Dabei können als Informationsgeber neben den konkreten Anbietern nur einen Klick entfernt unabhängige Institutionen, Bewertungen anderer Kunden usw. sein. Um diese Informationssuche, vor allem die Informationsquellenauswahl, nicht autark dem Konsumenten zu überlassen, nutzt der B2C-Bereich bereits eine Vielzahl von Instrumenten, um den Kunden möglichst in seinem eigenen Onlineumfeld zu informieren und zu beraten. SEO, SEA, Blogs, Erklärvideos und Chatbots sind nur einige Beispiele (Hönle, 2017, S. 2 ff.). Hier kann sicherlich der B2B-Bereich einige Learnings mitnehmen, wenn es darum geht, bestimmte Online-Beratungsleistungen vor allem mithilfe der Künstlichen Intelligenz zu optimieren (Kreutzer, 2021, S. 115 ff.).

Allerdings bedeutet eine umfangreiche Recherche im Internet nicht zwangsläufig, dass dort auch direkt gekauft wird. Insbesondere bei erklärungsbedürftigen Produkten oder Dienstleistungen, wie z. B. Reisen oder Finanz- und Versicherungsdienstleistungen, besteht vielfach der Wunsch der Konsumenten, sich vertrauensvoll an den stationären, selbstständigen Handel zu wenden, um dort ausführlich von Verkäufern beraten zu werden. Anschließend wird das ausgewählte Produkt dann aber doch online gekauft (Hönle, 2017, S. 3 f.). Es kann also je nach Richtung – Online-Beratung/Offline-Kauf oder umgekehrt – zu sogenannten „Hybridverkäufen" (Hönle, 2017, S. 2) kommen. Dieses hybride Verhalten eines Kunden ist auf B2C- sowie B2B-Märkten existent und so lange für einen Anbieter „ungefährlich", wie die Leadgenerierung letztendlich bei ihm und nicht bei einem Wettbewerber erfolgt. Anders sieht es allerdings aus, wenn der Lead letzten Endes beim Wettbewerber entsteht. Dieses ROPO (Research Offline, Purchase Online), auch Webrooming genannt, wird vor allem im B2C-Bereich thematisiert, wenn es um die Beratung im stationären Handel geht und dann der Kauf online bei einem anderen Anbieter erfolgt. Wie bereits dargelegt, existiert dieser Effekt aber auch gegenläufig – auch als „Showrooming" oder „Beratungsdiebstahl" bezeichnet. Dieser Fall ist i. d. R. für den Anbieter der kostenintensivere, da im stationären Bereich qualifiziertes Personal zur Beratung zur Verfügung stehen sollte (Kreutzer, 2021, S. 57 f.). Auch wenn vermutlich dieses Verhalten im B2B-Bereich noch nicht so ausgeprägt ist wie im B2C-Bereich, sollte es auch dort nicht außer Acht gelassen werden. So wechseln nur 7 % der Einkäufer im B2B-Bereich nicht zwischen den Kanälen (ECC Köln, 2022a, S. 9).

Um diesen Effekten in beiden Richtungen entgegenzuwirken, ist ein funktionierendes Omni-Channel-System unabdingbar. So sind z. B. die aktive Einbindung des Online-Kanals in Out-off-Stock-Situationen, ein reibungsloser Click&Collect-Service, ein On- und Offline-übergreifendes CRM-System usw. wesentliche Bausteine. Bildlich gesprochen muss eine Brücke zwischen den Online- und Offline-Kanälen bestehen, damit von den Wechselwirkungen profitiert werden kann. Dieser Gedanke ist im Marketing nicht neu. Das Problem ist vielmehr die operative Umsetzung. So ist der reibungslose Übergang von online zu offline und umgekehrt technisch noch nicht flächendeckend umgesetzt. Aber auch die Integration in den Arbeitsalltag der Mitarbeitenden gelingt vielfach nur sehr mühsam. Ein wesentlicher Faktor ist hier – neben den Barrieren, sich mit den technischen Möglichkeiten auseinanderzusetzen, dass die Mitarbeitenden Sorge haben, dass die Kanäle sich gegenseitig kannibalisieren und damit ihr Arbeitsbereich oder sogar -platz gefährdet sein könnte. Das bedeutet sowohl im B2C- als auch im B2B-Bereich, dass die Mitarbeitenden verstehen müssen, welche Veränderungsprozesse sich durch eine ganzheitliche Omni-Channel-Strategie ergeben, und vor allem, dass sie diese Veränderungsprozesse für sich akzeptieren. Um dies zu erreichen, bedarf es regelmäßiger Qualifizierungsmaßnahmen. Diese dürfen sich allerdings nicht nur auf die technischen Aspekte – z. B. Einsatz technologischer Devices, Aufbau und Umgang mit einem umfassenden CRM-System – beziehen. Vielmehr geht es darum, dass die Mitarbeitenden erkennen, welche Chancen auch für sie bestehen, wenn online und offline als Team gearbeitet wird. Die Stärken jedes einzelnen Kanals sollten herausgearbeitet und in der Gesamtstrategie effektiv genutzt werden.

Die Kunden erwarten – und damit schließt sich der Kreis zu den Eingangsausführungen dieses Kapitels – einen reibungslosen Übergang zwischen den Kanälen. Sie erwarten aber auch, dass sie kanalübergreifend – also auch im stationären POS – individualisiert, persönlich angesprochen werden. Hier sehen Einkäufer im B2B-Bereich noch Optimierungspotenziale. So ist insbesondere, aber nicht nur, die Generation Z noch unzufrieden. Diese Unzufriedenheit ergibt sich vor allem daraus, dass sie von privaten Käufen insgesamt reibungslosere Prozesse gewohnt sind (ECC Köln, 2022b, S. 13). Dieses Ergebnis lässt aber nicht den Rückschluss zu, dass hinsichtlich der Vernetzung ausschließlich der B2B- vom B2C-Bereich lernen könnte.

Auch wenn sich ebenfalls im B2B-Bereich eine starke Verschiebung in den digitalen Bereich feststellen lässt, so gehört für Einkäufer im B2B-Bereich das persönliche Gespräch – der persönliche Vertrieb – in allen Phasen der Beschaffungsentscheidung zu einem der wichtigsten Kanäle (ECC, 2022a, S. 7). Vor allem der Umgang mit gut informierten Verkäufern, zum Teil Fachleuten, ist ein wesentlicher Bestandteil des B2B-Vertriebs. Genau dieser Aspekt kommt nun auch – durch die vielfältigen Informationsmöglichkeiten der Kunden – im B2C-Bereich zum Tragen. So macht die zunehmende Transparenz an Informationen den persönlichen Verkäufer im POS nicht überflüssig, sondern verändert seine Rolle hin zu einem Moderator, der eine persönliche Beziehung zum Kunden aufbaut. Dem B2B-Bereich ist das Denken in langfristigen, vertrauensvollen Geschäftsbeziehungen sozusagen inhärent. Ein wichtiger Aspekt ist dabei auch wieder das Mindset der Vertriebsmitarbeiter, die im B2B-Bereich intensiv geschult werden, damit ihnen zum einen die technischen Möglichkeiten zur Verfügung stehen, zum anderen aber auch die Rolle und Bedeutung als wesentliche Schnittstelle zum Kunden sehr bewusst ist.

9 Fazit

Wie zu Beginn angeführt, handelt es sich um erste Gedankensplitter. So bedarf grundsätzlich ein Benchmark einer umfangreichen empirischen Studie. Darüber hinaus hat die Beschäftigung mit der Thematik auch aufgezeigt, dass sich jeder der angedachten Aspekte noch erheblich weiter ausführen lässt und sich mit dieser Fragestellung allein bereits ein weiteres Buch würde füllen lassen könnte.

Nichtsdestotrotz lässt sich aber festhalten, dass der B2B-Bereich vom B2C-Bereich lernen kann und umgekehrt. Das heißt, ein Blick in die anderen Sphären ist auf jeden Fall lohnend. Dieses Ergebnis spielt ein wenig denjenigen in die Hand, die eine sektorale Betrachtung in der Marketing-Praxis für überholt halten (Pförtsch & Sponholz, 2019). Als Hauptargument wird hierbei die Digitalisierung herangezogen. So wird zum einen angeführt, dass Geschäftskunden in ihrer Freizeit Endkunden sind und sich daher ihre dortigen Konsumerfahrungen und die dadurch entwickelten Erwartungen auch auf das berufliche Tätigkeitsfeld übertragen. Zum anderen erfolgt zunehmend – durch die Corona-Pandemie noch einmal beschleunigt – eine Vermischung von Beruflichem und Privatem (Statista, 2020), welche die Differenzierung zwischen B2B und B2C auflöst.

Die in den einzelnen Kapiteln dargestellten differenzierenden Merkmale verdeutlichen allerdings, dass in bestimmten Bereichen B2B- und B2C-Märkte gedanklich zwei völlig unterschiedliche Ansätze darstellen, die in der Konzeption des Online-/Offline-Channel-Marketings zu berücksichtigen sind. Insgesamt zeigt sich unabhängig von B2B oder B2C: Die jüngeren Generationen Y und Z informieren sich vielfältiger und sind onlineaffiner. Aber auch sie nutzen weiterhin Offline-Medien und wechseln in einem Entscheidungsprozess die Medien (ECC Köln, 2022b, S. 8, 11; Statista, 2022b).

Insgesamt ist festzuhalten, dass sich ein entscheidender Aspekt nicht verändern wird: Einkäufer im B2B handeln i. d. R. im Auftrag anderer. Diese „Anderen" verlangen im Gegenzug den Nachweis, dass ihre finanziellen Mittel effizient verwendet wurden. Damit wird der Spielraum für Emotionales reduziert – aber nicht abgeschafft. Diese Besonderheit hat aber gravierenden Einfluss auf die Beschaffungsentscheidung. Aus Sicht der Autoren werden sich daher die Grenzen von B2B und B2C stärker öffnen, aber nicht vollständig auflösen. Das heißt, das „Lernen von den Besten aus beiden Welten" bleibt für die Gestaltung eines für den Kunden möglichst optimalen Online- und Offline-Channel-Marketings bestehen.

Literatur

B2B International. (o. J.): Marke vs. Produkt. https://www.b2binternational.de/2017/08/29/marke-vs-produkt-wie-ein-b2b-produkt-zur-marke-wird/. Zugegriffen: 29. Jan. 2022.

Backhaus, K., & Voeth, M. (2015). Besonderheiten des Industriegütermarketing. In K. Backhaus & M. Vorth (Hrsg.), *Handbuch Business-to-Business-Marketing: Grundlagen, Geschäftsmodelle, Instrumente des Industriegütermarketing* (2. Aufl., S. 17–29). Springer Gabler.

Baier, D., & Sänn, A. (2015). Marktforschung auf Industriegütermärkten. In K. Backhaus & M. Voeth (Hrsg.), *Handbuch Business-to-Business-Marketing: Grundlagen, Geschäftsmodelle, Instrumente des Industriegütermarketing* (2. Aufl., S. 74–89). Springer Gabler.

Baumgarth, C. (2019). Status quo und Besonderheiten der B-to-B-Markenführung. In C. Baumgarth (Hrsg.), *B-to-B-Markenführung. Grundlagen – Konzepte – Best Practice.* (2. Aufl., S. 3–32). Springer Gabler.

Benedikt, K., Buckel, A., & Mammen, J.-H. (2019). *Web-Tracking nach DSGVO: Praxishilfe zum Datenschutz im Online-Marketing inklusive Compliance-Nachweis und Checkliste zum Tracking bei Websites.* Independently published.

Bialek, C. (2009). Auch Einkäufer haben Gefühle. https://www.handelsblatt.com/unternehmen/management/b2b-marketing-auch-einkaeufer-haben-gefuehle-seite-2/3211584-2.html?ticket=ST-3622946-YIbsNhqhNxnYKE5A16rR-ap2. Zugegriffen: 28. Jan. 2022.

Binet, L., & Field, P. (o. J.). The 5 Principals of growth in B2B Marketing – Empirical Observation B2B Effectiveness. https://business.linkedin.com/content/dam/me/business/en-us/amp/marketing-solutions/images/lms-b2b-institute/pdf/LIN_B2B-Marketing-Report-Digital-v02.pdf. Zugegriffen: 22. Febr. 2022.

Boßow-Thies, S., Hofmann-Stölting, C., & Jochims, H. (2020). Das Öl des 21. Jahrhunderts – Strategischer Einsatz von Daten im Marketing. In S. Boßow-Thies, C. Hofmann-Stölting, & H. Jochims (Hrsg.), *Data-Driven Marketing*. (S. 3–28). Springer Gabler.

Brühe, C. (2003). Messen als Instrument der Live Communication. In M. Kirchgeorg, W. M. Dornscheidt, W. Giese, & N. Stoeck (Hrsg.), *Handbuch Messe-Management* (S. 73–85). Gabler.

Capgemini. (2017). Emotionen bringen mehr als Treueprogramme. https://www.marketing-boerse.de/news/details/1749-Emotionen-bringen-mehr-als-Treueprogramme/142259. Zugegriffen: 22. Jan. 2022.

Dazeinfo.com. (2021). Intel-Werbeausgaben nach Jahr: GJ 1993–2019. https://dazeinfo.com/2020/05/12/intel-advertising-expenses-by-year-graphfarm/. Zugegriffen: 4. Febr. 2022.

ECC Köln. (2022a). Der moderne B2B-Einkauf. Teil Eins: Die digitale Customer Journey. https://www.ifhkoeln.de/produkt/der-moderne-b2b-einkauf/. Zugegriffen: 2. März 2022.

ECC Köln. (2022b). Der moderne B2B-Einkauf Teil Zwei: Die Generation Y und Z. https://www.ifhkoeln.de/produkt/der-moderne-b2b-einkauf/. Zugegriffen: 21. Jan. 2022.

Engelhardt, W. H., & Günter, B. (1981). *Investitionsgütermarketing*. Kohlhammer.

Erlei, M., Leschke, M., & Sauerland, D. (2016). *Neue Institutionenökonomik* (3. Aufl.). Schäffer-Poeschel.

Ermer, B., & Kleine, J. (2021). Social Selling in B2B – Wie der Vertrieb profitiert und der Verkaufsprozess floriert. In U. Seebacher (Hrsg.), *Praxishandbuch B2B-Marketing* (S. 529–555). Springer Gabler.

Esch, F. R. (2019). *Handbuch der Markenführung*. Springer Gabler.

Esch. The Brand Consultants. (o. J.). Ein professionelles Customer Experience Management zahlt sich aus. https://www.esch-brand.com/ein-professionelles-customer-experience-management-zahlt-sich-aus/. Zugegriffen: 24. Jan. 2022.

Fynn, P. (2020). Wissen, was der Kunde wirklich will. https://www.handelsjournal.de/unternehmen/technik/artikel-2020/wie-ki-dabei-helfen-kann-kundenwuensche-zu-erkennen.html. Zugegriffen: 22. Mai 2022

Googlewatchblog. (2021). Google will Nutzer nicht mehr tracken: Eine schreckliche Idee, die Googles Macht im Werbemarkt zementiert. https://www.googlewatchblog.de/2021/03/google-nutzer-eine-idee/. Zugegriffen: 28. Jan. 2022.

Grishikaschvili, K., Dibb, S., & Meodows, M. (2014). Investigation into Big Data on digital marketing. *Online Journal of Communication and Media Technologies, 4*(Special Issue Oct. 2014), 26–37.

Grosser, T. (2017). Bits und Apps in Messe- und Tagungswesen. In T. Knoll (Hrsg). *Veranstaltung 4.0 – Konferenzen, Messen und Events im digitalen Wandel.* (S. 37–65). Springer Gabler.

Hartman, J. (2014). Only human: The emotional logic of business decisions. https://de.slideshare.net/gyroideasshop/only-human-the-emotional-logic-of-business-decisions. Zugegriffen: 28. Jan. 2022.

Hassler, M. (2019). *Digital und Web Analytics*. MITP-Verlags GmbH & Co. KG.

Herbst, U., & Kemmerling, B. (2015). Buying Center-Analyse: Wo kommen wir her, wo stehen wir, wo sollten wir hin? In K. Backhaus & M. Vorth (Hrsg.), *Handbuch Business-to-Business-Marketing: Grundlagen, Geschäftsmodelle, Instrumente des Industriegütermarketing* (2. Aufl., S. 33–54). Springer Gabler.

Hönle, J. H. (2017). Einleitung: Video- und Online-Beratung und Online-Verkauf als Zukunftschance. In J. H. Hönle (Hrsg.), *Online beraten und verkaufen* (S. 1–9). Springer Gabler.

InnoTrans (o. J.). InnoTrans Podcast. https://www.innotrans.de/de/presse/podcast/. Zugegriffen: 22. Febr. 2022.

Jahnke, M. (2018). Ist Influencer-Marketing wirklich neu? In I. Marketing (Hrsg.), *Jahnke, M* (S. 1–13). Springer Gabler.

Kotler, P., Armstrong, G., Harris, L., & Piercy, N. (2019). *Grundlagen des Marketing* (7. Aufl.). Pearson.

Kotler, P., Armstrong, G., & Opresnik, M. (2021). *Principles of marketing – Global edition.* Pearson.

Kreutzer, R. T. (2018). *Führungs- und Organisationskonzepte im digitalen Zeitalter. In Deutscher Dialogmarketing Verband (2018). Dialogmarketing Perspektiven 2017/2018.* Tagungsband 12. Wissenschaftlicher interdisziplinärer Kongress für Dialogmarketing. (S. 21–87). Springer Gabler.

Kreutzer, R. T. (2021). *Kundendialog online und offline. Das große 1x1 der Kundenakquisition, Kundenbindung und Kundenrückgewinnung*. Springer Gabler.

Kreutzer, R. T., Rumler, A., & Wille-Baumkauff, B. (2020). *B2B-Online-Marketing und Social Media: Ein Praxisleitfaden* (2. Aufl.). Springer Gabler.

Liesching, P. (2015). Is IBM still the safest career decision for a CIO? https://www.linkedin.com/pulse/ibm-still-safest-career-decision-cio-paul-liesching/. Zugegriffen: 24. Febr. 2022.

von Lukas, U. (2020). Virtualisierung von Messen. In AUMA (Hrsg.), Messewirtschaft 2020 Zukunftsszenarien. (S. 109–120). https://www.auma.de/de/medien_/publikationen_/Documents/messewirtschaft-2020.-zukunftsszenarien/auma-edition-26.pdf. Zugegriffen: 18. Febr. 2022.

Materna. (2021). Digitaler Zwilling: Aus Liebe zum Kunden. https://blog.materna.de/digitaler-zwilling-aus-liebe-zum-kunden/. Zugegriffen: 6. Febr. 2022.

Meffert, H., Burmann, C., Kirchgeorg, M., & Eisenbeiß, M. (2019). *Marketing. Grundlagen marktorientierter Unternehmensführung* (13. Aufl.). Springer Gabler.

Milz, M. (2016). Wirkung der Marke im B2B-Einkaufsprozess. https://beschaffung-aktuell.industrie.de/studie/wirkung-der-marke-im-b2b-einkaufsprozess/. Zugegriffen: 18. Febr. 2022.

Newmann, N., Fletcher, R., Schulz, A., Andi, S., Robertson, C. T., & Nielsen, R. K. (2021). Reuters Institute Digital News Report (10th Edition). https://reutersinstitute.politics.ox.ac.uk/sites/default/files/2021-06/Digital_News_Report_2021_FINAL.pdf. Zugegriffen: 28. Febr. 2022.

Odoscope (o. J.). https://www.odoscope.com/. Zugegriffen: 28. Jan. 2022.

Ottogroup (o. J.). Big Data im Otto Group Kosmos. https://www.ottogroup.com/de/dossier/Big-Data.php/. Zugegriffen: 6. Febr. 2022.

Paul, M. (2004). Marken mit Geschichte. Und die Geschichte der Marke. https://www.absatzwirtschaft.de/marken-mit-geschichte-und-die-geschichte-der-marke-56554/. Zugegriffen: 18. Febr. 2022.

Peters, R. (2022). Sprich mit mir! Perspektiven für den Einsatz KI-basierter Dialogsysteme. https://publikationen.bibliothek.kit.edu/1000143462/148503311. Zugegriffen: 22. Mai 2022

Pförtsch, W., & Sponholz, U. (2019). *Das neue Marketing-Mindset. Management, Methode und Prozesse für ein Marketing von Mensch zu Mensch.* Springer Gabler.

Pispers, R., Rose, J., & Fischer, B. (2018). *Neuromarketing im Internet. Gehirngerechtes Kundenerlebnis in der digitalen Welt* (3. Aufl.). Haufe.

Puls, T, & Fritsch, M. (2020). Eine Branche unter Druck. Die Bedeutung der Autoindustrie für Deutschland. In IW-Report (43/2020). https://www.iwkoeln.de/fileadmin/user_upload/Studien/Report/PDF/2020/IW-Report_2020_Autoindustrie.pdf. Zugegriffen: 18. Febr. 2022.

Raab, G., Unger, A., & Unger, F. (2010). *Marktpsychologie*. Gabler.

Rassinger, M., & Adelmann, Q. (2020). *Empfehlungsmarketing*. Springer Gabler.

Sana. (2021). Neue (Spiel)-Regeln im B2B-Einkauf. https://www.sana-commerce.com/de/b2b-einkauf-im-digitalen-wandel/?utm_source=google&utm_medium=cpc&utm_campaign=DACHAPALPRALPEALI_psconprob2bbuyer_2021Q04&utm_content=127394723265&utm_term=statista%20b2b&_bt=549849260536&_bk=statista%20b2b&_bm=p&_bn=g&_bg=127394723265&gclid=EAIaIQobChMIsovE0s_K9QIVBc93Ch2YIgnTEAAYAyAAEgLB-_D_BwE#form. Zugegriffen: 24. Jan. 2022.

Siemens. (o. J.). Easy Spares – Durchgängige Ersatzteillogistik für den Schienenverkehr. https://www.mobility.siemens.com/global/de/portfolio/schiene/services/spare-part-services/easy-spares.html. Zugegriffen: 24. Jan. 2022.

Stark, B., Dörr, D., & Aufenanger, S. (2014). *Die Googleisierung der Informationssuche. Suchmaschinen zwischen Nutzung und Regulierung*. De Gruyter.

Statista. (2020). https://de.statista.com/statistik/daten/studie/1196166/umfrage/umfrage-zum-verschwimmen-der-grenze-zwischen-arbeit-und-freizeit-durch-homeoffice/. Zugegriffen: 1. März 2022.

Statista. (2022a). Genutzte Kanäle für die Marketingkommunikation von Unternehmen vs. Kanäle, über die Konsumenten Inhalte/Angebote von Unternehmen wahrnehmen. In welchen dieser Kategorien achten Sie besonders auf Marken? https://de.statista.com/prognosen/999745/deutschland-markenbewusstsein-nach-produktkategorie/. Zugegriffen: 18. Febr. 2022.

Statista. (2022b). Genutzte Kanäle für die Marketingkommunikation von Unternehmen vs. Kanäle, über die Konsumenten Inhalte/Angebote von Unternehmen wahrnehmen. https://de.statista.com/statistik/daten/studie/297401/umfrage/nutzung-von-marketingkanaelen-durch-unternehmen-vs-wahrnehmung-der-konsumenten/. Zugegriffen: 25. Febr. 2022.

Strothmann, K.-H. (1979). *Investitionsgütermarketing*. Moderne industrie.

Swiss Direct Marketing AG. (o. J.). Emotionalisierung im Marketing als Schlüssel zum Erfolg. https://www.mysdm.ch/blog/emotionalisierung-im-marketing-als-schluessel-zum-erfolg/. Zugegriffen: 22. Jan. 2022.

Tarkowski, P. (2016). Die Macht der Empfehlung – Kunden vertrauen Werbung weniger als Tipps von Freunden. https://digital-magazin.de/die-macht-der-empfehlung/. Zugegriffen: 25. Jan. 2022.

Tucher, F. W. Frhr. (2000). *Benchmarking von Wissensmanagement*. Deutscher Universitätsverlag.

Valassis. (2020). Der Einsatz von Influencer Marketing zur Gewinnung von Käufern und Wirkungsmessung im FMCG-Bereich. https://www.valassis-online.de/blog/influencer-marketing-wirkungsmessung-promotions-fmcg/. Zugegriffen: 25. Jan. 2022.

Weiber, R., & Ferreira, K. (2015). Transaktions- versus Geschäftsbeziehungsmarketing. In K. Backhaus & M. Vorth (Hrsg.), *Handbuch Business-to-Business-Marketing: Grundlagen, Geschäftsmodelle, Instrumente des Industriegütermarketing* (2. Aufl., S. 121–146). Springer Gabler.

Weigel, A. (2022). Trenddossier – Das sind die B2B Marketing Trends 2022. https://www.marconomy.de/trenddossier-das-sind-die-b2b-marketing-trends-2022-a-1086518/. Zugegriffen: 28. Jan. 2022.

Yougov. (2021). Social Shopping: Neue Studie zur Zukunft des E-Commerce. https://business.yougov.com/de/sektoren/medien-content/social-shopping-whitepaper-2021. Zugegriffen: 25. Jan. 2022.

Youtube (2018). Daimler Financial Services: Ganz neues Kundenerlebnis mit dem Digital Human „Sarah“. https://www.youtube.com/watch?v=r2rCbSXZ4jE. Zugegriffen: 12. Feb. 2022.

Prof. Dr. Kristin Butzer-Strothmann ist seit 2011 Professorin für Allgemeine Betriebswirtschaftslehre, insbesondere Marketing und Empirische Sozialforschung an der Leibniz-Fachhochschule in Hannover tätig. Zuvor war sie seit 2009 Dozentin an der Leibniz-Akademie und bis 2018 Vizepräsidentin für Lehre und Forschung. Sie leitet den Masterstudiengang „Integrierte Unternehmensführung (digital/nachhaltig)“. Nach einer Ausbildung zur Werbekauffrau und dem Studium der BWL in Lüneburg promovierte sie zum Thema „Krisen in Geschäftsbeziehungen“ an der Heinrich-Heine-Universität Düsseldorf. Von 1998 bis 2009 arbeitete sie als Marktforscherin und Marketing-Consultant im Business- und Non-Business-Bereich.

Darüber hinaus war sie für verschiedene Hochschulen und Bildungsinstitutionen als externe Dozentin für Marketing, Marktforschung sowie Industriebetriebslehre tätig. Sie ist zertifizierte Blended Learning Designerin (2017); Online-Managerin (2020), kommunale Nachhaltigkeitsmanagerin (2022) und Sustainability Managerin (2022).

Prof. Dr. Sven M. Prüser wurde nach Abschluss seines betriebswirtschaftlichen Studiums und ersten praktischen Erfahrungen auf dem Gebiet der Marktforschung für Investitionsgüter wissenschaftlicher Mitarbeiter am Lehrstuhl für Investitionsgütermarketing der FU Berlin. Nach Abschluss der Promotion 1996 begann er zunächst als Marketingreferent bei der Messe Berlin. Nach Durchlaufen einiger Stationen wurde er 2000 zum Geschäftsbereichsleiter berufen. 2001 wechselte Sven M. Prüser zur Deutschen Messe AG und leitete dort das Auslandsgeschäft, bis ihm 2006 die Verantwortung für die CeBIT übertragen wurde. 2009 erfolgte die Berufung zum Professor an der HTW Berlin. Seither ist er in der Ausbildung für Wirtschaftsingenieure sowie in der Forschung tätig.

Integriertes Online- und Offline-Channel-Marketing quo vadis

Kristin Butzer-Strothmann, Jean Luca Dökel, Justus Funke und Maximilian Langfeld

Inhaltsverzeichnis

1 Einführung ... 465
2 Methodische Vorgehensweise: Empirische Analyse der Trends ... 466
3 Herausforderung: Vielfältige, dynamische Erwartungshaltungen der Kunden ... 467
4 Herausforderung: Stetig steigende technische Komplexität der Umwelt ... 469
5 Herausforderung: Anpassung der Marketing-Organisation und stetige Weiterbildung der fachspezifischen Kompetenzen ... 471
6 Herausforderung: Steigende Bedeutung gesellschaftspolitischer Entwicklungen ... 473
7 Herausforderung: Umfang und Verteilung des Marketing-Budgets und Performance-Nachweis ... 475
8 Ergebnis und Fazit: Nachhaltiges, sinnhaftiges Customer-Centricity-Online- und Offline-Channel-Marketing in Realtime ... 476
Literatur ... 477

1 Einführung

2020 ist nicht nur, aber auch für das Marketing ein historisches Jahr gewesen. Im Zuge der globalen Pandemie funktionierte vieles im digitalen Raum, was vorher nicht ging (Handelskraft, 2022). Sowohl auf der Seite der Unternehmen als auch auf der Seite der Kunden war die Devise „digital dirst" – ob gewollt oder bisher nicht gewollt

K. Butzer-Strothmann (✉) · J. L. Dökel · J. Funke · M. Langfeld
Hannover, Deutschland
E-Mail: butzer-strothmann@leibniz-fh.de

K. Butzer-Strothmann (Hrsg.), *Integriertes Online- und Offline-Channel-Marketing*, https://doi.org/10.1007/978-3-658-38048-9_22

– zwangsweise vorgegeben. Einzelhändler in Kleinstädten schlossen sich zusammen, um gemeinsam auf einer Plattform ihre Produkte zu verkaufen (z. B. wir-sind-gehrden.de). Auf Instagram wurden von den Verkäufern Modenschauen mit neuer Ware durchgeführt, das Sortiment wurde präsentiert oder, vor allem im Einzelhandel, Kundennähe aufgebaut. Auch größere Unternehmen, die bisher sehr bewusst im stationären Handel positioniert waren, wählten nun die digitale Ansprache und den Online-Handel. Zudem wuchs bspw. auch für Produkte aus dem Lebensmittelbereich, die bisher eher zögerlich online gekauft wurden, der Anteil an Online-Bestellungen (Statista, 2022).

Aber bei einem Spaziergang durch die Einkaufsstraßen während des Lockdowns stachen einige Informationen an den Türen der Geschäfte ins Auge. So wurde eine Telefonnummer bekannt gegeben, bei der Bestellungen platziert werden konnten. Produkte konnten an der Tür abgeholt werden oder wurden persönlich geliefert. Zwei Jahre nachdem der Otto- und IKEA-Katalog „verschwanden", sind die Briefkästen weiterhin mit Katalogen, Werbeflyern etc. gefüllt.

Trotzdem werden z. B. im Netz immer wieder die Vorteile der digitalen Medien betont. Dabei entsteht der Eindruck, dass Offline-Kanäle nicht mehr ein zwingend notwendiges Marketinginstrumentarium darstellen. Aber ist es wirklich ein Entweder-Oder? Sind Offline und Online-Marketing nicht vielmehr zwei Seiten einer Medaille, die zunächst einmal untrennbar zusammengehören? Konsumenten nutzen sowohl Offline-wie auch Online-Medien täglich (Statista, 2021a). Daher kann nicht von online versus offline gesprochen werden, sondern die große Herausforderung lautet, beide Welten so miteinander zu verknüpfen, dass die Erwartungen, die die Kunden an die Informations- und Kommunikationspolitik von Unternehmen stellen, erfüllt werden (trustedtargeting, 2020). Diese Erwartungen sind anspruchsvoll, wie in Kap. 3 dieses Abschlussbeitrages aufgezeigt wird.

Grundsätzlich befassen sich die folgenden Ausführungen empirisch mit der Frage von aktuellen und kommenden Trends im Marketing bzw. mit der Frage, vor welchen Herausforderungen das Online- und Offline-Channel-Marketing heute steht. Viele dieser Herausforderungen wurden in diesem Herausgeberband bereits von fachlichen Expertinnen und Experten tiefgehend dargestellt. Im Folgenden werden diese Herausforderungen – wie es sich für einen zusammenfassenden Schlussbeitrag anbietet – kurz zusammenfassend „angerissen". Für die aktuellen und zukünftigen Herausforderungen liefern die in diesem Herausgeberwerk veröffentlichten Beiträge tiefgehende Analysen und Handlungsempfehlungen für die Zukunft des Online- und Offline-Channel-Marketings.

2 Methodische Vorgehensweise: Empirische Analyse der Trends

Aktuelle Trends und Studien versprechen weiterhin sehr dynamische Entwicklungen in einem agilen Marketingumfeld. Um bisherige Ergebnisse, Prognosen bzw. Studien bestätigen oder untermauen zu können, hat ein Team, bestehend aus sechs dualen

Studierenden der Leibniz-FH Hannover unter der Leitung von Prof. Dr. Kristin Butzer-Strothmann, aufbauend auf der Sekundärauswertung verschiedener aktueller Studien zu Trends im Marketing eine eigene empirische Umfrage im Hinblick auf die Entwicklung und Zukunft des Online- und Offline-Marketings durchgeführt. Ziel der Untersuchung war es, einen Einblick in den Status quo und zukünftige Trends im Online- und Offline-Channel-Marketing zu erlangen. Aufgrund der Tiefe der Fragestellungen, aber auch wegen des sehr prognostischen Charakters der abgefragten Themen fiel die Entscheidung auf die Methodik der qualitativen Umfrage. Daher wurden zum einen 21 Interviews mit Marketingexperten aus Unternehmen unterschiedlicher Größe sowie verschiedener Branchen – von Logistikdienstleistern über Lebensmittel-Start-ups bis hin zu international tätigen Reiseveranstaltern – geführt. Ergänzt wurde diese Analyse durch drei zusätzliche Interviews mit Wissenschaftlern aus dem Bereich Marketing. Die Ergebnisse aus „Theorie und Praxis" wurden abschließend gegenübergestellt, um mögliche Gemeinsamkeiten und Unterschiede herauszuarbeiten. Es lässt sich vorab festhalten, dass Aussagen aus Theorie und Praxis insgesamt sehr nah beieinanderliegen. Etwaige Abweichungen lassen sich in erster Linie durch die unterschiedlichen Branchenhintergründe bzw. Unternehmensgrößen erklären, was auch durch die Ergebnisse des Dialogmarketing-Monitors 2020 (Deutsche Post, 2020, S. 6) bestätigt wird. Anhand der erarbeiteten Ergebnisse wurden vor allem fünf Herausforderungen für das Online-und Offline-Channel-Marketing identifiziert:

- Vielfältige, dynamische Erwartungshaltungen der Kunden
- Stetig steigende technische Komplexität der Umwelt
- Anpassung der Marketing-Organisation und stetige Weiterbildung der fachspezifischen Kompetenzen
- Steigende Bedeutung gesellschaftspolitischer Entwicklungen
- Umfang und Verteilung des Marketing-Budgets sowie Performance-Nachweis

3 Herausforderung: Vielfältige, dynamische Erwartungshaltungen der Kunden

Es existiert eine Vielzahl von wissenschaftlichen Werken und empirischen Studien, die sich mit den Erwartungen von Kunden befassen. Die folgenden Ausführungen können nur eine kurze Quintessenz wiedergeben. Ziel dieses Kapitels ist es, in zusammengefasster Form die Anforderungen der Kunden an die Informations- und Kommunikationspolitik herauszuarbeiten, um darauf aufbauend die Konsequenzen für das Online- und Offline-Channel-Marketing fundiert darstellen zu können.

Aufbauend auf den Theorien der Entscheidungs- und Verhaltenstheorie wurde auch empirisch durch das Neuromarketing nachgewiesen, dass Kunden Nutzenmaximierer sind. Längst überholt ist dabei die Auffassung, dass der Kunde als Homo oeconomicus seine Kaufentscheidungen rein rational trifft (Sasserath Munzinger Plus, 2020).

Das Neuromarketing hat gezeigt, dass Kunden ihre Entscheidungen vielfach unbewusst und nicht rational treffen. Emotionen spielen dabei eine große Rolle. Diese wiederum sind i. d. R. eine Erstreaktion auf einen Stimulus. Daher kommt der Kommunikation mit dem Kunden eine hohe Bedeutung für das Auslösen von Emotionen zu. So verfügt das Gehirn über einen sogenannten Selektionsmechanismus, der angesichts der Reizüberflutung hilft, die zur Nutzenmaximierung erforderliche „richtige" Information zu selektieren. Nur diese Information dringt dann an das Kurzzeitgedächtnis und hat somit eine Chance weiterverarbeitet zu werden. Insbesondere Informationen, die mehrere Sinne ansprechen – also emotionale Informationen – haben dabei eine größere Chance durchzudringen (Reimann und Weber, 2011, S. 3 ff.).

Um den Nutzen zu maximieren, wägt ein Kunde Produkte bzw. Leistungen gegeneinander ab. Dabei stellt er sich sehr einfach formuliert immer die Frage, bei welcher Entscheidung sein Gesamtnutzen möglichst hoch ist. Auch in der qualitativen Umfrage wurde dies durch die Unternehmensvertreter bestätigt. Diverse Branchen verzeichnen seit Jahren zunehmend komplexere Kundenanforderungen. Vergleichsportale verstärken den Wettbewerbsdruck sowie die Preiskonkurrenz und bieten dem Kunden zugleich die Möglichkeit, sein Kauferlebnis zu maximieren. Die Betonung liegt hier auf „sein"; d. h., jeder Kunde hat eigene Nutzenpräferenzen, die in die Waagschale gelegt werden. In der Ansprache durch ein Unternehmen muss dem Kunden daher deutlich werden, dass seine ganz individuellen Anforderungen zur Nutzenmaximierung befriedigt werden können. Vor diesem Hintergrund interagiert ein Kunde auf ganz individuelle Art und Weise mit einem Unternehmen (verint, 2016). Individualisierte Ansprache ist im Marketing kein neuer Gedanke. Neu ist, dass diese Individualisierung vielfach schon „gefordert" wird, bevor einem Unternehmen der Kunde überhaupt persönlich bekannt sein kann (Weigel, 2022). Data Driven Marketing ist daher nicht ohne Grund zu einem der führenden Trends im Marketing geworden (Handelskraft, 2022, S. 80 ff.). Personalisierung allein ist dabei indes nicht hinreichend. Es kommt vor allem auch auf die Relevanz der Inhalte an. Unternehmen müssen daher verstehen, wer welche Kanäle in welchen Situationen bevorzugt nutzt, um das sogenannte „Wahrnehmungszeitfenster" mit passgenauen, relevanten Informationen zu füllen. Dazu ist eine Echtzeitpersonalisierung notwendig (Optimizely, 2019). Von dieser Herausforderung sprachen auch viele Unternehmen in den qualitativen Interviews. So werde es in Zukunft zunehmend schwerer, „die richtigen Nutzer" in den „richtigen Kanälen" zu finden und anzusprechen.

Neben der Tatsache, dass Kunden emotional und individuell angesprochen werden wollen, kommt Weiteres hinzu. Die digitale Sphäre umfasst inzwischen beim größten Teil der Bevölkerung das gesamte Leben (Statista, 2021b). Die Digitalisierung macht alles schneller, einfacher, zugänglicher. Insbesondere das Smartphone sowie die Entwicklung der Social-Media-Plattformen haben noch einmal mehr zu einer starken Veränderung geführt. Auch die App-Entwicklung führt zu einer stärkeren Marktpräsenz, weswegen einige Unternehmen diesen Werbekanal in Zukunft stärker ausbauen und bespielen wollen. Menschen können nun zu jeder Zeit ihre Meinung zu einem Unternehmen und auch zu den ihnen angebotenen Erfahrungen äußern. Kunden können sich wie nie zuvor vernetzen und rund um die Uhr austauschen. Diese Erfahrungen übertragen Kunden auch auf die Kommunikation mit Unternehmen. Sie erwarten, dass ein Unternehmen schnell und zu jeder Zeit reagiert (netigate, 2021). Entwicklungen zum Realtime-Marketing und damit zum Einsatz von Künstlicher Intelligenz sind daher unverzichtbar (unternehmen.de, 2021).

Die vom Kunden erwartete individuelle, emotionale und schnelle Kommunikation findet heute auf einer Vielzahl von Kanälen statt – analog, hybrid oder digital (Statista, 2020, 2021a). Welcher Kommunikationskanal gerade von einem Kunden präferiert wird, ist von der Art des Informationsinteresses abhängig und darüber hinaus sehr situationsbedingt (Mörk, 2021, S. 5 ff.). So stellt jeder Touchpoint in jedem Stadium des Einkaufs- und Service-Prozesses andere Anforderungen an das Online- und Offline-Channel-Marketing. Jede Kundenbeziehung beinhaltet eine Vielzahl an Interaktionen u. U. über einen längeren Zeitraum hinweg. Eines ist aber festzuhalten: Dem Kunden kommt es nicht darauf an, ob er über einen spezifischen Kanal angesprochen wird. Für ihn ist es lediglich entscheidend, dass das Kundenerlebnis oder die Information, die benötigt wird, um den persönlichen Nutzen zu maximieren, mit dem richtigen Inhalt über das zu dem jeweiligen Zeitpunkt richtige Medium anihn transportiert wird (artegic, 2020, S. 5). Diese Angaben decken sich mit einer Benchmark, in der 71,6 % der befragten Unternehmen angaben, dass eine Effizienzsteigerung der verschiedenen Kanäle im Jahr 2022 die größte Herausforderung wird (eMinded, 2022, S. 24). Auf den Punkt gebracht: Dem Kunden ist die Frage, ob online oder offline, zunächst einmal „egal". Insgesamt ist ein erfolgreiches Online- und Offline-Channel-Marketing nicht einfach nur die Summe aller Teile. Die Orchestrierung ist entscheidend.

4 Herausforderung: Stetig steigende technische Komplexität der Umwelt

Neben den sehr individuellen, unterschiedlichen Erwartungen der Kunden kommen weitere Herausforderungen auf das Online- und Offline-Channel-Marketing zu. So formulierten Bloching et al. bereits im Jahr 2015 (zitiert nach GfM Swiss Marketing, 2019, S. 6): „Neue Daten, Vernetzung, Automatisierung und die digitale Kundenschnittstelle sprengen bestehende Wertschöpfungsketten." Durch die steigende Relevanz von Onlinemarketing sind neue Kanäle, z. B. im Social-Media-Marketing, entstanden, welche die Bedürfnisse und Anforderungen der unterschiedlichen Zielgruppen passgenau befriedigen sollen (Kreutzer, 2021, S. 2). Die Anzahl der Marketing-Kanäle steigt, die Kunden erwarten eine schnelle und unkomplizierte Kommunikation (möglichst rund um die Uhr), die Möglichkeiten des automatisierten Marketings wachsen und unstrukturierte Daten über die Kunden sind überall vorhanden. Dies sind nur einige Beispiele dafür, warum sich exponentielle Entwicklungen im Marketing vollziehen (für weitere Beispiele siehe z. B. GfM Swiss Marketing, 2017). Die Unternehmen werden zum Teil getrieben durch die neuen Möglichkeiten, welche die digitale Transformation ihnen bietet, und

„verzetteln" sich in deren Umsetzung. Komplexität bedeutet Vielschichtigkeit oder Vielfalt hinsichtlich verschiedener Merkmale und ist daher ein sehr zutreffender Begriff für das Handling der Online- und Offline-Kanäle im Marketing. Insgesamt ist davon auszugehen, dass sich diese Komplexität weiter verschärft (GfM Swiss Marketing, 2019, S. 8).

Die bisherigen Ausführungen haben sehr deutlich aufgezeigt, dass durch die Erwartungen und die Komplexität der Umwelt eine hohe Diversität bei der Zielgruppe und den Online-Offline-Kanälen vorliegt, was auch durch die Experteninterviews bestätigt wird. Orchestrierung ist bereits ein entscheidendes Stichwort gewesen. Damit ist allerdings nicht nur gemeint, dass ein Unternehmen seinen Kanalmix insgesamt aufeinander abstimmt. Vielmehr ist es erforderlich, in kurzer Zeit – ggf. in Realtime – ein auf den jeweiligen Kunden abgestimmtes „Orchester" an Instrumenten zur Verfügung zu stellen. Eine technische Unterstützung ist notwendig.

So ist es, um den Erwartungen der Kunden gerecht zu werden, auf der einen Seite erforderlich, in Sekundenschnelle auf deren Aktionen zu reagieren. Auf der anderen Seite müssen ebenfalls in Sekundenschnelle Informationen über den jeweiligen Kunden zur Verfügung stehen, um die richtige Antwort im richtigen Moment geben zu können. Dies bedarf des Einsatzes von Künstlicher Intelligenz. Einen geeigneten technologiebasierten Ansatz dafür stellt das Data-Driven Marketing dar. Hier geht es darum, große Datenmengen zu sammeln, zu analysieren und zu nutzen, um seine Online-Kampagnen stetig zu optimieren (Boßow-Thies et al., 2020).

Ein leistungsfähiges Data-Driven Marketing ermöglicht es, Daten, die in verschiedenen Anwendungen entlang der Customer Journey gesammelt werden, zu analysieren und effizient zu nutzen (Kreutzer, 2021, S. 72). Das hat zur Folge, dass der angesprochene Nutzer selbst zum Mittelpunkt der Werbetreibenden wird. Beispielsweise können Nutzer mithilfe von Tracking-Maßnahmen wie Cookies markiert und anschließend erneut identifiziert und angesprochen werden. Durch das Surfverhalten kann auf Informationen zu den Interessen, der Historie und Intentionen des Nutzers geschlossen werden, was eine deutlich effizientere und individuellere Werbung ermöglicht. Der Shift zum Data-Driven Marketing wird durch die Nutzung der Hard- und Software im privaten Gebrauch verstärkt. So tragen Smart-Home-Systeme und Smart-TVs durch ihre permanente Verbindung zum Internet dazu bei, Nutzer eindeutig identifizieren und tracken zu können. Durch die Nutzung von Smart-Systemen bieten sich für Unternehmen immer mehr Möglichkeiten zur Datengewinnung (Kamps und Schetter, 2020, S. 4). Die befragten Wissenschaftler empfehlen, die Informationen entlang der Customer Journey über alle Marketingbereiche hinweg zu sammeln, zu analysieren und zu interpretieren, und zwar mit der Zielsetzung, die Customer Centricity und Customer Experience zu erhöhen. Bei einem vollumfänglich integrierten Data-Driven Marketing können bis zu 30 % der Kosten eingespart und bis zu 20 % Umsatzsteigerungen erzielt werden. Darüber hinaus wachsen Unternehmen, die sich auf Data-Insights stützen, jährlich um durchschnittlich 30 % (Handelskraft, 2022, S. 171). Die Befragung von Wissenschaft und Unternehmensvertretern bestätigt diese Entwicklung. So sind sich Marketingexperten und Wissenschaftler einig, dass sich die durch die Künstliche Intelligenz ermöglichte Automatisierung verschiedenster Prozesse im Marketing fortsetzen wird (Wuttke, 2021, S. 3). Zur vollen Potenzialausschöpfung des Data-Driven Marketings werden Experten benötigt. Die hohe Datenflut, Stichwort Big Data, muss zweckbringend von Experten oder alternativ von KI ausgewertet werden.

Hierbei stehen laut einer Trendstudie von Deloitte Insights (2022, S. 57) zwei Strategien im Fokus – dem Kunden das richtige Angebot zur richtigen Zeit offerieren sowie der Zugang zu relevanten After-Sales-Informationen. Gegenüber den großen Potenzialen, welche KI verspricht, sollten jedoch auch Unsicherheiten und unternehmerische Hürden nicht vernachlässigt werden. Eine strategische Ausschöpfung dieses Potenzials ist mit Investitionen verbunden und ist nur möglich, wenn auch das Top-Management die Mitarbeiter in der Entwicklung unterstützt (Wuttke, 2021, S. 10).

Die Komplexität wirkt sich – so auch die Meinung der Interviewpartner – neben der eher übergeordneten strategischen und technischen Ebene auch ganz konkret auf die praktisch-operative Ebene aus. Wie bereits erwähnt, steigen nicht nur die Kundenanforderungen, sondern auch die Anzahl an Marketing-Kanälen stark an. Zunehmend mehr Branchen setzen auf Online- statt Offline-Marketing (eMinded, 2022, S. 9 f.). Neben einem Wandel der Kanäle erfolgt eine strategische Neuausrichtung im Marketing vieler Unternehmen.

Anhand eines Best-Practice-Beispiels zweier Branchen wird die Komplexität auch auf operativer Ebene deutlich. Während ein weltweit agierender Eventkonzern in den letzten fünf Jahren zunehmend mehr in Online-Marketing investiert hat und Offline-Kanäle gänzlich rationalisiert wurden, haben andere Branchen, wie die Nutzfahrzeugindustrie, bestehende Offline-Kanäle stärker ausgebaut. Es wird deutlich, dass nicht in jeder Branche dieser technische Wandel zum Online-Marketing stattfindet. Besonders für viele Unternehmen im B2B-Geschäft, bzw. mit Geschäftsbeziehungen im Industrie- oder Investitionsgütermarkt, sind Offline-Kanäle auch weiterhin die wichtigsten Kanäle (Kreutzer et al., 2020, S. 20 f.). Dieses haben ein deutscher Automobilzulieferer und ein Nutzfahrzeugproduzent auch deutlich betont. In diesen Branchen hat der Einfluss von Data-Driven Marketing in den letzten Jahren, laut Aussage der Unternehmen, bisher kaum praktische Relevanz, was die fortbestehende Daseinsberechtigung von Offline-Kanälen deutlich macht (Kreutzer et al., 2020, S. 20 f.). Entscheidender sei im B2B Geschäft der persönliche Kontakt mit Stakeholdern.

5 Herausforderung: Anpassung der Marketing-Organisation und stetige Weiterbildung der fachspezifischen Kompetenzen

Um der beschriebenen Komplexität aus allen Richtungen gerecht werden zu können, benötigen die Marketingexperten mehr Zeitressourcen, um Analysen durchzuführen sowie Strategien und Konzepte zu entwickeln. Die Dynamik der Umweltfaktoren hat zur

Konsequenz, dass viel schneller und agiler gearbeitet werden muss. Agile Strukturen sind daher der Schlüssel zum Erfolg (GfM Swiss Marketing, 2019, S. 8). Doch wie sieht es in der Praxis in den Unternehmen aus? Hier zeigt sich ein sehr unterschiedliches Bild, was sich an der Art und Weise der Hierarchiestrukturen exemplifizieren lässt. Im Rahmen der Interviews mit den Marketingexperten wurde deutlich, dass die Hierarchiestrukturen in den einzelnen Unternehmen, zumindest in der Marketingabteilung, teilweise sehr unterschiedlich sind. Insgesamt geht die Entwicklung hin zu flacher werdenden Strukturen, was die Einführung agiler Arbeitsmethoden befördert. Diese Entwicklung ist wichtig, denn starre Strukturen können einem Unternehmen langfristig schaden (Detscher, 2021, S. 173). Andere Unternehmen hingegen sind sehr konservativ eingestellt und verfügen dementsprechend über strenge Top-down-Hierarchien. Problematisch ist hierbei, dass diese Unternehmen aufgrund der hohen Dynamik der Umweltveränderungen zunehmend starr und unflexibel erscheinen können (Meffert et al., 2019, S. 300).

Insgesamt zeigt sich, dass neben der Forderung nach Agilität vor allem auch Wissen und die richtigen Kompetenzen entscheidende Erfolgsfaktoren für die Gestaltung des Online- und Offline-Channel-Marketings sind (GfM Swiss Marketing, 2019, S. 8). Daher stellt sich immer wieder die Frage, ob Marketing Inhouse oder outgesourct betrieben werden sollte. In den qualitativen Interviews haben sich die Wissenschaftler nur dann für ein Outsourcing ausgesprochen, wenn spezielles Know-how in den Abteilungen fehlt bzw. die Ressourcen nicht vorhanden sind. Durch Outsourcing bestünde die Gefahr, den direkten Kundenkontakt und die direkte Kundenbindung zu verlieren. Entscheidet sich ein Unternehmen für die Auslagerung verschiedener Marketingaktivitäten, solle darauf geachtet werden, dass Ideen und Design trotzdem weiterhin Inhouse – zumindest aber in enger Abstimmung mit eigenen Mitarbeitenden und der Agentur – erstellt werden, damit der unternehmensspezifische Charakter auf jeden Fall bewahrt wird. Insgesamt bedarf Outsourcing eines sehr detaillierten Briefings, so die befragten Wissenschaftler. Die Marketingexperten aus den Unternehmen vermittelten ein geteiltes Bild, was deren Vorgehensweise betrifft. So setzen etwa 40 % der Unternehmen vollkommen auf ein Inhouse geführtes Marketing, während 11 % das Marketing komplett outgesourct über Agenturen abbilden. Die übrigen 49 % entschieden sich für ein Hybrid-Modell. Beim Outsourcing nutzen die Unternehmen vor allem das spezifische Know-how von spezialisierten Marketingagenturen und deren Kapazität an Personalressourcen. Dabei wird darauf geachtet, dass immer aus einem Pool bereits bekannter Marketingagenturen ausgewählt wird. Die Ideen werden dabei, wie auch von den Wissenschaftlern empfohlen, oft intern besprochen und dann auf dem Markt ausgeschrieben. Ein weiterer Grund für die Beauftragung einer Agentur sind fehlende Mitarbeiterkapazitäten im Marketing. Gerade für die schnelllebige, diversifizierte und komplexe Welt des Marketings fehlt es besonders in der breiten Masse an Spezialisten für einzelne Bereiche.

Diese Erkenntnis stellt Fragen an die Aus- und Weiterbildung von Marketing-Fachleuten. Laut Unternehmen und auch aktuellen Studien wird die Marketingumwelt – wie dargestellt – zunehmend komplexer. Die Gründe und Folgen dieser Entwicklung wurden bereits in Kap. 4 erläutert. Technologische Fähigkeiten werden u. a. im Kontext des Data-Driven

Marketings zwingend gebraucht (Kreutzer, 2021, S. 72; AMC, 2020, S. 6 ff.). Auch Know-how in Bereichen wie Big Data, Keyword Advertising und Data Analytics sowie allgemeine Informatik-Kenntnisse werden in den nächsten Jahren essenziell sein (Kreutzer, 2021, S. 6; artegic, 2020, S. 20). Future-Skills wie Data-Management, Intelligent Hardware & Robotik, Data Science und Künstliche Intelligenz bestimmen die Zukunft der Marketingumwelt (artegic, 2020, S. 12; AMC, 2020, S. 8). Insgesamt fällt auf, dass die Fachthemen in Zukunft immer breiter, diverser und technischer werden. Es werden dadurch Experten für unterschiedliche Fachbereiche wie SEA, SEO, Analytic, Engineering oder Content Building im Marketing notwendig (artegic, 2020, S. 12).

Das Studium sowie Fort- und Ausbildungen im Marketing müssen an diese schnelllebige, diversifizierte und komplexe Marketingumwelt angepasst werden (AgenturQ, 2021, S. 6 f., 20 f.). Eine Analyse von Curricula verschiedener Hochschulstudiengänge und Ausbildungsberufen im Marketingbereich ergab, dass diese zukünftigen Kompetenzen in aktuellen Ausbildungsmodellen vielfach nicht ausreichend abgebildet werden. Besonders die sehr starke technologische Entwicklung setzt auch angepasste Qualifikationen und Anforderungen im Berufsbild des Marketings voraus.

Um diese qualifikatorischen Voraussetzungen umzusetzen, ist ein Umdenken in der Lehre und Ausbildung im Marketing zwingend nötig. Die klassische Marketingausbildung fokussiert die in Zukunft unumgänglichen Themen der IT nicht in ausreichendem Maße; das heißt auch, dass Berufseinsteiger derzeit nicht ausreichend auf einen Einstieg im modernen Marketing vorbereitet sind (Klier et al., 2021, S. 12 f.; AMC, 2020, S. 8). Um ein „Young Professional" im Marketing zu sein, sind zusätzliche Fortbildungen im beruflichen Umfeld notwendig. Neben den bereits angesprochenen technologischen und fachspezifischen Fähigkeiten sind außerdem weitere, überfachliche Qualifikationen wie Kreativität, Kommunikation, Eigeninitiative und Kundenorientierung immer noch gleichbedeutend für Arbeitgeber (Klier et al., 2021, S. 20 f.). Insgesamt ist es erforderlich, zukünftige Marketer auf die Herausforderungen im Online- und Offline-Channel-Marketing stärker vorzubereiten. Um den neuen Anforderungen gerecht zu werden bedarf es Marketer, die Analytik und Kreativität vereinen sowie technikaffin und teamfähig sind. Anders ausgedrückt bedarf es „Menschen, die mutig sind auszuprobieren, zu testen und auch Fehler machen können. Menschen, die andere inspirieren und für eine Idee gewinnen können" (Heierli et al., 2019, S. 5).

6 Herausforderung: Steigende Bedeutung gesellschaftspolitischer Entwicklungen

Über 90 % der Verbraucher weltweit geben an, dass sie von den Unternehmen ökologisches sowie soziales Verhalten erwarten (Morgan, 2021). Dabei ist eine vage Nachhaltigkeitskommunikation nicht mehr hinreichend. Vielmehr ist es erforderlich, dass der Nachhaltigkeitsgedanke in die DNA eines Unternehmens eingeht (Butzer-Strothmann und Ahlers, 2020, S. 3; Morgan, 2021).

Das Thema Nachhaltigkeit nimmt somit eine immer größer werdende Rolle im strategischen Marketing ein und wird besonders von den befragten Experten als eines der wichtigsten Zukunftsthemen angesehen. Im strategischen Kontext kann nachhaltiges Marketing aus zwei Blickwinkeln betrachtet werden. Zum einen als zentrales Kaufkriterium von Konsumenten bei der Auswahl und im Vergleich von Produkten, zum anderen als alleiniger Purpose einer Marke. So bestätigen die befragten Marketingexperten aus der Praxis, dass das Thema Nachhaltigkeit bei der Entscheidung für ein Produkt/eine Dienstleistung in den Vordergrund gerückt wird und die eigentlichen Merkmale des Produktes/der Dienstleistung stärker in den Hintergrund treten. Dies geschehe als Reaktion auf ein verändertes Kaufverhalten des Konsumenten – 80 % der Verbraucher geben an, dass Nachhaltigkeit für sie zum Kaufkriterium geworden ist. Mit der direkten Ansprache nachhaltig orientierter Kundengruppen können außerdem höhere Margen erzielt, die Loyalität gegenüber der Marke kann gesteigert und neue Kunden können gewonnen werden (Handelskraft, 2022, S. 128 ff.).

Damit einhergehend hat sich das Thema Nachhaltigkeit auch als Purpose einer Marke entwickelt und in den letzten zehn Jahren sehr stark an Relevanz gewonnen (Kantar BrandZ, 2021, S. 16). Die Anfänge dieses Trends finden ihren Ursprung jedoch schon im Jahr 1973, erstmals formuliert von Klaus Schwab (zitiert nach Kilian und Miklis, 2020, S. 21 f.), welcher im Zusammenhang mit dem Purpose eines Unternehmens die Intention beschreibt, dass Unternehmen im Sinne aller Interessensgruppen handeln und nicht nur im Sinne einzelner Anteilseigner. Auf dieser Grundlage beschreibt der Purpose einer Marke, wie ein diskutiertes gesellschaftliches Thema wie z. B. Nachhaltigkeit im unternehmerischen Kontext nicht mehr nur als Anspruch oder Ambition beschrieben wird, sondern als strategisches Prioritätsthema und als Daseinsberechtigung (Deloitte Insights, 2022, S. 11). Trotz des aktuellen Stellenwerts und in den letzten Jahren zahlreicher veröffentlichter Publikationen mangelt es beim Thema Purpose an einer einheitlichen Definition (Kilian und Miklis, 2020, S. 21 f.).

Die Relevanz des Marken-Purpose zeigt sich besonders bei der Betrachtung des Markenwerts der nach *Kantar Consulting* definierten 100 wertvollsten Marken. Eine Studie zeigt, wie Marken mit einem aus Kundensicht niedrigen Purpose ihren Markenwert um 77 % steigern konnten – Marken mit einem aus Kundensicht hohen Purpose steigerten ihren Markenwert um 212 % (Kantar BrandZ, 2021, S. 35). Auch die von den Studierenden befragten Unternehmen bestätigen, dass dem Kunden das Gefühl gegeben werden solle, die Welt zu verbessern und einen eigenen Beitrag leisten zu können. Aber nicht nur der Kunde, sondern auch der Mitarbeiter einer Unternehmung ist an einem nachhaltigen Purpose interessiert (Schuldt und Zukunftsinstitut, 2020, S. 22 f.). Insgesamt erzielen Unternehmen zur überwiegenden Mehrheit einen positiven Effekt aus ihren Nachhaltigkeitsaktivitäten (Handelskraft, 2022, S. 131).

Neben dem Trend, der sich aus der Expertenbefragung herauskristallisiert, befassen sich aktuelle Studien zusätzlich noch mit der Möglichkeit, wie dieses Thema an den Kunden kommuniziert werden kann – das passende Stichwort ist Storytelling im Rahmen des Content-Marketings. Dies stellt keine grundsätzliche Innovation dar, wird jedoch zunehmend zu einem strategischen Mittel, um die Wichtigkeit des Themenkomplexes Nachhaltigkeit zu unterstreichen (AMC, 2020, S. 11).

7 Herausforderung: Umfang und Verteilung des Marketing-Budgets und Performance-Nachweis

Das durchschnittliche Marketingbudget von Unternehmen liegt im Jahr 2021 laut einer Studie von bitkom (2021, S. 4) bei 5,4 % des Gesamtumsatzes. Dies ist zum einen eine Steigerung im Vergleich zum Jahr 2019 um einen Prozentpunkt, zum anderen aber auch eine Bestätigung der Ergebnisse der qualitativen Umfrage der Studierenden, welche zu einem vergleichbaren Ergebnis gekommen ist – hier ist eine Tendenz des Anteils des Marketingbudgets am Gesamtumsatz von 5 % und noch höher zu verzeichnen (siehe zu diesem Ergebnis auch bitkom, 2019, S. 4).

Bei der Betrachtung der verschiedenen Budgets können Unterschiede in den B2B/B2C-Vergleichen ausgemacht werden, genauso wie bei der Gegenüberstellung der Nutzung dieses Budgets für Online- sowie Offline-Marketingmaßnahmen. So ließ sich feststellen, dass die Tendenz des verfügbaren Marketingbudgets von Unternehmen, welche im B2C-Bereich tätig sind, höher ist als das verfügbare Budget von Unternehmen aus dem B2B-Geschäft. Die Bereitstellung für Maßnahmen im Online-Marketing-Bereich liegt bei etwa dem Doppelten der Maßnahmen aus dem Offline-Marketing-Bereich, mit steigender Tendenz. Die Corona-Krise dient dabei als Katalysator, wobei die Verteilung des Budgets immer abhängig von der aktuellen Marktsituation, den unternehmerischen Zielen sowie den Wettbewerbern einer Branche ist. So kam es dazu, dass wenige Unternehmen, in einer Spanne von 1 % bis 30 %, stark von dem Mittelwert der 5,4 % abweichen.

Eine im Marketing bekannte Problematik ist, dass sich Marketing-Verantwortliche immer wieder vergegenwärtigen müssen, in welcher Art und Weise Marketing für die Unternehmung Wert schafft oder wie Marketingaufwände gerechtfertigt werden können. Häufig gaben die Interviewpartner an, dass die Budgetierung im Marketing ihrer Ansicht nach nicht ausreichend ist und mit größeren Mitteln ein größerer Nutzen geschaffen werden könnte. Trotz generell steigenden Anteils des Marketingbudgets am Umsatz ist nach Ansicht der befragten Marketingexperten das Wachstumspotenzial noch nicht ausgeschöpft.

Eine weitere Rechtfertigung zur Erhöhung des Marketingbudgets bildet nach Meinung der befragten Marketingexperten eine effiziente Performance-Messung. Überraschend ist, dass nur 70 % der Unternehmen überhaupt Erfolgsmessungen im Marketing durchführen (bitkom, 2021, S. 34). Bei einer vollumfänglichen Performance-Messung können Kosten-Nutzen-Potenziale besser erkannt und dargestellt werden. Das hat zur Folge, dass Rückschlüsse auf den Erfolg spezifischer Marketingkampagnen gezogen werden können, das Budget daher zum einen effizienter genutzt werden und zum anderen eine Erhöhung des Budgets durch Erfolgsnachweise gerechtfertigt werden kann.

Allerdings gebe es laut den Wissenschaftlern auch einige Stolpersteine auf dem Weg zu einer erfolgreichen Performance-Messung. In erster Linie müssen die richtigen Key Performance Indikators (KPI) für die einzelnen, spezifischen Kanäle festgelegt werden. Des Weiteren müssen die KPIs anschließend trotzdem untereinander vergleichbar sein. Besonders schwierig wird hierbei, dass meistens verschiedene Tools für verschiedene Kanäle verwendet werden. Das Zusammentragen der Daten kann dadurch erschwert werden. Zusätzlich können Messungen durch gesetzliche Richtlinien, wie bspw. die DSGVO, eingeschränkt werden. Folge sind Einschränkungen für die Auswertung von Third-Party-Cookies aufgrund der Datenschutzrichtlinie. Auch die Unternehmen bestätigen diese Problematik. Viele der befragten Unternehmen nutzen zur Performance-Messung hauptsächlich die Umsatzerlöse. Des Weiteren wird gerade im Bereich Social Media viel mit Reichweite, Impressionen und Interaktionen gearbeitet, um Marketingkampagnen zu bewerten. Dies bestätigt sich auch in der Studie von bitkom (2021, S. 35), in der 87 % der Befragten angaben, die Anzahl der Websitebesucher und Seitenaufrufe auszuwerten. Dabei berichten die Unternehmen, dass es oft schwerfällt, viele Daten zu sammeln. Die befragten Wissenschaftler empfehlen eine genaue Betrachtung der Customer Journey in Verbindung mit Marktforschungsmaßnahmen, um geeignete Kennzahlen zu definieren und mehr Informationen zur Wirksamkeit der Maßnahmen zu erhalten.

8 Ergebnis und Fazit: Nachhaltiges, sinnhaftiges Customer-Centricity-Online- und Offline-Channel-Marketing in Realtime

Insgesamt ist festzuhalten, dass die strategische Neu- und Weiterentwicklung sowie die ständige Anpassung an die Umwelt für Marketers nicht neu sind. Aber gerade in jüngster Zeit haben die tiefgreifenden Entwicklungen der Digitalisierung pandemiebedingt einen weiteren Schub erhalten. Zukünftig – zu diesem Ergebnis kommen viele der bereits genannten aktuellen Studien – wird es nicht hinreichend sein, rein operativ neue Technologien oder Kommunikationsmedien in das Marketing zu integrieren. Es bedarf auch einer grundlegenden strategischen Neuausrichtung, um als Unternehmen langfristig am Markt zu bestehen.

Um die Herausforderungen zu bewältigen, verschiebt sich weiterhin der Fokus hin zu qualitativem Content. Der Kunde möchte zur richtigen Zeit am richtigen Ort mit dem richtigen Informationsfluss versorgt werden. Im Mittelpunkt dieses richtigen Informationsflusses stehen die beiden Trends Purpose und Nachhaltigkeit, also gesellschaftliche Trends, die nicht nur, aber besonders im Marketing eine Grundlage der Contenterstellung darstellen können. Neben den gesellschaftlichen Trends müssen auch technische Trends, wie die Entstehung neuer Kanäle, zur vollständigen Ausschöpfung der sich bietenden Potenziale kontinuierlich beobachtet und analysiert werden. Möchte das Unternehmen diesen geforderten Content zur richtigen Zeit am richtigen Ort dem Konsumenten zur Verfügung stellen, müssen Informationen über den Nutzer gesammelt werden. Diese Informationen können mithilfe eines Data-Driven Marketings entlang der

Customer Journey gesammelt werden. An dieser Stelle kann das Thema der Künstlichen Intelligenz mit dem Data-Driven Marketing ineinandergreifen, um die gesammelten Informationen zu analysieren, in Kundenprofile zu verarbeiten und die richtige Kundenansprache zur richtigen Zeit zu perfektionieren.

Anfangs wurden Online- und Offline-Channel-Marketing als eine Medaille mit zwei Seiten beschrieben, die möglicherweise untrennbar zusammengehören. Der Konsument erlebt eine immer größer werdende Informationsflut, welche auf verschiedensten Wegen auf das Individuum einwirkt und gefiltert werden muss. Das Bespielen beider Marketing-Channel, online wie offline, ist essenziell für ein langfristig erfolgreiches Marketing. Dabei ist die Abstimmung – das Orchestrieren – der Online- und Offline-Kanäle, entsprechend der Branche sowie der Zielgruppe, erforderlich. Es bedarf auch weiterhin eines integrierten Online- und Offline-Channel-Marketings.

Literatur

AgenturQ (2021). Future Skills: Welche Kompetenzen für den Standort Baden-Württemberg heute und in Zukunft erfolgskritisch sind. https://www.fortbildung-bw.de/wp-content/uploads/2021/11/Future-Skills_AgenturQ_10-2021.pdf. Zugegriffen: 20. Feb. 2022.

AMC. (2020). Marketing 2020: Die relevanten Themen und Herausforderungen der Marketingleiter. https://marketingclub.at/assets/Marketing-2020.pdf. Zugegriffen: 20. Febr. 2022.

Artegic. (2020). 5 Digitale Marketing Trends 2020–2022. https://www.artegic.com/de/marketing-trends-2022/. Zugegriffen: 20. Febr. 2022.

Bitkom. (2019). Marketingbudgets und -maßnahmen in der ITK-Branche: Ergebnispräsentation der Unternehmensbefragung 2019. https://www.bitkom.org/sites/main/files/2019-11/bitkom_studie_marketingbudgets_und_massnahmen_2019.pdf. Zugegriffen: 20. Febr. 2022.

Bitkom. (2021). Marketingmaßnahmen- und Budgetstudie 2021: Ergebnispräsentation der Unternehmensbefragung. https://www.bitkom.org/sites/main/files/2021-10/itk_marketingmassnahmen_und_budgetstudie_2021.pdf. Zugegriffen: 20. Febr. 2022.

Boßow-Thies, S., Hofmann-Stölting, C., & Jochims, H. (Hrsg.). (2020). *Data-driven Marketing: Insights aus Wissenschaft und Praxis*. Springer Gabler.

Butzer-Strothmann, K., & Ahlers, F. (2020). Themeneinführung und Beiträge im Überblick. In K. Butzer-Strothmann & F. Ahlers (Hrsg.), *Integrierte nachhaltige Unternehmensführung* (S. 3–12). Springer Gabler.

Deloitte Insights. (2022). 2022 Global Marketing Trends: Thriving through customer centricity. https://www2.deloitte.com/content/dam/insights/articles/us164911_gmt_2022_master/DI_2022-Global-Marketing-Trends.pdf. Zugegriffen: 20. Febr. 2022.

Detscher, S. (2021). *Digitales Management und Marketing. So nutzen Unternehmen die Marktchancen der Digitalisierung*. Springer Gabler.

Deutsche Post. (2020). Werbemarkt Deutschland. Dialogmarketing-Monitor 2020. Studie 32. https://www.deutschepost.de/content/dam/dpag/images/D_d/dialog-marketing-monitor/dp-dialogmarketing-monitor-2020.pdf. Zugegriffen: 23. Febr. 2022.

Eminded. (2022). B2B Online Marketing Trends 2022 – Benchmarks für dein Unternehmen. https://eminded.de/specials/b2b-studie-2022/. Zugegriffen: 20. Febr. 2022.

GfM Swiss Marketing. (2017). Swiss Marketing Leadership Studie 2017 – Emotionen in einer digitalisierten Welt. https://digitalcollection.zhaw.ch/bitstream/11475/20097/3/2017_Huettermann-etal_Swiss-Marketing-Leadership-Emotionen.pdf. Zugegriffen: 1. März 2022.

GfM Swiss Marketing. (2019). Komplexität und Dynamik im Marketing – Swiss Marketing Leadership Studie 2019. https://www.zhaw.ch/storage/sml/institute-zentren/imm/studien/Swiss_Marketing_Leadership_Studie_2019.pdf. Zugegriffen: 1. März 2022.

Handelskraft. (2022). Digitale Champions. https://konferenz.handelskraft.de/trendbuch-2022/?utm_source=HKde&utm_medium=banner&utm_campaign=Trendbuch2022&creative=569223493885&keyword=marketing%20trends&matchtype=p&network=g&device=c&gclid=EAIaIQobChMI9qqc4sXM9QIVkLh3Ch0uxgyYEAAYAiAAEgKO5PD_BwE. Zugegriffen: 25. Jan. 2022.

Heierli, R., Furchheim, P., Hannich, F. M., Rüeger, B. P., Crowden, C. B., Fuchs, R., Suvada, A., Müller, S., Klaas, M., Bächler, J. R., Kotowski, W., Barth, L., Stallone, V., Dietrich, D., & Caleta, M. (2019). *Swiss Marketing Leadership Studie 2019. Komplexität und Dynamik im Marketing*. https://www.zhaw.ch/storage/sml/institute-zentren/imm/studien/Swiss_Marketing_Leadership_Studie_2019.pdf. Zugegriffen: 20. Febr. 2022.

Kamps, I., & Schetter, D. (2020). *Performance Marketing. Der Wegweiser zu einem mess- und steuerbaren Online-Marketing – Einführung in Instrumente, Methoden und Technik* (2. Aufl.). Springer Gabler.

Kantar BrandZ. (2021). 2021 Most valuable global brands. https://adobeindd.com/view/publications/8757d1d4-4a45-44a2-816d-601070c88b98/yup4/publication-web-resources/pdf/BZ_2021_Global_Report_FINAL.pdf. Zugegriffen: 28. Jan. 2022.

Kilian, K., & Miklis, M. A. (2020). Purpose im Marketing – erfolgreicher mit sinnstiftendem Unternehmenszweck. In M. Stumpf (Hrsg.), *Die 10 wichtigsten Zukunftsthemen im Marketing* (2. Aufl., S. 21–46). Haufe Group.

Klier, M., Heinrich, B., Klier, J., Brasse, J., Förster, M., Hühn, P., & Moestue, L. (2021). Future Skills: Welche Kompetenzen für den Standort Baden-Württemberg heute und in Zukunft erfolgskritisch sind. AgenturQ. https://www.fortbildung-bw.de/wp-content/uploads/2021/11/Future-Skills_AgenturQ_10-2021.pdf. Zugegriffen: 20. Febr. 2022.

Kreutzer, R. T. (2021). *Praxisorientiertes Online-Marketing. Konzepte – Instrumente – Checklisten* (4. Aufl.). Springer Gabler.

Kreutzer, R. T., Rumler, A., & Wille-Baumkauff, B. (2020). *B2B-Online-Marketing und Social Media – Handlungsempfehlungen und Best Practices* (2. Aufl.). Springer Gabler.

Meffert, H., Burmann, C., Kirchgeorg, M., & Eisenbeiß, M. (2019). *Marketing. Grundlagen marktorientierter Unternehmensführung. Konzepte – Instrumente – Praxisbeispiele* (13. Aufl.). Springer Gabler.

Morgan, B. (2021). Top 5 Kundenerlebnis-Trends für 2022. https://www.forbes.com/sites/blakemorgan/2021/12/08/top-5-customer-experience-trends-for-2022/?sh=14c3d0003a0a. Zugegriffen: 21. Jan. 2022.

Mörk, O. (2021). *Situatives Content Marketing*. Springer Gabler.

Netigate. (2021). Customer Experience (CX). Der ultimative Leitfaden. https://www.netigate.net/de/articles/kundenzufriedenheit/alles-was-sie-ueber-customer-experience-cx-wissen-muessen/#:~:text=Customer%20Experience%20(CX)%20ist%20ein%20ganzheitliches%20Konzept%2C%20das%20jede,Kauf%20erbrachten%20Leistungen%20oder%20Erfahrungen. Zugegriffen: 21. Jan. 2022.

Optimizely. (2019). Mit diesen drei Bausteinen zu State-of-the-Art-Personalisierung im E-Mail-Marketing. https://www.optimizely.com/de/insights/blog/state-of-the-art-personalisierung/. Zugegriffen: 27. Jan. 2022.

Reimann, M., & Weber, B. (2011). Neuroökonomie – Eine Bestandsaufnahme. In M. Reimann & B. Weber (Hrsg.), *Neuroökonomie: Grundlagen – Methoden – Anwendungen* (S. 3–9). Gabler.

Sasserath Munzinger Plus. (2020). Vom Homo Oeconomicus zum Homo Experience. https://sasserathmunzingerplus.com/vom-homo-oeconomicus-zum-homo-experience/. Zugegriffen: 23. Febr. 2022.

Schuldt, C., & Zukunftsinstitut (2020). Die Zukunft des Marketing: Eine Einführung. In *Die 10 wichtigsten Zukunftsthemen im Marketing* (2. Aufl., S. 15–20). Haufe Group.
Statista. (2020). Anlässe für virtuelle oder hybride Veranstaltungen in Deutschland im Jahr 2020. https://de.statista.com/statistik/daten/studie/1246320/umfrage/anlaesse-fuer-virtuelle-oder-hybride-veranstaltungen-in-deutschland/. Zugegriffen: 25. Jan. 2022.
Statista. (2021a). Durchschnittliche tägliche Nutzungsdauer ausgewählter Medien in Deutschland im Jahr 2021a. https://de.statista.com/statistik/daten/studie/165834/umfrage/taegliche-nutzungsdauer-von-medien-in-deutschland/. Zugegriffen: 25. Jan. 2022.
Statista. (2021b). Anteil der Internetnutzer in Deutschland in den Jahren 2001 bis 2020. https://de.statista.com/statistik/daten/studie/13070/umfrage/entwicklung-der-internetnutzung-in-deutschland-seit-2001/. Zugegriffen: 25. Jan. 2022.
Statista. (2022). Anzahl der Personen in Deutschland, für deren Haushalt Lebensmittel im Internet bzw. Online-Shop eingekauft werden, von 2017 bis 2021. https://de.statista.com/statistik/daten/studie/264549/umfrage/online-shop-internet-einkauf-von-lebensmitteln-in-deutschland/. Zugegriffen: 23. Febr. 2022.
Trustedtargeting. (2020). Offline vs. Online – klassisches und digitales Marketing verbinden. https://www.trustedtargeting.com/blog/offline-vs.-online-wie-sie-klassisches-und-digitales-marketing-miteinander-verbinden. Zugegriffen: 25. Jan. 2022.
Unternehmen.de. (2021). Real-Time-Marketing: 10 Ansatzpunkte für ein effektives Management. https://unternehmer.de/marketing-vertrieb/285512-real-time-marketing. Zugegriffen: 25. Jan. 2022.
Verint. (2016). Trendwende: Haben traditionelle Kommunikationskanäle im Kunden-Service ausgedient? Wie Unternehmen die richtige Balance zwischen traditionellen und digitalen Kanälen finden. https://www.verint.com/Assets/resources/resource-types/white-papers/verint-the-digital-tipping-point-de.pdf. Zugegriffen: 24. Jan. 2022.
Weigel, A. (2022). Aktuelle Marketing-Entwicklungen Trenddossier – Das sind die B2B Marketing Trends 2022. https://www.marconomy.de/trenddossier-das-sind-die-b2b-marketing-trends-2022-a-1086518/. Zugegriffen: 23. Febr. 2022.
Wuttke, L. (2021). *Praxisleitfaden für Künstliche Intelligenz in Marketing und Vertrieb: Beispiele, Konzepte und Anwendungsfälle*. Springer Gabler.

Prof. Dr. Kristin Butzer-Strothmann ist seit 2011 Professorin für Allgemeine Betriebswirtschaftslehre, insbesondere Marketing und Empirische Sozialforschung an der Leibniz-Fachhochschule in Hannover tätig. Zuvor war sie seit 2009 Dozentin an der Leibniz-Akademie und bis 2018 Vizepräsidentin für Lehre und Forschung. Sie leitet den Masterstudiengang „Integrierte Unternehmensführung (digital/nachhaltig)". Nach einer Ausbildung zur Werbekauffrau und dem Studium der BWL in Lüneburg promovierte sie zum Thema „Krisen in Geschäftsbeziehungen" an der Heinrich-Heine-Universität Düsseldorf. Von 1998 bis 2009 arbeitete sie als Marktforscherin und Marketing-Consultant im Business- und Non-Business-Bereich. Darüber hinaus war sie für verschiedene Hochschulen und Bildungsinstitutionen als externe Dozentin für Marketing, Marktforschung sowie Industrie¬betriebslehre tätig. Sie ist zertifizierte Blended Learning Designerin (2017); Online-Managerin (2020), kommunale Nachhaltigkeitsmanagerin (2022) und Sustainability Managerin (2022).

Jean Luca Dökel studierte von 2019 bis 2022 Business Administration (B. A.) mit dem Schwerpunkt Logistik an der Leibniz-Fachhochschule Hannover. Während des Studiums war er bei der Wesling Handel & Logistik GmbH & Co. KG als Assistent der Geschäftsführung tätig und sammelte dort Erfahrungen in den Bereichen Logistik, Controlling, Vertrieb, Projekt- und Personalmanagement. Zuvor absolvierte er nach seinem Abitur von 2016 bis 2019 eine Ausbildung zum Industriekaufmann.

Justus Funke studierte von 2019 bis 2022 Business Administration (B. A.) an der Leibniz-Fachhochschule Hannover. Während der Studienzeit war er bei der TUI AG als dualer Student tätig und sammelte unter anderem berufliche Erfahrungen in den Bereichen Strategie, Finance und Human Resources.

Maximilian Langfeld studierte von 2019 bis 2022 Business Administration (B. A.) an der Leibniz-Fachhochschule in Hannover. Während des Studiums sammelte er berufliche Erfahrung im Bereich Logistik, Vertrieb, Projektmanagement und Controlling bei der Willenbrock Fördertechnik GmbH & Co. KG. Zuvor war er bei der Honeywell International Inc. im Bereich der Digitalisierung tätig.

Printed by Printforce, the Netherlands